Jetzt helfe ich mir selbst

Motor
buch
Verlag

Umschlagentwurf und Buchgestaltung: Anita Ament.
Umschlagfoto: Detlef Jung.

ISBN 3-613-01611-7

Auflage Nr. 1014907

Dieser Band entspricht dem Kenntnisstand zum Zeitpunkt der Drucklegung. Abweichungen durch Weiterentwicklung der beschriebenen Fahrzeuge, geänderte Anweisungen des Fahrzeug-Herstellers bzw. neuere gesetzliche Bestimmungen sind möglich. Bei einer Neuauflage wird das Buch wieder auf den aktuellen Stand gebracht.
Manuskriptbearbeitung: Redaktion »Jetzt helfe ich mir selbst«.
Fotos: Breustedt 217, Renault 6.
Zeichnungen: autopress 1, Breustedt 3, Brunner 3, Ford 1, Haeberle 1, Lautenschlager 3, Pirelli 1, Renault 76, Volkswagen 3.
Schaltpläne: Renault.
Bildgrafik: Klaus Breustedt.
Satz: Vaihinger Satz + Druck, 71665 Vaihingen.
Druck und Bindung: KN Digital Printforce GmbH, 70565 Stuttgart.
Printed in Germany.

Klaus Breustedt

Renault 19

Benzíner und Diesel
ab Januar ’89

Motorbuch Verlag
Stuttgart

Inhaltsverzeichnis

Der erste Streich

Der R19 ist nach dem Renault-Motto »Autos zum Leben« das Ergebnis des Entwickungsprogramms X 53 für die europäische Mittelklasse »M1« und wurde in nur 42 Monaten verwirklicht. Der Beginn der Entwicklungsarbeiten lag im November '84. Schon nach acht Monaten, im Juli '85 wurde das äußere Styling festgelegt und weitere fünf Monate später hatte bereits das Armaturenbrett mit dem Kombi-Instrument seine endgültige Form angenommen. Im April '86 waren dann auch die Arbeiten im Innenraum abgeschlossen. Bis zum Serienanlauf in Frankreich im Mai '88 legten dann Testwagen zur Überprüfung und Bestätigung der technischen Lösungen über 7,5 Millionen Kilometer zurück.

Die Karosserie

Das Äußere des Renault 19 wurde von »Renault Design« in Zusammenarbeit mit dem italienischen Designer Giorgio Giugiaro entworfen. Mit ein Grundgedanke bei der Gestaltung des Äußeren war, erst einmal die sportlichen Modellversionen zu entwickeln, damit deren Leistungsfähigkeit von Fahrwerk, Bremsen und Aerodynamik serienmäßig auch den »schwächeren« Modellen zugute kommen konnte.
Mit seiner glattflächigen äußeren Linienführung ohne Kanten ist der Renault 19 ein reinrassiger Vertreter für ein im Windkanal optimiertes Styling. So ist die Aerodynamik mit einem c_w-Wert von 0,31 (c_w x A = 0,61) eine der Stärken des Renault 19. Der Renault 19 16V kommt auf Grund bestimmter Karosserieveränderungen (tiefergelegtes Fahrwerk, Front- und Heckspoiler, Türschwellerverbreiterung) auf noch bessere Werte: c_w = 0,30 (c_w x A = 0,59). Erreicht wurden diese Werte durch eine stark abfallende Motorhaube mit ebenfalls stark geneigter und geformter Frontscheibe sowie den bündig abschließenden Bandscheinwerfern und den Stoßfängern mit integriertem Spoiler. Gewölbte und leicht verbreiterte Kotflügel sowie das hochgezogene Heck mit integriertem Spoiler sorgen weiter für einen optimalen Strömungsverlauf. Versenkte Regenrinnen und aerodynamisch geformte Außenspiegel verbessern das Strömungsverhalten weiter.
34% aller Karosseriebleche sind vorbehandelt. So werden drei verschiedene Arten am Renault 19 verarbeitet:

- ○ einseitig verzinkte Bleche für die Türbleche, den unteren Querträger der Frontscheibenöffnung, die Heizungstrennwand, die vorderen Stoßdämpferdome, der untere Querträger hinten sowie kleinere Strukturteile der Bodengruppe
- ○ zweiseitig verzinkte Blecke für Motorhaube und Kühlerpartie als Schutz gegen Steinschlag
- ○ zinkhaltige Beschichtung für die Kotflügel.

Die Antriebseinheit

Bei der quer angeordneten Antriebseinheit sitzt der Motor mit 12° nach hinten geneigt rechts im Motorraum (in Fahrtrichtung gesehen). Links daneben ist das Getriebe angeordnet. Die Otto-Motoren sind mit drei Befestigungspunkten (zwei vorne, einer hinten) an einem Hilfsrahmen befestigt, an den auch die unteren Querlenker angelenkt sind. Der Diesel-Motor ist dagegen mit einer neuartigen Pendeltyp-Aufhängung im Motorraum gelagert, bei der eine bessere Trennung von Antriebseinheit und Karosserie gewährleistet ist. Dies bedeutet eine ausgezeichnete Vibrationsdämpfung im Leerlauf, eine geringere Geräuschübertragung bei hohen Drehzahlen sowie eine gute Dämpfung der Erschütterungen auf schlechter Fahrbahn.

Das Getriebe

Die gesamte Renault-19-Modellpalette ist mit Schaltgetrieben des Renault-Typs JB ausgerüstet. Hierbei handelt es sich um ein quer eingebautes Getriebe mit Leichtmetallgehäuse. Modellabhängig hat das Getriebe vier (Typ JBO) oder fünf Gänge (Typ JB3), die über den Schalthebel und ein Gestänge geschaltet werden können. Das JB3-Getriebe ist für ein größeres Drehmoment ausgelegt. Für eine genaue Einstellung und exaktes Schalten sind beide Getriebetypen mit einer doppelten Schalthebelführung (ein Anschlag oben an der Schalthebelführung und ein zweiter Anschlag unten am Schalthebelende) und einer Sperre für den Rückwärtsgang versehen.

Das Fahrwerk

Das Fahrwerk ist weitgehend vom Renault 21 abgeleitet und verfeinert worden. So ist die Vorderachse nach dem »McPherson«-Prinzip gebaut, an deren drehbaren Federbeinen Dreieckslenker angebracht sind, die

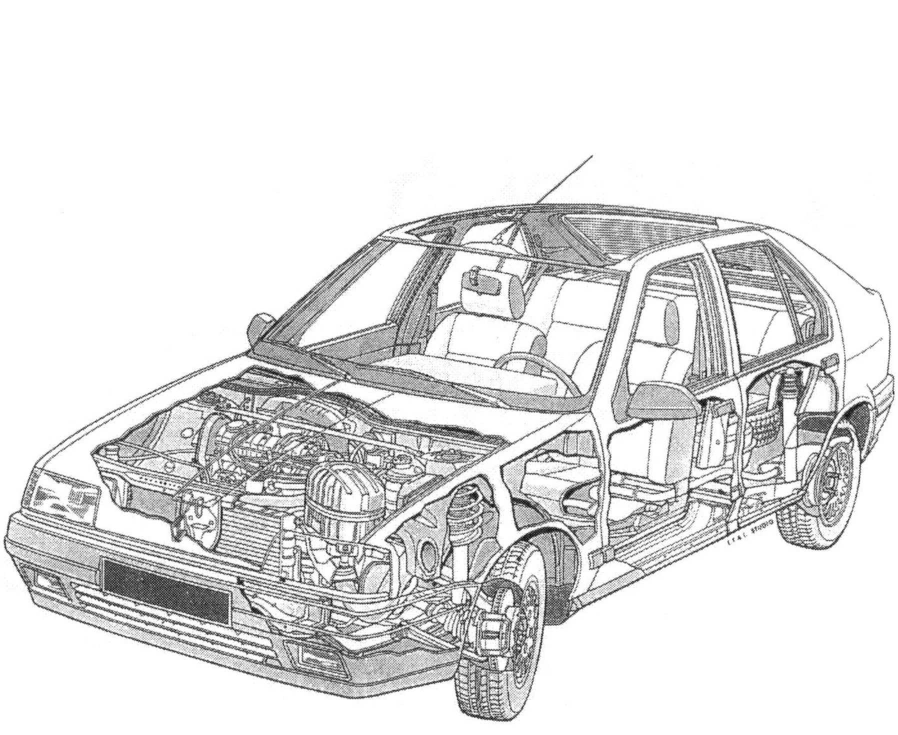

Hier wird das Innenleben des Renault 19 durch einen Trick des Zeichners offenbart. Der Betrachter erkennt hier schon unschwer, wo bestimmte Teile des R19 angesiedelt sind.

wiederum über einen Hilfsrahmen mit der Karosserie verbunden sind. Je nach Motorisierung ist der Renault 19 mit zwei unterschiedlichen Hinterachsen ausgestattet:

○ Die Modelle mit einer Motorleistung bis 65 kW verfügen über eine sogenannte Konusachse mit Einzelradaufhängung an gezogenen Längslenkern. Diese Achskonstruktion hat sich schon in anderen Renault-Modellen bewährt und wurde für den Renault 19 in vielen Details verbessert.

○ Für die Motorisierungen mit 66 kW und mehr kommt eine Vierstab-Verbundlenkerachse mit V-Profil und programmierter Lenkgeometrie zum Einsatz. Diese Achskonstruktion hat sich in den Sportversionen verschiedener Renault-Modelle bewährt.

Passive Sicherheit

○ Der schon angesprochene Hilfsrahmen trägt zur wesentlichen Verbesserung der passiven Sicherheit bei einem Frontalzusammenstoß bei. Er ist über vier Befestigungspunkte mit den vorderen Längsträgern verbunden und trägt den Kühler, die Verbindungen zu den Längslenkern sowie das Lenkgetriebe.

○ Die Modelle GTX und TXE (ab 5/92 RT) gibt es auf Wunsch mit einem Antiblockiersystem. Es handelt sich dabei um ABS der dritten Generation von Bendix. Das System umfaßt neben den vorderen innenbelüfteten Bremsen auch Scheibenbremsen hinten sowie doppelte, lastabhängig arbeitende Bremskraftbegrenzer für die hinteren Bremsen.

○ Seit November '92 kann der Renault 19 auf Wunsch mit einem Euro-Airbag für den Fahrer und mit Gurtstraffern für die Vordersitze ausgerüstet werden.

Die kompakte Airbag-Einheit ist im Lenkrad untergebracht. Ein elektronischer Sensor bewertet bei einem Unfall die Wucht des Aufpralls und zündet einen Treibsatz, der den Luftsack binnen Millisekunden aufbläst. Für eine bestmögliche Schutzwirkung des angegurteten Fahrers beträgt das Volumen des Luftsacks ca. 35 Liter, der sich binnen 25 Millisekunden (ms) nach Zündung des Treibmittels mit Stickstoff füllt. Stickstoff ist als Hauptbestandteil der Atemluft ein für die Umwelt völlig ungefährliches Medium.

Die Gurtstraffer ziehen im Falle eines Aufpralls blitzartig das Gurtschloß um bis zu 70 mm nach unten. Dazu löst ein Sensor beim Aufprall einen kleinen Gasgenerator aus, dessen freiwerdendes Gas einen Kolben in einem Zylinder explosionsartig im Bruchteil einer Sekunde zurückdrückt. Der Kolben ist mit dem Gurtschloß verbunden, so daß das Gurtschloß und damit der mit ihm verbundene Sicherheitsgurt angezogen wird.

Bei einem seitlichen Aufprall oder bei einem Heckaufprall werden weder Airbag noch Gurtstraffer ausgelöst.

Senkrechtstarter

Seit Verkaufsbeginn in Deutschland Anfang 1989 ist der Renault 19 schon in den ersten Verkaufsmonaten zum Importauto »Nr. 1« seiner Klasse geworden. Die folgende kleine Chronologie spiegelt nicht nur das Bestreben von Renault wider, den R19 ständig durch Detailverbesserungen aufzuwerten – sie informiert auch über die einzelnen Modellvarianten und Sondermodelle und kann so beim Gebrauchtwagenkauf wertvolle Anhaltspunkte liefern.

1989

Januar

Fast fünf Monate nach Verkaufsstart in Frankreich wird der Renault 19 seit 19. Januar auch in Deutschland angeboten. Es gibt ihn als Zwei- oder Viertürer in drei Ausstattungsstufen (e1, e2 und e3), die wiederum in verschiedene Ausstattungsvarianten unterteilt sind: e1 = TR, TD; e2 = GTR, GTS, GTX und GTD; e3 = TSE, TXE und TDE. Vom Verkaufsstart an ist der Renault 19 auch als Diesel-Modell in den Ausstattungsvarianten TD, GTD und TDE zu haben. Bei den Benzin-Motoren wird lediglich der Renault 19 TR und GTR (1,4-Liter-Motor) als Vergaserversion ohne Kat angeboten. Alle anderen Motoren sind mit geregeltem 3-Wege-Kat ausgestattet.

Motoren: 1,4-Liter-Motor, 43 kW; 1,8-Liter-Motor, 54 kW; 1,8-Liter-Motor 65 kW, 1,9-Liter-Diesel 47 kW.

Getriebe: Alle Renault 19 mit Einspritz-Motor sind mit einem 5-Gang-Getriebe ausgerüstet. Auf Wunsch kann eine 3-Gang-Getriebeautomatik geordert werden.

Karosserie: An allen wesentlichen Punkten versteifte Sicherheitskarosserie mit Bodenlängsträgern und versteiftem Mitteltunnel; geklebte Verbundglas-Frontscheibe; bündig eingepaßte Seitenscheiben; versenkte Regenrinnen; integrierter Heckspoiler; integrierte Ablenkbleche (Spoiler) in der Bodengruppe; zwei von innen verstellbare Außenspiegel.

Fahrwerk und Bremsen: Vorn McPherson-Federbeine mit unteren Dreiecksquerlenkern an einem Hilfsrahmen; Stabilisator; Zahnstangenlenkung; auf Wunsch Servolenkung; Doppelrohr-Hinterachse oder Verbundlenkerachse (modellabhängig) mit Einzelradaufhängung an Längslenkern; Querstabilisator (modellabhängig); Zweikreisbremsanlage mit »X«-Aufteilung; vorn Scheiben-, hinten Trommelbremsen mit Bremskraftbegrenzer; Bremskraftverstärker; bei den Modellen GTX und TXE gibt es auf Wunsch ein elektronisch geregeltes Antiblockiersystem von Bendix.

Räder: Alle Renault-19-Modelle sind serienmäßig mit Stahlfelgen und Radialreifen der Größe 165/70 R 13 T bis 175/70 R 13 H (modellabhängig) ausgerüstet.

e1-Ausstattung (TR, TD): Ein-Schlüssel-System; heizbare Heckscheibe; Scheibenwischer mit zwei Geschwindigkeiten, Intervallschaltung und verlängertem Wischvorgang; Rückfahrleuchten; Nebelschlußleuchte; serienmäßige Verkabelung für nachträglichen Radioeinbau; ringförmige, verstellbare Kopfstützen; Tageskilometerzähler; Kraftstoff-Reserveanzeige; Türverkleidung wie Sitzbezug.

e2-Ausstattung (GTR, GTS, GTX, GTD): Zusätzlich zur e1-Ausstattung Heckscheibenwischer und -wascher; elektrische Ölstandsanzeige; seitliche Schutzleisten; Dachkonsole mit integriertem Lesespot; Warnton »Licht an«; zentrale Heizluftführung; Kartenablage in der Beifahrertür; zwei Aschenbecher hinten; besondere Stoffpolster; Gepäckraum- und Handschuhfachbeleuchtung; asymmetrisch (⅓ : ⅔) umklappbare Rücksitzlehne; ausgekleideter Kofferraum.

e3-Ausstattung (TSE, TXE, TDE): Zusätzlich zur e2-Ausstattung Ausstellfenster hinten (bei zweitürigen Modellen); Doppelton-Hupe; Nebelscheinwerfer; Zentralverriegelung mit Infrarot-Fernbedienung; elektrische Fensterheber vorn; Velours-Polsterung; stoffgepolsterte Kopfstützen (waagrecht und senkrecht verstellbar);

Renault 19 1,9 D TDE

Renault 19 1,8 Chamade TXE

Renault 19 16V

Renault 19 Cabriolet 16V

Fahrersitz mit Lendenstütze und Höhenverstellung; höhenverstellbares Lenkrad; Heizluftführung zum Fond.
Alle Ausstattungsstufen können auf Wunsch durch folgende Zusatzausstattung erweitert werden: Zentralverriegelung mit Infararot-Fernbedienung; Fahrersitz mit Höhenverstellung und Lendenstütze; ABS; codiertes Autoradio mit Bedienungssatellit am Lenkrad; zwei heizbare und elektrisch verstellbare Außenspiegel; elektrisches Glasschiebedach mit Sonnenrollo; Servolenkung; Klimaanlage; Bordcomputer; Heckscheiben-Wisch/Waschanlage; elektrische Fensterheber vorn; Nebelscheinwerfer; asymmetrisch umklappbare Rücksitzbank.

April

Bereits 23500 Renault 19 sind verkauft. Dabei haben sich über 80% für den Renault 19 mit Dreiwege-Katalysator entschieden. Nur 5% kauften die 1,4-Liter-Vergaserversion.

September

Auf der IAA '89 in Frankfurt wird das Stufenheckmodell des Renault 19 vorgestellt. Seine Modellbezeichnung: Renault 19 Chamade. Bei einer Gesamtlänge von 4,26 Meter ist das Stufenheck-Modell elf Zentimeter länger als die Fließheck-Variante. Bis zu den hinteren Türen ist der Chamade mit der Fließheck-Limousine identisch. Lediglich die hinteren Seitenteile mußten den anderen Karosserielinien angepaßt werde. Anders sind auch die hinteren Stoßfänger und die trapezförmigen Heckleuchten. Die Rücksitzlehne ist asymmetrisch geteilt und läßt sich nach vorne klappen.
Ebenfalls auf der IAA '89 hat der Renault 19 16V als sportlicher Vertreter seiner Familie Deutschlandpremiere. Er wird vorerst ausschließlich als Zweitürer angeboten. Beim Motor handelt es sich um einen Reihen-Vierzylinder mit 1764 cm³ Hubraum und einer Leistung von 99 kW bei 6500/min. Der Renault 19 16V verfügt über einen Dreiwege-Katalysator.
Das Fahrwerk des vorne um 15 mm und hinten um 20 mm tiefer gelegten Renault 19 16V ist mit strafferen Federn, leistungsfähigeren Stoßdämpfern und stärkeren Stabilisatoren an ebenfalls verstärkten Silentblöcken aufgehängt. Wie der Renault 19 GTX und TXE ist beim 16V abweichend von den anderen R19-Modellen eine Verbundlenker-Hinterachse mit vier Drehstäben eingebaut, wobei die Stabilisatoren verstärkt sind (24,5 mm statt 22 mm Durchmesser). Serienmäßig fährt der R19 16V auf Breitreifen der Dimension 195/50 R 15 V auf Stahlfelgen der Größe 6½ J x 14. Auf Wunsch sind Leichtmetallfelgen lieferbar. Die Bremsanlage ist serienmäßig mit ABS (Bendix) ausgerüstet und verfügt vorne über innenbelüftete Bremsscheiben. Zusätzlich werden die Hinterradbremsen mit einem doppelten lastabhängigen Bremskraftregler angesteuert.
Außenausstattung: Stoßfänger in Wagenfarbe mit integriertem Spoiler und Leitblechen zur Bremsenkühlung; Blinker im Stoßfänger; Doppelscheinwerfer; Türschwellerverbreiterung in Wagenfarbe; Außenspspiegel in Wagenfarbe; Heckspoiler; graue Seitenzierleisten in Höhe der Gürtellinie; getönte Scheiben. Innenausstattung: Zur serienmäßigen Top-Ausstattung (e3) kommen mehrfach verstellbare Sportsitze, wahlweise mit schwarzem Lederbezug; Schaltknauf und -balg mit Lederbezug, ebenso das Sportlenkrad; neue Armaturenbrettverkleidung; Zusatzinstrumente für Öldruck und -stand.

Renault 19 1,4 RN (Fließheck)

Renault 19 1,8 RT (Stufenheck)

1990

April Das Sondermodell »Renault 19 TXI« wird vorgestellt. Es basiert auf dem Spitzenmodell »R19 TXE«. Auf Wunsch gibt es Velours-Sportsitze mit verlängerter Oberschenkelauflage, Dreispeichen-Sportlenkrad in Lederausführung sowie in Wagenfarbe lackierte Stoßfänger und Außenspiegel. Den R19 TXI gibt es mit dem 65-kW-Motor als Zwei- und Viertürer.

1991

Januar Der Renault 19 wird von den Lesern der Autozeitschrift »auto motor und sport« zum »Besten Auto der Welt« in seiner Klasse gewählt. Die Grundausstattungsstufe e1 mit den Ausstattungsvarianten TR und TD entfällt.

Februar Das Sondermodell Renault 19 GTS Dynamic mit dem 1,7-Liter-Motor mit 54 kW wird angeboten. Von außen ist der R19 Dynamic durch blaue Kontraststreifen und den »Dynamic«-Schriftzug sowie in Wagenfarbe lackierte Stoßfänger und Außenspiegel kenntlich gemacht. Zusätzlich ist das Modell mit Nebelscheinwerfern und speziellen Radzierblenden bestückt.

Juli Die Diesel-Modelle des Renault 19 werden mit einem Oxidations-Katalysator ausgerüstet und erfüllen damit die »Töpfer«-Abgasnorm von weniger als 0,08 g Partikelemission pro Kilometer.
Ein neues, elektrisch betätigtes Glas-Hub/Schiebedach mit Sonnenjalousie ist auf Wunsch für alle Renault 19 zu haben.

September Die schon nach kurzer Zeit vergriffene Sonderserie Renault 19 GTS Dynamic wird als »Dynamic II« neu aufgelegt. Verkaufsbeginn des auf der IAA '89 vorgestellten R19 16V.

Oktober Das Renault 19 Cabriolet kommt auf den deutschen Markt. Es entstand in Zusammenarbeit mit Karmann in Osnabrück und basiert auf der zweitürigen Limousine. Zwei 1,8-Liter-Motoren stehen zur Auswahl: 65 kW und 99 kW. Auch das Fahrwerk basiert technisch und konstruktiv je nach Motorversion auf den Renault-19-Limousinen TXE bzw. 16V. Ebenso entspricht die Ausstattung weitgehend den entsprechenden R19-Limousinen.

Dezember Die Basisausstattungen beim Renault 19 heißen nun GTR, GTS und GTD. Die Renault-19-Modelle mit erweiterter Ausstattung heißen TSE, TDE und TXE.

1992

Februar Neben dem Renault Clio wird der Renault 19 wie im Vorjahr erneut von den Lesern der Autozeitschrift »auto motor und sport« zum »Besten Auto der Welt« in seiner Klasse gewählt.

Mai Die komplette Modellpalette des Renault 19 wird mit überarbeitetem, aufgefrischtem Äußeren und Inneren angeboten. Die Modellbezeichnungen für die drei Ausstattungsvarianten gliedern sich nun wie beim Renault Clio in RL, RN und RT. Zusätzlich wurden alle Motoren überarbeitet und das Motorenprogramm um drei Versionen erweitert.
Motoren: 1,8-Liter-Motor mit 65 kW; 1,8-Liter-Motor mit 81 kW; 1,9-Liter-Diesel mit Turbolader und Oxi-Kat 66 kW. Getriebe: Auf Wunsch kann beim Renault 19 1,8 S (65 kW) eine neue elektronisch gesteuerte 4-Gang-Getriebeautomatik geordert werden. Karosserie: Eine neue Scheinwerferform und ein neuer Kühlergrill mit größeren Lufteinlässen geben dem R19 ein dynamischeres Erscheinungsbild. Die Karosseriestruktur wurde verstärkt. Innenraum: Neues Styling am Armaturenbrett. Der 1,8i (81 kW) wird nur in der RT-Ausstattung angeboten.

November Auf Wunsch können ein Euro-Airbag für den Fahrer und Gurtstrammer an den Vordersitzen geliefert werden. In die Sitzbank integriertes Kindersitzpolster serienmäßig.

1993

Dezember Die Sondermodelle Renault 19 Limited und Renault 19 Driver (spezieller Schriftzug) werden angeboten. Beide Modelle können mit dem 1,8-Liter-Triebwerk mit 54 kW bzw. 65 kW oder dem Turbodiesel (66 kW) geordert werden. Schon das besonders preiswerte Modell »Driver« ist serienmäßig mit Fahrer-Airbag und Gurtstraffern ausgestattet. Serienmäßig beim Modell »Limited« sind zusätzlich: Servolenkung; elektrisches Glas-Hub/Schiebedach; elektrische Fensterheber vorn; Zentralverriegelung mit Fernbedienung; Velourspolsterung; Nebelscheinwerfer; Wärmeschutzglas; Seitenblinker; Fahrersitz höhenverstellbar; spezielle Leichtmetallfelgen.

Klassiker

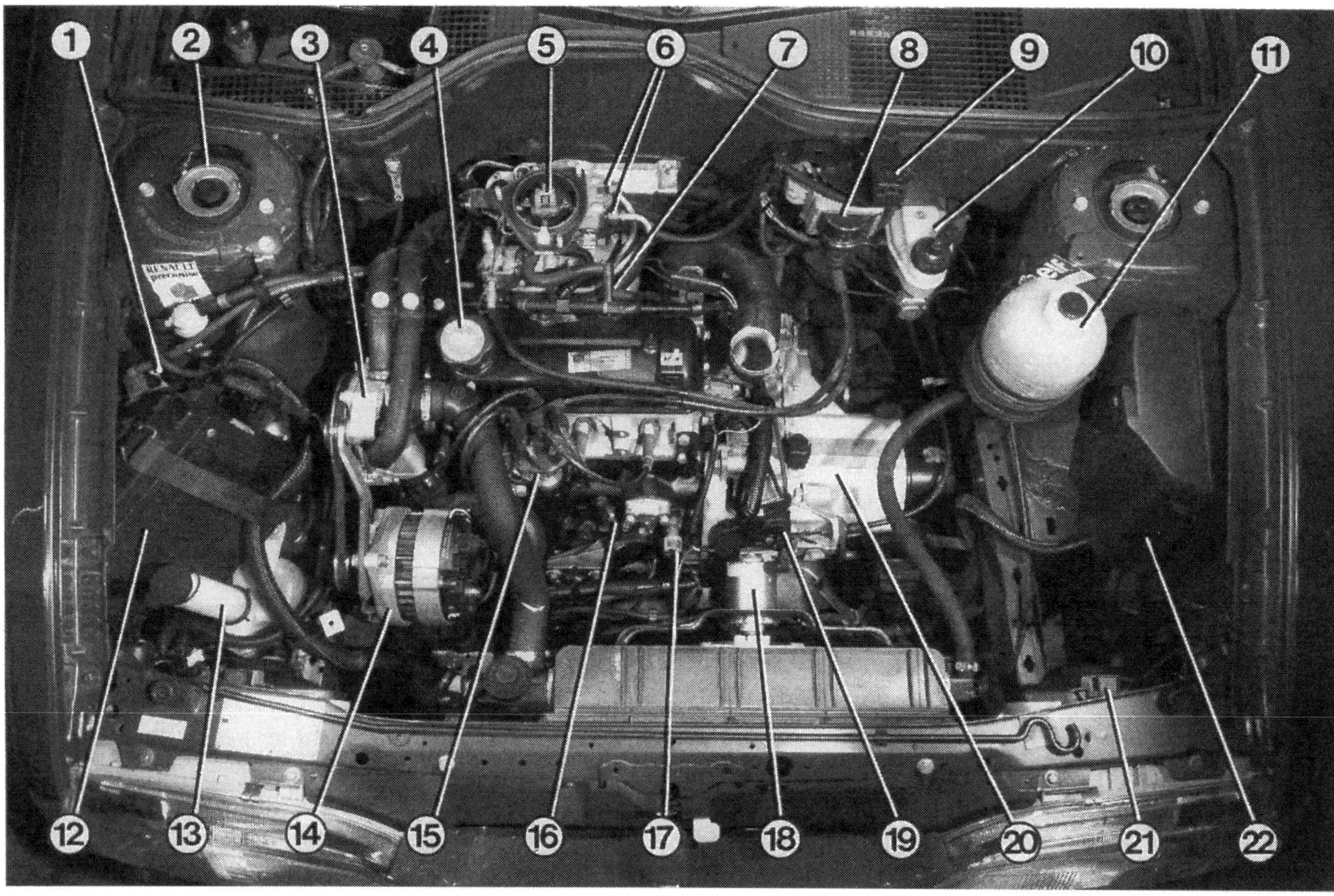

Der Blick in den Motorraum des Renault 19 mit C-Motor. Im Grunde ist der C-Motor ein alter Bekannter, der sich schon in den verschiedensten Renault-Modellen bewährt hat. Es bedeuten: 1 – Magnetventil der Tank-Be- und -Entlüftung; 2 – Widerlager des rechten Federbeins; 3 – Wasserpumpe; 4 – Öleinfülldeckel für Motoröl; 5 – Einspritzeinheit von Bendix mit Einspritzventil (beim 1,7-Liter-Motor ist diese Einheit baugleich); 6 – Kraftstoff-Vor- und -Rücklauf; 7 – Schlauchleitungen der Motor-Be- und -Entlüftung; 8 – Zündspule mit Leistungsmodul; 9 – Drucksensor für Unterdruck im Ansaugkrümmer; 10 – Vorratsbehälter des Bremssystems; 11 – Ausgleichsbehälter des Kühlsystems; 12 – elektronisches Steuergerät für die Benzin-Einspritzung und Zündverstellung; 13 – Waschwasserbehälter für Front- und Heckscheiben-Wisch-/Waschanlage; 14 – Lichtmaschine; 15 – Zündverteiler; 16 – Ölpeilstab; 17 – Öldruckschalter; 18 – Motor des Kühlerventilators; 19 – Kupplungsseilzug mit Ausrückgabel der Kupplung; 20 – Schaltgetriebe; 21 – Abdeckung des Hauptscheinwerfers; 22 – Zusatz-Relaisbox.

Massenherz

Auch beim Blick in den Motorraum des 1,8-Liter-Motors trifft man einen alten Bekannten, der seine Qualitäten schon in anderen Renault-Modellen unter Beweis gestellt hat. Im Bild ist der Motor mit Zentraleinspritzung) gezeigt. Es bedeuten: 1 – Widerlager des rechten Federbeins; 2 – Batterieabdeckung; 3 – Querstrebe; 4 – Öleinfülldeckel; 5 – Drosselklappenhebel mit Gaszugwiderlager; 6 – Ansaugstutzen der darunter sitzenden Einspritzeinheit (Bosch); 8 – Leistungsmodul des Zündsystems; 9 – Drucksensor für Unterdruck im Ansaugkrümmer; 10 – Vorratsbehälter des Bremssystems; 11 – Ausgleichsbehälter des Kühlsystems; 12 – Magnetventil der Tank-Be- und -Entlüftung; 13 – elektronisches Steuergerät für die Benzin-Einspritzung und Zündverstellung; 14 – Waschwasserbehälter für Front- und Heckscheiben-Wisch-/Waschanlage; 15 – Lichtmaschine; 16 – Vorratsbehälter der Servolenkung; 17 – Ölfilter; 18 – Ölpeilstab; 19 – Zündverteiler; 20 – Luftfiltergehäuse; 21 – Leitungen der Klimaanlage (Wunschausstattung); 22 – Zusatz-Relaisbox.

Volkssportler

Der 1,8-Liter-Motor mit 81 kW ist eigentlich die ideale Motorisierung für den Renault 19, denn hier zeigt sich, daß Kraftreserve beim Überholen in erster Linie ein Sicherheitsplus darstellt. Es bedeuten: 1 – Widerlager des rechten Federbeins; 2 – Batterieabdeckung; 3 – Querstrebe; 4 – Öleinfülldeckel; 5 – Sammelsaugrohr; 6 – Leerlauf-Regelventil; 7 – Drosselklappengehäuse; 8 – Leistungsmodul des Zündsystems; 9 – Drucksensor für Unterdruck im Ansaugkrümmer; 10 – Vorratsbehälter des Bremssystems; 11 – Ausgleichsbehälter des Kühlsystems; 12 – Magnetventil der Tank-Be- und -Entlüftung; 13 – elektronisches Steuergerät für die Benzin-Einspritzung und Zündverstellung; 14 – Waschwasserbehälter für Front- und Heckscheiben-Wisch-/Waschanlage; 15 – Lichtmaschine; 16 – Vorratsbehälter der Servolenkung; 17 – Ölpeilstab; 18 – Motor des Kühlerventilators; 19 – Motor-Belüftungsschlauch; 20 – Zündverteiler; 21 – Luftfiltergehäuse; 22 – Zusatz-Relaisbox.

Muskelmann

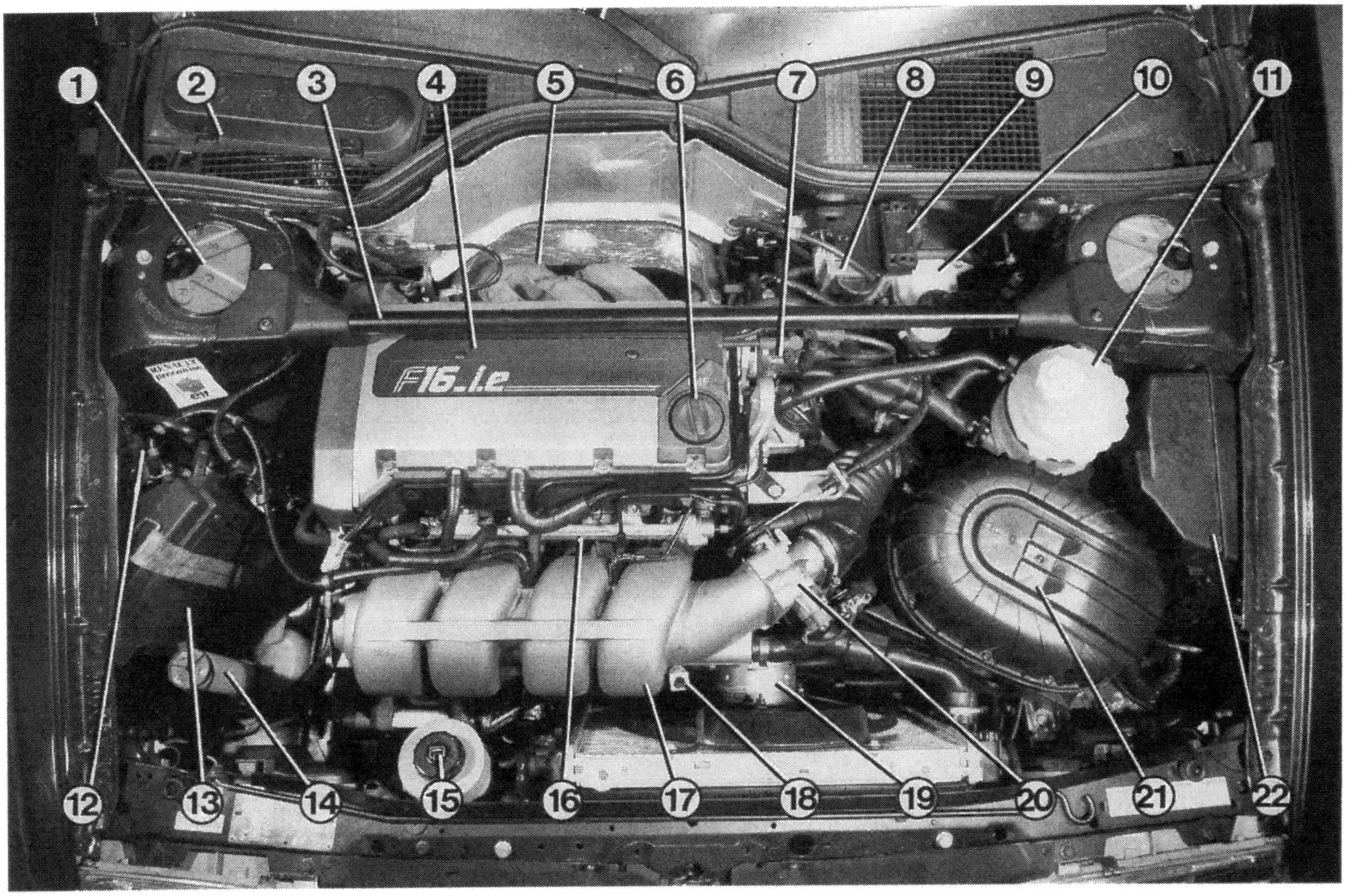

Der Motorraum des Renault 19 16V zeigt den 1,8-Liter-Doppelnockenwellen-Motor mit vier Ventilen pro Zylinder, der dem Renault 19 zu begeisternden Beschleunigungswerten verhilft. Es bedeuten: 1 – Widerlager des rechten Federbeins; 2 – Batterieabdeckung; 3 – Querstrebe; 4 – Abdeckung der Zündkabel und Zündkerzen gegen Feuchtigkeit; 5 – Auspuffkrümmer; 6 – Öleinfülldeckel; 7 – Zündverteiler; 8 – Zündspule mit Leistungsmodul des Zündsystems; 9 – Drucksensor; 10 – Vorratsbehälter des Bremssystems; 11 – Ausgleichsbehälter des Kühlsystems; 12 – Magnetventil der Tank-Be- und -Entlüftung; 13 – elektronisches Steuergerät für die Benzin-Einspritzung und Zündverstellung; 14 – Waschwasserbehälter für Front- und Heckscheiben-Wisch-/Waschanlage; 15 – Vorratsbehälter der Servolenkung; 16 – Kraftstoff-Verteilerrohr mit Einspritzventilen und Kraftstoff-Druckregler; 17 – Sammelsaugrohr; 18 – Ölpeilstab; 19 – Motor des Kühlerventilators; 20 – Drosselklappengehäuse der Benzin-Mehrpunkteinspritzung; 21 – Luftfilter; 22 – Zusatz-Relaisbox.

Zugnummer

Der hier abgebiltete Turbodiesel gehört zu den temperamentvollen Dieselmotoren seiner Klasse. Im Renault 19 erfüllt er mit seinem Oxidations-Katalysator sowohl die strengen Abgasvorschriften der USA (Abgasnorm US '87) als auch die »Töpfer-Norm«. Es bedeuten: 1 – Widerlager des rechten Federbeins; 2 – Batterieabdekkung; 3 – Querstrebe; 4 – Öleinfülldeckel; 5 – Sammelsaugrohr; 6 – Abgas-Rückführventil; 7 – Unterdruckpumpe für Bremskraftverstärker; 8 – Steuergerät der Vorglühanlage; 9 – Vorratsbehälter des Bremssystems; 10 – Ausgleichsbehälter des Kühlsystems; 11 – Zusatz-Relaisbox; 12 – Waschwasserbehälter für Front- und Heckscheiben-Wisch-/Waschanlage; 13 – Kraftstoffilter; 14 – Motor-Pendelaufhängung rechts; 15 – Lichtmaschine; 16 – Einspritzpumpe; 17 – Vorratsbehälter der Servolenkung; 18 – Ölpeilstab; 19 – Thermostatgehäuse; 20 – Schaltgetriebe; 21 – Luftfilter; 22 – Luftkanäle des Ladeluftkühlers.

Planmäßig

Regelmäßige Wartung und Pflege sind die wichtigsten Voraussetzungen für Fahrsicherheit, Zuverlässigkeit und nicht zuletzt Wirtschaftlichkeit Ihres Renault 19. Da die Wartungsintervalle bei einem modernen Auto immer weiter auseinanderliegen, sollte man in der Zwischenzeit häufiger selber nach dem Rechten sehen.

Der Wartungsplan

Für die Wartung Ihres Renault 19, gleich welcher Modellvariante und Ausstattung, liegt Ihrer Renault-Werkstatt ein Plan mit einer ganzen Reihe von Service-Punkten vor. Dieser Plan entspricht dem aktuellsten Stand, während die Punkte in den Wartungsunterlagen Ihres Fahrzeugs bisweilen schon überholt sind. Der **Wartungsplan in der hinteren Umschlagseite** wurde nach einem solchen Werkstattplan aufgebaut, doch ist die Reihenfolge der einzelnen Wartungspunkte speziell auf den Selbermacher abgestimmt, wobei zusätzliche, nach unseren Erfahrungen wichtige Punkte in den Plan eingefügt wurden.
Damit Sie während der Arbeit nicht ständig im Buch umherblättern müssen, um den Wartungsplan zu finden, haben wir ihn in der hinteren Umschlagseite untergebracht. So haben Sie ihn ständig vor Augen und können die einzelnen Pflegearbeiten Punkt für Punkt erledigen.

Sicherheitskontrolle und Inspektion

Die Inspektions-Intervalle für den Renault 19 sind jeweils alle 10000 km (Modelle mit Benzin-Motor) bzw. 7500 km (Modelle mit Diesel-Motor) vorgeschrieben. Zusätzlich schreibt Renault für den R 19 eine sogenannte große Inspektion alle 50000 km (Benziner) bzw. 60000 km (Diesel) vor.
Während die große Inspektion schon recht aufwendig ist, besteht die normale Inspektion im wesentlichen aus dem Motorölwechsel und einigen kleineren Überprüfungen, wie z. B. der Keilriemenspannung, der Fahrzeugelektrik bzw. Zündung. Wir haben deshalb in unserem Wartungsplan eine Anzahl von Wartungs- und Kontrollarbeiten aufgenommen, die vorbeugend alle 7500 km bzw. 10000 km usw. durchgeführt werden sollten.

Zeit- oder Kilometer-Intervalle?

Auch ein nicht benutztes Fahrzeug altert. Wer seinen Renault 19 nur relativ wenig fährt, muß daher in jedem Fall einmal im Jahr eine Inspektion durchführen (lassen). Diese Inspektion sollten Sie wohlgemerkt auch dann durchführen (lassen), wenn Sie weniger als 10000 km oder gar 7500 km gefahren sind.
Auch wenn Ihrem Auto größere Belastungen bevorstehen, wie z. B. Hängerbetrieb im Urlaub oder überhaupt jahreszeitlich bedingte Fahrzeug-Belastungen, sollten Sie Ihren Renault 19 einer außerplanmäßigen Kontrolle unterziehen.

Wer soll was machen?

Fast alle Wartungen am R 19 können Sie selbst ausführen, das entsprechende Wissen hierzu liefert unser Handbuch. Wenn dennoch Werkstatt oder Tankstelle den einen oder anderen Wartungspunkt rationeller durchführen können, so haben wir das im Wartungsplan vermerkt. Die »Selbsthelfer-Ampel« weist Ihnen dabei den richtigen Weg:
Grün: Freie Fahrt für den Selbsthelfer. Diese Arbeit können Sie mit den Kenntnissen aus diesem Buch fachgerecht ausführen und Geld sparen.
Gelb: Die Arbeit ist zwar nicht schwierig, doch es fehlen meist die nötigen Einrichtungen. An der Tankstelle sind Sie in diesem Fall am besten aufgehoben.
Rot: Halt, hier lassen Sie am besten die Werkstatt ran. Spezielle Werkzeuge oder Meßgeräte sind erforderlich, der Aufwand an Eigenarbeit lohnt sich nicht, weil die Werkstatt wesentlich schneller arbeitet oder weitergehende Kenntnisse erforderlich sind.

Garantiebedingungen beachten!

Solange Ihr Wagen noch jünger als ein Jahr ist oder wenn ein neuer Motor eingebaut wurde, verlangt Renault, daß die entsprechenden Wartungsarbeiten termingerecht in einer Renault-Werkstatt erledigt werden. Andernfalls können auch berechtigte Garantieansprüche abgelehnt werden.

Liegewiese

Wichtigste Bedingung für die Pflege und Wartung Ihres Renault 19 ist der richtige Platz und gutes Werkzeug. So ist z.B. ein fester Untergrund zum Aufbocken des Fahrzeugs unabdingbar. Auch über Dinge wie Ölrückstände sollten Sie sich Gedanken machen.

Der Pflegeplatz

Am günstigsten ist natürlich eine Garage, die ausreichend breit und gut beleuchtet ist. Bei warmem, trockenem Wetter eignet sich genauso eine ebene Fläche mit festem Boden im Freien. Vor der Arbeit sollten Sie den Arbeitsplatz sauberkehren, damit Sie sich weder im Schmutz herumwälzen müssen noch Kleinteile unauffindbar z.B. unter Blättern verschwinden können.
Vorsicht mit Benzin und Öl nicht nur auf »nackter« Erde, sondern auch auf Asphalt. Diese Flüssigkeiten greifen dessen Oberfläche an. Außerdem wird Asphalt bei sommerlichem Sonnenschein weich, was unschöne Löcher von Hebe- und Abstützwerkzeugen hinterläßt. Falls sich ein Wasserablauf in der Nähe befindet, sollten Sie ihn während der Arbeit abdecken, sonst verschwinden garantiert Kleinteile darin.
Falls Ihnen eine Montagegrube zur Verfügung steht, gilt es folgendes zu beachten: Benzin- und andere Dämpfe können sich in einer schlecht belüfteten Grube sammeln. Vorsicht mit offenem Feuer und beim Rauchen! Ebenso sammeln sich die Auspuffgase in der Grube – bei laufendem Motor herrscht also Vergiftungsgefahr.

Fingerzeig: Nicht selten bleiben nach der Arbeit Ölspuren auf dem Boden zurück. Dagegen helfen fürs erste ein scharfer Haushaltsreiniger oder Geschirrspülmittel. Besser sind spezielle Ölfleckentferner, wie sie z.B. von der Take GmbH, Trumppstraße 2, 80997 München angeboten werden.

Wagen immer abstützen!

Wagenheber sind – wie ihr Name schon sagt – nur dazu da, das Fahrzeug anzuheben. Das gilt für den Bordwagenheber, Scherenwagenheber, hydraulischen Stempelwagenheber und Rangierwagenheber. Sie sind keinesfalls eine ausreichende Abstützung für Arbeiten an der Wagenunterseite. **Lassen Sie es auch in der größten Eile nie an der fachgerechten Abstützung des aufgebockten Fahrzeugs fehlen!** Sonst kann die eigenhändige Reparatur das Leben kosten. Zum richtigen Abstützen gehört natürlich auch das Unterlegen der Räder mit Steinen und Holzkeilen, damit der Wagen beim Anheben nicht wegrollen kann.

Womit abstützen?

Hohlblocksteine haben sich als günstige Abstützmöglichkeit erwiesen. Sie dürfen allerdings nicht feucht und rissig sein, sonst könnten sie unter Belastung in sich zusammenbrechen. Zwischen Stein und Karosserie muß ein Brett gelegt werden, damit sich die Last gleichmäßig auf den ganzen Stein verteilen kann.
Der Hohlblockstein selbst muß auf ebenem und tragfähigem Grund (Beton oder Asphalt) stehen. Ungeeignet ist weicher Boden oder Rasen. Zwei Hohlblocksteine übereinander sind nicht ratsam. Wenn mehr Höhe

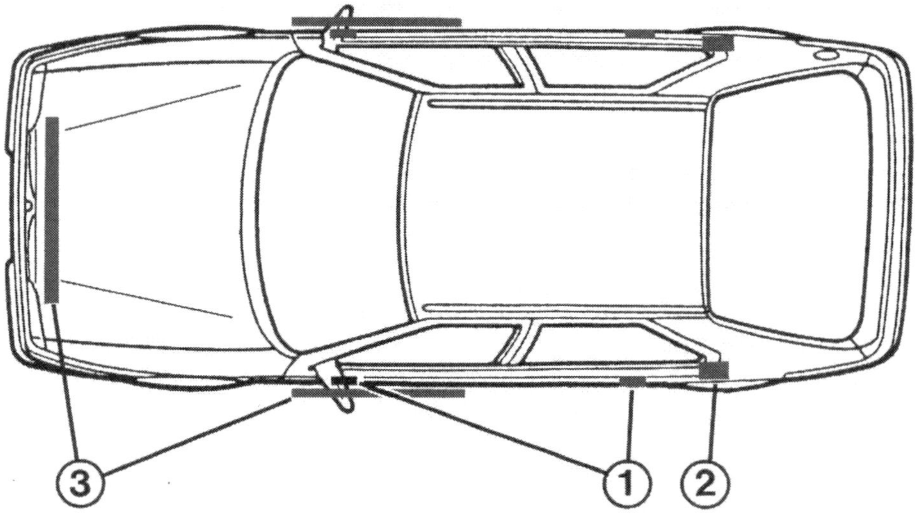

Bei jedem Anheben des Renault 19 sind unbedingt die in diesem Schema gezeigten Anhebe- und Abstützpunkte zu benutzen. Es bedeuten:
1 – Anhebepunkte für Bordwagenheber und Hebebühne sowie zusätzliche Abstützpunkte, z.B. für Unterstellböcke;
2 – Anhebepunkte für Rangierwagenheber (Hartholz- oder Hartgummiklötze als Unterlage verwenden);
3 – Abstützpunkte für den Rangierwagenheber mit lastverteilender Traverse. Hier muß besonders im Frontbereich des Wagens darauf geachtet werden, daß Motorteile, wie z.B. das Auspuffrohr nicht aufliegen. Deshalb muß die Traverse entsprechend ausgespart sein.

Links: Für größere Montagearbeiten sind verstellbare Dreiböcke eine gute, jedoch nicht vollkommen sichere Abstützung. Wichtig bei der Benutzung ist, daß jeweils ein Bein des Dreibocks zum Karosserierand zeigt, sonst können die Böcke beim Wuchten unter dem Wagen seitlich wegkippen.
Rechts: Bei seitlichem Ansetzen eines Rangierwagenhebers »außerhalb« der vorgeschriebenen Anhebepunkte am Türschweller muß zwischen Heber und Schweller ein lastverteilendes Vierkantholz zwischengelegt werden, sonst wird der Schweller unweigerlich eingedrückt.

gebraucht wird, kann allenfalls eine Lage Back- bzw. Ziegelsteine aufgelegt werden; natürlich wieder mit lastverteilendem Zwischenbrett.

Unterstellböcke stellen eine ideale Ergänzung zum Rangierwagenheber dar. Bei allen anderen Hebern – aber auch bei seitlich angesetztem Rangierheber – besteht allerdings die Gefahr, daß der auf der gegenüberliegenden Seite angesetzte Dreibeinbock einfach zur Seite weggedrückt wird. Am günstigsten steht der Bock, wenn eines seiner Beine nach außen und zwei zur Wagenmitte hin zeigen. Beachten Sie beim Kauf, daß die Böcke keine zu kleine Standfläche haben. Kontrollieren Sie beim Ansetzen eines Unterstellbocks, ob das Blech nirgendwo eingedrückt werden kann.

Auffahrrampen sind die schnellste Aufbockmöglichkeit, da kein Wagenheber gebraucht wird. Auch steht der Wagen dann absolut sicher. Wichtig ist, daß die Rampen einerseits eine genügend hohe seitliche Absicherung und nach vorn einen Überfahrschutz haben, andererseits aber auch von einem Fahrzeug mit Frontspoiler überfahren werden können. Als zusätzliche Sicherung des Wagens sollte in der Standfläche eine Mulde für die Räder vorhanden sein. Die billigen Ausführungen genügen diesen Anforderungen oft nicht.

Wagenheber

Bordwagenheber: Mit ihm kann der Selbermacher auf billige Weise seinen R19 für die meisten Arbeiten ausreichend in die Höhe heben. Eine am Boden zwischengelegte Bohle vergrößert sogar noch die Hubhöhe. Im übrigen sollten Sie immer ein kleines Brett unterlegen, damit sich der Wagenheberfuß nicht in den Untergrund drücken kann.

Scherenwagenheber: Nur die stabile Ausführung ist ratsam. Ein solcher Wagenheber bewährt sich bei einem Fahrzeug, dessen Karosserie an den Anhebepunkten schon etwas morsch ist.

Hydraulischer Stempelwagenheber: Er ist schon preiswert zu haben. Der entscheidende Vorteil ist, daß der Wagen sehr schnell angehoben wird. Vor dem Kauf sollten Sie allerdings die Hubhöhe kontrollieren. Bei einer kurzen Ausführung werden die Räder nicht weit genug vom Boden abgehoben. Ein zu hoher Heber läßt sich erst gar nicht am Wagenboden ansetzen.

Rangierwagenheber: Wenn Sie sich zu dieser Anschaffung entscheiden, sollten Sie einen Heber mit zusätzlichem Fußpedal zum Hochpumpen kaufen. Für den Selbermacher gut geeignet ist ein kurzer, kleiner Rangierheber, der sich leicht verstauen läßt. Beachten Sie aber, daß sich ein Heber mit zu kleinen Rädern unter Last nicht mehr bewegen läßt. Auch sollte die Deichsel so befestigt sein, daß sich der angehobene Wagen wirklich rangieren läßt.

Die Mietwerkstatt

Steht Ihnen zu Hause oder im Bekanntenkreis kein geeigneter Platz zum Autobasteln zur Verfügung oder muß im Winter bei Eiseskälte im Freien geschraubt werden? Dann sollten Sie sich in einer Mietwerkstatt einquartieren. Dort gibt es Hebebühnen, Gruben sowie teilweise auch Spezialwerkzeug, und die Arbeitsräume sind winters beheizt. Mit freien Plätzen in der Mietwerkstatt ist unter der Woche eher zu rechnen als am Wochenende, wenn alle Autobastler zum Werkzeug greifen.

Die Rechnung muß aber auch in der Mietwerkstatt stimmen; Sie müssen Ihre Zeit scharf kalkulieren. Nur wenn die Arbeit flott von der Hand geht und evtl. ein Helfer mitarbeitet, lohnt sich hier die Eigenarbeit. Wenn Sie eine umfangreiche Reparatur erstmals selbst ausführen, kann das Experiment durch die Summe der angesammelten Mietwerkstatt-Stunden teurer werden als der Arbeitspreis in der Fachwerkstatt.

Gleitfähig

Öl muß zwischen Gleitflächen und Lagern für die verschleißhemmende Schmierung sorgen. Es dient aber auch zur Feinabdichtung der Kolbenringe. Weiterhin muß es die beim Motorlauf entstehende Reibungs- und Verbrennungswärme abführen. Nicht zu vergessen Abrieb und Schmutz, die vom Öl gebunden werden.

Motorölstand prüfen

Ständige Kontrolle

Wenn Sie den Renault 19 erst übernommen haben (neu oder gebraucht), sollten Sie sicherheitshalber bei jedem Tanken das Öl kontrollieren. Sobald Sie erkennen, daß der Motor nur wenig Öl verbraucht, können Sie das Kontrollintervall auf jede zweite bis vierte Tankung verlängern. Der Peilstab mit dem spazierstockähnlichen Griff sitzt

○ beim 1,4-Liter-Motor an der Vorderseite des quer eingebauten Motors rechts neben dem Zündverteiler;
○ beim 1,7-/1,8-Liter- und 16V-Motor zwischen Kühlerventilator und Ansaugkrümmer;
○ beim Diesel-Motor an der Motorvorderseite etwas versteckt zwischen oberem Kühlerschlauch und Einspritzpumpe.

● Wagen auf waagrechtem Grund abstellen.
● Nach dem Abstellen des warmgefahrenen Motors mindestens fünf Minuten warten, damit alles Öl in die Ölwanne abtropfen kann. Besser ist die Kontrolle vor dem ersten Start bei noch kaltem Motor.
● Peilstab ziehen – Vorsicht bei heißem Motor, die umliegenden Schläuche sind sehr heiß! Stab mit sauberem, flusenfreien Lappen oder Papiertuch abwischen, bis zum Anschlag wieder in das Ölstab-Führungsrohr hineinschieben, kurz warten und erneut herausziehen.
● An der Peilstabspitze können Sie nun den Ölstand ablesen.
● Ist der Peilstab nur bis zur unteren Markierung benetzt, muß Motoröl nachgefüllt werden.
● Die Nachfüllmenge zwischen der unteren und oberen Markierung beträgt beim **1,4-Liter-Motor ca. 1,0 Liter**, beim **1,7-/1,8-Liter- und Diesel-Motor ca. 2,0 Liter und beim 16V-Motor ca. 1,3 Liter**.
● Es braucht jedoch nicht die ganze angegebene Differenzmenge nachgefüllt zu werden, denn die MAX-Marke darf nicht überfüllt werden.

Fingerzeige: Wenn Sie über den Ölverbrauch Ihres R19 ganz genau Buch führen wollen, sollten Sie immer an derselben Stelle messen; am besten vor dem ersten Start. Sie brauchen dann nicht einmal den Peilstab abzuwischen, da bei dem über längere Zeit stehenden Wagen (z.B. über Nacht) alles Öl in die Ölwanne zurückgetropft ist. Diese Meßmethode gilt auch für Fahrzeuge mit Ölstandsanzeige. Lassen Sie sich nicht verunsichern. Hochwertiges Motoröl wird schon nach kurzer Laufzeit dunkel. Das beweist nur, das es richtig »arbeitet« und den anfallenden Schmutz in der Schwebe hält. Es ist jedoch kein Zeichen dafür, daß das Öl gewechselt werden müßte.

Öl nachfüllen

Wieviel die Ölmenge zwischen oberer und unterer Peilstabmarke beträgt, können Sie im vorletzten Absatz nachlesen. Unter die MIN-Marke sollte der Ölstand nicht fallen. Aber solange der Ölstand die MIN-Marke nur

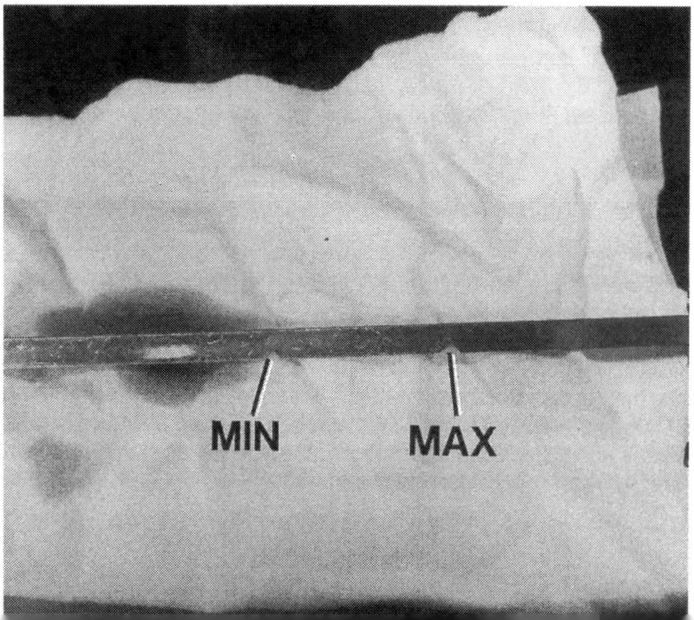

An allen Ölmeßstäben ist der Bereich markiert, in dem sich der Ölstand bewegen darf, ohne daß dem Motor Schaden zugefügt wird. Ist der Ölstand an der unteren Markierung angelangt, ist die Nachfüllmenge je nach Motor unterschiedlich, siehe Text oben.

ein wenig unterschreitet, droht dem Motor noch kein Unheil. Erst wenn mehr Öl fehlt und der Renault 19 scharf gefahren wird, kann es durch unzureichende Ölversorgung besonders an den hydraulischen Ventilstößeln des 16V-Motors zu Schäden kommen. Außerdem können durch Kavalierstarts und hohe Kurvengeschwindigkeiten Lagerschäden entstehen, weil der Schnorchel der Ölpumpe in der Ölwanne Luft ansaugt und dadurch der Öldruck abrupt abfällt.
Unsinnig ist aber auch eine Überfüllung des Motors über die MAX-Marke hinaus. Das Zuviel an Motoröl kann bei hohen Drehzahlen über die Motor-Entlüftung die Brennräume gelangen. Das ist gefährlich, denn das Öl kann im Katalysator verbrennen und diesen schädigen.
Bei welchem Ölstand Sie nachfüllen sollten, hängt von Ihrer Fahrweise ab:
○ Bei gemäßigtem Fahrstil genügt Nachfüllen, wenn das Niveau an der unteren Peilstabmarke angelangt ist.
○ Für scharfe Fahrweise empfiehlt sich das Auffüllen, wenn der Ölstand im unteren Drittel zwischen den beiden Peilstabmarken steht. Die größere Ölmenge kann die Kühlungsaufgaben besser erfüllen.

Darf man Öle mischen?

Die Ölsorten aller Hersteller lassen sich ohne Gefahr untereinander mischen. Diese Mischbarkeit ohne schädliche Folgen ist eine Grundforderung der internationalen Öl-Normen. Zwar werden spezifische Eigenschaften eines bestimmten Öls durch die Vermischung mit anderem Öl möglicherweise leicht beeinträchtigt, da jede Ölmarke ihre eigene Additivkombination besitzt. Die Schmierwirkung ist jedoch nie gefährdet. Wer sich an die von Renault vorgegebenen Öl-Normen hält, läuft keine Gefahr, daß eine untaugliche Mischungen einen Motorschaden verursacht.

Ölverbrauch

Der Begriff »Ölverbrauch« bezieht sich nur auf diejenige Menge Motoröl, die als Folge des Verbrennungsvorgangs in kleinen Mengen in den Zylindern verbrennt, ist also nicht gleichzusetzen mit dem Begriff Ölverlust, wie er durch Motorundichtigkeiten auftreten kann.
Laut Werksauskunft liegt der Ölverbrauch bis zu einem Liter pro 1000 km noch im Normalbereich. Meist ist der Verbrauch bei den Renault-19-Motoren so gering, daß zwischen den einzelnen Ölwechselintervallen nur eine geringe Menge Öl nachgefüllt werden muß. Selbst beim Diesel liegt die Nachfüllmenge zwischen den Ölwechselintervallen kaum bei einem Liter. Wieviel Ihr R19 verbraucht, hängt von folgenden Umständen ab:
○ Ölüberfüllung bewirkt höheren Verbrauch, denn die Motor-Entlüftung bläst das Zuviel wieder zum Motor hinaus.
○ Dünnflüssiges Öl verbrennt schneller als dickflüssiges. Einbereichsöl wird in heißem Zustand dünn wie Wasser, Mehrbereichsöl bleibt dickflüssiger.
○ Mehrbereichsöl, das zu lange im Motor bleibt, hat einen höheren Nachfüllbedarf.
○ Scharfe Fahrweise treibt außer dem Kraftstoffkonsum auch den Ölverbrauch in die Höhe. Besonders stark wirkt sich aus, wenn der neue Motor sofort voll belastet wurde.
○ In der Einlaufzeit braucht der Motor etwas mehr Schmiermittel.
○ Motorundichtigkeiten. Kontrollieren Sie, wie im Kapitel »Die Motoren und ihr Innenleben«, Absatz »Sichtprüfung des Motors« beschrieben.
○ Defekt im Motor; z. B. Ventilschaftabdichtungen defekt, Spiel zwischen Ventilführung und Ventilschaft zu groß, Kolbenringe falsch eingebaut oder schadhaft, beschädigte Zylinderwand durch Kolbenfresser.

Ölverdünnung

Haben Sie den Eindruck, daß Ihr Motor gar kein Öl verbraucht? Das kann z. B. im winterlichen Kurzstreckenbetrieb vorkommen. Der Ölstand zwischen den Messungen nimmt überhaupt nicht ab oder steigt gar an. Dann haben Sie nicht etwa eine Ölquelle entdeckt, sondern das Motoröl ist durch Kraftstoff und Kondenswasser verdünnt. Damit ist die einwandfreie Schmierung nicht mehr gewährleistet. Abhilfe: Durch eine regelmäßige, längere Fahrt das Motoröl »aufkochen«, damit die Kondensate verdunsten. Sofort anschließend den Ölstand kontrollieren, da der Pegel durch die verdunsteten Benzin/Wasser-Anteile erheblich absinkt! Oder (vor allem bei extremem Stadtbetrieb) das Öl vor den üblichen Intervallen wechseln; evtl. schon nach 3000 km oder vier Monaten.
Im Winter rechnet man mit einem Kraftstoffanteil im Öl von 2–3%, wobei die Einspritz-Motoren durch die besser dosierte Kaltstartanreicherung weniger Benzin im Motoröl haben als früher die Vergasermotoren.

Die richtige Ölsorte

Für die Motoren des R19 schreibt Renault ein Marken-HD-Öl vor, das nach der CCMC-Norm (Committee of Common Market Automobile Constructors = Vereinigung europäischer Automobil-Hersteller) bezeichnet wird. Neben dieser Bezeichnung gibt es noch weitere vom Amerikanischen Petroleum Institut (API-System mit SG/CD), General Motors und dem US-Militär (MIL).

Die Öl-spezifikation

Motoröl für die Motoren des Renault 19 sollte eine der folgenden Bezeichnungen tragen:
○ CCMC-G2 oder CCMC-G3 für Otto-Motoren bzw. CCMC-PD1 für Diesel-Motoren;

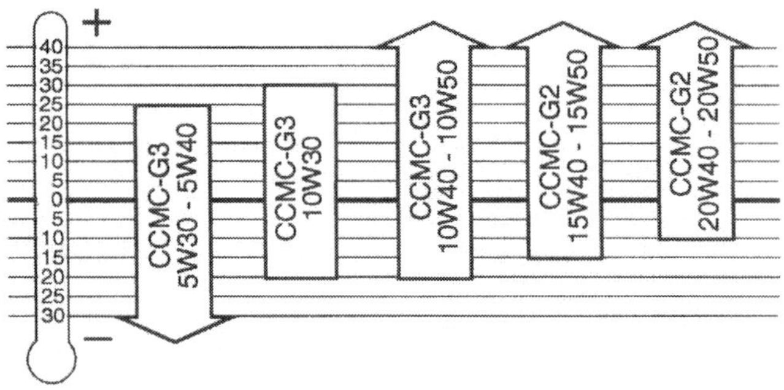

Die Tabelle zeigt die Ölviskositäts-Empfehlungen von Renault. Daraus ist zu erkennen, daß Sie in unseren Breitengraden schon mit einem Öl der Viskositätsklasse 10 W-30 ausreichend bedient sind, denn die angegebenen Temperaturen verstehen sich als Dauertemperaturen. Kurzzeitige Schwankungen über diesen Temperaturbereich hinaus spielen keine Rolle.

○ API SG/CD (derzeit höchste Qualität);
○ MIL-L-46 152 A oder MIL-L-46 152 B.
Bei solcherart gekennzeichnetem Öl können Sie unbesorgt zugreifen, auch wenn es wesentlich billiger ist als ein gleichartiges bekanntes Markenöl.

Zähflüssigkeit des Öls

Das Fließverhalten des Öls – also die Dick- bzw. Dünnflüssigkeit – bestimmt, ob
○ der Anlasser den kalten Motor durchdrehen kann;
○ alle Schmierstellen nach dem Kaltstart sofort versorgt werden;
○ bei hohen Temperaturen und Drehzahlen der Schmierfilm nicht abreißt.
Die amerikanische **S**ociety of **A**utomotive **E**ngineers hat die Öle entsprechend ihrer Zähflüssigkeit in Klassen eingeteilt. Diese Klassen reichen vom dünnflüssigen **W**interöl SAE 5 W, 10 W, 15 W über die Zwischenstufe SAE 20 W/20 zu den dickflüssigen Sommerölen SAE 30, 40 und 50.
○ Am billigsten, aber kaum noch im Handel, ist **Einbereichsöl**. Für einwandfreie Motorschmierung muß es entsprechend der Jahreszeit dick- oder dünnflüssiger sein. Das bedeutet, daß im Herbst Winteröl und im Frühjahr Sommeröl in den Motor gefüllt werden muß.
○ Wesentlich aufwendiger in der Herstellung und deshalb auch viel teurer ist **Mehrbereichsöl**. Es besitzt Viskositätsindex-(VI-) Verbesserer – lange Molekülketten, die beim Erhitzen quellen und beim Abkühlen wieder schrumpfen. Das Öl kann sich damit den Temperaturen elastisch anpassen und mehrere Viskositätsklassen überspannen. Ein Öl SAE 15 W-50 entspricht bei einer Temperatur von −15°C der Zähflüssigkeitsklasse 15 W und bei 100°C der Klasse 50. Problematisch ist bei manchen Mehrbereichsölen, daß die Molekülketten ihrer Viskositäts-Verbesserer mit der Zeit regelrecht kleingehackt (abgeschert) werden können. Dann ist die obere Zähflüssigkeitsklasse nicht mehr voll erhalten, das Öl also nicht mehr so temperaturbeständig.

Welches Öl kaufen?

Bei welchen Temperaturen welche Motoröl-Zähflüssigkeit verlangt wird, zeigt die Tabelle oben. Um mit einer einzigen Ölsorte weite Temperaturspannen überbrücken und den jahreszeitlichen Ölwechsel ersparen zu können, nennt Renault ausschließlich Mehrbereichsöle. Für mitteleuropäische Verhältnisse genügt die Viskosität 10 W-30 ganzjährig. Nur bei extrem hohen oder niedrigen Dauertemperaturen soll eine andere Viskosität verwendet werden. Renault empfiehlt die Ölmarke ELF, doch daran brauchen Sie sich keinesfalls zu halten. Wichtig ist die richtige Zähflüssigkeit und Spezifikation. Die billigeren Einbereichsöle hat Renault in seinen Schmiermittelempfehlungen schon lange gestrichen.

Hochleistungsöle

Unter diesem Begriff sind Leichtlauf- oder Benzinsparöle (auf teilsynthetischer Basis) und auch vollsynthetische Öle zusammengefaßt, denn die Übergänge sind fließend. Sie sind durchweg teurer als herkömmliche Mehrbereichsöle. Da sie jedoch die Bildung von Ölschlamm besonders gut verhindern, werden diese Öle sehr empfohlen.
○ Die in kaltem Zustand sehr dünnflüssigen **Leichtlauf-Schmierstoffe** verringern vor allem in der Warmlaufphase und im Kurzstreckenverkehr die innere Reibung im Motor, setzen ihm also weniger Widerstand entgegen. So kann realistisch mit einer Verbrauchs-Einsparung von rund 3% gerechnet werden. Außerdem sind bei den Leichtlaufölen Detergentien eingebaut, die der Schlammbildung von Mager-Konzept-Motoren entgegenwirken und den stickoxidhaltigen Durchblasgasen standhalten. Diese Ersparnis macht sich nur bei einem Motor bezahlt, der einen geringen Ölverbrauch hat.
○ **Vollsynthetische Öle** zählen zu den teuersten überhaupt. Sie sind besonders alterungsbeständig und hoch belastbar.

Zusätze zum Motoröl

Dem Verwenden von Zusatzmitteln – gleich welcher Art – in Schmierölen stehen die meisten Autohersteller sehr kritisch gegenüber. Oft verstößt die Verwendung von Ölzusätzen sogar gegen die Empfehlungen in der Betriebsanleitung und kann im Garantie- bzw. Kulanzfall zu Auseinandersetzungen führen. Ob die Mehrkosten für Ölzusätze eine entsprechende Lebensverlängerung des Motors bewirken, hat ohnehin noch niemand eindeutig nachgewiesen.

Wie oft Öl wechseln?

Renault schreibt für alle Otto-Motorvarianten des R 19 den Ölwechsel jeweils nach 10 000 km, beim Diesel-Motor alle 7500 km vor. Wie genau soll man sich an diese Anweisung halten?
Wir meinen, daß ein Langstreckenfahrer die Ölwechsel-Intervalle nicht so kilometergenau nehmen muß. Dagegen können kürzere Wechselabstände angebracht sein, wenn der Wagen ausschließlich im Kurzstrekkenbetrieb fährt. Bei ausschließlich winterlichem Stadtverkehr sind sogar unabhängig von der Kilometerleistung bereits vier Monate genug für das Motoröl.
Der jahreszeitliche Ölwechsel – am besten vor und nach den Wintermonaten – hat besonders für jene Renault-19-Fahrer Bedeutung, die die Kilometerdistanzen zwischen den Ölwechseln nicht »schaffen« oder die ein preiswertes Einbereichsöl im Motor haben, das für die bevorstehende Jahreszeit in seiner Zähflüssigkeit nicht »paßt«.

Ölwechsel wo und wie?

○ Das Motoröl soll bei betriebswarmem Motor gewechselt werden, damit es allen Schmutz beim Auslaufen herausschwemmt.
○ In Zeiten zunehmenden Umweltbewußtseins dürften die Folgen von Altöl im Grundwasser mit der entsprechenden Gefährdung des Trinkwassers mittlerweile jedem bekannt sein.
Die ordnungsgemäße Beseitigung des beim Ölwechsel abgelassenen Altöls ist dank der Abfall-Gesetzgebung ganz einfach: Man kann es kostenlos dort abgeben, wo man Motoröl gekauft hat. Der Handel ist zur Rücknahme verpflichtet, als Kaufbeweis müssen Sie nur die entsprechende Quittung vorlegen. Wichtig: Altöl nicht mit anderen Flüssigkeiten mischen!
Noch einfacher haben Sie es, wenn Sie die Ölabsaugstation an der Tankstelle benutzen, dann brauchen Sie mit dem Altöl gar nicht herumzuhantieren, es gelangt sicher in den Altöltank.
○ In Werkstätten kostet der Ölwechsel nach unseren Erfahrungen das meiste Geld, weil nur sehr teure Ölsorten vorrätig sind. Außerdem ist der Motor oft schon wieder kalt, bis das alte Öl abgelassen wird. Und manche Werkstätten berechnen die Arbeit für den Ölwechsel zusätzlich.
○ An Tankstellen kommt der Wagen meist sofort dran. Sie können auch ein billigeres Öl aus dem Tankstellen-Verkaufsprogramm auswählen, und im Ölpreis ist die Arbeit des Tankwarts inbegriffen.
○ Gegen den SB-Ölwechsel mit einem Absauggerät an der Tankstelle bestehen keine Bedenken, vorausgesetzt, der Ölfilter wird bei jedem Wechselintervall ebenfalls ausgetauscht.
○ Ölwechsel zu Hause lohnt sich nur, wenn Sie das Öl preiswert im Zubehörhandel, Großmarkt, Warenhaus oder durch gute Beziehungen billiger kaufen können. An der Tankstelle müssen Sie nach den etwas günstigeren SB- oder Mitnahmeölen fragen.

Motoröl und Ölfilter wechseln

Wartung Nr. 11

Die Tabelle zeigt die Ölmengen, die zum Ölwechsel für die einzelnen Motoren besorgt werden müssen:

Motor Kurzbezeichnung		1,4-Liter C3J	1,7-Liter F3N-L/F3N-N	1,8-Liter F3P	16 V F7P	Diesel F8Q
mit Ölfilterwechsel	l	3,5	5,2	5,2	3,7	5,5
ohne Ölfilterwechsel	l	3,0	4,7	4,7	3,2	5,0

Weiter brauchen Sie:
○ Einen neuen Dichtring für die Ölablaßschraube.
○ Einen Ölfilter für den alle 10 000 km (Benziner) bzw. 7500 km (Diesel) fälligen Filtertausch.
● Den Renault 19 waagrecht stellen oder entsprechend rüttelsicher aufbocken.
● Kleine flache Wanne, Schüssel oder einen aufgeschnittenen Plastik-Ölkanister unterstellen.
● Ölablaßschraube mit 8-mm-Vierkantschlüssel öffnen. Beim Diesel vorher die Abdeckung aus dem Querblech hebeln. Öl in Gefäß laufen lassen. Vorsicht, es ist heiß!
● Haben Sie den Wagen vorn aufgebockt, sollten Sie ihn zum völligen Auslaufenlassen des Altöls nochmals ablassen. Aufpassen, daß dabei das Auffanggefäß nicht beschädigt oder umgekippt wird.
● Ölfilter mit dem auf der folgenden Seite gezeigten Bandschlüssel lösen. Noch besser ist der spezielle Filterschlüssel von Hazet. Bei sehr festsitzendem Filter einen scharfen Schraubendreher durch das Blechgehäuse des Filters treiben (Vorsicht, heißes Öl läuft aus) und Filter losdrehen. Beim Diesel den Ölfilter mit einer am Sechskant des Filtergehäuses angesetzten Stecknuß SW 27 abschrauben.
● Alten Ölfilter über Ölauffanggefäß entleeren.
● Einen gebrauchten Ölfilter nicht in die Hausmülltonne werfen, sondern – wie auch ölgetränkte Lappen – zum Sondermüll geben.
● Kontrollieren, ob sich der Gewindestutzen nicht gelöst hat und bis zum Anschlag im Motorblock sitzt.
● Dichtring am neuen Ölfilter mit etwas Fett einreiben. Kein Öl nehmen, das bei der Sichtkontrolle zum Schluß oft fälschlicherweise für austretendes Öl gehalten wird.

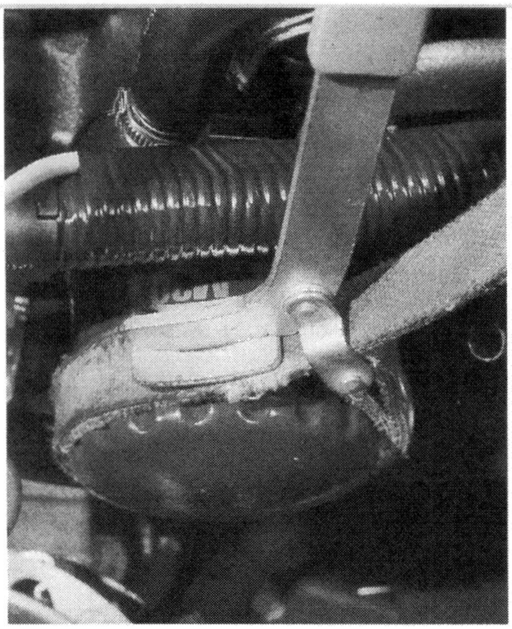

Links: So wird der Spannbandschlüssel zum Losdrehen des Ölfilters angesetzt. Bei Problemen mit dem Losdrehen den Filter durchstoßen und losdrehen. Bei bestimmten Filterpatronen-Typen läßt sich zum Losdrehen auch eine Stecknuß am Filtergehäuse ansetzen.
Rechts: Die Motoröl-Ablaßschraube läßt sich nur mit einem Vierkantschlüssel (8 mm) herausdrehen.

- Filter ohne irgendwelches Werkzeug von Hand festdrehen.
- Ölablaßschraube sauberreiben und mit neuem Dichtring eindrehen, jedoch nicht zu fest anknallen (20 Nm), sonst wird das Gewinde in der Ölwanne beschädigt.
- Nach dem Öleinfüllen den Motor kurz laufen lassen. Bis die Ölpumpe den Ölfilter gefüllt hat, brennt die Öldruckkontrolle (Öldruck muß sich erst aufbauen). Bei einem älteren Motor kann kurzes Lagerklappern hörbar werden. Beim 16V-Motor können kurzzeitig die hydraulischen Ventilstößel klappern.
- Öldichtheit an Ölfilter und Ablaßschraube kontrollieren.

Ölstand im Schaltgetriebe kontrollieren

Wartung Nr. 25

Im Getriebe wird das Schmiermittel nicht wie im Motor verbraucht, sondern kann allenfalls durch undichte Stellen ins Freie gelangen. Ein Getriebegehäuse, das außen eine öldurchtränkte Schmutzkruste aufweist, macht eine Ölstandskontrolle unumgänglich. Aber zu wenig Schmieröl im Getriebe bleibt dem Betrachter verborgen. Wir raten daher in jedem Fall dazu, den Ölstand zu prüfen. Wo die Kontroll- und Einfüllschraube sitzt, zeigt das Bild auf der gegenüberliegenden Seite.

- Wagen waagrecht und rüttelsicher aufbocken.
- Öleinfüllschraube herausdrehen.
- Läuft nun bereits etwas Getriebeöl heraus, stimmt der Ölstand.
- Ansonsten Finger in das Gewindeloch stecken und fühlen, ob der Ölstand bis an die Öffnung reicht.
- Bei größerem Ölmangel (mehr als 5 mm von Unterkante Einfüllöffnung) sollten Sie an der Tankstelle oder in der Werkstatt die vorgeschriebene Getriebeölsorte einfüllen lassen.

Fingerzeige: Wollen Sie bei der Kontrolle des Getriebeölstands ganz sicher gehen, biegen Sie sich ein Stück Schweißdraht (oder ähnlichen Draht) entsprechend rechtwinklig ab und prüfen so den Ölstand von der Unterkante der Einfüllöffnung aus.
Getriebeöl für das gelegentliche Nachfüllen zu Hause parat zu haben, lohnt sich nur, wenn Sie es in einer wieder verschließbaren 1-Liter-Dose kaufen können.
Das eigenhändige Einfüllen des sehr zähflüssigen Getriebeöls durch die seitliche Getriebeöffnung ist mit Heimwerkermitteln eine gehörige Geduldsprobe, selbst wenn man einen geeigneten Trichter mit Schlauch oder gar eine Ölspritzkanne zur Verfügung hat und das Öl vorher erwärmt.

Die richtige Getriebeölsorte

An einen Getriebeölwechsel brauchen Sie nicht mehr zu denken. Das Getriebe ist mit einer Dauerfüllung versehen, aus der eventueller Abrieb durch Magnete herausgefischt wird. Allerdings muß das Getriebeöl bestimmten Anforderungen entsprechen. Renault schreibt dafür Tranself TRX 80 vor, was der Zähflüssigkeitsklasse SAE 80 entspricht.

ATF-Stand im automatischen Getriebe kontrollieren

Wartung Nr. 2

Die Getriebeautomatik ist mit einer synthetischen Flüssigkeit namens **A**utomatic **T**ransmission **F**luid befüllt. Sie dient als Schmiermittel und zur Steuerung des hydraulischen Drucks im Getriebe. Damit sie den Anforderungen der Getriebeautomatik gerecht wird, muß ATF der Marke ELF Renaultmatic D2 nachgefüllt werden. Notfalls kann auch Mobil ATF 220 D oder Texamatic 4011 nachgefüllt werden. Auf keinen Fall sollten die Getriebe-Flüssigkeiten untereinander gemischt werden! Der vorgeschriebene Stand ist für die einwandfreie Funktion der Getriebeautomatik äußerst wichtig. Darum ist die Prüfung regelmäßig durchzuführen.

Zur Ölstandskontrolle im Getriebe ist nur die mit »1« gekennzeichnete Kunststoffverschraubung wichtig. Zum vollständigen Ablassen des Getriebeöls muß die Ablaßschraube »2« herausgedreht werden.

● Die ATF soll zur Prüfung Betriebstemperatur (ca. 60°C) aufweisen. Dazu ggf. eine etwa zehnminütige Probefahrt machen. Die Temperatur muß deshalb so genau erreicht sein, weil sich die Flüssigkeitsmenge temperaturabhängig verändert und eine einwandfreie Messung des Flüssigkeitsstandes daher nur bei Betriebstemperatur möglich ist.

● Fahrzeug waagrecht abstellen, Handbremse anziehen und Fußbremse betätigen.

● Wählhebel in Position »P« legen und mindestens eine Minute warten.

● Peilstab am Getriebe bei Leerlaufdrehzahl des Motors herausziehen, mit einem flusenfreien, sauberen Lappen abwischen, wieder einschieben und nochmals herausziehen. Der Flüssigkeitsstand muß zwischen oberer und unterer Markierung liegen. Er darf die Marken bei kaltem Motor niemals unter- und bei warmem Motor niemals überschreiten.

● Falls erforderlich, ATF der vorgeschriebenen Spezifikation durch das Peilstabrohr mit einem sauberen Trichter und Schlauch auffüllen.

● Falls zuviel eingefüllt wurde, muß ATF abgesaugt werden, da ein überfülltes Getriebe zu Störungen neigt.

● Ist die Getriebeflüssigkeit dunkelbraun oder gar schwarz und riecht sie verbrannt, deutet dies auf einen größeren Getriebeschaden mit verschlissenen Kupplungen oder Bremsbändern hin.

● Liegt der Ölstand unter der unteren Marke, muß das Getriebe auf Undichtigkeiten überprüft werden. Notwendige Abdichtarbeiten sollten Sie der Werkstatt überlassen.

Beschaffenheit der ATF

Während der Prüfung des Flüssigkeitsstands im automatischen Getriebe muß gleichzeitig die Beschaffenheit der ATF (Farbe und Geruch) geprüft werden. Sie kann Aufschluß über den Getriebezustand geben.

○ **Sauber und rot:** Die Beschaffenheit der Flüsssigkeit ist in Ordnung.

○ **Verbrannter Geruch und dunkel gefärbt:** Kupplungen sind verbrannt. Das Getriebe muß ausgewechselt werden.

○ **Feste Rückstände in der ATF (Metallabrieb):** Getriebe auswechseln lassen.

○ **Verharzte und klebrige ATF:** Getriebe ist oft überhitzt gewesen – ausbauen und überholen lassen.

Flüssigkeitsstand der Servolenkung kontrollieren

Ständige Kontrolle

Der Vorratsbehälter der Servolenkung ist je nach Motorisierung etwas unterschiedlich gebaut. Zu Ihrer eigenen Sicherheit sollten Sie regelmäßig bei jeder Kontrolle des Motorölstands auch den Flüssigkeitsstand in diesem Behälter kontrollieren. Eingefüllt ist ATF wie in der Getriebeautomatik. Der Flüssigkeitsstand kann exakt nur bei kalter (Umgebungstemperatur) Lenkhilfe kontrolliert werden.

● Beim 1,7-/1,8-Liter-, 16V- bzw. Diesel-Motor muß das Flüssigkeitsniveau am transparenten Vorratsbehälter zwischen der »MINI«- und »MAXI«-Markierung stehen.

● Falls erforderlich, vorgeschriebene ATF nachfüllen.

● Liegt der Flüssigkeitsstand weit unter der Mindest-Markierung oder muß häufig ATF nachgefüllt werden, muß nach der Ursache für den Flüssigkeitsverlust geforscht werden.

Züge, Gelenke und Schlösser schmieren

Wartung Nr. 32

Der Wartungsplan von Renault sieht nur einige wenige Schmierarbeiten an den verschiedenen R19-Modellen vor. Es hat sich aber gezeigt, daß manches auf die Dauer leichtgängig bleibt, was sonst quietscht, klemmt, reißt oder rostet, wenn man es hin und wieder schmiert. Dabei gilt folgende Faustregel: An Scharnieren und

Zwischen der »MIN«- und »MAX«-Marke soll sich der Stand der ATF im Vorratsbehälter der Servolenkung »bewegen«. Im transparenten Behälter kann der Flüssigkeitsstand leicht abgelesen werden, vorausgesetzt, der Wagen steht auf waagrechtem Untergrund.

Gelenken mit engen Durchgängen, in die kein Fett eindringen kann, ist Öl oder Schmierspray günstiger. Gegeneinander reibende Flächen werden besser gefettet oder mit einer Schmierpaste behandelt, da diese Schmierstoffe besser haften.

Türen und Heckklappe

● Die Türscharniere sind eigentlich wartungsfrei. Dennoch kann es nicht schaden, hin und wieder etwas Öl anzusprühen; abtropfendes Schmiermittel abwischen.
● Für die Schloßfalle der Türen und der hinteren Klappe verwenden Sie am besten Silikonpaste oder ein Schmierspray.
● Die Türfeststeller, das zu weites Aufschlagen der Türen verhindert, wird mit etwas Mehrzweckfett oder ebenfalls mit Silikonpaste bestrichen.
● Die Gelenkverbindungen zwischen den Übertragungsstangen und Umlenksegmenten der Türverriegelung mit etwas Schmierspray versehen. Dazu muß jedoch vorher die Türverkleidung abgebaut werden, siehe Kapitel »Die Karosserieteile«, Absatz »Türverkleidung ausbauen«.
● Die Heckklappenscharniere an der Dachhinterkante können Sie mit etwas Öl besprühen. Vorsicht, daß der Dachhimmel nichts abbekommt.

Schließzylinder

● Sprühen Sie spätestens zu Beginn der kalten Jahreszeit etwas Rostlöser-Isolierspray in den Schlüsselschlitz. Es schmiert, verdrängt Feuchtigkeit und schützt vor Rost sowie Einfrieren im Winter.
● Zur Schmierung des Schließzylinders eignet sich auch Waffenöl. Mit einer alten Injektionsspritze jeweils 0,5 cm³ einspritzen.

Motorhaube

● Entriegelungszug der Motorhaube von einem Helfer im Wageninnern ziehen lassen. An der Stelle, wo der Seilzug aus der Umhüllung kommt, etwas Fett anstreichen und durch mehrmalige Hebelbewegung in die Zugumhüllung ziehen.
● Den Schließbügel der Motorhaube, das Motorhaubenschloß und die Gelenke der Haubenstütze mit etwas Fett bestreichen oder Schmierfett auftragen.
● Die Achsen der Motorhaubenscharniere erhalten etwas Öl oder Schmierspray.

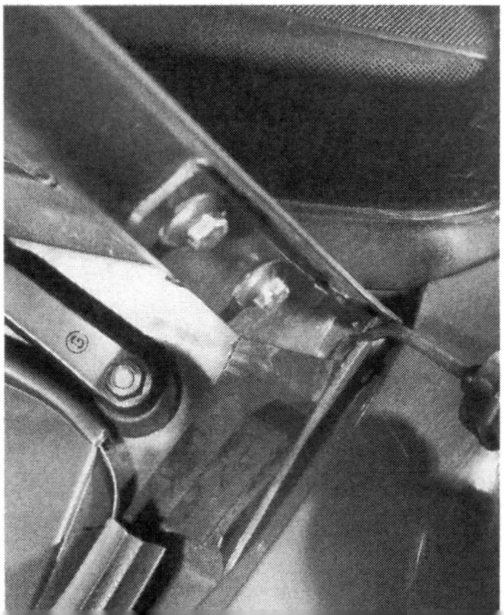

Links: Besonders nach einem »versalzenen« Winter sollten Sie die Motorhaubenscharniere schmieren. Zu empfehlen ist hier Sprühfett. Im Moment des Sprühens ist dieses Fett flüssig und bildet erst nach dem Auftreffen auf das zu schmierende Teil einen feinen Schmierfilm.
Rechts: Für ein langes Haubenzugleben sollte an den beweglichen Teilen der Schloßfalle (Pfeil) immer ein ausreichender Fettvorrat vorhanden sein, damit das Schloß mit geringem Kraftaufwand entriegelt werden kann.

Links: Die Pfeile zeigen auf die Abdichtung des Kupplungsseilzugs, durch die Sie beim Betätigen des Zugs Fett in die Umhüllung »ziehen« können.
Rechts: Am Türscharnier gibt es gleich mehrere Schmierstellen, an die bei der Wartung etwas Spühfett angegeben werden muß. Besonders die Schleifstellen (kleine Pfeile) des Türfeststellers sind für etwas Fett immer dankbar.

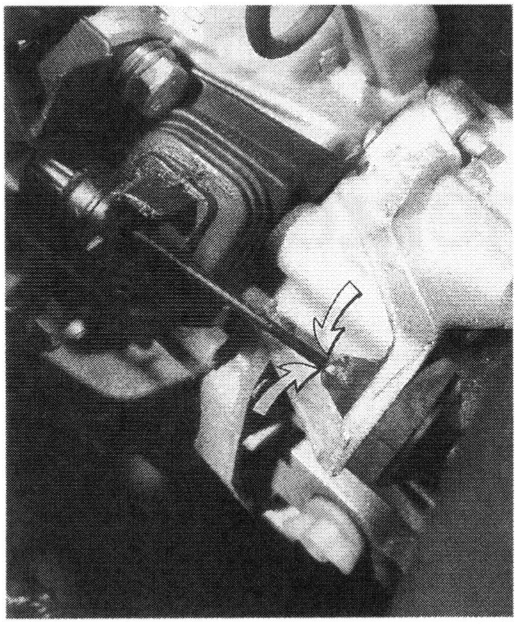

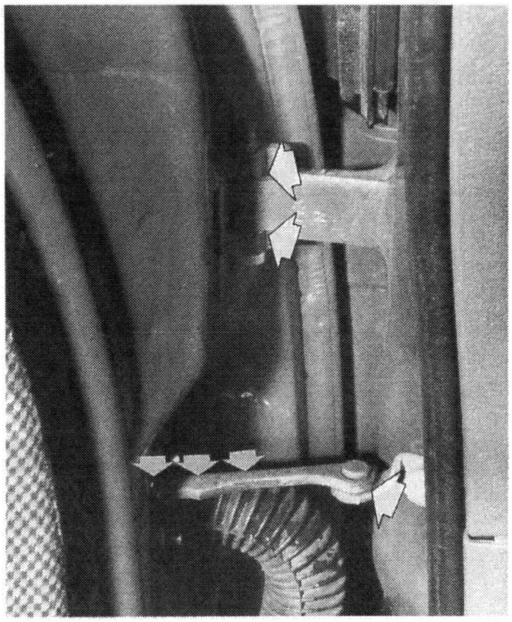

Schiebe/ Hubdach

- Schiebe/Hubdach öffnen.
- Schiebe/Hubmechanismus vorsichtig mit Benzin von verkrustetem Fett reinigen.
- Alle sich berührenden Stellen mit Mehrzweckfett oder Silikonpaste bestreichen, ebenso den Schiebe/Hubmechanismus.

Kupplungszug

- Im Motorraum den Kupplungshebel am Getriebe etwas zurückdrücken, so daß das Zugende locker an der Hebelnase hängt.
- In den Zwischenraum etwas Fett oder Schmierpaste streichen.
- Am Ende der Seilzugumhüllung etwas Fett um den Seilzug auftragen und durch mehrmaliges Kupplungspedaltreten in die Zugumhüllung ziehen.

Handbremszüge

Zum Schmieren der Handbremsteile verwendet man am besten ein wasserbeständiges Mehrzweckfett, z. B. Molykote BR 2 Plus, das auch für die Schmierung der hinteren Radlager geeignet ist.

- Ausgleichsbügel fetten.
- An allen Seilzügen an der Stelle, wo die Züge in ihre Umhüllung eintreten, einen korrosionshemmenden »Fettkragen« aufstreichen.

Gasbetätigung

- Von einem Helfer bei stehendem Motor das Gaspedal durchtreten lassen.
- An allen sich hierbei bewegenden Stellen die eventuell anhaftende Schmutzkruste abwischen und anschließend etwas Öl ansprühen, während ein Helfer ein paar Mal das Gaspedal betätigt.
- Nicht geschmiert werden dürfen dagegen die Wellen und Lagerungen am Drosselklappenhebel bei der Benzineinspritzung und der Einspritzpumpe des Diesels – das Schmiermittel verbunden mit Staub läßt sie sonst vorzeitig ausschlagen.

Wählhebelmechanismus des Automatik-Getriebes

- Wagen vorne hochbocken und Schutzdeckel des Wählhebels abbauen.
- Gelenke des Wählhebels an Schaltseilzug und Getriebe mit einem gezielten Strahl Sprühöl besprühen.

Bruderherzen

Zu Verkaufsbeginn war der Renault 19 auch mit einem Vergaser-Triebwerk lieferbar. Auf diese Variante sind wir im Buch nicht eingegangen, da sie in der Bundesrepublik kaum Abnehmer fand.

Blick unter die Motorhaube

Die Motoren des Renault 19 unterscheiden sich nicht nur in Hubraum, Leistung und Verbrennungsart, sondern auch in der Art der Ventilbetätigung. So ist beim C-Motor die Nockenwelle seitlich im Motorblock gelagert. Bei den F-Motoren dagegen werden die Ventile von einer im Zylinderkopf gelagerten Nockenwelle betätigt – beim 16V-Motor sind es deren zwei. Während bei den 1,4-, 1,7- und 1,8-Liter-Otto-Motoren sowie beim Diesel regelmäßig das Ventilspiel eingestellt werden muß, kommt der 16V-Motor ohne Ventileinstellung aus, da die Ventilbetätigung über sogenannte Hydrostößel geschieht. Wenn Sie einen Blick auf die Motorraumbilder weiter vorn im Buch werfen, erkennen Sie außerdem, daß sich die Motoren bereits durch den Zylinderkopfdeckel deutlich unterscheiden. Hier die Tabelle der Motoren, die in diesem Band beschrieben sind:

Motor		1,4-Liter	1,7-Liter	1,7-Liter	1,8-Liter
Kurzbezeichnung*		C3J	F3N-L	F3N-N	F3P
Hubraum	cm³	1390	1721	1721	1794
Leistung	kW	43	54	66/69	65
Kraftstoffaufbereitung		Zentral-Einspritzanlage	Zentral-Einspritzanlage	Vierpunkt-Einspritzanlage	Zentral-Einspritzanlage

Motor		1,8-Liter	1,8-Liter-16V	1,9-Liter-D	1,9-Liter-TD
Kurzbezeichnung*		F3P	F7P	F8Q	F8Q
Hubraum	cm³	1794	1764	1870	1870
Leistung	kW	81	99	47	66
Kraftstoffaufbereitung		Vierpunkt-Einspritzanlage	Vierpunkt-Einspritzanlage	Diesel-Einspritzanlage	Diesel-Einspritzanlage

* Die Kombination von Buchstaben und Zahl bedeuten in Reihenfolge:
1. Buchstabe: C = Grauguß-Motorblock mit seitlicher Nockenwelle; F = Grauguß-Motorblock und trockene Zylinderlaufbuchsen
2. Zahl: 3 = Ventilanordnung und Kraftstoffanlage; 6 und 7 = Brennraum- und Kraftstoffanlagentyp
3. Buchstabe: F = 1126–1200 cm³; J = 1351–1425 cm³; N = 1651–1750 cm³; P = 1751–1850 cm³; Q = 1851–1950 cm³

Das Diesel-Prinzip

Hier für die, die ihr Wissen etwas auffrischen wollen, das Diesel-Prinzip in Kurzform:
Wie beim Otto- (Benzin-)Motor gleiten die Kolben in den Zylindern auf und ab. Doch bei ihrem Weg nach unten – dem Ansaugtakt – saugen sie beim Diesel-Motor nur reine Luft an. Bei der Aufwärtsbewegung des betreffenden Kolbens – bedingt durch die Drehung der Kurbelwelle – wird die angesaugte Luft komprimiert. Auch das wäre an sich nichts Besonderes, würde die Luft nicht in weit höherem Maße zusammengedrückt, als es beim Benzin-Motor der Fall ist. Auf $1/_{23,5}$ des Volumens wird z.B. beim R19 Diesel die angesaugte Luft komprimiert. Durch diese enorme Verdichtung wird die Luft natürlich sehr heiß; Sie merken das Prinzip beispielsweise an der Fahrradpumpe, wenn Sie einen Reifen aufpumpen. In die glühend heiße Luft wird nun erst der Dieselkraftstoff eingespritzt, und die Kraftstofftröpfchen entzünden sich dadurch von selbst; daher auch die Bezeichnung »Selbstzünder« für den Diesel-Motor. Er braucht also keine Zündkerze zum Entflammen des Kraftstoff/Luft-Gemisches. Den Zeitpunkt, wann in den Brennräumen des Motors gezündet wird, bestimmt beim Diesel-Motor die Einspritzpumpe, die zur rechten Zeit über die Einspritzdüsen die richtige Menge Dieselkraftstoff in die heiße, komprimierte Luft sprüht.
Wie beim Benzin-Motor treibt der Druck der Verbrennung den Kolben wieder nach unten, er leistet bei dieser Bewegung Arbeit. Die Kurbelwelle dreht weiter, und der Kolben strebt wieder nach oben, wobei die Abgase aus dem Zylinder gedrückt werden. Kolben und Zylinder sind nun wieder bereit zum Ansaug- und zum Arbeitstakt.

Der geteilte Arbeitsraum

Da beim Diesel-Motor die Kraftstofftröpfchen, die in den Brennraum eingespritzt werden, im Gegensatz zum Benzin-Motor schlagartig verbrennen, käme es zu einem außerordentlich harten Laufgeräusch, und auch die Motorlager würden stark belastet. Die angestrebte »weiche« Verbrennung wird im Pkw-Diesel-Motor mit

Der linke Teilschnitt des Motors zeigt, wo die Wirbelkammer im Zylinderkopf sitzt. In der rechten Ausschnittzeichnung kennzeichnen die roten Pfeile die komprimierte heiße Luft, wie sie beim Verdichtungshub in die Wirbelkammer gedrückt wird. Die eingespritzte Kraftstoffmenge wird mit der Luft homogen verwirbelt und kann sich somit gut entzünden. Es bedeuten:
1 – Einspritzdüse;
2 – Glühkerze;
3 – Wirbelkammer;
4 – Schußkanal;
5 – Kolben.

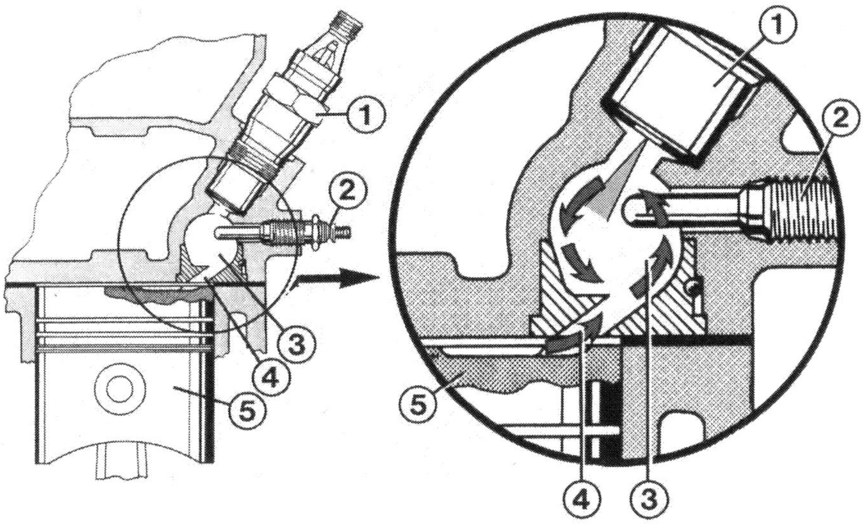

sogenannten geteilten Arbeitsräumen erreicht. Dabei wird die Verbrennung in einer separaten »Kammer« im Zylinderkopf eingeleitet. Der entstehende Verbrennungsdruck wird durch den Schußkanal (siehe Zeichnung oben) etwas verlangsamt auf den Kolben geleitet.

Die Wirbelkammer

Unter den gegebenen Möglichkeiten, einen geteilten Arbeitsraum in ihrem Diesel-Motor zu schaffen, haben die Renault-Konstrukteure das »Wirbelkammer-Verfahren« ausgewählt. Die im Zylinderkopf sitzende Wirbelkammer ist durch eine verhältnismäßig weite Öffnung – den erwähnten Schußkanal – mit dem Brennraum verbunden. Strebt der Kolben beim Verdichtungshub aufwärts, wird die im Zylinder befindliche Luft in die Wirbelkammer gedrückt. Dort entsteht, bedingt durch die Ausformung der Kammer, ein Luftwirbel. Der nun durch eine Düse eingespritzte Kraftstoff wird auf diese Weise eng mit der Luft vermischt, verdampft und verbrannt. Die Verbrennung läuft so zum größten Teil in der Wirbelkammer ab und pflanzt sich erst dann in den Zylinder-Brennraum fort. Die Kammer erhitzt sich dabei stark und ist im Betrieb rotglühend. Dieser Effekt ist aber durchaus erwünscht, denn so verdampfen die auftreffenden Kraftstoffteilchen am besten.
Andere Hersteller von Diesel-Motoren verwenden teilweise statt der Wirbelkammer eine sogenannte Vorkammer, wie etwa bei Mercedes-Benz-Personenwagen. Die Vorkammer ist wesentlich stärker vom Brennraum abgeteilt, woraus sich der Vorteil des ruhigeren Laufs – vor allem bei niedrigen Drehzahlen – ergibt. Die Verwendung einer Wirbelkammer ermöglicht dagegen niedrigeren Kraftstoffverbrauch (besonders im oberen Drehzahlbereich) und Drehzahlen über 5000/min (wichtig für die spezifische Leistung).

Die Einzelteile des Motors

Wenn Sie sich für die Funktion des Motors interessieren, finden Sie nachfolgend die wichtigsten Teile herausgegriffen und beschrieben, bevor auf die Wartungs- und Reparaturarbeiten eingegangen wird.

Die Rückansicht des C-Motors – in Fahrtrichtung gesehen – zeigt in der Schnittzeichnung:
1 – Luftfilter;
2 – Kipphebel der Ventilsteuerung;
3 – Ventil mit Ventilfeder;
4 – Stößelstange;
5 – Stößel;
6 – Nockenwelle;
7 – Schwungscheibe;
8 – Pleuel;
9 – Kurbelwellenlager;
10 – Ansaugkorb der Ölpumpe;
11 – Zylinderlaufbüchse;
12 – Kolben;
13 – Auspuffkrümmer;
14 – Ansaugkrümmer;
15 – Vergaser (beim im Buch behandelten C-Motor durch die Einspritzeinheit ersetzt).

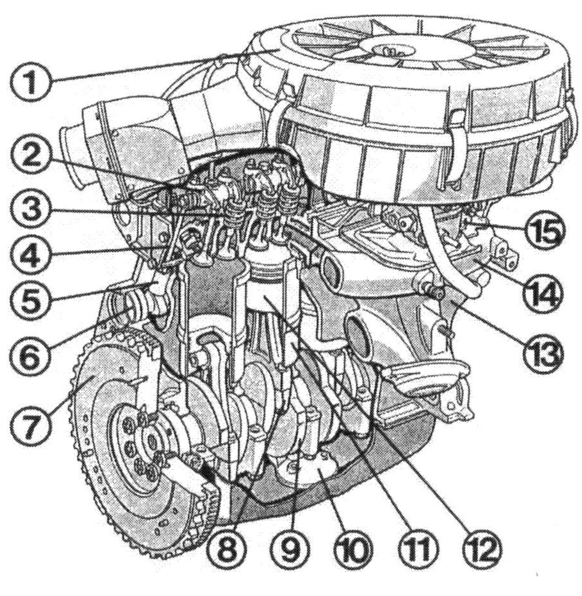

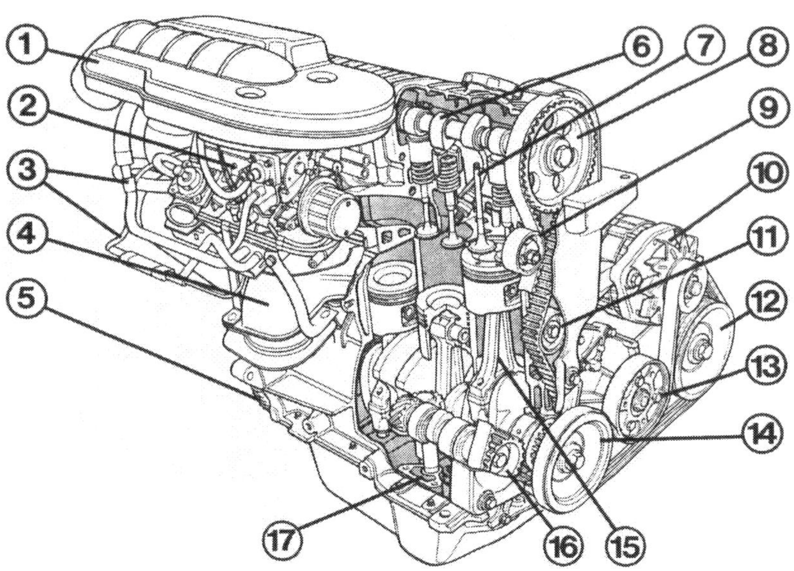

Schnittzeichnung des 1,8-Liter-F-Motors von der Rückseite her gesehen:
1 – Ansaugstutzen;
2 – Vergaser (hier sitzt bei dem im Buch behandelten Motor die Einspritzeinheit);
3 – Motor-Be- und -Entlüftung;
4 – Auspuffkrümmer;
5 – Schwungscheibe;
6 – Nockenwelle;
7 – Einlaßventil;
8 – Nockenwellen-Zahnriemenrad;
9 – Zahnriemen-Spannrolle;
10 – Lichtmaschine;
11 – Zahnriemen-Führungsrolle;
12 – Riemenscheibe der Servopumpe;
13 – Wasserpumpen-Riemenscheibe;
14 – Kurbelwellen-Riemenscheibe;
15 – Pleuel;
16 – Nebenwelle für Ölpumpe.

Der Motorblock

Bei allen in diesem Handbuch beschriebenen Motorvarianten besteht der Motorblock aus Grauguß. An seinem unteren Ende ist die Kurbelwelle gelagert; oben sind die Zylinder (vier in Reihe) eingearbeitet. Umgeben sind sie von den Kühlwasserkanälen, die sich ebenfalls im oberen Bereich des Motorblocks befinden.

Die Kurbelwelle

Sie setzt die Auf- und Abbewegung der Kolben in eine Drehbewegung um. Die Verbindung zu den Kolben stellen die vier Pleuel dar, die an je einer »Kurbel« der Welle mit auswechselbaren Lagerschalen befestigt sind. Den Massenausgleich zu den exzentrischen Kurbeln und den Pleueln schaffen vier Gegengewichte.
Die Kurbelwelle aller in diesem Handbuch behandelten Motorvarianten ist an fünf Stellen im Motorblock gelagert. Die Gleitlagerschalen sind jeweils auswechselbar.

Die Pleuel

Die vier Pleuel sind mit auswechselbaren Lagerschalen auf den Kurbelwellenzapfen montiert. In ihrem anderen Ende tragen sie Bronzebuchsen für die Kolbenbolzen, die »schwimmend« gelagert sind. Darunter ist zu verstehen, daß sich Kolben und Kolbenbolzen auf dem Pleuel etwas zur Seite bewegen können.

Die Kolben

Für geregelte Verbrennung sind die Kolben bei je nach Motortyp mit unterschiedlichen Brennraummulden im Kolbenboden (obere Fläche des Kolbens) ausgestattet. Im oberen Drittel jedes Kolbens sind drei Kolbenringe elastisch in entsprechenden Nuten im Kolben eingebettet. Sie drücken federnd gegen die Zylinderwand. Die beiden oberen Kolbenringe verwehren dem Gasgemisch den Weg aus dem Verbrennungsraum nach unten ins Kurbelgehäuse, während der untere Ölabstreifring verhindert, daß allzuviel Schmiersaft vom Kurbelgehäuse in den Brennraum gelangt.

Die Zylinder

Beim 1,4-Liter-C-Motor sind in die Zylinderbohrungen des Motorblocks Laufbuchsen für die Kolben eingelassen. Sie sind von Kühlflüssigkeit umspült. Deshalb werden sie auch »nasse« Kolbenlaufbuchsen genannt. Verschlissene Laufbuchsen können ausgewechselt werden – dabei müssen jedoch immer gleichzeitig auch die Kolben ausgewechselt werden.

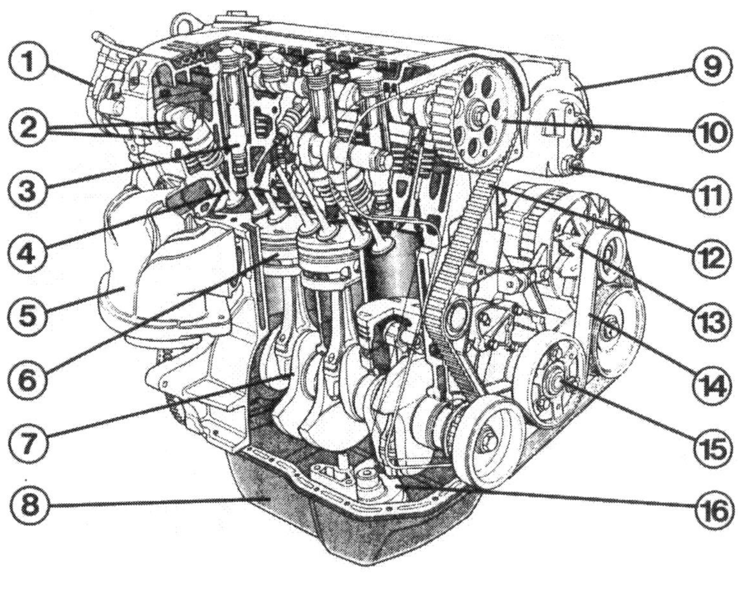

Die Schnittzeichnung des 16V-Motors zeigt:
1 – Zündverteiler;
2 – Nockenwelle mit Hydrostößel;
3 – Zündkerze;
4 – Auslaßventil;
5 – Auspuffkrümmer;
6 – Kolben;
7 – Kurbelwelle;
8 – Ölwanne;
9 – Sammelsaugrohr;
10 – Nockenwellenzahnrad der Einlaß-Nokkenwelle;
11 – Ansaugluft-Temperaturgeber;
12 – Zahnriemen;
13 – Lichtmaschine;
14 – Keilrippenriemen;
15 – Wasserpumpen-Riemenscheibe;
16 – Ansaugsieb der Ölpumpe.

Die Schnittzeichnung des Saugdiesel-Motors zeigt:
1 – Sammelsaugrohr;
2 – Unterdruckpumpe des Bremskraftverstärkers;
3 – Nockenwelle;
4 – Ventil mit -feder und Tassenstößel;
5 – Kolben;
6 – Pleuel;
7 – Schwungscheibe mit Kupplung;
8 – Kurbelwelle;
9 – Lichtmaschine;
10 – Einspritzpumpe;
11 – Zahnriemenabdeckung.

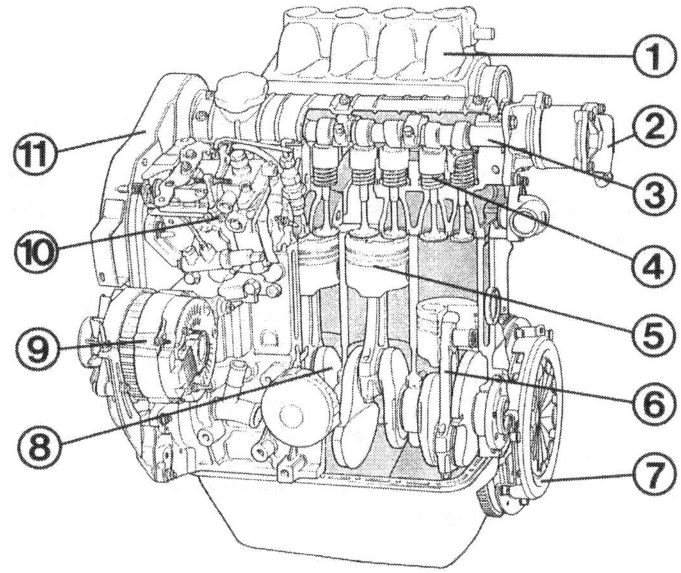

Auch beim 1,7-/1,8-Liter-, 16V- und Diesel-Motor (F-Motor) sind die Zylinder Teil des Motorblocks. In die vier Zylinderbohrungen sind jedoch die Laufbahnen für die Kolben glatt ausgeschliffen (gehont) und in ihrer Größe auf den Kolbendurchmesser abgestimmt. Bei Motorüberholungen werden die Bohrungen einige Zehntelmillimeter weiter ausgeschliffen, um die Verschleißspuren zu beseitigen. Dafür passende Kolben sind in verschiedenen Übergrößen erhältlich.

Die Zylinderkopfdichtung

Sie hat dafür zu sorgen, daß die hohen Drücke in den Brennräumen nicht auf die Öl- und Kühlwasserkanäle einwirken. Ein bekannt schwieriges Bauteil ist die Zylinderkopfdichtung beim Diesel-Motor. Je nach dem, ob die eingebauten Kolben zur oberen oder unteren Fertigungstoleranz tendieren, werden daher Zylinderkopfdichtungen in verschiedenen Stärken eingebaut. Da sie zwischen Zylinderblock und Zylinderkopf eingelegt ist, läßt sich durch die Wahl ihrer Stärke die Höhe des Brennraums variieren und so die unterschiedliche Kolbenhöhe ausgleichen.

Der Zylinderkopf

Auf dem Motorblock sitzt, wie schon erwähnt, getrennt durch die Zylinderkopfdichtung der Zylinderkopf. In den Zylinderkopf eingearbeitet ist auch ein Labyrinth aus Wasserkanälen, der sogenannte Wassermantel. Der Zylinderkopf ist bei allen Renault-19-Motoren aus einer Aluminium-Legierung gefertigt.
Ein Leichtmetall-Zylinderkopf hat gegenüber anderen Zylinderköpfen die größere Wärmeleitfähigkeit und ermöglicht deshalb besonders bei einem Benzinmotor die bessere Gemischkühlung. Ein kühleres Gemisch erlaubt wiederum eine höhere Verdichtung, weil das schädliche Klopfen ausbleibt.
Je nach Motortyp sind die Brennräume unterschiedlich geformt. Entscheidend ist dabei, daß der Brennraum für eine hohe Gasströmungsgeschwindigkeit weder Kanten noch Ausbuchtungen aufweist. So wird durch gute Verwirbelung des Kraftstoff/Luft-Gemisches eine mehr oder weniger »ideale« Verbrennung mit günstigen Abgaswerten möglich.
Die Auslegung der Gaswege beim 16V-Motor folgt dem Querstromprinzip mit den Einlässen in Fahrtrichtung an der Vorderseite und den Auslässen an der Rückseite des Motors. Beim Querstromprinzip verläßt das verbrannte Gemisch den Brennraum nach dem Arbeitstakt auf dem kürzesten Weg, weil es nicht umgelenkt werden muß. Dadurch können die Zylinder von der Ansaugseite her wieder schneller gefüllt werden – als Folge erhält man eine höhere Leistungsausbeute.
Die 1,7- und 1,8-Liter-Benziner und der Diesel-Motor ist mit einem sogenannten Gegenstrom-Zylinderkopf ausgestattet. Bei diesem Zylinderkopf-Typ münden Ansaug- und Auspuffkanal auf derselben Zylinderkopfseite – beim Renault 19 zeigt diese Zylinderkopfseite zur Spritzwand hin. Dadurch geht es zwar auf der einen Zylinderkopfseite für die Kanalführung von Frischluft und Abgas etwas eng zu, was aber speziell für den beim Diesel-Motor wichtigen Aufladebetrieb durch kurze Gaswege erhebliche Vorteile bringt.

Die Ventile

Während beim 1,4-Liter-C-Motor die in Reihe angeordneten Ventile von der seitlichen Nockenwelle über Stößelstangen und Kipphebel betätigt werden, drückt bei den modernen F-Motoren die oben im Zylinderkopf drehende Nockenwelle direkt über sogenannte Tassenstößel auf die in Reihe im Zylinderkopf angeordneten Ventile. Beim 16V-Motor schließlich werden pro Zylinder jeweils zwei Auslaß- und zwei Einlaßventile durch paarige Nocken niedergedrückt, deren Tassenstößel einen hydraulischen Ventilspielausgleich besitzen, so daß die Kontrolle und die Einstellung des Ventilspiels bei diesem Motor entfällt.

Der Ventiltrieb

Sämtliche Teile, die am Öffnen und Schließen der Ventile beteiligt sind, nennt man auch zusammenfassend »Ventiltrieb«. Aufgabe der durch den Ventiltrieb betätigten Ventile ist das Öffnen und Schließen der Ein- und

Auslaßöffnungen im Zylinderkopf für das Kraftstoff/Luft-Gemisch oder das Auspuffgas. Genauso wichtig ist aber auch der Moment, in dem beide Ventile eines Zylinders geschlossen sind. In dieser kurzen Zeitspanne muß nämlich beim Benziner der alles belebende Zündfunke und beim Diesel der Schuß Kraftstoff der Einspritzdüse in Aktion treten. Nur wenn das Zusammenspiel von auf- und abgleitendem Kolben und sich öffnenden und schließenden Ventilen einwandfrei funktioniert, ist es dem Motor möglich, seine volle Leistung abzugeben.

1,4-Liter-C-Motor

Im C-Motor sitzt die Nockenwelle seitlich im Motorblock und betätigt die Ventile über Stößel, Stoßstangen und Kipphebel. Die Nockenwelle ist vierfach gelagert und wird über eine, vom Ölkreislauf geschmierte, kurze Rollenkette angetrieben, die über einen mechanischen Kettenspanner auf Spannung gehalten wird. In der Mitte ist die Nockenwelle mit einem schräg verzahnten Zahnrad versehen, durch das über eine kleine Antriebswelle der Zündverteiler und die Ölpumpe angetrieben wird. Auf den Gleitbahnen der Nocken bewegen sich hohe Pilzstößel direkt im Motorblockmaterial. In ihnen stecken Stoßstangen, die über Kipphebel die im Zylinderkopf parallel in Reihe angeordneten Ventile betätigen. Das Ventilspiel wird an den Einstellschrauben der Kipphebel eingestellt.

F-Motoren
Benziner und Diesel

Bei diesen Motoren wird die fünffach gelagerte, obenliegende Nockenwelle von der Kurbelwelle über einen Zahnriemen angetrieben. Gleichzeitig treibt der Zahnriemen eine Nebenwelle für die Ölpumpe an. Beim Diesel-Motor wird zusätzlich noch die Einspritzpumpe angetrieben.
Durch die Anordnung der Ventile drücken die Nocken der Nockenwelle über Tassenstößel direkt auf die Ventilschäfte der parallel angeordneten Ventile. Das Ventilspiel kann durch Auswechseln von Einstellplättchen in den Tassen der Ventilstößel eingestellt werden.

16V-Motor

Beim Ventiltrieb des 16V-Motors sind zwei obenliegende, fünffach gelagerte Nockenwellen für die Ventilbetätigung zuständig. Angetrieben werden die beiden Nockenwellen über die Kurbelwelle von einem Zahnriemen, der von einem Riemenspanner auf Spannung gehalten wird. Gleichzeitig treibt der Zahnriemen eine Nebenwelle für die Ölpumpe an.
Jeder Zylinder ist mit zwei Ein- und zwei Auslaßventilen bestückt. Die in V-Form angeordneten Ventile werden dabei von Tassenstößeln mit hydraulischem Ventilspielausgleich betätigt.

Fingerzeig: Durch diesen hydraulischen Ventilspielausgleich ist das Einstellen der Ventile überflüssig geworden; der Ventiltrieb ist beim 16V-Motor wartungsfrei.

Funktion der Hydrostößel

Bei geschlossenem Ventil gelangt Öl aus dem Schmierkreislauf des Motors über eine Ringnut in den Tassenstößel. Nach Passieren des Rückschlagventils im Stößel fließt das Schmieröl in die momentan noch drucklose Hochdruckkammer und füllt sie auf. Gleichzeitig spreizt eine Druckfeder den Tassenstößel spielfrei gegen die Nockenwelle und den Zylinder der Hochdruckkammer gegen das Ende des Ventilschafts.
Dreht sich die Nockenwelle und drückt ihr exzentrischer Nocken auf den Tassenstößel, steigt der Druck in der Hochdruckkammer. Das Rückschlagventil verschließt die Zulaufbohrung und sorgt dafür, daß kein Öl mehr entweichen kann.
Da sich das Öl nicht komprimieren (in sich zusammendrücken) läßt, ist damit eine starre Verbindung zwischen Stößel und Zylinder hergestellt. Das Ventil kann so durch die Kraft des Nockens niedergedrückt werden.
Nach dem Schließen des Ventils entsteht durch den Leckölverlust ein geringfügiges Ventilspiel, das aber durch die Druckfeder der Hochdruckkammer sofort wieder ausgeglichen wird. In das vergrößerte Kammervolumen strömt nun bei geöffnetem Rückschlagventil wieder Öl nach. Damit ist der Hydrostößel wieder bereit zur nächsten Ventilbetätigung.

Die Steuerkette
nur C-Motor

Über die Steuerkette treibt die Kurbelwelle die Nockenwelle an. Diese Kette ist das »schwächste« Glied im Ventiltrieb, da sie am stärksten dem Verschleiß unterworfen ist. Mit steigender Kilometerzahl längt sich die Kette, was bis zu einem gewissen Grad von einem Kettenspanner ausgeglichen wird.
Wenn beim 1,4-Liter-C-Motor im Leerlauf ein rasselndes Geräusch hörbar wird, ist die Ursache meist die Steuerkette. Sie ist dann zu locker, und der Kettenspanner ist wirkungslos – die Steuerzeiten sind ungenau, der Motor arbeitet unwirtschaftlich.

Der Zahnriemen

Wichtiges Übertragungsteil des Ventiltriebs bei den F-Motoren des Renault 19 der Zahnriemen. Die Motor-Konstrukteure von Renault wählten diesen heute allgemein üblichen Antrieb einer obenliegenden Nockenwelle, weil er wesentlich verschleißfester arbeitet als die sonst üblichen Nockenwellen-Antriebsarten und dabei geräuschärmer ist.
Ein weiterer Vorteil: Der Zahnriemen läßt sich besser umlenken, wodurch Nebenaggregate (Wasserpumpe, Ölpumpe etc.) problemlos mit angetrieben werden können.

So ähnlich, wie hier für den C-Motor gezeigt, ist auch der Ölkreislauf des F-Motors aufgebaut. Es bedeuten:
1 – Kipphebelachse;
2 – Nockenwelle;
3 – Kurbelwelle;
4 – Ölfilter;
5 – Ölpumpe mit Ansaugschnorchel.

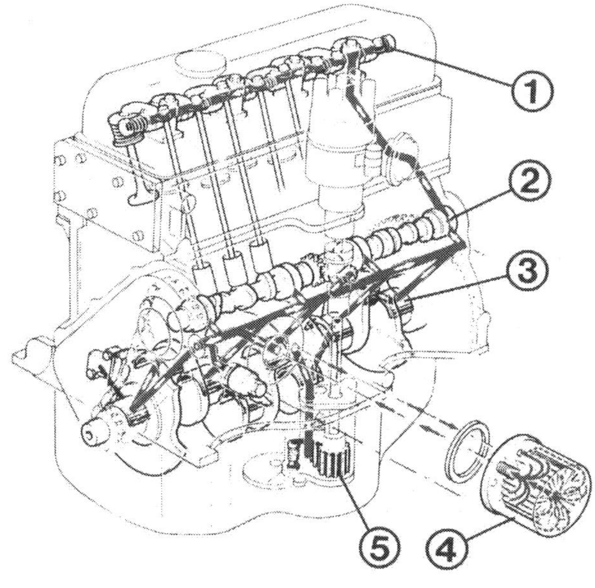

Das Schmiersystem

Im Motor verlangt eine ganze Reihe von Lagerstellen und Reibpartnern nach Schmierung. Das Motoröl muß unter Druck an diese Stellen befördert werden. Dazu saugt die Ölpumpe das Motoröl durch einen siebbewehrten Schnorchel an und drückt es in den Hauptstromfilter. Ist der Filter von Schmutz zugesetzt, weil er nicht rechtzeitig gewechselt wurde, tritt ein Sicherheitsventil in Aktion. Es öffnet, der Filter wird umgangen, die Ölversorgung ist sichergestellt. Allerdings bewirkt ungefiltertes Öl höheren Verschleiß an den Lagerstellen.
Vom Filter aus gelangt das Motoröl über den Hauptölkanal – hier ist auch der Öldruckschalter eingeschraubt – und Bohrungen im Motorblock zu den Schmierstellen der Kurbel- und Nockenwelle. Von der Kurbelwelle wird das Öl weiter über Bohrungen an die einzelnen Pleuellager geleitet. Von den beschriebenen Schmierstellen fließt das Öl durch Bohrungen zurück in die Ölwanne und kann zur Aufrechterhaltung des Schmierkreislaufs erneut von der Ölpumpe angesaugt werden.

Die Ölpumpe

Bis zu 30 Liter Öl werden bei Vollgas in der Minute im Schmierkreislauf eines Motors umgepumpt. Der Antrieb der Ölpumpe erfolgt je nach Motor unterschiedlich:
○ Beim C-Motor (1,4-Liter) wird die im Innern des Motorblocks direkt in die Ölwanne eintauchende Ölpumpe über eine kleine schräg verzahnte Welle von der seitlich im Motorblock sitzenden Nockenwelle angetrieben.
○ Beim F-Motor (1,7-/1,8-Liter-, 16V- und Diesel-Motor) wird die Ölpumpe über den Zahnriemen von einer sogenannten Nebenwelle angetrieben. Wie beim C-Motor ragt auch beim F-Motor die Ölpumpe mit Saugkorb in die Ölwanne.
Bei der Ölpumpe handelt es sich um eine Zahnradpumpe, bei der zwei gleich große Zahnräder ineinandergreifen und dabei Öl mit den gerade außen am Pumpengehäuse frei umlaufenden Zahnflanken einfach von der Saug- zur Druckseite schaufeln.

Öltemperaturen

Für das Wohlbefinden eines Motors ist die Öltemperatur ausschlaggebend. Allerdings besitzt nur der R 19 16V serienmäßig ein Ölthermometer, an dem Sie ablesen können, wie es um den Wärmehaushalt des Motors wirklich bestellt ist. Gemessen wird die Öltemperatur normalerweise am Ölfilterflansch oder in der Ölwanne; dort ist das Öl am kühlsten. Dagegen können an den Kolbenringen Temperaturen bis 300°C auftreten.
Gefährlicher als hohe Öltemperaturen sind zu niedrige Werte. Bei weniger als 60°C sind die Öl-Additive nicht voll wirkungsfähig, was erheblich höheren Verschleiß zur Folge hat. Deshalb sollten Sie den Motor nach dem Kaltstart nicht über 3500/min drehen lassen, bis das Öl etwa 60°C erreicht hat, d.h. die Kühlmittel-Temperaturanzeige sollte in jedem Fall schon ausschlagen, denn als Anhaltspunkt gilt, daß das Motoröl gegenüber dem Kühlmittel etwa doppelt so lange braucht, bevor es seine Betriebstemperatur erreicht hat.

Der Öldruck

Bei einer Öltemperatur von ca. 80°C und einem Mehrbereichsöl der Viskosität SAE 10 W-30 sollten folgende Werte erreicht werden:

Motor Kurzbezeichnung		1,4-Liter C3J	1,7-/1,8-Liter/16V/Diesel F3P/F7P/F8Q
Öldruck bei 750/min	bar	0,7	–
bei 1000/min	bar	–	2,0
bei 3000/min	bar	–	3,5
bei 4000/min	bar	3,5	–

Da lediglich der R19 16V mit einem Öldruckmesser ausgerüstet ist, können Sie die in der Tabelle aufgeführten Druckwerte bei den anderen Modellen nur dann ablesen, wenn Sie nachträglich einen Öldruckmesser eingebaut haben. Sackt der Öldruck unter das in der Tabelle angegebene Minimum, leuchtet die Öldruck-Kontrolleuchte auf. Bei zu hohem Druck, etwa durch zu kaltes und sehr zähflüssiges Öl, öffnet ein Überdruckventil einen Bypass (Umgehungsleitung) und leitet das Öl gleich auf die Saugseite der Ölpumpe zurück. Wollen Sie den Öldruck Ihres Motors messen, muß der Öldruckschalter herausgeschraubt und stattdessen ein Manometer angeschlossen werden.

Fingerzeig: **Nach schnellen Autobahnfahrten oder nach Paßfahrten kann der Öldruck kurzzeitig durch zu heißes und damit dünnflüssiges Öl auch einmal im Leerlauf unter die angegebenen Druckwerte sinken. Dann kann die Öldruckleuchte flackern. Beim Gasgeben muß die Anzeige jedoch wieder steigen bzw. die Öldruckleuchte verlöschen.**

Die Motor-Entlüftung

Auch ein gesunder Motor bläst in der Minute 50 bis 70 Liter Verbrennungsgase an den Kolbenringen vorbei ins Kurbelgehäuse. Dieser Druck muß aus dem Motor entweichen können, damit die Motor-Gehäusedichtungen nicht zu stark beansprucht werden. Das geschieht über die Motor-Entlüftung. Die giftigen Gase aus dem Motorinnern werden zum Schutz der Umwelt auf die Ansaugseite des Motors zur vollständigen Verbrennung zurückgeleitet. Die Durchlüftung des Kurbelgehäuses ist abhängig von der angesaugten Luftmenge des laufenden Motors.
Je nach Version sind die Motor-Entlüftungen bei den Renault-19-Motoren etwas unterschiedlich angelegt:

○ Beim **C-Motor** (1,4-Liter) werden die Öldämpfe von der Zylinderkopfhaube je nach Lastzustand und damit Unterdruck im Ansaugkrümmer über eine kalibrierte Leitung und ein T-Stück direkt in den Ansaugkrümmer und zusätzlich über den Ansaugtrichter bzw. der Zentraleinspritzeinheit abgesaugt.

○ Bei den **F-Motoren** (1,7-/1,8-Liter, 16V und Diesel) werden die Motordämpfe durch das geschlossene Entlüftungssystem über einen Ölabscheider am Motorblock abgesaugt. Je nach Unterdruck gelangen die Öldämpfe über den Luftfilter oder direkt über den Ansaugkrümmer wieder zur Verbrennung in die Zylinder. Zusätzlich ist beim F-Motor das Entlüftungssystem an die Tank-Entlüftung angeschlossen.

Motor-Entlüftung reinigen

Wartung Nr. 47

● Ansauggeräuschdämpfer abbauen und kontrollieren, ob die Eingangsöffnung des Entlüftungsschlauchs sowie der Schlauch selbst nicht verstopft sind.

● Schlauch bzw. Schläuche abbauen und mit Pinsel und Benzin reinigen; ggf. austauschen.

● Je nach Motor den Adapter am Motorblock abbauen und auf Verschmutzung überprüfen.

● Je nach Motor Ölabscheider reinigen und vor dem Einbau vollständig trocknen.

● Falls die Durchgänge durch Ablagerungen immer noch zugesetzt sind, Ölabscheider austauschen.

Fingerzeige: **Bläst der Motor bei abgezogenem Entlüftungsschlauch oder abgenommenem Deckel des Öleinfüllstutzens kräftig Öldunst heraus, sind Kolben und Zylinder schon erheblich verschlissen.**
Beim Ersatzteilkauf darauf achten, daß die gleichen farbmarkierten Einsätze wieder eingebaut werden.

Sind die Leitungen der Motor-Be- und -Entlüftung innerlich stark verschmutzt bzw. sind die Einsätze (Pfeile links) oder gar der Ölabscheider (rechts) vom Ölschlamm zugesetzt, ist es bestimmt auch um den weiteren Zustand des Motors nicht gut bestellt. Auf keinen Fall versuchen, mit einem Bohrer die im Durchlaß genau kalibrierten Leitungseinsätze durchgängig zu machen. Dadurch wird das Abgasverhalten verfälscht. Trotz unterschiedlicher Anordnung ist das Funktionsprinzip der Motor-Belüftung bei allen Motoren ähnlich.

Sichtprüfung des Motors

Wartung Nr. 1

- Betrachten Sie den Motor von oben und unten.
- Geringfügig feuchte Stellen sind nicht bedenklich, alle Motoren »schwitzen« gelegentlich etwas Schmiermittel aus.
- Ölflecken unter dem geparkten Wagen und deutlichen Ölnässen sollten Sie aber auf den Grund gehen.
- Motor mit einem Dampfstrahlgerät oder Motorreiniger säubern.
- Nach einer Probefahrt von wenigen Kilometern wieder kontrollieren.

Mögliche Leckstellen

Auf welche Stellen am Motor Sie Ihr Augenmerk richten sollten, ist nachstehend für alle R 19-Motorvarianten zusammengestellt:

- Zylinderkopfhaube
- Stirndeckeldichtung
- Radialdichtung der Kurbelwellen-Riemenscheibe
- Zylinderkopfdichtung
- Ölfilter und Öldruckschalter
- Ölwanne und Führungsrohr des Ölpeilstabs am Sitz im Motorblock
- Zündverteilerflansch (Benziner)
- Flansch der Unterdruckpumpe des Bremskraftverstärkers (Diesel)

Einfahren des neuen Motors

Renault empfiehlt für die R 19-Modelle mit Benzin-Motor, die ersten 1000 km und für Diesel-Modelle die ersten 1500 km etwas behutsam mit dem Gaspedal umzugehen. Erst ab 3000 km (Benziner) bzw. 6000 km (Diesel) sollte danach dem Renault 19 die volle Leistung abverlangt werden. Dies hat einen besonderen Grund: Zylinderwände sowie die Kolben mit den dazugehörigen Kolbenringen weisen im Neuzustand an den Oberflächen eine mikroskopische Rauhigkeit auf. Erst der Einlaufvorgang kann diese kleinen Unebenheiten beseitigen, so daß die Teile gut gegeneinander abdichten. Zu forsches Hochdrehen eines neuen oder überholten Motors kann zu winzigen Freßstellen führen, die unter Umständen einen fatalen Kolbenfresser nach sich ziehen. Sie tun also im Hinblick auf die Motorlebensdauer gut daran, sich während der ersten 1000–1500 km etwas Zurückhaltung aufzuerlegen.

Folgende Punkte für vernünftiges Einfahren schonen nicht nur Ihr Auto, sondern verbessern zusätzlich noch seine Wirtschaftlichkeit.

- Wechseln Sie öfter das Tempo (und damit die Motordrehzahl), dann können sich die beweglichen Teile gut aufeinander einlaufen.
- Überlasten Sie den Motor in keinem Gang durch zu hohe Drehzahlen.
- Schalten Sie lieber einmal zu oft als zu selten.
- Auf Landstraßen fühlt sich der Motor während der Einfahrzeit am wohlsten. Da muß fleißig geschaltet werden, man fährt mit wechselnden Geschwindigkeiten und wird selbst bei strikter Beachtung der anfänglichen Höchstgeschwindigkeit nicht zum Verkehrshindernis. Im Lauf der folgenden 500 km können Sie die Drehzahlen langsam steigern.
- Ab 1000 km bzw. 1500 km darf der Motor ruhig auch einmal hochgedreht werden. Routinierte Einfahrer benutzen dazu vor allem Autobahngefälle: Bergab mit relativ hohen Motordrehzahlen, ohne den Motor gleichzeitig stark zu belasten. Die Maschine muß dazu allerdings restlos durchgewärmt sein, also mindestens 25 km Fahrstrecke nach dem Kaltstart hinter sich haben.
- Etwa 3000 km (Diesel = 6000 km) muß der Motor schon gelaufen sein, ehe er richtig eingefahren ist. Bei überwiegendem Stadtverkehr dauert es sogar noch viel länger.

Die Motor-Lebensdauer

Von unterschiedlichen Motorkonstruktionen abgesehen, erreichen Motoren mit kleinerem Hubraum meist nicht die Kilometerleistung größerer Motoren, da der kleinere Motor öfter bis an seine Leistungsgrenze beansprucht wird, um im Verkehrsfluß mitzuhalten.

Voraussetzung für eine hohe Kilometerlaufleistung Ihres Renault 19, gleich mit welchem Motor, ist immer eine entsprechende Wartung und Fahrweise.

Der Fahrer entscheidet durch seinen Umgang mit dem Motor, ob der Exitus schon früh erfolgt oder 150 000 km oder mehr auf den ersten Motor kommen. Dies gilt besonders für den Diesel. Von entscheidender Bedeutung für eine hohe Kilometerlaufleistung ist die Motoröltemperatur. Während die Kühlmittel-Temperaturanzeige schon relativ früh Betriebstemperatur signalisiert, ist das Motoröl frühestens nach etwa 10 Minuten Fahrt in seiner ganzen Bandbreite schmierfähig.

Nach wochenlangem Kurzstreckenverkehr ist es ebenfalls nicht ratsam, gleich voll aufs Gaspedal zu treten. Bei langen Leerlaufminuten in der Stadt bilden sich in den Brennräumen und an den Ventilen Ablagerungen,

die bei voller Betriebstemperatur und zügiger, aber nicht scharfer Fahrt langsam abgebrannt werden sollen. Für Fahrzeuge mit Drehzahlmesser: Das entspricht 4000–5000/min. Ideal ist auch hier wieder die Fahrt auf der Landstraße.
Speziell ein R19 Diesel, der bei optimalen Betriebssituationen eine hohe Kilometerleistung erreicht hat, kann bei niedrigen Außentemperaturen mit Startschwierigkeiten zu kämpfen haben. Dies liegt am entsprechenden Verschleißzustand der Zylinderlaufbahn im Bereich des oberen Umkehrpunkts (OT) des ersten Kolbenrings (sogenannter Zwickelverschleiß). Die Laufbahn bekommt in diesem Bereich ringsum eine tiefe Kerbe, die es dem Kolbenring erschwert, beim Starten des Motors die nötige Kompression im Brennraum zu halten. Die Luft im Brennraum wird damit während des Kompressionstakts nicht mehr heiß genug – der eingespritzte Dieselkraftstoff kann sich trotz intakter Vorglühanlage nicht entzünden.
Angeschleppt durch ein anderes Fahrzeug kann der Motor, dem dabei zu höherer Startdrehzahl verholfen wird, genügend Kompression aufbauen, damit der Selbstzünder seinem Namen wieder Ehre macht. Längerfristig wird jedoch kaum ein Diesel-Fahrer das ständige Anschleppen an kalten Tagen akzeptieren können. Dann muß Ersatz besorgt werden.

Nenn- und Höchstdrehzahl

Ein Verbrennungsmotor gibt seine höchste Leistung bei einer bestimmten Drehzahl ab – der sogenannten Nenndrehzahl. Höher als diese hinauszudrehen bringt keine Mehrleistung. Als höchstzulässige Drehzahl gelten je nach Motorversion etwa 4500/min (Diesel-Motor) bis 6500/min (16V-Motor). Hierbei handelt es sich um die »Betriebsdrehzahl«, die selbst über längere Zeit für den Motor ungefährlich ist. Wer noch weiter hochdreht, kommt in den Bereich der Überdrehzahlen. Der Motor gibt dann ein unüberhörbares Brummen von sich, verursacht durch Schwingungen der Kurbelwelle in ihren Lagern bzw. Ventilflattern. Beim 16V-Motor beginnt bei den Hydrostößeln die Ölversorgung außer Kontrolle zu geraten. Werden die Schwingungen zu stark, können die Ventilfedern oder die Kipphebel brechen; aber auch eine Stößelstange (C-Motor) oder ein Ventilstößel kann in Mitleidenschaft gezogen werden, so daß das entsprechende Ventil ausfällt. Der erste Fall ist jedoch der kritischere, denn dabei kann ein Ventil mit dem auf- und abrasenden Kolben kollidieren, was zum Totalschaden des Motors führt kann. Bei einem gebrochenen Kipphebel oder Ventilstößel oder einer gebrochenen Stößelstange (C-Motor) wird »nur« das dazugehörige Ventil nicht mehr betätigt, wodurch der betreffende Zylinder keine Leistung mehr abgibt. Man merkt dies dann am Schwund der Motorleistung.
Damit Sie über die Motordrehzahlen informiert sind, besitzen bestimmte Renault-19-Modellversionen serienmäßig einen Drehzahlmesser. Ein solches Instrument hat allerdings eine gewisse Voreilung – im oberen Skalenbereich bis zu 5%. 6000/min auf dem Tourenzähler sind demzufolge oft lediglich echte 5700/min.

Kompressionsdruck messen

Die Messung des Kompressionsdrucks in den einzelnen Motorzylindern gibt Aufschluß darüber, ob Ventile und Kolbenringe noch gut abdichten. Leistung, Kaltstartverhalten, Öl- und Kraftstoffverbrauch des Motors sowie die Rauchentwicklung des Diesel-Motors hängen davon ab. So wird gemessen:

- Der Motor muß betriebswarm sein. Die Kolbenringe dichten bei warmem Öl besser ab.
- Zündung »lahmlegen« (siehe Kapitel »Die Zündanlage«), Zündkabel abziehen und alle Zündkerzen ausbauen.
- Beim Diesel das Kabel vom Vorglüh-Steuergerät

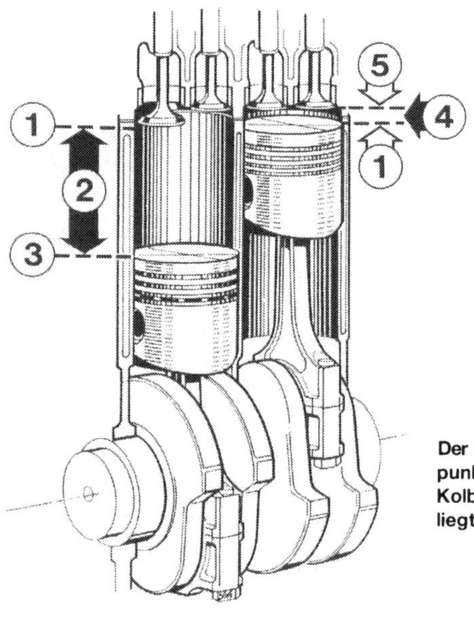

Der Hubraum (2) erstreckt sich vom oberen (1) bis zum unteren Totpunkt (3). Zwischen dem OT, der im rechten Zylinder gerade durch den Kolbenboden begrenzt wird, und der Wölbung des Zylinderkopfes (5) liegt der Brennraum (4).

(siehe »Die Vorglühanlage«) und Motorstopschalter abklemmen.
● Außerdem Kabel von den Glühkerzen abbauen und Glühkerzen ausbauen.
● Gummikonus des Druckprüfers auf das Kerzenloch des 1. Zylinders (in Fahrtrichtung rechts nach dem Nockenwellen-Zahnriemenrad) pressen oder passende Adapterleitung ins Zünd- bzw. Glühkerzenloch schrauben.
● Handbremse anziehen, Schalthebel in Leerlauf- bzw. Park-Stellung (Automatik) drücken.
● Beim Benziner von Helfer Anlasser bei voll getretenem Gaspedal betätigen lassen. So erhalten die Zylinder ihre größte Füllung.
● Beim Diesel von Helfer nur den Anlasser betätigen lassen.
● Mit dem Anlasser den Motor etwa fünf Sekunden durchdrehen lassen, bis der Zeiger des Druckprüfers nicht mehr ansteigt.
● Meßwert ablesen und notieren. Bei einem Druckschreiber mit Meßkärtchen weiterschalten für den nächsten Zylinder.

Druckwerte

Zur exakten Ermittlung des Kompressionsdrucks sollte vorher das Ventilspiel kontrolliert und gegebenenfalls eingestellt werden, wie unter »Ventilspiel einstellen« in diesem Kapitel beschrieben. Für einen gesunden Motor ist nicht nur die absolute Höhe des Drucks wichtig, sondern auch die Gleichmäßigkeit bei allen Zylindern. Bei Anlasserdrehzahl gilt folgender Verdichtungsdruck als normal:

Motor	Kurzbezeichnung	normaler Verdichtungsdruck	Verschleißgrenze	maximaler Unterschied zwischen den Zylindern
1,4-Liter	C3J	11–13 bar	6 bar	3 bar
1,7-Liter	F3N	12–14 bar	8 bar	3 bar
1,8-Liter	F3P	12–14 bar	8 bar	3 bar
16V	F7P	13–16 bar	10 bar	3 bar
Diesel	F8Q	28–34 bar	24 bar	5 bar

Zu niedrige Druckwerte

Gleichmäßig niedriger Kompressionsdruck ist nicht unbedingt ein Alarmzeichen; Ursache können Meßtoleranzen zwischen verschiedenen Prüfgeräten sein. Bedenklich ist dagegen, wenn zwischen den vier Meßwerten für die Zylinder Unterschiede von mehr als 3, beim Diesel von mehr als 5 bar bestehen. Das kann bedeuten:
○ Kolben- und Kolbenringverschleiß
○ Festsitzende Kolbenringe durch Rückstandsbildung
○ Unrunde Zylinder als Folgeerscheinung von Kolbenklemmern
○ Ablagerungen an den Ventilschäften oder -sitzen durch Verbrennungs- bzw. Schmierölrückstände
○ Eingeschlagene Ventile
○ Verbrannte Ventile durch zu knappes Ventilspiel

Fingerzeig: **In den meisten Fällen sind undichte Ventile die Ursache für mangelhaften Kompressionsdruck und damit geringere Motorleistung. Abhilfe bringt entweder Einschleifen der Ventile oder die Überholung des Zylinderkopfes.**

Fehlersuche

Um bei zu niedrigem Kompressionsdruck den Fehler lokalisieren zu können, wendet man folgenden Trick an: Ins Zünd- bzw. Glühkerzenloch mit einer Spritzkanne etwas zähflüssiges Öl träufeln und Kompressionsdruck nochmals messen.
○ Sind die Werte weiterhin schlecht, liegt es an den Ventilen.
○ Erhalten Sie höhere Druckwerte, liegt es an den Kolbenringen und vielleicht auch an den Zylindern. Das eingefüllte Öl hat kurzfristig zwischen Kolben und Zylinderwänden besser abgedichtet, so daß das komprimierte Gas bzw. die Luft kaum noch entweicht.

Der Druckverlusttest

Genauere Erkenntnisse liefert der Druckverlusttest, den manche Werkstätten durchführen können. Das Testgerät besteht aus zwei Kammern, wobei in einer ein gleichbleibender Druck herrscht. Die zweite Kammer ist über einen Schlauch zur Zündkerzen- bzw. Einspritzdüsenbohrung mit dem Verbrennungsraum, durch eine Düse mit der ersten Kammer und außerdem mit einer Anzeigeskala verbunden.
Verliert der geprüfte Brennraum-Druck, wird dies auf der Skala angezeigt.
Eine größere Leckstelle läßt sich durch Abhorchen ermitteln:
○ Blasgeräusche am Auspuff lassen auf ein undichtes Auslaßventil schließen.
○ Strömt Druckluft aus dem Luftfiltergehäuse, ist das Einlaßventil defekt.
○ Bei einer defekten Zylinderkopfdichtung oder einem Riß im Zylinderkopf gelangt Druckluft durch das benachbarte Zünd- bzw. Glühkerzenloch oder aus dem geöffneten Kühlmittel-Ausgleichsbehälter ins Freie.
○ Verschlissene Zylinderwände, Kolbenlaufbahnen oder Kolbenringe lassen Druck ins Kurbelgehäuse strömen und am geöffneten Öleinfüllstutzen oder am Rohr für den Ölpeilstab austreten.

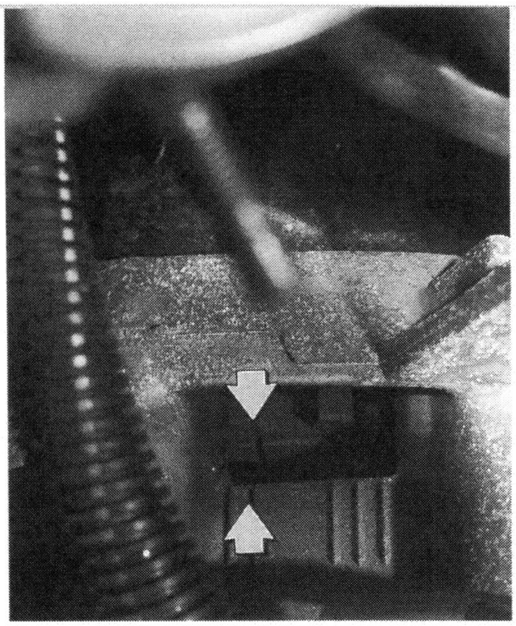

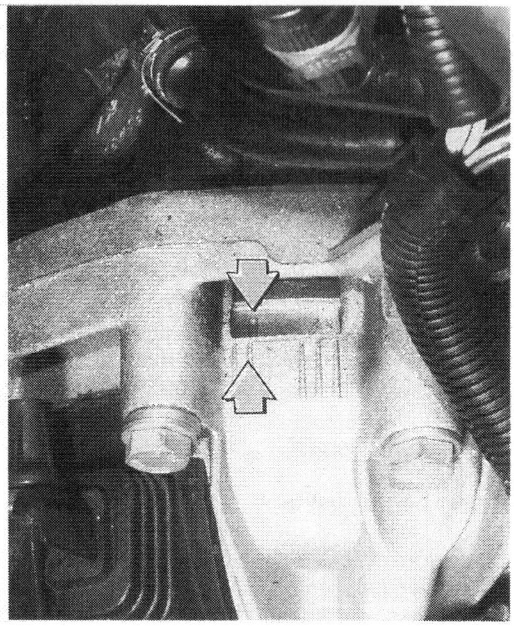

Hier sind die in den Schaulöchern der Kupplungsglocke sichtbaren OT-Markierungen der Schwungscheiben von Benziner (links – F-Motor) und Diesel (rechts) gezeigt. Stimmt die 0-Markierung von Kupplungsglocke und Schwungscheibe überein, stehen Zylinder 1 und 4 im OT.

Motor durchdrehen

Zu manchen Wartungs- bzw. Reparaturarbeiten muß der Motor entweder in eine bestimmte Stellung gebracht oder durchgedreht werden. Hierzu gibt es drei Möglichkeiten:

- Den Renault 19 wie zu einem Radwechsel einseitig vorne aufbocken, 5. Gang einlegen und das freihängende Vorderrad durchdrehen, wodurch der Motor durchgedreht wird.
- Bei eingelegtem 5. Gang den Wagen jeweils etwas vorschieben – dazu muß jedoch genügend ebene Strecke zur Verfügung stehen.
- Zünd- bzw. Glühkerzen herausschrauben – der Motor läßt sich dann leichter durchdrehen – und mit einem an der Kurbelwellen- oder Lichtmaschinen-Keilriemenscheibe angesetzten Schraubenschlüssel den Motor durchdrehen. Diese Methode muß beim R19 mit Getriebeautomatik angewendet werden.
- Sollte die Keilriemenscheibe bei an der Lichtmaschine angesetztem Schraubenschlüssel durchrutschen, den Keilriemen mit der freien Hand so belasten, daß er gespannt wird, bis die Keilriemenscheibe nicht mehr durchrutscht.
- Keinesfalls darf der Motor am Nockenwellen-Zahnriemenrad durchgedreht werden – dabei wird der Zahnriemen überdehnt und kann unbemerkt um einen Zahn auf dem Zahnriemenrad überspringen.

<u>Fingerzeig:</u> **Der Motor darf immer nur in Drehrichtung, also im Uhrzeigersinn, durchgedreht werden. Dies gilt für alle Renault-19-Motoren.**

Zylinder 1 auf Zünd-OT stellen

Zu verschiedenen Arbeiten an Motor und Zündung (Benzin-Motor) sowie an der Einspritzpumpe (Diesel-Motor) muß der Kolben von Zylinder 1 im oberen Totpunkt (OT) stehen, daß heißt, er muß sich am oberen Punkt der Zylinderlaufbahn befinden. Beim Viertakt-Motor, also auch beim Diesel-Motor, kommt der Kolben bei jedem der vier Takte zweimal in den OT. Einmal beim Zünden des angesaugten Gemisches und zum zweiten Mal nach dem Ausstoßen der Verbrennungsgase mit anschließend beginnendem Wiederansaugen des Kraftstoff/

So müssen sich die Marken der Zahnriemenabdeckung und die Kerbe des Nockenwellen-Zahnriemenrades (im Bild der Benziner) gegenüberstehen, dann stehen Zylinder 1 und 4 im OT. Der Kolben von Zylinder 1 befindet sich jetzt im Arbeitstakt.

Luft-Gemisches bzw. der Luft (Diesel). Üblicherweise wird die OT-Stellung gebraucht, bei der normalerweise der Zündfunke überspringt bzw. beim Diesel der Schuß Kraftstoff in die Wirbelkammer spritzt.

C-Motor

- Verteilerdeckel abnehmen.
- Motor durchdrehen, bis der Verteilerfinger auf den Kontakt für Zylinder 1 im Verteilerdeckel zeigt.
- Motor ggf. noch ein wenig drehen, bis die 0°-Markierung am Schauloch des Getriebegehäuses mit der Kerbe auf der Schwungscheibe übereinstimmt.

F-Motor

- Motor durchdrehen, bis die Kerbe der Schwungscheibe mit der Markierung am Schauloch des Kupplungsgehäuses in Deckung steht.
- Nun stehen Kolben 1 und 4 im OT.
- Kontrollieren, ob die beiden Ventilstößel an Zylinder 1 entlastet sind. Dazu müssen die jeweiligen Nocken der Nockenwelle nach links und rechts oben zeigen. Für diese Kontrolle muß die Zylinderkopfhaube abgebaut werden, siehe unter »Ventilspiel einstellen« in diesem Kapitel.
- Wenn ja, ist der OT des Arbeitstakts für Zylinder 1 gefunden.
- Wenn nicht, Motor im Uhrzeigersinn einmal durchdrehen und Nockenstellung nochmals kontrollieren.

Diesel-Motor

- 5. Gang einlegen und Fahrzeug so vorschieben, bis die Markierung der Zahnriemenabdeckung mit der Markierung des Nockenwellen-Zahnriemenrades in Deckung stehen.
- Nun stehen Kolben 1 und 4 im OT, wobei der Kolben 1 im OT des Arbeitstakts steht.
- Zur Kontrolle: Die Nocken von Zylinder 1 müssen symmetrisch nach links und rechts oben zeigen. Für diese Kontrolle muß allerdings die Zylinderkopfhaube abgebaut werden, siehe unter »Ventilspiel einstellen« in diesem Kapitel.

Das Ventilspiel

Die einzelnen Teile des Ventiltriebs, vor allem aber die Ventilschäfte, dehnen und längen sich bei Erwärmung des Motors. Deshalb muß – damit auch bei warmem Motor die Ventile trotz ihrer länger gewordenen Schäfte richtig abdichten können – etwas »Luft« oder »Spiel« zwischen Nockenwelle und Ventilstößel (F-Motoren) bzw. Nockenwelle und Kipphebel (C-Motor) vorhanden sein. Damit Sie diesem Wartungspunkt die richtige Bedeutung beimessen, hier die Folgen bei falschem Ventilspiel:

○ **Zu kleines Ventilspiel** läßt die Ventile nicht satt auf den Ventilsitzen anliegen und vor allem die sehr heiß werdenden Auslaßventile können ihre Wärme nicht mehr an die Sitzringe abgeben. Die Ränder der Ventilteller verformen sich, reißen ein und die Sitze verbrennen. Der Kompressionsdruck entweicht, der Motor verliert an Leistung, springt schlechter an und verbraucht mehr Kraftstoff.

○ **Zu großes Ventilspiel** läßt die Ventile später öffnen als normal, die Zylinder werden schlechter gefüllt und der Motor kommt nicht auf volle Leistung. Der Ventiltrieb, besonders der C-Motoren arbeitet lauter und verschleißt etwas schneller.

Ventilspiel prüfen und einstellen

Wartung Nr. 45

Da der 16V-Motor mit Hydrostößeln ausgerüstet ist, entfällt bei ihm dieser Wartungspunkt.
Im Wartungsplan von Renault ist die Kontrolle und die Einstellung des Ventilspiels nicht mehr vorhanden. Sie

Ohne den speziellen Ventileinstellschlüssel brauchen Sie zum Einstellen des Ventilspiels einen Gabelschlüssel SW 10 (oder Ringschlüssel) zum Lösen der Sicherungsmutter und eine Zange oder besser einen kleinen passenden Gabelschlüssel zum Einstellen der Ventile. Weiter benötigen Sie, wie im Bild für das Einlaßventil des 1. Zylinders gezeigt, eine Fühlerblattlehre mit 0,15 mm bzw. 0,20 mm Stärke.

Wegen des unterschiedlichen Ventilspiels von Einlaß- (E) und Auslaßventil (A) dürfen beim C-Motor die Ventile bei der Einstellarbeit nicht verwechselt werden. Zur Unterstützung deshalb die Zylinder-Numerierung hinter der Ventilbezeichnung.

ist jeweils nur bei auftretenden Geräuschen und nach Reparaturen vorgesehen. Wir meinen jedoch, eine Prüfung des Ventilspiels nach jeweils 50000 bis 60000 km kann nicht schaden. Bei allen Renault-19-Motoren erfolgt die Einstellung des Ventilspiels bei kaltem Motor.

C-Motor

Benötigte Werkzeuge: Rohrsteckschlüssel SW 10, Fühlerblattlehre und je ein Gabelschlüssel SW 10 bzw. den im Handel erhältlichen Ventileinstellschlüssel (Kontermutterschlüssel). Zusätzlich sollten Sie sich unbedingt eine Dichtung für die Zylinderkopfhaube besorgen, denn oft reißt die Dichtung schon beim Abnehmen der Zylinderkopfhaube. Meist ist die alte Dichtung auch so verhärtet, daß es zu Dichtungsproblemen beim erneuten Anziehen der Zylinderkopfhaube kommen kann.

- Batterie-Massekabel abklemmen.
- Luftfilter abbauen, siehe Kapitel »Luftfilter und Ansaugkanäle«.
- Ggf. Kabel und/oder Schläuche aus dem Halter an der Rückseite der Zylinderkopfhaube aushängen und für mehr Bewegungsfreiheit mit Klebeband oder einer Schnur zur Seite binden.
- Gaszug am Drosselklappenhebel aushängen und Widerlager von der Zylinderkopfhaube abbauen, siehe »Die Benzin-Zentraleinspritzung«.
- Steckverbindung vom Einspritzgehäuse abziehen. Dazu die Bügelsicherung drücken.
- Mit dem Rohrschlüssel SW 10 die Zylinderkopfhaube (3 Muttern) abbauen. Um die Dichtung nicht zu zerstören, müssen Sie die Zylinderkopfhaube vorsichtig abheben. Ggf. mit leichten Schlägen eines Hammerstiels etwas nachhelfen.
- Kleinteile wie Schrauben und Beilegscheiben so ablegen, daß nichts davon in den Zylinderkopf fallen kann.
- Motor auf OT für Zylinder 1 stellen (Drehrichtung beachten!).
- Wird nun der Motor an der Riemenscheibe etwas hin- und hergedreht, überschneiden die Ventile an Zylinder 1 oder 4, das heißt, beide Kipphebel bzw. Stößelstangen bewegen sich gegenläufig.
- Überschneiden z.B. die Ventile des 4. Zylinders, muß das Ventilspiel des 1. Zylinders eingestellt werden.
- Zur Gegenkontrolle muß beim immer ein Auslaßventil voll geöffnet sein, d. h. der Kipphebel muß von der Stößelstange ganz nach unten gedrückt sein. Daraus ergibt sich nach der Zündfolge 1–3–4–2 folgendes Einstellschema:

Auslaßventil geöffnet (Kipphebel voll gedrückt) an Zylinder	einzustellendes Einlaßventil an Zylinder	einzustellendes Auslaßventil an Zylinder
1	3	4
3	4	2
4	2	1
2	1	3

- Ventilspiel zwischen Ventilschaftende und Kipphebel messen. Dazu ein möglichst breites Fühlerlehrenblatt zwischen Ventilschaft und Kipphebel schieben. Läßt sich das Lehrenblatt nicht einschieben, muß das Ventilspiel vergrößert werden.
- Zunächst die Kontermutter SW 10 der Einstellschraube lösen. Dabei an der Einstellschraube mit einem passenden Gabelschlüssel oder einer Kombizange gegenhalten.
- Einstellschraube des Kipphebels mit der Kombizange bzw. dem Gabelschlüssel so verdrehen, bis sich das entsprechende Lehrenblättchen gerade durchschieben läßt.
- Kontermutter festziehen und Spiel nochmals prüfen, denn beim Kontern verändert sich die Einstellung geringfügig.
- Beim Einstellen den Auslaßventilen darauf achten, daß sie nicht zu »knapp« eingestellt sind.

Beim F-Motor hängen die Ventile hintereinander im Zylinderkopf. Das Ventilspiel wird ebenfalls mit der Fühlerblattlehre gemessen. Stimmt das Ventilspiel nicht, muß das jeweilige Einstellplättchen gegen eines mit passender Dicke ausgewechselt werden, damit der vorgeschriebene Einstellwert erreicht wird. Zum Einstellen der Ventile bzw. zum Auswechseln der Einstellplättchen ist jedoch Spezialwerkzeug nötig.

- Die Einstellmaße für den 1,4-Liter-C-Motor lauten bei kaltem Motor: **Einlaßventil 0,15 mm, Auslaßventil 0,20 mm**.
- Um das nächste Auslaßventil zu öffnen, den Motor ½ Umdrehung im Uhrzeigersinn weiterdrehen. Als Anhaltspunkt nehmen Sie den Verteilerfinger des Zündverteilers, der sich um 90° (= rechter Winkel) weiterbewegt, und zwar entsprechend der Zündfolge 1–3–4–2.
- Vor Aufsetzen der Zylinderkopfhaube darauf achten, daß die Dichtflächen von Deckel, Deckeldichtung und Zylinderkopf vorher mit einem nicht fasernden Lappen von Ölrückständen gesäubert sind.
- Ist die Deckeldichtung schon ziemlich verquetscht und verhärtet, sollten Sie sie zur Sicherheit durch eine neue Dichtung ersetzen.
- Zylinderkopfhaube mit Dichtung auf den Zylinderkopf aufsetzen.
- Muttern bzw. Schrauben der Haube ansetzen und gleichmäßig festziehen.
- Gaszug montieren und ggf. einstellen.
- Luftfilter montieren und Schläuche bzw. Kabel mit Haltern wieder montieren.
- Motor warmlaufen lassen und Dichtung der Zylinderkopfhaube auf Dichtheit überprüfen.

F-Motoren
Benziner und Diesel

Auch bei den F-Motoren des Renault 19 wird das Ventilspiel bei kaltem Motor geprüft und eingestellt, doch ist diese Arbeit bei dem mit Tassenstößeln ausgerüsteten Motor etwas problematischer als beim C-Motor.
Das eigentliche Prüfen des Spiels können Sie problemlos selbst durchführen – das eventuell fällige Einstellen jedoch nur bedingt.

Ventilspiel messen

- Luftfilter abbauen.
- Obere Zahnriemenabdeckung abbauen.
- Hutmuttern der Zylinderkopfhaube abschrauben und Haube vorsichtig abnehmen. Darauf achten, daß die Deckeldichtung nicht beschädigt wird.
- Ist der Deckel festgebacken, helfen ein paar Schläge mit dem Handballen oder ein paar gezielte Schläge mit dem Hammerstiel, um ihn zu lösen.
- Gemessen werden gleichzeitig das Einlaß- und das Auslaßventil eines Zylinders. Dazu müssen beide Ventile entlastet sein (also Spiel haben).
- Deshalb den Motor durch Vorschieben des Wa-

Die Zylinder-Numerierung hinter der Ventilbezeichnung soll dazu dienen, daß Sie die Einlaß- (E) und Auslaßventile (A) des F-Motors beim Messen des Ventilspiels richtig zuordnen können.

gens so durchdrehen, bis an der Nockenwelle die Spitzen beider Nocken von Zylinder 1 (das ist der in Fahrtrichtung gesehen ganz rechts sitzende) gleichmäßig nach links und rechts oben zeigen.

- Die Einstellwerte für das richtige Ventilspiel lauten: **Einlaßventil 0,20 mm**, **Auslaßventil 0,40 mm**.
- Zwischen Nockenwelle und Tassenstößel das entsprechende Lehrenblatt (z. B. für das Einlaßventil 0,20 mm) durchzuziehen versuchen.
- Stimmt das Ventilspiel, soll sich das Lehrenblatt mit leichtem Widerstand durchschieben lassen.
- Geht Durchschieben nicht, jeweils 0,05 mm dünnere Lehrenblätter nehmen.
- Seltener tritt zu großes Spiel auf; dann läßt sich noch ein größeres Fühlerblatt durchziehen, als der Einstellwert angibt.
- Meßwert notieren.
- Entsprechend der Zündfolge 1–3–4–2 wird als nächster Zylinder 3 geprüft.
- Dazu den Motor ½ Umdrehung weiterdrehen. Jetzt müssen bei Zylinder 3 beide Nocken der Nockenwelle gleichmäßig nach links und rechts oben zeigen. Zylinder 3 kann gemessen werden.
- Restliche Zylinder prüfen, dazu den Motor jeweils ½ Umdrehung weiterdrehen.

Einstellplättchen wechseln

Zum Einstellen der Ventile werden oben in die Tassenstößel Distanzplättchen unterschiedlicher Stärke eingelegt. Ob ein dickeres oder dünneres Plättchen zu wählen ist, hängt davon ab, ob das Ventilspiel zu groß oder zu klein ist. Leider wird zum Auswechseln der Distanzplättchen Spezialwerkzeug nötig, denn nur so lassen sich die Tassenstößel gegen die Kraft der Ventilfedern nach unten drücken bzw. anschließend die Plättchen herausnehmen.

Vielleicht können Sie sich in der Anschaffung der Werkzeuge mit anderen Renault-Fahrern zusammentun, die ein Renault-Modell mit gleichem Motor fahren. Gebraucht wird ein Niederhalter für die Ventilstößel (Renault-Werkzeug Mot. 992). Erhältlich sind diese Werkzeuge aber auch über den Zubehörhandel, z. B. von der Firma MABECO, Postfach 130307, 42853 Remscheid. Die Ventileinstellplättchen erhalten Sie dagegen im Renault-Ersatzteillager.

- Die Nockenwellen-Exzenter müssen beim einzustellenden Zylinder mit ihren Spitzen nach links und rechts oben zeigen (OT). Kurbelwelle etwa ¼ im Uhrzeigersinn weiterdrehen. Der Kolben steht dann nicht mehr im OT. Die Ventile können so beim Niederdrücken der Stößel nicht mit dem Kolben in Berührung kommen.
- Beide Tassenstößel des einzustellenden Zylinders so verdrehen, bis jeweils der Nut nach vorne zeigt – so können die Einstellscheiben besser herausgenommen werden.
- Niederhalter zwischen den beiden Nocken des betreffenden Zylinders ansetzen, beide Tassenstößel werden gleichzeitig heruntergedrückt.
- Schmalen Schraubendreher oder Plättchenzange am Einstellplättchen ansetzen und Plättchen herausheben.
- Bei korrekter Montage liegt das Plättchen mit dem eingeprägten Wert seiner Dicke nach unten im Tassenstößel.
- War es falsch herum eingelegt, dürften die Ziffern nicht mehr erkennbar sein. Dann hilft nur der Mikrometer der Werkstatt weiter, bei der Sie ohnehin das neue Plättchen besorgen müssen. Eine Schieblehre genügt nicht.
- Stärke des erforderlichen Plättchens errechnen (siehe nächsten Abschnitt).
- Neues Einstellplättchen einölen und mit den Ziffern nach unten zeigend in den Tassenstößel einlegen.
- Niederhalter entfernen und Ventilspiel nachprüfen.
- Motor weiterdrehen und am nächsten Zylinder das Ventilspiel messen.

Welches Einstellplättchen wird gebraucht?

Wenn das Ventilspiel korrigiert werden muß: Das Plättchen für ein Auslaßventil wird wegen der auftretenden höheren Temperaturen so ausgewählt, daß anschließend der Wert von 0,40 mm eher etwas überschritten wird, d. h. das Fühlerblatt »locker« durchgeschoben werden kann. Bei einem Einlaßventil stellt man genau den Wert von 0,20 mm ein. Ist das Spiel zu gering, brauchen Sie ein dünneres Einstellplättchen, bei zu großem Spiel muß das Plättchen dicker sein. Hierzu zwei Beispiele:

	Meßwert	Einstellwert	Differenz	altes Plättchen	neues Plättchen
Auslaßventil	0,35 mm	0,40 mm	−0,05 mm	3,85 mm	3,80 mm
Einlaßventil	0,25 mm	0,20 mm	+0,05 mm	3,70 mm	3,75 mm

Beim neuen Motor werden nur Einstellplättchen mittlerer Stärke verbaut. Im Ersatzteillager sind die Plättchen in Abstufungen von 0,05 mm und einer Dicke von 3,25 bis 4,50 mm erhältlich. Die Dicke der Plättchen ist auf der Unterseite eingeätzt.

Fingerzeig: **Zur genauen Messung des Ventilspiels ist es besser, die Fühlerblattlehre zu schieben und nicht zu ziehen, da sich dann das Fühlerblatt – besonders, wenn es zwei sind – bei zu wenig Spiel stauchen kann und so zu wenig Spiel »signalisiert«.**

Steuerkette auswechseln

nur C-Motor

Ein rasselnder Motor im Leerlauf läßt meist auf eine verschlissene Steuerkette schließen, weil der Kettenspanner nicht mehr in der Lage ist, die durch Verschleiß gelängte Kette auf Spannung zu halten. Bis zu einem gewissen Grad ist das Kettengerassel, besonders bei heißem Motor konstruktionsbedingt.
Verschwindet das Rasselgeräusch aber erst bei höheren Drehzahlen, liegt es nicht nur an der Kette, sondern auch die beiden Steuerräder sind verschlissen. Dann ist durch ungenaue Steuerzeiten das Leistungs- und Abgasverhalten des Motors außerhalb der Toleranzen. Steuerkette, die zugehörigen Kettenräder sowie der Kettenspanner sollten immer gemeinsam gewechselt werden. Vorsorglich auch einen Dichtungssatz für den Stirnraddeckel und Dichtungspaste (Silikonpaste CAF 4/60 THIXO) im Ersatzteillager besorgen.

- Motoröl ablassen und Ölwanne abbauen. Klebt die Wanne fest, ggf. mit Schraubendreher vorsichtig abhebeln, dabei aber nicht die Dichtungssitze »vermauern«.
- Keilriemen abnehmen.
- Kurbelwellen-Keilriemenscheibe lösen und mit Nabe abnehmen. Damit die Kurbelwelle beim Lösen der Befestigung blockiert ist, 4. Gang einlegen und einen Helfer die Bremse treten lassen.
- Stirnraddeckel abbauen. Dabei den Dichtring nicht verletzen.
- Motor so verdrehen, bis sich die Markierungen von Kurbelwellen- und Nockenwellen-Kettenrad genau gegenüberstehen.
- Zur Arretierung des Kettenspanners in zurückgezogener Stellung benutzt die Werkstatt ein spezielles Arretierwerkzeug (Mot. 761). Mangels dieses Spezialwerkzeugs können Sie jedoch auch einen stabilen Draht um das Druckstück und die Spannfederaufnahme legen und den Draht so weit zusammendrehen, bis die Steuerkette vom Druckstück freikommt.
- Beide Befestigungsschrauben lösen und herausdrehen.
- Kettenspanner abnehmen.
- Sicherungsblech der zentralen Schraube des Nockenwellenkettenrades zurückbiegen und Schraube herausdrehen.
- Nockenwellen-Kettenrad gleichzeitig mit der Steuerkette abziehen.
- Kurbelwelle und Nockenwelle auf keinen Fall mehr verdrehen.
- Ggf. Kurbelwellen-Kettenrad mit handelsüblichem Klauenabzieher abziehen. Zum Schutz des Gewindes ggf. eine passende, in der Mitte angekörnte Schraube in den Kurbelwellenstumpf eindrehen.
- Sicherungskeil vom Kurbelwellenstumpf nehmen.
- Vor Einbau Dichtflächen von Motorblock und Deckel säubern.
- Sicherungskeil in den Nut der Kurbelwelle setzen.
- Eine passende Gewindespindel (Kopf einer längeren Schraube absägen) in den Kurbelwellenstumpf eindrehen und Kurbelwellen-Kettenrad mit einem angesetzten Distanzrohr (Durchmesser 25 mm) und einer Mutter mit großer, stabiler Unterlegscheibe auf den Kurbelwellenstumpf pressen.
- Nockenwellen-Kettenrad mit Steuerkette ansetzen. Dabei müssen sich die Markierungen der Kettenräder genau gegenüberstehen (Markierungen der Steuerräder müssen mit dem Mittelpunkt von Kurbelwellen- und Nockenwellenachse auf einer Linie fluchten).
- Schraube des Nockenwellen-Kettenrades mit neuem Sicherungsblech einsetzen und mit 30 Nm festziehen.
- Sicherungsblech umbördeln.
- Kettenspanner anbauen und Drahtsicherung entfernen.
- Stirnraddeckel mit neuer Dichtung anbauen. Gegen Verrutschen die Dichtung mit etwas Silikonpaste am Deckel fixieren.
- Schrauben mit gleichmäßig festziehen ohne die Dichtung zu quetschen.
- Die Dichtflächen von Ölwanne und Motorblock reinigen und mit Verdünnung fettfrei machen.
- Eine 3 mm starke durchgehende, nur am vorderen Hauptlager (Schwungscheibenseite) unterbro-

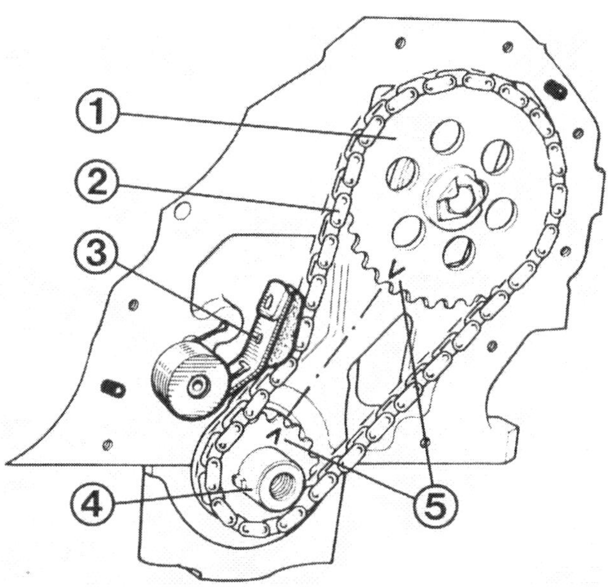

Wie bei »5« gezeigt, müssen sich beim C-Motor nach Auflegen der Steuerkette die Markierungen (Pfeile) von Kurbelwellen- (4) und Nockenwellen-Kettenrad (1) gegenüberstehen, bevor das Nockenwellenrad festgezogen wird. Weiter bedeuten:
2 – Steuerkette;
3 – Kettenspanner.

chene (ca. 7 cm) Dichtraupe auf die Dichtfläche der Ölwanne auftragen. Dabei die Raupe immer innen an den Schraubbohrungen vorbeiführen. An den vier Ecken der Wanne im Bereich der Kurbelwellenlager etwas mehr angeben, jedoch nicht so viel, daß nach Festziehen der Wanne durch die breitgequetschte Dichtmasse der Ölrücklauf von Steuergehäuse und Kurbelwellenlager in die Ölwanne behindert wird.

● Am Hauptlager – dort wo keine Dichtpaste angegeben ist – eine neue Gummidichtung einsetzen.

● Ggf. vier abgesägte passende Schrauben als Zentrierstifte in den Motorblock eindrehen.

● Ölwanne ansetzen und Schrauben gleichmäßig mit 8–10 Nm festziehen.

● Dann Zentrierstifte gegen Schrauben austauschen und ebenfalls mit 8–10 Nm festziehen.

● Kurbelwellen-Riemenscheibe mit Nabe ansetzen und Schraube festziehen (40-mm-Schraube = 80 Nm; 45-mm-Schraube = 110 Nm).

● Keilriemen montieren und spannen, siehe unter »Das Kühlsystem«.

● Öl auffüllen und Motor nach einer Probefahrt auf Undichtigkeiten kontrollieren.

Fingerzeige: **Beim Ansetzen der Ölwanne dürfen auf keinen Fall Ölrückstände auf die Dichtraupe oder die Dichtfläche des Motorblocks geraten, sonst haftet die Silikonpaste nicht und verschiebt sich auf der Dichtfläche – die Ölwanne wäre nicht dicht. Ggf. muß die Ölwanne nochmals abgenommen werden und die Dichtfläche erneut mit Verdünner entfettet werden. Die Trocknungszeit dauert ca. eine Stunde.**

Arbeiten am Zahnriemen

Die Ventilsteuerung erfolgt, wie bereits erwähnt, bei den F-Motoren über einen Zahnriemen. Dieser versetzt die Nockenwelle in die halbe Umdrehungszahl der Kurbelwelle. Je nach Motortyp wird noch eine Nebenwelle zum Antrieb der Ölpumpe angetrieben und beim Diesel-Motor zusätzlich noch die Einspritzpumpe. Gerade beim Diesel-Motor muß die Steuerung von Nockenwelle und Einspritzpumpe besonders präzise eingestellt sein. Jede Veränderung durch Spannen oder Auswechseln des Zahnriemens zieht deshalb entsprechend aufwendige Kontrollen und Einstellarbeiten nach sich. So beschränken sich die mit einfachen Mitteln durchführbaren Wartungsarbeiten auf die Zustandsprüfung und die Kontrolle der Riemenspannung.

Obere Zahnriemenabdeckung abbauen

● **1,7-/1,8-Liter-Motor:** Drei Schrauben lösen (zwei links, eine rechts) und Abdeckung abnehmen.

● **16V-Motor:** Links und rechts der Abdeckung je drei Schrauben und oben zwischen den beiden Nockenwellen-Zahnriemenrädern eine Schraube lösen.

● **Diesel-Motor:** Abdeckung des Einspritzpumpen-Zahnriemenrades abbauen (zwei Schrauben).

● An der Zahnriemenabdeckung drei Schrauben (zwei links, eine rechts) und zwei an der Verbindung zur unteren Zahnriemenabdeckung lösen und Abdeckung abnehmen.

● **Alle:** Beim Einbau der Zahnriemenabdeckung auf richtigen Sitz achten. Dabei auch die Distanzhülsen (je nach Motor) nicht vergessen.

Zahnriemenzustand prüfen

Wartung Nr. 20

● Der Riemen darf nicht verölt oder rissig sein. Wasser und Öl lassen den Riemen vorschnell altern.

● Die Flanken der Verzahnung müssen intakt sein und dürfen keine Abnutzungserscheinungen zeigen.

● Damit Sie den Riemen auf seiner gesamten Länge begutachten können, den Motor durchdrehen.

● Einen beschädigten Riemen unbedingt ersetzen.

Der Zahnriemen des 1,8-Liter-Benziners. Zur behelfsmäßigen Prüfung der Zahnriemenspannung können Sie den Riemen eindrücken (siehe Tabelle gegenüber) oder in sich verdrehen. Läßt er sich um 90° verdrehen, muß der Riemen gewechselt, zumindest jedoch gespannt und mit dem Meßgerät kontrolliert werden. Es bedeuten:
1 – Nockenwellen-Zahnriemenrad;
2 – Spannrolle;
3 – Riemenscheibe der Wasserpumpe.

Zum Prüfen und Einstellen der richtigen Zahnriemenspannung benutzt die Renault-Werkstatt das Prüfgerät El 346-04. Bei der Kontrolle drückt ein Stößel mit einem genau eingestellten Druck zwischen zwei Zahnriemenrädern auf den Riemen. Die Auslenkung des Riemens wird dann genau gemessen. Dieses Spezialgerät wird auch zur exakten Kontrolle und Einstellung der Keilriemenspannung eingesetzt. Es müssen folgende Einstellwerte erreicht werden:

Motor	Motortyp	Meßstelle	Sollwert	Druck
1,7-/1,8-Liter	F3N/F3P	zwischen Riemen-Spannrolle und Nebenwellenrad	7,0 ± 0,5 mm	30 N
16V	F7P	zwischen Riemen-Spannrolle und Nebenwellenrad	3,0 ± 0,5 mm	100 N
Diesel	F8Q	zwischen Riemen-Spannrolle und Nebenwellenrad	7,5 ± 0,5 mm	30 N

Zahnriemenspannung behelfsmäßig prüfen

- Zahnriemenabdeckung abbauen.
- **1,7-/1,8-Liter- und Diesel-Motor:** Durch Daumendruck (30 N) zwischen Riemen-Spannrolle und Nebenwellen-Zahnriemenrad soll sich der Riemen bei richtiger Spannung 8 mm durchdrücken lassen.
- **16V-Motor:** Selbst durch starken Daumendruck (ca. 100 N) zwischen Riemen-Spannrolle und Nebenwellen-Zahnriemenrad darf sich der Riemen bei richtiger Spannung nur 4 mm durchdrücken lassen.
- Sie können den Riemen auch in sich verdrehen. Er darf sich maximal 90° verdrehen lassen.
- Im Zweifelsfall die Kontrolle nach Weiterdrehen der Kurbelwelle wiederholen.
- Sonst nachspannen.

Zahnriemen behelfsmäßig spannen

- Zum Spannen des Zahnriemens die Kurbelwelle festhalten (4. oder 5. Gang einlegen und Handbremse festziehen).
- Sicherungsmutter der Spannrolle lösen. Spannrolle ggf. mit Maulschlüssel festhalten.
- Zum Verstellen der gelösten Spannrolle in die hintere Zahnriemenverkleidung eine ca. 45 mm lange Schraube M 6 in ein dafür vorgesehenes Gewindestück gegen die Spannrollenhalterung schrauben. Nach Spannen des Riemens die Schraube wieder entfernen.
- Motor zweimal durchdrehen (Drehrichtung beachten!).
- Riemenspannung nochmals kontrollieren, ggf. Spannvorgang wiederholen.
- Sicherungsmutter mit 50 Nm festziehen.
- Zahnriemenabdeckung montieren.
- Von der Werkstatt Zahnriemenspannung und Einspritzzeitpunkt der Einspritzpumpe (Diesel) bei nächster Gelegenheit prüfen lassen.
- Ggf. Zahnriemen so bald als möglich auswechseln (lassen).

Fingerzeige: **Die Sicherungsmutter muß unbedingt mit dem angegebenen Drehmoment von 50 Nm festgezogen werden, da eine sich lösende Sicherungsmutter durch einen überspringenden Zahnriemen einen kapitalen Motorschaden verursachen kann. Deshalb ggf. Mutter zusätzlich mit flüssiger Schraubensicherung festschrauben.**
Ein gelaufener Riemen sollte möglichst nicht nachgespannt werden, um eine Überlastung von Zahnriemen und Lager zu vermeiden. Muß der Riemen mangels eines neuen doch einmal nachgespannt werden, diesen baldmöglichst auswechseln.

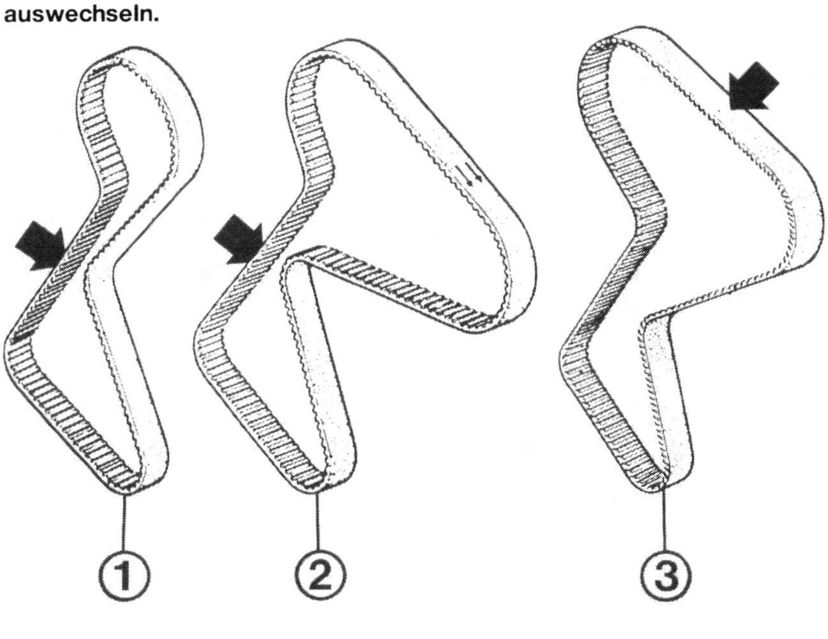

Hier sind die Stellen mit einem Pfeil bezeichnet, an denen bei der Kontrolle der Zahnriemenspannung mit dem Meßgerät Druck ausgeübt und gemessen werden muß. Es bedeuten:
1 – 1,7-/1,8-Liter-Motor;
2 – Diesel-Motor;
3 – 16V-Motor.
Die Zahnriemenspannung muß zwischen Spannrolle und Nebenwellen-Zahnriemenrad kontrolliert werden.

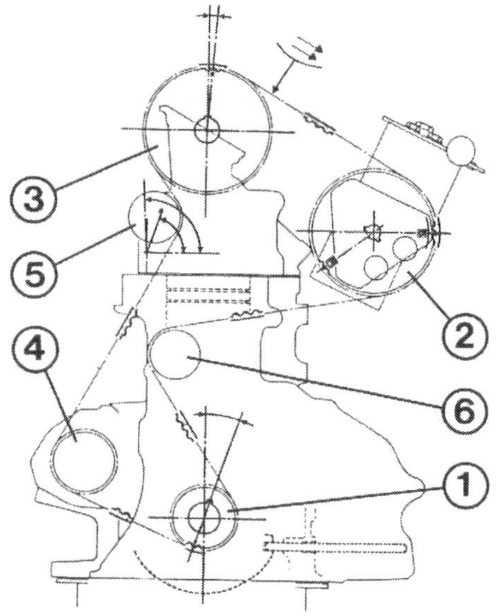

Der Zahnriemen (die Abbildung zeigt stellvertretend den Diesel) muß gegen die Laufrichtung in der Reihenfolge »1« (Kurbelwellenrad), »2« (Einspritzpumpenrad), »3« (Nockenwellenrad) und »4« (Nebenwellenrad) aufgezogen werden. Dabei müssen die Markierungen von Motor, Zahnriemenrädern und Zahnriemen genau übereinstimmen. Die »B«-Markierung am Einspritzpumpenrad steht für Bosch, die Markierung »R« steht für CAV-Roto. Je nach eingebauter Pumpe muß die entsprechende Markierung benutzt werden. Beim 1,8-Liter-Motor läuft der Zahnriemen von der Umlenkrolle (6) direkt über das Nockenwellenrad; beim 16V-Motor läuft der Riemen von der Umlenkrolle zunächst über das Einlaß-, dann über das Auslaß-Nockenwellenrad.

Zahnriemen auswechseln

Wartung Nr. 49

Der Zahnriemen muß nach dem Renault-Wartungsplan erst nach 120000 km gewechselt werden. Wir raten jedoch, den Zahnriemen zu einem wesentlich früheren Zeitpunkt auszutauschen, denn ein gerissener oder durch Überalterung gedehnter Zahnriemen kann einen kapitalen Motorschaden verursachen.
Auch die Renault-Werkstatt rät im Rahmen der Wartungsarbeiten, wenn der Riemen sowieso abgenommen wird, zum Wechsel des Zahnriemens, wenn er mehr als 80000 km gelaufen ist.

Aus- und Einbau

● Vorderen Spritzschutz im Radhaus abbauen (TORX-Schrauben). Vorher für besseren Arbeitsspielraum ggf. das Vorderrad abbauen.
● Keilriemen abnehmen, siehe Kapitel »Die Lichtmaschine«.
● Zahnriemenabdeckung komplett abbauen.
● Keilriemenscheibe von der Kurbelwelle abbauen. Beim Lösen der Schraube Kurbelwelle durch eingelegten 5. Gang blockieren oder Zahnkranz der Schwungscheibe mit einem Schraubendreher blokkieren.
● Motor auf Zünd-OT Zylinder 1 drehen.
● OT-Stellung von Nockenwellen- und Kurbelwellen-Zahnriemenrad prüfen. Dabei müssen jeweils die Markierungen von Zahnriemen, Zahnriemenrad und -gehäuse in Deckung stehen. Gleichzeitig muß der Laufrichtungspfeil des Zahnriemens in Drehrichtung des Motors zeigen (im Uhrzeigersinn). Beim Diesel-Motor müssen die Markierungen zusätzlich an der Einspritzpumpe übereinstimmen.
● **Diesel-Motor:** Zur genauen Arretierung der OT-Stellung setzt die Werkstatt einen Arretierungsbolzen (8 mm Durchmesser) in den Motorblock ein. Die Bohrung hierfür befindet sich neben dem Ölpeilstab. Vor Einsetzen des Dorns muß der Verschlußstopfen abgenommen werden. Mangels passendem Dorn muß die OT-Stellung an der Markierung der Motor-Schwungscheibe kontrolliert werden. Besonders darauf achten, daß sich die OT-Stellung nicht verstellt.
● **16V-Motor:** Gegen Verdrehen wird in der Werkstatt die OT-Stellung der beiden Nockenwellenräder mit einem speziellen Feststellwerkzeug (Mot.1196) arretiert, das zwischen die beiden Zahnriemenräder eingesetzt wird. Mangels dieses Werkzeugs besonders darauf achten, daß die OT-Stellung auf keinen Fall verändert wird.
● Sicherungsmutter der Riemenspannrolle lösen. Dabei die Spannrolle festhalten.
● Zahnriemen entspannen. Dazu die Spannrolle nach rechts drehen.
● Zahnriemen von den Zahnriemenrädern abnehmen.
● Zahnriemenräder bei abgenommenem Zahnriemen auf keinen Fall verdrehen.
● Vor Auflegen des neuen Zahnriemens OT-Stellung von Nockenwellen- und Kurbelwellen-Zahnriemenrad kontrollieren.
● Stimmt die Markierung nicht genau, Kurbelwelle auf kürzestem Weg in die richtige Stellung drehen.
● Neuen Zahnriemen an der Kurbelwelle beginnend gegen die Uhr auf die Zahnriemenräder auflegen.
● Zahnriemenspanner gegen Riemen drücken und Zahnriemen behelfsmäßig spannen, wie zuvor beschrieben.
● Motor zweimal durchdrehen, damit sich der Zahnriemenspanner »satt« gegen den Zahnriemenrücken legen kann.
● Zahnriemenspannung nochmals kontrollieren und ggf. korrigieren.
● Zahnriemenabdeckung montieren.
● Keilriemenscheibe montieren und Keilriemen auflegen.
● Keilriemen spannen, siehe Lichtmaschinen-Kapitel.
● Die weiteren Arbeiten in umgekehrter Ausbaureihenfolge vornehmen. Nicht vergessen, die eventuell eingesetzte Motorstütze abzunehmen.
● Zahnriemenspannung bei nächster Gelegenheit von der Werkstatt prüfen lassen.

Fingerzeig: Muß die Nockenwelle bei abgenommenem Zahnriemen verdreht werden, darf kein Kolben im oberen Totpunkt stehen, sonst können Ventile und Kolben beschädigt werden. Zur Sicherheit Kurbelwellenmarkierung max. 90° (¼ Umdrehung) vor oder nach OT-Markierung stellen.

Störungsbeistand

Zylinderkopf-dichtung

Erkennungsmerkmal	Ursache/Besonderheiten
A Kühlflüssigkeitsstand nimmt laufend ab	Kühlmittel gelangt in sehr geringer Menge in die Brennräume. Diese Erscheinung kann sich ohne weitere Erkennungsmerkmale über längere Zeit hinziehen
B Beträchtlicher Kühlmittelverlust. Der Wagen zieht bei warmgefahrenem Motor einen weißen Abgasschleier hinter sich her	Kühlmittel dringt in erheblicher Menge in einen Verbrennungsraum, verdampft dort und entweicht als weiße Schwaden zum Auspuff hinaus
C Aus dem geöffneten Ausgleichsbehälter steigen Luftblasen auf oder beim Öffnen des Verschlußdeckels sprudelt eine größere Menge Kühlmittel heraus	Verbrennungsgase werden ins Kühlsystem gedrückt. Aus der Einfüllöffnung riecht es nach Abgasen
D In Regenbogenfarben schillernde oder schwarze Verfärbung an der Oberfläche des Kühlmittels	Öl aus dem Schmierkreislauf gelangt ins Kühlsystem
E Grau oder braun aussehende Emulsion am herausgezogenen Ölpeilstab oder Öl von Wasserbläschen durchsetzt	Kühlflüssigkeit ist in den Schmierkreislauf geraten. Achtung: Wasser im Motoröl kann einen Lagerschaden verursachen. Zylinderkopfdichtung sofort wechseln (lassen). Motor nicht mehr starten! Wagen zur Reparatur abschleppen

Arbeiten am Zylinderkopf

Hier gilt das gleiche wie schon für die Arbeiten am Zahnriemen beschrieben. Nur der erfahrene Selbermacher sollte sich an eine solch umfangreiche Arbeit heranwagen. Zumindest ein »vorbelasteter« Helfer sollte dabei sein. Zu allen nachstehend beschriebenen Arbeiten ist ein Drehmomentschlüssel unerläßlich.

Nockenwelle ausbauen
F-Motoren außer 16V

Wird die Nockenwelle bei eingebautem Zylinderkopf ausgebaut, kommt zu den aufgeführten Arbeitsschritten noch der Ausbau des Zahnriemens hinzu. Außerdem muß beim Diesel-Motor ggf. der Einspritzzeitpunkt der Einspritzpumpe neu justiert werden. Beim 16V-Motor gehen die Arbeiten ganz ähnlich vor sich, doch sei hier besonders auf den Umfang und Schwierigkeitsgrad der Arbeit hingewiesen, weshalb sie besser der Werkstatt überlassen werden sollte.

● Nockenwellen-Zahnriemenrad mit einem durch ein Radloch gesteckten und am Zylinderkopf angelegten 10er-Steckschlüssel oder entsprechend stabilen Schraubendreher arretieren.

● Zentrale Befestigungsschraube des Nockenwellen-Zahnriemenrades lösen.

● Zahnriemenrad der Nockenwelle mit leichten Schlägen eines Kunststoffhammers vom Konussitz der Nockenwelle schlagen.

● Federscheibe der Nockenwelle abnehmen.

● Zündverteiler (Benzin-Motoren) bzw. Unterdruckpumpe (Diesel) des Bremskraftverstärkers ausbauen.

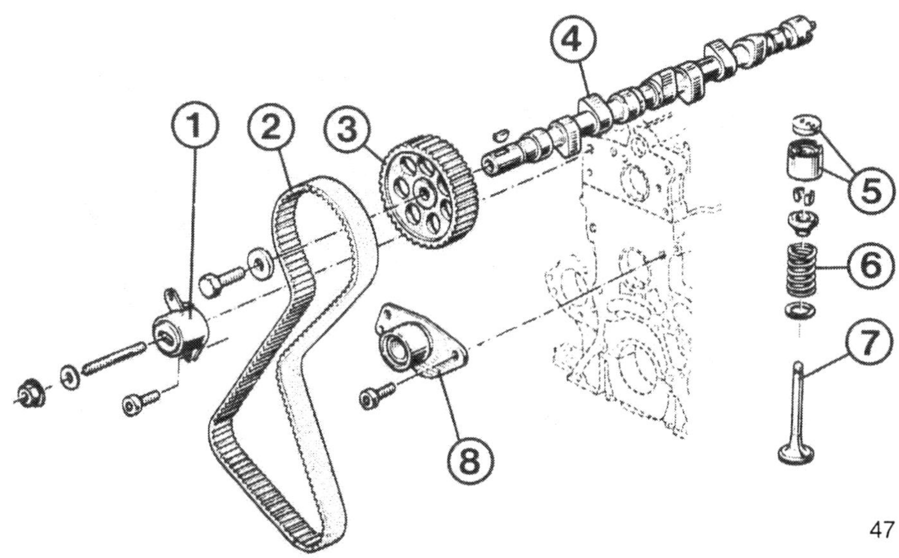

Die Teile der Ventilsteuerung beim 1,8-Liter-Motor. Es bedeuten:
1 – Zahnriemen-Spannrolle;
2 – Zahnriemen;
3 – Nockenwellen-Zahnriemenrad;
4 – Nockenwelle;
5 – Tassenstößel mit Einstellplättchen;
6 – Ventilfeder mit Kleinteilen (z. B. Ventilschaftabdichtung);
7 – Ventil;
8 – Zahnriemen-Umlenkrolle.

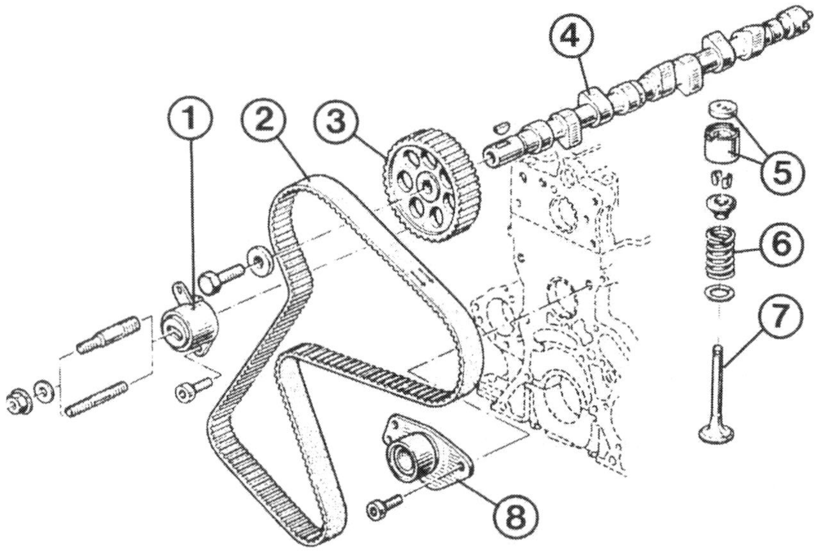

Die Teile der Ventilsteuerung beim Diesel-Motor. Es bedeuten:
1 – Zahnriemen-Spannrolle;
2 – Zahnriemen;
3 – Nockenwellen-Zahnriemenrad;
4 – Nockenwelle;
5 – Tassenstößel mit Einstellplättchen;
6 – Ventilfeder mit Kleinteilen;
7 – Ventil;
8 – Zahnriemen-Umlenkrolle.

● Nockenwellen-Lagerdeckel mit Körnerschlägen oder Kreidestrichen durchnumerieren (für den Wiedereinbau).
● Lagerdeckel 1, 3 und 5 ausbauen.
● Muttern der Lagerdeckel 2 und 4 abwechselnd über Kreuz lösen.
● Nockenwelle aus dem Zylinderkopf nehmen.
● Werden die Ventilstößel abgenommen, muß deren Reihenfolge mit den dazugehörigen Einstellscheiben notiert werden (auch die Stärken der Einstellscheiben). Dies ist für den späteren Einbau äußerst wichtig!
● Zum Einbau die Laufflächen einölen.
● Nockenwelle so einsetzen, daß die Nocken von Zylinder 1 gleichmäßig nach oben zeigen.
● Lagerdeckel entsprechend der beim Ausbau angebrachten Markierungen aufsetzen. 6-mm-Schrauben mit 10 Nm, 8-mm-Schrauben mit 20 Nm anziehen.
● Nockenwellen-Zahnriemenrad ansetzen – Scheibenfeder nicht vergessen – und Zentralschraube mit 50 Nm festziehen.
● Die weiteren Arbeiten gehen umgekehrt wie beim Ausbau vor sich.
● Ggf. Ventilspiel kontrollieren und einstellen.

Fingerzeige: **An den dunkel markierten Stellen von Lagerdeckel 1 und 5 etwas Dichtmittel (z. B. Curil) angeben.**
Darauf achten, daß die Lagerlaufflächen von Nockenwelle und Lagerdeckeln nicht beschädigt werden.

Hydrostößel des 16V-Motors
Ventilgeräusche

Allgemein deutet Ventilklappern am 16V-Motor auf einen oder mehrere defekte Hydrostößel hin. Ventilgeräusche können jedoch auch bei intakten Hydrostößeln auftreten, wenn:
○ kurz nach dem Starten die Ölversorgung der Stößel noch nicht gewährleistet ist;
○ der Wagen zuvor bei hohen Außentemperaturen scharf gefahren wurde und das Motoröl entsprechend dünnflüssig ist;
○ der Wagen lange Zeit nicht gefahren wurde. Dann muß das Klappern spätestens bei betriebswarmem Motor verstummen.

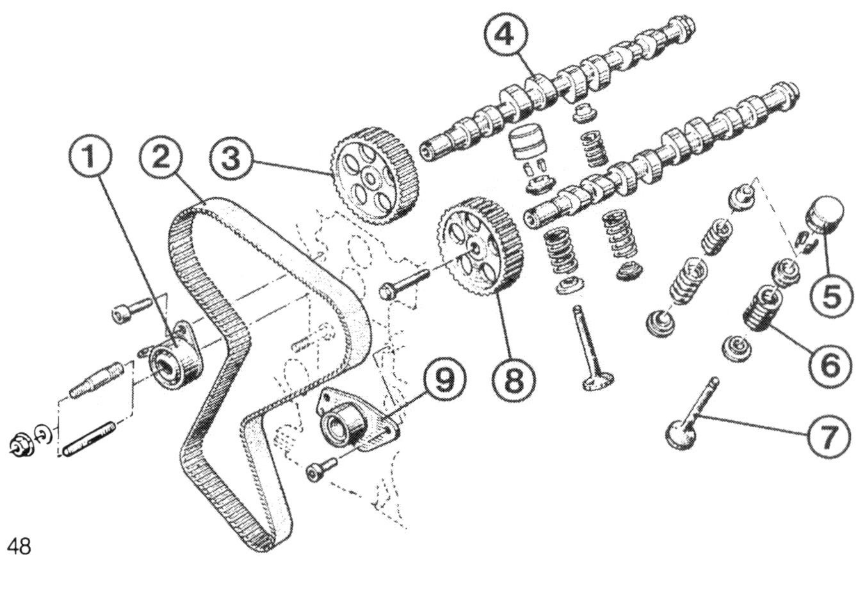

Die Ventilsteuerung des 16V-Motors. Gezeigt sind:
1 – Zahnriemen-Spannrolle;
2 – Zahnriemen;
3 – Zahnriemenrad der Auslaß-Nockenwelle;
4 – Auslaß-Nockenwelle;
5 – Hydrostößel;
6 – Doppelventilfeder mit Kleinteilen;
7 – Ventil;
8 – Zahnriemenrad der Einlaß-Nockenwelle;
9 – Zahnriemen-Umlenkrolle.

- Motor starten und laufen lassen, bis der elektrische Kühlerventilator das erste Mal losläuft.
- Drehzahl für ca. zwei Minuten auf etwa 2000/min anheben.
- Verstummt das Ventilgeräusch noch nicht, Motor abstellen und Zylinderkopfhaube abbauen.

Defekten Hydrostößel ermitteln

- Einen Zylinder (wie beim Ventileinstellen) auf OT drehen. Die Nocken der Nockenwelle müssen nach links und rechts oben zeigen.
- Zu prüfenden Hydrostößel mit einem Holzstab nach unten drücken. Ist ein Nachgeben um mehr als 0,1 mm spürbar, Stößel ersetzen (lassen).

Zylinderkopf ausbauen

- **Alle Motoren:** Massekabel von der Batterie abklemmen.
- Luftfilter ausbauen.
- Kühlflüssigkeit in saubere Auffangwanne ablassen, siehe unter »Das Kühlsystem«.
- Motoröl ablassen, siehe »Schmieren aller Teile«.
- Je nach Motor unterschiedlich – elektrische Leitungen abklemmen und für Wiedereinbau kennzeichnen.
- Vorderes Auspuffrohr am Auspuffkrümmer und am Hauptschalldämpfer abbauen, siehe »Die Auspuffanlage«.
- **Benzin-Motoren:** Kraftstoff-Vor- und -Rücklauf von Einspritzeinheit abbauen und mit passender Schraube oder Klemme verschließen. Lappen bereit halten! Kraftstoffsystem steht unter Druck.
- Unterdruckschlauch des Bremskraftverstärkers am Ansaugkrümmer abbauen. Klemmschelle beim Anbau gegen eine Schraubschelle ersetzen.
- **Diesel-Motor:** Kraftstoff-Rücklaufleitungen (Leckölschläuche) zur Einspritzpumpe von den Einspritzdüsen abziehen.
- Einspritzleitungen von Einspritzpumpe und Einspritzdüsen abbauen und auf sauberem, flusenfreiem Tuch ablegen.
- Öffnungen an Einspritzpumpe und Einspritzdüsen mit kleinen Stopfen (aus flusenfreiem Stoff oder notfalls Papiertaschentüchern) verschließen.
- Unterdruckpumpe des Bremskraftverstärkers abbauen.
- Diesel-Filter mit Heizung abbauen. Dabei auch die Heizschläuche mit Halter am Motor abbauen.
- Masseband des Motors abschrauben.
- Untere Schrauben der Lichtmaschinen-Abdekkung herausdrehen.
- **Turbodiesel-Motor:** Die Kanäle zum Kühler und Ladelufkühler abbauen.
- Halter des Turbolader-Luftstutzens vom Motor abbauen.
- Halter der Motor-Be- und -Entlüftung vom Auspuffkrümmer und Turbolader abbauen.
- Luftstutzen vom Ladeluftkühler abbauen.
- Falls eingebaut, die Strebe zwischen den Stoßdämpferdomen ausbauen.
- **Diesel- und Turbodiesel-Motoren:** Motor abstützen. Dazu steht der Renault-Werkstatt ein Spreizwerkzeug (Mot. 1159-02) zur Verfügung, das vor der rechten Antriebswelle zwischen Längsträger und Gußnase des Motorblocks gespannt wird. Ohne dieses Werkzeug ein passendes Distanzstück herstellen.
- Weiter muß zur Motor-Abstützung ein mit zwei Bohrungen versehenes Flacheisen angefertigt werden, das bei der Wasserpumpe zwischen Motorblock und rechten Längträger geschraubt wird. Die Werkstatt benutzt dafür das Werkzeug Mot. 1159.
- **F-Motoren:** Zylinderkopfhaube abbauen.
- Zahnriemen ausbauen, wie zuvor beschrieben.
- Hintere Zahnriemenabdeckung ausbauen.
- Halterung des Thermostats am Zylinderkopf abschrauben.
- Thermostat ausbauen, siehe »Das Kühlsystem«.
- F-Motor mit Benzin-Mehrpunkteinspritzung: Sammelsaugrohr vom Ansaugkrümmer abbauen. Dazu fünf Muttern abschrauben und Verteilerrohr vorsichtig abheben. Dabei darauf achten, daß die Dichtung nicht beschädigt wird.
- Das Sammelsaugrohr nach vorne aus dem Arbeitsbereich schwenken. Dabei darauf achten, daß sich keine Schläuche lösen.

Der Zylinderkopf des C-Motors. Damit sich bei der Montage der Leichtmetall-Zylinderkopf nicht verziehen kann, kommt es sehr genau darauf an, in welcher Reihenfolge die Zylinderkopfschrauben angezogen werden. Das endgültige Anzugsdrehmoment wird dabei in mehreren Stufen erreicht (siehe Tabelle auf Seite 52).

● Gaszug ausbauen, siehe unter »Der Gaszug« im jeweiligen Einspritzkapitel.
● Kühler ausbauen, siehe »Das Kühlsystem«.
● **Diesel- und Turbodiesel-Motor:** Elektrische Leitungen von den Glühkerzen abklemmen.
● Brücke der Pendelaufhängung vom Pendellager und Motorblock abschrauben. Dabei die Lage der Verschraubungen für den Wiedereinbau kennzeichnen.
● **Turbodiesel-Motor:** Die beiden Schraubverbindungen der Ölanschlüsse des Turboladers trennen.
● Kühlmittelschläuche vom Turbolader abbauen.
● **C-Motor:** Sämtliche Schläuche des Kühlsystems von der Wasserpumpe abbauen und ggf. für den Einbau kennzeichnen.
● Drehstromgenerator ausbauen, siehe Kapitel »Die Lichtmaschine«.
● Zündkabel von den Zündkerzen abziehen.
● Zündverteiler ausbauen, siehe Kapitel »Die Zündanlage«.
● Schläuche der Motor-Be- und -Entlüftung vom Ansaugkrümmer abziehen.
● Gaszug ausbauen, siehe unter »Der Gaszug« im Kapitel »Die Benzin-Zentraleinspritzung«.
● Zylinderkopfhaube abbauen (drei Muttern).
● Kipphebelwelle ausbauen. Dazu die vier Lagerböcke ausbauen (zwei Schrauben mit Scheibe und zwei Stehbolzen).
● Stößelstangen herausziehen. Stößelstangen so in der Reihenfolge ablegen, daß sie beim Einbau nicht vertauscht werden können.
● Alle zehn Zylinderkopfschrauben in umgekehrter Anzugsreihenfolge lösen und bis auf Zylinderkopfschraube »2« (beim Zündverteiler) aus dem Zylinderkopf herausdrehen.
● Versuchen, den Zylinderkopf von seinem Sitz durch waagrechtes Schwenken um die Zylinderkopfschraube »2« zu lösen.
● Klebt der Zylinderkopf fest, mit gefühlvollen Schlägen eines Kunststoffhammers in Schwenkrichtung nachhelfen.
● Nach Lösen des Zylinderkopfes die Zylinderkopfschraube »2« herausdrehen und den Zylinderkopf mit Ansaug- und Auspuffkrümmer vorsichtig vom Motorblock abheben.
● Zur Sicherung der Laufbuchsen gegen Verkanten setzt die Werkstatt einen Laufbuchsenhalter (Mot. 521-01) ein. Werden die Kolben jedoch nicht bewegt, geht es auch ohne diesen Halter.
● **16V-Motor:** Hitzeschutz des Auspuffkrümmers von der Spritzwand abbauen. Zusätzlich zwei Schrauben des Auspuffkrümmers herausdrehen.
● Zylinderkopfschrauben (TORX-Stecknuß E 12 bzw. E 55) in zwei Stufen und umgekehrter Reihenfolge wie beim Anziehen herausdrehen. Dabei die Schrauben erst ½ Umdrehung und dann vollständig lösen.
● **F-Motoren:** Zylinderkopf abnehmen.
● Falls der Zylinderkopf festgebacken ist, mit einem schräg von unten angesetzten Hartholzkeil und dosierten Schlägen eines Kunststoffhammers den Zylinderkopf losschlagen.
● **Alle Motoren:** Zylinderkopf so abstellen, daß eventuell gerade geöffnete Ventile nicht beschädigt werden können.
● Alte Kopfdichtung abnehmen.
● Die Dichtflächen am Motorblock und Zylinderkopf müssen absolut sauber und frei von Dichtungsresten sein. Nicht mit hartem Werkzeug auf der weichen Zylinderkopf-Dichtfläche kratzen. Riefen können den nächsten Kopfdichtungsschaden verursachen.
● Nach der Säuberung muß die Brennraumkante entgratet werden. Dazu benutzen Sie am besten Schmirgelleinen. Die Brennraumkante nicht mit einem harten Werkzeug brechen. Wie im vorigen Arbeitspunkt erwähnt, darf die gefräste Dichtfläche keine Beschädigung haben, sondern nur gleichmäßige Bearbeitungsriefen aufweisen.

Fingerzeige: **Da der Zylinderkopf und die -dichtung mit dem Motorblock meistens miteinander »verbacken«, darf der Zylinderkopf nicht einfach vom Motorblock abgehoben werden, da so die Zylinder-**

Ob Diesel oder Benziner, auch beim F-Motor müssen Anzugsreihenfolge und Vorgehensweise beim Anziehen der Zylinderkopfschrauben beachtet werden. Sonst ist der nächste Schaden an der Zylinderkopfdichtung schon mit eingebaut.

laufbuchsen mit angehoben werden könnten und dadurch Fremdkörper, wie Dichtungsreste und Brennraumrückstände, die Sitzdichtungen der Laufbuchsen beschädigen könnten.
Beim C-Motor müssen die Stößelstangen auf der Seite der Einstellschrauben eine blanke gleichmäßige ringförmige Fläche aufweisen. Auf der Ventilstößelseite muß ebenfalls eine gleichmäßige Fläche auf der Halbkugel des Stößelstangenendes sichtbar sein. Falls die Tragstellen ungleichmäßig sind, müssen diese Teile ausgetauscht werden.

Zylinderkopf prüfen

- Kontrollieren Sie, ob der Zylinderkopf Risse zwischen Ventilsitzen bzw. zwischen einem Ventilsitzring und dem Zündkerzengewinde aufweist.
- Ohne Einfluß auf die Lebensdauer sind leichte, höchstens 0,5 mm breite Anrisse oder wenn lediglich die ersten Zündkerzengewindegänge gerissen sind.
- Zylinderkopf auf Verzug prüfen, speziell wenn der Schaden durch Überhitzung entstanden ist.
- Langes Metallineal oder garantiert geraden Metallwinkel über die gereinigte Dichtfläche des Zylinderkopfes legen.
- Mit einer Fühlerlehre prüfen, ob der Durchhang an irgendeiner Stelle größer als 0,05 mm ist. Dann muß der Zylinderkopf ausgetauscht werden, da Planschleifen unzulässig ist.

Fingerzeige: **Bei den Reinigungsarbeiten am Zylinderkopf muß mit besonderer Sorgfalt darauf geachtet werden, daß keine Dichtungsrückstände und andere Fremdkörper in die Ölkanäle der Kipphebelachsen gelangen. Das gleiche gilt natürlich auch bei den Kanälen im Motorblock.**
Dichtungsreste an den Dichtflächen des Zylinderkopfes auf keinen Fall mit einem Schaber entfernen, da Riefen den nächsten Kopfdichtungsschaden verursachen können. Die Renault-Werkstatt verwendet das Reinigungsmittel »Decap-joint«. Angeweichte Dichtungsreste dann mit einem Hartholzspachtel entfernen.

Zylinderkopf montieren

- Die Gewinde an den Zylinderkopfschrauben und in den Schraubenlöchern des Motorblocks müssen sauber und ohne Beschädigung sein, sonst stimmt das Drehmoment beim Anziehen der Schrauben nicht.
- Grundsätzlich neue Zylinderkopfschrauben verwenden.
- In den Schraubenlöchern im Motorblock darf kein Öl oder Wasser stehen, sonst kann das Gußmaterial im Bereich der Gewindelöcher reißen.
- Wurde die Kurbelwelle nach Abnehmen des Zylinderkopfs verdreht, Kurbelwelle so drehen, daß kein Kolben im OT steht (Kolben des 1. Zylinders etwa 2 cm vor OT), sonst könnte ein geöffnetes Ventil beim Aufsetzen des Zylinderkopfes mit einem Kolben zusammenstoßen.
- Zentrierhülsen einsetzen.
- Neue Zylinderkopfdichtung ohne zusätzliches Dichtungsmittel so auflegen, daß keine Ölbohrungen verdeckt sind.
- Zylinderkopf aufsetzen – vorher den richtigen Sitz der Führungshülsen im Motorblock kontrollieren – und Schrauben (leicht eingeölt) handfest beidrehen.
- Zylinderkopfschrauben nach den Abbildungen auf diesen Seiten mit vorgeschriebenem Drehmoment anziehen.
- **C-Motor:** Stößelstangen an beiden Enden mit Motoröl benetzen und in die gleichen Ventilstößelpfannen wie vor dem Ausbau stellen. Ggf. verschlissene Stößelstangen ersetzen.
- Kipphebelwelle mit -böcken aufsetzen, dabei die Ventileinstellschrauben in die Stößelstangenpfannen einführen.
- Schrauben der Kipphebelböcke 15 bis 20 Nm festziehen.
- **16V-Motor:** Mangels Zentrierhülsen zwei alte Zylinderkopfschrauben in Schraubenloch »8« und »10« einschrauben (vorher Kopf absägen und Schlitz für Schraubendreher einsägen). Nach Aufsetzen des Zylinderkopfes die restlichen acht Schrauben einsetzen. Dann die beiden Zentrierschrauben gegen die beiden restlichen Zylinderkopfschrauben auswechseln.
- **F-Motoren:** Hintere Zahnriemenabdeckung anbauen.
- Zahnriemen auflegen und spannen.
- **Alle Motoren:** Ventilspiel einstellen.
- Der Rest der Arbeiten geht wie für den Ausbau beschrieben in umgekehrter Reihenfolge vor sich.

Fingerzeige: **Die Zylinderkopfschrauben sind sogenannte Dehnschrauben und dürfen daher nur einmal verwendet werden.**
Beim Diesel-Motor sind die Zylinderkopfdichtungen je nach Kolbenüberstand am Motorblock in drei verschiedenen Dicken verfügbar. Dazu sind die Dichtungen links oben mit einem, zwei oder drei Punkten gekennzeichnet. Wichtig ist, daß die neue Zylinderkopfdichtung die gleiche Kennzeichnung aufweist wie die alte Dichtung.
Falls die Zylinderkopfdichtung mit Haftlack versehen ist, darf sie nicht mehr vom Motorblock abgenommen werden, da sonst die Lackschicht beschädigt ist und es zu Dichtproblemen kommen kann.

Zylinderkopf-Anzugsdrehmomente

Motor	1,4-Liter-Motor (C3J)	1,7-Liter-Motor (F3N) 1,8-Liter-Motor (F3P) Diesel-Motor (F8Q)	16V-Motor (F7P)
	Zylinderkopfschrauben	Zylinderkopfschrauben	Zylinderkopfschraube
1. Stufe	Nr. 1 bis 10 mit 55–65 Nm anziehen	Nr. 1 bis 10 mit 30 Nm anziehen	Nr. 1 bis 10 mit 30 Nm anziehen
2. Stufe	–	Nr. 1 bis 10 mit 70 Nm anziehen	Nr. 1 bis 10 mit 50 Nm anziehen
3. Stufe	–	nach mind. 3 Minuten Pause Nr. 1 bis 10 vollständig lösen	nach mind. 3 Minuten Pause Nr. 1 bis 10 vollständig lösen
4. Stufe	–	Nr. 1 bis 10 mit 25 Nm anziehen	Nr. 1 bis 10 mit 20 Nm anziehen
5. Stufe	–	Nr. 1 bis 10 um 123 ± 2° weiterdrehen	Nr. 1 bis 10 um 107 ± 2° weiterdrehen

Das Anziehen der Zylinderkopfschrauben in Winkelgraden muß mit einem starren Schlüssel geschehen. Ohne Winkelscheibe kann der Schlüssel auch mit einer selbst angefertigten Pappscheibe versehen werden, auf der die genauen Winkelgrade angezeichnet werden müssen

Lagerschaden

Klopfgeräusche aus dem Motorraum, die mit wärmer werdendem Motor und damit dünnflüssigerem Öl lauter werden, sind fast immer Anzeichen für einen Lagerschaden. Ursachen für Lagerschäden sind:
- ○ Mangelnde Schmierung durch zu niedrigen Ölstand.
- ○ Wasser im Motoröl als Folge einer defekten Zylinderkopfdichtung.
- ○ Zu hohe Drehzahlen bei kaltem Motor und daher zähflüssigem Öl.
- ○ Abgerissener Schmierfilm bei hohen Öltemperaturen, evtl. durch falsche Ölviskosität.

Motor aus- und einbauen

Vorbereitungen

Der C-Motor kann ohne Getriebe nach oben ausgebaut werden. Der F-Motor muß jedoch mit Getriebe ausgebaut werden. Wichtigstes Werkzeug dabei ist entweder ein sicher in der Garagendecke verankerter Flaschenzug, in dessen Haken eine stabile Quertraverse gehängt wird, die wiederum mit ihren Enden über kräftige Ketten in den Aufhängeösen am Motor eingehängt wird. Außerdem werden ein Rangierwagenheber und Unterstellböcke benötigt, um den Renault 19 sicher aufbocken zu können. Günstig beim Motoraus- und -einbau ist auch ein »vorbelasteter« Helfer. Studieren Sie vor der Arbeit die Motorraumbilder auf den Seiten 12 bis 16, damit Sie wissen, wo die hier angesprochenen Teile im Motorraum sitzen.
Da im Renault 19, gleich mit welchem Motor oder Ausstattung, eine ganze Anzahl elektrischer Anschlüsse und Unterdruckleitungen eingebaut sind, sollten Sie als erstes alle Anschlüsse und Leitungen kennzeichnen, damit sie beim Einbau des Motors wieder an die richtige Stelle zu sitzen kommen. Detaillierte Ausbaubeschreibungen zu den einzelnen Teilen finden Sie immer in den zugeordneten Kapiteln.

Ausbau

- ● Batteriekabel abklemmen und Batterie ausbauen.
- ● Sicherheitshalber die Motorhaube ausbauen.
- ● Ansaugstutzen bzw. Luftfilter mit Ansaugschlauch ausbauen.
- ● Ggf. Motoröl ablassen.
- ● Kühlflüssigkeit in sauberes Auffanggefäß ablassen. Dazu unteren Kühlerschlauch lösen.
- ● Ggf. Heizungsschläuche von der Spritzwand abbauen.
- ● Kühler mit Kühlerventilator ausbauen.

Links: Die Abbildung zeigt die im Text auf der gegenüberliegenden Seite erwähnte Strebe zwischen Motor und Getriebe. Sie gibt der Motor/Getriebe-Einheit mehr Steifigkeit.
Rechts: Je nach Motorversion ist die Motoraufhängung etwas unterschiedlich. Wichtig ist auch hier die Zustandskontrolle und das Anziehen der Schrauben mit dem richtigen Drehmoment.

Hier die Motor-Pendelaufhängung, in der der Diesel-Motor elastisch gelagert ist. Beim Ausbau des Motors muß unbedingt an allen Verschraubungen zur Karosserie eine Kreuzmarkierung angebracht werden, um beim Einbau wieder den exakten Sitz zu finden.
Links: Bei der rechten Aufhängung bedeuten:
1 – Motorhalteplatte;
2 – Pendelbegrenzer;
3 – Befestigung des hydroelastischen Motorlagers.
Rechts: Bei der Getriebeaufhängung bedeuten:
1 – Halteplatte;
2 – Getriebe;
3 – Karosserie-Längsträger.

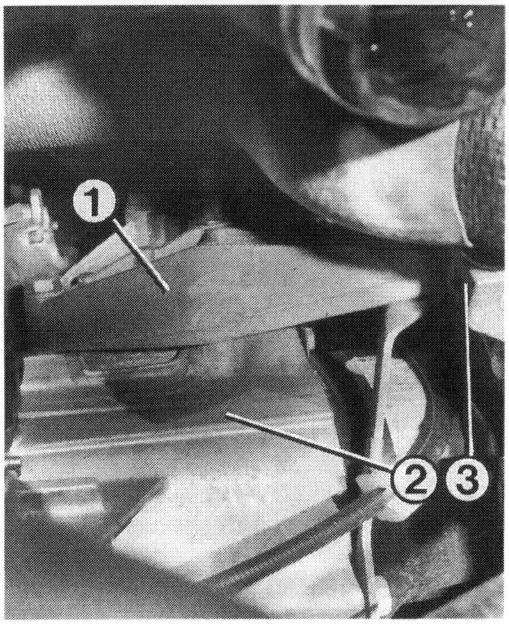

- Beim Benziner Gaszug vom Drosselklappenhebel abbauen, beim Diesel Gaszug von der Einspritzpumpe abbauen.
- Elektrische Anschlüsse lösen: Geber für Kühlmittel-Temperaturanzeige, Öldruckschalter, Geber der Ölstandsanzeige, Klopfsensor, Thermoschalter des Kühlerventilators bzw. Kühlmittel-Temperaturgeber der Einspritzanlage, Zündspule (Benziner), Glühkerzen (Diesel), Drosselklappen-Potentiometer (Benziner), Motorstopschalter und Kaltstarteinrichtung von der Einspritzpumpe (Diesel), Anlasserkabel, Schalter der Rückfahrleuchten und Massekabel am Motor bzw. Getriebe.
- Kraftstoffleitungen abbauen: Bei der Zentraleinspritzung Vor- und Rücklauf von der Einspritzeinheit, bei der Mehrpunkteinspritzung den Vorlauf am Kraftstoff-Verteilerrohr und den Rücklauf am Druckregler. Beim Diesel den Kraftstoffilter mit Halterung abbauen und senkrecht am Motor befestigen.
- Kraftstoffleitungen gegen Schmutz mit passenden Schrauben verschließen und ggf. mit Draht hochbinden.
- **F-Motoren:** Vor- und Rücklaufschlauch des Vorratsbehälters der Servolenkung mit einer Schlauchklemme abklemmen.
- Behälter leeren. Dazu ATF absaugen.
- Schläuche vom Behälter abbauen.
- **Turbodiesel-Motor:** Luftstutzen am Ladeluftkühler abbauen.
- Keilriemen der Lichtmaschine abnehmen.
- Pumpe der Servolenkung am Motorblock abbauen und an der vorderen Quertraverse festbinden.
- **F-Motoren:** Unter dem Fahrzeug die Verbindungsstrebe vom Motor zum Getriebe abbauen.
- Getriebeöl in sauberes Gefäß ablassen.
- Stecker von der Lambdasonde abziehen.
- Vorderes Auspuffrohr (Hosenrohr) am Auspuffkrümmer und Katalysator abbauen und Rohr abnehmen. Auspuffanlage ggf. mit Draht gegen Herunterfallen sichern.
- **C-Motor:** Sämtliche Kühlmittelschläuche von der Wasserpumpe abbauen.
- Keilriemen abbauen.
- Unterdruckleitung des Bremskraftverstärkers vom Ansaugkrümmer abbauen.
- Unter dem Fahrzeug die Blechabdeckung der Motor-Schwungscheibe abbauen.
- Kurbelwellen-Keilriemenscheibe so drehen, daß der Sicherungskeil der Nabe nach oben zeigt.
- Kurbelwellen-Keilriemenscheibe lösen und mit Nabe abnehmen. Damit die Kurbelwelle beim Lösen der Befestigung blockiert ist, 4. Gang einlegen und einen Helfer die Bremse treten lassen oder mit einem kräftigen in den Zahnkranz der Motor-Schwungscheibe eingesetzten Schraubendreher den Motor blockieren.
- Hintere Anlasserhalterung ausbauen.
- Impulsgeber der elektronischen Zündanlage ausbauen.
- Verbindungsschrauben von Getriebe zum Motor lösen und herausschrauben.
- Beide Zentrierbolzen links und rechts vom Motor bzw. Getriebe abschrauben.
- Untere Befestigungsmutter des in Fahrtrichtung gesehen rechten Motorlagers abschrauben.
- Motorkran in die Hebeösen des Motors einhängen.
- Getriebe mit einem Wagenheber rutschsicher abstützen.
- Motor mit Montierhebel oder kräftigem Schraubendreher vom Getriebe abdrücken.
- Motor vorsichtig langsam anheben und aus dem Motorraum heben. Dabei am Anfang auf die rechte Antriebswelle achten, damit sie beim Abheben des Motors vom Getriebe nicht beschädigt wird.
- **F-Motoren:** Tachowelle am Getriebe abziehen. Dazu die Sicherungsklammer zusammendrücken.
- Kupplungsseilzug am Getriebe aushängen.
- Falls vorhanden die Querstrebe zwischen den beiden Stoßdämpferdomen ausbauen.
- Staubmanschette an der Schaltbetätigung des Getriebes zurückziehen und Schaltstange abbauen.
- Schaltstange am Auspuffrohr mit Draht aufhängen.
- **Diesel-Motor:** Ölkühler abbauen und am Motor aufhängen.

● Vorglüh-Steuergerät abbauen und am Motor festbinden.
● **F-Motoren:** Vorderräder abbauen.
● Auf der linken Fahrzeugseite den Bremssattel komplett ausbauen und mit Draht im Radhaus so aufhängen, daß der Bremsschlauch spannungsfrei und nicht in sich verdreht ist.
● Spurstange vom Lenk-Schwenklager abdrücken.
● Antriebswellengelenk am Getriebe abbauen (drei Schrauben).
● Untere Federbeinhalterung vom Lenk-Schwenklager abbauen.
● Um eine unnötige Belastung der Gelenke durch Überdehnung zu vermeiden, Antriebswelle mit Draht an der Lenkung aufhängen. Der Beugungswinkel der inneren wie der äußeren Gelenke darf nicht überdehnt werden. Außerdem dürfen die Gelenkmanschetten nicht beschädigt werden.
● Auf der rechten Fahrzeugseite am Getriebe den Spannstift der Antriebswelle mit einem passenden Durchschlag austreiben.
● Untere Federbeinhalterung vom Lenk-Schwenklager abbauen (zwei Schraubbolzen mit Mutter).
● Querlenker-Kugelgelenk vom Lenk-Schwenklager abbauen (eine Schraube mit Mutter).
● Lenk-Schwenklager nach außen ziehen, bis die Antriebswelle aus dem Getriebe rutscht. Wie für die rechte Seite beschrieben, die Gelenke der Antriebswelle nicht zu stark abwinkeln.
● Motor/Getriebeeinheit an Kran hängen und leicht auf Spannung bringen.
● Vordere und hintere Motor/Getriebe-Aufhängung am Motor bzw. Getriebe lösen. Dazu Bolzen herausziehen.
● **Diesel-Motor:** Die Pendelaufhängung des Motors (rechte Seite) an der Karosserie abbauen.
● Getriebeseitig die komplette Aufhängung abbauen.
● Weiter beim Diesel den getriebeseitigen Schraubbolzen (Einbaurichtung merken) der Drehmomentstütze unter dem Fahrzeug ausbauen und Strebe vom Getriebe abziehen.
● Motor/Getriebeeinheit vorsichtig anheben und mit einem Helfer so aus dem Motorraum dirigieren, daß nichts beschädigt wird.

Einbau

Grundsätzlich sollten Sie alle selbstsichernden Muttern gegen neue auswechseln, denn z. B. eine losgeschüttelte Motor- oder Getriebeaufhängung verändert das Fahrverhalten nachhaltig und kann schlimme Schäden verursachen. Die Arbeiten gehen grundsätzlich in umgekehrter Ausbaureihenfolge vor sich.
● Mit einem Helfer Motor (C-Motor) bzw. Motor/Getriebeeinheit mit dem Kran über den Motorraum führen und vorsichtig ablassen. Dabei darauf achten, daß nichts beschädigt wird.
● **C-Motor:** Motor mit der Kupplung zuerst an der Verzahnung der Getriebeeingangswelle genau ansetzen. Dazu vorher die Verzahnung etwas mit MoS_2-Fett fetten.
● Motor mit eingesetzten Zentrierbolzen am Getriebe anflanschen.
● Flanschschrauben einsetzen und Motor am Getriebe festschrauben.
● Motor am rechten Motorlager ausrichten, Mutter ansetzen und mit 40 Nm festziehen.
● **F-Motoren:** Vordere und hintere Motor/Getriebeaufhängung mit Motor und Getriebe ausrichten und festziehen (40 Nm).
● **Diesel-Motor:** Rechte Pendelaufhängung anbauen. Dabei die Mutter mit 45 Nm festziehen.
● Pendelaufhängung auf der Getriebeseite ausrichten und Schrauben mit 45 Nm festziehen.
● Drehmomentstütze am Getriebe ansetzen und Mutter des Schraubbolzens (Montagerichtung beachten) mit 65 Nm festziehen.
● **F-Motoren:** Nachdem alle Befestigungen mit dem vorgeschriebenen Drehmoment festgezogen sind (siehe Tabelle unten), Kran von Motor/Getriebeeinheit abhängen.
● Übrige Bauteile in umgekehrter Reihenfolge des Ausbaus wieder einbauen.
● Motor laufen lassen und auf Undichtigkeiten kontrollieren. Ebenso das Kühlsystem.
● Bei Betriebstemperatur Zündzeitpunkt und Leerlauf kontrollieren und ggf. einstellen.

Anzugs-drehmomente Motor

Bauteile	1,4-Liter (C3J) Nm	1,7-/1,8-Liter/16V (F3N/F3P/F7P) Nm	Diesel (F8Q) Nm
Motoraufhängung	40	40–50	–
Muttern der linken Aufhängung	–	–	25
linke Pendelaufhängung	–	–	45
rechte Pendelaufhängung	–	–	45
Schrauben des Gummilagers an der Getriebehalterung	–	–	45
Ölwanne	k. Angabe	12–15	12–15
Zahnriemen-Spannrolle	–	50	50
Kurbelwellen-Riemenscheibe	*	90–100	90–100
Nockenwellen-Zahnriemenrad	–	50	50
Nockenwellen-Kettenrad	30	–	–
Schrauben der Kipphebelböcke	15–20	–	–

* 80 Nm (40-mm-Schraube); 110 Nm (45-mm-Schraube)

Luftschaufel

Durch die begrenzte Drehzahl des Diesels ist eine Leistungssteigerung nur durch eine bessere Zylinderfüllung möglich. Um dies zu erreichen, muß den Zylindern mehr Verbrennungsluft zugeführt werden. Dazu schaufelt ein von den Abgasen angetriebener Turbolader, der in den Ansaugtrakt eingebaut ist, Ansaugluft zu den Zylindern. Bevor die Luft jedoch in die Wirbelkammer gedrückt wird, durchströmt sie noch einen Kühler, da sie sich beim Verdichten im Turbolader ganz erheblich aufgeheizt hat.

Der Turbolader

Im wesentlichen besteht der Turbolader aus zwei auf einer Welle sitzenden Schaufelrädern. Über eines von ihnen werden die Auspuffgase des Motors geschickt, was die Welle – je nach Motordrehzahl – in mehr oder minder flotte Drehung versetzt. Das gekoppelte zweite Schaufelrad dreht natürlich mit und schafft Ansaugluft – jetzt unter Druck – in die Brennräume, was den lufthungrigen Diesel-Motor zu höherer Leistung anspornt.
Der erhöhten Luftzufuhr durch den Turbolader muß die Einspritzpumpe Rechnung tragen. Das geschieht durch die Ladedruckanreicherung, die in Abhängigkeit vom Ladedruck mehr Kraftstoff zudosiert (mehr dazu im Kapitel »Die Diesel-Einspritzanlage«).

Der Ladedruckregler

Die gewählte Auslegung des Turboladers bringt die angenehme Eigenschaft mit sich, schon bei relativ niedriger Drehzahl Ladeluft für die Zylinder zu liefern. Daraus folgt, daß bei hoher Drehzahl viel zuviel Luft zur Verfügung stehen würde. Der Druck im Ladesystem könnte damit auf ein Maß ansteigen, das der Lebensdauer des Motors nicht mehr zuträglich wäre. Dies zu vermeiden, ist Sache des Ladedruckreglers. Er sorgt durch Öffnen eines Ventils dafür, daß nur noch ein Teil der Abgase über das Turbinenrad des Laders läuft. Die Ladeleistung sinkt damit, und der Druck kann nicht über den Höchstwert von 1,26 bar ansteigen.

Das Abblasventil

Ein Sicherheitsventil verhindert bei defektem oder überlastetem Ladedruckregler das Ansteigen des Ladedrucks über 1,26 bar. Dieses Ventil sitzt direkt im Ansaugkanal und läßt bei Überdruck Luft in den Luftfilter zurückströmen.

Fingerzeige: **Der Turbodiesel ist mit einer zusätzlichen, elektrisch angetriebenen Wasserpumpe ausgerüstet, die bei Überhitzung des Turboladers den Kühlkreislauf auch nach Abstellen des Motors in Bewegung hält. Was der Turbolader aber trotzdem überhaupt nicht mag, ist sofortiges Abstellen des Motors nach längerer Vollgasfahrt. Bei dieser Behandlung kann es zum vorzeitigen Verkoken der Lager und Ölkanäle des Laders kommen: Das Wellenlager des Turbinenrades kann sich durch den plötzlichen Hitzestau so stark aufheizen, da alles Schmieröl im Lager verbrennt und festbackt. Durch verstopfte Ölkanäle ist der Lader dann bald hinüber. Deshalb nach längerem Vollastbetrieb den Motor vor dem Abstellen erst einige Zeit im Leerlauf drehen lassen.**
Bevor ein vermeintlich defekter Turbolader ausgetauscht wird, sollte man sicherheitshalber folgende

Zwischen Spritzwand und Motorrückseite unterhalb des Auspuffkrümmers ist der Turbolader angesiedelt. Es bedeuten:
1 – Abgas-Turbolader;
2 – Gestänge des Ladedruckreglers;
3 – Ladedruckregler;
4 – Druckschlauch vom Sammelsaugrohr.

Funktionen bzw. Fehlerquellen überprüfen: Förderbeginn; Kraftstoffversorgung, Vollastanschlag, Kompression, Luftfilter und mögliche Undichtigkeiten im Ansaug- und Auspufftrakt.

Turbolader ausbauen

Bei Arbeiten am Turbolader muß mit äußerster Sauberkeit gearbeitet werden. Deshalb: Verbindungsstellen und deren Umgebung vor dem Lösen gründlich reinigen, ausgebaute Teile nur auf eine saubere Unterlage legen, geöffnete Bauteile durch Abdecken vor Verschmutzung schützen, nur saubere Neuteile einbauen, nicht im Bereich der Reparaturstelle mit Druckluft arbeiten und Fahrzeug nicht bewegen.

- Massekabel der Batterie abklemmen.
- Unter dem Fahrzeug die Kunststoffabdeckung abbauen.
- Auspuffrohr am Turbolader abbauen.
- Stütze zwischen Motor und Turbolader ausbauen.
- Untere Ölleitung am Turbolader abschrauben.
- Unteren Kühlmittelanschluß mit einer Schlauchklemme abklemmen und vom Turbolader abbauen. Klemmschellen mit einem Seitenschneider durchtrennen und beim Wiedereinbau durch Schraub-Schlauchschellen ersetzen.
- Von oben die Querstrebe zwischen den Stoßdämpferdomen ausbauen.
- Vorglüh-Steuergerät ausbauen.
- Unterdruckschlauch von der Unterdruckpumpe des Bremskraftverstärkers abbauen und zur Seite drücken.
- Kühlmittel-Rücklaufschlauch und oberen Kühlmittelschlauch mit einer Schlauchklemme abklemmen und abbauen.
- Luftfiltergehäuse abbauen und aus dem Motorraum nehmen.
- Luftkanal vom Ansaugkrümmer abbauen.
- Halterung zwischen Turboladerausgang und Metalleitung zum Kühler abbauen.
- Obere Ölleitung abschrauben. Um besser an die Schraube zu gelangen, ggf. die Befestigungsschraube des Ladedruckreglers abschrauben.
- Vier Befestigungsschrauben des Turboladers am Auspuffkrümmer lösen.
- Turbolader mit Kniestück des Laderausgangs nach oben aus dem Motorraum nehmen. Dazu den Lader zwischen Wasserkasten und Unterdruckpumpe vorsichtig durchschieben.
- Einbau in umgekehrter Ausbaureihenfolge vornehmen. Dabei Klemmschellen gegen Schraubschellen auswechseln und neue selbstsichernde Muttern verwenden.
- Vor dem Anschließen der oberen Ölleitung muß zunächst in den Anschlußstutzen am Lader ein wenig frisches Motoröl eingefüllt werden.
- Motor im Leerlauf drehen lassen und alle Anschlüsse auf Dichtheit kontrollieren.

Fingerzeig: **Damit die Ölversorgung nach Ausbau bzw. Wechsel des Turboladers hundertprozentig gewährleistet ist, empfiehlt sich folgende Vorsichtsmaßnahme: Vor Anlassen des Motors das Kabel vom Motorstopschalter der Einspritzpumpe abziehen und den Motor einige Sekunden mit dem Anlasser durchdrehen lassen, bis die Öldruckkontrolle im Kombi-Instrument verlöscht.**

Anzugsdrehmomente

Bauteile	Nm
Muttern des Auspuffkrümmers und Auspuffrohrs an Turbolader	45
Schrauben der Ladedruckregler-Halterung an Turbolader	15
Kontermutter des Regelgestänges an Ladedruckregler	6–8
Schrauben der Kühlmittelein- und -ausgangsleitungen	20–30
Schrauben der Öleingangsleitung	15–25
Schrauben der Ölausgangsleitung	40

Der Ladeluftkühler

Die über den Luftfilter angesaugte Frischluft wird im Turbolader beschleunigt und verdichtet. Nicht nur das Verdichten selbst, sondern auch der im Abgasstrom sitzende (und somit heiße) Turbolader sorgen für nachhaltiges Aufheizen der Ansaugluft. Bis zu 110°C kann die Ansaugluft-Temperatur bei voller Belastung betragen. Der Ladeluftkühler ist zwischen Turbolader und Motor-Ansaugkrümmer zwischengeschaltet. Er kann also die Ansaugluft nach dem Verdichtungsvorgang um ca. 50°C abkühlen, bevor sie in den Motor gelangt. Die Luft wird dadurch dichter, führt also auch mehr Sauerstoff mit. Dadurch erzielt man eine bessere Füllung der Brennräume und somit eine Leistungssteigerung.

Ladeluftkühler ausbauen

- Stoßfänger ausbauen, wie im Kapitel »Die Karosserieteile« beschrieben.
- Kühlerinnengrill und Frontgrill abbauen.
- Luft-Ein- und -Auslaßschlauch vom Ladeluftkühler abbauen.
- Radhaus-Innenabdeckung links ausbauen.
- Obere Befestigungsschrauben der Ladeluftkühler-Halterung herausdrehen.
- Untere seitliche Befestigungsschraube der Kühlerhalterung abschrauben.

Die vom Turbolader kommende heiße Luft wird über den Druckeingangsschlauch (3) in den Ladeluftkühler (2) gedrückt und gelangt abgekühlt über den Ausgangsschlauch (1) zum Sammelsaugrohr des Motors.

- Ladeluftkühler anheben und mit Halterung aushängen.
- Ladeluftkühler von unten aus dem Motorraum nehmen.
- Beim Einschieben des Kühlers besonders auf die Kabel im Radlauf achten.
- Weiter auf korrekten Sitz des Ladeluftkühlers in den Halterungen achten.
- Besonders wichtig ist der korrekte und dichte Sitz der Luftschläuche an den Kühlerstutzen.

Störungsbeistand

Turbolader

Bringt der Turbodiesel deutlich weniger Leistung oder wird die Höchstgeschwindigkeit nicht erreicht, kann ein defekter Turbolader die Ursache sein. Welche Fehlermöglichkeiten da in Betracht kommen, haben wir im folgenden Störungsbeistand zusammengestellt.
Vor Beginn der Fehlersuche sollte allerdings sichergestellt sein, daß Motor und Einspritzanlage in Ordnung sind.

Die Ursache	– ihre Abhilfe
A Teile der Abgas-Turboaufladung undicht	1 Luftschlauch zwischen Lader und Ansaugrohr bzw. Ansaugrohr und Einspritzpumpe undicht oder lose 2 Undichtigkeit zwischen Ansaugrohr und Zylinderkopf 3 Flansche am Ansaugrohr undicht 4 Klemmschelle für Abblasventil lose oder Dichtring defekt 5 Undichtigkeit zwischen Abgaskrümmer und Zylinderkopf bzw. Turbolader
B Turbolader defekt	Ladedruck prüfen lassen: Ist er zu hoch, obwohl die Steuerleitung zum Ladedruckregelventil nicht verstopft bzw. undicht ist, Lader ersetzen. Dann ist das im Turbolader integrierte Ladedruckregelventil defekt
C Abblasventil defekt	Ladedruck prüfen lassen: Bei zu niedrigem Ladedruck den Schlauch zum Abblasventil abziehen und verstopfen. Ladedruckmessung wiederholen. Ist der Druck jetzt hoch genug, Abblasventil ersetzen
D Ladedruckanreicherung in der Einspritzpumpe undicht	Schlauch zur Ladedruckanreicherung verschließen und Ladedruck prüfen lassen: Durch das Abklemmen der Ladedruckanreicherung muß der Ladedruck um ca. 0,05 bar abfallen, da die Ladedruckanreicherung außer Funktion ist. 1 Fällt der Ladedruck nicht ab, Einspritzpumpe ersetzen, da die Ladedruckanreicherung nicht arbeitet 2 Steigt der Ladedruck trotz abgeklemmter Ladedruckanreicherung, weist dies auf eine Undichtigkeit der Membrane bzw. des LDA-Gehäuses hin; Einspritzpumpe ersetzen

Restmüll

Die Umweltbelastung durch Rest-Schadstoffe im Abgas des Verbrennungsmotors so gering wie möglich zu halten ist nicht zuletzt bei Katalysatorbetrieb Hauptaufgabe der Auspuffanlage. Zusätzlich zur »Abgasbehandlung« muß auch die Akustik der motorischen Verbrennung auf ein Minimum reduziert werden. So ist die Auspuffanlage längst zu einem Teil des Motors geworden.

Die Teile der Auspuffanlage

Je nach Motorversion ist der Renault 19 mit etwas unterschiedlich zusammengesetzten Auspuffanlagen ausgerüstet.

○ Ab Werk sind alle Renault-19-Versionen mit einer vierteiligen Auspuffanlage versehen. Im Ersatzteillager wird jedes Teil einzeln angeboten, so daß im Reparaturfall einzelne Abschnitte der Auspuffanlage erneuert werden können.

○ Die Auspuffanlage der Benziner-Modelle mit Dreiwege-Katalysator besteht aus Auspuffkrümmer, einfachem vorderem Auspuffrohr (1,4-Liter-Motor) bzw. Hosenrohr (1,7-/1,8-Liter- und 16V-Motor), daran anschließendem Dreiwege-Katalysator mit Lambdasonde (siehe nächstes Kapitel), dem an den Katalysator angeflanschten Auspuffrohr mit Vorschalldämpfer und daran angeflanscht dem Nachschalldämpfer.

○ Auch beim Diesel-Motor ist der Katalysator an das Hosenrohr angeflanscht. Dann folgt der an den Katalysator befestigte Vorschalldämpfer mit mittlerem Auspuffrohr und daran angeflanscht der Nachschalldämpfer.

○ Die Zeichnung auf der gegenüberliegenden Seite zeigt die Teile der Auspuffanlage.

Aufhängung und Zustand der Auspuffanlage kontrollieren

Wartung Nr. 19

Die Auspuffanlage ist mit dem Auspuffkrümmer über eine federbelastete bewegliche Verbindung zur spannungsfreien Montage verbunden. Am Fahrzeugboden hängt sie freischwingend in Gummistegschlaufen.

● Gummistegschlaufen auf Brüchigkeit, Einrisse oder sonstige Schäden überprüfen und ggf. ersetzen. Zur besseren Kontrolle den Auspuff an den Gummischlaufen etwas nach unten ziehen.

● Verschraubungen am Auspuffkrümmerflansch auf festen Sitz überprüfen, aber nicht mit Gewalt »anknallen«.

● Mit einem Lappen in der Hand das Auspuff-Endrohr zuhalten. Der Motor muß nach kurzer Zeit stehenbleiben.

● Hören Sie zischelnde Geräusche und läuft der Motor ungestört weiter, ist die Anlage an der Geräuschstelle undicht.

● Ein dumpferer Auspuffton als gewöhnlich und Knallen im Schiebebetrieb weist auf einen durchgerosteten Auspuff hin.

Auspuffanlage erneuern

Der Erfolg von Reparaturen an einer durchgerosteten Auspuffanlage ist meist nur von kurzer Dauer. Auf rostgeschwächtem Blech kann nicht mehr geschweißt werden. Auspuffkitt und Bandagen sind zwar recht dauerhaft, aber das Blech bricht bald neben der Reparaturstelle aus. Bei Auspuffanlagen mit mehr als einem Schalldämpfer sind ganz selten zwei Schalldämpfer gleichzeitig austauschreif. Hat man einen Schalldämpfer ersetzt, gibt boshafterweise wenige Monate später der andere den Geist auf. Werkstätten wechseln deshalb die Auspuffanlage gleich komplett aus. Wir empfehlen stattdessen:

● Klopfen Sie den ausgebauten, noch intakten Schalldämpfer mit einem Hammer rundum ab, auch an den Stirnseiten. Dabei nicht zu zaghaft hämmern.

● Klingt es bei jedem Schlag hell, ist das Blech noch gesund.

● Wird das Klopfgeräusch an manchen Stellen dumpfer, ist die Außenhaut bereits geschwächt und wird bald durchbrechen; besonders, wenn die salzhaltige kalte Jahreszeit herrscht.

● Für den Ersatzteilkauf gilt, daß selbstsichernde Muttern durch neue ersetzt werden müssen. Außerdem eventuell ausgebaute Dichtungen erneuern.

● Altersschwache Haltegummis werden ebenfalls ersetzt.

Die Teile der Auspuffanlage. Es bedeuten:
1 – vorderes Auspuffrohr (bis 65 kW);
2 – Hitzeschilder;
3 – Hosenrohr (ab 80 kW);
4 – Katalysator, mittleres Hitzeschild;
5 – hinteres Auspuffrohr mit Vorschalldämpfer;
6 – hinteres Auspuffrohr mit Vor- und Zwischenschalldämpfer (16V);
7 – Nachschalldämpfer (16V).

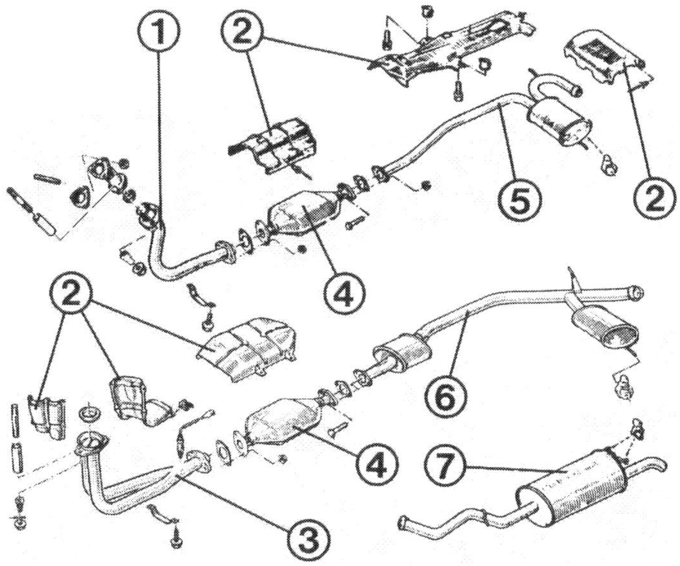

Arbeitstips für Arbeiten an der Auspuffanlage

● Fahrzeug absolut rüttelsicher aufbocken – der Renault 19 darf auch beim Drehen und Zerren an den Rohren nicht kippen.
● Wenn sich beim Demontieren eine Verschraubung nicht lösen läßt, sollten Sie sie durch Überdrehen abreißen.
● Ist schon einmal ein Teil der Auspuffanlage ersetzt worden, lassen sich die Steckverbindungen der Rohrenden am besten in erhitztem Zustand trennen. Die Werkstatt nimmt dafür einen Schweißbrenner, doch geht auch ein Propangasbrenner, wie er für Heimwerker angeboten wird.
● Aber Vorsicht! Bei der Arbeit sollten Sie einen Feuerlöscher bereit liegen haben.
● Kalt geht es allenfalls unter Zuhilfenahme von Rostlösemitteln.
● Die Rohre werden durch kräftige Drehbewegungen oder Hammerschläge getrennt.
● Hilft das nicht, wird die Rohrverbindung des defekten Schalldämpfers knapp 10 cm hinter der Verbindungsstelle abgesägt.
● Den verbleibenden Rohrrest mit der Metallsäge in Längsrichtung aufsägen und mit einem kräftigen Schraubendreher aufhebeln.
● Die Verschraubungen der Auspuffanlage lassen sich beim nächsten Mal leichter lösen, wenn die Gewinde beim Einbau mit Kupferfett bestrichen wurden.
● Auch zwischen die Rohrverbindungen können Sie solches hitzebeständiges Fett streichen, damit sie sich später wieder leichter trennen lassen.

Auspuffanlage auswechseln

Nachstehend ist der Ausbau der kompletten Auspuffanlage von vorne nach hinten beschrieben. Je nach angefallenem Defekt können die einzelnen Teile der Auspuffanlage auch einzeln ausgewechselt werden, so daß Sie nur die Beschreibung für den entsprechenden Reparaturabschnitt berücksichtigen müssen.
● Beim Einbau grundsätzlich neue Schrauben und Muttern verwenden.
● Vorderes Auspuffrohr bzw. Auspuff-Hosenrohr am Auspuffkrümmer lösen (zwei Stehbolzenmuttern mit Federn und Distanzhülsen) und absenken.
● Steckverbindung der Lambdasonde trennen.
● Flanschschrauben (zwei) vorne am Katalysator lösen und vorderes Auspuffrohr abnehmen.
● Hintere Flanschschrauben (zwei) des Katalysators lösen und Katalysator abnehmen.
● Rohrschelle am Nachschalldämpfer lösen und mittleres Auspuffrohr mit Vorschalldämpfer abnehmen.
● Hinteren Auspufftopf anheben und Gummischlaufen durch eine 90°-Drehung vom Wagenboden abhängen.
● Vor dem Einbau den Flansch des Auspuffkrümmers mit Schmirgelleinen von Kohlerückständen reinigen.
● Die Gewinde der Stehbolzen mit einer Drahtbürste reinigen und mit etwas Kriechöl einsprühen.
● Beim Einbau alle Teile der Auspuffanlage am Fahrzeug erst einmal lose montieren, d.h. die Schraubverbindungen an Flanschen und Rohrschellen handfest beidrehen.
● Auspuffanlage in ihren Gummistegschlaufen ausrichten. Die Gummistegschlaufen sollen unter gleichmäßigem Zug stehen und dürfen nicht verformt sein.
● Die Auspuffanlage muß auch genügend Abstand zur Karosserie bzw. zu den einzelnen Hitzeschilden haben. Durch Drehen bzw. Verschieben in Längsrichtung die Anlage so ausrichten, daß zum Fahrzeugboden und allen anderen Fahrzeugteilen mindestens 25 mm Abstand besteht.
● Alle Befestigungsschrauben (8 mm) mit 20 Nm festziehen. Bei den Flanschschrauben am Auspuffkrümmer nicht die Distanzhülsen vergessen, gegen die die Muttern festgezogen werden müssen. Nur dann stimmt der Federdruck auf die Flanschverbindung.

Die Gummistegschlaufen (Pfeil) der Auspuffanlage des Renault 19 sind recht robust, doch dürfen sie bei der Kontrolle der Auspuffanlage nicht vernachlässigt werden. Verdreckte und verkrustete Halterungen sollten Sie reinigen, denn darunter offenbart sich meist eine verschlissene Aufhängung.

- Stellt sich bei einer anschließenden Probefahrt heraus, daß die Auspuffanlage doch irgendwo anschlägt, Klemmschellen nochmals lösen (Vorsicht an den heißen Rohren!) und Auspuffanlage erneut ausrichten.

Fingerzeige: Eine verspannt eingebaute Auspuffanlage macht sich durch Brumm- oder Dröhngeräusche bemerkbar. Außerdem können die inneren Spannungen Risse verursachen.
Die Verbindungsschellen immer so montieren, daß die Öffnung nie auf einem Rohrschlitz zu sitzen kommt.
Geringe Undichtigkeiten an einer Verbindung des neuen Auspuffs können mit Auspuffdichtmasse behoben werden.
An Verbindungen vor dem Katalysator auf keinen Fall Dichtmittel verwenden!

Katalysator auswechseln

- Fahrzeug aufbocken.
- Auspuffanlage abkühlen lassen.
- Falls am Katalysator und nicht am vorderen Auspuffrohr angebaut, die Steckverbindung der Lambdasonde lösen.
- Katalysator vom vorderen Auspuffrohr trennen.
- Katalysator vom Vorschalldämpfer trennen (zwei Flanschschrauben) und abnehmen.
- Zum Einbau alle Verbindungsstellen reinigen.
- Katalysator mit neuen Flanschdichtungen zwischen Vorschalldämpfer und vorderem Auspuffrohr montieren.
- Aufhängung und Ausrichtung der kompletten Anlage kontrollieren, wie zuvor beschrieben. Ggf. Ausrichtung korrigieren.

Fingerzeig: Beim Trennen und Herumhantieren mit dem Katalysator darauf achten, daß er nicht hart fällt und dadurch äußerlich beschädigt wird. Außerdem können die Rohre durch zu hohe Kraftaufwendung im Katalysator verdreht werden und so den Keramikkörper beschädigen.

Aktion Saubermann

Kraftstoff besteht im wesentlichen aus den Elementen Kohlenstoff und Wasserstoff. Bei der Verbrennung im Motor verbindet sich der Kohlenstoff mit dem Sauerstoff der Luft zu **Kohlendioxid** (CO_2), und der Wasserstoff (H) vereinigt sich mit Sauerstoff (O_2) zu **Wasser**dampf (H_2O). Aus einem Liter Kraftstoff entsteht rund 0,9 Liter Wasser, das Sie aber gewöhnlich nicht sehen, da es durch die Verbrennungswärme unsichtbar-dampfförmig dem Auspuff entweicht. Bei noch kaltem Motor, zumal in der kalten Jahreszeit, sehen Sie weiße Auspuffwolken vom kondensierenden Wasser.
Obwohl der Diesel-Motor anders als seine Benziner-Kollegen mit Luftüberschuß arbeitet, entstehen auch bei seinem »Verbrennungstakt« Schadstoffe.

Welche Giftstoffe entstehen?

○ **Kohlenmonoxid** (CO) ist wohl die bekannteste Verbindung, denn der CO-Gehalt im Abgas wird bei den Benziner-Motoren bei der Abgas-Untersuchung (AU) gemessen. Auch beim Diesel tritt das CO bei unvollständiger Verbrennung von Kohlenstoff auf, allerdings nur in vergleichsweise geringen Mengen (zwei Drittel weniger als beim Benziner mit geregeltem Katalysator!).
○ Unverbrannte **Kohlenwasserstoffe** (HC) entstehen, wenn die von der Zündkerze entzündete Flammenfront an kalten Wandungen und engen Winkeln im Brennraum erlischt. Zu fettes oder zu mageres Gemisch erhöht den Ausstoß der Kohlenwasserstoffe. Sie entstehen beim Diesel nur in geringem Ausmaß.
○ **Stickoxide** (NO_x) bilden sich vor allem durch den zu über drei Viertel in der Verbrennungsluft enthaltenen Stickstoff. Ihr Anteil ist besonders hoch bei hohen Verbrennungstemperaturen, und die haben wir beim Diesel. Im Vergleich zum Benziner-Motor mit Kat produziert der Diesel etwa das doppelte an Stickoxiden.
○ **Rußpartikel** sind eine durch das Verbrennungsprinzip beim Diesel typische Erscheinung. Sie bestehen aus unverbrannten Kohlenstoffen und Asche. Verstärkt wird der Rußausstoß bei hoher Motorbelastung und niedrigen Drehzahlen. Gefährlich am Ruß ist seine Eigenschaft, daß er gesundheitsschädliche HC-Verbindungen (siehe oben) transportiert. Letztere haben dem Diesel seinen Ruf als »Stinker« eingebracht.
○ **Schwefeldioxid** (SO_2) bildet sich in geringen Mengen aufgrund des Schwefelgehalts im Dieselkraftstoff.

Was ist wie gefährlich?

○ Kohlenmonoxid ist giftig und kann beim Einatmen in geschlossenen Räumen zum Tod führen. In der Luft verbindet sich das Kohlenmonoxid relativ schnell mit Sauerstoff zu ungiftigem Kohlendioxid (CO_2).
○ Die Kohlenwasserstoff-Verbindungen sind der Übersichtlichkeit wegen zusammengefaßt, wobei die Bandbreite von harmlos bis – bei bestimmten Verbindungen (Diesel) – möglicherweise krebserregend reicht. In der Luft sind die Kohlenwasserstoffe mit den Stickoxiden für die Bildung von Smog (schwer auflösbare Abgasnebelwolken) verantwortlich.
○ Stickoxide können entsprechend konzentriert zu Reizungen der Atmungsorgane führen. In Verbindung mit Wasser bildet sich Salpetersäure (Saurer Regen).
○ Die Rußpartikel haben die unangenehme Eigenschaft, daß sich gesundheitsschädliche (möglicherweise krebserregende) Kohlenwasserstoffverbindungen an ihnen anlagern und so mit dem Abgasstrom ins Freie gelangen. Diese Kohlenwasserstoffe sind es auch, die den unverkennbaren lästigen Dieselgeruch bewirken.
○ Aus Schwefeldioxid entsteht unter Einwirkung von Licht Schwefelsäure oder schwefelige Säure, beide sind ebenfalls für den sauren Regen verantwortlich. Allerdings ist der Verkehr lediglich zu 3% für das Entstehen von schwefeligen Säuren (SO_2) verantwortlich.

Abgas-Entgiftung

Zur Verringerung der Abgasschadstoffe gibt es bei den einzelnen Motoren im Renault 19 unterschiedliche Wege, wie im folgenden aufgeführt.

Abgas-Rückführung (AGR)

Eine vergleichsweise einfache, aber zur Verminderung der Stickoxide wirksame Maßnahme. Aus dem Abgasstrom wird durch ein ventilgeregeltes System ein Teil abgezweigt und ins Ansaugkrümmer zurückgeleitet. Die Menge wird je nach Motorbelastung dosiert. Da das Abgas kaum noch verbrennungsfähige Stoffe enthält, bewirkt dies eine Absenkung der Temperaturen im Verbrennungsraum und damit eine Verringerung des Stickoxidanteils.
Der F-Motor mit Bendix-Zentraleinspritzung und der R 19 Diesel sind mit einer AGR-Einrichtung ausgerüstet. Das AGR-System senkt den NO_x-Anteil im Abgas, indem 10–15% des Abgases der angesaugten Frischluft

wieder zugemischt werden. Der Durchgang vom Auspuffkrümmer zum Ansaugkrümmer wird unter bestimmten Voraussetzungen freigegeben. Die Unterdruckleitung erhält erst dann Durchgang, wenn eine bestimmte Kühlmittel-Temperatur überschritten wird. Dazu sitzt im Motorblock ein temperaturgesteuertes Ventil. Der am Membranventil herrschende Unterdruck wird erst unterbrochen, wenn der Motor ca. ⅔ der Enddrehzahl erreicht hat. Beim Benzin-Motor geschieht dies über ein elektromagnetisches Ventil, beim Diesel-Motor über ein federbelastetes Membranventil durch Unterdruck von der Unterdruckpumpe des Bremskraftverstärkers. Die Ansteuerung erfolgt vom Steuergerät der Benzineinspritzung bzw. von einem Regelventil an der Diesel-Einspritzpumpe.

Oxidations- und Dreiwege-Katalysator

Katalysator ist normalerweise ein Stoff, der eine chemische Reaktion schon bei einer niedrigeren Temperatur einleitet als im Normalfall nötig. Der Stoff zur Einleitung der Umwandlung sind die Edelmetalle Platin und Rhodium. Beim Auto versteht man unter dem Katalysator jedoch nicht nur diese katalytischen Stoffe, sondern das Bauteil in der Auspuffanlage.
Der Katalysator sieht ähnlich aus wie ein Auspufftopf. Darin sitzt ein Keramikkörper, der aus vielen kleinen Zellen besteht. Die so vergrößerte Oberfläche dieser Zellen ist mit einer dünnen Edelmetallschicht belegt.
Diesel-Motor: Mit dem Katalysator rückt man den beiden Schadstoffen Kohlenmonoxid und Kohlenwasserstoffe zu Leibe. Die Abgase gelangen in den Katalysator, wo eine etwa 50%ige Verbrennung (Oxidation) in ungiftige Stoffe, wie Kohlendioxid und Wasserdampf, erfolgt. Der Reduzierung der Kohlenwasserstoffe kommt dabei besondere Bedeutung zu, denn obwohl der Katalysator kein Rußfilter ist, trägt er zur Verminderung des Rußpartikelausstoßes bei. Der Grund: Die gasförmigen Kohlenwasserstoffe lagern sich normalerweise an die festen Rußteilchen an und erhöhen so die ausgestoßene Partikelmenge. Werden die Kohlenwasserstoffe aber bereits im Kat oxidiert, können sie sich nicht mehr mit dem Ruß verbinden.
Benzin-Motoren: Nach dem heutigen Stand ist beim Benziner der sogenannte Dreiwege-Katalysator die erfolgversprechendste Methode zur Abgas-Entgiftung. Kohlenmonoxid und Kohlenwasserstoffe werden wie beim Diesel durch Oxidation mit Sauerstoff zu Kohlendioxid und Wasser umgewandelt. Zum Abbau der Stickoxide wird ein Mittel gebraucht, welches den Sauerstoff entzieht, in unserem Fall ist es der Schadstoff Kohlenmonoxid. Dabei entsteht Stickstoff (N_2) und wieder CO_2.
Das geschieht mit Hilfe der Lambdasonde; sie mißt den Sauerstoffanteil im Abgas. Lambda (λ = griechischer Buchstabe) ist die »Luftzahl« – das Verhältnis der Luftmenge zur Kraftstoffmenge im angesaugten Gemisch. Der Katalysator kann nur dann richtig arbeiten, wenn die Luftzahl λ dem Wert 1 möglichst nahekommt. Der λ-Wert wird anhand des Sauerstoffrestes im Abgasstrom gemessen – eine Vergleichsgröße für die Zusammensetzung des Kraftstoff/Luft-Gemisches. Weicht die Messung vom Idealwert ab, gibt das elektronische Steuergerät der Zünd/Einspritz-Steuerung den Befehl zur unverzüglichen Korrektur: Anreichern bei zu magerem Gemisch; Abmagern des Kraftstoff/Luft-Gemisches, wenn dieses zu fett wird.
Die Regelung arbeitet im Bereich von λ = 0,8 bis λ = 1,2 in rasch wechselnder Folge: Luftüberschuß zur Verbrennung der Kohlenwasserstoffe, Luftmangel zur Verringerung der Stickoxide. Die aus dieser Mischung entstehenden Abgase gelangen in den Katalysator, wo eine nahezu vollständige Umwandlung (im Neuzustand rund 90%) in ungiftige Stoffe, wie Kohlendioxid, Wasserdampf und Stickstoff, erfolgt.
In der Warmlaufphase bleibt die Anlage zunächst ungeregelt und richtet sich nach einem vorgegebenen mittleren λ-Wert. Das gleiche gilt, wenn die Vollast-Anreicherung aktiviert ist.

Arbeitstemperaturen

Ehe der Katalysator arbeiten kann, muß er eine »Anspringtemperatur« von etwa 300°C haben. Die sind bereits nach 25–270 Sekunden erreicht. Etwas schneller hat die Lambdasonde ihre »Einschalttemperatur« erreicht, denn sie wird zusätzlich elektrisch beheizt.
Katalysator und Lambdasonde sind allerdings überhitzungsempfindlich. Steigen die Temperaturen im Katalysator über 900°C, setzt eine verstärkte Alterung ein, ab 1200°C wird seine Wirksamkeit auf Dauer zerstört. Ähnliches gilt für die Lambdasonde. Bei Überhitzung des Katalysators schmilzt der Keramikkörper – er schrumpft, was zur Folge hat, daß er sich lose im Blechmantel bewegt. Das macht sich durch Klappergeräusche im Metallgehäuse bemerkbar. Er muß dann ersetzt werden.

Vorsichtsmaßnahmen bei Katalysator-Fahrzeugen

In der Betriebsanleitung sind zahlreiche Hinweise für Katalysator-Fahrzeuge aufgeführt. Besonders gefährlich ist unverbranntes Gemisch, das sich im heißen Katalysator entzündet und so die Temperaturen in kritische Höhen ansteigen läßt. Wir greifen nur die wichtigsten Punkte heraus:
○ Lassen Zündaussetzer oder Fehlzündungen auf einen Defekt an der Zündanlage schließen, diese sofort überprüfen (lassen).
○ Im Hochsommer nach wochenlanger Trockenheit beim Parken den Wagen nicht über trockenem Laub, Heu o. ä. abstellen. Unter besonders ungünstigen Umständen könnte es zu einer Entzündung kommen.
○ Kontrollieren Sie gelegentlich bei aufgebocktem Fahrzeug den Zustand der Hitzeschutzbleche.

Klare Brühe

Eine in engen Grenzen gehaltene hohe Betriebstemperatur ist für die Wirtschaftlichkeit und Lebensdauer eines Motors äußerst wichtig. So ist auch der Begriff »Kühlwasser« wegen hoher physikalischer Anforderungen schon geraume Zeit dem Begriff »Kühlmittel« gewichen. Von einer Pumpe im Kühlkreislauf in Bewegung gehalten, zirkuliert die Kühlflüssigkeit im ausgeklügelten Kanalsystem des Motors und sorgt dafür, daß die produzierte Verbrennungswärme maßvoll abgeführt wird.

So wird gekühlt

Durch die Wasserpumpe, vom Keilriemen angetrieben, wird das Kühlmittel des Kühlsystems ständig umgepumpt. Bei kaltem Motor hält ein Thermostat den Durchfluß zum Kühler geschlossen, und der Kühlkreislauf beschränkt sich auf Motor und Heizung (siehe auch im Kapitel »Heizung und Lüftung«).

Bei normaler Betriebstemperatur zirkuliert die Kühlflüssigkeit vom unteren Anschlußstutzen des rechten Kühlwasserkasten zur Wasserpumpe und wird von dort in den Motorblock und den Zylinderkopf gedrückt. Der größte Teil läuft dann über den geöffneten Thermostat zurück zum oberen Anschlußstutzen des Kühlers, während ein anderer Teil zum Wärmetauscher der Heizung und je nach Motor etwas unterschiedlichen Teilen wie Ansaugkrümmer und Ausgleichsbehälter sowie Diesel-Vorwärmung (Diesel-Motor) geleitet wird. Die in den Kühler zurückströmende Kühlflüssigkeit durchflutet den Kühler in seinen Lamellen von oben nach unten und kühlt dabei durch die an den Kühllamellen vorbeistreichende Luft ab.

Überdruck-Kühlsystem

○ Damit das Kühlmittel mehr Wärme aufnehmen kann, ist es unter Druck gesetzt. Dadurch erhöht sich der Siedepunkt der Flüssigkeit von 100°C auf rund 120°C. Die höhere Temperatur ermöglicht einen wirtschaftlicheren Motorbetrieb. Der Druck beträgt bei allen im Renault 19 eingebauten Motor-Versionen **1,2 ± 0,1 bar**. Verantwortlich für das richtige »Arbeitsklima« im Kühlsystem sind:

○ Verschlußdeckel auf dem Ausgleichsbehälter.

○ Thermostat, der erst mit steigender Temperatur die Kühlflüssigkeit durch den Kühler fließen läßt.

Stand der Kühlflüssigkeit prüfen

Ständige Kontrolle

Der Stand des Kühlmittels sollte nach Möglichkeit nur bei kaltem Motor kontrolliert und gegebenenfalls korrigiert werden. Bei kaltem Motor ist das Kühlsystem praktisch drucklos. Je heißer der Motor also ist, desto vorsichtiger müssen Sie beim Öffnen des Verschlußdeckels sein.

● Egal, ob kalt oder warm, der Kühlmittelstand muß über der MINI-Markierung am Ausgleichsbehälter zu erkennen sein.

● Daran denken, daß sich warmes Wasser ausdehnt und dann etwas höher steht als kaltes. Eine eventuelle Ausdehnung des Kühlmittelstands bei

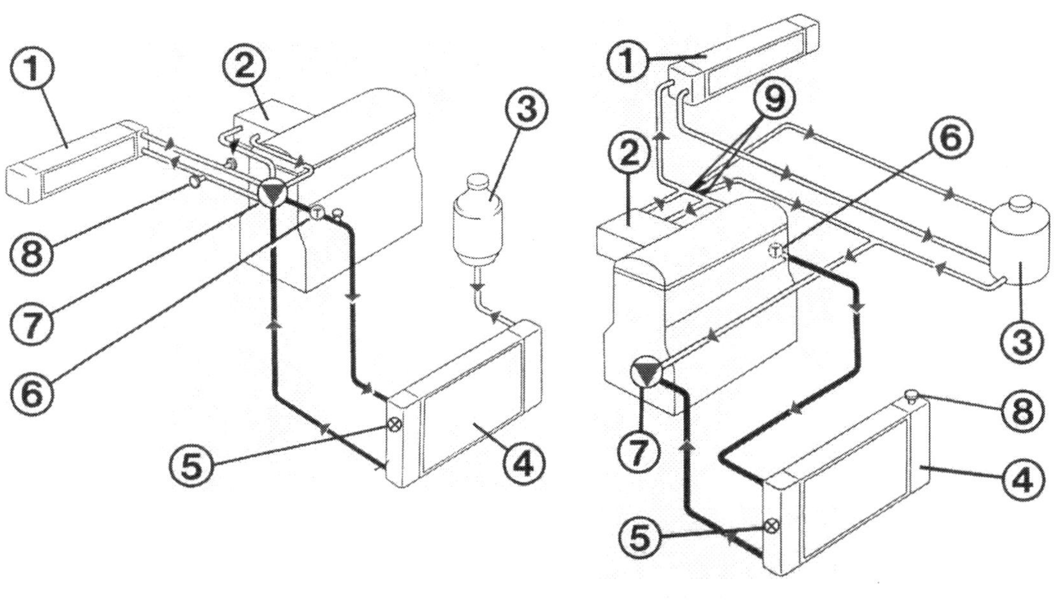

Das Kühlsystem-Fließschema zeigt links den C-Motor und rechts den F-Motor (Benziner), wobei die rote Linie den kleinen Kreislauf darstellt. Weiter bedeuten:
1 – Heizungs-Wärmetauscher;
2 – Ansaugkrümmer;
3 – Ausgleichsbehälter;
4 – Kühler;
5 – Thermoschalter für den Kühlerventilator;
6 – Thermostat;
7 – Wasserpumpe;
8 – Entlüftungsventil;
9 – Durchlaßkalibrierungen.

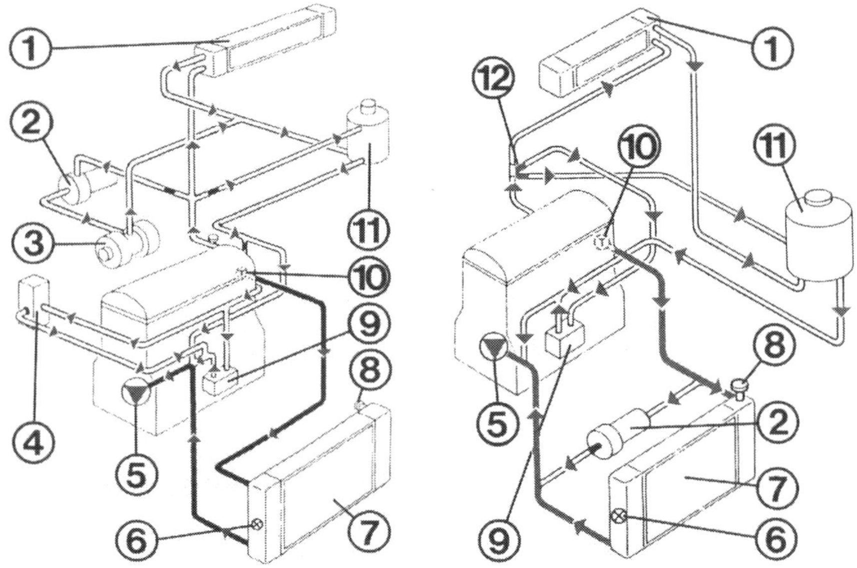

Das Kühlsystem-Fließschema zeigt links den Turbodiesel-Motor und rechts den 16V-Motor. Die rote Linie stellt den kleinen Kühlkreislauf dar. Mit den Zahlen sind bezeichnet:
1 – Heizungs-Wärmetauscher;
2 – elektrische Wasserpumpe;
3 – Turbolader;
4 – Diesel-Vorwärmung am Kraftstoffilter;
5 – Wasserpumpe;
6 – Thermoschalter für den Kühlerventilator;
7 – Kühler;
8 – Entlüftungsventil;
9 – Ölkühler;
10 – Thermostat;
11 – Ausgleichsbehälter;
12 – Durchlaßkalibrierungen.

warmem Motor über die MAXI-Marke hinaus ist unbedenklich.

● Bei abgekühltem Motor soll der Flüssigkeitsspiegel zwischen der MINI- und MAXI-Markierung am Ausgleichsbehälter stehen.

● Müssen Sie den Verschlußdeckel bei heißem Motor öffnen, einen dicken Lappen über den Verschlußdeckel legen und diesen langsam aufdrehen.

● So wird der Druck im System allmählich abgebaut, ohne daß gleich brühend heißes Wasser aus dem Behälter sprudelt. Erst das vom Überdruck befreite Wasser beginnt nämlich zu kochen.

● Ist der Druck vollständig entwichen, den Deckel vollends aufdrehen und vom Ausgleichsbehälter abnehmen.

Kühlmittel nachfüllen

Verlust von Kühlflüssigkeit ist das Zeichen für eine Störung oder einen Defekt. Das Kühlmittel wird nicht verbraucht und kann im geschlossenen Kühlsystem auch nicht verdampfen oder verdunsten. Was Sie bei Kühlflüssigkeitsverlust tun sollten, steht unter dem Absatz »Kühlsystem auf Dichtheit prüfen«.

● Wird nur Wasser nachgefüllt, verdünnen Sie die Kühlflüssigkeit allmählich, wodurch der Frostschutz schlechter wird. Deshalb evtl. gleich etwas Frostschutzmittel zusätzlich nachfüllen.

● Ausgleichsbehälter nicht über die obere Markierung nachfüllen. Das Kühlmittel dehnt sich bei Erwärmung aus, und die Mehrmenge entweicht aus dem System.

● Kleinere Flüssigkeitsmengen können Sie sowohl bei warmem wie bei kaltem Motor eingießen.

● Bei erheblichem Kühlmittelverlust und heißem Motor kein kaltes Wasser nachfüllen. Durch den »Kälteschock« kann sich der Zylinderkopf verziehen oder der Motorblock reißen.

Das Frostschutzmittel

Im Kühlsystem sorgt nicht allein klares Wasser für die notwendige Kühlung des Motors, sondern eine Mischung aus Frost- und Korrosionsschutzmittel sowie Wasser. Man spricht daher besser von Kühlflüssigkeit

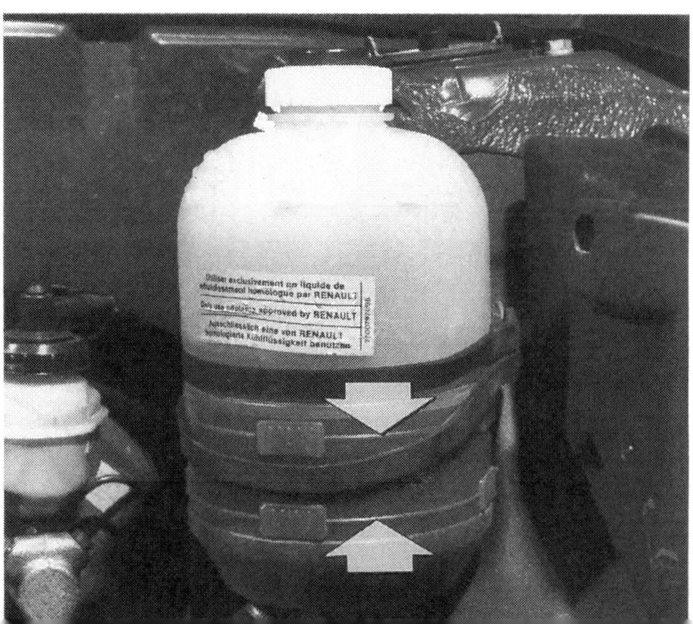

Zwischen den Marken »MINI« und »MAXI« soll sich der Kühlmittelstand bewegen. Extremes Über- oder Unterschreiten bedeutet in jedem Fall einen Defekt, nach dessen Ursache geforscht werden muß. Bei heißem Motor darf der Schraubdeckel nur vorsichtig um eine Umdrehung geöffnet werden, sonst besteht Verbrühungsgefahr. Zur Sicherheit ist es besser, zum Öffnen einen Lappen zu benutzen.

Zum Nachprüfen der Kühlmittel-Frostfestigkeit brauchen Sie einen sogenannten Hebemesser, der je nach Ausführung mit Zeigern, oder wie hier, mit einer Spindel versehen ist. Die Spindel taucht mehr oder weniger tief in die aus dem Ausgleichsbehälter angesaugte Kühlflüssigkeit ein und zeigt so die Frostfestigkeit an.

oder Kühlmittel. Das Mischungsverhältnis, mit dem der Renault 19 werksseitig befüllt wird, beträgt 35% Kühlkonzentrat »GLACEOL AL« (Typ C) und 65% Wasser. Bei diesem Mischungsverhältnis bleibt das Kühlmittel bis −23°C flüssig. Erst bei −28°C liegt der Stockpunkt, d. h. das Kühlmittel beginnt zu gelieren. Aus dem genannten Mischungsverhältnis ergeben sich für die einzelnen Motoren folgende, für noch mehr Frostschutz-Sicherheit »begradigte« Flüssigkeitsmengen:

Motor		Gesamtmenge mit Heizung Liter	Frostschutzmittel Liter	Wasser Liter
1,4-Liter	(C3J)	5,4	1,9	3,5
1,7-Liter	(F3N)	6,0	2,1	3,9
1,8-Liter	(F3P)	6,5	2,3	4,2
16V	(F7P)	7,0	2,5	4,5
Diesel	(F8Q)	6,8	2,4	4,4
Turbo-Diesel	(F8Q)	7,1	2,5	4,6

Als Frostschutzmittel dient gewöhnlich Monoäthylenglykol – eine Flüssigkeit auf Alkoholbasis, die nicht verdampft oder verdunstet. Ebenso wichtig wie der Frostschutz ist auch der Korrosionsschutz. Er verhindert, daß sich im Kühlsystem Kesselstein, Rost und andere aggressive Korrosionsstoffe bilden.
Das werksseitig eingefüllte Kühlmittel verbleibt ganzjährig im Kühlsystem, denn im richtigen Mischungsverhältnis schützt das von Renault eingefüllte Frostschutzmittel das Kühlsystem. Nach ca. drei Jahren hat der Korrosionsschutz im Frostschutzmittel seine Wirksamkeit verloren. Deshalb sollte das Kühlmittel komplett erneuert werden. Sie können jedes Frostschutzmittel nehmen, das eine Korrosionsschutzbeimischung enthält. Voraussetzung ist allerdings, daß die Renault-Spezifikation erfüllt wird. Lesen Sie sich sicherheitshalber auch noch die Mischungstabelle des jeweiligen Herstellers durch.

Frostschutz prüfen

Wartung Nr. 5

Zum Nachmessen der Wirksamkeit des Kühlmittel-Frostschutzes brauchen Sie einen Hebe-Messer (Spindel, Aräometer). Damit wird das spezifische Gewicht bzw. die Kühlmitteldichte der Flüssigkeit gemessen.

Frostschutz-konzentration einstellen

Oft stellt sich heraus, daß durch das Nachfüllen von Wasser in der heißen Jahreszeit die Konzentration des Frostschutzmittels nicht mehr ausreicht. Dann muß etwas Frostschutzmittel nachgefüllt werden. Über den Daumen gepeilt etwa ¾ Liter für einen um 10°C erweiterten Frostschutz. Besser ist es jedoch, wenn Sie auch im Sommer beim Nachfüllen des Kühlmittels eine 50%ige Mischung nehmen – so verändert sich der Frostschutz nicht. Soll jedoch der Frostschutz aufgefrischt oder verstärkt werden:

- Saubere Wanne bzw. flaches Auffanggefäß unter den Kühler stellen.
- Ablaßschraube (falls vorhanden) am Kühler öffnen, oder unteren Kühlerschlauch so weit lösen, daß Kühlmittel ausläuft.
- 1–2 Liter Kühlmittel ablassen.
- Kühlerschlauch wieder montieren bzw. Ablaßschraube wieder eindrehen.
- Entsprechende Menge unverdünntes Frostschutzmittel in den Ausgleichsbehälter eingießen und mit der aufgefangenen Kühlflüssigkeit nachfüllen.

Fingerzeige: **Des Guten kann auch zuviel sein, denn bei einem Anteil von mehr als 60% Frostschutzmittel verringert sich die Frostschutzwirkung wieder.**

Angebrochenes Frostschutzmittel altert, wenn es offen herumsteht. Außerdem enthält es gesundheitsschädliche Bestandteile, die bei wiederholtem und längerem Hautkontakt Schädigungen hervorrufen können. Deshalb Frostschutzmittel in ein verschließbares Gefäß umfüllen und gut beschriftet vor Kinderhänden gesichert aufbewahren.

Kühlsystem auf Dichtheit prüfen

Wartung Nr. 6

- Schläuche am Kühler und Motor dicht, auch die dünneren zur Heizanlage?
- Schläuche rissig? Durch Kneten feststellen, ob die Wasserschläuche hart und spröde sind – dann umgehend austauschen.
- Sitzen die Schlauchenden nicht zu knapp auf ihren Stutzen?
- Sind die Spannschrauben der Schlauchschellen festgezogen?
- Verrostete Schlauchschellen können unvermutet während der Fahrt und bei vollem Betriebsdruck im Kühlsystem nachgeben. Auswechseln!
- Die Werkstatt kontrolliert die Dichtheit der Kühlanlage mit einer speziellen Handluftpumpe mit Druckmesser.
- Dieses Gerät wird mittels Adapter auf den Ausgleichsbehälter gesetzt und ein Druck von 1,2 bar aufgepumpt.
- Fällt der Druck nicht innerhalb von 2 Minuten, ist das Kühlsystem dicht.

Der Kühler

Der oben und unten jeweils am Querträger befestigte Kühler besteht links und rechts aus je einem Wasserkasten. Zwischen den beiden Wasserkästen befindet sich eine Vielzahl dünnwandiger Röhrchen, die durch ein Gerüst von Lamellen miteinander verbunden ist. Dadurch ist die vom Luftstrom bestrichene Fläche viele Quadratmeter groß.

Kühler reinigen

Besonders anfällig sind solche feingerippten Kühler gegen kleine Fremdkörper, wie z. B. Insekten. Eine Vielzahl im Labyrinth der Kühlerlamellen festsitzender Fremdkörper beeinträchtigt dann die Wirkung des Kühlers. Deshalb sollten Sie den Kühler im Bedarfsfall vom Motorraum her mit einem nicht zu scharfen Wasserstrahl oder Preßluft reinigen.

- Angetrocknete Insektenreste mit einem eiweißlösenden Mittel einsprühen.
- Nach einer gewissen Einwirkzeit von der Kühlerrückseite her abspülen. Hartes Bürsten oder scharfes Werkzeug kann die Kühlerlamellen beschädigen.
- Spezielle Reinigungsmittel für das Kühlerinnere sind bei ausschließlicher Verwendung von Frostschutz mit Korrosionsschutzmittel nicht erforderlich.
- Nach etwa fünf Jahren bei abgenommenen Schläuchen Kühler und Motor mit einem kräftigen Wasserstrahl durchspülen – das genügt.

Kühlflüssigkeit wechseln

Wartung Nr. 48

- Am Verschlußdeckel des Ausgleichsbehälters den Druck aus dem Kühlsystem entweichen lassen, dabei wegen Verbrühungsgefahr bei heißem Motor Lappen auf Verschlußdeckel legen.
- Sauberes Auffanggefäß unter den Kühler stellen und Schlauchschelle des unteren Kühlwasserschlauches am Kühlers lösen.
- Damit die Kühlflüssigkeit besser ablaufen kann, den Verschlußdeckel vom Ausgleichsbehälter abnehmen.
- Kühlflüssigkeit ablassen und Auffanggefäß abdecken.

Fingerzeig: **Zum Ablassen der in den Kühlmittelkanälen des Motors befindlichen Kühlmittelreste muß eine spezielle Ablaßschraube am Motorblock ausgeschraubt werden. Die Schraube sitzt beim C-Motor im Motorblock links neben dem Stirnraddeckel, bei den F-Motoren auf der Motorblock-Rückseite unterhalb des Auspuffkrümmers in Höhe der Zwischenwelle.**

Kühlsystem neu befüllen

Da beim Ablassen der Kühlflüssigkeit aus unterem Kühlerschlauch und Ablaßschraube am Motorblock eine gewisse Restmenge Kühlflüssigkeit im System zurückbleibt, kann möglicherweise nicht die gesamte in der Tabelle auf der Vorseite angegebene Menge Kühlflüssigkeit eingefüllt werden.

- Ablaßschraube in Motorblock eindrehen – zur Sicherheit mit neuem Dichtungsring – und festziehen.
- Unteren Kühlerschlauch auf den Anschlußstutzen schieben und Schlauchschelle festziehen.
- Entlüftungsschraube am Wasserkasten des Kühlers öffnen, beim C-Motor auch im Heizungs-Vor- und -Rücklauf und beim Diesel im oberen Kühlerschlauch (Rücklauf) bzw. im Heizungsvorlauf.
- Kühlsystem über die Einfüllöffnung des Ausgleichbehälters mit Kühlmittel befüllen.
- Wird neues Kühlmittel eingefüllt, zuerst die ent-

Die Abbildung zeigt den Kühler des 1,4-Liter-Motors. Man erkennt den feingerippten Kühler, dem eine gelegentliche Reinigung nach einem Sommer (Mücken) und Herbst (Laub) recht gut tut. Es bedeuten:
1 – Kühlerventilator;
2 – Thermoschalter für den Kühlerventilator;
3 – oberer Kühlerschlauch;
4 – unterer Kühlerschlauch.

sprechende für Ihren R19 angegebene Menge Frostschutzmittel (Tabelle Seite 65).

- Dann – zur Vermeidung von Korrosionsschäden im System – möglichst kalkarmes Wasser einfüllen, bis keine Luftblasen mehr hochsteigen.
- Sobald die Kühlflüssigkeit an der Entlüftungsschraube in gleichmäßigem Strahl austritt, Schraube schließen.
- Motor starten und bei Motorleerlauf Wasser nachgießen, bis der Flüssigkeitsspiegel bis zur MAX-Marke reicht und nicht mehr absinkt.
- Verschlußdeckel auf Ausgleichsbehälter aufsetzen und festdrehen.
- Motor warmfahren, bis der Thermostat geöffnet hat. Dieser ist ganz sicher offen, wenn Sie bei abgeschaltetem Motor an die Lamellen oder den Wasserkasten des Kühlers fassen und dieser warm ist.
- Beim Laufenlassen des Motors ist das Kühlsystem automatisch entlüftet worden, so daß Sie, wenn der Motor abgekühlt ist, eventuell etwas Wasser nachgießen müssen.

Schläuche des Kühlsystems auswechseln

Besorgen Sie sich als Ersatz Originalschläuche in der richtigen Bogenform und grundsätzlich neue Schlauchschellen. Nehmen Sie auf jeden Fall anstelle der teilweise ab Werk verwendeten Spannschellen die besser festzuziehenden Schraubschellen.

- Kühlmittel ablassen und in Gefäß auffangen.
- Schlauchschellen lösen, Schläuche abziehen.
- Festsitzende Schlauchenden mit einem Schraubendreher lockern, den man zwischen Schlauch und Stutzen schiebt und dann vorsichtig hebelt.
- Neue Schläuche weit genug auf die Stutzen schieben, damit sie nicht wieder abrutschen können.
- Schraubschellen nicht mit Gewalt anziehen, sonst wird das Gewinde überdreht, und die nächste Undichtigkeit ist programmiert.

Fingerzeig: Unterwegs kann man einen gerissenen oder von Mardern zerbissenen Kühlmittelschlauch selten ersetzen. Hier hilft das »Pannenband« von Weyer, Düsseldorf oder Holts »Hoseweld Bandage«. Beide kleben auf gesäuberten und trockenen Gummischläuchen recht gut. Sicherheitshalber den Verschlußdeckel des Ausgleichsbehälters eine Umdrehung lösen, damit sich nicht der volle

Erst wenn das Kühlsystem (im Bild der 1,4-Liter-Motor) über die Entlüftungsschrauben (Pfeile) entlüftet ist, arbeitet das Kühlsystem einwandfrei. Besonders wichtig ist das Entlüften für die Heizung. Je nach Renault-19-Modell sitzen die Entlüftungsschrauben etwas unterschiedlich im Kühler oder zusätzlich in den Kühlmittelschläuchen, siehe auch die Fließschemata auf Seite 63 und 64.

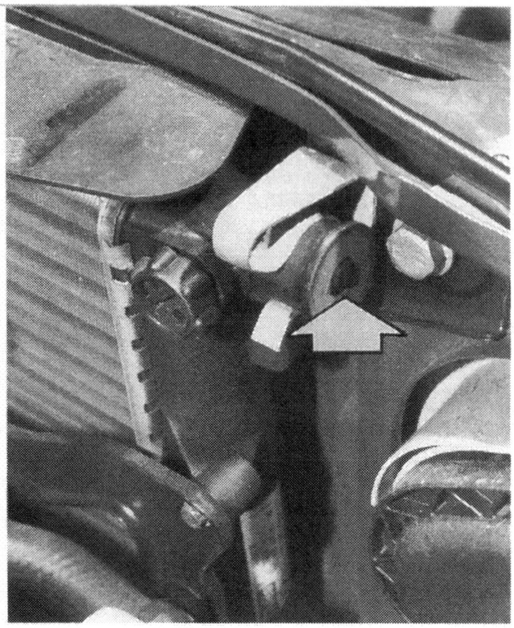

Zum Ausbau des Kühlers (links C-, rechts F-Motor) lediglich die beiden Schrauben der Kühlerhalterung links und rechts herausdrehen und von den Gummilagern (Pfeile) wegschwenken. Vorher müssen die Kühlflüssigkeit abgelassen und die Kühlerschläuche oben und unten abgebaut werden. Nicht vergessen, den Stecker vom Thermoschalter und Ventilator abzuziehen.

Betriebsdruck aufbaut und die Bandage platzen läßt. Kühlmittel-Temperaturanzeige bzw. Warnleuchte während der Fahrt im Auge behalten!

Kühler ausbauen

- Ggf. Luftfilter ausbauen.
- Kühlflüssigkeit ablassen.
- Kühlerschläuche oben und unten am Kühler abbauen.
- Steckverbindung von Thermoschalter und Kühlerventilator abziehen.
- Ggf. Kühlerventilator mit Luftführung ausbauen.
- Muttern der Kühlerbefestigung seitlich am oberen Halter lösen und Halter so nach oben schwenken, bis die Gummilagerung des Kühlers freikommt.
- Kühler etwas zurückschwenken und aus dem Motorraum herausheben.
- Beim Einbau auf richtigen Sitz der unteren Führungszapfen in den Gummiaufnahmen der Quertraverse achten.

Der Kühlsystem-Verschlußdeckel

Im Überdruck-Kreislauf des Kühlsystems spielt der Verschlußdeckel des Ausgleichsbehälters eine wichtige Rolle:

○ Die Dichtfläche wird bei aufgeschraubtem Deckel fest auf den Rand des Einfüllstutzens gedrückt, so daß kein Druck entweichen kann.

○ Wenn bei wärmer werdendem Motor der Druck im Kühlsystem 1,6 bar übersteigt, öffnet das Überdruckventil, und zum Druckausgleich kann etwas Wasserdampf entweichen.

Überdruckventil prüfen

Das Überdruckventil des Verschlußdeckels wird mit dem bereits beschriebenen Druckprüfgerät und einem Verbindungsstück auf richtige Funktion getestet:

- Höchstmöglichen Druck aufpumpen, bis Luft entweicht.
- Druck ablesen und mit eingestanztem Wert auf der Oberseite des Deckels vergleichen.

Fingerzeig: **Ist ein Ventil defekt, das Dichtgummi schadhaft oder haben sich Rückstände innen am Verschlußdeckel abgesetzt, muß der komplette Deckel ersetzt werden.**

Der Thermostat

Kleiner und großer Kreislauf

Damit der Motor schnell auf seine Betriebstemperatur kommen kann, wurde das Kühlsystem in einen kleinen und einen großen Kreislauf aufgeteilt.

○ Nach dem Kaltstart zirkuliert das Kühlmittel im »kleinen« Kreislauf von der Wasserpumpe zum Motorblock sowie in den Zylinderkopf und wieder zurück zur Wasserpumpe. Vom kleinen Kreislauf mitversorgt wird der Heizungs-Wärmetauscher.

○ Erst wenn die Kühlflüssigkeit eine bestimmte Temperatur erreicht hat, wird der Kühler zum Abkühlen des Heißwassers gebraucht.

○ Das Zuschalten des Kühlers besorgt der Thermostat. Er öffnet aber nicht einfach einen Verbindungsschlauch zwischen Motor und Kühler, sondern kaltes Wasser aus dem Kühler wird vorgemischt mit bereits erwärmtem aus dem kleinen Kreislauf.

○ Durch diese allmähliche Kaltwasserbeimischung wird der sogenannte Kälteschock für den Motor vermieden. Das unten abfließende kalte Wasser zieht heißes Kühlmittel oben in den Kühler nach. Dort wird es durch die Kühlerlamellen abgekühlt. Gleichzeitig mit dem Hinzuschalten des Kühlers wird der »Kurzschluß-Kreislauf« geschlossen.

Funktion des Thermostats

○ Das »Umschalten« des Thermostats bewirkt eine mit Spezialwachs gefüllte Büchse und der daran befestigte Ventilteller. Bei Erwärmung des Kühlmittels verflüssigt sich das Wachs und dehnt sich dabei aus. Zwangsläufig öffnet es durch das größere Volumen den Ventilteller.
○ Solange die Wassertemperatur steigt, wird vom Thermostat der Kaltwasserzufluß aus dem Kühler zunehmend geöffnet und gleichzeitig der Kurzschluß-Kreislauf geschlossen.
○ Sinkt während der Fahrt die Wassertemperatur wieder unter die vorgeschriebene Betriebstemperatur, drückt eine Feder am Thermostat den Ventilteller wieder in Richtung »Zu« und sperrt den Kühlerdurchfluß so lange, bis das Kühlmittel wieder genügend warm ist. Der Thermostat sitzt in Fahrtrichtung gesehen
○ beim **1,4-Liter-Motor** (C-Motor) vor der Wasserpumpe im oberen Kühlerschlauch;
○ beim **1,7-/1,8-Liter- und 16V-Motor** unterhalb des Zündverteilers;
○ beim **Diesel-Motor** unterhalb der Unterdruckpumpe des Bremskraftverstärkers.

Störungsbeistand

Thermostat

Erkennungsmerkmal	Ursache/Besonderheiten
A Temperatur-Anzeigenadel (modellabhängig) steigt langsam, Betriebstemperatur wird später erreicht, Heizwirkung ungenügend	**Thermostat-Ventilteller ist in »Offen«-Stellung blockiert (etwa durch Ablagerungen); der Zugang zum Kühler bleibt ständig offen. Motor bleibt zu lange im Kaltlaufbetrieb. Es kommt jedoch kurzfristig zu keinen Schäden. Trotzdem Thermostat so bald als möglich wechseln**
B Temperatur-Anzeigenadel (modellabhängig) steht im schraffierten Bereich und/oder Warnleuchte brennt trotz richtigem Kühlmittelstand. Kühler und unterer Schlauch zum Kühler sind kalt	**Thermostat-Ventilteller ist in »Geschlossen«-Stellung blockiert (etwa durch eine defekte oder undichte Thermostatbüchse). Auf keinen Fall weiterfahren, sonst entstehen schwere Hitzeschäden am Motor! Thermostat sofort auswechseln**

Fingerzeig: **Wenn der Motor unterwegs wegen defektem Thermostat ins Kochen kommt, hilft nur noch Abschleppen oder der Ausbau des Thermostats an Ort und Stelle. Sollten Sie sich für den Ausbau entscheiden, müssen Sie erst warten, bis die Kühlmitteltemperatur abgesunken ist. Besorgen Sie sich derweil Gefäße zum Auffangen des Kühlmittels. Können Sie kein Gefäß auftreiben, darf kurzfristig auch klares Wasser nachgefüllt werden. Aber nicht vergessen, die Frostschutzkonzentration baldigst wieder auf die Norm zu bringen!**

Thermostat ausbauen

Einen klemmenden Thermostat unterwegs auszubauen, ist immer etwas problematisch, da eine ganze Menge Kühlmittel abgelassen werden muß. Zudem dauert es bei heißem Motor recht lange, ehe Sie mit der Arbeit beginnen können, ohne Gefahr zu laufen, sich die Hände zu verbrühen. Beim Einbau eines neuen Thermostats soll auch der Dichtring, in dem der Thermostat im Kühlerschlauch (C-Motor) bzw. im Gehäuse (F-Motoren) sitzt, und die Dichtung des Thermostatgehäuses selbst erneuert werden.

● Verschluß des Ausgleichsbehälters öffnen, um den Überdruck im Kühlsystem abzubauen. Achtung, Lappen zwischenlegen – Verbrühungsgefahr!
● Durch Lösen des unteren Kühlerschlauches am Kühler 2–3 Liter Kühlflüssigkeit in untergeschobenen Auffangbehälter ablassen.
● Oberen Kühlerschlauch von der Wasserpumpe (C-Motor) bzw. vom Thermostatgehäuse (F-Motoren) am Zylinderkopf abbauen.
● **C-Motor:** Schlauchschellen der Erstmontage mit einem Seitenschneider durchtrennen.
● Einen festgebackenen Thermostat durch Zusammendrücken des Kühlerschlauches aus dem Schlauch pressen. Dabei die Einbaulage (Durchflußrichtung!) merken.
● Vor dem Einbau ggf. den Sitz des Thermostats im Kühlerschlauch von Rückständen säubern. Dann Thermostat einsetzen und mit Schraubschlauchschelle in seiner Lage sichern.
● **F-Motor:** Drei Schrauben des Thermostatgehäuses lösen und Gehäuse vorsichtig abnehmen.
● Ist das Gehäuse festgebacken, ggf. mit Handballenschlägen etwas nachhelfen.
● Sicherungsklammer des Thermostats herausdrücken, und Thermostat sowie Dichtring vom Gehäuse abnehmen.
● Vor dem Einbau Dichtflächen von alten Dichtungs- und Dichtmittelresten säubern. Dann auf die Dichtflächen des Thermostatgehäuses eine Dichtmittelraupe (z.B. Loctite 518) von max. 1 mm Breite auftragen.

Thermostat prüfen

Mit einem Einmachthermometer können Sie selbst kontrollieren, ob der Thermostat bei der vorgeschriebenen Temperatur öffnet.

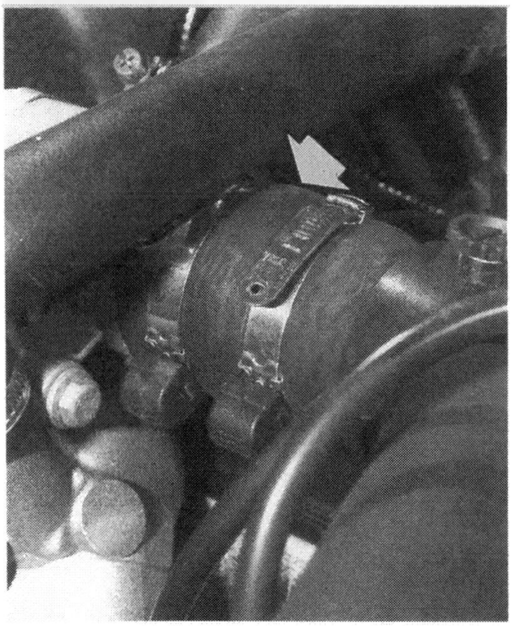

Links: Beim C-Motor sitzt der Thermostat im oberen Kühlerschlauch und ist dort zwischen zwei Schlauchbindern (Pfeil) festgeklemmt.
Rechts: Bei den F-Motoren ist der Thermostat auf der getriebeseitigen Stirnseite in einem Gehäuse am Motor fixiert. Die von der Wasserpumpe durch den Motor gedrückte Kühlflüssigkeit gelangt so durch den geöffneten Thermostat über den oberen Kühlerschlauch zurück zum Kühler.

- Thermostat ausbauen.
- Thermostat in einen Topf mit Wasser hängen und erhitzen.
- Kontrollieren, ob das Ventil bei den genannten Temperaturen deutlich von seinem Sitz abhebt.

Motor	1,4-Liter (C3J)	1,7-Liter (F3N)	1,8-Liter (F3P)	16V (F7P)	Diesel (F8Q)
Öffnungstemperatur*	86°C	89°C	89°C	89°C	82°C
ganz geöffnet bei*	98°C	98°C	101°C	101°C	94°C

* Bei gebrauchten Thermostaten ist eine Toleranz von ±3°C zulässig

Die Wasserpumpe

Die Kühlflüssigkeit wird von der Wasserpumpe – einer sogenannten Schleuderpumpe – im Kühlsystem umgepumpt und so im Kreislauf gehalten.

○ Die Wasserpumpe wird beim C-Motor und beim F-Motor vom Keilriemen angetrieben.

○ Die Wasserpumpe ist wartungsfrei. Aber sie kann undicht werden, oder mahlende Geräusche lassen auf ein schadhaftes Lager schließen.

Wasserpumpe ausbauen

- Druck im Kühlsystem durch Öffnen des Verschlußdeckels am Ausgleichsbehälter abbauen.
- Kühlerschlauch unten lösen, Kühlmittel ablassen.
- **C-Motor:** Alle Kühlmittelschläuche von der Wasserpumpe abbauen.
- Spannbügel und Befestigungsschrauben der Lichtmaschine lösen und Keilriemen abnehmen.
- Spannbügel der Lichtmaschine abbauen.
- Befestigungsschrauben der Wasserpumpe am Zylinderkopf lösen und herausdrehen.
- Pumpe vom Zylinderkopf abnehmen, ggf. mit einem Kunststoffhammer nachhelfen.
- **F-Motor:** Drei Schrauben der Wasserpumpen-Riemenscheibe lösen.
- Keilriemen abbauen, siehe Kapitel »Die Lichtmaschine«.
- Keilriemenscheibe abnehmen.
- Neun Schrauben der Wasserpumpe herausdrehen und Pumpe vom Motor abdrücken.
- **C- und F-Motor:** Vor dem Einbau der Pumpe, der in umgekehrter Ausbaureihenfolge vor sich geht, die Dichtflächen von Motorblock und Pumpengehäuse gründlich säubern.
- Grundsätzlich eine neue Dichtung verwenden. Die Pumpenschrauben mit 20 Nm festziehen.
- Motor warmfahren und Kühlanlage auf Undichtigkeiten kontrollieren.

Keilriemenspannung prüfen

Wartung Nr. 7

Da die Wasserpumpe beim C-Motor und bei allen F-Motoren vom Keilriemen angetrieben wird, gehört zur Wartung des Kühlsystems unbedingt auch die Kontrolle der Keilriemenspannung dazu. Diese Wartungsarbeit finden Sie im Kapitel »Die Lichtmaschine«.

Gerissener Keilriemen

Wenn Sie ohne Keilriemen und damit ohne Antrieb der Wasserpumpe weiterfahren, riskieren Sie einen Schaden am Motor! Zwar ist kaltes Wasser schwerer als warmes – es zirkuliert auch ohne Wasserpumpe langsam durch den Motor – diese sogenannte Thermosiphon- oder Selbstumlaufkühlung reicht aber zur Motorkühlung bei weitem nicht aus. Das Auflegen eines neuen Keilriemens finden Sie im Kapitel »Die Lichtmaschine« beschrieben.

Fingerzeig: Da Sie bei den im Renault 19 eingebauten Motoren (siehe vorn) mit gerissenem Keilriemen keinesfalls weiterfahren dürfen, sollten Sie sich einen Ersatzriemen in den Kofferraum legen.

Der Kühlerventilator

Die R19-Motoren besitzen ausnahmslos einen elektrisch angetriebenen Kühlerventilator, der nur bei Bedarf zuschaltet. Das spart nicht zuletzt Motorleistung.
In den rechten Wasserkasten des Kühlers geschraubt schaltet dort ein temperaturempfindlicher Schalter den Kühlerventilator ein, wenn die an ihm vorbeiströmende Kühlflüssigkeit eine bestimmte Temperatur überschreitet. Ebenso schaltet er den Ventilator wieder aus, wenn die Kühlmittel-Temperatur auf einen bestimmten Wert abgesunken ist. Bei Einschalttemperatur schließt der Kontakt im Schalter den Stromkreis des Kühlerventilators, und dieser läuft an.
Vorsicht beim Hantieren im Motorraum: Auch bei ausgeschalteter Zündung und heißgefahrenem Triebwerk kann der Ventilator nochmals unvermittelt loslaufen. Deshalb bei heißem Motor nicht mit den Händen in die Nähe des Kühlerventilators kommen!

Fingerzeig: Wer ohne großen Aufwand prüfen will, ob der Kühlerventilator bei heißem Motor auch wirklich läuft, verfährt so: Bereits warmgefahrenen Motor im Stand weiterlaufen lassen und Temperaturanzeige beobachten. Der Ventilator muß anlaufen, bevor die Nadel im Instrument (modellabhängig) ins schraffierte Feld wandert. Auch die rote Warnleuchte darf nicht brennen. Sonst ist wahrscheinlich der Thermoschalter defekt.

Störungen am Kühlerventilator

Ein ausgefallener Kühlerventilator kann eine zu hohe Kühlmitteltemperatur verursachen; allerdings nur bei längerem Motorleerlauf oder einer Paßauffahrt im Gebirge.
Ein streikender Ventilator muß aber nicht das Ende einer Fahrt bedeuten:
○ Nachdem der Motor einigermaßen abgekühlt ist, kann man mit mittleren Drehzahlen und einigermaßen zügigem Tempo die nächste Werkstatt anlaufen. Dabei die Temperaturanzeige bzw. die Warnleuchte im Auge behalten.
○ Leerlauf und Schleichfahrt dagegen sind für den Motor gefährlich, da kaum ein kühlender Lufthauch durch die Kühlerlamellen strömt.

Störungssuche

● Ziehen Sie am Thermoschalter den Doppelstekker ab.
● Überbrücken Sie die Kabelstecker mit einem Stück Draht.
● Wenn jetzt der Ventilator losbraust, ist der hierbei aus dem Stromkreis herausgenommene Thermoschalter defekt.
● Zur Weiterfahrt die Kabelbrücke im Doppelstekker gut festklemmen.
● Damit das locker hängende Kabel kein Unheil anrichten kann, den Doppelstecker kurzschlußsicher mit Klebeband umkleben und gegen Herumbaumeln sichern.

Kühler-Ventilatormotor ausbauen

● Batterie-Massekabel abklemmen und Kabelsteckverbindung zum Thermoschalter und Lüftermotor trennen.
● Kabel vom Halter der Lüftermotorhalterung lösen.
● Zum Ausbau links und rechts die beiden Schrauben herausdrehen.

Beim C-Motor sowie bei einigen F-Motorversionen sind frei umlaufende Lüfter eingebaut, wobei der Motor im Halter eingenietet (1) ist. Der Lüfterhalter selbst ist jedoch links und rechts am Wasserkasten des Kühlers angeschraubt (2). Beim leistungsstärkeren Lüfter des Diesel- oder des 16V-Motors ist dagegen ein hochwertiger Flachmotor im Einsatz, dessen Lüfterrad in einer stabilen Luftführung rotiert.

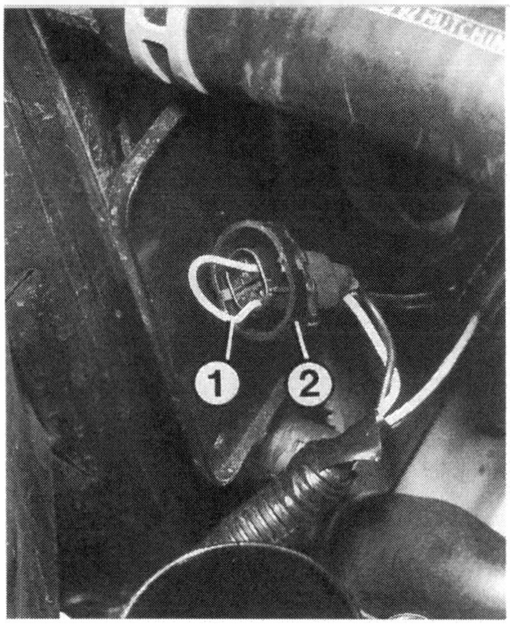

Links: Eine der Kontrollen, wenn der Verdacht besteht, daß der Lüftermotor defekt ist: Stecker (2) vom Thermoschalter am Kühler abziehen und die beiden Steckerbuchsen mit einem Stück Draht oder zur Not mit einer Büroklammer überbrücken. Nun muß der Lüfter losschnurren.
Rechts: Beim 16V-Motor ist in den Kühlkreislauf eine zusätzliche, elektrisch betriebene Wasserpumpe (Pfeil) eingebaut, die nach Abschalten der Zündung das Kühlmittel ca. fünf Minuten weiter zirkulieren läßt. Bei überhitztem Motor läuft zusätzlich noch der Kühlerventilator.

- Lüftermotor komplett mit Halterung vom Kühler abnehmen.
- Falls der Lüftermotor an der Halterung angenietet ist, die Niete ausbohren.
- Lüfterrad festhalten und Zentralmutter lösen (Achtung Linksgewinde!).
- Lüfterrad abnehmen.
- Beim Einbau anstatt der Nietverbindung ggf. Schraubverbindungen herstellen und etwas flüssige Schraubensicherung angeben.

Elektrische Zusatzwasserpumpe
nur 16V und Turbodiesel

Mit dem Abstellen des Motors gerät der Kühlmittelstrom ins Stocken, und am Zylinderkopf könnte eine örtliche Überhitzung entstehen. Dem beugt man mit einer elektrischen Wasserpumpe vor, die bei zu hohen Temperaturen einen Teil der Kühlflüssigkeit in Bewegung hält. Die elektrische Wasserumlaufpumpe kann nur dann laufen, wenn der Motor abgeschaltet ist. Bei der entsprechenden Schalttemperatur wird die elektrische Wasserpumpe eingeschaltet. Gleichzeitig mit der elektrischen Wasserpumpe wird auch der Kühlerventilator zum Abführen der Stauwärme eingeschaltet.

Störungsbeistand

Kühlsystem

Die Störung	– ihre Ursache	– ihre Abhilfe
A Temperatur-Anzeigenadel (modellabhängig) steht im schraffierten Bereich und/ oder Warnleuchte brennt	1 Keilriemen zu schwach gespannt oder gerissen	Keilriemenspannung kontrollieren oder Riemen ersetzen
	2 Zu wenig Flüssigkeit im Kühlsystem	Auffüllen, notfalls aus der Scheibenwaschanlage
	3 Kabel zur Temperaturanzeige hat Massekontakt	Kabel am Temperaturfühler abziehen, Zeiger muß zurückgehen bzw. Warnleuchte muß verlöschen, sonst Masseschluß; Kabelverlauf kontrollieren
	4 Thermostat öffnet den Kaltwasserzufluß aus dem Kühler nicht (Kühler kalt)	Thermostat ausbauen und ohne weiterfahren oder Wagen abschleppen lassen
	5 Kühlerventilator schaltet nicht ein	Siehe unter »Störungen am Kühlerventilator«
	6 Überdruckventil im Verschlußdeckel des Ausgleichsbehälters defekt	Ventil prüfen (lassen), Deckeldichtung kontrollieren, ggf. kompletten Verschlußdeckel ersetzen
	7 Kühlerlamellen zugesetzt	Kühler reinigen
B Temperaturanzeige spricht sehr langsam an, schwache Heizleistung	Thermostat schließt nicht völlig, aufgeheiztes Kühlmittel strömt zu früh durch den Kühler	Thermostat säubern, ggf. ersetzen
C Temperaturanzeige bleibt im unteren Bereich, gute Heizleistung	Geber der Temperaturanzeige defekt	Austauschen

Was nun?

Die Vielfalt des Kraftstoffangebots erzeugt bei manchem Autofahrer etwas Verwirrung. Spätestens an der Tankstelle muß er jedoch wissen und sich entscheiden, welcher »Saft« für seinen Wagen der richtige ist.

Normal- oder Superbenzin?

Das wesentliche Unterscheidungsmerkmal ist die Klopffestigkeit. Sie wird durch die Oktanzahl gekennzeichnet und liegt bei Super höher als bei Normalbenzin.
Superkraftstoff kann höhere Kompressionsdrücke aushalten, ohne sich selbst zu entzünden, was sonst zu Motorklopfen führt. Beim Verdichten erwärmt sich jedes Gas, auch das Kraftstoff/Luft-Gemisch.
Je höher das Kompressionsverhältnis ist, desto leichter kann es zu Selbstentzündungen im Verbrennungsraum kommen, wenn der Kraftstoff nicht klopffest genug ist. Zur Kennzeichnung der Klopffestigkeit dient die Oktanzahl. Das ist eine Vergleichsgröße, die in einem speziellen Prüfmotor mit bestimmten Meßkraftstoffen ermittelt wird. Häufig genannt ist die **»Research-Oktanzahl«**, kurz ROZ. Seltener findet man dagegen die eigentlich aussagekräftigere **»Motor-Oktanzahl«** oder MOZ.
Die Oktanzahl für bleifreien Kraftstoff ist in der Bundesrepublik Deutschland nach DIN 51607 festgeschrieben und legt die Mindestanforderungen an den Kraftstoff fest. So lautet die ROZ für Normalbenzin 91 Oktan, für Euro Super 95 ROZ, und Super Plus hat eine Mindestklopffestigkeit von 98 ROZ.

Klingeln und Klopfen

Von den hier beschriebenen Unregelmäßigkeiten im Verbrennungsablauf sind unsere Motoren dank der Klopfregelung in der Zündsteuerung nicht betroffen. Dennoch hier das nötige Grundwissen.
Normalerweise entflammt das Kraftstoff/Luft-Gemisch im Zylinder auf »Befehl« des Zündkerzenfunkens wellenförmig – wie wenn man einen Stein in ruhiges Wasser wirft: Die Wellen breiten sich kreisförmig aus. Durch die zunehmende Entzündung des Gemisches dehnen sich die Gase im Zylinder aus. Ist diese Ausdehnung zu stark, kann ein noch unverbrannter Gasrest an die Wand gedrückt werden. Diese Drucksteigerung bewirkt eine Wärmezunahme des Gasrestes, so daß er sich von selbst entzünden kann. Dabei knallt er der von der Zündkerze auf ihn zueilenden Flammenfront entgegen. Das gibt einen gewaltigen Druckanstieg im Zylinder. Der Kolben erhält einen Schlag auf den Boden und leitet ihn über sein Pleuel an die Lager der Kurbelwelle weiter.
Tritt dieser Effekt bei hohen Motordrehzahlen auf, werden die harten Verbrennungsgeräusche von den Fahrgeräuschen übertönt. Das ist für Motoren mit herkömmlicher Zündsteuerung ausgesprochen gefährlich. Dieses Hochdrehzahlklopfen bewirkt eine erhebliche Motorüberhitzung und kann Kolbenböden zum Schmelzen bringen. Bekannter, weil besser zu hören, ist das Beschleunigungsklingeln. Es macht sich bemerkbar, wenn Sie mit nicht genügend klopffestem Kraftstoff aus niedrigen Drehzahlen heraus voll beschleunigen. Diese Klingelerscheinungen schaden dem Motor kaum.

Welchen Kraftstoff braucht der Renault 19?

Für unsere R19-Modelle sind die folgenden Kraftstoffarten verwendbar:

Motor	Kurzbezeichnung	Verdichtung	Normal bleifrei 91 ROZ	Euro Super bleifrei 95 ROZ	Super Plus bleifrei 98 ROZ	Diesel 45 CZ
1,4-Liter	C3J	9,0:1	+	+[1]	+[1]	–
1,7-Liter	F3N-L	9,5:1	+	+[1]	+[1]	–
1,7-Liter	F3N-N	9,5:1	–	+	+[2]	–
1,8-Liter	F3P	9,8:1	–	+	+[2]	–
16V	F7P	10,0:1	–	+	+[2]	–
Diesel	F8Q	21,5:1	–	–	–	+
Turbo-Diesel	F8Q	20,5:1	–	–	–	+

[1] Auf Grund der Motor-Verdichtung nicht erforderlich [2] Bei voller Belastung und hohen Außentemperaturen

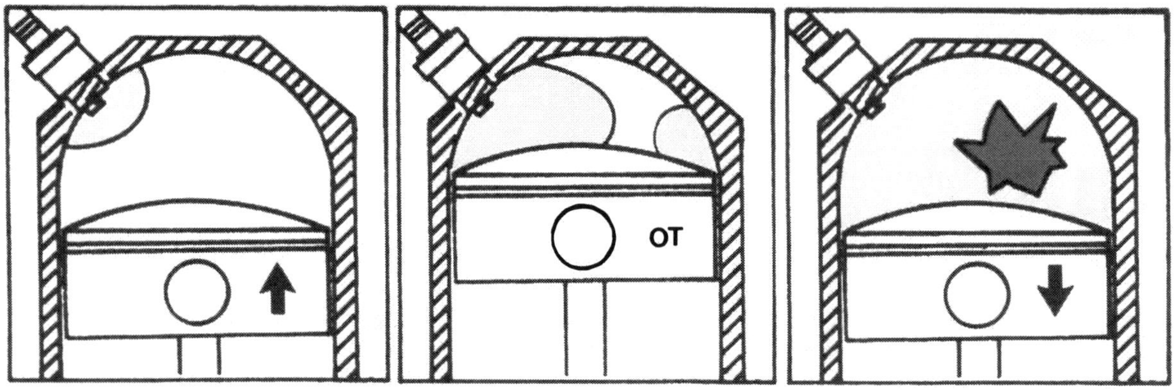

Beim Motorklopfen zündet zusätzlich zu dem von der Zündkerze entflammten Gemisch in einer Ecke des Verbrennungsraums ein Gemischrest.

Der Dieselkraftstoff

Mit Ihrem R 19 Diesel sollten Sie nur Dieselkraftstoff nach DIN 51601 mit einer Cetanzahl (CZ) von mindestens 45 tanken. Die Cetanzahl steht für die Zündwilligkeit eines Kraftstoffes. Sie ist eine reine Verhältniszahl, die in einem genormten Prüfdieselmotor ermittelt wird.

Dieselkraftstoff und Temperatur

Jeder Kraftstoff besteht aus vielen verschiedenen Kohlenwasserstoffen. Beim Diesel handelt es sich dabei vorwiegend um sogenannte Paraffine, die die gewünschte Zündwilligkeit aufweisen. Negative Eigenschaft der Paraffine ist ihre Neigung, bei niedriger werdenden Temperaturen immer mehr auszukristallisieren. Die einzelnen Kristalle lagern sich rasch aneinander an und bilden dann miteinander komplexe, netzförmige Verbindungen.

Ab einer bestimmten Minus-Temperatur abwärts haben sich dann so viele Kristallnetze gebildet, daß der Kraftstoff komplett »versulzt« ist und nicht mehr durch den Kraftstoffilter fließen kann.

Winterkraftstoff

Um Störungen vorzubeugen, werden die Tankstellen mit Kraftstoff beliefert, der für die jeweilige Jahreszeit angepaßt ist. Sogenannte Fließverbesserer erhalten auch bei Minusgraden die Fließfähigkeit, so daß der Diesel-Fahrer mit dem Problem des Versulzens gar nicht in Berührung kommt. Der Dieselkraftstoff an den Tankstellen ist wie folgt »eingestellt«:

○ **Sommer-Dieselkraftstoff** ist gewissermaßen »naturbelassen«. Er würde schon stocken, wenn das Thermometer unter −2° C fällt.

○ **Übergangs-Diesel** wird im Frühjahr und im Herbst verkauft. Er soll Sicherheit schaffen, wenn die Quecksilbersäule unerwartet nach unten rutscht. Bestenfalls ist er noch bei −8 bis −10° C filtergängig.

○ **Winter-Diesel** muß laut DIN-Norm bis mindestens −12° C brauchbar sein. In der Regel wird er jedoch durch entsprechende Zugabe von Fließverbesserern bis ca. −22° C fließfähig gehalten, so daß sich auch durch Zumischen von Fließverbesserern keine weiteren Verbesserungen erzielen lassen. In diese Richtung gehen übrigens auch die Empfehlungen der Mineralölhersteller.

Mittel gegen »Versulzen«

Haben Sie jedoch, aus welchen Gründen auch immer, noch Sommer-Diesel im Tank, ist die sicherlich unproblematischste Möglichkeit, die Zugabe eines Dieselkraftstoff-Zusatzmittels, z. B. »Autol Desolite D/DW«, »LM fließfit«, »Valvoline Winterfit« oder »Veedol Diesel Aktiv«. Allerdings ist Vorsicht am Platze, denn nicht jedes Mittel verhindert das Stocken. Lesen Sie also genau die Verpackungsaufschrift!

Die Bildung von Paraffinkristallen können auch Fließverbesserer nicht verhindern. Ihre Aufgabe ist es vielmehr, sich um die einzelnen Kristalle zu legen und somit zu verhindern, daß sich Kristallnetze bilden. Einzelne Kristalle sind noch klein genug, um durch die Poren des Filters zu schlüpfen. Der Kraftstoff kann also bis zur Einspritzpumpe gelangen.

Tücke der Fließverbesserer ist die Tatsache, daß sie nicht auf alle Dieselkraftstoffe gleich ansprechen. Auch kann nie schlüssig gesagt werden, bis zu welcher Temperatur der getankte Kraftstoff »eingestellt« war. Wer auf Nummer Sicher gehen will, zieht also von den auf der Dosenaufschrift versprochenen Kältegraden einige ab, um nicht doch Schiffbruch zu erleiden.

Kraftstoff frostfest machen

Ist der Dieselkraftstoff schon versulzt, hilft es natürlich nichts, den (womöglich noch im eiskalten Handschuhfach liegenden) Fließverbesserer in den Tank zu kippen. Ist der Stockpunkt wesentlich überschritten, muß der Wagen in eine beheizte Garage geschleppt werden, wo sich die Paraffinkristalle bei Plus-Temperaturen zurückbilden können.

Zur Vorbeugung unbedingt **vor der zu erwartenden Arktik-Nacht** zur Tankstelle fahren und zuerst den Fließverbesserer (er sollte möglichst Zimmertemperatur haben) in den Tank kippen und dann randvoll tanken. Der in den Erdtanks gelagerte Dieselkrafstoff hat in jedem Fall Plusgrade, so daß sich der Fließverbesserer gut mit dem Diesel vermischen kann. Ideal ist es natürlich, wenn der Tank vorher möglichst leer war, da dann der erdtank-temperierte Kraftstoff den Rest im Fahrzeugtank ausreichend »anwärmt«, um eine Kristall-Rückbildung zu bewirken. Während der anschließenden kurzen Fahrt vermischt sich der Tankinhalt gut, und man kann sibirischer Kälte ruhig entgegensehen.

Futterkanal

Über ein aufwendiges Leitungsnetz wird der Motor im Renault mit Kraftstoff versorgt. Dazu ist im hinteren Wagenteil unter dem Fahrzeugboden der Kraftstofftank installiert. Aus diesem Tank wird dem Motor von einer Kraftstoffpumpe dosiert ständig Kraftstoff zugeführt.

Der Tank

An sicherer Stelle – zwischen den Hinterrädern hinter dem Achskörper der Hinterachse – sitzt der Tank. Er ist aus Stahlblech gefertigt und faßt 55 Liter. An der Oberseite des Kraftstofftanks ist der Geber für die Kraftstoff-Vorratsanzeige zusammen mit der Kraftstoffvor- und -rücklaufleitung angebracht. In den Einfüllstutzen aus Gummi münden auch die Tank-Be- und -Entlüftung.

Sicherheitsvorkehrungen beim Umgang mit Kraftstoff

Bei Reparaturen an Teilen der Kraftstoffanlage und besonders beim Entleeren des Kraftstoffbehälters müssen Sie mit äußerster Vorsicht vorgehen. Deshalb sollte nur der Selbermacher Arbeiten am Kraftstoffsystem durchführen, der sich der Gefährlichkeit im Umgang mit Kraftstoff bewußt ist. Grundsätzlich sind folgende Vorsichtsmaßnahmen zu beachten:

- Zuerst immer die Batterie abklemmen und die Batteriekabel gegen unbeabsichtigtes Berühren mit den Batteriepolen sichern.
- Den Kraftstoffbehälter grundsätzlich nur im Freien entleeren, und dies nur mit entsprechendem Abpumpgerät. Auf keinen Fall durch die Öffnung des Gebers der Kraftstoff-Vorratsanzeige den Kraftstoff auskippen oder gar durch Ansaugen an einem Schlauch mit dem Mund entleeren – Vergiftungsgefahr durch die giftigen Kraftstoffzusätze!
- CO_2-Pulver- oder Schaumlöscher der Brandklasse B muß in greifbarer Nähe sein.
- Den Kraftstoffbehälter nie über einer Grube entleeren. Die dabei entweichenden Gase sind schwerer als Luft, würden für mehrere Stunden in der Grube verbleiben und so außer der Gesundheitsschädigung durch Einatmen auch eine akute Explosionsgefahr darstellen.
- Sicherstellen, daß sich keine eingeschalteten elektrischen Geräte, offenen Flammen, Wärme- und Funkenquellen während des Hantierens mit Kraftstoff im Raum befinden.
- Der entleerte Kraftstofftank ist besonders wegen der Restgase gefährlich. Sämtliche Arbeiten deshalb mit besonderer Vorsicht ausführen.

Die hier aufgeführten Punkte sind nur ein geringer Teil der bestehenden Sicherheitsvorschriften und sind deshalb nur als Anhaltspunkte im Umgang mit Kraftstoff zu betrachten.

Kraftstoff ablassen

Der Tank besitzt keine Ablaßschraube. Da Kraftstoff-Ansaugleitung und der Rücklauf an der Tankoberseite sitzen, kann man nicht einfach eine Leitung abziehen und den Kraftstoff auslaufen lassen.

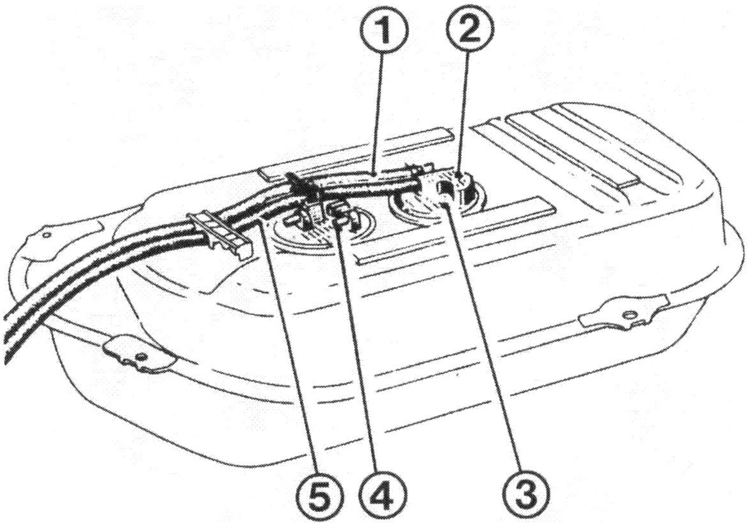

Die Abbildung zeigt den Kraftstofftank des Renault 19. Es bedeuten:
1 – Kraftstoff-Vorlauf;
2 – Mehrfachstecker der Kraftstoffpumpe;
3 – Kraftstoffpumpe;
4 – Geber der Kraftstoffanzeige;
5 – Kraftstoff-Rücklauf.

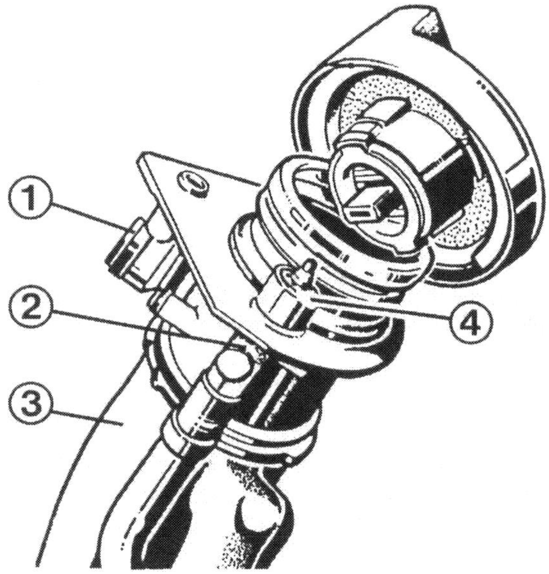

Die Zeichnung der Tankeinfüllöffnung mit Verschlußdeckel zeigt recht anschaulich folgende Teile:
1 – Sicherheitsventil;
2 – Einfüllbegrenzungsventil;
3 – Einfüllstutzen;
4 – Belüftungsventil bei geschlossenem Tankdeckel.

● Ist der Tank noch einigermaßen voll, durch den Einfüllstutzen einen Schlauch so tief wie möglich in den Tank schieben.
● Obere Schlauchöffnung mit dem Finger dicht verschließen. Schlauch wieder ein Stück herausziehen und tiefer wie das Tankbodenniveau in ein Gefäß halten.
● Wenn der Schlauch weit genug in den Kraftstoff reichte, fließt er jetzt durch das Gefälle heraus.
● Ist der Tank jedoch weitgehend leer, hilft diese Methode meist nicht mehr, und der Kraftstoff muß mit einer kraftstoffesten Handpumpe (Balgenpumpe) abgepumpt werden.
● Ansaugen von Kraftstoff jeglicher Art mit dem Mund ist gesundheitsgefährdend!

Tank ausbauen

● Batterie-Massekabel abklemmen.
● Kraftstoff ablassen.
● Kofferraumabdeckung zurückklappen und Abdeckung des Gebers der Tankanzeige abnehmen.
● Stecker vom Geber der Tankanzeige abziehen.
● Die beiden Belüftungsschläuche am Geber der Kraftstoffanzeige kennzeichnen und abbauen.
● Fahrzeug hinten aufbocken.
● Halterung des Reserverades öffnen und Reserverad abnehmen. Anschließend Halterung am Wagenboden aushängen.
● Arbeitsbereich um den Tank reinigen, damit kein Schmutz in die Kraftstoffanlage gelangen kann.
● Schlauchschellen des Einfüllstutzens am Tank lösen und Stutzen abziehen.
● Ggf. Einfüllstutzen von der Karosserie abbauen.
● Kraftstoffbehälter abstützen oder festhalten.
● Halteschrauben am Falz des Kraftstofftanks herausdrehen.
● Tank etwas absenken und Schlauchsicherungsklammer sowie Vor- und Rücklauf-Kraftstoffleitung von der Kraftstoffpumpe abbauen.
● Tank ganz absenken und unter dem Fahrzeug hervorziehen.
● Beim Einbau des Tanks darauf achten, daß alle Schlauchleitungen frei verlegt, also nicht gequetscht oder gar geknickt sind.
● Nach Abschluß aller Einbauarbeiten den Tank mit sauberem Kraftstoff füllen und alle Verbindungen und Anschlüsse auf Dichtheit prüfen.

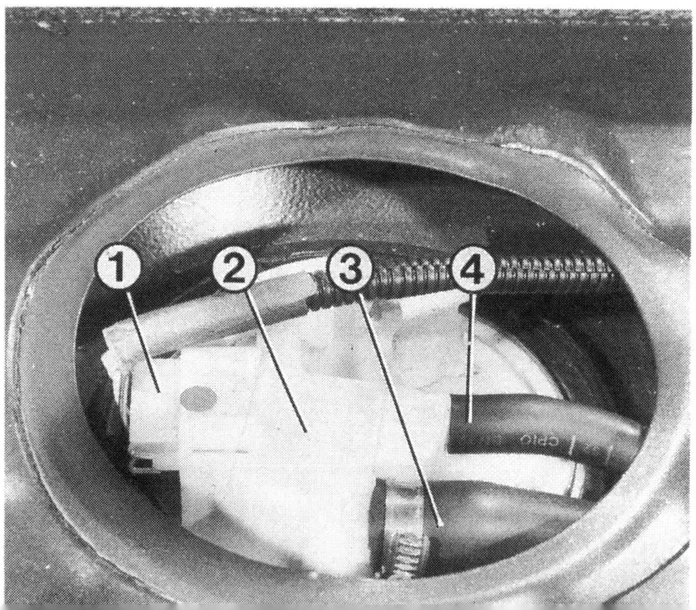

Nach Anheben des Kofferraum-Bodenbelags können Sie die Abdeckung des Gebers der Tankanzeige (2) aus dem Karosserieausschnitt ziehen. Bei der Störungssuche im elektrischen Teil kann hier zumindest kontrolliert werden, ob Durchgang in der Zuleitung (1) und am Geber selbst vorhanden ist. Weiter bedeuten:
3 – Belüftungsschlauch vom Tankeinfüllstutzen;
4 – Schlauch vom Belüftungsventil am Tankeinfüllstutzen.

Geber der Tankanzeige

Auf der Oberseite des Tanks ist der Geber für die Tankanzeige eingesetzt. Wie der Geber funktioniert, ist im Kapitel »Instrumente und Geräte« unter »Kraftstoff-Vorratsanzeige« erklärt.
Die Tankanzeige ist kein Präzisionsinstrument. Einen falsch anzeigenden Geber kann man nicht justieren, er muß komplett ausgewechselt werden.

Tankgeber ausbauen

- Tank ausbauen, wie beschrieben.
- Rohrzange oder zwei große gekreuzte Schraubendreherklingen in die Aussparungen des Sicherungsrings am Geber-Oberteil einsetzen und Ring durch Linksdrehung losdrehen oder mit einem stumpfen Hartholzstück vorsichtig losschlagen. Den Sicherungsring dabei nicht beschädigen.
- Geberdichtung grundsätzlich erneuern, da sie ohnehin beim Geberausbau beschädigt wird.
- Vor Einbau des Gebers alle Dichtflächen gründlich reinigen.

Die Tank-Be- und -Entlüftung

○ Am Tankeinfüllstutzen ist die Belüftungsleitung angeschlossen, die zur Oberseite des Tanks führt und dort am Oberteil des Kraftstoffgebers angeschlossen ist. Durch diese Leitung entweicht die Luft, wenn der Tank mit Kraftstoff gefüllt wird.
○ Die dünne Belüftungsleitung leitet die sich ständig unvermeidlich bildenden Dämpfe zum Aktivkohlebehälter ab.
○ Während der Fahrt strömt durch diese Leitung entsprechend der verbrauchten Kraftstoffmenge von außen Luft in den Tank hinein, so daß sich kein Unterdruck bilden kann. Bei Montagearbeiten am Tank deshalb besonders darauf achten, daß die Leitung nicht geknickt oder eingeklemmt wird.

Aktivkohlebehälter

Zum Schutz der Umwelt mündet die Tank-Entlüftung bei den Renault-19-Modellen mit Benzin-Motor und geregeltem Katalysator in einen mit Aktivkohle befüllten Behälter, der hinter einem Spritzschutz im rechten Radhaus untergebracht ist. Bei stehendem oder im Leerlauf drehendem Motor werden die Benzindämpfe im Behälter gespeichert, um dann last- und drehzahlabhängig dem Motor zur Verbrennung zugeführt zu werden. Die Beimischung der Kraftstoffdämpfe zum Kraftstoff/Luft-Gemisch besorgt ein Magnetventil, das seine Befehle vom Steuergerät der Zünd/Einspritz-Steuerung erhält. Bei entprechender Motorbelastung öffnet es einen Unterdruckschlauch zum Ansaugkrümmer bzw. Motorbelüftungssystem, wodurch die Kraftstoffdämpfe aus dem Aktivkohlebehälter abgesaugt werden.

Entlüftungssystem prüfen

- Wagen hinten aufbocken.
- Tank abbauen und absenken.
- Leitungssystem auf verschlissene Schläuche und richtigen Anschluß der einzelnen Verbindungen kontrollieren und ggf. ersetzen.
- Entlüftungsleitung vom Tank abziehen.
- Leitung mit angesetzter Fahrradpumpe durchblasen.
- Falls dies nicht leicht geht, Verlauf der Leitung kontrollieren, ggf. Magnetventil austauschen.

Sicherheitsventil

Überschlägt sich der R 19, dürfen EG-Richtlinien entsprechend nicht mehr als 30 g Kraftstoff pro Minute aus der Entlüftungsleitung tropfen. Neben dem Einfüllstutzen des Tanks ist im Radhaus ein Sicherheitsventil

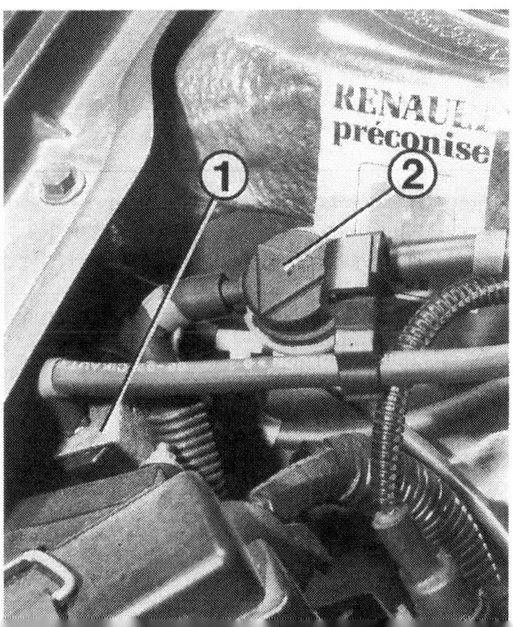

Die Abbildungen zeigen wichtige Teile des geschlossenen Kraftstoffdampf-Auffangsystems. Bei einer bestimmten Kühlflüssigkeitstemperatur und Motorbelastung öffnet das Magnetventil (1), an dem Unterdruck vom Ansaugkrümmer anliegt, und gibt den Unterdruck über einen Schlauch an das Membranventil (2) weiter. Dadurch werden im Aktivkohlebehälter (rechte Abbildung) gebundene Kraftstoffdämpfe über den Ansaugkrümmer abgesaugt und der Verbrennung zugeführt. Der Aktivkohlebehälter sitzt in einem Halter im rechten Radhaus.

befestigt. Dieses Ventil steht über die Entlüftungsleitung des Einfüllstutzens mit dem Tank in Verbindung. Das Sicherheitsventil ist so ausgelegt, daß auch bei einer extremen Schräglage die Austrittsöffnung verschlossen wird. Weiter ist in der Einfüllöffnung des Tankstutzens ein Überfüllventil eingesetzt. Wird der Tank überfüllt, öffnet eine federbelastetes Ventil und läßt den Überdruck über die Entlüftungsleitung in den Aktivkohlebehälter entweichen.

Sicherheitsventil prüfen

- Wagen hinten aufbocken.
- Tank abbauen und absenken.
- Entlüftungsleitung vom Tank abziehen.
- Wenn Sie jetzt bei waagrecht stehendem Wagen durch den Schlauch blasen, muß das leicht gehen.
- Sonst Verlauf der Leitung prüfen, ggf. Ventil austauschen.

Die Kraftstoffleitungen

Vom Geber der Tankanzeige führt die Vorlaufleitung über den Kraftstoffilter und zusätzlich die Rücklaufleitung nach vorne zum Motor. Die Kraftstoffleitungen zu den einzelnen Teilen des Kraftstoffsystems sind aus besonders druckfestem Material gefertigt, da sie dem hohen Betriebsdruck von über 3 bar widerstehen müssen. Dazu sind die Verbindungen werksseitig mit Klemm- bzw. Schraubschellen gesichert.

Kraftstoffleitungen und -schläuche ausbauen

Sauberkeit ist oberstes Gebot bei Arbeiten an der Kraftstoffanlage. Zumindest den Arbeitsbereich vorher reinigen, damit kein Schmutz in die offenen Leitungen gelangen kann.

- Um **Klemmschellen** zu lösen, mit einer Zange die Blechschlaufe an ihrem Umfang plattdrücken. Dadurch weitet sich die Schelle, und der Schlauch kann unter Drehbewegungen abgezogen werden.
- Oder mit einem schmalen Schraubendreher in die Schlaufe der Schlauchschelle fahren und diese durch seitliches Hebeln weiten und lockern.
- Schlauch unter Drehbewegungen abziehen.
- Ist dies nicht möglich, kleinen Gabelschlüssel hinter dem Schlauchende ansetzen und Schlauch damit abdrücken.
- Beim Neuanschluß der Schläuche sollten statt der Klemmschellen solche zum Schrauben verwendet werden.
- **Schraubschellen** können natürlich wieder verwendet werden. Beim Anziehen nicht zu viel Kraft anwenden, sonst rutscht die Verzahnung durch, und die Schraubschelle ist wirkungslos. Außerdem kann eine zu stark angezogene Schraubschelle leicht den Schlauch abquetschen.
- **Geschraubte Leitungsanschlüsse** mit Hohlschrauben ebenfalls nicht mit aller Gewalt anziehen. Vorher Dichtringe auf Verschleiß prüfen und evtl. erneuern.
- Beachten, daß das Kraftstoffsystem auch längere Zeit nach dem Abschalten des Motors noch unter Druck steht.
- Beim Losschrauben einer Benzinleitung einen Lappen bereithalten, damit kein Kraftstoff in die Augen spritzen kann.

Kraftstoffanlage auf Dichtheit prüfen

Wartung Nr. 37

Riecht es am Abstellplatz des Wagens nach Kraftstoff, tritt dies irgendwo aus einer Leitung oder an einem Bauteil der Kraftstoffanlage aus. Zur Suche einer Undichtigkeit sollte der Wagen über Nacht an einem trockenen, sauberen Platz gestanden haben.

- Flecken unter dem Wagen?
- Wenn nicht, Motor starten und einige Minuten laufen lassen.
- Nach dem Abstellen des Motors erneute Kontrolle auf dem Boden.
- Falls immer noch nichts sichtbar ist, sämtliche Leitungen und Teile der Kraftstoffanlage verfolgen und auf feuchte Stellen sowie den charakteristischen Kraftstoffgeruch achten.

Die Kraftstoffpumpe

Bei den Renault-19-Benzinern erfolgt die Kraftstoffversorgung durch eine elektrische Kraftstoffpumpe, die direkt in den Tank eingebaut ist.

○ Es handelt sich dabei um eine Rollenzellenpumpe, die beim Starten des Motors Plusstrom über das Kraftstoffpumpenrelais erhält.

○ Die Pumpe ist mit einem Rückschlagventil ausgerüstet, daß den Systemdruck auch bei ausgeschalteter Zündung aufrecht erhält. Dadurch wird der Startvorgang erleichtert.

○ Ein am Ausgang der Pumpe in die Leitung eingebauter Druckdämpfer verhindert schlagartige Druckspitzen, wie sie beispielsweise beim Start entstehen können.

Störungen an der Kraftstoffpumpe

Die Spannungsversorgung der elektrischen Kraftstoffpumpe erfolgt über ein Relais im Motorraum. So läuft die Pumpe nur, wenn auch der Motor läuft bzw. wenn der Zündschlüssel zum Anlassen des Motors gedreht wird.

Ein zweites Relais unterbricht über eine Sicherheitsschaltung im Motorsteuergerät die Stromzufuhr, wenn bei eingeschalteter Zündung der Motor zum Stehen kommt, d. h. keine Drehzahlimpulse mehr zum Steuergerät kommen. Die Sicherheitsschaltung soll so z. B. Brände durch auslaufendes Benzin nach Unfällen vermeiden. Deshalb ist das Prüfen der Pumpe etwas kompliziert und sollte, falls die Störung nicht durch die nachfolgend beschriebene Fehlersuche behoben werden kann, der Renault-Vertragswerkstatt überlassen werden. Sie hat den nötigen Motortester für das elektronische Motorsteuergerät und kommt so der Störung schnell auf die Spur.

- Zündung lahmlegen (siehe Kapitel »Die Zündanlage«).
- Kraftstoff-Druckleitung am Druckregler (Benzin-Zentraleinspritzung) bzw. Verteilerrohr (Benzin-Mehrpunkteinspritzung) lösen – Lappen gegen herausspritzendes Benzin bereithalten.
- Schon bei stehendem Motor müßte etwas Benzin austreten, da das Kraftstoffsystem unter Druck gehalten wird.
- Kommt nichts, von Helfer Zündung einschalten lassen (nicht Anlasser betätigen!).
- Kommt weiterhin kein Benzin, Sicherung kontrollieren bzw. Pumpenrelais prüfen.
- Bei intaktem Relais bzw. intakter Sicherung prüfen, ob die Pumpe überhaupt läuft: Von Helfer Zündung einschalten lassen und auf Laufgeräusch der Pumpe achten.
- Ist die Sicherung defekt, Sicherung erneuern.
- Läuft die Pumpe nun, sollten Sie nach der Ursache für den Sicherungsdefekt suchen.
- Nach Abbau der Abdeckung des Kofferraumbodens hilft manchmal aber schon ein leichter Schlag auf das Pumpengehäuse. War die Pumpe nur leicht blockiert, läuft sie vielleicht wieder. Sie muß bei Einschalten der Zündung nach ungefähr zwei Sekunden abschalten.
- Sitzt der Kabelstecker an der Pumpe richtig?
- Läuft die Pumpe immer noch nicht, mit Dioden-Spannungsprüfer (eine normale Prüflampe könnte am Zündsteuergerät Schaden anrichten) feststellen, ob überhaupt Spannung anliegt. Dazu Zündung einschalten.
- Liegt Spannung an, dürfte die Pumpe defekt sein. Oder ein Kabel ist unterbrochen.
- Läuft die Pumpe, ohne daß am Druckregler Kraftstoff kommt, ist der Kraftstoffilter oder die Kraftstoffleitung verstopft oder eine Kraftstoffleitung geknickt.
- Läuft die Pumpe nach allen Prüfungen nicht, bleibt nur noch der Tankausbau, um die Pumpe zu kontrollieren und ggf. auszuwechseln.

Fördermenge der Kraftstoffpumpe kontrollieren

Wenn mangelhafte Motorleistung bei hohen Drehzahlen oder »Verschlucker« bei gleichmäßigem Fahren Zweifel an der ausreichenden Kraftstoffversorung aufkommen lassen, kann die Fördermenge der Kraftstoffpumpe gemessen werden.

- Kraftstoffrücklauf vom Druckregler an der Zentraleinspritzung bzw. am Verteilerrohr (Mehrpunkteinspritzung) abnehmen und mit einer sauberen Schraube verschließen.
- Ersatzschlauch auf den Druckregler aufstecken und von einem Helfer in ein Meßglas halten lassen.
- Kraftstoffpumpenrelais im Motorraum vom Sockel abziehen und Klemme »3« und »5« überbrücken.
- Bei vollen 12 V Batteriespannung muß die Pumpe nach einer Minute Laufzeit bei der Zentraleinspritzung 830 cm³, bei der Mehrpunkteinspritzung mehr als 1000 cm³ gefördert haben.
- Wird zuwenig Kraftstoff gefördert, Batteriespannung messen und ggf. Kraftstoffilter ersetzen und Fördermenge erneut messen.
- Wird immer noch zu wenig gefördert, muß die Kraftstoffpumpe ersetzt werden.

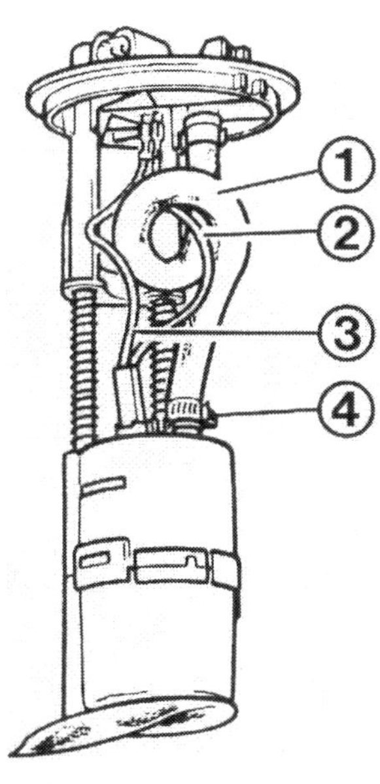

Bei einem Pumpendefekt die Schlauchschelle (4) lösen und die Pumpe vom Einsatzdeckel des Kraftstofftanks trennen. Vorher jedoch die Kabel (2 und 3) sowie den Schlauch (1) abziehen.

Kraftstoffpumpe ausbauen

Ist die elektrische Kraftstoffpumpe defekt, muß sie komplett ausgetauscht werden, denn eine Reparatur ist nicht möglich.

- Tank ausbauen, wie beschrieben.
- Rohrzange oder zwei gekreuzte, sich gegenseitig abstützende Schraubendreherklingen in die Aussparungen des Sicherungsrings am Pumpen-Oberteil einsetzen und Ring durch Linksdrehung losdrehen oder mit einem stumpfen Hartholzstück vorsichtig losschlagen. Den Sicherungsring dabei nicht beschädigen.
- Flanschdichtung der Kraftstoffpumpe grundsätzlich erneuern, da sie ohnehin beim Pumpenausbau beschädigt bzw. deformiert wird und sich daher nur umständlich wieder einbauen läßt.
- Vor Einbau der Kraftstoffpumpe das Ansaugsieb auf Verschmutzung kontrollieren und alle Dichtflächen an Tank und Pumpenflansch gründlich reinigen.
- Vor Aufstecken der Kraftstoffschläuche und der Entlüftungsleitung alle Anschlüsse der Pumpe reinigen.

Der Kraftstoffilter der Benzin-Motoren

Speziell bei der Benzineinspritzung ist es wichtig, daß der Kraftstoff absolut sauber und ohne Verunreinigungen das System passiert. Deshalb ist beim Renault 19 in die Druckleitung vor dem Kraftstofftank ein Kraftstoffilter eingebaut. Der Filter enthält zwei Filterelemente, die auch kleinste Verunreinigungen zurückhalten.

Kraftstoffilter ersetzen

Benzin-Motor
Wartung Nr. 46

Das Kraftstoffilter sitzt auf der rechten Fahrzeugseite vor dem Kraftstofftank und ist dort in einem Halter an den rechten Längsträger geschraubt.

- Massekabel der Batterie abklemmen.
- Fahrzeug hinten aufbocken.
- An Vor- und Rücklaufleitung Schlauchklemmen ansetzen.
- Auffangbehälter unter den Kraftstoffilter auf den Boden stellen.
- Anschluß der Zulaufleitung vorsichtig öffnen, damit der Druck in der Leitung langsam abgebaut wird.
- Beide Kraftstoffleitungen vom Filter abbauen. Dabei Lappen um die Leitungen legen.
- Klemmschraube lösen und Filter aus der Halterung ziehen.
- Beim Einbau auf richtige Einbaurichtung achten (Pfeile zeigen die Durchflußrichtung an).
- Anschlüsse reinigen, Kraftstoffleitungen aufschieben und mit Schraubschellen sichern.
- Batterie anschließen und Zündung einige Male ein- und ausschalten, damit Druck im System aufgebaut werden kann.
- Leitungsanschlüsse auf Undichtigkeiten überprüfen.
- Alten Filter zum Sondermüll geben!

Der Diesel-Kraftstoffilter

Die Verteiler-Einspritzpumpe des Diesel-Motors ist sehr empfindlich gegen Kraftstoffverunreinigungen (sie setzen die dünne Bohrung in der Hohlschraube am Anschluß der Rücklaufleitung zu, und die Pumpe läuft dann heiß), besonders aber gegen Wasser.

Der Kraftstoffilter der Benziner ist unter dem Fahrzeug in einem eigenen Halter vor dem Kraftstofftank am rechten Längsträger angebracht. Beim Einsetzen eines neuen Filters auf die Durchflußrichtung (Pfeil) achten. Die Klemmschellen sollten gegen solide Schraubschlauchschellen ausgewechselt werden.

Der Kraftstoffilter des Diesel-Motors ist an die Vorderseite des rechten Innenkotflügels im Motorraum montiert. Beim Filterwechsel muß das Filtergehäuse abgebaut werden. Zum Entwässern des Filters kommt man seitlich (kleiner Pfeil) an die Entwässerungsschraube heran. Vor Öffnen der Schraube einen Schlauch aufstecken, damit das dieseldurchsetzte Wasser besser aufgefangen werden kann.
Durch Betätigen dieser Membranpumpe (großer Pfeil) können Sie das Filtergehäuse mit Dieselkraftstoff anfüllen und entlüften (siehe Text unten) und verhindern damit ein eventuelles Trokkenlaufen der Einspritzpumpe beim Motorstart nach einem Filterwechsel.

In den Kraftstoff gelangt das Wasser hauptsächlich durch Kondensierung im Fahrzeugtank oder im Erdtank bei der Tankstelle. Flüssige und feste Fremdstoffe müssen also herausgefiltert werden, bevor der Kraftstoff die Einspritzpumpe erreicht. Das geschieht im Kraftstoffilter. Am Filterelement werden Schmutzkörnchen abgeschieden, damit sie nicht in die Pumpe gelangen können. Im Freiraum darunter kann sich Wasser – das schwerer ist als Kraftstoff – absetzen.

Kraftstoffilter entwässern

Wartung Nr. 9

- Im Motorraum einen geeigneten Schlauch (z. B. Luftschlauch für Aquarienbelüftung) auf den kleinen Stutzen der Ablaßschraube unten am Filter aufschieben. Das freie Ende des Schlauchs in ein Auffanggefäß hängen.
- Kraftstoffleitung zur Einspritzpumpe bzw. Entlüftungsschraube am Filtergehäuse etwas lösen.
- Entwässerungsschraube so weit aufdrehen, bis Flüssigkeit austritt.
- Flüssigkeit so lange ablaufen lassen, bis sauberer Kraftstoff austritt (ca. 100 cm³).
- Entwässerungsschraube handfest schließen und Schlauch abziehen.
- Anschluß am Filtergehäuse wieder festziehen, Entlüftungsschraube (falls damit ausgerüstet) nur handfest anziehen.
- Gefäßinhalt in den Altölkanister kippen.

Kraftstoffilter ersetzen

Diesel-Motor
Wartung Nr. 46

- Entlüftungsschraube losdrehen.
- Ablaßschraube öffnen und Kraftstoff über einen Schlauch in Gefäß ablaufen lassen.
- Inhalt des Gefäßes in Altölkanister kippen.
- Kraftstoffleitungen am Filtergehäuse abbauen.
- Schrauben der Filterhalterung lösen und Filtergehäuse komplett abnehmen.
- Alten Einsatz zum Sondermüll geben.
- Neuen Filtereinsatz richtig herum (Fließrichtung beachten!) einsetzen und Filtergehäuse randvoll mit Diesel füllen – das verkürzt den Entlüftungsvorgang erheblich.
- Filtergehäuse anbauen und Kraftstoffleitungen anschließen.
- Kontrollieren, ob die Ablaßschraube geschlossen ist.
- Kontrollieren, ob die Entlüftungsschraube (falls vorhanden) geöffnet ist, sonst Anschluß zur Einspritzpumpe etwas lösen und mit der Hand durch Druck auf die oben am Filtergehäuse montierte Membranpumpe so lange pumpen, bis der Dieselkraftstoff blasenfrei austritt.
- Entlüftungsschraube bzw. Kraftstoffanschluß schließen und nochmals pumpen, bis eindeutig Widerstand zu spüren ist.
- Der Anlaßvorgang kann sich danach etwas verzögern, deshalb ggf. Vollgas geben bis der Motor anspringt.
- Kontrollieren, ob alle Anschlüsse dicht sind.

Reinheitsgebot

Die mit Staub- und anderen Schmutzteilchen versetzte Ansaugluft muß erst einmal den Luftfilter »überwinden«. Dort werden alle Partikel herausgefiltert und festgehalten, so daß nur gereinigte Ansaugluft in den Ansaugtrakt des Motors gelangt. Der Luftfiltereinsatz sitzt in einem Gehäuse und wirkt zusätzlich als Geräuschdämpfer.

Luftfiltereinsatz ausblasen

Wartung Nr. 10

Renault schreibt den Wechsel des Luftfilters für die Benziner bei jedem zweiten Ölwechsel – also nach 20000 km – und für den Diesel bei jedem dritten Ölwechsel vor – also nach 22500 km. Das Papierfilterelement sollte aber mindestens einmal im Jahr ausgeblasen werden. Falls Sie viel auf unbefestigten Straßen fahren (etwa im Urlaub), sollten Sie die Reinigungskur schon nach 5000 km durchführen.

- Luftfiltereinsatz ausbauen.
- Papierfilter auf harter Unterlage ausklopfen.
- Den feinen Staub mit Druckluft ausblasen.
- Luftstrahl seitlich an den Filterlamellen vorbeistreichen lassen. Nicht von außen nach innen blasen, sonst wird der Staub noch fester in die Filterporen gedrückt.
- Nie den Papierfilter in Flüssigkeiten zu reinigen versuchen. Das verstopft die Filterporen hoffnungslos.

Luftfiltereinsatz wechseln

Wartung Nr. 38

Durch einen verschmutzten und damit zugesetzten Filtereinsatz erhält der Motor nicht mehr ungehindert die volle Ansaugluftmenge. Hierbei wird das Gemisch fetter, wodurch der Kraftstoffverbrauch bei verminderter Leistung steigt. Der rechtzeitige Filtertausch ist daher ratsam. Passende Filtereinsätze gibt es als Original-Ersatzteil, aber auch von namhaften Herstellern im Zubehörhandel.

Luftfiltereinsatz ausbauen

Je nach Modell und Motorversion sind die Deckel der einzelnen Luftfiltergehäuse nur mit Schrauben und/oder zusätzlich mit Federklammern auf dem Gehäuseunterteil gesichert.

- Nach Herausdrehen der Schrauben und/oder Abhebeln der Federklammern den Deckel des Luftiltergehäuses abheben und den Filtereinsatz herausnehmen.
- Filtereinsatz ggf. reinigen, siehe vorigen Absatz.
- Vor dem Zusammenbau das Gehäuse innen reinigen und beim Aufsetzen des Deckels darauf achten, daß er genau ausgerichtet wird und der Filtereinsatz korrekt im Gehäuse sitzt, sonst gibt es Schwierigkeiten beim Ansetzen der Schrauben bzw. der Federklammern.

Luftfiltergehäuse komplett abbauen

- **C- und F-Motor mit Zentraleinspritzung:** Deckel vom Luftfiltergehäuse abbauen und Filtereinsatz herausnehmen.
- Warm- und Frischluftschläuche der Ansaugluft-Vorwärmung vom Luftfiltergehäuse abziehen. Dazu das Spannband lösen.

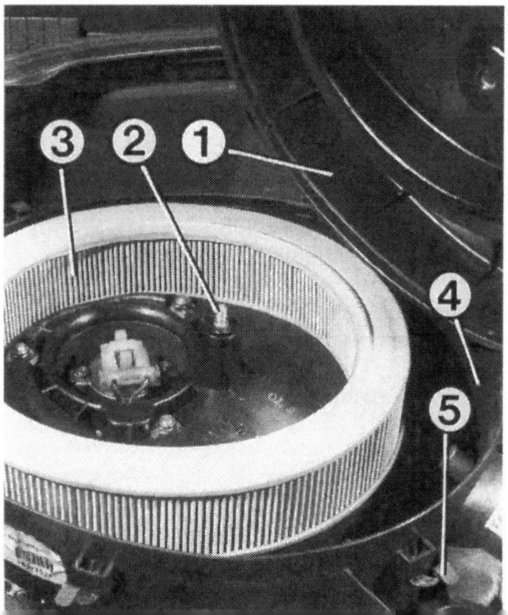

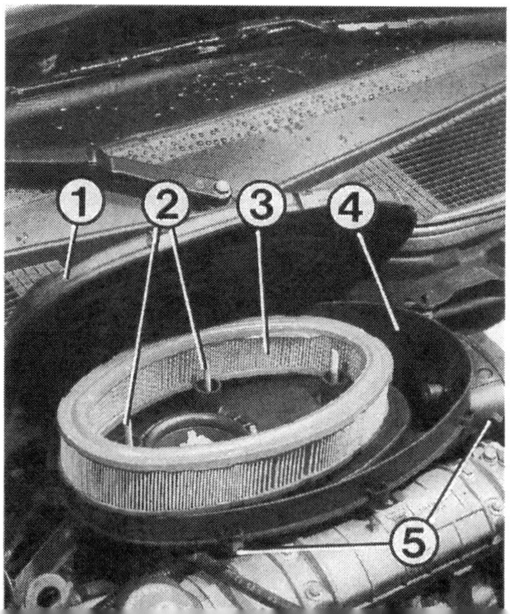

Form und Befestigung der Luftfilter sind bei der Zentraleinspritzung von Bendix für den 1,4-Liter-C-Motor (links) und den 1,7-Liter-F-Motor (rechts) nahezu identisch. Zum Auswechseln des Luftfilter-Papiereinsatzes (3) nur die Muttern bzw. die Flügelmutter (2) losdrehen, Halteklammern (5) öffnen und Gehäusedeckel (1) vom Gehäuseunterteil (4) abheben.

Beim F-Motor mit Zentraleinspritzung (linke Abb.) sowie beim F-Motor mit Mehrpunkteinspritzung (Bild rechts) sitzt der Luftfilter links neben dem Motor in einem Halter vor dem Getriebe. Zum Wechseln des Luftfilters (3) müssen rund um den Gehäusedeckel (4) eine Anzahl Klammern (1) bzw. Schrauben (1) gelöst werden. Vor Einsetzen des neuen Luftfilters das Gehäuseunterteil (2) reinigen.

● Drei Muttern abschrauben und Gehäuseunterteil von der Zentral-Einspritzeinheit abnehmen.

● **F-Motor mit Mehrpunkteinspritzung und Diesel-Motor:** Je nach Motorversion ist der Luftfiltertopf liegend mit einem bzw. zwei Gummi-Spannbändern in einem Halter befestigt, oder ein stehendes Luftfiltergehäuse ist mit zwei Muttern elastisch an einen Halter geschraubt.

● Je nach Luftfilterversion die Befestigung lösen und Filtergehäuse vom Halter abnehmen.

● **Alle Motoren:** Beim Einbau darauf achten, daß die Schläuche einwandfrei am Luftfiltergehäuse und am Vorwärmkasten des Auspuffkrümmers sitzen und keine »Falschluft« angesaugt werden kann.

● **F- und Diesel-Motor:** Falls vorhanden, darauf achten, daß die Dichtung zwischen vorderem Ansaugkanal und Luftfiltergehäuse nicht vergessen wird und einwandfrei sitzt. Eine deformierte Dichtung muß ersetzt werden.

Die Ansaugluft-Vorwärmung

nur Zentraleinspritzung

Die von einem Thermoelement im Mischgehäuse des Luftfiltergehäuses gesteuerte Verteilerklappe der Ansaugluft-Vorwärmung hat die Aufgabe, die Luft, die der Motor ansaugt, immer auf der jeweils günstigsten Temperatur zu halten. Das hat verschiedene Gründe:

○ Bei kühlem Wetter vergast das Gemisch besser, wenn die Ansaugluft dem Motor vorgewärmt zugeführt wird. Allerdings soll der Motor bei höheren Außentemperaturen keine vorgewärmte Ansaugluft erhalten, da warme Luft ein größeres Volumen hat als die gleiche Menge kalter Luft.

○ Der Vereisung soll vorgebeugt werden. Diese Vereisung entsteht durch den Druckabfall in der Einspritzeinheit bei laufendem Motor, wobei ein Teil des Kraftstoffes verdunstet und sich dabei erheblich abkühlt. Davon wird auch das Gehäuse der Einspritzeinheit abgekühlt, und bei Temperaturen zwischen +3° und +8°C (in Extremfällen auch darüber) und hoher Luftfeuchtigkeit kann sich in der Einspritzeinheit eine dünne Eisschicht bilden, welche die einwandfreie Gemischbildung stört.

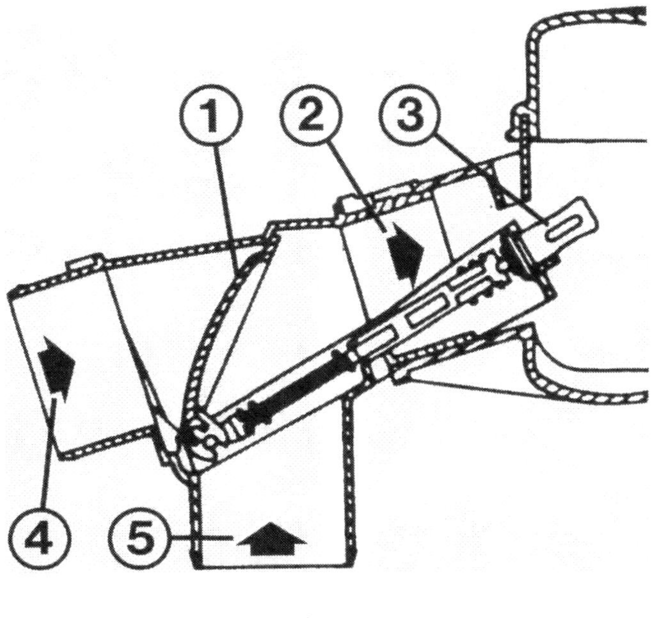

Die Zeichnung zeigt die Vorrichtung zur Steuerung der Ansaugluft-Vorwärmung im Schnorchel des Luftfilters beim C- sowie 1,7-Liter-F-Motor. Es bedeuten:
1 – Luftverteilerklappe;
2 – Ansaugluft zur Einspritzeinheit;
3 – Thermoelement;
4 – Kaltluft;
5 – Warmluft.

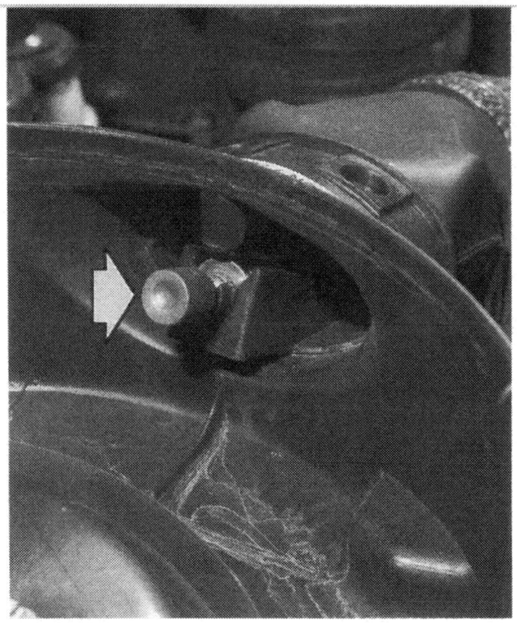

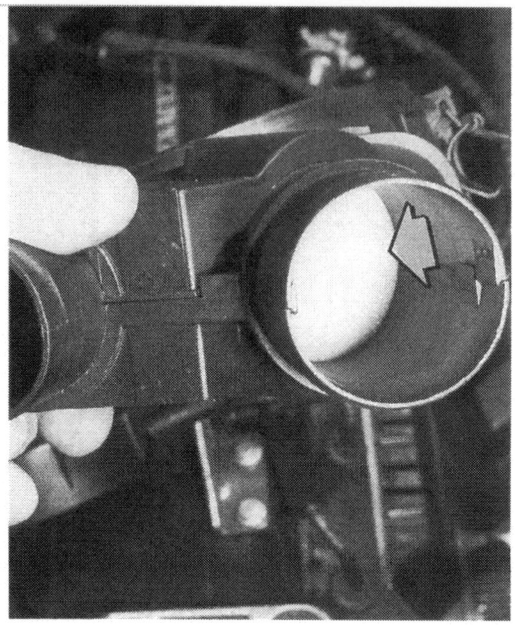

Der Luftfilter der Bendix-Zentraleinspritzung. Zur Funktionskontrolle des Wachsthermostats (Pfeil linke Abbildung) den Fühler mit einem Fön anblasen – dann muß die Klappe (Pfeil rechte Abbildung) relativ schnell aufgehen.

Die Teile der Ansaugluft-Vorwärmung

○ Kernstück der Ansaugluft-Vorwärmung ist das Mischgehäuse.
○ An diesem Mischgehäuse ist der Ansaugluftschnorchel in zwei Ansaugöffnungen geteilt. Durch die eine wird kalte Luft, durch die andere erwärmte Luft aus dem Vorwärmkasten am Ansaugkrümmer angesaugt.
○ Ein Klappenventil im Schnorchel des Luftfiltergehäuses mischt kühle Luft von der einen Ansaugöffnung mit erwärmter Luft vom Vorwärmkasten auf dem Auspuffkrümmer, so daß die zur Einspritzeinheit weitergeleitete Ansaugluft die für ein optimales Kraftstoff/Luft-Gemisch erforderliche Temperatur aufweist.
○ Im Mischgehäuse steht ein Wachsthermostat mit einem federbelasteten Klappenventil in Verbindung.
○ Steigt die Ansaugluft bei offener Klappe vom Vorwärmkasten am Auspuffkrümmer über 26°C, beginnt das Wachs in der Kapsel zu schmelzen. Dadurch dehnt es sich aus und die Klappe schließt langsam.
○ Bei Erreichen von 36°C hat die Klappe den Zustrom erwärmter Luft geschlossen und den Weg für frische Luft am Ansaugschnorchel freigegeben.

Ansaugluft-Vorwärmung kontrollieren

Wartung Nr. 29

● Diese Prüfung muß unbedingt am kalten Motor vorgenommen werden, da die Ansprechtemperatur des Wachsthermostats bei 26°C liegt.
● Bei kaltem Motor muß die Klappe so stehen, daß warme Luft angesaugt werden kann.
● Schlauch zum Krümmer wieder einbauen und Motor auf Betriebstemperatur bringen.
● Bei warmem Motor muß das Klappenventil so stehen, daß nur kühle Luft angesaugt wird.
● Falls nicht, kontrollieren, ob das Klappenventil leicht beweglich ist.
● Funktioniert das Klappenventil immer noch nicht, muß das komplette Luftfiltergehäuse ausgewechselt werden.

Fingerzeig: **Zur Funktionskontrolle des Wachsthermostaten kann der Fühler mit einem Fön angeblasen werden – dann muß die Klappe relativ schnell aufgehen. Ein Tropfen Wasser läßt die Klappe ebenso schnell wieder schließen. Rührt sich nichts, ist der Thermostat defekt oder die Klappe klemmt.**

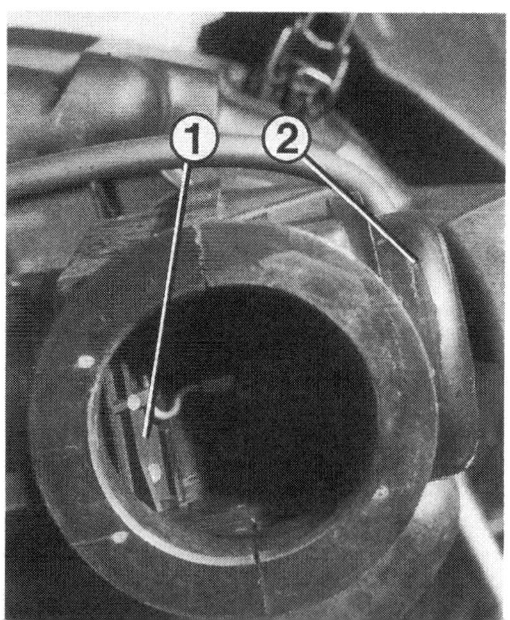

Das Bimetallventil (Pfeil linke Abb.) im Ansaugsstutzen der Bosch-Zentraleinspritzung reagiert auf die Ansaugluft-Temperatur und gibt bei kaltem Motor den vollen Ansaugunterdruck an die Membrandose (2 – rechte Abb.) am Ansaugschnorchel weiter. Wird die Ansaugluft wärmer, öffnet das Ventil, weniger Unterdruck wird zur Membrandose weitergeleitet und das Klappenventil (1) schließt – der Kaltlufteinlaß am Schnorchel wird freigegeben. Falls der Verdacht besteht, daß das Bimetallventil defekt ist, sollten Sie zuerst die Unterdruckleitungen und deren Anschlüsse auf Knicke und Risse untersuchen.

Gemeinschaftsessen

Der Renault 19 mit 1,4- und bestimmten 1,7- und 1,8-Liter-Motoren ist in Verbindung mit geregeltem Katalysator (Dreiwege-Katalysator, siehe Kapitel »Die Abgas-Entgiftung«) mit einem Einspritzsystem ausgerüstet, das mit einem einzigen Einspritzventil auskommt.

Die wichtigsten Teile der Zentraleinspritzung

Das Steuergerät

Das elektronische Steuergerät ist mit einem sogenannten Gummiexpander in einer Halterung am rechten Innenkotflügel untergebracht. Über eine Vielfachsteckverbindung erhält es Informationen von folgenden Bauteilen:

○ **Drehzahlgeber** an der Schwungscheibe der Kurbelwelle für die Motordrehzahl und zur Erkennung der OT-Stellung von Zylinder 1
○ **Drosselklappen-Potentiometer** (beim Drosselklappengehäuse von Bosch) zur Feststellung der Drosselklappenstellung und damit der angesaugten Luft
○ **Drucksensor** für den im Ansaugkrümmer herrschenden Unterdruck
○ **Lambdasonde** am Einlaßrohr des Katalysators für den Sauerstoff-Restgehalt im Abgas
○ **EGR-Ventil** (beim Drosselklappengehäuse von Bendix) auf dem Ansaugkrümmer zur Reduzierung der Stickstoffoxide (NO_x) im Abgas
○ **Leerlaufschalter** für die Leerlaufstellung der Drosselklappe – er ist mit dem Drosselkappen-Stellmotor fest verbunden
○ **Vollastschalter** (beim Drosselklappengehäuse von Bendix) für die Anreicherung des Kraftstoff/Luft-Gemisches bei voll geöffneter Drosselklappe
○ **Klopfsensor** am Motorblock für »klopfende« Verbrennung, siehe auch Kapitel »Die Zündanlage«
○ **Temperaturgeber Ansaugluft** im Einlaß des Drosselklappengehäuses (Bosch) für die Temperatur der Ansaugluft bzw. im Ansaugkrümmer (Bendix) für die Temperatur des Kraftstoff/Luft-Gemisches
○ **Temperaturgeber Motor** im Kühlmittelkreislauf des Ansaugkrümmer (F-Motor) bzw. im Ansaugkrümmer (C-Motor)

Aus den eingehenden Signalen errechnet das Steuergerät die Öffnungsdauer des elektromagnetisch betätigten Einspritzventils und damit die einzuspritzende Kraftstoffmenge. Dabei greift das Steuergerät auf ein Motorkennfeld zurück – eine Datei, in der alle nur denkbaren Motorsituationen gespeichert sind. Ebenfalls in diesem Kennfeld festgehalten sind die zugehörigen Kraftstoffmengen in Form von elektrischen Signalen. Zusätzlich sind bei der Zentraleinspritzung jeweils auch die zur Kraftstoffmenge und Betriebssituation erforderlichen Zündzeitpunktwerte als Kennfelder gespeichert.

Drosselklappe

Die Drosselklappe sitzt im Drosselklappengehäuse der Einspritzeinheit unterhalb des Einspritzventils direkt vor dem Ansaugkrümmer und ist über einen Zug mit dem Gaspedal verbunden. Sie dosiert den Ansaugluftstrom von Leerlauf bis Vollgas.

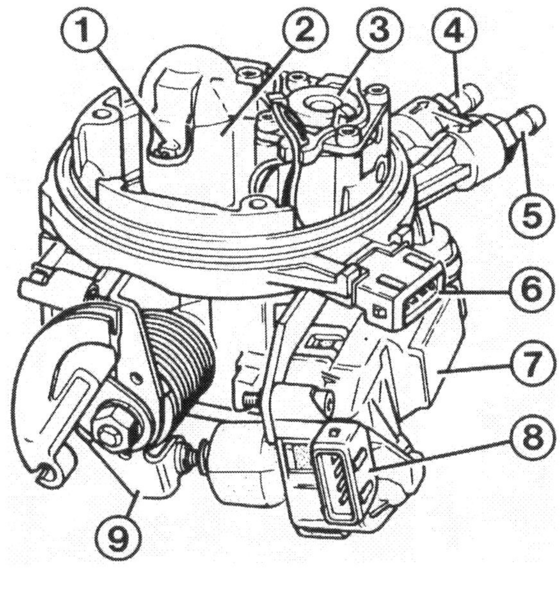

Die Strichzeichnung der Zentraleinspritzung zeigt:
1 – Geber für Ansaugluft-Temperatur;
2 – Aufnahme für Einspritzventil;
3 – Kraftstoff-Druckregler;
4 – Kraftstoff-Rücklauf;
5 – Kraftstoff-Zufuhr;
6 – Steckkontakte für Einspritzventil und Ansaugluft-Temperaturgeber;
7 – Drosselklappensteller;
8 – Steckkontakte für den Drosselklappensteller;
9 – Drosselklappenhebel.

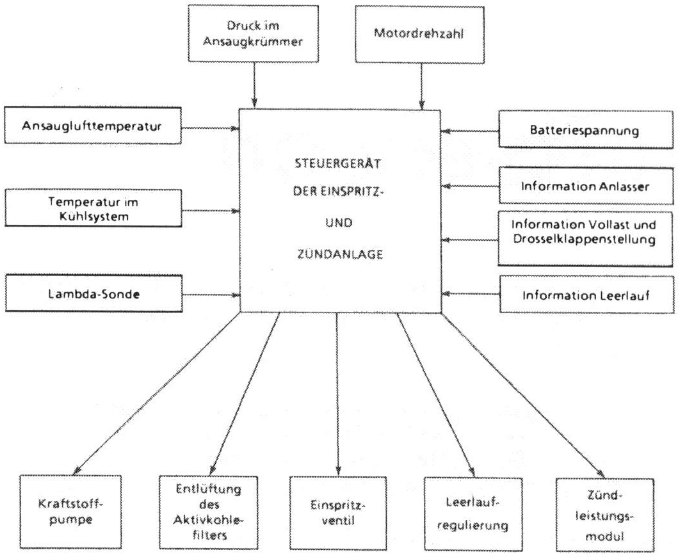

Das Funktionsschema der Zentraleinspritzung zeigt die Anzahl der Eingangssignale, die das Steuergerät zu ganz bestimmten Ausgangssignalen verarbeitet. Das Schema verdeutlicht aber auch die Kompliziertheit des Systems: Schon ein defekter Geber kann durch falsche Eingangssignale den Motor in seinem Betrieb beeinträchtigen.

Drosselklappen-Potentiometer
nur Bosch-Einspritzung

Er meldet die Bewegungen der Drosselklappe und deren Stellung dem Steuergerät. Die geschlossene Drosselklappe aktiviert die Leerlauf-Drehzahlregelung durch den Drosselklappensteller, volle Drosselklappen-Öffnung die Vollastanreicherung. Schnelles Öffnen der Drosselklappe wird als Beschleunigen erkannt. Gehen Sie mit dem Fuß vom Gaspedal, dient das Schließsignal der Drosselklappe zum Aktivieren der Schubabschaltung. Die Meldung erfolgt auf elektrischem Weg – ein Potentiometer ist nichts anderes als ein veränderbarer Widerstand.

Vollastschalter
nur Bendix-Einspritzung

Dieser Schalter ist mit an der Halterung des Drosselklappenstellers für die Leerlaufregulierung befestigt. Bei voll getretenem Gaspedal betätigt der Drosselklappenhebel den Mikroschalter, wodurch im Steuergerät die Vollastanreicherung aktiviert wird. Jetzt wird das Kraftstoff/Luft-Gemisch in Abhängigkeit von der angesaugten Luftmenge bei voller Drosselklappenöffnung angereichert.

Drosselklappen-steller

Ein kleiner Elektromotor mit Winkelgetriebe fährt den Betätigungsstößel mehr oder weniger weit gegen den Leerlauf-Anschlag der Drosselklappe. Auf diese Weise kann die Drosselklappe je nach Bedarf ein kleines oder etwas größeres Stück geöffnet werden. So läßt sich die Leerlaufdrehzahl bei unterschiedlichen Belastungen konstant halten.

Vorn im Betätigungsstößel des Drosselklappenstellers sitzt noch ein sogenannter Leerlaufschalter, der dem Steuergerät mitteilt, wenn Sie das Gaspedal loslassen. Dieses Signal wird für die Leerlauf-Drehzahlregelung benötigt.

Druckregler

Die Kraftstoffpumpe fördert Kraftstoff unter Druck zum Druckregler am Drosselklappengehäuse. Der Druckregler sorgt am Einspritzventil unabhängig von der jeweiligen Einspritzmenge stets für einen gleichbleibenden Kraftstoffdruck. Er beträgt beim 1,4-Liter-Motor mit Bendix-Drosselklappengehäuse 1 ± 0,05 bar, beim 1,7-Liter-Motor 1,2 ± 0,05 bar und beim 1,8-Liter-Motor mit Bosch-Drosselklappengehäuse 1,06 ± 0,05 bar. Den Überschuß an Kraftstoff leitet der Regler über die Rücklaufleitung zum Tank zurück.

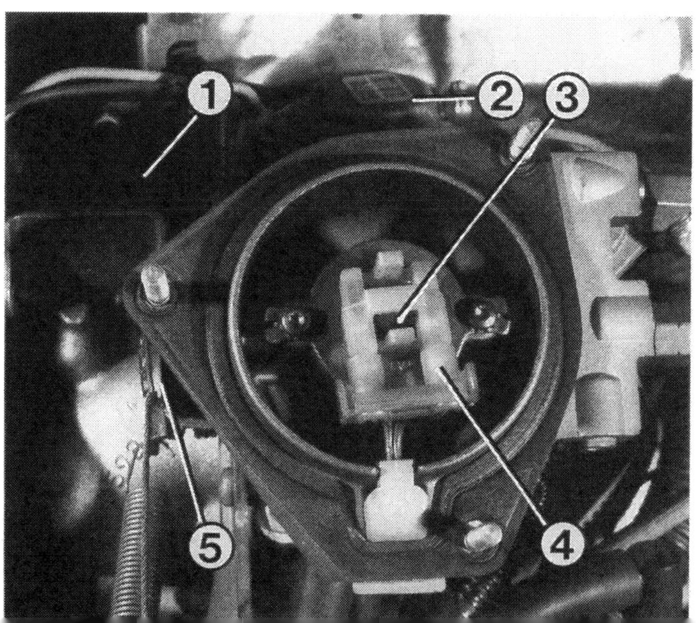

Der Blick bei abgenommenem Luftfilter zeigt auf die Zentraleinspritzung von Bendix:
1 – Drosselklappensteller;
2 – AGR-Ventil des Abgas-Rückführsystems;
3 – Einspritzventil mit Halterung;
4 – Steckverbindung des Einspritzventils;
5 – Drosselklappenhebel mit Gaszug.

Die Einspritzeinheit von Bosch zeigt bei abgenommenem Luftfilter folgende Teile:
1 – Drosselklappenhebel mit Gaszug;
2 – Ansaugluft-Temperaturgeber;
3 – Abdeckung mit Steckverbindung des Einspritzventils;
4 – Steckverbindung zum Drosselklappen-Potentiometer;
5 – Kraftstoff-Druckregler;
6 – Steckverbindung zum Einspritzventil und Ansaugluft-Temperaturgeber;
7 – Drosselklappensteller.

Drucksensor

Der Saugrohr-Drucksensor ist an der Stirnwand in einem Halter über dem Zündleistungsmodul befestigt und durch eine Schlauchleitung mit dem Ansaugkrümmer verbunden. Im Drucksensor wirkt der aktuelle Saugrohr-Unterdruck auf einen Kristatllchip ein und verändert seinen Widerstandswert. Anhand der veränderlichen Widerstandswerte und der augenblicklichen Drehzahl erkennt das Steuergerät die aktuelle Belastung des Motors.

Einspritzeinheit

Die Mehrzahl der Teile der Zentraleinspritzung ist in diesem Gehäuse zusammengefaßt. Durch das Gehäuse strömt die Ansaugluft, und hier wird vom Einspritzventil auch der Kraftstoff zugesetzt.

Einspritzventil

Es wird durch einen Elektromagnet geöffnet. So kann Kraftstoff fließen oder auch nicht – je nach Befehl des Steuergeräts. Damit der Kraftstoff optimal zerstäubt wird, besitzt das Ventil schräge Austrittsbohrungen, aus denen das Benzin gegen die konische Wandung der Austrittsbohrung prallt und dort verwirbelt wird.
Das Einspritzventil kann nur öffnen und schließen, nicht aber die Menge dosieren. Deshalb wird die Kraftstoffmenge über die Einspritzzeit variiert. Und das geht so: Bei jedem Zündimpuls des Drehzahlgebers spritzt das Ventil einmal ab. Wird wenig Kraftstoff gebraucht, öffnet das Ventil bei diesem Impuls nur ganz kurz – oft weniger als eine tausendstel Sekunde. Benötigt der Motor dagegen mehr Kraftstoff (in kaltem Zustand oder bei Vollast), wird länger abgespritzt. Das gilt natürlich für jeden Drehzahlgeber-Impuls.

Lambdasonde

Sie ist vor dem Katalysator in das Auspuffrohr eingebaut und wird elektrisch beheizt, damit die Betriebstemperatur nach dem Kaltstart möglichst schnell erreicht wird. Weiteres über die Lambdasonde im Kapitel »Die Abgas-Entgiftung«.

AGR-Ventil
nur Bendix-Einspritzung

Dieses Membranventil der Abgas-Rückführung verbindet über eine Rohrleitung den Ansaug- mit dem Auspuffkrümmer. Es wird über eine Schlauchleitung durch ein Magnetventil im Schlauchsystem gesteuert. Das elektrische Ventil sitzt hinter dem Steuergerät und erhält von dort auch die entsprechenden Signale.

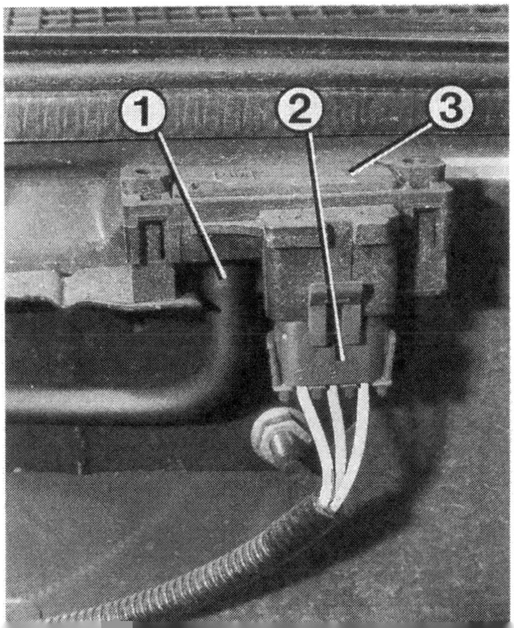

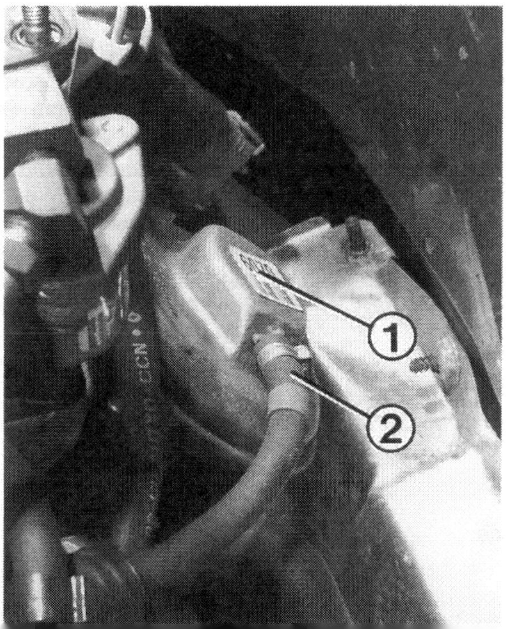

Links: Der Drucksensor (3) ist in einem Halter an der Stirnwand befestigt. Bei Leerlaufschwankungen kann die Ursache an einem defekten oder nicht richtig aufgesteckten Unterdruckschlauch (1) liegen. Aber auch die Steckverbindung (2) muß kontrolliert werden. Dabei nie am Kabel, sondern nach Lösen der Klammersicherung immer am Stecker ziehen.
Rechts: Direkt neben die Bendix-Einspritzeinheit ist das Abgas-Rückführventil (1) in den Auspuffkrümmer geschraubt. Vom Steuergerät pneumatisch gesteuert öffnet die Membran das Ventil über das Magnetventil und die Unterdruckleitung (2). Jetzt werden unverbrannte Abgase der Verbrennung erneut zugeführt.

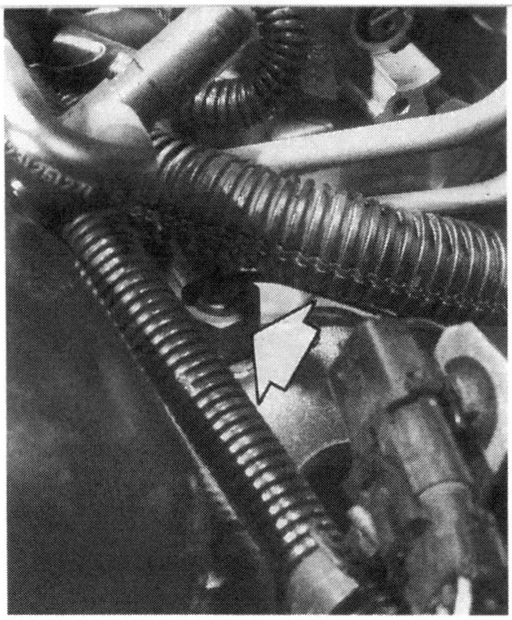

Bei der Bendix-Zentraleinspritzung (links) ist der Geber für die Ansaugluft-Temperatur in den Ansaugkrümmer geschraubt; bei der Bosch-Zentraleinspritzung sitzt er in einem Halter im Drosselklappengehäuse. Schon beim Ausfall dieses Ansaugluft-Temperaturgebers (Pfeil) kommt die Steuerung von Kraftstoff/Luft-Gemisch und Zündzeitpunkt aus dem Gleichgewicht, und der Motor läuft mit Leistungseinbußen.

Temperaturgeber

Solch ein Geber funktioniert als veränderlicher Widerstand mit »negativem Temperatur-Koeffizienten« (NTC), was ganz einfach bedeutet, daß sein Widerstand mit zunehmender Temperatur geringer wird.

Geber für Ansaugluft: Er ist beim Bendix-Drosselklappengehäuse seitlich in den Ansaugkrümmer geschraubt und mißt dort die Gemisch-Temperatur. Beim Bosch-Drosselklappengehäuse ist der Geber am Gehäuse des Einspritzventils untergebracht und kann so die Temperatur der Ansaugluft, wie sie an der Drosselklappe ankommt, erfassen. Da kalte Luft dichter ist als warme, nimmt die vom Motor angesaugte Luftmasse mit steigender Ansaugluft-Temperatur ab. Bei geringerer Luftmasse muß die Kraftstoffzuteilung verringert werden, damit das Kraftstoff/Luft-Gemisch nicht zu »fett« wird.

Geber für Motor: Er sitzt im Ansaugkrümmer. Beim Start des kalten Motors sowie in der Warmlaufphase wird die Kühlmittel-Temperatur für die richtige Zumessung des Kraftstoffes und das passende Zündkennfeld benötigt. Beim 1,4-Liter-Motor mißt dieser Geber bei gleicher Funktion die Temperatur des Ansaugkrümmers.

So funktioniert die Zentraleinspritzung

Kaltstart: Über die Motortemperatur ist das Steuergerät durch den Kühlmittel-Temperaturgeber informiert. Je kälter der Motor, desto länger sind die Einspritzzeiten für ein kraftstoffreicheres Startgemisch. Der Drosselklappensteller sorgt für die erforderliche Drosselklappenstellung.

Warmlauf: Die allmähliche Erwärmung der Kühlmittels meldet der Temperaturgeber anhand sich ändernder Widerstandswerte ans Steuergerät. Entsprechend wird die Einspritzzeit allmählich zurückgenommen. Bei diesem Betriebszustand bleibt das Lambda-Signal zunächst ohne Beachtung, d. h. das Gemisch ist für den Katalysator nicht optimal. Da das noch zähflüssige Schmieröl dem Motor erhöhten Widerstand entgegensetzt, hält der Drosselklappensteller die Drosselklappe etwas weiter geöffnet, damit der Motor schön rund läuft.

Leerlauf: Der Leerlaufschalter am Drosselklappensteller informiert das Steuergerät über diesen Betriebszustand. Nun reguliert der Drosselklappensteller die Leerlaufdrehzahl. Drehzahlabfall, der durch Einschalten leistungsstarker Stromverbraucher, voll eingeschlagene Servolenkung, eingelegte Fahrstufe der Getriebeautomatik oder eingeschaltete Klimaanlage entsteht, gleicht das Steuergerät zusätzlich durch Veränderung des Zündzeitpunktes aus.

Normalbetrieb: Das Steuergerät erhält Informationen über den Motorlauf durch die Impulse vom Drehzahlgeber, vom Drucksensor sowie die Widerstandswerte vom Drosselklappen-Potentiometer (Drosselklappenstellung). Daraus zieht das Steuergerät Rückschlüsse auf den Lastzustand des Motors und mißt über das Einspritzventil die zur angesaugten Luft nötige Menge Kraftstoff bei.

Lambda-Regelung: Bei der Zumessung von Kraftstoff wird das Kraftstoff/Luft-Verhältnis von $\lambda = 1$ berücksichtigt. Der ständige Wechsel von angefettetem und abgemagertem Gemisch ermöglicht optimales Arbeiten des Katalysators.

Beschleunigen: Spontanes Gasgeben erkennt das Steuergerät durch die Signale vom Potentiometer bzw. Vollastschalter als Beschleunigungsvorgang, weshalb das Gemisch sofort »angefettet« wird.

Vollast: Bei Vollgas oder genauer gesagt ab einer festgelegten Drosselklappenstellung veranlaßt das Steuergerät die Vollastanreicherung. Es wird also im Verhältnis mehr Kraftstoff beigemischt. Über die Drosselklappenstellung informiert der Potentiometer bzw. Vollastschalter. Die Vollastanreicherung ignoriert allerdings das Lambda-Signal.

Schubbetrieb: Bergab mit losgelassenem Gaspedal spart die Zentraleinspritzung Sprit und schaltet die Kraftstoffzufuhr ab, sofern der Motor Betriebstemperatur erreicht hat. Das Steuergerät erkennt diesen Betriebszustand am losgelassenen Gaspedal (Drosselklappen-Potentiometer bzw. Leerlaufschalter im Stellmotor), der Meldung vom Motor-Temperaturgeber und einer Motordrehzahl von mehr als 1500–1900/min (Drehzahlgeber).

Selbsthilfe

Viele Prüfungen an der Einspritzung sind dem Selbsthelfer mangels der nötigen Prüfgeräte leider nicht möglich. Dennoch bleibt ein gewisses Betätigungsfeld.
Das Steuergerät selbst kann mit Heimwerkermitteln nicht kontrolliert werden. In der Praxis ist hier auch nur sehr selten mit Fehlern zu rechnen. Geber, Schalter und Kabelverbindungen geben ungleich häufiger Anlaß zu Beanstandungen. Daher ist bei einem Defekt folgende Vorgehensweise ratsam:

- ○ Sicherstellen, daß die Zündung in Ordnung ist.
- ○ Kraftstoffversorgung prüfen.
- ○ Sichtprüfung an den Teilen der Einspritzanlage durchführen.
- ○ Wurde so kein Fehler gefunden, »Störungsbeistand« am Ende des Kapitels studieren oder die Einspritzung in der Renault-Werkstatt durchprüfen lassen, wozu dort ein spezieller Prüfkoffer zur Verfügung steht.

Sichtprüfung

- ● Sind die Schläuche der Motor-Be- bzw. -Entlüftung verstopft, verschmutzt oder aufgequollen?
- ● Sind an den Kraftstoffleitungen Undichtigkeiten erkennbar?
- ● Druckregler auf Undichtigkeiten kontrollieren.
- ● Kraftstoffrücklauf vom Druckregler kontrollieren.
- ● Sind die Dichtungen des Einspritzventils in Ordnung?
- ● Wurden die Kabelstecker mehrfach auseinandergezogen und wieder verbunden? Korrosion oder ungeschicktes Reißen kann mangelnden Kontakt zur Folge haben.
- ● Sehen Sie sich die Stecker an den einzelnen Bauteilen der Einspritzung genau an. Kontakte nicht nachbiegen, sondern nur mit Kontaktspray behandeln.

»Falschluft«-Prüfung

Eine Undichtigkeit im Bereich des Ansaugsystems läßt sogenannte Falschluft eintreten, Luft also, die in der Berechnung des Steuergeräts nicht enthalten ist und die deshalb die Gemischaufbereitung empfindlich stört. Das Gemisch magert unkontrolliert ab. Am deutlichsten erkennt man die Störung im Leerlauf an schwankender Drehzahl. Es kann aber auch zu Klingelerscheinungen bei voll belastetem Motor kommen.

- ● Unterdruckschläuche auf Risse und festen Sitz prüfen. Alle Schläuche, die an der Einspritzeinheit oder am Ansaugkrümmer angeschlossen sind (Drucksensor, Bremskraftverstärker, Ansaugluft-Vorwärmung, Kraftstoff-Verdunstungsanlage), müssen geprüft werden.
- ● Motor warmfahren und anschließend im Leerlauf drehen lassen, Motorhaube öffnen.
- ● Mit einer Startkraftstoff-Spraydose (z. B. »Startpilot«) Einspritzeinheit am Flansch zum Ansaugkrümmer, die Flanschdichtungen der Ansaugkanäle und Leitungen zu den unterdruckgesteuerten Aggregaten ansprühen (damit die Lambda-Regelung hierbei nicht eingreifen kann, Stecker zur Lambdasonde trennen).
- ● Verändert sich die Motordrehzahl beim Besprühen einer bestimmten Stelle, liegt dort die Undichtigkeit vor.

Prüfungen an einzelnen Bauteilen

Die folgenden Abschnitte beschreiben Heimwerker-Prüfungen an den Komponenten der Einspritzanlage.

Fingerzeig: **Bei allen Arbeiten an der Einspritzanlage sollten Sie daran denken, daß das System auch längere Zeit nach dem Abschalten des Motors unter Druck steht. Deshalb immer einen Lappen bereithalten, wenn Schrauben oder Leitungen gelöst werden, damit kein Benzin in die Augen spritzen kann.**

Drosselklappensteller prüfen

- ● Stecker am Drosselklappensteller abziehen.
- ● **Bendix-Stellmotor:** Am Kontakt »2« (von links nach rechts gezählt) Masse und an Kontakt »3« 12 Volt anlegen.
- ● **Bosch-Stellmotor:** An den oberen beiden Anschlußkontakten des Stellmotors maximal 6 Volt Spannung anlegen (z. B. mit einer 4,5-Volt-Batterie); »–«-Pol nach oben.
- ● **Alle:** Der Stift muß ganz ausfahren.
- ● Anschlußkabel umpolen.
- ● Der Stift muß ganz zurückfahren.
- ● Ist das der Fall, ist der Drosselklappensteller in Ordnung. Wenn nicht, ersetzen.

Links: Bei der Bendix-Zentraleinspritzung sitzt gegenüber dem Leerlaufanschlag für den Drosselklappenhebel der Anschlag (2) für den Vollastschalter (1). Die Einstellung des Druckstößels (3) am Drosselklappensteller (4) sollten Sie der Werkstatt überlassen. **Rechts:** Hier dieselbe Ansicht bei der Bosch-Zentraleinspritzung: Gegenüber dem Leerlaufanschlag (1) für den Drosselklappenhebel sitzt der Anschlag (2) des Stößels (3) für den Drosselklappensteller (4). Nach Abziehen der Steckverbindung (5) kann die Motorfunktion kontrolliert werden.

Funktion des Leerlaufschalters prüfen

● Stecker vom Drosselklappensteller abziehen.
● **Bendix-Stellmotor:** Ohmmeter an die äußeren Kontakte des Stellmotors anschließen.
● Der Widerstand muß bei losgelassenem Stößelkontakt 5 kΩ betragen.
● Bei gedrücktem Stößelkontakt muß der Widerstand 0,15 Ω betragen.
● **Bosch-Stellmotor:** Ohmmeter an die Kontakte des Leerlaufschalters anschließen.
● Das sind beim fünfpoligen wie beim siebenpoligen Stecker jeweils die Kontakte »1« und »2« von rechts gerechnet.
● Leerlaufschalter gedrückt: Widerstand 0 Ω.
● Leerlaufschalter nicht gedrückt: ∞ Ω.

Vollastschalter prüfen
nur Bendix-Einspritzung

● Kabelstecker des Schalters abziehen.
● Bei geschlossener Schalterstellung muß der Widerstand gegen unendlich streben (∞ Ω).
● In Vollaststellung (gedrückter Schalter) muß der Widerstand 0,15 Ω betragen.

Drosselklappen-Potentiometer prüfen
nur Bosch-Einspritzung

● Stecker am Drosselklappen-Potentiometer abziehen.
● Ohmmeter laut Tabelle an je zwei der Steckkontakte anschließen.
● Werden die genannten Werte nicht erreicht, ist der Drosselklappen-Potentiometer defekt. Er kann nicht einzeln ersetzt werden. Es muß das komplette Unterteil der Einspritzeinheit ausgewechselt werden.

Klemmen Schaltgetriebe	Klemmen Automatikgetriebe	Prüfbedingungen	Widerstand
1+5	1+7	–	520–1300 Ω
1+2	1+2	von Drosselklappe »zu« bis ca. »¼ offen«: Widerstand ansteigend, danach konstant	600–3500 Ω
1+4	1+6	von Drosselklappe »zu« bis ca. »¼ offen«: Widerstand konstant, danach ansteigend	600–6600 Ω

Einspritzventil prüfen

● Ansaugstutzen bzw. Luftfilter abbauen.
● Warmgefahrenen Motor starten und im Leerlauf laufen lassen.
● Spritzstrahl des Einspritzventils beobachten. Er muß ein gleichmäßiges Spritzbild haben und auf die Drosselklappe gerichtet sein.
● Motor abstellen, um die Dichtheit des Ventils zu prüfen.
● Es dürfen bei stehendem Motor nicht mehr als zwei Tropfen pro Minute austreten.
● Die weiteren Prüfungen führen Sie durch, **wenn der Motor nicht anspringt**.
● Spannungsversorgungs-Relais der Einspritzanlage kontrollieren.
● Ansaugstutzen bzw. Luftfilter abbauen.
● Motor mit dem Anlasser durchdrehen lassen.
● Das Einspritzventil muß sichtbar Kraftstoff abspritzen.
● Wenn nicht, Stecker oben an der Einspritzeinheit abziehen.
● Ohmmeter an den beiden Anschlußkontakten anschließen:
● Bei einer Umgebungstemperatur zwischen +15 und +30°C müssen ca. 1,2 Ω (Bosch) bzw. 1,4 Ω (Bendix) abzulesen sein, andernfalls ist das Einspritzventil defekt. TORX-Schraube lösen und Ventil wechseln.
● **Spannungsversorgung des Einspritzventils prüfen**, wenn das Ventil trotz richtiger Werte nicht abspritzt.

● Leuchtdioden-Spannungsprüfer – nichts anderes verwenden – an die beiden Kontakte im abgezogenen Anschlußstecker anschließen.

● Anlasser betätigen lassen: Die Leuchtdioden müssen flackern, sonst Leitungsunterbrechung oder Steuergerät defekt.

Schubabschaltung prüfen

● Ansaugstutzen bzw. Luftfilter abbauen.
● Motor starten, kurz auf über 3000/min hochdrehen und schlagartig Drosselklappe schließen.
● Der gut sichtbare Sprühstrahl des Einspritzventils muß in diesem Augenblick kurz unterbrochen werden. Dann ist die Schubabschaltung in Ordnung.
● Wenn nicht, Drosselklappenschalter und Steuergerät kontrollieren (lassen).

Temperaturgeber prüfen

● **Temperaturgeber Ansaugluft** (Bosch-Drosselklappengehäuse): Stecker oben an der Einspritzeinheit abziehen.
● An den beiden äußeren Kontakten ein Ohmmeter anschließen.
● **Temperaturgeber Kühlmittel** (F-Motor) **bzw. Ansaugkrümmer** (C-Motor): Stecker am zweipoligen Geber abziehen.
● An den Kontakten des Gebers ein Ohmmeter anschließen.
● **Beide Geber:** Widerstandswert ablesen und mit der Tabelle unten vergleichen.
● Entsprechen die Meßwerte den Tabellenwerten, ist der Geber in Ordnung.

● **Nur Temperaturgeber Kühlmittel bzw. Ansaugkrümmer** und **Geber für Gemisch-Temperatur:** Am Geber den »+«-Kontakt (Kabelfarbe siehe Kapitel »Die Schaltpläne«) freilegen. Der Stecker bleibt aufgesteckt.
● Voltmeter anschließen: Dünne Prüfspitze an den freigelegten Kontakt, anderen Anschluß an Masse.
● Kalten Motor starten und warmlaufen lassen.
● Voltmeter beobachten – die Anzeige muß stetig ansteigen.
● Wenn der Anzeigewert »stehen« bleibt oder sich sprunghaft ändert, ist der Temperaturgeber defekt.

Meßtemperatur		0 ± 1°C	20 ± 1°C	40 ± 1°C	80 ± 1°C	90 ± 1°C
Geber Ansaugluft-Temperatur	1,8-Liter	5,29–6,49 kΩ	2,4–2,6 kΩ	1,07–1,27 kΩ	–	–
Geber Gemisch-Temperatur	1,4-/1,7-Liter	7,47–11,97 kΩ	3,06–4,04 kΩ	1,29–1,65 kΩ	–	–
Geber Ansaugkrümmer-Temperatur	1,4-Liter	–	3,06–4,04 kΩ	1,31–1,60 kΩ	0,30–0,37 kΩ	0,21–0,27 kΩ
Geber Kühlmittel-Temperatur	1,7-/1,8 Liter	–	3,06–4,04 kΩ	1,31–1,60 kΩ	0,30–0,37 kΩ	0,21–0,27 kΩ

Kraftstoffdruck prüfen

● Der Kraftstoffdruck kann nur mit einer Meßvorrichtung (Werkstatt) genau kontrolliert werden.
● Bei Verdacht auf falschen Kraftstoffdruck den Druckregler zerlegen: Vier TORX-Schrauben lösen.
● Prüfen, ob die Membran beschädigt ist oder ob sich Schmutz abgelagert hat.

Einspritzventil ausbauen

● Batterie-Massekabel abklemmen.
● Ansaugstutzen bzw. Luftfilter abbauen.
● Kraftstoff-Zulauf lockern, um den Druck im System abzubauen (Lappen bereithalten!).
● Oder Schlauchklemmen an den Leitungen der Kraftstoff-Zufuhr- und -Rücklaufleitung anbringen.
● **Bendix-Drosselklappengehäuse:** Steckverbindung am Einspritzventil abnehmen.

Um den Stecker des Einspritzventils abzuziehen, lediglich den Sicherungsbügel »5« eindrücken und Stecker abziehen. Nach dem Aufstecken kontrollieren, ob der Bügel wieder richtig eingerastet ist. Die Steckerzungen bedeuten:
1 und 2 – Verbindung zum Ansaugluft-Temperaturgeber;
3 und 4 – Verbindung zum Einspritzventil.

Zum Ausbau des Einspritzventils nach Lösen der Sicherungsschraube die Ventilabdeckung (1) mit Ansaugluft-Temperaturgeber abnehmen. Ventilkörper vorsichtig aus dem Ventilträger ziehen. Beim Einbau auf die Polung achten (3 = »–«; 2 = »+«). Wie die anderen Dichtringe, auch den O-Ring der Ventilabdeckung mit Vaseline einreiben, damit die Steckverbindung (4) vor Oxidation geschützt ist.

- Haltebügel abbauen. Dazu die beiden TORX-Schrauben herausdrehen.
- **Bosch-Drosselklappengehäuse:** Schraube der Ventilabdeckung lösen und Deckel vorsichtig vom Einspritzventil abziehen.
- Einspritzventil vorsichtig seitlich hin und her bewegen und aus dem Ventilträger der Einspritzeinheit herausziehen. Dabei auf die Dichtungen und den Abstandsring (Bendix) achten und in welcher Reihenfolge sie im Ventilträger sitzen..
- Zum Einbau neue Dichtringe verwenden und mit Vaseline dünn einreiben oder mit Motoröl bestreichen.
- Wird das Ventil »trocken« eingesetzt, besteht die Gefahr, daß die Gummiringe gequetscht werden und nicht einwandfrei abdichten. Das gibt dann Störungen im Fahrverhalten, z. B. unrunden Leerlauf.
- Einspritzventil so einsetzen, daß der Zapfen in die entsprechende Aussparung im Oberteil zu sitzen kommt.
- Ventilabdeckung montieren. Dabei auf korrekten Sitz des Steckers achten.
- Kraftstoffzulauf festziehen bzw. Schlauchklemmen entfernen.
- Ansaugstutzen bzw. Luftfilter anbauen und Batterie anschließen.

Der Gaszug

Der Verbindungszug zwischen Gaspedal und Drosselklappe der Einspritzeinheit ist sehr knickempfindlich. Wurde er bei Arbeiten im Motorraum gelöst und in einen ungünstigen Winkel gelegt oder geklemmt, kann er schon Schaden genommen haben.
Besonders nach einer Motorwäsche sollte der Gaszug wieder geschmiert werden. Ein deutliches Warnsignal ist ein schwergängiges Gaspedal. Dann müssen Sie bald damit rechnen, daß der Zug reißt. Entsprechend vorsichtig muß ein neuer Gaszug beim Einbau behandelt werden.

Gaszug ersetzen

- Gaszug durch Zurückschieben der Sicherungsklammer am Gaspedal aushängen.
- Ansaugstutzen bzw. Luftfilter ausbauen.
- Je nach Motortyp Halteklammer am Widerlager

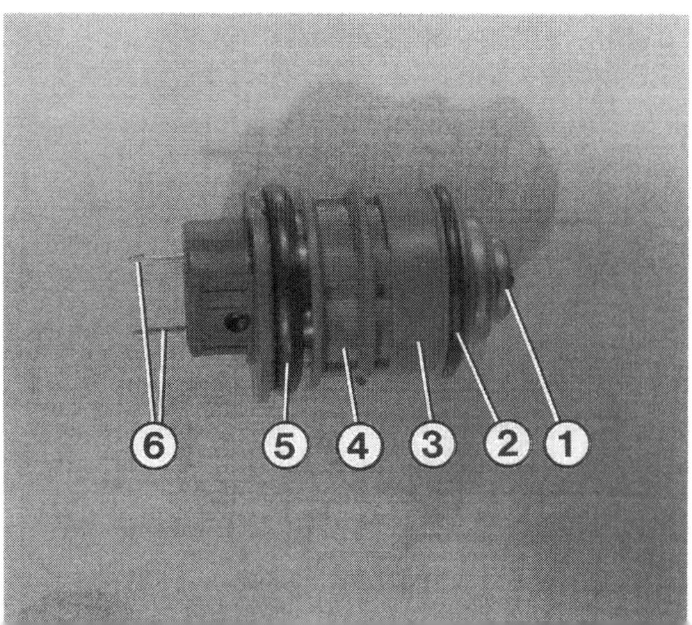

Das ausgebaute Einspritzventil der Bosch-Einspritzeinheit. Es bedeuten:
1 – Ventilsitz;
2 – unterer Dichtring;
3 – Ventilwicklung;
4 – Ringkammer mit Kraftstoffilter;
5 – oberer Dichtring;
6 – Steckverbindung.

des Gaszugs abhebeln und Außenhülle des Zugs aushängen oder Kontermutter am Widerlager des Drosselklappengehäuses lösen und Hülle losschrauben.

● Gaszug am Drosselklappenhebel aushängen.

● Ggf. Rückzugfeder aushängen.

● Führungstülle aus der Stirnwand lösen und Gaszug vom Motorraum her aus der Stirnwand ziehen.

● Beim Einbau darauf achten, daß die Außenhülle nicht beschädigt wird.

Gaszug einstellen

● Einen Helfer das Gaspedal ganz niedertreten lassen.

● Halteklammer der Zugaußenhülle am Widerlager abhebeln bzw. Kontermutter lösen.

● Außenhülle so weit zurückziehen bzw. -drehen, bis die Drosselklappe in Vollgasstellung steht.

● Klammer am Widerlager auf Außenhülle stecken bzw. Kontermutter festziehen.

● Gaspedal loslassen und wieder treten.

● Kontrollieren, ob der Hebel der Drosselklappenwelle die Vollgasstellung am Anschlag gerade erreicht. Ggf. die Einstellung kontrollieren.

Leerlauf prüfen

Wartung Nr. 25

Einstellarbeiten erübrigen sich bei der Zentraleinspritzung, denn Einstellschrauben sind hier keine vorhanden. Das Steuergerät korrigiert ggf. die Leerlaufdrehzahl, wobei auch Luftdruckänderungen und Motorverschleiß berücksichtigt werden. Nur in Zweifelsfällen wird die Drehzahl bzw. der CO-Gehalt im Leerlauf nachgeprüft. Prüfvoraussetzungen sind: Motor betriebswarm, alle elektrischen Verbraucher abgeschaltet und Zündzeitpunkt richtig eingestellt. Die Sollwerte lauten:

Motor	**1,4-Liter**	**1,7-Liter**		**1,8-Liter**	
		Schaltgetriebe	**Automatikgetriebe***	**Schaltgetriebe**	**Automatikgetriebe***
Leerlaufdrehzahl	**850 ± 50/min**	**750 ± 50/min**	**825 ± 50/min**	**750 ± 50/min**	**750 ± 50/min**
Abgas-CO-Gehalt					
Renault-Kontrollwert	**0,3 Vol.%**	**0,3 Vol.%**	**0,3 Vol.%**	**0,3 Vol.%**	**0,3 Vol.%**
gesetzl. Kontrollwert	**0,5 Vol.%**	**0,5 Vol.%**	**0,5 Vol.%**	**0,5 Vol.%**	**0,5 Vol.%**

*** Getriebeautomatik-Wählhebel auf »N«**

Abgas-Untersuchung (AU)

Wartung Nr. 39

Für Fahrzeuge mit geregeltem Katalysator ist in der Bundesrepublik erstmals drei Jahre nach Erstzulassungsdatum und darauf alle zwei Jahre eine Abgas-Untersuchung vorgeschrieben, bei der auch die Zündeinstellung und die Wirksamkeit des Katalysators geprüft wird.
Diese Kontrolle führen markengebundene und freie Werkstätten, Tankstellen, DEKRA und TÜV durch. Für die Prüfung wird der Wagen an einen aufwendigen Werkstattester angeschlossen, dessen Drucker die erzielten Meßwerte zu einer Prüfbestätigung zusammenfaßt. Werden einzelne Vorgaben nicht erreicht, gibt's auch keine Prüfbestätigung. Grund zur Sorge besteht aber nicht, wenn die Prüfung bei Ihrem Wagen ansteht. Zur AU muß die Auspuffanlage intakt sein, und am Ansaugkrümmer darf keine »Falschluft« eintreten können. Stellen Sie sicher, daß der Luftfilter sauber ist und der Zündkerzen-Elektrodenabstand stimmt. Vorsichtshalber können Sie auch noch die Zündeinstellung kontrollieren.
Wenn für den R19 eine »Fahrzeug-Hauptuntersuchung« beim DEKRA oder TÜV ansteht, muß zuerst die

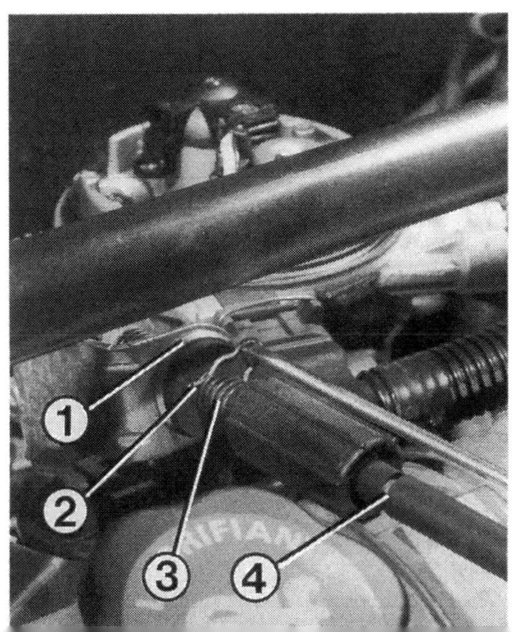

Links der Gaszug bei der Bendix-, rechts der bei der Bosch-Zentraleinspritzung. Nach Einhängen eines neuen Gaszugs in den Drosselklappenhebel muß das mit Rillen bzw. einem Gewinde (3) versehene Hüllenende (3) des Gaszugs (4) bei voll getretenem Gaspedal so weit aus dem Widerlager (1) heraus gezogen werden, bis der Drosselklappenhebel gerade die Vollgasstellung erreicht hat. Die aufgeschobene Sicherungsklammer (2) bzw. die Mutter mit Kontermutter (2) fixiert den Gaszug gegen Verstellen.

Abgas-Untersuchung erfolgen. Das geht nach unseren Erfahrungen am schnellsten in der Marken-Werkstatt. Zur Zeitersparnis kommt noch hinzu, daß in der Renault-Werkstatt immer die allerneuesten Einstelldaten vorliegen, die andere Werkstätten bzw. DEKRA oder TÜV erst mit einer gewissen Verzögerung erhalten.

Fingerzeige: Wenn Sie die Wartung des Renault 19 immer in der Werkstatt durchführen lassen, gehört die Abgas-Untersuchung grundsätzlich zum Umfang des Service dazu.
Falls der R19 lange Zeit im winterlichen Kurzstreckenbetrieb gefahren wurde, sollten Sie ihm ggf. einen Motorölwechsel spendieren. Das ins Motoröl gelangte Kraftstoffkondensat verschlechtert nämlich die Abgaswerte.
Bevor Sie bei nicht bestandener Abgas-Untersuchung ein teures Bauteil auswechseln (lassen), sollten Sie die Prüfung bei einer anderen Werkstatt wiederholen. Trotz aufwendiger Meßtechnik kommt es bei den Ergebnissen zu Streuungen.

Störungsbeistand

Zentraleinspritzung

Die Störung	– ihre Ursache	– ihre Abhilfe
A Kalter Motor springt nicht oder schlecht an	1 Spannungsversorgungs-Relais defekt	Überprüfen, ggf. austauschen
	2 Drehzahlgeber defekt	Überprüfen, ggf. austauschen
	3 Kraftstoffpumpe fördert nicht oder nicht genügend	Benzin im Tank? Pumpe kontrollieren, Fördermenge messen
	4 Kraftstoff-Druckregler defekt	Druck messen lassen
	5 Kühlmittel- bzw. Ansaugkrümmer-Temperaturgeber defekt	Prüfen
	6 Drosselklappen-Potentiometer defekt	Prüfen lassen
	7 Steuergerät defekt	Prüfen lassen
	8 Kabelstrang zwischen Drehzahlgeber und Steuergerät defekt	Kabelverlauf kontrollieren
	9 Motor erhält »Nebenluft«	Sämtliche Schlauchleitungen überprüfen
B Warmer Motor springt nicht oder schlecht an	1 Siehe A 1–9	
	2 Drucksensor defekt	Prüfen lassen
	3 Einspritzventil undicht	Ventil überprüfen
C Motor springt an, stirbt aber wieder ab	1 Drosselklappensteller arbeitet nicht	Drosselklappensteller prüfen
	2 Siehe A 6	
	3 Lambdasonde defekt	Funktion prüfen, ggf. ersetzen
D Kalter Motor schüttelt im Leerlauf	1 Siehe A 5	
	2 Siehe C 1	
E Warmer Motor schüttelt im Leerlauf	Siehe C 1	
F Leerlauf sinkt beim Einschalten starker Stromverbraucher bzw. bei vollem Einschlag der Servolenkung ab	Siehe C 1	
G Motor hat Aussetzer	1 Kraftstoffilter verstopft	Filter austauschen
	2 Siehe A 3	
	3 Siehe B 2	
	4 Siehe C 3	
H Schwankende Drehzahl bei 2000–3000/min	Siehe A 6	
I Motor stottert, setzt aus	Siehe A 3	
J Motorleistung ungenügend	1 Siehe A 3, 6 und 9	
	2 Drosselklappe geht nicht in Vollgasstellung	Gaszug einstellen
	3 Vollastschalter falsch eingestellt oder defekt	Einstellen bzw. ersetzen
K Motor patscht ins Saugrohr	1 Siehe A 4	
	2 Siehe C 3	

Einzelportionen

Die leistungsstärksten R19-Modelle sind mit einer sogenannten Mehrpunkt-Einspritzanlage (MPI = Multi-Point-Injection) ausgerüstet. D.h. jeder Zylinder wird von einem Einspritzventil mit Kraftstoff beschickt. Dabei stammen die wesentlichen Bauteile des Systems wie beim Zentraleinspritzsystem von den Firmen Bendix, Bosch, Pierburg und Siemens.

Die wichtigsten Teile des Mehrpunkteinspritzung

Steuergerät

Kraftstoffeinspritzung und Zündung sind bei der Mehrpunkteinspritzung optimal aufeinander abgestimmt, denn wie bei der Zentraleinspritzung werden Kraftstoffzumessung und Zündzeitpunkt von einem einzigen Steuergerät geregelt. Dazu verarbeitet das Steuergerät Informationen von folgenden Bauteilen:

- **Anlasser** Klemme 1 (weißes Kabel) für Beginn und Ende des Startvorgangs
- **Drehzahlgeber** an der Schwungscheibe der Kurbelwelle für Motordrehzahl und OT-Erkennung von Zylinder 1
- **Drosselklappen-Potentiometer** für die augenblickliche Stellung der Drosselklappe
- **Drucksensor** für den aktuell herrschenden Saugrohrdruck
- **Geschwindigkeitsgeber** für die aktuelle Fahrgeschwindigkeit
- **Klopfsensor** am Motorblock zum Erkennen unkontrollierter Verbrennung, siehe auch Kapitel »Die Zündanlage«
- **Lambdasonde** vor dem Katalysator im Auspuffrohr für den Restsauerstoffgehalt im Abgas, siehe auch Kapitel »Abgas-Entgiftung«
- **Temperaturgeber Ansaugluft** im Ansaugluftschlauch vor dem Drosselklappengehäuse (1,7-/1,8-Liter-Motor) bzw. seitlich im Sammelsaugrohr (16V) für die Ansaugluft-Temperatur
- **Temperaturgeber Kühlmittel** zum Erfassen der Motor-Temperatur

Anhand der Informationen über Drehzahl, Geschwindigkeit und Saugrohrdruck errechnet das Steuergerät die Öffnungsdauer der elektromagnetisch betätigten Einspritzventile und somit die Kraftstoff-Einspritzmenge. Dazu stehen dem Steuergerät verschiedene Motorkennfelder für Einspritzung und Zündung zur Verfügung. Diese Kennfelder sind Datensammlungen für alle erdenklichen Motorsituationen mit den dazugehörigen Kraftstoff-Einspritzmengen und Zündzeitpunkten. Die Werte kann das Steuergerät zusätzlich nach Eingang von sogenannten Korrektursignalen (z.B. Ansaugluft- und Kühlmittel-Temperatur) noch variieren.

Drosselklappengehäuse

Im Drosselklappengehäuse, das vor dem Sammelsaugrohr montiert ist, sind zwei Drosselklappen mit unterschiedlichem Durchmesser untergebracht (1,7-Liter = 32/36 mm; 1,8-Liter = k.A.; 16V = 35/52 mm). Die kleinere der beiden Drosselklappen ist über den Drosselklappenhebel und den Gaszug mit dem Gaspedal verbunden. Sie regelt den Ansaugluftstrom bis etwa in Halbgasstellung. Obwohl sich die große Drosselklappe erst zu öffnen beginnt, wenn die kleine Drosselklappe schon weit geöffnet ist, geben beide Drosselklappen gleichzeitig bei Erreichen der Vollgasstellung den vollen Durchlaß des Drosselklappengehäuses frei.

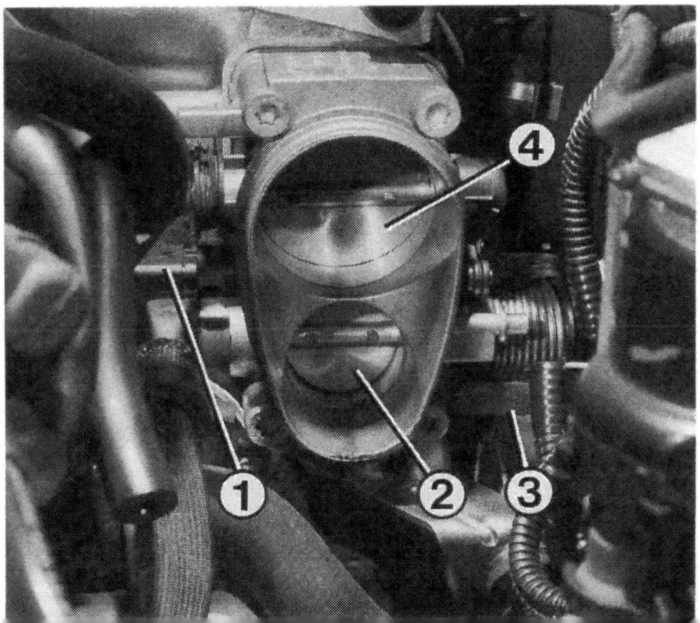

Gemeinsam mit dem Drosselklappenhebel (3) und dem Drosselklappen-Potentiometer (1) sitzt die Primär-Drosselklappe (2) auf der Drosselklappenwelle. Erst bei Erreichen der Vollgasstellung gibt auch die Sekundär-Drosselklappe (3) über ein Hebelsegment den vollen Durchlaß im Drosselklappengehäuse frei. Um ein Festklemmen beim Schließen der Primär-Drosselklappe zu vermeiden, bleibt sie beim Loslassen des Gaspedals einen Bruchteil geöffnet. Diese Einstellung wird werksseitig vorgenommen und darf bei Wartungsarbeiten keinesfalls verändert werden. Deshalb ist die Einstellschraube verplombt.

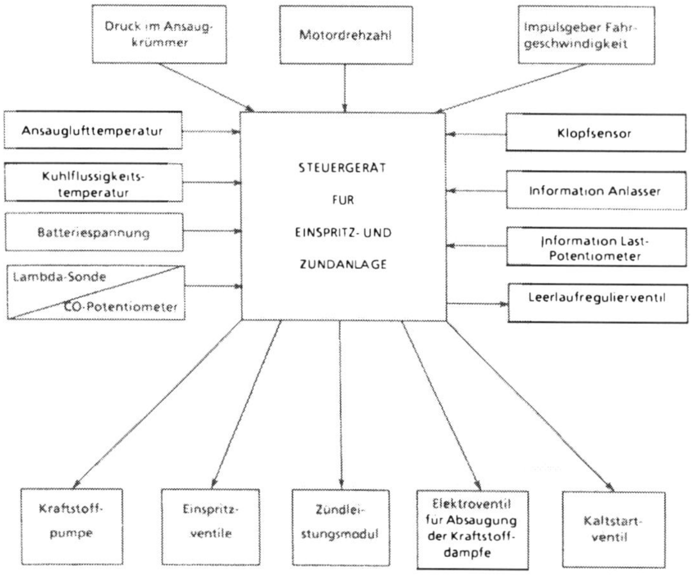

Das Funktionsschema zeigt die Ein- und Ausgangssignale am Motorsteuergerät der Mehrpunkteinspritzung. Schon das fehlerhafte Signal eines Sensors oder Gebers oder gar deren Ausfall bringt das ganze »Gleichgewicht« der Ausgangssignale für die Motorsteuerung der Kraftstoffeinspritzung und Zündung durcheinander. Leistungseinbußen des Motors sind die Folge.

Drosselklappen-Potentiometer

Das Drosselklappen-Potentiometer erfaßt die augenblickliche Stellung der Drosselklappe von »Leerlauf« (Drosselklappen geschlossen) bis »Vollast« (beide Drosselklappen ganz geöffnet). Anhand von seinen Informationen wird die Leerlaufregelung, Schubabschaltung bzw. Vollastanreicherung aktiviert. Zusätzlich wird schnelles Öffnen der Drosselklappen als Beschleunigungssignal erkennt und die Beschleunigungsanreicherung aktiviert.

Druckregler

Dieser Regler sitzt direkt am Kraftstoffverteiler und reguliert den Kraftstoffdruck zu den Einspritzventilen je nach Motorversion im Bereich von 3,0 ± 0,15 bar bzw. 3,5 ± 0,2 bar. Dazu wird ihm die Höhe des Unterdrucks im Ansaugrohr übermittelt. Im Leerlauf bei geschlossenen Drosselklappen und hohem Unterdruck hält er den Druck um ca. 0,5 bar geringer.
Mit abfallendem Unterdruck bei höherer Motorlast wird der Kraftstoffdruck vom Druckregler erhöht. Der von der Kraftstoffpumpe geförderte Überschuß wird dabei über die Kraftstoffrücklaufleitung zum Tank zurückbefördert.

Drucksensor

Er ist über einen Schlauch mit dem Saugrohr verbunden. Der augenblicklich herrschende Saugrohrdruck wirkt auf einen Kristallchip im Drucksensor ein. Je nach den Druckverhältnissen verändert sich der Widerstandswert des Kristallchips. Anhand der Widerstandsänderung und der jeweiligen Drehzahl erkennt das Steuergerät die aktuelle Belastung des Motors.

Einspritzventile

Unmittelbar vor den Einlaßventilen jedes Zylinders sitzt das dazugehörige Einspritzventil. Dort wird pro Kurbelwellenumdrehung jeweils die Hälfte der benötigten Kraftstoffmenge gleichzeitig abgespritzt. So erhält jeder Zylinder seine benötigte Einspritzmenge in zwei »Schüben«, wobei die erste Hälfte in die stehende Ansaugluft vor das geschlossene Einlaßventil gespritzt wird.
Bei der nächsten Kurbelwellenumdrehung wird bei geöffnetem Einlaßventil die zweite Hälfte in die strömende Ansaugluft gespritzt.

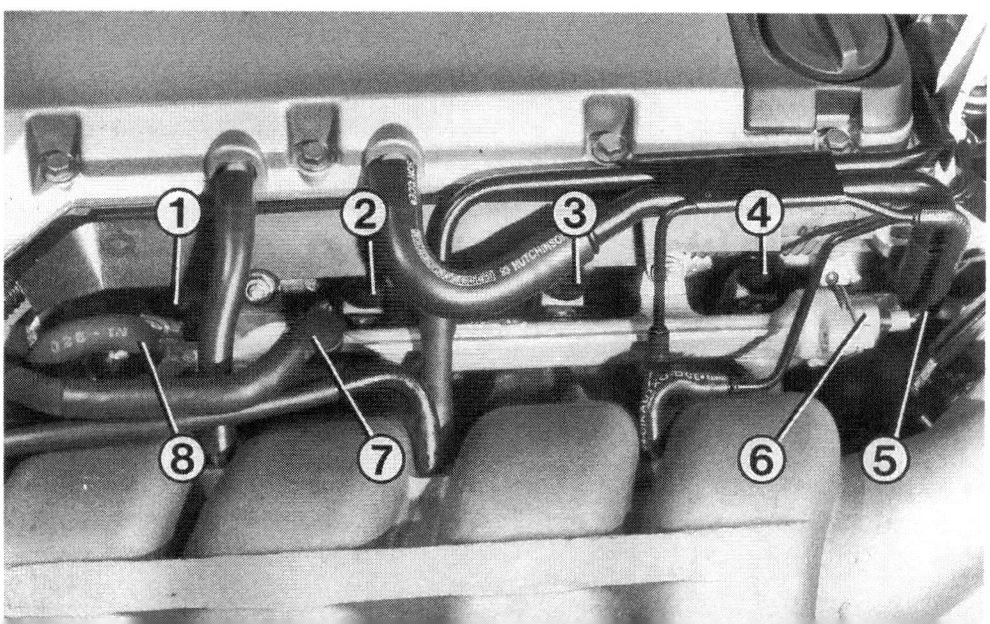

Die Abbildung zeigt das parallel zum Zylinderkopf montierte Kraftstoff-Verteilerrohr des Renault 19 16V. Vom Verteilerrohr versorgt und über die Steckverbindungen vom Steuergerät betätigt werden die in den Zylinderkopf montierten Einspritzventile (1 bis 4). Der Kraftstoffdruck der Kraftstoff-Zulaufleitung (8) wird über den durch Unterdruck gesteuerten Druckregler (6) am anderen Ende des Verteilerrohrs geregelt. Dazu ist am Druckregler ein Unterdruckschlauch (5) angeschlossen. Der Kraftstoff-Rücklauf (7) sitzt vor dem Kraftstoffzulauf im Kraftstoff-Verteilerrohr.

Den Drosselklappen-Potentiometer (1) sollten Sie nur abbauen, wenn es unbedingt erforderlich ist. Dazu die Steckverbindung trennen und dann die mit Lack versiegelten Kreuzschlitzschrauben (2) lösen. Vorher jedoch die genaue Lage des Potentiometers markieren.

Kraftstoffverteiler

Es dient dazu, alle Einspritzventile gleichmäßig mit Kraftstoff zu versorgen. Außerdem wirkt das Verteilerrohr als Kraftstoffspeicher und verhindert damit Druckschwankungen.

Kaltstartventil nur 16V

Das ist ein elektromagnetisch betätigtes Ventil, das bei einer Kühlmittel-Temperatur von weniger als 20°C für kurze Zeit zusätzlichen Kraftstoff fein zerstäubt in das Sammelsaugrohr einspritzt. Die Einspritzdauer bestimmt das Steuergerät.

Leerlauf-Regelventil

In der Warmlaufphase, bei vollem Einschlagen der Servolenkung oder beim Einschalten leistungsstarker Stromverbraucher gibt das Ventil einen Luftnebenkanal frei; damit überbrückt man die Drosselklappen. Der höhere Luftdurchsatz in Richtung Sammelsaugrohr bewirkt gleichzeitig eine vermehrte Kraftstoffzuteilung. So wird die höhere Reibung im Motor im kalten Zustand bzw. die höhere Motorbelastung durch die kraftzehrende Servopumpe bzw. die Stromverbraucher ausgeglichen.

Geschwindigkeitsgeber

Dieser Geber am Tachowellenanschluß des Getriebes erzeugt eine Wechselspannung, deren Frequenz mit der Drehzahl der Tachowelle steigt oder fällt. Diese Signale gelangen ebenfalls ans Steuergerät.

Lambdasonde

Sie sitzt im Auspuffrohr vor dem Katalysator. Damit die Sonde nach dem Kaltstart die Betriebstemperatur möglichst schnell erreicht, wird sie elektrisch beheizt. Weiteres im Kapitel »Die Abgas-Entgiftung«.

Temperaturgeber

Die Geber funktionieren als veränderlicher Widerstand mit »negativem Temperatur-Koeffizienten« (NTC), d.h. der Widerstand wird mit zunehmender Temperatur geringer.
Geber für Ansaugluft: Er sitzt im Luftschlauch vor dem Drosselklappengehäuse (1,7-/1,8-Liter) bzw. seitlich im Sammelsaugrohr vor dem Ansaugkrümmer (16V), um die Temperatur der Ansaugluft zu erfassen.
Geber für Kühlmittel (neben dem Thermostatgehäuse): Beim Kaltstart und in der Warmlaufphase wird die Kühlmittel-Temperatur für die richtige Zumessung des Kraftstoffes und das passende Zündkennfeld benötigt.

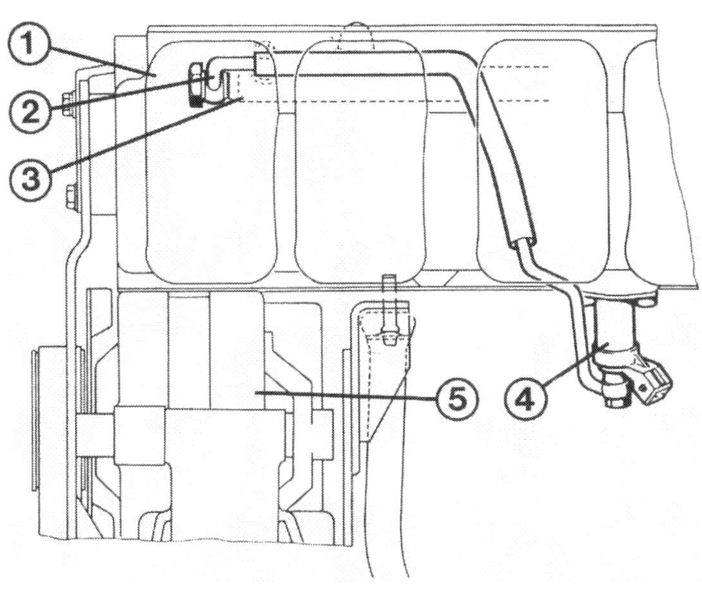

Die Zeichnung zeigt das Luftverteilerrohr des 16V-Motors. In der Kaltlaufphase wird das in das Luftverteilergehäuse (1) montierte Kaltstartventil (4) über die Kraftstoff-Druckleitung (2) vom Kraftstoff-Verteilerrohr (3) mit Kraftstoff versorgt. Mit »5« ist die Lichtmaschine bezeichnet.

Funktion der Mehrpunkteinspritzung

Kaltstart: Zusätzlich zur Ansaugluft läßt das Leerlauf-Regelventil weitere Luft einströmen. Zugleich erhält das Steuergerät die Information »Motor kalt« vom Kühlmittel-Temperaturgeber. Daraus errechnet das Steuergerät lange Öffnungsdauer der Einspritzventile für ein fetteres Gemisch. Zusätzlich wird das Kaltstartventil (nur 16V) vom Steuergerät kurzzeitig für eine zusätzliche Kraftstoffration aktiviert.

Warmlauf: Die zunehmende Erwärmung des Kühlmittels meldet der Geber für Kühlmittel-Temperatur ans Steuergerät. Dieses veranlaßt, daß das Leerlauf-Regelventil schließt, und die Spritzdauer der Einspritzventile geht auf den Normalwert zurück.

Leerlauf: Aus den Meldungen des Drosselklappen-Potentiometers und des Drucksensors erkennt das Steuergerät, wenn der Motor im Leerlauf dreht. Fällt die Leerlaufdrehzahl ab, öffnet das Leerlauf-Regelventil seinen Luftkanal, wodurch die Einspritzmenge etwas erhöht wird.

Normalbetrieb erfordert keinerlei besondere Einrichtungen. Die Stellung der Drosselklappen, der Saugrohrdruck und die Werte vom Geschwindigkeitsgeber bestimmen die Öffnungsdauer der Einspritzventile. Ganz automatisch stellt sich immer das richtige, verbrennungsgünstigste Verhältnis ein.

Beschleunigen: Schnelles Öffnen der Drosselklappen erkennt das Steuergerät anhand der Meldung vom Drosselklappen-Potentiometer als Beschleunigen. Dementsprechend wird jetzt die Einspritzzeit kurzzeitig etwas verlängert.

Lambda-Regelung: Für einwandfreies Arbeiten braucht der Katalysator den ständigen Wechsel von leicht angefettetem bzw. abgemagertem Gemisch. Den augenblicklichen Restsauerstoffgehalt übermittelt die Lambdasonde dem Steuergerät, das in Sekundenbruchteilen den Einspritzventilen den Befehl zu kürzerer oder längerer Spritzzeit und damit der zugeteilten Benzinmenge übermittelt.

Vollast: Für volle Leistung bei ganz durchgetretenem Gaspedal braucht der Motor mehr Kraftstoff. Anhand der Meldung »Vollgas« vom Drosselklappen-Potentiometer in Verbindung mit dem entsprechenden Saugrohrdruckwert erkennt das Steuergerät den Zustand »Vollast« und läßt die Einspritzventile einen längeren Zeitraum abspritzen, wobei das Lambdasonden-Signal ignoriert wird.

Drehzahlbegrenzung: Zum Schutz vor Überdrehen des Motors schaltet das Steuergerät die Einspritzventile ab, wenn der Drehzahlgeber eine Drehzahl von 7000/min meldet.

Selbsthilfe bei der Einspritzanlage

Allzuviel Selbsthilfe bei der Einspritzanlage ist leider nicht möglich. Viele Prüfungen an der Einspritzung sind wie bei der Zentraleinspritzung mangels der nötigen Prüfgeräte nicht durchführbar.

○ Verweigert der R 19 den Dienst, kontrollieren Sie zuerst, ob die Zündanlage in Ordnung ist (siehe Kapitel »Die Zündanlage«).

○ Als nächstes sollten Sie die Kraftstoffversorgung überprüfen (wie im Kapitel »Vom Tank zum Motor« beschrieben).

○ Als nächstes führen Sie eine Sichtprüfung durch sowie eine »Falschluft«-Prüfung. Das ist im vorangegangenen Kapitel ausführlich beschrieben.

Prüfen der einzelnen Bauteile

In den folgenden Absätzen sind die Prüfungen für Bauteile der Einspritzanlage beschrieben, die dem

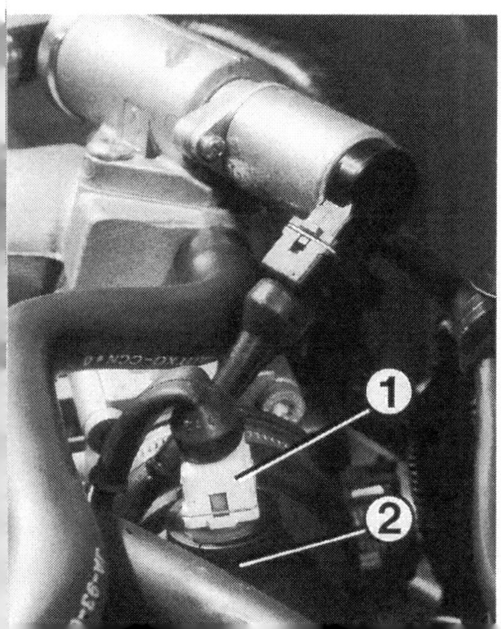

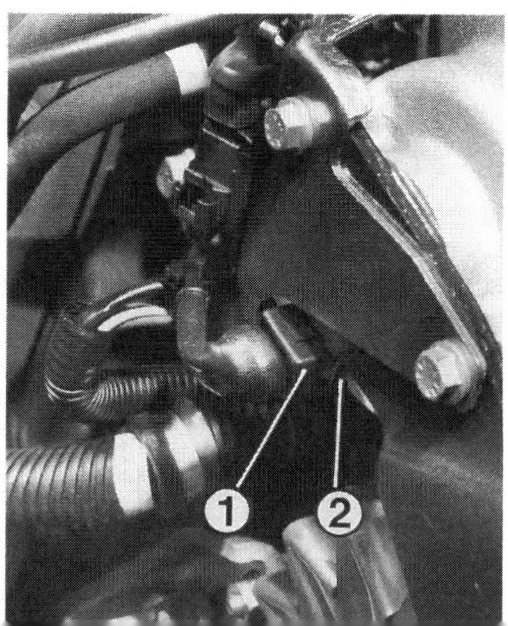

Beim 1,8-Liter-Motor (links) ist der Temperaturgeber (2) für die Ansaugluft vor dem Drosselklappengehäuse in den flexiblen Rippen-Luftschlauch geschraubt. Beim 16 V-Motor (rechts) ist der Temperaturgeber (2) für die Ansaugluft seitlich in das Sammelsaugrohr geschraubt.
Wichtig für die störungsfreie Funktion ist die korrekte Steckverbindung (1). Beim Aufstecken der Mehrfachstecker immer kontrollieren, ob die Sicherungsfeder korrekt eingerastet ist.

Die Abbildung zeigt ein Einspritzventil des 1,8-Liter-Motors. Beim 16V-Motor können Sie die Funktionskontrolle der einzelnen Einspritzventile nach Abnehmen der Abdeckung vornehmen. Es bedeuten:
1 – Steckverbindung mit Federsicherung;
2 – Kraftstoff-Verteilerrohr;
3 – Einspritzventil;
4 – Klammersicherung des Ventils am Kraftstoff-Verteilerrohr.
Zum Ausbau der Einspritzventile müssen alle genannten Teile demontiert werden.

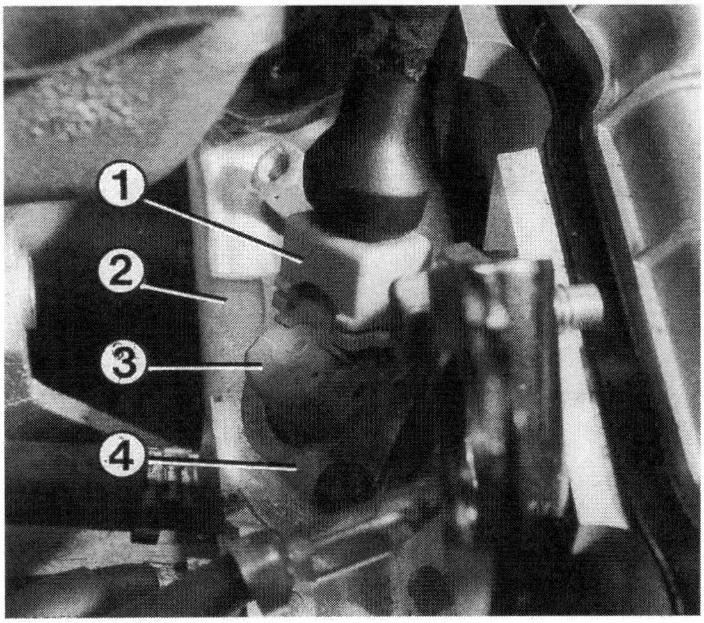

Selbermacher mit »einfachen« Meßinstrumenten und Werkzeug möglich sind. Alles andere gehört in die Hände der Renault-Werkstatt.

Einspritzventile

Besteht der Verdacht, daß eines der Einspritzventile nicht funktioniert, zunächst versuchen, das defekte Ventil durch Fühlen mit der Hand ausfindig zu machen. Das nicht funktionierende Ventil vibriert bei laufendem Motor nicht – im Gegensatz zu den anderen. Der Test sollte jedoch bei kaltem Motor gemacht werden.

● **Spannungsprüfung:** Stecker eines Einspritzventils abziehen, LED-Spannungsprüfer (keine Prüflampe) am Stecker anschließen. Motor starten: Die Leuchtdioden im Spannungsprüfer müssen flackern, sonst ist keine Versorgungsspannung da, oder das Steuergerät hat einen Defekt. Dann ist ein Werkstattbesuch angesagt, denn ein normales Meßgerät ist für eine solche Kontrolle nicht geeignet.

● **Widerstandsmessung:** Stecker am Einspritzventil abziehen, Ohmmeter an den beiden Kontakten des Ventils anschließen.

● Bei 20°C muß der Widerstandswert zwischen 2 und 3 Ω liegen.

● Bei stark abweichenden Werten muß das Ventil ersetzt werden.

● **Dichtheitsprüfung:** Kraftstoffverteilerrohr samt Einspritzventilen ausbauen.

● Alle Stecker von den Einspritzventilen abziehen – die Kraftstoffleitungen bleiben angeschlossen.

● Zündung einige Male aus- und einschalten, damit die Kraftstoffpumpe anläuft und im Kraftstoffsystem Druck aufbauen kann.

● Einspritzventile beobachten.

● Es darf pro Ventil höchstens ein Kraftstofftropfen abfallen. Sonst Ventil austauschen.

● **Spritzstrahl prüfen:** Kraftstoffverteilerrohr samt Einspritzventilen ausbauen.

● Von den nicht zu prüfenden Ventilen die Stecker abziehen – die Kraftstoffleitungen bleiben bei allen Ventilen angeschlossen.

● Unter das zu prüfende Ventil ein Gefäß halten.

● Zündung einschalten.

● Am Ventil muß der Kraftstoff kegelförmig abgespritzt werden.

● Prüfung gegebenenfalls an den übrigen Ventilen wiederholen.

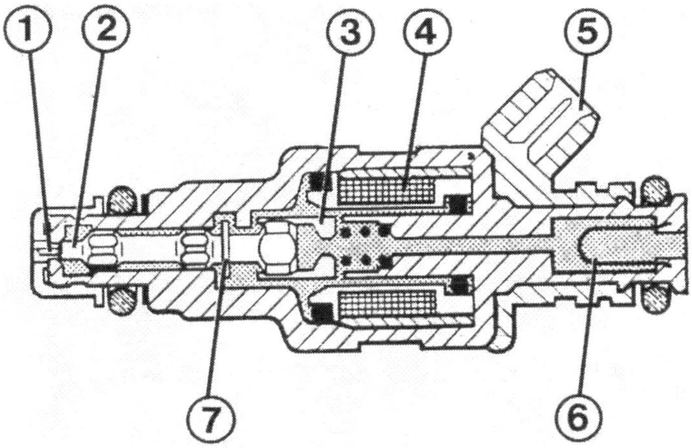

Die Schnittzeichnung eines Einspritzventils zeigt:
1 – Spritzzapfen;
2 – Ventilnadel;
3 – Magnetanker;
4 – Magnetwicklung;
5 – Steckverbindung;
6 – Kraftstoffilter;
7 – Anschlagring.

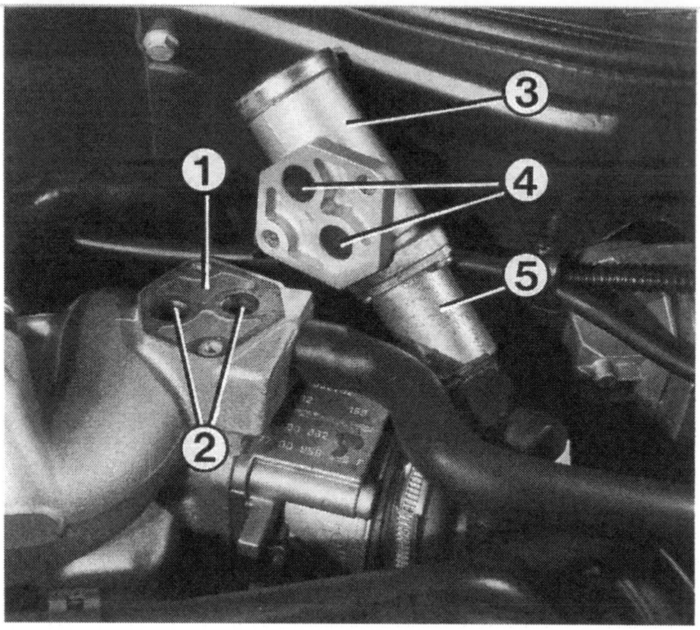

Das demontierte Leerlauf-Regelventil (1,8-Liter-Motor). Es bedeuten:
1 – Flanschdichtung;
2 – Umgehungsöffnungen vom Drosselklappengehäuse zum Sammelsaugrohr;
3 – Leerlauf-Regelventil;
4 – Umgehungskanalöffnungen des Leerlauf-Regelventils – sie müssen beim Anbau genau mit den Öffnungen im Sammelsaugrohr in Deckung stehen;
5 – Magnetschalter.

Kaltstartventil
nur 16 V

Das Kaltstartventil ist von unten zwischen Zylinder 1 und 2 ins Sammelsaugrohr geschraubt. Bevor Sie eine Funktionskontrolle durchführen können, muß das Ventil ausgebaut werden.

- Stecker des Kaltstartventils abziehen.
- Kraftstoffleitung vor dem Ventil mit einer Schlauchklemme abklemmen und am Ventil abschrauben.
- Ventil ausbauen (zwei 5-mm-Innensechskantschrauben).
- Zur Prüfung muß die Kraftstoffleitung wieder angeschlossen sein.
- Ventil in ein Meßglas halten.
- Kraftstoffpumpe einschalten. Dazu Batterie anklemmen und am Stecker des Pumpenrelais die Anschlüsse »3« (rotes Kabel) und »5« (braunes Kabel) mit einem dicken isolierten Kabel (mind. 5 mm Querschnitt) überbrücken.
- Das Kaltstartventil darf nicht abspritzen (Vorsicht mit den Augen!).
- Mit Hilfskabel das Kaltstartventil mit dem Plus- und Minuspol der Batterie verbinden.
- Jetzt muß das Ventil Kraftstoff ins Meßglas spritzen.
- Einbau bei abgeklemmter Batterie.
- Vor dem endgültigen Zusammenbau Batterie anklemmen und Kraftstoffpumpe laufen lassen, wie oben beschrieben, um die Dichtheit der Kraftstoffleitung am Kaltstartventil zu kontrollieren.
- Falls schadhaft, ggf. die zuvor ausgebauten Dichtungen erneuern.

Leerlauf-regelventil

- Motor im Leerlauf drehen lassen.
- Möglichst viele Stromverbraucher einschalten bzw. Servolenkung voll einschlagen. Dabei darf die Leerlaufdrehzahl kurzfristig absinken, muß sich dann aber auf den vorgeschriebenen Wert einregulieren.
- Wird die Steckverbindung abgezogen, muß der Motor »absterben«. Andernfalls das Ventil komplett ersetzen, da es nicht eingestellt werden kann.

Temperatur-geber prüfen

- **Temperaturgeber Ansaugluft:** Stecker am Ansaugluftschlauch bzw. Sammelsaugrohr abziehen.
- An den beiden äußeren Steckkontakten ein Ohmmeter anschließen.

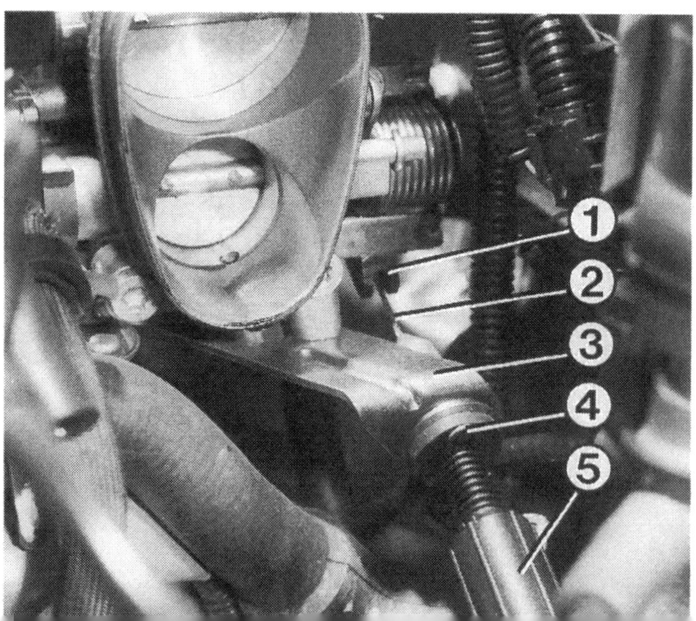

Nachdem am Drosselklappenhebel (1) der Gaszug (2) eingehängt ist, zur genauen Einstellung bei voll getretenem Gaspedal das gerillte Endstück (5) der Gaszughülle so weit aus dem Widerlager (3) herausziehen, bis die Vollgasstellung an der Drosselklappe erreicht ist. Diese Gaszugeinstellung dann mit der Klammer (4) sichern.

● **Temperaturgeber Kühlmittel:** Stecker am zweipoligen Geber neben dem Thermostatgehäuse abziehen.
● An den Steckkontakten des Gebers ein Ohmmeter anschließen.
● **Beide Geber:** Widerstandswert ablesen und mit den Werten in der Tabelle unten vergleichen.
● Entsprechen die Meßwerte den Angaben, ist der Geber in Ordnung.
● **Nur Temperaturgeber Kühlmittel:** Am Geber den Kontakt »+« (Kabelfarbe siehe Kapitel »Schaltpläne«) des Anschlußsteckers freilegen. Der Stecker bleibt aufgesteckt.
● Voltmeter anschließen: Dünne Prüfspitze an den freigelegten Kontakt, anderen Anschluß an Masse.
● Kalten Motor starten und warmlaufen lassen.
● Voltmeter beobachten – die Anzeige muß stetig ansteigen.
● Wenn der Anzeigewert »stehen« bleibt oder sich sprunghaft ändert, ist der Temperaturgeber defekt.

Meßtemperatur	0±1°C	20±1°C	40±1°C	80±1°C	90±1°C
Geber Ansaugluft-Temperatur	7,47–11,97 kΩ	3,06–4,05 kΩ	1,29–1,65 kΩ	–	–
Geber Kühlmittel-Temperatur	–	3,06–4,04 kΩ	1,31–1,60 kΩ	0,30–0,37 kΩ	0,21–0,27 kΩ

Einspritzventile ausbauen

● Batterie abklemmen.
● Kraftstoff-Vor- und -Rücklaufschlauch mit einer Schlauchklemme abklemmen.
● **1,7-/1,8-Liter-Motor:** Steckverbindung des Klopfsensors abziehen.
● Haltewinkel des Sammelsaugrohrs am Zylinderkopf lösen.
● Befestigungsmuttern (SW 7) des Sammelsaugrohrs am Ansaugkrümmer lösen.
● Sammelsaugrohr vom Ansaugkrümmer vorsichtig abheben und seitlich wegschwenken. Dabei darauf achten, daß die Dichtung nicht beschädigt wird.
● **16V-Motor:** Motor-Be- und -Entlüftungsschläuche sowie Unterdruckleitungen vom Zylinderkopfdeckel bzw. Sammelsaugrohr des Ansaugkrümmers abbauen.
● Halteschellen des Kabelbaums am Sammelsaugrohr lösen.
● **Alle Motoren:** Zwei Muttern abschrauben und Kraftstoff-Verteilerrohr mit Einspritzventilen vorsichtig abnehmen.
● Stecker von den Einspritzventilen abziehen.
● Einspritzventile vom Verteilerrohr abnehmen.
● Für den Einbau ist zu beachten, daß selbst bei Wechsel nur eines Einspritzventils grundsätzlich alle Dichtringe erneuert werden sollten, um unnötige Störungen von vornherein gering zu halten. Zum Einsetzen der Ventile Vaseline oder sauberes Motoröl verwenden.
● Nach Einsetzen der Ventile vor Einbau der restlichen Teile eine Dichtigkeitsprüfung vornehmen.

Der Gaszug

Alles Wissenswerte über den Betätigungszug für die Drosselklappen ist im Kapitel »Die Benzin-Zentraleinspritzung« beschrieben. Auch die Einstellung des Zugs ist mit der Beschreibung für die Zentraleinspritzung identisch.

Leerlauf prüfen

Da die Leerlaufdrehzahl elektronisch geregelt wird, kann sich im Grunde nichts verstellen. Eine Einstellmöglichkeit im herkömmlichen Sinn ist bei der Mehrpunkt-Einspritzung nicht vorhanden. Nur in Zweifelsfällen wird die Drehzahl bzw. der CO-Gehalt im Leerlauf nachgeprüft (siehe auch Absatz »Abgas-Untersuchung« im vorigen Kapitel »Die Benzin-Zentraleinspritzung«). Zur Kontrolle benötigen Sie einen genauen Drehzahlmesser – der serienmäßige Drehzahlmesser im Kombi-Instrument ist für eine exakte Leerlaufkontrolle zu ungenau. Wartung Nr. 25
● Stecker vom Leerlaufregelventil abziehen.
● Motor ca. 30 Sekunden mit 2000/min laufen lassen.
● Nach Stabilisierung im Leerlauf die Drehzahl am Drehzahlmesser ablesen, siehe Tabelle auf der folgenden Seite.
● Nach Aufdrücken des Mehrfachsteckers am Leerlauf-Regelventil erhöht sich die Drehzahl auf über 1000/min, fällt aber schnell auf die vorgeschriebene Leerlaufdrehzahl ab.
● Bei abweichender Drehzahl Steckverbindungen aller Geber kontrollieren und »Falschluft«-Prüfung durchführen.

Motor	1,7-Liter Schaltgetriebe	1,7-Liter Automatikgetriebe*	1,8-Liter	16V
Leerlaufdrehzahl	800 ± 50/min	825 ± 50/min	780 ± 50/min	900 ± 50/min
Abgas-CO-Gehalt				
Renault-Kontrollwert	0,3 Vol.%	0,3 Vol.%	0,3 Vol.%	0,3 Vol.%
gesetzl. Kontrollwert	0,5 Vol.%	0,5 Vol.%	0,5 Vol.%	0,5 Vol.%

* Automatik-Wählhebel auf »N«

Störungsbeistand

Mehrpunkteinspritzung

Die Störung	– ihre Ursache	– ihre Abhilfe
A Kalter Motor springt nicht oder schlecht an	1 Spannungsversorgungs-Relais defekt	Überprüfen, ggf. austauschen
	2 Kraftstoffpumpe fördert nicht oder nicht genügend	Benzin im Tank? Pumpe kontrollieren, Fördermenge messen
	3 Kaltstartventil spritzt nicht ein oder undicht (nur 16 V)	Kaltstartventil prüfen
	4 Kraftstoff-Druckregler defekt	Druck messen lassen
	5 Kühlmittel-Temperaturgeber defekt	Prüfen
	6 Drucksensor defekt	Prüfen lassen
	7 Drosselklappen-Potentiometer defekt	Prüfen lassen
	8 Steuergerät defekt	Prüfen lassen
	9 Kabelstrang zwischen Drehzahlgeber und Steuergerät defekt	Kabelverlauf kontrollieren
	10 Motor erhält »Falschluft«	Sämtliche Schlauchleitungen überprüfen
B Warmer Motor springt nicht oder schlecht an	1 Unterdruckleitung zum Kraftstoff-Druckregler defekt	Leitung überprüfen
	2 Siehe A 1–10	
	3 Einspritzventile undicht	Ventile überprüfen
C Motor springt an, stirbt aber wieder ab	1 Leerlauf-Regelventil arbeitet nicht	Ventil prüfen
	2 Siehe A 6 und 7	
	3 Siehe B 1	
D Kalter Motor schüttelt im Leerlauf	1 Siehe A 5	
	2 Siehe C 1	
E Warmer Motor schüttelt im Leerlauf	Siehe C 1 und 4	
F Leerlauf sinkt beim Einschlagen der Lenkung ab	Siehe C 1	
G Motor hat Aussetzer	1 Kraftstoffilter verstopft	Filter austauschen
	2 Siehe A 2 und 6	
	3 Siehe B 3	
H Schwankende Drehzahl bei 2000–3000/min	Siehe A 7	
I Motor stottert, setzt aus	Siehe A 2	
J Motorleistung ungenügend	1 Siehe A 2, 6, 7 und 10	
	2 Drosselklappen gehen nicht in Vollgasstellung	Gaszug einstellen
K Motor patscht ins Saugrohr	Siehe A 6	
L Kraftstoffverbrauch zu hoch	Siehe A 5–7	

Hochdruckspritzer

Da der Verdichtungsdruck des Motors vom Einspritzdruck der Einspritzdüsen überwunden werden muß und der Diesel-Motor mit wesentlich höherer Verdichtung als ein Benziner arbeitet, liegt der Kraftstoffdruck an der Einspritzdüse eines Diesel-Motors ca. 100fach über dem Druck der Einspritzventile bei der Benzineinspritzung.

Die Kraftstoffzufuhr

Den Verlauf der Kraftstoffleitungen zeigt schematisch die Zeichnung unten. Vom Tank aus verläuft die Saugleitung entlang des Wagenbodens zum Kraftstoffilter rechts im Motorraum. Der dort durchfließende Dieselkraftstoff wird im Filter gereinigt und anschließend von der Einspritzpumpe angesaugt. Der Diesel-Motor des Renault 19 nach US-Norm 87 bzw. 91/441/EWG ist mit einer Bosch-Verteiler-Einspritzpumpe bestückt. Bei Motoren nach ECE-Norm 1504/1505 ist dagegen eine Einspritzpumpe von CAV/Roto oder Lucas eingebaut.
Die Einspritzpumpe pumpt den Dieselkraftstoff in stabilen Einspritzleitungen mit einem Überdruck von bis zu 140 bar zu den vier Einspritzdüsen, wobei mehr Kraftstoff gefördert wird, als an den Einspritzdüsen gebraucht wird. Deshalb läuft das Zuviel über die Rücklaufleitung zum Tank zurück. Auch die Düsen spritzen nicht den gesamten angelieferten Kraftstoff in die Brennräume. Der überschüssige Kraftstoff dient dazu, die beweglichen Teile der Einspritzpumpe und Einspritzdüsen zu schmieren. Für den Rücktransport des überschüssigen Kraftstoffs sind die Düsen mit Rücklaufstutzen versehen und durch Schläuche, sogenannte Leckölleitungen, untereinander verbunden. Von der in Fahrtrichtung gesehen rechten Einspritzdüse (Zylinder 4) läuft dann der Kraftstoff über die Rücklaufleitung zum Tank zurück. Einer der beiden Rücklaufstutzen der Einspritzdüse von Zylinder 1 ist prinzipbedingt nicht mit einer Rücklaufleitung, sondern mit einer Verschlußkappe verschlossen.

Kraftstoffanlage entlüften

Ein leergefahrener Tank war früher der Schrecken der Diesel-Fahrer. Grund: Haben sich die Saugleitungen der Einspritzanlage entleert, fällt es der Pumpe schwer, wieder Kraftstoff anzusaugen und zu den Einspritzdüsen zu transportieren.
Den Renault-Fahrer kann ein leerer Tank hingegen nicht schockieren, denn seine Einspritzpumpe ist selbstansaugend. Man braucht – eine gute Batterie vorausgesetzt – nur lange genug mit dem Anlasser zu »orgeln«, bis Diesel-Kraftstoff gefördert wird.
Da jedoch bei leergefahrenem Tank auch der Kraftstoffilter leer ist, sollten Sie vorsorglich nach dem Tanken mit der oben auf dem Kraftstoffilter sitzenden Handpumpe Diesel pumpen, bis keine Blasen mehr austreten. Erst dann den Motor starten.

Fingerzeige: **Die im Vortext erwähnte Verschlußkappe auf der letzten Einspritzdüse kann undicht werden, was Kraftstoffverlust und Motorlaufstörungen zur Folge hat. Kontrollieren, ob bei laufendem Motor Kraftstoff austritt oder gar herausspritzt. Defekten Stopfen auswechseln.**
Die beiden Hohlschrauben für die Zu- und Rücklaufleitung dürfen an der Einspritzpumpe nicht verwech-

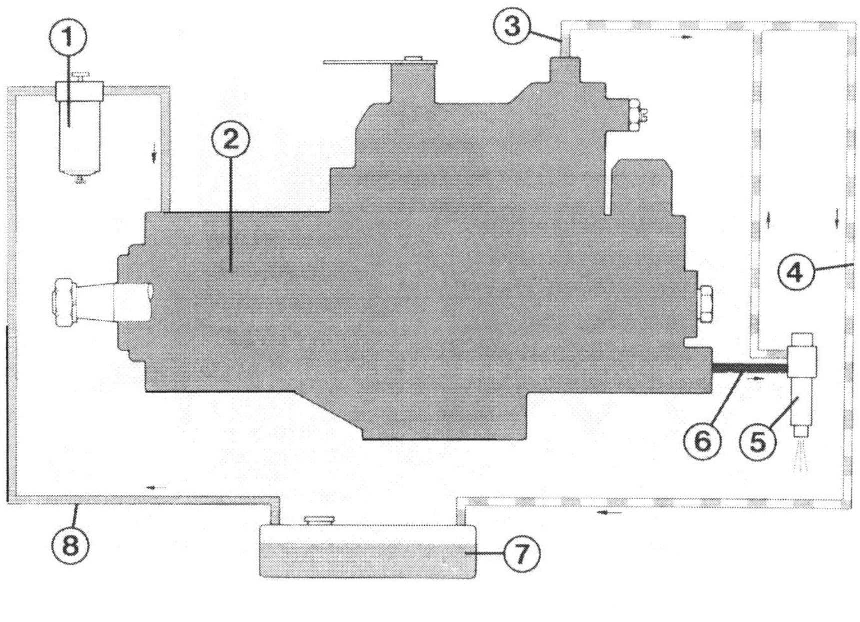

Der Kraftstofffluß bei der Diesel-Einspritzung ist hier schematisch dargestellt: Vom Tank (7) gelangt Kraftstoff durch die Zuleitung (8) in den Kraftstoffilter (1). Der gereinigte Dieselkraftstoff wird dann in die Einspritzpumpe (2) gesaugt. Der Überschuß läuft durch die dünne Rücklaufbohrung (3) in die Rücklaufleitung (4). Über die Einspritzleitung (6) gelangt Kraftstoff unter hohem Druck in die Einspritzdüse (5). Eine kleine Kraftstoffmenge, die sich an der Düsennadel vorbeimogelt und nicht eingespritzt wird, läuft ebenfalls über den Rücklauf zurück in den Tank.

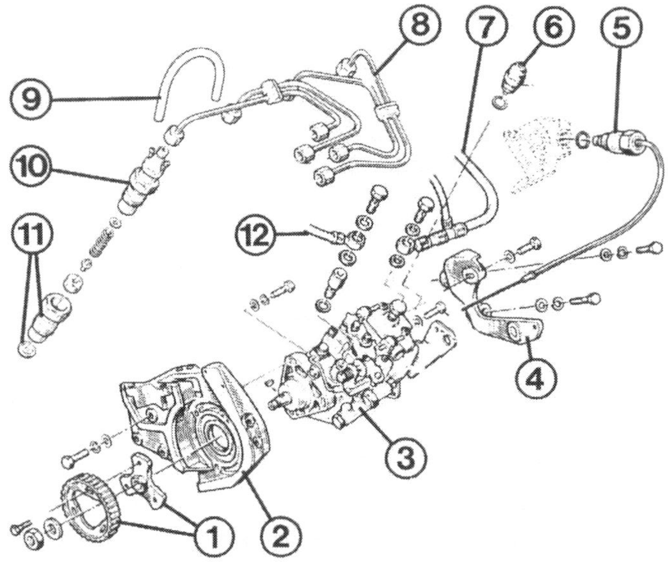

Die Bosch-Einspritzpumpe des Saugdiesels (47 kW) mit zugehörigen Teilen. Es bedeuten:
1 – geteiltes Zahnriemenrad;
2 – vordere Einspritzpumpen-Aufhängung;
3 – Kaltstartvorrichtung;
4 – hintere Einspritzpumpen-Aufhängung;
5 – Thermoelement zur Kaltleerlauf-Anhebung;
6 – Absteller;
7 – Kraftstoff-Rücklauf;
8 – Druckleitungen zu den Einspritzdüsen;
9 – Leckleitung zwischen den Einspritzdüsen;
10 – Einspritzdüse mit Kleinteilen;
11 – Düsenhalter mit Hitzeschild;
12 – Kraftstoff-Rücklauf.

selt werden. Das könnte z.B. passieren, wenn Sie die Kraftstoffleitungen auswechseln wollen. Beide Schrauben haben zwar das gleiche Gewinde, doch unterscheiden sie sich in ihrem Bohrungsdurchmesser. Die Hohlschraube mit dem kleineren Innendurchmesser gehört an den Rücklauf, sie trägt auf ihrem Kopf das Wort »OUT« eingestempelt. Verwechslungen führen zu Überhitzung der Pumpe und zu Motorlaufstörungen.

Die Einspritzpumpe

Der R19-Diesel-Motor ist mit einer sogenannten **V**erteiler-**E**inspritzpumpe von Bosch, Lucas oder Roto ausgerüstet. Die VE-Einspritzpumpe, für den Einsatz in hochdrehenden Diesel-Motoren gedacht, unterscheidet sich in ihrer Funktionsweise grundsätzlich von den – etwa bei Daimler-Benz verwendeten – Reihen-Einspritzpumpen (mit je einem Pumpenstempel pro Zylinder). Die Verteiler-Einspritzpumpe bietet als Vorteil die etwas kostengünstigere Herstellung, gilt jedoch als etwas weniger langlebig.

Fingerzeig: **Die Verteiler-Einspritzpumpe reagiert besonders empfindlich auf Verunreinigungen (Schmutz, Wasser) im Kraftstoff. Die Bohrung in der Muffe zur Fliehkraftregelung setzt sich dann zu, was deutliche Motorlaufstörungen zur Folge hat. Das wird teuer, denn die Pumpe kann ohne Prüfstand nicht repariert werden. Deshalb lieber auf regelmäßigen Austausch und Entwässern des Kraftstoffilters achten.**

Funktion der Einspritzpumpe

Die Flügelzellenpumpe

Die erste Station in der Verteiler-Einspritzpumpe stellt die Flügelzellen-Kraftstoffpumpe dar (siehe Abbildung unten). Sie saugt Kraftstoff aus der vom Filter kommenden Leitung an. Das Pumpenrad, in das bewegliche Gleitsteine eingesetzt sind, sitzt in einer runden Bohrung im Pumpengehäuse. In dieser Bohrung steht das

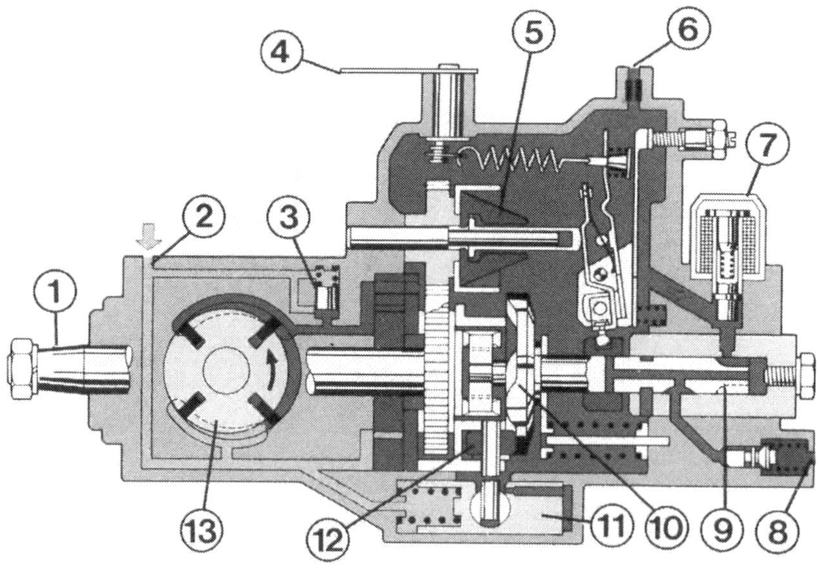

Die Einspritzpumpe im Schnitt:
1 – Antriebswelle;
2 – Kraftstoff-Zulauf;
3 – Überdruckventil der Pumpe;
4 – »Gashebel«;
5 – Fliehkraftregler;
6 – Rücklaufbohrung;
7 – Absteller;
8 – Kraftstoffleitung zu den Einspritzdüsen;
9 – Verteilerkolben;
10 – Hubscheibe;
11 – Spritzversteller (hier zur besseren Darstellung um 90° gedreht;
12 – Rollenring;
13 – Flügelzellen-Kraftstoffpumpe (ebenfalls um 90° gedreht).
Rot dargestellt ist der Kraftstoff in der Einspritzpumpe. Je dunkler die Färbung, desto höher der Druck.

Die Roto-Einspritzpumpe des Turbodiesels zeigt:
1 – geteiltes Zahnriemenrad;
2– vordere Einspritzpumpen-Aufhängung;
3 – elektromagnetische Spritzverstellung;
4– hintere Einspritzpumpen-Aufhängung;
5 – Thermoelement für Kaltleerlauf-Anhebung;
6– Druckleitungen zu den Einspritzdüsen;
7 – Leckleitung zwischen den Einspritzdüsen;
8– Einspritzdüse mit Kleinteilen;
9 – Düsenhalter mit Hitzeschild.

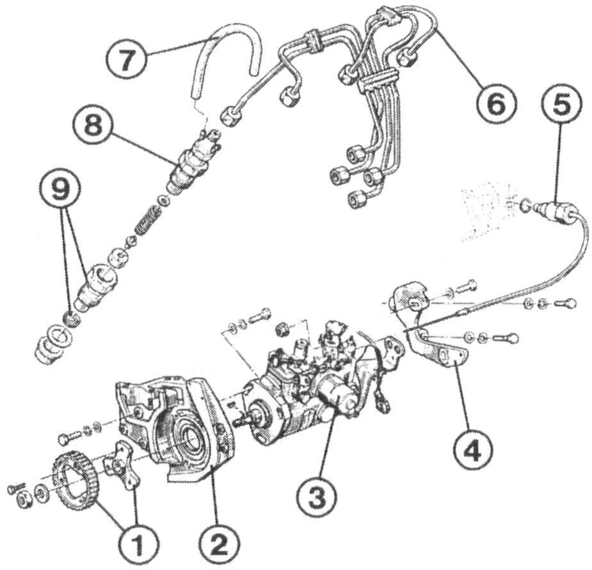

Pumpenrad leicht aus der Mitte versetzt. Die Gleitsteine liegen jedoch immer an der Wandung des Pumpengehäuses an, denn das Pumpenrad dreht sich bei laufendem Motor, und so werden sie von der Fliehkraft nach außen gedrückt. Sie dichten also mit der Bohrungswand im Pumpengehäuse ab. Bei der Drehung des Pumpenrades bildet sich immer ein Volumen zwischen den Gleitsteinen, das sich dann zur Druckseite der Pumpe, also zum Ausgang hin, verkleinert. Die im Volumen befindliche Flüssigkeit wird somit zwangsläufig hinausgedrückt.

Verteilerkolben und Hubscheibe

Von der Flügelzellen-Kraftstoffpumpe wird der Kraftstoff unter Druck in das Gehäuse der eigentlichen Einspritzpumpe befördert. Dort sitzt – im Prinzip auf der gleichen Welle wie die Flügelzellenpumpe – der Verteilerkolben, nach dem die Einspritzpumpe ihren Namen hat. Er ist das Kernstück der Anlage und ähnelt in seiner Funktionsweise dem Zündverteiler des Benzin-Motors.
Das Geheimnis des Verteilerkolbens liegt darin, daß er von einer Vielzahl von Bohrungen und Aussparungen durchzogen ist. So kann er seinen beiden Funktionen gerecht werden – dem Füllen und dem Abspritzen.
Funktion: Während des **Füllens** steht der Steuerschlitz des Kolbens der Zuflußbohrung (Füllbohrung) gegenüber. Der Kraftstoff, von der Flügelzellenpumpe unter Druck gesetzt, fließt in den Freiraum im Kolben und vor dem Kolben ein. Der Verteilerkolben dreht sich (über den Zahnriemen von der Kurbelwelle mit halber Motordrehzahl angetrieben) weiter. Die Füllbohrung ist wieder geschlossen. So viel zum Füllen.
Nun kommen zwei weitere Bauteile ins Spiel. Der Verteilerkolben ist mit einer Scheibe verbunden auf der vier Höcker sitzen. Das ist die Hubscheibe; sie läuft gegen ein festes Gegenlager, das zur Verminderung der Reibung vier Rollen in gleichem Abstand wie die Höcker auf der Hubscheibe trägt. Das ist der Rollenring.
Jetzt erfolgt das **Abspritzen:** Die Hubscheibe läuft – wie gesagt – auf dem Rollenring. Haben nun die Höcker die Rollen erreicht, so wird die Hubscheibe samt Verteilerkolben nach vorn gedrückt. Das geschieht just zu dem Zeitpunkt, an dem sich eine weitere Bohrung im Kolben mit dem Auslaßkanal zu einer Einspritzdüse deckt. Der Kraftstoff kann also in Richtung desjenigen Zylinders ausfließen, der gerade verdichtet und mit dem Zünden dran ist. Durch die Vorwärtsbewegung des Verteilerkolbens wird gleichzeitig das Volumen vor dem

Links die Bosch-, rechts die Roto-Einspritzpumpe. Der Absteller (2), auch Motor-Stopschalter genannt, unterbricht beim Ausschalten der »Zündung« die Kraftstoffzufuhr zum Pumpenelement. Wenn Sie den Motor mit dem Anlasser durchdrehen wollen, beispielsweise zur Kompressionsprüfung, muß der elektrische Anschluß (1) abgenommen werden, damit der Motor nicht anspringt. Weiter bedeuten:
3 – Nockenscheibe des »Gashebels« zur Betätigung der Mikroschalter für Abgas-Rückführung und Vollast;
4 – Mikroschalter für Abgas-Rückführung;
5 – Vollastschalter.

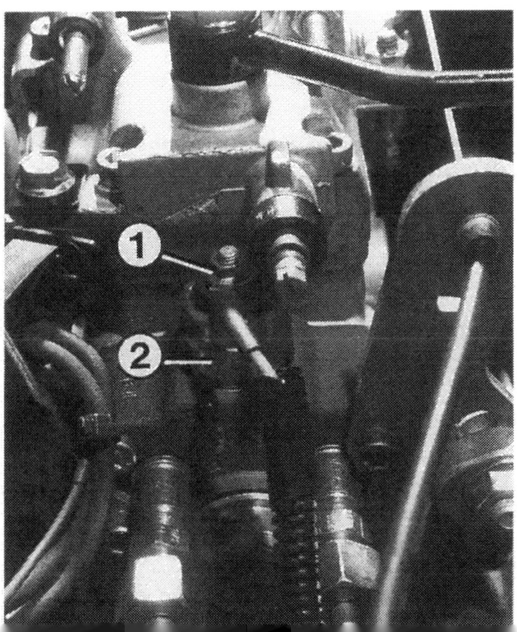

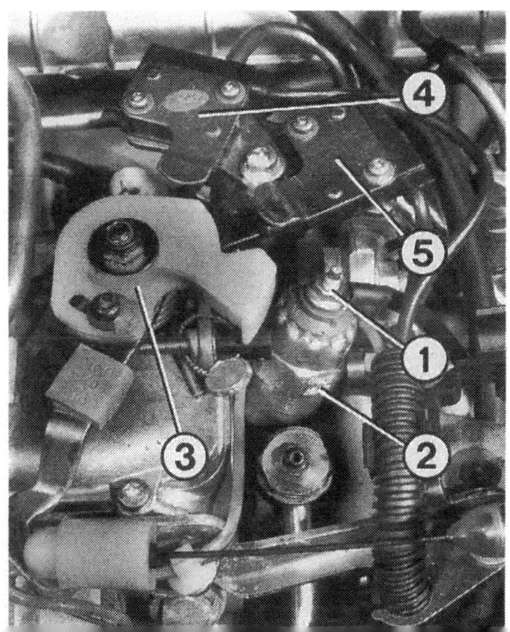

Kolben verkleinert. Der ohnehin schon unter Druck stehende Kraftstoff wird also zusätzlich noch einmal mit Druck beaufschlagt und zur Einspritzdüse gepreßt. Der Einspritzvorgang für einen Zylinder ist beendet.
Kurbelwelle und Einspritzpumpe drehen weiter. Der Verteilerkolben rutscht wieder zurück, aus der Füllbohrung fließt Kraftstoff nach. Der Verteilerkolben dreht sich zum Auslaßkanal für den nächsten Zylinder. Die Höcker auf der Hubscheibe laufen wieder gegen die Rollen des Rollenrings. Der Verteilerkolben wird nach vorn gedrückt und der Kraftstoff unter Druck eingespritzt.

Der Absteller

Kurz bevor der Dieselkraftstoff an die Füllbohrung für den Verteilerkolben gelangt, passiert er ein elektrisches Magnetventil – den Absteller. Dieser erhält beim Drehen des »Zünd«-Schlüssels auf die erste Stellung Spannung und gibt dann den Weg für den Kraftstoff frei. Beim Abstellen des Motors wird vom Glüh-Anlaßschalter die Spannungsversorgung unterbrochen. Der Absteller verschließt dann den Füllkanal, und der Motor stirbt ab. Eine andere Möglichkeit – außer Abwürgen oder Zuhalten von Luftfilterschnorchel oder Auspuff – gibt es nicht, um den Diesel-Motor abzustellen.

Der Fliehkraftregler

Um die verschiedenen Betriebszustände des Motors zu erfassen und so die Möglichkeit zu schaffen, jeweils die richtige Einspritzmenge bereitzustellen, ist in der Einspritzpumpe ein Fliehkraftregler, auch Alldrehzahlregler genannt, eingebaut. Seine Gewichte werden je nach Motordrehzahl mehr oder weniger nach außen gedrückt. Die Gewichte drücken über einen Hebelmechanismus auf einen Regelschieber, der durch Öffnen einer Bohrung im Verteilerkolben überschüssigen Kraftstoff abfließen läßt. Wird die Drehzahl des Motors im Verhältnis zur Gaspedalstellung zu hoch, so öffnet der Regler die Bohrung, und die Drehzahl fällt wieder ab.
Zum **Start** ist die Abregelbohrung ganz geschlossen. Der Motor bekommt die volle Kraftstoffmenge; aber nur so lange, bis die Leerlaufdrehzahl erreicht ist. Dann wird wieder abgeregelt.
Das gleiche geschieht bei **Leerlauf und Teillast**. Der Fliehkraftregler vergleicht über eine sinnreiche Mechanik Gaspedalstellung und Motordrehzahl. Ist die vom Gaspedal befohlene Drehzahl erreicht, wird abgeregelt.
Die **Höchstdrehzahl** des Motors wird ebenfalls vom Fliehkraftregler begrenzt. Dreht der Motor über die Höchstdrehzahl hinaus, so wird die Abregelbohrung freigegeben. Der Motor kann nicht mehr höher drehen.

Der Spritzversteller

Mit zunehmender Motordrehzahl muß der Kraftstoff früher eingespritzt werden, damit die Zündung trotzdem rechtzeitig erfolgen kann. Diese Frühverstellung übernimmt der Spritzversteller. Er ist ebenfalls in die Einspritzpumpe eingebaut.
Steigt die Drehzahl des Motors, dreht auch die Flügelzellenpumpe in der Einspritzpumpe schneller. Der Druck des Kraftstoffes steigt deshalb an. Diese Tatsache macht man sich beim Spritzversteller zunutze. Der Kraftstoffdruck wirkt auf einen Kolben und bewegt diesen gegen die Kraft einer Feder. Der Rollenring ist starr mit diesem Kolben verbunden, die Zeichnung auf Seite 103 unten zeigt das. Bei steigendem Kraftstoffdruck – also bei höherer Drehzahl – verschiebt der Kolben den Rollenring ein Stück um seine Achse. Die Nocken der Hubscheibe laufen deshalb früher auf die Rollen auf; es wird also früher eingespritzt. Bei abfallender Drehzahl geht der Kolben und mit ihm der Rollenring wieder zurück.

Die Kaltstartvorrichtung

Der kalte Motor springt besser an, wenn der Kraftstoff früher in die heiße verdichtete Luft eingespritzt wird. Auch beschleunigt der Wagen dann in der ersten Kaltlaufphase besser, und der lästige blaue Auspuffrauch beim Starten bleibt durch diese Einrichtung fast ganz aus. Technisch gesehen bewirkt der Kaltstartbeschleuniger an der Einspritzpumpe dasselbe wie der Spritzversteller. Er wirkt über Kraftstoffdruck auf den Spritzver-

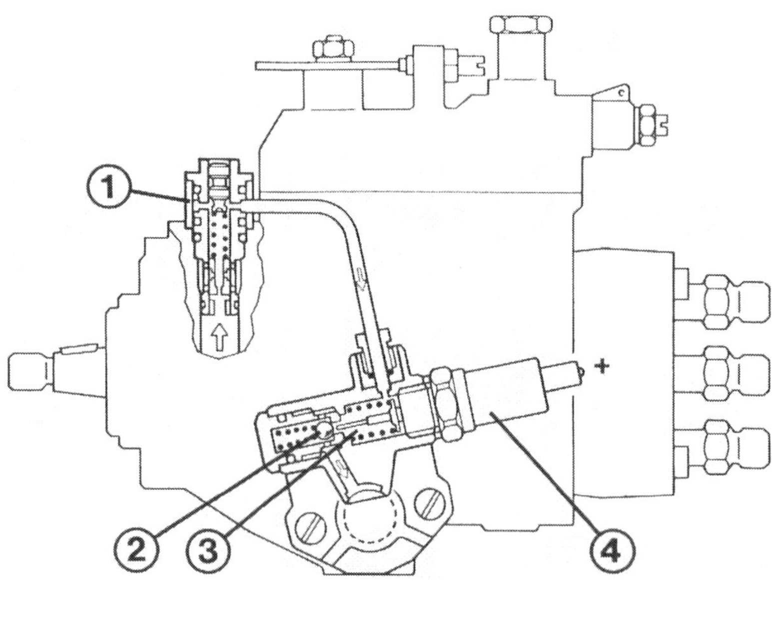

Der hydraulische Kaltstartbeschleuniger bei der Bosch-Einspritzpumpe besteht aus einem Drucksteuerventil (1), einem Druckhalteventil (3) und einem elektrisch beheizten Dehnstoff-Thermoelement (4). Wird die Motordrehzahl im Kaltlauf auf über 2000/min erhöht, öffnet das Kugelventil (2), und der erhöhte Kraftstoffdruck normalisiert sich.

steller-Kolben und drückt ihn zurück. Der Rollenring wird dadurch um etwa 2,5° in Richtung »früh« verdreht.
Die Kaltstartvorrichtung besteht aus einem seitlich an die Einspritzpumpe angebauten Ventil, das direkt mit einem in den Ventilkörper eingeschraubten elektrisch beheizten Thermoelement in Verbindung steht. Nach dem Motorstart dehnt sich das Thermoelement aus und öffnet das Ventil. Dadurch verringert sich der Einspritzdruck auf den Normalwert, womit der Kaltstartbeschleuniger dann außer Betrieb ist. Das ist je nach Umgebungstemperatur nach 30 bis 180 Sekunden der Fall.
Bei einer Kühlmittel-Temperatur von mehr als 65°C bzw. einer Kraftstoff-Temperatur von mehr als 45°C bzw. 67°C (je nach Einspritzpumpe) bleibt der Kaltstartbeschleuniger abgeschaltet. Wird gleich über 2000/min beschleunigt, öffnet das Ventil ebenfalls, und der Kaltstartbeschleuniger ist außer Betrieb.

Kaltleerlauf-Anhebung

Aus Komfortgründen ist die Einspritzpumpe zusätzlich zum Kaltstartbeschleuniger mit einer Einrichtung zur Drehzahlanhebung kombiniert. So wird allzu lästiges Nageln und Motorschütteln im Kaltleerlauf vermieden. Dazu ist der Leerlaufanschlag mit einem zweiten Hebel versehen, der über einen kleinen Bowdenzug mit einem in den Motorblock geschraubten, kühlmittelbeheizten Wachsthermostat verbunden ist.
Bei kaltem Motor (Kühlmittel-Temperatur unter 15°C) wird über diesen Hebel die Drehzahl im Leerlauf auf 1100/min bis 1200/min angehoben. Mit der Erwärmung des Motors wird das Wachs im Thermostat verflüssigt, wodurch es sich ausdehnt. Der bisher gespannte Zug wird entlastet – der Leerlaufhebel wandert auf den Anschlag für normale Leerlaufdrehzahl.

Die Ladedruckanreicherung

nur Turbodiesel

Unten bzw. seitlich unten sitzt bei der Einspritzpumpe des Turbodiesel ein zusätzliches Gehäuseteil – die Ladedruckanreicherung (LDA). Sie sorgt dafür, daß die Mehrmenge an Luft, die der Turbolader herbeigeschafft hat, durch eine Mehrmenge an Kraftstoff ergänzt wird – und zwar abhängig vom jeweiligen Ladedruck. Das funktioniert so: Der Ladedruck aus dem Ansaugrohr wirkt über einen Schlauch auf die Membran im Gehäuse. Die Membran wölbt sich dadurch und überträgt diese Bewegung über den Membranstößel und einen Anschlagwinkel auf denselben Regelschieber, auf den auch der Fliehkraftregler wirkt. Steigt der Ladedruck, so wird der Regelschieber länger über die Abregelbohrung des Verteilerkolbens gedrückt. Der bis dato überschüssige Kraftstoff kann also nicht mehr entweichen, sondern wird eingespritzt. Bei hohem Ladedruck wird also mehr Kraftstoff zugeführt.

Die Einspritzdüsen

Die Einspritzdüsen sind die letzte Station der Diesel-Einspritzanlage. Ihre Aufgabe ist es, den Kraftstoff unter hohem Druck in die Wirbelkammer einzuspritzen. Erst wenn der Kraftstoffdruck über 125 bis 140 bar ansteigt, hebt sich die Düsennadel von ihrem Sitz ab, und der Kraftstoff kann in die Wirbelkammer gesprüht werden. Andererseits verhindert die hohe Federkraft, daß der Verbrennungsdruck in das Kraftstoffsystem zurückschlägt. Die Kühlung und Schmierung der Düsennadel besorgt der Kraftstoff. Da nie die gesamte Kraftstoffmenge eingespritzt werden kann, fließt der überschüssige Kraftstoff über die bereits eingangs des Kapitels erwähnte Rücklaufleitung in den Tank zurück.
Die Soll-Zeit zwischen Einspritzbeginn und Zündung beträgt ganze 0,002 Sekunden. Hier gibt schon die kleinste Unkorrektheit Anlaß zu Ärger. Eine etwa hängengebliebene Düsennadel ergibt unregelmäßige und

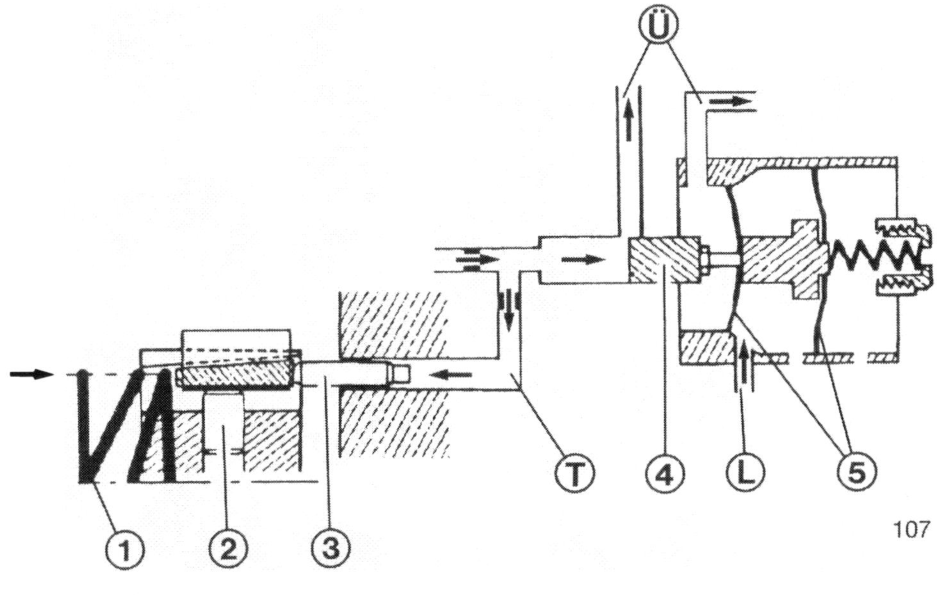

Das Funktionsprinzip der Ladedruckanreicherung. Der Ladedruckregler sitzt seitlich unterhalb des Spritzverstellers und ermöglicht beim Turbodiesel die Angleichung der Pumpenförderleistung an den vom Turbolader vorgegebenen Ladedruck.
Bei der Aufladung wirkt der Laderdruck (L) auf die beiden Membranen (5) und zieht den Regulierschieber (4) nach rechts. Dadurch wird die Überdruckrückführung (Ü) zur Einspritzpumpe geöffnet, und der am Zylinder (3) anliegende Transferdruck (T) nimmt ab. Die Feder (1) verschiebt nun den auf den Verteilerkolben (2) drückenden Gleitschuh und erhöht damit den Kolbenhub. Auf diese Weise wird die Einspritzmenge erhöht.

übermäßige Versorgung mit Kraftstoff, schlechte Vermischung mit Luft durch unzureichende Zerstäubung, unkontrollierte Zündung (beim Benzin-Motor würde man von Klopfen sprechen). Daraus entstehen harter Motorlauf, lagerschadenähnliche Geräusche und Nageln.

Das Nageln

Das dieseltypisch harte Verbrennungsgeräusch, das heute hauptsächlich noch beim Lkw zu hören ist – Lkw-Diesel haben in der Regel eine vorkammerlose Direkteinspritzung, die stärker »nagelt« –, wurde den Pkw-Dieselmotoren schon weitgehend abgewöhnt. Lediglich während der Kaltlaufphase nagelt der Diesel noch stärker. Daran ist z. T. auch die Spritzverstellung schuld, die bis 3 Minuten nach dem Motorstart wirksam ist. Bei betriebswarmem Motor unterscheidet sich das Laufgeräusch eines Diesels nicht mehr wesentlich vom Benzin-Motor.

Um so ärgerlicher ist es deshalb, wenn er auch bei warmer Maschine weiternagelt. Grundsätzlich liegt die Ursache für das Nageln in einer Verzögerung der Zündung, nämlich in zu großem Zeitintervall zwischen Einspritzbeginn und Selbstzündung des Gemisches. Dazu kann es kommen:

- bei verstelltem Einspritzbeginn;
- wenn eine Düsennadel klemmt;
- bei zündträgem Kraftstoff, z. B. Sommer-Dieselkraftstoff, der bei Tieftemperaturen gefahren wird und dabei zum Paraffinieren neigt (Ausscheiden von Paraffin);
- bei zu hoher Belastung in niedriger Drehzahl;
- bei zu geringem Kompressionsdruck.

Unter Umständen kann es aber auch schon nützlich sein, den Motor einer regelrechten Innenreinigung zu unterziehen, indem man dem Kraftstoff eine Portion »Autol Desolite« oder ein anderes dafür bestimmtes Zusatzmittel beigibt. Oft hilft auch eine flotte Autobahnfahrt.

Einspritzdüsen defekt?

Eine einzelne defekte Einspritzdüse kann bei laufendem Motor ermittelt werden, indem der Reihe nach bei allen Düsen die Überwurfmuttern der Einspritzleitungen gelockert und wieder festgezogen werden. Bleibt bei einer Düse trotz gelöster Leitung die Drehzahl konstant, sitzt dort der Übeltäter. Schadhafte Einspritzdüsen machen durch folgende Effekte auf sich aufmerksam:

- Ständig defekte Glühkerzen (siehe »Die Vorglühanlage«)
- Starker schwarzer Auspuffrauch
- Hoher Verbrauch
- Motorüberhitzung
- Starkes Klopfen
- Leistungsabfall

Selbsthilfe an der Einspritzanlage

Nachfolgend wurden einige Arbeiten herausgegriffen, die auch in Eigeninitiative noch Sinn machen. Selbstverständlich sind mehr Reparaturen möglich. Wir denken etwa an das Abdichten einer leckenden Einspritzpumpe, ein Defekt, der häufig am Verstellhebel (»Gas«-Hebel) auftritt. Doch damit ist man in der Renault- oder Bosch-Werkstatt besser aufgehoben.

Links: Hier die zum Ausbau einer Einspritzdüse wichtigen Teile:
1 – Einspritzdüse;
2 – Verschlußstopfen auf dem freien Rücklaufstutzen von der Einspritzdüse von Zylinder 4;
3 – Einspritz-Druckleitung;
4 – Rücklaufleitung zwischen den Einspritzdüsen.
Rechts: Da der Temperaturschalter (1) des Kaltstartbeschleunigers (Bosch-Einspritzpumpe) Einfluß auf den Spritzversteller hat, ist es nicht unerheblich, wenn er defekt ist, denn außer schlechtem Startverhalten tut sich der Motor in der Warmlaufphase schwer. Bei »2« ist der elektrische Anschluß gezeigt, der zur Kontrolle des Schalters (siehe Text Seite 110) gelöst werden muß.

Einspritzdüsen ausbauen

- Pro Einspritzdüse ein neues Hitzeschild kaufen.
- Batterie abklemmen und Drehstromgenerator durch Abdecken vor Diesel-Kraftstoff schützen.
- Einspritzleitungen komplett abbauen und Öffnungen mit Klebeband gegen Schmutz schützen.
- Rücklaufleitungen abziehen und Öffnungen von Einspritzpumpe und -düsen gegen Schmutz mit Klebeband verkleben. Dazu Dieselreste vorher mit sauberem Lappen abwischen.
- Einspritzdüsen mit Steckschlüssel SW 27 ausbauen; dabei Düsen nicht fallen lassen.
- Sitzt das Hitzeschild noch im Düsenloch, Schild mit Kunststoff-Kugelschreiber oder Drahthäkchen herausfischen.
- Zum Einbau neue (!) Hitzeschilde einlegen (Einbaulage siehe Zeichnung gegenüber).
- Düse mit 70–80 Nm festziehen, Überwurfmuttern der Einspritzleitungen mit 15–25 Nm anschrauben.

Fingerzeig: **Je nach eingebautem Einspritzpumpentyp (Exportfahrzeuge!) und damit unterschiedlichem Kraftstoffdruck ist jede Pumpe mit speziell auf sie abgestimmten Einspritzdüsen ausgestattet. Deshalb beim Ersatzteilkauf immer auf die richtigen Teile achten, sonst kommt es zu Störungen.**

Einspritzdüsen zerlegen?

Nur in Sonderfällen (Verunreinigungen) lohnt sich das Zerlegen der Einspritzdüsen. In der Regel ist es eher sinnvoll, die Düsen komplett auszutauschen; eine exakte Prüfung der Düse kann in Eigenregie ohnehin nicht durchgeführt werden. Wichtiger Punkt beim Zerlegen: Düse nicht offen liegen lassen, sondern sofort wieder einbauen und Motor einige Zeit laufen lassen. Die Teile der Düse rosten sonst ineinander fest. Anzugsdrehmoment Düsenober-/unterteil: 70 Nm.

Fingerzeig: **Wollen Sie eine Funktionsprüfung der Einspritzdüsen vornehmen, müssen Sie darauf achten, daß der Abspritzstrahl immer von Ihnen weg zeigt. Der Abspritzdruck ist nämlich so hoch, daß man sich z.B. sogar schon beim Auftreffen auf die Haut verletzen kann.**

Absteller defekt?

Der Absteller verriegelt zum Abstellen des Motors die Kraftstoffzufuhr zu den Einspritzdüsen. Ist er defekt oder stromlos, geht nichts mehr. Der Absteller gerät in Verdacht, wenn der Motor trotz intakter Vorglühanlage und hinreichend vollem Tank beim Starten keinerlei Zündungen bringt. Hier die Kontrolle des Abstellers:

- Während ein Helfer am Zündschlüssel dreht, hören Sie am Absteller, ob er beim Einschalten der »Zündung« vernehmlich »klick« sagt. Tut er das nicht, ist die Stromversorgung oder der Absteller selbst defekt.
- Stromzufuhr prüfen: »Zündung« einschalten und Prüflampe an den Kontakt des Abstellers halten.
- Leuchtet sie, muß der Absteller kaputt sein.
- Leuchtet sie nicht, ist das Kabel vom Zündschloß her defekt. Eine Sicherung ist nicht im Spiel.

Fingerzeig: **Bei eingeschalteter »Zündung« muß der intakte Absteller mit der Zeit heiß werden.**

Fahren mit defektem Absteller

Ist der Absteller defekt oder hapert es mit der Stromversorgung, können Sie trotzdem weiterfahren. Dazu:

- Arbeitsbereich um den Absteller reinigen.
- Kabel am Absteller abnehmen.
- Absteller aus der Einspritzpumpe herausschrauben.
- Ventilkolben und Feder aus dem Absteller herausnehmen.
- Gehäuse zur Abdichtung wieder einschrauben.
- Der Motor kann nun wie üblich gestartet werden, muß aber zum Abstellen bei eingelegtem Gang abgewürgt werden.

Die wichtigsten Teile der Roto-Einspritzpumpe:
1 – Leerlauf-Regulierschraube;
2 – Gashebel;
3 – Mikroschalter für die Abgas-Rückführung;
4 – Vollast-Mikroschalter;
5 – Absteller;
6 – Gaszug;
7 – Membranversteller der Kaltleerlauf-Anhebung;
8 – Ladedruckregler;
9 – elektromagnetischer Spritzversteller;
10 – Leerlauf-Stabilisierungsanschlag;
11 – Leerlaufhebel der Kaltleerlauf-Anhebung.

Zur Kontrolle der Drehzahlen bei der Bosch-Einspritzpumpe sind vier Einstellschrauben zuständig. Es bedeuten:
1 – Vollastanschlag; diese Anschlagschraube ist werksseitig verplombt (eine Einstellung dieser Anschlagschraube kann nur auf einem Pumpenprüfstand vorgenommen werden);
2 – Anschlagschraube für die Leerlaufstabilisierung;
3 – Anschlagschraube für die Einstellung des normalen Leerlaufs;
4 – Anschlagschraube für die Einstellung des beschleunigten Leerlaufs.

Fingerzeig: **Undichtigkeiten im Bereich des Verstellhebels (»Gas«-Hebel) der Einspritzpumpe können durch Austauschen des Verstellhebelwellen-Dichtrings behoben werden. Eine Arbeit für die Renault- bzw. Bosch-Werkstatt.**

Temperaturschalter des Kaltstartbeschleunigers defekt?

Ein defekter Temperaturschalter läßt sich eigentlich nur bei kühlen Temperaturen ermitteln. Dazu bei kaltem Motor und abgezogenem Kabel den Motor starten und dann das Kabel an den Schalter halten. Ändert sich die Drehzahl hörbar, ist der Temperaturschalter intakt. Die Funktionskontrolle im elektrischen Teil:

● Stromzufuhr durch Einschalten der »Zündung« prüfen. Dazu Prüflampe an den Kontakt des Temperaturschalters halten.

● Leuchtet sie nicht, ist das Kabel vom »Zünd«-Schloß her defekt; dann funktioniert jedoch auch der Absteller nicht.

Temperaturschalter ausbauen

● Schalter ausbauen. Beim Herausdrehen des Thermoelements darauf achten, daß möglichst kein Kraftstoff ausläuft.

● Beim Herausziehen des Thermoschalters auf die Feder und Verbindungsstange achten.

Kaltleerlauf-Drehzahlanhebung defekt?

● Eine defekte Leerlauf-Drehzahlanhebung kann nur bei kaltem Motor (Kühlmitteltemperatur unter 15°C) exakt ermittelt werden.

● Den Motor anlassen und an der Einspritzpumpe beobachten, ob der Hebel der Kaltleerlauf-Drehzahlanhebung langsam zum anderen Anschlag wandert.

● »Zündung« ausschalten – der Thermoschalter muß den Hebel nach einer gewissen Abkühlzeit wieder anziehen.

● Prüfung bei gestartetem kaltem Motor: Die Drehzahl muß nach ½ bis 3 Minuten hörbar abfallen.

Steller der Kaltleerlauf-Drehzahlanhebung ausbauen

● Verbindungszug am Leerlaufhebel aushängen. Dazu Schraubnippel öffnen und vom Zug abziehen.

● Thermoelement mit Bowdenzug aus dem Zylinderkopf schrauben.

● Nach Einbau des Thermoelements bei kaltem Motor den Leerlaufhebel gegen den Anschlag für den Kaltleerlauf drücken, Schraubnippel aufschieben und so festschrauben, daß der Kaltleerlaufhebel in Kaltleerlaufstellung gehalten wird.

● Drehzahl kontrollieren (1100–1200/min).

● Bei Erreichen der Betriebstemperatur (Lüfter einmal einschalten lassen) muß das Spiel bei gespanntem Zug vom Schraubnippel zum Leerlaufhebel 2–3 mm betragen.

Förderbeginn der Einspritzpumpe einstellen

Diese Arbeit ist z.B. nötig, wenn der Zahnriemen oder die Einspritzpumpe selbst demontiert war. Gebraucht werden der OT-Arretierstift (Mot. 1054) sowie eine Meßuhr mit Adapter (Mot. 856) für den Pumpenhub. Erwähnt sei für diese Arbeit, daß das Einstellen des Förderbeginns eine echte **Profi-Arbeit** ist, die sich nur mit den genannten Spezialwerkzeugen bewerkstelligen läßt! Deshalb sollte sie auch im Notfall nur dem erfahrenen Selbermacher vorbehalten bleiben und nachträglich von der Werkstatt kontrolliert werden.

● Motor auf OT Zylinder 1 stellen.

● OT-Arretierstift einsetzen. Dazu vorher Verschlußschraube neben dem Ölpeilstab herausdrehen.

● Motor vorsichtig gegen den Einstellstift drehen.

● Verschlußschraube am Einspritzpumpenkopf in der Mitte der Einspritzleitungen herausdrehen.

● Adapter anstelle der Verschlußschraube einschrauben und Meßuhr darin festklemmen.

● Mit kleinem Hammer leicht gegen das Pumpengehäuse klopfen, damit der Fliehkraftversteller garantiert in Grundstellung zurückgeht.

● Die drei Langlochschrauben des geteilten Pum-

Nach Einstellen der Zahnriemenspannung oder nach Austausch des Zahnriemens muß die Einstellung der Einspritzpumpe überprüft und gegebenenfalls korrigiert werden. Dazu ist das Zahnriemenrad (1) der Einspritzpumpe geteilt. Nach Lösen der Schrauben (2) kann die Pumpennabe (3) in den Langlöchern des Zahnriemenrades entsprechend verdreht werden. Einstellbeschreibung siehe unten.

penzahnriemenrades lösen und die Pumpennabe so verdrehen, bis der an der Pumpe angegebene Hubwert erreicht ist.
- Langlochschrauben festziehen.
- Motor in Laufrichtung zwei volle Umdrehungen von Hand durchdrehen und eingestellten Meßwert überprüfen.
- Ggf. erneut einstellen und Prozedur mit Durchdrehen des Motors wiederholen.
- Langlochschrauben mit 20 Nm festziehen.
- Meßuhr und Adapter abnehmen und Verschlußschraube mit neuem Dichtring mit 15 Nm anziehen. Bei Undichtigkeiten mit 25 Nm anziehen.

Der Gaszug

Der Verbindungszug zwischen Gaspedal und Einspritzpumpe ist sehr knickempfindlich. Wurde er bei Arbeiten im Motorraum irgendwo eingeklemmt oder durch ungeschickte Handhabung geknickt, kann er schon Schaden genommen haben. Ein deutliches Warnzeichen ist ein schwergängiges Gaspedal.

Gaszug ausbauen

- Gaszug durch Zurückschieben der Sicherungsklammer am Gaspedal aushängen.
- Gaszug am »Gas«-Hebel der Einspritzpumpe aushängen und durch Abhebeln der Sicherungsklammer aus dem Widerlagerbügel drücken.
- Gaszug durch die Spritzwand in den Motorraum ziehen.

Gaszug einstellen

- Von einem Helfer das Gaspedal voll durchtreten lassen.
- »Gas«-Hebel der Einspritzpumpe durch Ziehen an der Einstellvorrichtung an den Vollastanschlag anlegen.
- Sicherungsklammer entsprechend versetzt wieder in eine Raste schieben.
- Kontrolle: Bei nochmals voll durchgetretenem Gaspedal muß der Einspritzpumpenhebel spannungsfrei gerade am Anschlag anliegen.

Der Gaszug ist lediglich mit einem solchen Klemmnippel (Pfeil) am Kugelkopf des Einspritzpumpen-Gashebels gesichert. Nach der Montage muß der Zug (4) zur Einstellung mit dem geriffelten Hüllenende (3) bei Vollgasstellung des Gaspedals so weit aus dem Widerlager (1) gezogen werden, bis der Gashebel gerade an der Vollgas-Anschlagschraube anliegt. In dieser Stellung die Sicherungsklammer (2) aufschieben. Mit Position »5« ist die Membrandose der Kaltleerlauf-Drehzahlanhebung der Roto-Einspritzpumpe bezeichnet.

Links: Bei Störungen am Abgas-Rückführsystem müssen die Mikroschalter am Gashebel und der Magnetschalter (1) auf Durchgang geprüft werden. Erst dann die Unterdruckverbindungen (2) und die Funktion des Abgas-Rückführventils (3) kontrollieren. Mit »4« ist die Abgas-Rückführleitung bezeichnet.
Rechts: Das Thermoventil (2) in der Kühlmittelleitung (1) muß den Unterdruck ab 20° C freigeben. Die Unterdruckleitungen (3) müssen exakt auf den Anschlüssen sitzen und dürfen keine Nebenluft ziehen. Weitere Kontrolle: Bei abgezogener Unterdruckleitung am Abgas-Rückführventil muß das Ventil klappern und der Leerlauf 2–3 Sekunden schwanken. Sonst ist eventuell die Ventilmembran defekt oder festgefressen.

Leerlauf prüfen

Wartung Nr. 25

Mit einem herkömmlichen Drehzahlmesser ist beim Diesel-Motor nichts auszurichten, da er keine – für diese Geräte wichtige – Zündimpulse liefern kann. Zur genauen Kontrolle der Leerlaufdrehzahl muß also ein Spezialgerät benutzt werden. Der Selbsthelfer kann jedoch die Drehzahl nach Gefühl variieren, wenn der Motor bei der bestehenden Leerlaufdrehzahl besonders lästige Dröhn- oder Schüttelfrequenzen produziert.

- Kontermutter an der Einstellschraube lockern.
- Drehzahl korrigieren: Herausdrehen ergibt niedrigeren, Hineindrehen höheren Leerlauf.
- Keinesfalls an der Einstellschraube für Höchstdrehzahl drehen!
- Die richtige Leerlaufdrehzahl beträgt **825–875/min**.
- Kontermutter festziehen.

Abgas-Untersuchung (AU)

Wartung Nr. 39

Seit Dezember 1993 müssen Diesel-Fahrzeuge regelmäßig alle zwei Jahre zur Abgas-Untersuchung (kurz: AU), dabei wird der Ruß-Anteil im Abgas gemessen. Die sogenannte Trübungsmessung mit dem Verbrennungstester gibt Aufschluß darüber, ob die Rauchentwicklung noch im zulässigen Rahmen ist. Hierzu wird der Motor viermal hintereinander auf Höchstdrehzahl hochgedreht – ein Vorgang der manchem Besitzer kalte Schauer über den Rücken laufen läßt. Achten Sie unbedingt darauf, daß der Motor betriebswarm ist, damit er hierbei keinen Schaden erleidet. Starker Auspuffrauch bedeutet normalerweise entweder schlechte Motoreinstellung oder fortgeschrittener Einspritzdüsen- oder Motorverschleiß.
Als Selbstpfleger können Sie schon einge Vorarbeit leisten, damit Ihr Renault Diesel die Prüfung besteht: Zum Prüfungsumfang gehört eine Sichtprüfung der Auspuffanlage, diese muß also intakt und dicht sein. Ein verschmutzter Luftfilter behindert das Ansaugen von Verbrennungsluft, deshalb ggf. den Filter auswechseln. Zusätzlich sollten Sie noch das Ventilspiel kontrollieren.
So gerüstet können Sie die AU entweder in der Werkstatt oder zusammen mit der Haupt-Untersuchung beim DEKRA oder TÜV vornehmen lassen.

Störungsbeistand

Diesel-Einspritzung

Die Störung	– ihre Ursache	– ihre Abhilfe
A Motor springt schlecht oder überhaupt nicht an	1 Tank leer	Auftanken
	2 Nicht lange genug vorgeglüht	Vorglühen, bis Kontrollampe verlöscht
	3 Temperaturschalter der Kaltstartbeschleunigers defekt	Temperaturschalter kontrollieren
	4 Vorglühanlage defekt	Funktion von Glühkerzen und Steuergerät prüfen, siehe »Die Vorglühanlage«
	5 Elektromagnetischer Absteller lose, defekt oder erhält keine Spannung	Absteller prüfen
	6 Luft im Kraftstoffsystem	Anlasser betätigen, bis Kraftstoff gefördert wird
	7 Kraftstoffversorgung defekt. Prüfung: Einspritzleitungen an den Düsen lösen und sehen, ob Kraftstoff austritt	Prüfen, ob Kraftstoffleitungen geknickt, verstopft oder undicht sind. Filter verstopft? Winters: Kraftstoff paraffiniert

Die Störung	– ihre Ursache	– ihre Abhilfe
A Motor springt schlecht oder überhaupt nicht an (Fortsetzung)	8 Einspritzleitungen nach Demontage in verkehrter Reihenfolge angeschraubt	Überprüfen: Anschluß links oben an der Pumpe zu Zylinder 1, links unten zu 3, rechts unten zu 4 und rechts oben zu 2
	9 Förderbeginn der Einspritzpumpe verstellt	Einstellen (lassen)
	10 Eine oder mehrere Einspritzdüsen defekt, verschmutzt oder Einspritzdruck falsch	Prüfen und reparieren lassen bzw. auswechseln
	11 Einspritzpumpe defekt	Austauschpumpe einbauen lassen
	12 Ventilspiel verstellt	Einstellen
	13 Kompressionsdruck des Motors zu niedrig	Messen lassen
B Motor hat schlechten oder unregelmäßigen Leerlauf	1 Leerlaufdrehzahl nicht richtig eingestellt	Einstellen (lassen)
	2 Gaszug falsch eingestellt oder schwergängig	Richtig einstellen bzw. gängig machen
	3 Kraftstoffschlauch zwischen Filter und Pumpe lose	Anschlüsse festziehen
	4 Unterdruckschläuche oder Unterdruckventil der Abgasrückführung (siehe Kapitel »Die Abgas-Entgiftung«) defekt	Kontrollieren, ggf. austauschen
	5 Hintere Befestigung der Einspritzpumpe lose oder gerissen	Befestigen oder ersetzen
	6 Siehe A 6, 7, 9 und 11	
	7 Motoraufhängung lose oder verschlissen	Festziehen oder ersetzen
C Starker schwarzer, weißer oder blauer Auspuffrauch	1 Motor nicht betriebswarm	Bei warmem Motor nochmals prüfen
	2 Viel Gas bei niedriger Drehzahl	Einzelne Gänge beim Fahren etwas höher ausdrehen
	3 Luftfilter verschmutzt	Reinigen bzw. auswechseln
	4 Kraftstoffilter verschmutzt	Auswechseln
	5 Höchstdrehzahl verstellt	Einstellen lassen
	6 Einspritzdüsen tropfen	Prüfen lassen bzw. auswechseln
	7 Düsennadel hängt oder ist abgebrochen	Prüfen lassen bzw. Düse auswechseln
	8 Zu geringer Einspritzdruck	Düsen prüfen lassen bzw. Düse auswechseln
	9 Falsche Einspritzdüsen eingebaut	Auswechseln
	10 Siehe A 9 und 11–13	
E Schlechte Leistung, zu geringe Höchstgeschwindigkeit	1 Gaspedalweg zu kurz	Gaszug einstellen
	2 Gaszug nicht richtig eingestellt	Einstellen
	3 »Gas«-Hebel an der Einspritzpumpe lose	Befestigen
	4 Höchstdrehzahl wird nicht erreicht	Einstellen lassen
	5 Einspritzleitungen an den Anschlüssen verengt	Leitungen abschrauben und kontrollieren
	6 Falsche Einspritzleitungen eingebaut	Leitungen kontrollieren
	7 Hitzeschilde unter den Einspritzdüsen undicht bzw. defekt	Hitzeschilde kontrollieren, ggf. ersetzen
	8 Einspritzdruck der Düsen falsch	Einstellen lassen
	9 Siehe A 6, 7, 9 und 11–13	
	10 Siehe C 3, 4 und 6–10	
F Kraftstoffverbrauch zu hoch	1 Kraftstoffanlage undicht	Prüfen, ob alle Leitungsanschlüsse angezogen und dicht sind. Schläuche, Leitungen, Filter und Einspritzpumpe auf Dichtheit prüfen
	2 Rücklaufleitung verstopft	Mit Druckluft durchblasen
	3 Leerlaufdrehzahl zu hoch	Einstellen (lassen)
	4 Höchstdrehzahl zu hoch	Einstellen lassen
	5 Siehe A 10 und 11	
	6 Siehe C 4 und 6–8	
G Motor hat »Fehlzündungen« während der Fahrt	1 Einspritzdüse(n) locker bzw. defekt	Sicherstellen, daß die Düsen gasdicht fest im Zylinderkopf sitzen
	2 Zylinderkopfdichtung defekt	Ersetzen (lassen)
	3 Siehe A 12 und 13	
H Motor kann nicht abgestellt werden	Elektromagnetischer Absteller defekt	Absteller prüfen, ggf, ersetzen

Mit beschränkter Haftung

Erst die Kupplung macht ein ruckfreies Anfahren möglich, da die Kraft des Motors erst allmählich – schleifend – über das Getriebe auf die Antriebsräder weitergeleitet wird. Und auch das Schalten eines mechanischen Getriebes wäre ohne Kupplung kaum möglich.

Funktion der Kupplung

Die Übertragung der Antriebskraft des Motors auf das Getriebe geschieht durch Reibung. Dazu werden drei Scheiben gegeneinander gepreßt, wobei eine Scheibe zwischen zwei anderen »eingeklemmt« wird. Zu den Teilen der Kupplung gehören:

- Die **Schwungscheibe** am Motor als die eine Anlagefläche;
- die **Kupplungs-Druckplatte** als die zweite Anlagefläche, die gegen die Schwungscheibe drückt.
- Dazwischen befindet sich als Reibpartner die **Mitnehmerscheibe**. Sie sitzt auf der Eingangswelle des Getriebes.
- Weiterhin gehört noch das **Ausrücklager** dazu.

Durch den Tritt auf das Kupplungspedal wird über den Kupplungszug der Ausrückhebel mit der Ausrückgabel betätigt. Die Ausrückgabel drückt das Ausrücklager auf der Ausrückwelle gegen die tortenförmig eingeschnittene Tellerfeder der Kupplungs-Druckplatte. Mit mehr und mehr getretenem Kupplungspedal überwindet das Ausrücklager die Federkraft der Tellerfeder, die Druckplatte wird entlastet und bei völlig durchgetretenem Pedal zurückgezogen. Die Mitnehmerscheibe kann nun im Raum dazwischen frei umlaufen – es ist ausgekuppelt. Beim Einkuppeln drückt die Tellerfeder der Druckplatte die Mitnehmerscheibe wieder gegen die Motor-Schwungscheibe. Zum sanften Übertragen der Kräfte muß dies langsam geschehen. Die Anlageflächen schleifen also eine gewisse Zeit aufeinander, ehe die Reibung wieder so groß ist, daß die Motorleistung vollständig auf das Getriebe übertragen wird.

Die Kupplungs-Lebensdauer

Jedes Einkuppeln bewirkt, daß die Beläge der Mitnehmerscheibe der Kupplung an ihren Gegenreibflächen schleifen und dabei heiß werden. Besonders verschleißfördernd ist Anfahren mit hoher Motordrehzahl (Kavalierstart), Anfahren im 2. Gang, »Herummogeln« an Kreuzungen im 2. oder 3. Gang mit teilweise getretenem Kupplungspedal oder das »In-der-Waage-halten« an einer Steigung mit Kupplungs- und Gaspedal.

Auskuppeln beim Halt an der Kreuzung?

Recht verbreitet ist die Angewohnheit, mit eingelegtem 1. Gang und durchgetretenem Kupplungspedal an der roten Ampel zu warten. Mancher fürchtet, den Gang nicht gleich einlegen zu können, wenn die grüne Ampel den Weg freigibt. Wenn auch kein direkter oder sofort meßbarer Schaden entsteht, so beansprucht das Auskuppeln doch das Ausrücklager und bewirkt so wieder Verschleiß. Je öfter und länger das vor den vielen Ampeln geschieht, desto früher ist dieses Lager verschlissen.

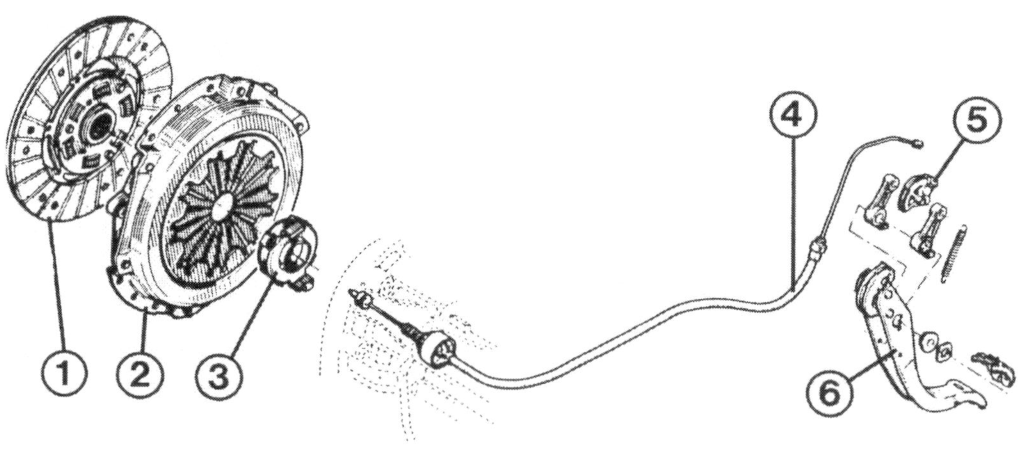

Die wichtigsten Teile der Kupplung. Es bedeuten:
1 – Mitnehmerscheibe;
2 – Kupplungs-Druckplatte;
3 – Ausrücklager;
4 – Kupplungsseilzug;
5 – Nachstellautomatik;
6 – Kupplungspedal.

Beim Tritt aufs Kupplungspedal muß die Ausrückgabel (1) vom Kupplungsseilzug (2) bei »X« ca. 28 mm ausgelenkt werden, sonst wird die Mitnehmerscheibe zwischen Schwungscheibe und Kupplungs-Druckplatte nicht freigegeben. Stimmt dieses Maß nicht, die Nachstellautomatik überprüfen oder die Ausrückgabel auf Verzug kontrollieren.

Kupplung prüfen

Die Abnutzung der Mitnehmerscheibe läßt sich im eingebauten Zustand nicht erkennen. Das erste Anzeichen für Verschleiß ist, wenn die Kupplung durchrutscht.
Eine schleifende Kupplung bemerken Sie beim Fahren zuerst im höchsten Gang unter Last. Der Motor dreht hoch, ohne daß die Fahrgeschwindigkeit in gleichem Maß zunimmt.

Schleift die Kupplung?

- Handbremse anziehen und Motor starten.
- 3. Gang einlegen, langsam einkuppeln und Gas geben.
- Bei einwandfrei haltender Handbremse und Kupplung müßte der Motor abgewürgt werden.
- Dreht er durch, wird ein Kupplungstausch fällig, da die Nachstellautomatik, vorausgesetzt sie funktioniert einwandfrei, am Ende ihres Nachstellspiels angelangt ist.

Trennt die Kupplung richtig?

Wird der Schaltvorgang von kratzenden oder krachenden Geräuschen »untermalt«, dann trennt die Kupplung nicht mehr richtig – die Mitnehmerschiebe läuft also nicht ganz frei. Um sicherzugehen, daß es nicht am Getriebe liegt, macht man die Probe mit dem nicht synchronisierten Rückwärtsgang:

- Motor im Leerlauf drehen lassen.
- Kupplungspedal voll durchtreten, etwa drei Sekunden warten, dann Rückwärtsgang einlegen.
- Kratzt es, trennt die Kupplung nicht sauber.
- Nachstellautomatik auf Funktion kontrollieren.
- Prüfung nochmals durchführen. Kratzt es immer noch, sollten Sie den »Störungsbeistand« am Ende des Kapitels zu Hilfe nehmen.

Das Kupplungspedalspiel

Zwischen den Teilen der Kupplungsübertragung muß ein gewisser Abstand verbleiben, solange das Pedal nicht niedergedrückt wird.

Die Abbildung zeigt die zur Kupplung-Nachstellautomatik gehörenden Teile. Beim Tritt aufs Kupplungspedal (1) greift der Zahnnocken (2) in das durch die Feder (5) immer auf Zug stehende Zahnsegment (4), wodurch der Kupplungszug durch die Endstück-Aufnahme (3) angezogen wird. Mit »6« ist die Sicherungsklammer der Pedalachse bezeichnet.

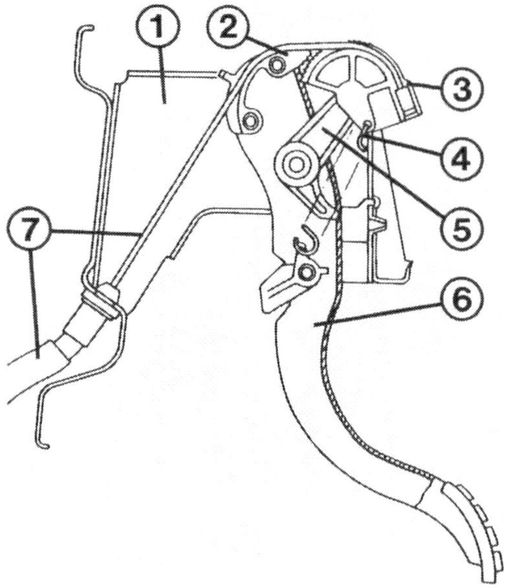

Die Schnittzeichnung zeigt die Teile der Nachstellautomatik in der Übersicht:
1 – Pedalträger;
2 – Zahnnocken;
3 – Zahnsegment mit Aufnahme des Kupplungsseilzug-Endstücks;
4 – Zugfeder;
5 – Schwenkhebel des Zahnsegments;
6 – Kupplungspedal;
7 – Kupplungsseilzug.

○ Dieses Spiel muß so groß sein, daß das Ausrücklager nicht unter verschleißförderndem Druck steht. Je stärker das Ausrücklager durch die Kraft der Tellerfeder der Druckplatte belastet wird, um so geringer wird die Reibungskraft der Mitnehmerscheibe. Es besteht also die Gefahr, daß die Kupplung durchrutscht.
○ Wenn das Spiel zu groß ist, geht etwas vom normalen Kupplungsweg verloren. Dann wird die Kupplung beim Niederdrücken des Pedals nicht ganz getrennt.
Die Kupplung ist so konstruiert, daß das Spiel mit fortschreitender Abnutzung der Kupplungsbeläge kleiner wird. Durch die verschleißende und dünner werdende Mitnehmerscheibe wandert die federbelastete Druckplatte näher zur gegenüberliegenden Reibfläche der Schwungscheibe. Die Druckplatte nähert sich dem Ausrücklager.
Liegt das Lager ohne Spiel an der Ausrückgabel an, so stützt sich die Tellerfeder der Druckplatte gegen das Ausrücklager ab. Statt die Mitnehmerscheibe gegen die Anlageflächen von Schwungscheibe und Druckplatte zu pressen, wird die Feder entlastet und die Reibungskraft geringer, die Kupplung rutscht durch.

Nachstellautomatik der Kupplung

Grundfunktion der Nachstellautomatik ist, daß bei zunehmendem Kupplungsbelagverschleiß der Seilzug nachgestellt werden muß. Das wird durch automatische Verkürzung des Seilzugs erreicht:
○ Ein im Drehpunkt des Kupplungspedals gelagertes Zahnsegment mit Raste hält den Kupplungszug durch eine Zugfeder im Hebel des Kupplungspedals auf Spannung.
○ Bei entsprechendem Kupplungsverschleiß greift eine Zahnraste beim Betätigen des Kupplungspedals in den nächsten Zahn des Zahnsegments und hält so den Zug stets gleich gespannt.

Kupplungszug ersetzen

● Bei Motoren mit seitlich sitzendem Luftfiltergehäuse das Gehäuse ausbauen.
● Kupplungszug an der Ausrückgabel aushängen. Dazu das Seil zwischen Hebel und Widerlager kurz mit dem Daumen durchdrücken und wieder loslassen.
● Wer eine Kombizange zu Hilfe nimmt, sollte sie ca. 15 mm vom Seilende ansetzen, um die Kunststoffumhüllung nicht zu beschädigen.
● Kupplungsseil am Pedal aushängen. Dazu das Kupplungspedal treten, damit der Seilzug aus der Hülle gezogen wird.
● Seilzug am Zahnsegment aushängen und Zughülle an der Zughalterung (Ring) aushängen.
● Kupplungszug aus der Halterung am Boden lösen und vom Motorraum aus herausziehen.
● Der Einbau geschieht in umgekehrter Reihenfolge.
● Vorher sollte jedoch die Freigängigkeit der Nachstellautomatik überprüft werden.
● Beim Verlegen des Kupplungszugs besonders auf den korrekten Sitz des Zugs in der Stirnwand achten.

Funktion der Nachstellautomatik kontrollieren

● Zur Grundeinstellung des Seilzugs muß das Kupplungspedal mehrmals getreten werden.
● Bei losgelassenem Pedal die Seilzughülle an der Ausrückgabel am Getriebe zurückziehen. Bei richtiger Funktion und damit auch Einstellung muß sich die Hülle um ca. 2 cm zurückziehen lassen.
● Falls dies nicht möglich ist, die Freigängigkeit der Nachstellautomatik kontrollieren.
● Wird das Kupplungspedal getreten, können Sie gleich den Funktionsweg der Ausrückgabel kontrollieren.
● Er soll bei intakter Kupplung 17–18 mm betragen.

Beim Ansetzen des Ausrücklagers (3) auf die verzahnte Getriebewelle ((2) muß der Haltewinkel (4) korrekt in der Ausrückgabel (1) sitzen. Die Ausrückgabel dann nicht mehr von der Getriebewelle weg bewegen, da sie sonst wieder ausgehängt werden kann.

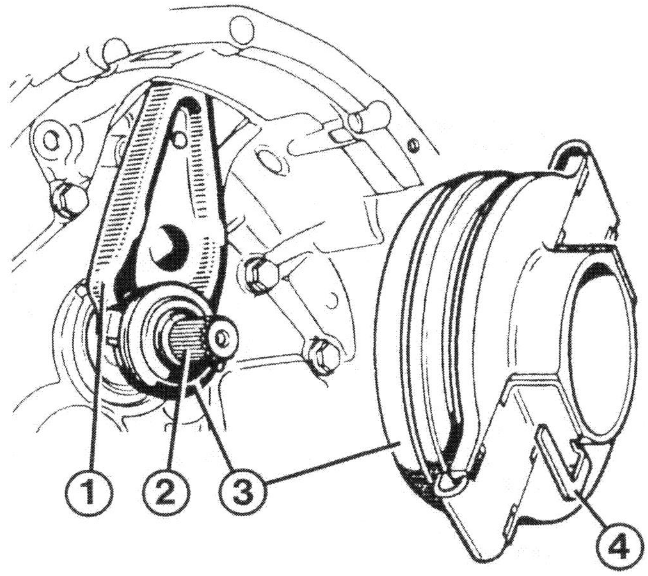

Fahren mit gerissenem Kupplungszug

Zumindest ein nahes Ziel oder die nächste Werkstatt kann man auch ohne Kupplungsbetätigung erreichen:
Anfahren: Motor abstellen, 1. Gang einlegen und Anlasser betätigen. Der Renault 19 ruckelt los und setzt sich mit anspringendem Motor in Bewegung. Wer während der Fahrt nicht schalten will, fährt auf diese Weise in der Ebene im 2. Gang an.
Hochschalten: Im 1. Gang mit dem Anlasser anfahren. 1. Gang nur knapp über Leerlaufdrehzahl hinausdrehen (ca. 1000/min). Gas etwas zurücknehmen, Schalthebel in Leerlaufstellung ziehen. Gaspedal loslassen und den Schalthebel mit leichter Hand in Richtung des 2. Gangs drücken. Bei richtiger Motor- und Getriebedrehzahl rutscht der Gang fast von selbst hinein. Wenn Sie zu lange gewartet haben, müssen Sie ein klein wenig Gas geben, damit sich der Gang ohne Zähneknirschen einlegen läßt. Hat es nicht geklappt, halten Sie nochmals an und versuchen das Ganze von neuem. In die weiteren Gänge wird auf die gleiche Weise hochgeschaltet. Am leichtesten geht es in sehr niedrigen Geschwindigkeiten: In den 2. Gang bei höchstens 20 km/h, in den 3. bei 30 km/h, in den 4. bei 40 km/h und in den 5. bei 50 km/h.
Gang herausnehmen: Gas wegnehmen und Schalthebel in Richtung Leerlauf drücken. Bei schiebendem Wagen evtl. ein klein wenig Gas geben, falls der Gang »klemmt«.
Herunterschalten: Hierbei muß die Motordrehzahl angehoben werden, damit sich der nächstniedrige Gang einlegen läßt. Fuß leicht vom Gas, Gang herausnehmen, behutsam Gas zugeben und gleichzeitig den Schalthebel in Richtung des neuen Gangs drücken. Bei richtiger Motordrehzahl rutscht der Gang fast ohne Nachdruck hinein. Auch das Herunterschalten geschieht wieder am besten bei niedrigen Geschwindigkeiten.

Kupplung aus- und einbauen

● Getriebe ausbauen (siehe nächstes Kapitel).
● Soll die alte Kupplung wieder eingebaut werden, Druckplatte und Schwungscheibe mit einem Ritzer markieren, damit sie wieder in der alten Lage zusammengebaut werden können.
● Damit sich die Membranfeder nicht einseitig verziehen kann, die sechs Schrauben der Kupplungsdruckplatte gleichmäßig über Kreuz nacheinander jeweils 1–1½ Umdrehungen von der Schwungscheibe lösen, bis die Druckplatte entspannt ist.
● Gegen Mitdrehen der Schwungscheibe ggf. einen Schraubendreher als Arretierung in die Verzahnung stecken und an einer in den Motorblock eingedrehten Schraube abstützen. Hier verwendet die Werkstatt eine spezielle Arretiervorrichtung (Mot. 582), die in den Motorblock geschraubt wird und in die Zähne der Schwungscheibe greift.
● Druckplatte und Mitnehmerscheibe abnehmen.
● Schwungscheibe mit Druckluft sauberblasen oder mit einem benzingetränkten Lappen abwischen.
● Alte Druckplatte nur dann wieder einbauen, wenn die Nietverbindungen fest sind.
● Die Anlagefläche zur Mitnehmerscheibe darf keine Risse oder Brandstellen zeigen.
● Die vernickelte Innenverzahnung der Mitnehmerscheibe mit etwas »Molykote 55 plus« schmieren.
● Belagstärke der Mitnehmerscheibe messen – sie muß mindestens 7,7 mm (alle Motoren) betragen.
● Mitnehmerscheibe und Druckplatte in die Schwungscheibe einsetzen, dabei muß die flache Seite zur Schwungscheibe zeigen.
● Mitnehmerscheibe mit einem passenden Dorn zentrieren. Zum besseren Zentrieren wird beim F-Motor eine Hilfsbuchse mitgeliefert, die mit etwas »Curil« versehen in einer bestimmten Montagerichtung bis zum Anschlag in die Bohrung der Kurbelwelle eingesetzt wird.
● Halteschrauben der Druckplatte über Kreuz anziehen (7-mm-Schrauben = 18 Nm; 8-mm-Schrauben = 25 Nm).

Ausrücklager ersetzen

Hierzu muß ebenfalls das Getriebe ausgebaut werden. Das Ausrücklager ist in der Ausrückgabel frei beweglich gelagert und kann so auf der Kupplungs- oder Hauptwelle hin und her gleiten.

- Ausrückgabel mit -lager nach innen schwenken und mit Gummiabdeckung aus der Kupplungsglocke nehmen.
- Ausrücklager von der -gabel aushängen.
- Wird das alte Lager wieder eingebaut, darf es nicht ausgewaschen werden; lediglich abwischen.
- Beim Einhängen des Lagers in die Ausrückgabel muß der Haltewinkel korrekt in der Ausrückgabel sitzen.
- Sämtliche Lager- und Berührungsstellen mit MoS_2-Paste bestreichen.

Fingerzeig: **In der Praxis hat es sich gezeigt, daß ein Ausrücklager kaum länger hält als die Mitnehmerscheibe. Der gleichzeitige Austausch ist daher durchaus sinnvoll, sonst wird bald die nächste Reparatur an der Kupplung notwendig.**

Störungsbeistand

Kupplung

Die Störung	– ihre Ursache	– ihre Abhilfe
A Kupplung rutscht	1 Nachstellautomatik defekt	Auswechseln, ggf. neuen Kupplungszug einbauen
	2 Kupplungsbeläge abgenutzt	Mitnehmerscheibe ersetzen
	3 Anpreßdruck der Kupplung zu gering	Kupplungs-Druckplatte ersetzen
	4 Belag verölt	Mitnehmerscheibe und defekte Getriebe- oder Kurbelwellendichtung ersetzen
	5 Kupplung wurde überhitzt	Defekte Teile ersetzen
B Kupplung trennt nicht	1 Siehe A 1	
	2 Kupplungsseil angerissen	Auswechseln
	3 Mitnehmerscheibe klemmt auf Getriebewelle	Kerbverzahnung mit Drahtbürste gründlich reinigen. Anschließend mit Moly-Paste oder -Spray schmieren
	4 Mitnehmerscheibe hat Schlag	Mitnehmerscheibe ersetzen
	5 Mitnehmerscheibe verzogen oder Belag gebrochen	Mitnehmerscheibe ersetzen
	6 Belag nach sehr langer Standzeit an Schwungscheibe festgerostet	Anfahren, wie unter »Fahren mit gerissenem Kupplungszug« beschrieben. Kupplung dauernd durchtreten. Gaspedal ruckartig durchtreten und loslassen, um die Kupplung loszubrechen. Andernfalls ausbauen
C Kupplung trennt nicht und rutscht gleichzeitig durch	Kupplungs-Druckplatte defekt	Druckplatte auswechseln
D Kupplung rupft	1 Siehe A 3	
	2 Motor oder Getriebeaufhängung defekt	Motor- oder Getriebelager ersetzen
	3 Unebenheiten auf der Anlagefläche von Schwungscheibe oder Druckplatte	Defektes Teil ersetzen
	4 Falsche Beläge	Mitnehmerscheibe ersetzen
E Kupplungsgeräusche	1 Unwucht der Kupplungs-Druckplatte bzw. Mitnehmerscheibe	Kupplungs-Druckplatte bzw. Mitnehmerscheibe ersetzen
	2 Torsions-Dämpferfeder defekt	Mitnehmerscheibe ersetzen
	3 Ausrücklager defekt	Ausrücklager ersetzen
	4 Nietverbindungen in der Kupplung locker	Kupplungs-Druckplatte ersetzen

Qual der Wahl

Die richtige Gangwahl ist für die optimale Nutzung der Motorleistung von größter Bedeutung. So muß z. B. bei einem Überholvorgang die höchste Durchzugskraft des Motors »auf die Straße gebracht« werden, während beim gemächlichen Dahinrollen des Fahrzeugs im »direkten Gang« mit niedrigen Drehzahlen dem Motor wenig Leistung abverlangt wird. Es bleibt dem Fahrer vorbehalten, die richtige Übersetzung zu wählen.

Das Schaltgetriebe

Die Motorleistung wird über die Kupplung auf die Eingangswelle des Schaltgetriebes geleitet. Auf dieser Eingangs- oder Antriebswelle sitzen sechs Zahnräder (einschließlich Rückwärtsgang), die mit sechs dazu passenden Zahnrädern auf der sogenannten Antriebswelle ständig im Eingriff stehen. Diese Zahnräder können frei umlaufen, bis eines von ihnen beim Schalten eines bestimmten Gangs mit einem entsprechenden Gegenrad auf der Antriebswelle gekuppelt wird. Das Verhältnis der Zähnezahlen des jeweiligen Zahnradpaares ergibt die betreffende Untersetzungsstufe.
Der Renault 19 hat »vollsynchronisierte Vorwärtsgänge«. Die Zahnräder auf der Antriebs- und Abtriebswelle sind auf stiftartigen Rollen (»Nadeln«) gelagert. Es besteht also keine starre Verbindung zwischen Wellen und Rädern. Die Zahnräder bleiben immer im Eingriff. Beim Gangwechsel wird eine Verbindung zwischen Zahnrad und Welle hergestellt, nicht zwischen den Zahnrädern. Um die Drehzahlen von Welle und Zahnrad einander anzugleichen, läßt man ein Teil einer Welle gegen ein Teil der anderen Welle über Reibelemente schleifen. Durch die Reibung wird die schnellere Welle abgebremst, bis bei gleichem (synchronem) Lauf eine kraftübertragende Verbindung hergestellt werden kann.

Schaltschwierigkeiten

Wenn die Schaltung Probleme bereitet, kann sie relativ einfach eingestellt werden. Vorher muß kontrolliert werden, ob die Teile der Schaltbetätigung nicht verbogen und alle Lagerbuchsen o. ä. nicht verschlissen sind. Zur Einstellung steht der Werkstatt ein Spezialwerkzeug (B.Vi.1133) zur Verfügung, das an der Getriebe-Schaltwelle angesetzt wird.

Schaltung einstellen

Mangels Spezialwerkzeug ist hier ein Helfer praktisch unumgänglich.

- 1. Gang einlegen.
- Wagen aufbocken.
- Spritzblech vom Getriebe abbauen.
- Für mehr Arbeitsspielraum ggf. Auspuffanlage aushängen und etwas absenken.
- Die Rückholfeder an der Schaltstange aushängen.
- Schraube der Schaltstangen-Klemmschelle lösen.
- In 1.-Gang-Stellung den Hebel der Getriebeschaltwelle nach unten hinten drücken.
- Schalthebel seitlich gegen das Schaltgehäuse drücken, bis zwischen Hebel und Gehäuse ein Abstand von 2 mm besteht.

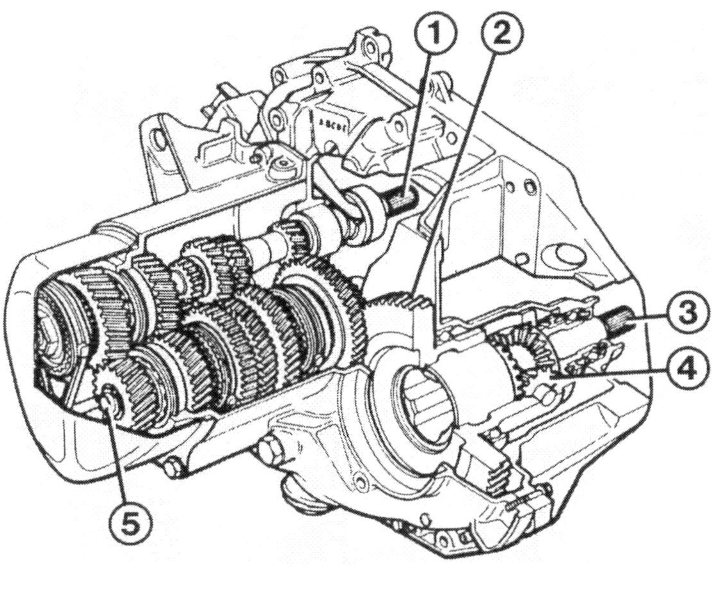

Das »aufgeschnittene« Getriebe zeigt zur Orientierung:
1 – Eingangswelle;
2 – Tellerrad des Ausgleichsgetriebes;
3 – Antriebswelle;
4 – Kegelrad des Ausgleichsgetriebes;
5 – Hauptwelle.

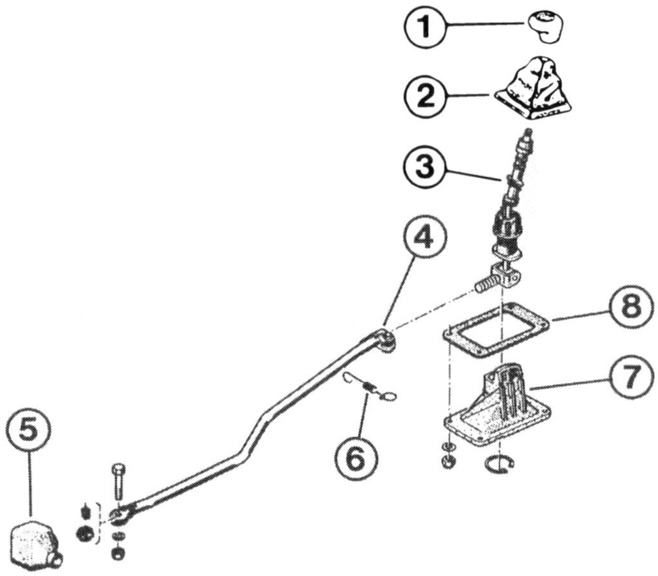

Die Teile der Schaltbetätigung:
1 – Schalthebelknauf;
2 – Schalthebelmanschette;
3 – Schalthebel mit Sperren für Rückwärtsgang;
4 – Schaltstange;
5 – Spritzschutz;
6 – Schaltstangen-Spannfeder;
7 – Schalthebelgehäuse;
8 – Zwischenplatte.

● In dieser Stellung Klemmschraube der Schaltstange mit 30 Nm wieder festziehen. Dabei darauf achten, daß sich die Schaltstange nicht verdreht. Die Klemmflächen der Schaltwelle und des Klemmstücks der Schaltstange müssen fettfrei sein.

● Zur Kontrolle nochmal das Spiel am Schalthebel messen. Es muß zwischen 2 und 5 mm betragen.

Störungsbeistand

Getriebegeräusche

Im Lauf der Zeit kann das Getriebe durch Geräuschentwicklung auf sich aufmerksam machen.

○ Zuerst sollten Sie nach dem **Ölstand** im Getriebe sehen.

○ Tritt ein **heulendes Geräusch in einem Gang** auf oder verändert sich der Ton beim Gasgeben und Gas wegnehmen, dürfte die Verzahnung des betreffenden Gangradpaares verschlissen sein.

○ Bei **Geräuschen in allen Gängen** liegt es am Achsantrieb oder an den Getriebe-Wellenlagern.

○ **Rauhe, mahlende Geräusche**, die erst bei warmem Getriebe hörbar werden, weisen auf schlagende Synchronringe hin. Bei dünnflüssiger werdendem Öl wird dieses immer an derselben Stelle vom Synchronring weggedrückt.

Getriebe aus- und einbauen

Das Getriebe kann beim Renault 19 getrennt vom Motor ausgebaut werden. Eine Reparatur sollte aber der Werkstatt vorbehalten bleiben. Wenn Sie die Arbeit selbst in Angriff nehmen wollen, muß der Wagen so aufgebockt werden, daß Sie sowohl im Motorraum als auch an der Wagenunterseite arbeiten können. Das Getriebe wird nach oben aus dem Motorraum gehoben. Bevor Sie an die eigentlichen Montagearbeiten gehen, sollten Sie sich eine Motor-Aufhängevorrichtung bauen (Abbildung auf der gegenüberliegenden Seite) oder zur Entlastung des Motors einen kleinen hydraulischen Hebekran besorgen.

Beim Montieren der Schaltstange (3) am Schalthebel (1) des Getriebes muß die Manschette (2) auf Verschleiß kontrolliert werden. In der Manschette muß ein kleiner Fettvorrat vorhanden sein, damit Schraubbolzen und Buchse nicht vorzeitig ausschlagen. Durch ein verschlissenes Gelenk kommt es zu ungenauen Schaltpunkten – die Schaltung kann nicht mehr genau eingestellt werden.

Da sich der Motor am Getriebe abstützt, muß er eine Hilfsaufhängung bekommen, solange das Getriebe ausgebaut ist. Die Werkstatt benutzt hierzu eine spezielle Aufhängung, mit der sich der Motor durch einen Schraubknebel millimetergenau ausrichten läßt – dies ist besonders beim Wiedereinbau wichtig. So wie im Bild gezeigt, geht es jedoch auch. Wichtig bei der Aufhängung ist die entsprechende Tragfähigkeit der verwendeten Materialien und die Sicherung gegen Verrutschen. Z. B. die Quertraverse mit Schraubzwingen an der Karosserie sichern.

Ausbau

- Batteriekabel von der Batterie abklemmen und Batterie ausbauen.
- Ggf. für mehr Arbeitsspielraum Motorhaube abbauen, siehe Kapitel »Die Karosserieteile«.
- Luftfiltergehäuse mit Halterung ausbauen.
- Kupplungsseilzug am Getriebe aushängen.
- Tachowelle am Getriebe abziehen. Dazu ggf. die Sicherungsklammer zusammendrücken.
- Steckverbindung vom Schalter der Rückfahrleuchten abziehen.
- Massekabel am Getriebe abbauen.
- Kabel vom Anlasser abbauen, ggf. vorher Anschlüsse kennzeichnen.
- Getriebeöl in sauberes Gefäß ablassen.
- **Nur Benziner:** Drehzahlgeber abbauen.
- Stecker vom Kühlervnetilator und Thermoschalter abziehen.
- Obere Halterungen des Kühlers lösen und Kühler vorsichtig nach seitlich rechts verschieben. Zum Schutz der Kühlerlamellen ggf. Karton zum Abdekken verwenden.
- **Nur Diesel:** Kühlflüssigkeit in sauberes Auffanggefäß ablassen. Dazu unteren Kühlerschlauch lösen.
- Kühler komplett mit Ventilator ausbauen.
- **Alle Motoren:** Fahrzeug vorne aufbocken und Räder demontieren.
- **Linke Fahrzeugseite:** Bremssattel komplett ausbauen und mit Draht im Radhaus aufhängen. Dabei darf der Bremsschlauch nicht in sich verdreht sein.
- Spritzschutz im Radhaus ausbauen.
- Spurstange vom Lenk-Schwenklager abdrücken.
- Antriebswellenmanschette am Getriebe abbauen.
- Untere Federbeinhalterung vom Lenk-Schwenklager abbauen.
- Querlenker-Kugelgelenk vom Lenk-Schwenklager abbauen (eine Schraube mit Mutter).
- Querlenker nach unten vom Lenkschwenklager abdrücken. Ggf. Montiereisen zwischen Fahrzeugboden und Querlenker ansetzen.
- Antriebswelle komplett mit Lenk-Schwenklager und Bremsscheibe abnehmen. Dabei darauf achten, daß keine Lagerrollen des inneren Gelenks in das Getriebegehäuse gelangen.
- Beim Abnehmen der Welle eine unnötige Belastung der Gelenke durch Überdehnung vermeiden. Der Beugungswinkel der inneren wie der äußeren Gelenke darf nicht überdehnt werden. Außerdem dürfen die Manschetten nicht beschädigt werden.
- **Rechte Fahrzeugseite:** Am Getriebe den Spannstift der Antriebswelle mit einem passenden Durchschlag austreiben.
- Untere Federbeinhalterung vom Lenk-Schwenklager abbauen (zwei Schraubbolzen mit Mutter).
- Lenk-Schwenklager nach außen ziehen und so weit schwenken, bis die Antriebswelle aus dem Getriebe rutscht.
- Wie für die rechte Seite beschrieben, die Gelenke der Antriebswelle nicht zu stark abwinkeln.
- Drehmomentstrebe zwischen Motor und Getriebe abbauen.
- Beide untere Verbindungsschrauben Motor/Getriebe herausdrehen.
- Spritzschutz des Getriebes abbauen.
- Staubmanschette an der Schaltbetätigung des Getriebes zurückziehen und Schaltstange abbauen.
- Schaltstange am Auspuffrohr mit Draht aufhängen.
- Motor mit Hebevorrichtung (Kran oder Traverse mit verstellbarer Aufhängung) absichern.
- Verbindungsschrauben Anlasser/Getriebe herausdrehen und Anlasser abnehmen.
- Getriebe von unten mit Wagenheber abstützen, dabei den Heber etwas auf Spannung bringen.
- Vordere Motor/Getriebehalterung ausbauen (vier Schrauben).
- Bolzen der hinteren Motor/Getriebehalterung am Getriebe und am Lager lösen und herausziehen.
- **Nur Diesel:** Pendelaufhängung am Getriebe ausbauen (drei Schrauben am Getriebe, vier Schrauben am Längsträger).
- Untere Drehmomentstütze abbauen. Dabei die Einbaurichtung der Schrauben merken!
- **Alle Motoren:** Auf linken und rechten Stehbolzen eine Kontermutter aufschrauben und festziehen. Zum Herausdrehen der Stehbolzen ist ein gekröpfter Ringschlüssel sowie ein Gelenkschlüssel nötig.

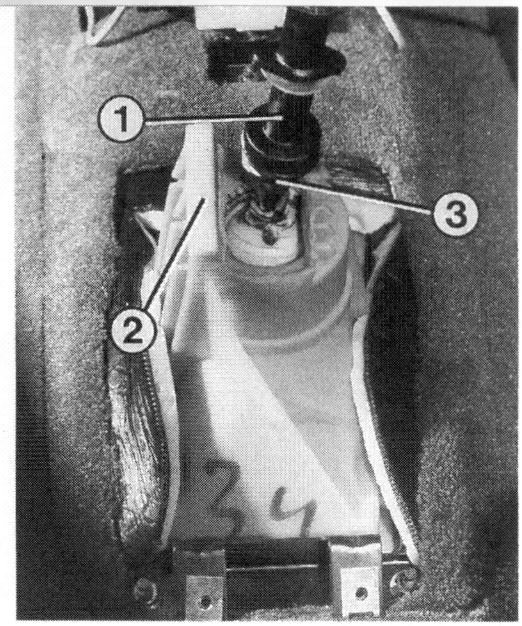

Wenn der 1. Gang eingelegt ist, muß der Schalthebel (1 und 6) bei richtiger Einstellung mit der oberen Rückwärtgangsperre (3) am oberen Anschlag (2) des Schaltgehäuses anliegen. Gleichzeitig muß zwischen unterer Rückwärtsgangsperre (4) und unterem Anschlag (5) bei »A« ein 2-mm-Spalt bestehen. Falls nicht, muß die Schaltung eingestellt werden. Mit »7« ist das Gabelstück der Schaltstange bezeichnet, an dem in 1.-Gang-Stellung beim Festziehen der Schaltstange vom Stangenende zum Ende der Rändelstruktur ein Abstand von 5 mm bestehen muß.

● Ggf. die beiden Halteschellen des Versorgungsschlauches der Servolenkung abbauen.
● Getriebe mit einem Montierhebel vorsichtig vom Motorblock abdrücken. Dabei das Getriebe mit dem seitlichen Getriebedeckel – darunter sitzen die Zahnräder für den 5. Gang – zwischen Längsträger und Hilfsrahmen schieben.
● Den Motor etwas anheben.
● Damit das Ausrücklager nicht versehentlich von der Antriebswelle rutschen kann, muß die Ausrückgabel mit einem passenden Holzstück, das zwischen Ausrückgabel und Widerlager des Kupplungszugs geklemmt wird, blockiert werden.
● Falls eine zusätzliche Hebevorrichtung zur Verfügung steht, an den Flanschschrauben des Getriebes und dem Widerlager des Kupplungszuges eine Kette befestigen. Die Werkstatt setzt anstelle der Getriebeflanschschrauben passende Bolzen mit angeschweißter Öse ein.
● Getriebe auf der Getriebedeckelseite absenken.
● Getriebe mit Hebevorrichtung oder Helfer vorsichtig aus dem Motorraum heben.

Einbau

● Vor dem Einbau die Getriebe-Antriebswelle und Führungshülse des Drucklagers dünn mit »Molykote 55 Plus«-Paste bestreichen.
● Die Keilverzahnung der Antriebswellen und die Gelenkwellen mit etwas MoS_2-Fett schmieren.
● Zentrierhülsen im Getriebeflansch auf korrekten Sitz kontrollieren.
● Getriebe in den Motorraum heben und möglichst waagrecht am Motor ansetzen.
● Stehbolzen wieder einschrauben.
● Verbindungsschrauben ansetzen und festziehen (M 10-Schrauben 45 Nm; M 12-Schrauben 55 Nm).
● Sitz der Motor/Getriebeeinheit im Motorraum überprüfen und ggf. neu einrichten.
● Die weiteren Einbauarbeiten gehen in umgekehrter Reihenfolge wie für den Ausbau beschrieben vor sich.
● Ggf. Schaltung einstellen.

Fingerzeige: **Überschüssiges Fett auf der Getriebe-Antriebswelle kann auf die Kupplungsscheibe gelangen. Deshalb sparsam fetten.**
Das Getriebegehäuse ist aus Leichtmetall gefertigt. Zu starkes Anziehen einer Verschraubung führt dazu, daß das Gewinde ausreißt. Deshalb ist es sehr wichtig, daß die vorgeschriebenen Anzugsdrehmomenten der einzelnen Schrauben eingehalten werden.

Die Getriebeautomatik

Schon seit Produktionsbeginn kann der Renault 19 GTS und TXE (1,7-Liter-Motor) mit einer elektronisch geregelten Dreistufen-Getriebeautomatik (interne Bezeichnung = MB3) geordert werden. Seit Modelljahr '91 wird beim 1,8 S auch eine auf der Basis des MB3-Getriebes weiterentwickelte Vierstufen-Getriebeautomatik angeboten, die ebenfalls mikroprozessorgesteuert ist. Interne Bezeichnung dieser in Gemeinschaft mit Volkswagen entwickelten Getriebeautomatik ist »AD4«. Aus Platzgründen wird hier hauptsächlich auf das neue Automatikgetriebe eingegangen. Außerdem gibt es zur MB3-Getriebeautomatik viele Parallelen.
Die AD4-Getriebeautomatik ist durch ein doppeltes Schaltprogramm vom Fahrer wählbar und mikroprozessorgesteuert. Dadurch gibt es z. B. beim plötzlichen Loslassen des Gaspedals kein Hochschalten des Getriebes mehr. Weiter wird die Öltemperatur ständig überwacht und so der Öldruck vom Mikroprozessor ständig optimal angepaßt. Außerdem besitzt das Getriebe eine mechanische Sperre des Drehmomentwandlers in der dritten und vierten Fahrstufe. Die Übersetzung der vierten Fahrstufe ist dabei als »Overdrive« (Schongang) ausgelegt.

Das aufgeschnittene Automatikgetriebe zeigt:
1 – Planetenradsatz;
2 – Lamellenkupplung;
3 – Ölkühler;
4 – Drehmomentwandler;
5 – Tachoantrieb;
6 – Kegelräder des Ausgleichsgetriebes;
7 – Tellerrad.

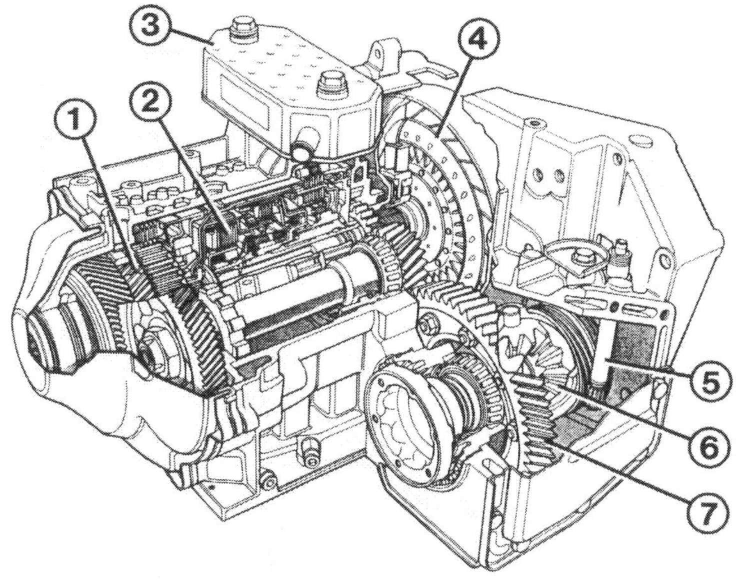

Funktion der AD4-Automatik

Wie bei herkömmlichen Getriebeautomaten wird bei der Drei- und Viergang-Automatik das Drehmoment des Motors zunächst im Wandler an die ATF-Flüssigkeit weitergegeben. Dazu treibt der Motor im Drehmomentwandler ein Pumpenrad an. Die dadurch in Rotation gebrachte Wandlerflüssigkeit kann nun über ein sogenanntes Leitrad zum mit dem Getriebe verbundenen Turbinenrad gedrückt werden und setzt dieses in Bewegung. Zwischen dem mit dem Motor verbundenen Pumpenrad und dem mit dem Getriebe verbundenen Turbinenrad herrscht immer eine gewisse Drehzahldifferenz. Sie ist beim Anfahren am größten und nimmt mit zunehmender Geschwindigkeit immer mehr ab. Beim herkömmlichen Automatikgetriebe bleibt so immer ein gewisser »Schlupf«. Bei der AD4-Getriebeautomatik des Renault 19 wird dagegen der Drehmomentwandler in der dritten und vierten Fahrstufe durch eine mechanische Wandler-Überbrückung ein starrer Durchtrieb hergestellt. So wird unerwünschter Schlupf verhindert, der sonst höheren Kraftstoffverbrauch mit geringeren Fahrleistungen bewirkt.
Kernstück der Getriebeautomatik sind jedoch die sogenannten Planetenradsätze. Sie bestehen aus einem Zahnrad, um das drei weitere Zahnräder umlaufen. Über diese Anordnung ist ein Ringrad mit Innenverzahnung gestülpt. Jeweils zwei dieser Baugruppen sind zu einem Radsatz zusammengefaßt und bilden ein eigenes kleines Zweiganggetriebe. Das Geniale an diesen Getrieben ist die Art, sie zu schalten. Die Übersetzungsänderung erfolgt lediglich durch Festhalten oder Loslassen von Teilen des Planetenradsatzes. Geschaltet wird also ohne Unterbrechung des Kraftflusses vom Motor zu den Rädern. Das Halten und Lösen besorgen hydraulisch gesteuerte Lamellenkupplungen und -bremsen. Um ein mehrstufiges Getriebe zu erhalten, sind drei Planetenradsätze hintereinandergeschaltet. So entsteht eine Viergang-Getriebeautomatik mit Rückwärtsgang.

Die elektronische Getriebesteuerung

Eingangssignale

Das elektronische Steuergerät verarbeitet zahlreiche Signale von verschiedenen Bauteilen:
○ **Wählhebel mit Multifunktionsschalter** für die Wählhebelstellung. Die Hebelstellung steuert auch das Einschalten der Rückfahrleuchten und die Anlassersperre bei eingelegtem Fahrbereich.
○ **Comfort/Sport-Schalter** neben dem Wählhebel für das gewünschte Schaltverhalten.
○ **Drosselklappen-Potentiometer** für die Öffnung der Drosselklappe. Dieses Signal dient zur Errechnung der optimalen Schaltpunkte für die augenblickliche Motorbelastung.
○ **Geschwindigkeitsgeber** am Getriebe zur Ermittlung der Fahrgeschwindigkeit ebenfalls für optimale Schaltpunkte.
○ **Kickdownschalter** im Gaszug; er gibt das Signal, daß das Gaspedal voll durchgetreten wurde. Dadurch wird später hochgeschaltet oder ggf. auch eine oder zwei Fahrstufen zurückgeschaltet.
○ **Bremslichtschalter** für die Freigabe der elektromagnetischen Wählhebelsperre. Nur bei getretenem Bremspedal und losgelassenem Gaspedal läßt sich der Wählhebel aus Stellung »P« oder »N« in einen Fahrbereich schieben.
○ **ATF-Temperaturgeber** für die Temperatur der Getriebeflüssigkeit. Starke Drehzahlunterschiede zwischen Motor und Getriebe können eine erhebliche Erwärmung der ATF bewirken. Durch ständige Messung der ATF-Temperatur berechnet der Mikroprozessor im Steuergerät den erforderlichen Flüssigkeitsdruck und paßt ihn ständig der augenblicklichen Fahrsituation an. Das verringert den Schlupf im Drehmomentwandler und senkt die ATF-Temperatur.

Steuerung der Schaltvorgänge

Wenn Sie den Wählhebel in Fahrstellung »D« bringen, gelangt die unter Druck stehende ATF an die sogenannten Schaltschieber im Schaltschieberkasten. Diese Schaltschieber steuern die Lamellenkupplungen

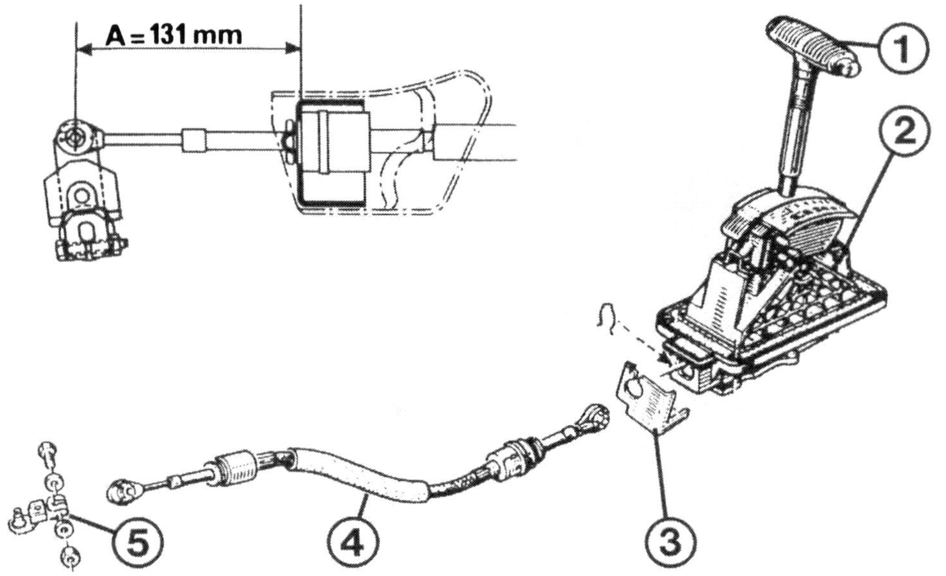

Die Teile der Wählhebelmechanik. Es bedeuten:
1 – Wählhebel;
2 – Wählhebelgehäuse;
3 – Seilzug-Widerlager;
4 – Seilzug;
5 – Befestigungshebel mit -bolzen am Getriebe.
Zur Einstellung des Seilzugs muß der Wählhebel auf Position »D« stehen. Durch Verstellen des Seilzug-Widerlagers muß das Maß »A« zwischen der Mitte des Befestigungsbolzens und der Stirnfläche des Widerlagers erreicht werden.

und -bremsen hydraulisch an. Den Druck dazu regelt das Steuergerät mit Magnetventilen und bestimmt so den Zeitpunkt zum Hoch- bzw. Zurückschalten sowie die »weichen« Schaltübergänge.

Eigendiagnose

Das elektronische Steuergerät kann auftretende Fehler erkennen und speichern. Dazu überwacht ein Prüfprogramm die Ein- und Ausgangssignale praktisch aller Geber und Bauteile sowie deren Stromkreise. Aufgetretene Fehler werden in einem Dauerspeicher festgehalten. In der Werkstatt wird der Fehlerspeicher mit einem speziellen Diagnosegerät abgefragt. Falls Sie einen Fehler in der Steuerung der Getriebeautomatik vermuten, können Sie den Fehlerspeicher nur in der Renault-Werkstatt abrufen lassen.

Warnlampe der Getriebeautomatik

Zur Meldung von Störungen ist im Armaturenbrett eine Kontroll- und Warnleuchte vorhanden.
○ **Normalanzeige:** In Wählhebelstellung »P« oder »N« leuchtet die Lampe auf, wenn die Zündung eingeschaltet und der Motor angelassen wird.
○ Nach Loslassen des Zündschlüssels und bei laufendem Motor verlöscht die Lampe nach ca. 3 Sekunden.
○ **Störungsanzeige:** Bei laufendem Motor im Stand oder bei Fahrt leuchtet die Lampe ständig.
○ Die Lampe leuchtet nur kurz auf.
○ Flackern der Lampe während der Fahrt.
○ Im Stand oder während der Fahrt leuchtet die Lampe im Sekunden-Rhythmus (ca. eine Sekunde Abstand) auf. Dies ist bei Temperaturen unter –20°C oder über 140°C möglich. Dann muß bis zum Erreichen normaler ATF-Temperaturen verhalten gefahren werden.

Notlaufprogramm

Hat das Steuergerät einen Fehler erkannt, der die Funktion der Getriebeautomatik erheblich beeinträchtigt, oder ist das Steuergerät selbst defekt, tritt ein Notlaufprogramm in Aktion. Dann schaltet das Getriebe nur noch bis zur Fahrstufe »3«. So haben Sie als Fahrer ein eindeutiges Erkennungzeichen für einen Defekt an der Getriebeautomatik. Zusätzlich ist natürlich noch die Fahrstufe »R« funktionsfähig.

Automatikgetriebe prüfen

Für den Selbsthelfer bietet das Automatikgetriebe kaum noch Möglichkeiten, Reparaturen in Eigeninitiative vorzunehmen. Prüfungen helfen jedoch, den Fehler einzukreisen, was nicht zuletzt beim Gebrauchtwagenkauf von Nutzen sein kann.
○ Bei Störungen muß als erstes der ATF-Stand im Getriebe kontrolliert werden.
○ Riecht die ATF am Peilstab verbrannt, liegt ein schwerer Getriebeschaden vor. Die Bremsbänder bzw. Kupplungslamellen sind dann defekt.
○ Auf einer Probefahrt können die Schaltpunkte überprüft werden.
○ Die Art, wie die Schaltvorgänge erfolgen, gibt Aufschluß über den Zustand der Getriebeautomatik.
○ Die Einstellung von Gas- und Schaltzug ist wichtige Voraussetzung für einwandfreie Arbeitsweise der Getriebeautomatik.

Beurteilen der Schaltvorgänge

Bei einer Probefahrt können Sie Ihre Aufmerksamkeit auf die Schaltvorgänge richten:
○ Hochschalten: Bei teilweise durchgetretenem Gaspedal ist der Gangwechsel kaum wahrnehmbar; bei Vollgas oder Kickdown werden die Übergänge zwar etwas deutlicher, doch der höhere Gang muß stets geschmeidig fassen. Kurzes Hochdrehen beim Gangwechsel deutet auf Störungen hin, die genauer untersucht werden müssen.
○ Herunterschalten: Ohne Gas (beim Ausrollenlassen) kaum spürbar bei sehr niedrigen Geschwindigkeiten. Ein Stoß ist beim Rückschalten mit Teil- oder Vollast normal. Das Zurückschalten ohne Gas mit dem Wählhebel

dauert eine bis zwei Sekunden. Wird beim zwangsweisen Zurückschalten mit dem Wählhebel Gas gegeben, erfolgt der Gangwechsel ohne Verzögerung.

Schaltpunkte der Getriebeautomatik

		Schaltvorgang bei km/h von Fahrstufe 1 auf 2		2 auf 3		3 auf 4		4 auf 3		3 auf 2		2 auf 1	
Getriebe MB3	Teilgas	23		40		–		–		27		15	
	Vollgas	72		118		–		–		102		63	
	Kickdown	72		118		–		–		102		63	
Wählschalter in Stellung		C	S	C	S	C	S	C	S	C	S	C	S
Getriebe AD4	Teilgas	17	20	35	40	60	70	47	50	30		10	
	Vollgas	36	42	70	80	117	128	103	112	52	68	26	30
	Kickdown	42	44	80		131		130		78	81	40	

Fingerzeige: **Springt ein mit Automatikgetriebe ausgerüsteter Renault 19 einmal nicht an, hilft Anschieben oder Anschleppen nicht. Der hydraulische Drehmomentwandler kann bei stehendem Motor keine Verbindung zum Motor herstellen. Es geht also nur mit Starthilfekabeln.**
Muß abgeschleppt werden, darf dies bei Wählhebelstellung »N« nicht weiter als 50 km bei einer Geschwindigkeit von max. 50 km/h geschehen!
Einstell- und vor allem Reparaturarbeiten sollten Sie der Werkstatt überlassen.

Achsantrieb

Das Getriebe und der Achsantrieb mit dem Ausgleichsgetriebe sitzen in einem gemeinsamen Gehäuse. Die vom Motor ans Getriebe gelangende Kraft wird über ein kleines und ein großes Zahnrad an den Achsantrieb geleitet. Am großen Zahnrad ist das Gehäuse des Ausgleichsgetriebes angeschraubt. In diesem Gehäuse sitzen vier ineinandergreifende Kegelräder, von denen zwei mit den Antriebswellen verbunden sind.
Solange geradeaus gefahren wird, rollen beide Vorderräder mit der Drehzahl des großen Achsantriebsrades. Die Kegelräder des ebenfalls im gleichen Tempo drehenden Ausgleichsgetriebe-Gehäuses stehen dagegen still. Beim Durchfahren einer Kurve muß das kurvenäußere Rad einen längeren Weg zurücklegen als das innere. Dabei treten die Kegelräder in Aktion: Die schnellere Drehung des äußeren Rades und seines Kegelrades wirkt über die beiden Übertragungskegelräder auf jenes Kegelrad auf der Kurveninnenseite ein, das nun entsprechend langsamer dreht.
Dieser Ausgleich ist notwendig, sonst würde der Wagen ruckartig mit durchdrehenden Vorderrädern durch die Kurven fahren. Nachteilig wirkt sich das Ausgleichsgetriebe jedoch aus, wenn ein Antriebsrad auf glattem Untergrund durchdreht. Dann wird auf das andere Vorderrad praktisch keine Kraft mehr übertragen, der Wagen rührt sich nicht von der Stelle.

Die Antriebswellen

Jede Antriebswelle besteht aus drei Teilen: Ein mit dem Achsstummel verschweißtes Gleichlauf-Verschiebege-

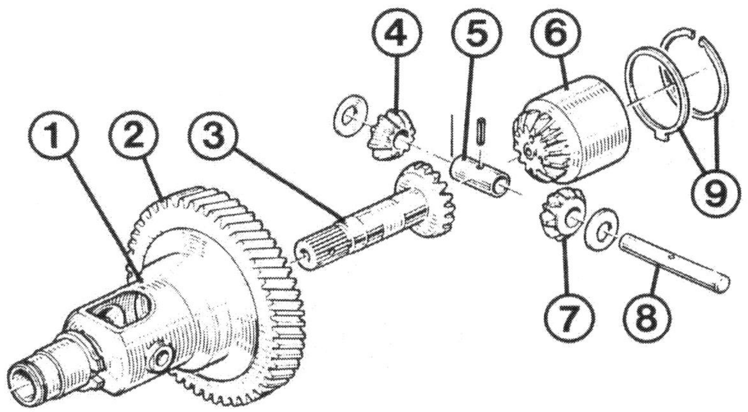

Die Teile des Achsantriebs:
1 – Differentialgehäuse;
2 – Tellerrad;
3 – Getriebeausgangswelle;
4 und 7 – Satellitenräder;
5 – Distanzhülse;
6 – Planetenrad;
8 – Satellitenachse;
9 – Distanz- und Sicherungsring.

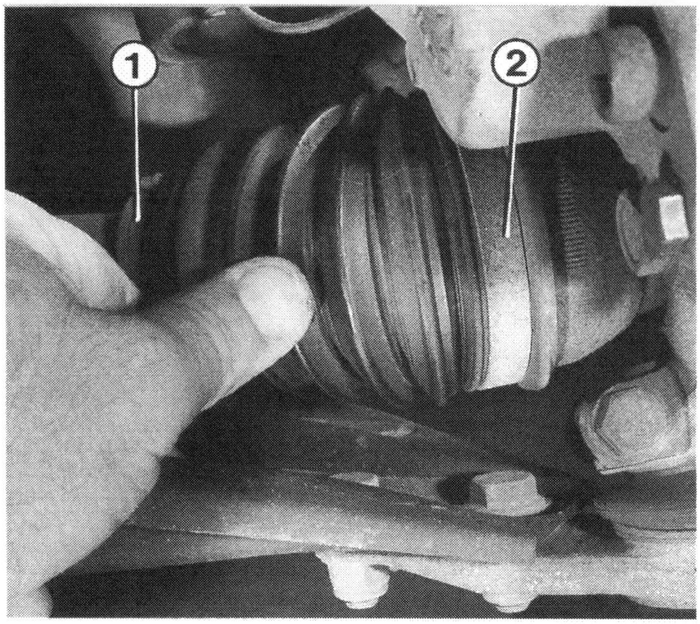

Bei der Kontrolle der Antriebswellen-Schutzmanschetten muß auch der feste Sitz des inneren (1) und äußeren Spannbandes (2) überprüft werden. Mit einem Seitenschneider werden die Bänder gespannt. Dazu eine Ausbuchtung in Form eines plattgedrückten »O« in das Spannband biegen, und mit dem Seitenschneider mit Gefühl so zudrücken, daß die Manschette nicht abgequetscht wird. Die Antrjiebswelle muß am Manschettensitz gründlich sauber sein.

lenk auf der Getriebeseite, dem kerbverzahnten Wellenschaft und einem Gleichlaufgelenk auf der Radseite. Bedingt durch die seitlich versetzte Lage des Getriebegehäuses erfolgt die Kraftübertragung vom Ausgleichsgetriebe auf die Vorderräder über eine lange und eine kurze Welle. Außerdem sind die Antriebswellen von verschiedenen Herstellern und modellabhängig in ihren Maßen unterschiedlich.

Manschetten der Antriebswellen prüfen

Wartung Nr. 36

Je nach Motorisierung Ihres Renault 19 sind die Achswellen etwas unterschiedlich dimensioniert, in ihrer Funktion aber identisch. Die Gelenke der Antriebswellen sind durch Gummimanschetten vor Feuchtigkeit und Schmutz geschützt und auf der Radseite je nach eingebautem Achswellentyp mit einer genau bemessenen Menge (Gelenk GE 76 = 180 g; GE 86 = 295 g) eines hochwertigen Lithiumfetts mit Molybdändisulfid (Renault-Vorschrift = MOBIL CVJ 825, MOBIL EXF 57C oder Black Star) gefüllt. Getriebeseitig sind die Gelenke mit Fett der gleichen Spezifikation versehen (Gelenk GI 62 = 130 g; RC 490 = 160 g). Dem Reparatursatz liegt die entsprechende Fettmenge jeweils bei.

- Wagen vorn mit frei hängenden Rädern aufbocken.
- Am Rad drehen und beide Manschetten der Welle auf feine Risse und spröde Stellen kontrollieren.
- Sitzen die Haltebänder fest?
- Fettspuren an der Manschette sind ein Alarmsignal, denn fehlendes Schmiermittel oder eindringender Schmutz bzw. Feuchtigkeit zerstören die Gelenkoberfläche sehr schnell.
- Beschädigte Manschetten sofort ersetzen. Dazu muß die Antriebswelle aus dem jeweiligen Antriebsgelenk ausgebaut werden.

Antriebsgelenkmanschette wechseln
Radseite

- Antriebswelle ausbauen.
- Getriebeseitige Manschette der Antriebswelle ausbauen.
- Welle mit dem radseitigen Achswellenstumpf in einen mit Schutzbacken versehenen Schraubstock spannen.
- Spannbänder mit einem Seitenschneider auftrennen oder mit einer Eisensäge vorsichtig aufsägen.

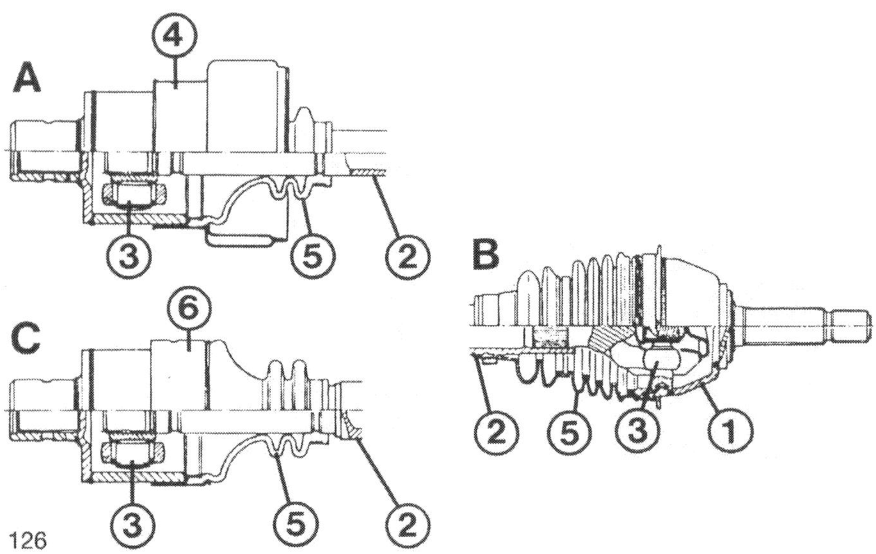

Die Abbildung zeigt das getriebeseitige Gelenk RC 490 (A und C) sowie das radseitige Gelenk GE 76/GE 86 (B).
Weiter bedeuten:
1 – Gelenkkapsel mit Achszapfen;
2 – Antriebswelle;
3 – Gelenkstern;
4 – Wärmeschutzring oder Stahlmanschette;
5 – Gelenkmanschette.

Durch Auseinanderziehen bzw. Zusammendrücken muß bei den einzelnen Gelenken zwischen Manschettenende und Stirnfläche des Gelenks folgender Abstand erreicht werden:
A – 155,5–157,5 mm (Gelenk RC 490);
B – 152,5–154,5 mm (Gelenk Gl 62).
Beim Gelenk Gl 69 muß von der Einheit Manschette/Kugellager bis Wellenende (C) ein Abstand von 148,5 mm bestehen. Das mit einem Dichtring versehene Kugellager darf nur mit Hilfe eines passenden Rohres (2) aufgedrückt werden. Dazu den Nut (1) als Anlage für einen mit entsprechenden Keilbacken versehenen Schraubstock benutzen, sonst kann das Gelenk beschädigt werden.

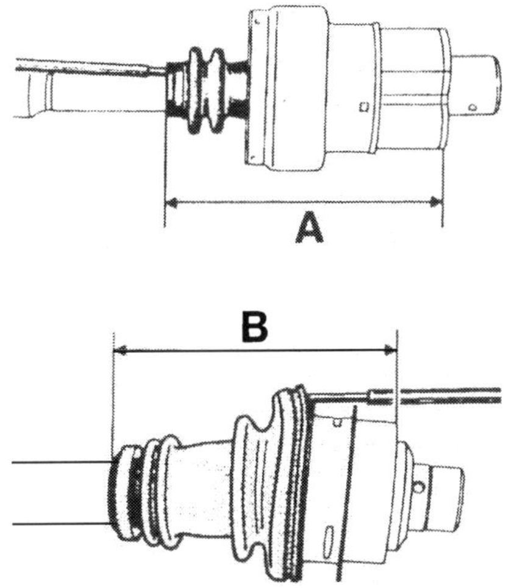

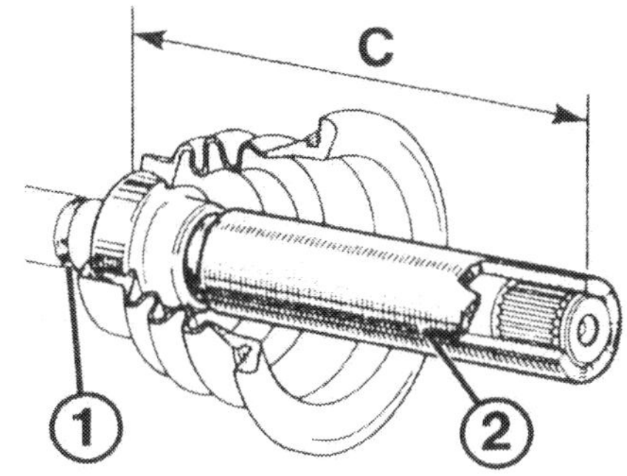

Dabei darauf achten, daß die Nut der Gelenkkapsel nicht beschädigt wird.

- Mit einem Seitenschneider oder mit einer Schneideklinge die defekte Gelenkmanschette aufschneiden.
- Vorhandenes altes Fett entfernen und kotrollieren, ob es Schmutzpartikel enthält.
- Bei stark verschmutztem Fett das Gelenk gründlich säubern (kein Lösungsmittel verwenden) und auf Verschleißspuren kontrollieren. Gelenk ggf. austauschen.
- Die gesamte, dem Reparatursatz beigefügte Menge Fett in der Gelenkkapsel und am Gelenk verteilen.
- Neue Manschette aufschieben und darauf achten, daß die Gummilippen korrekt in der Nut von Achswelle und Gelenkkapsel sitzen.
- Durch Kneten der Manschette und Bewegen des Gelenks das Fett etwas verteilen.
- Dabei entwichene Luft kann die Manschette nach innen ziehen. Deshalb bei eingedrückter Manschette diese an einer Dichtlippe kurz anheben – durch den Druckausgleich sitzt die Manschette dann korrekt.
- Neue Spannbänder montieren.
- Mit dem Seitenschneider – die Werkstatt hat hierfür eine spezielle Zange – noch eine Bucht quetschen, wie unten auf dieser Seite in der oberen Zeichnung gezeigt, um das Band endgültig zu spannen.
- Die weiteren Arbeiten wie für den Ausbau beschrieben erledigen.

Antriebwellenmanschette wechseln

Getriebeseite

- Antriebswelle ausbauen.
- **Gelenktyp RC 490:** Mit einer Rohr- oder Kombizange die drei Einbuchtungen an der Stahlblechmanschette herausdrücken und/oder Wärmeschutzring (je nach Ausführung) mit einem Hammer und Durchschlag in Richtung Gelenkmanschette heruntertreiben.
- **Gelenktyp Gl 62:** Die Ringfeder mit einem Schraubendreher von der Gelenkkapsel abhebeln.
- **Beide Gelenktypen:** Gummihaltering an der Antriebswelle mit einem Seitenschneider durchtrennen.
- Mit einem Seitenschneider oder mit einer Schneideklinge die defekte Manschette aufschneiden.
- **Gelenktyp RC 490:** Gelenkkapsel abziehen.

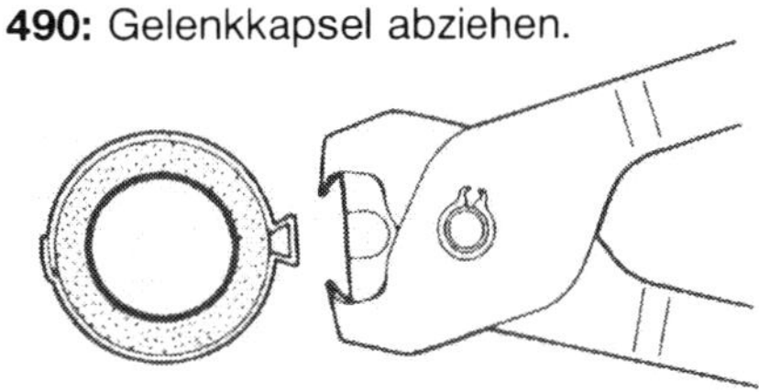

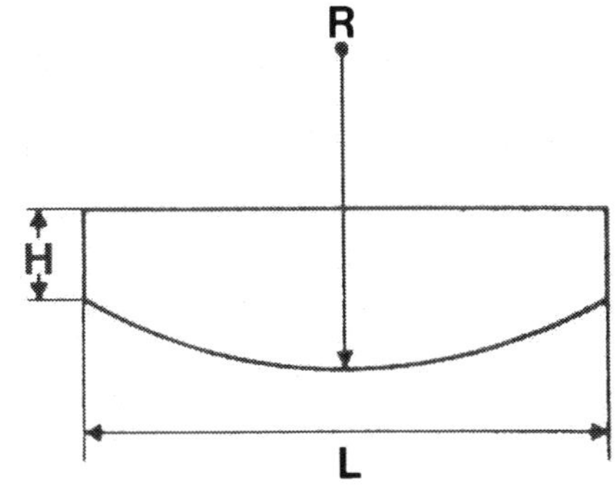

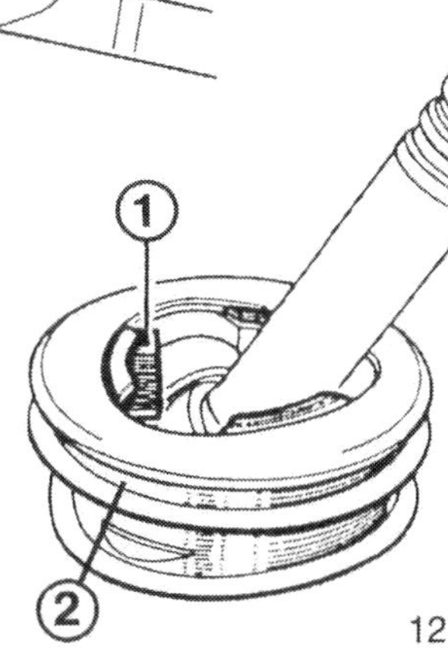

Oben: Die Abbildung zeigt die Spezialzange, mit der die Bandschelle durch Formen einer Bucht auf exakte Spannung gebracht wird.
Links: Hier ist die Unterlage gezeigt, mit der beim GL-62-Gelenk die Begrenzungsplatte der Manschette mittels eines Bronzedorns umgebördelt wird. Die Stärke der Unterlage muß 2,5 mm betragen. Die weiteren Maße:
R – Radius 45 mm;
H – Höhe 6 mm;
L – Länge 40 mm.
Rechts: Nachdem die Begrenzungsplatte (1) in Position gedrückt ist, muß die Unterlage von der Gelenkkapsel (2) entfernt werden.

● **Gelenktyp Gl 62:** Mit einer Rohrzange die Sicherungsplatte in der Gelenkkapsel umbiegen und Gelenkkapsel vom Gelenk abziehen.

● Darauf achten, daß die Rollen nicht von den Lagerzapfen rutschen. Alle Teile (Rollen, Lager und Nadeln) sind aufeinander abgestimmt und eingelaufen, sie dürfen nicht vertauscht werden. Deshalb zur Sicherung das Gelenk mit Klebeband umwickeln.

● **Beide Gelenktypen:** Vorhandenes altes Fett entfernen und auf Schmutzpartikel untersuchen.

● Bei stark verschmutztem Fett das Gelenk säubern (kein fettlösendes Mittel verwenden) und auf Verschleißspuren kontrollieren. Gelenk ggf. austauschen.

● Falls vorhanden, den Sicherungsring mit einer Sicherungszange abnehmen und Gelenk von der Antriebswelle abpressen.

● Beim Zusammenbau die Manschette mit Gummisicherungsring auf die Antriebswelle schieben. Etwas Fett erleichtert das Aufschieben.

● **Gelenktyp RC 490:** Je nach Gelenkausführung Stahlblechmanschette oder Wärmeschutzring mit Metallsicherungsring aufschieben.

● **Beide Gelenktypen:** Gelenk auf die Verzahnung der Antriebswelle aufsetzen und auf die Welle pressen.

● Falls vorhanden, den Sicherungsring anbringen oder das Gelenk mit drei Körnerschlägen (alle 120°) sichern.

● Die vorgeschriebene Fettmenge in der Manschette verteilen.

● **Gelenktyp RC 490:** Die geschmierte Gelenkkapsel auf das Gelenk setzen.

● Gelenkmanschette mit Metallsicherungsring in die Stahlblechmanschette oder den Wärmeschutzring (je nach Ausführung) einsetzen.

● Stahlblechmanschette bzw. Wärmeschutzring bis zum Anschlag auf die Gelenkkapsel aufschieben und bei der Blechmanschette mit einem abgerundeten Dorn zur Sicherung die drei Einbuchtungen eindrücken.

● Das Gelenk auseinander- bzw. zusammenschieben, bis zwischen Manschettenanfang und Stirnfläche der Gelenkkapsel ein Abstand von 155–157 mm besteht.

● Zum Druckausgleich bei einer eingebeulten Gummimanschette diese an der Antriebswelle mit einem Schraubendreher vorsichtig anheben.

● Spannband an der Antriebswelle ansetzen und durch Quetschen einer Bucht mit einem Seitenschneider oder Spezialzange spannen.

● **Gelenktyp Gl 62:** Eine Anlageplatte nach der Zeichnung auf der vorangegangenen Seite unten anfertigen.

● Anlageplatte zwischen Gelenkkapsel und Sicherungsplatte schieben.

● Mit einem Dorn die Sicherungsplatte entlang der Anlageplatte umbördeln.

● Anlageplatte entfernen.

● Gelenkmanschette korrekt in die Nuten von Antriebswelle und Gelenkkapsel schieben.

● Das Gelenk auseinander- bzw. zusammenschieben, bis zwischen Manschettenanfang und Stirnfläche (größter Durchmesser) der Gelenkkapsel ein Abstand von 152,5–154,5 mm besteht.

● Bei einer eingebeulten Gummimanschette zum Druckausgleich die Manschette an der Antriebswelle mit einem Schraubendreher vorsichtig anheben.

● Gelenkmanschette mit Ringfeder und Gummiring sichern.

● Die weiteren Arbeiten wie für den Ausbau beschrieben erledigen.

Störungsbeistand

Antriebswellen

Gewöhnlich gibt es mit den Antriebswellen keine Probleme. Ihre Lebensdauer hängt natürlich von der Fahrweise ab. Vollgasstarts mit eingeschlagenen Vorderrädern und Anfahren mit durchdrehenden Antriebsrädern führen zu vorzeitigem Defekt. Die Gelenke der Antriebswellen zeigen meist schlagartig Ausfallserscheinungen, die aber zwischendurch wieder völlig verschwinden können. Die »ruhige Phase« kann sich über mehrere Tage und Kilometer erstrecken.

○ Charakteristisch sind **rhythmische Schlag- oder Knack-Geräusche** beim Gasgeben und im Schiebebetrieb. Verändern sich diese Töne noch abhängig vom Lenkeinschlag, dürfte das radseitige Gelenk defekt sein.

○ **Vibrationen und Zitterbewegungen im Lenkrad** bei eingeschlagenen Rädern weisen ebenfalls auf ein schadhaftes äußeres Gelenk.

○ Ein **Knackgeräusch beim Anfahren** mit eingeschlagenen Rädern liegt nicht unbedingt an den Antriebswellen, sondern evtl. am Radlager, siehe Kapitel »Radaufhängung und Lenkung«.

Antriebswelle ausbauen

Die Antriebswellen sind in ihren Dimensionen (Länge etc.) unterschiedlich und auf den eingebauten Getriebetyp abgestimmt. Falls also die Antriebswelle ausgetauscht werden soll, müssen Sie sich unbedingt die richtige Ersatzwelle im Ersatzteillager besorgen. Zur Erleichterung sind Getriebe und Antriebswelle mit entsprechenden Farbcodierungen versehen.

● Radnabenmutter bei noch am Boden stehenden Fahrzeug lösen.

● Bremssattel komplett mit Bremssattelträger ausbauen und so im Radhaus aufhängen, daß der Bremsschlauch spannungsfrei ist.

● Getriebeöl ablassen.

Die Teile der Antriebswellen:
1 – Radnabenmutter;
2 – radseitiger Achswellenstumpf;
3 – Gelenkkapsel;
4 – radseitige Gelenkmanschette;
5 – Antriebswelle;
6 – getriebeseitige Gelenkmanschette;
7 – Gelenkkapsel;
8 – Gelenkstern;
9 – Dämpfungsteil;
10 – Spannstifte.

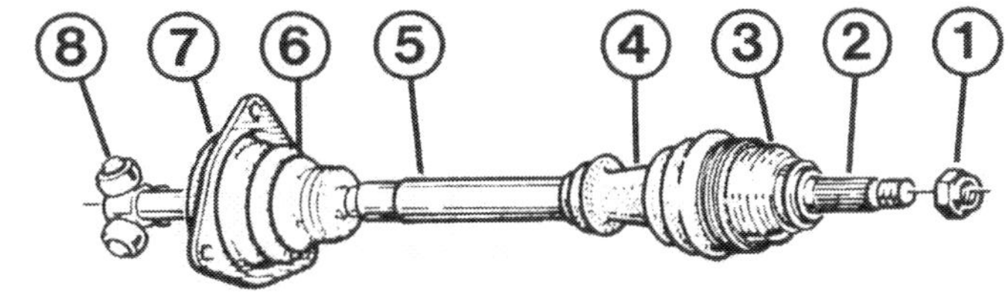

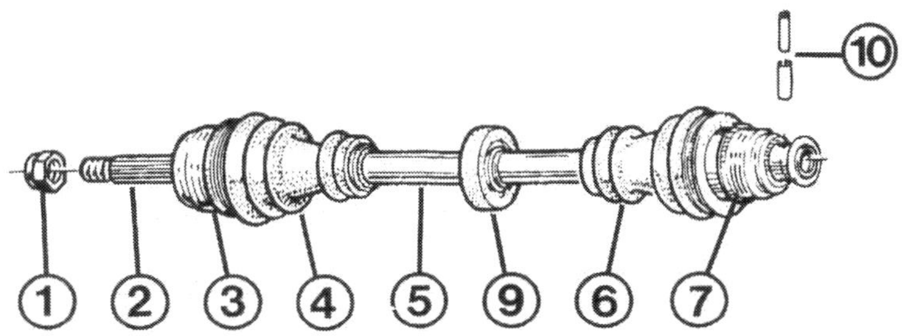

● **Linksseitig:** Drei Schrauben am Getriebeflansch herausdrehen.
● **Rechtsseitig:** Mit einem Dorn den Spannstift zwischen Antriebswelle und Getriebe-Antriebswellenstumpf heraustreiben.
● **Beidseitig:** Kugelgelenk der Spurstange vom Lenk-Schwenklager abdrücken.
● Den oberen Befestigungsbolzen der unteren Federbeinhalterung vom Lenk-Schwenklager abbauen.
● Bei bestimmten Antriebswellentypen sind die Achszapfen mit ihrer Verzahnung in die Radnabe geklebt. Dann muß der Achszapfen mit einem Abzieher aus der Radnabe gedrückt werden (Werkzeug T.Av.1050).
● Lenk-Schwenklager nach außen ziehen und dabei die Gelenkwelle vorsichtig aus dem Getriebe bzw. der Radnabe nehmen.
● Beim Abnehmen der Welle eine unnötige Belastung der Gelenke durch Überdehnung vermeiden. Der Beugungswinkel der inneren wie der äußeren Gelenke darf nicht überdehnt werden. Außerdem die Gelenkmanschetten nicht beschädigen.
● Bei neuen Wellen sind an den Gelenken mit Schutzkäfige angebracht, die eine übermäßige Beugung der Gelenke verhindern. Diese Käfige sollten erst am Schluß der Montagearbeiten abgenommen werden.
● **Linksseitig:** Auflagefläche der Gelenkmanschette am Getriebe säubern.
● Schutzkäfig vom getriebeseitigen Gelenk abnehmen. dabei auf keinen Fall z. B. mit einem Schraubendreher zu Werke gehen – die Gefahr, daß die Manschette beschädigt wird, ist zu groß.
● Antriebswelle so gerade wie möglich ins Getriebe einsetzen.
● Die drei Schrauben der Manschette am Getriebeflansch einsetzen und mit 25 Nm festziehen.
● **Rechtsseitig:** Verzahnung des getriebeseitigen Gelenkes mit Fett (Molykote BR2) schmieren.
● Antriebswellengelenk in die Verzahnung des Getriebe-Antriebswellenstumpfes schieben und mit einem Dorn die Spannstiftbohrungen zur Aufnahme zweier neuer Spannstifte ausrichten.
● Spannstifte eintreiben und Bohrungen mit »Curil« abdichten.
● Die Verzahnung der radseitigen Wellenstümpfe mit einem flüssigen Sicherungsmittel bestreichen (z. B. »Scelbloc« von Loctite) und in die Radnabe einschieben.
● Mangels Einziehwerkzeug kann der Achswellenzapfen auch mit der Radnabenmutter eingezogen werden. Anschließend Nabenmutter wieder etwas lösen.
● Bremssattel einbauen.
● Falls abgelassen, Getriebeöl auffüllen.
● Nach Absenken des Fahrzeugs die Schutzkäfige ohne Werkzeug von Hand auseinanderdrücken und abnehmen.
● Radnabenmutter bei getretener Bremse mit 250 Nm festziehen.

Anzugsdrehmomente

Bauteile		Nm
Kupplungs-Druckplatte an Schwungscheibe	7-mm-Schrauben	18
	8-mm-Schrauben	25
Flanschschrauben Getriebe an Motor		40
Hintere Drehmomentstütze (Diesel)		65
Klemmschraube der Schaltstange an Getriebe		30
Öleinfüllschraube		18
Schrauben der linken Antriebswellenmanschette		25
Kugelgelenk des Querlenkers an Lenk-Schwenklager		55
Federbein an Lenk-Schwenklager		110
Bolzen der Spurstange		35
Radnabenmutter		250

Viererbande

Die sichere Bodenhaftung aller vier Räder hängt hauptsächlich vom harmonischen Zusammenwirken der Fahrwerksteile ab, und zwar in jedem Belastungszustand. Frühzeitigem Erkennen von Verschleißerscheinungen kommt daher besonders beim Fahrwerk große Bedeutung zu.

Eigenarbeiten an Lenkung und Fahrwerk

Fahrwerk und Lenkung sind für die Verkehrssicherheit von entscheidender Bedeutung. Eigenarbeiten an diesen Teilen sollte wirklich nur derjenige vornehmen, der sich seiner Sache völlig sicher ist. Andernfalls gefährden Sie sich und andere. Sollten Sie die hier genannten Werkzeuge nicht besitzen oder im Zweifel sein, ob Sie die betreffende Reparatur selbst bewerkstelligen können, gehört die Arbeit in die Werkstatt.

Die Vorderradaufhängung

Hauptteil der R19-Vorderachse ist eine Vorderachskonstruktion, die ein Ford-Ingenieur namens McPherson entwickelt hat. Dieses schon 1949 zum Patent angemeldete System der Einzelradfederung an der Vorderachse vereinigt in rationeller Weise den Stoßdämpfer, die Feder und die für die Lenkung erforderliche schwenkbare Radnabe zu einem Bauteil.

○ Das obere Stützlager der McPherson-Federbeine bildet ein freies Gummilager im Federbeindom, das sich, geführt durch einen Zentrierring, an je einer oberen und unteren Tellerscheibe abstützt. Im Stützlager verschraubt ist die Stoßdämpfer-Kolbenstange des Federbeins. Das untere Ende des Federbeins wird von zwei Klemmschrauben im schwenkbaren Radnabenteil, dem Lenk-Schwenklager gehalten.

Das Lenk-Schwenklager wiederum ist über ein Kugelgelenk mit einem aus Stahlblech gepreßten Querlenker verbunden, der seinerseits mit Silentbüchsen in der Aufnahme eines mit der Karosserie verschraubten Längsträgers beweglich verankert ist. So kann der Querlenker die auftretenden Seitenkräfte aufnehmen. Die Längsträger links und rechts mit Aufnahme für die beiden Querlenker sind gleichzeitig Hilfsrahmen und -träger für die Motor/Getriebe-Einheit. Bei bestimmten Modellen sind die beiden Querlenker noch zusätzlich mit einem an der Karosserie verschraubten Querstabilisator verbunden, der mit am Kugelgelenk des Querlenkers verschraubt ist.

Die Lenkung

Die Drehung am Lenkrad wandelt ein Lenkgetriebe – es ist an den hinteren Querträger des Hilfsrahmens montiert – in eine hin- und hergehende Bewegung um. Das Lenkrad ist über eine zusammenschiebbare Lenkspindel – und zwei Gelenke mit Lenkzwischenwelle – mit dem Lenkgetriebe verbunden. Die Lenkradbewegungen übertragen je eine links und rechts an die Zahnstange montierte Spurstange auf die Lenkhebel des Lenk-Schwenklagers und damit auf die Räder.

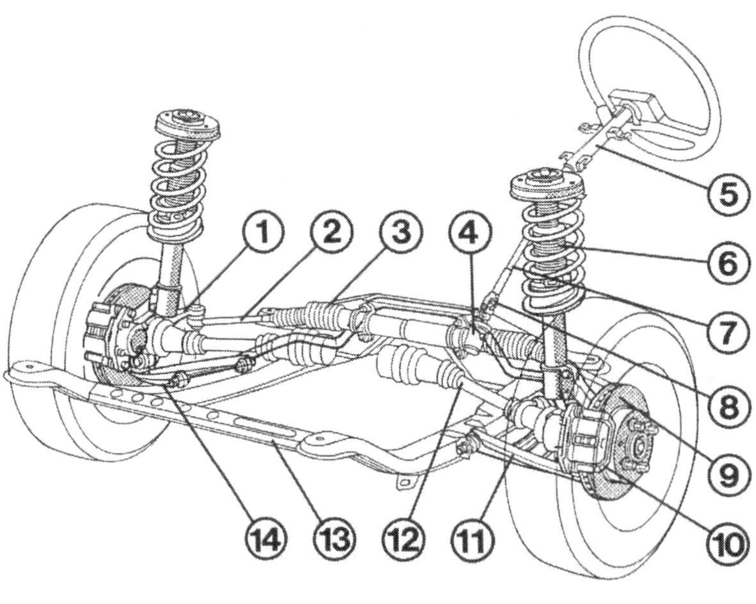

Die Teile der Vorderachse. Es bedeuten:
1 – Lenk-Schwenklager;
2 – Spurstange;
3 – Lenkmanschette;
4 – Lenkgetriebe;
5 – obere Lenkspindel;
6 – Federbein;
7 – untere Lenkspindel;
8 – unteres Kreuzgelenk der Lenkspindel;
9 – Bremsscheibe;
10 – Bremssattel;
11 – Querlenker links;
12 – Antriebswelle;
13 – Hilfsrahmen für Vorderachse und Motor/Getriebe-Einheit;
14 – Querlenker rechts.

Die Zeichnung zeigt oben die Konusrohr-Hinterhachse und unten die Verbundlenker-Hinterachse des Renault 19. Es bedeuten:
1 – Querstabilisator;
2 – Rohr-Achskörper;
3 – Längslenker;
4 – Stoßdämpfer;
5 – Bremstrommel;
6 – Drehstab-Widerlager;
7 – Längslenkeraufnahme;
8 – Feder-Drehstäbe – davon die vorderen in der Funktion als Querstabilisator;
9 – V-förmiger Achskörper.

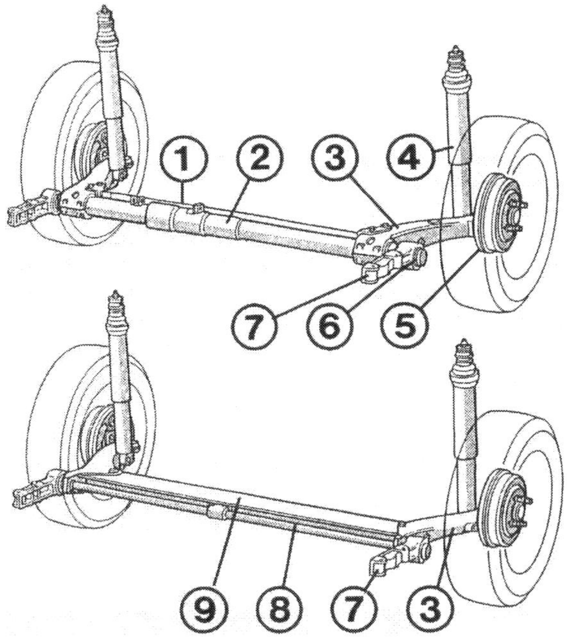

Der Renault 19 hat eine Zahnstangenlenkung, bei der ein Zahnrad (Lenkritzel) am Ende der geteilten Lenkspindel in eine Zahnstange greift und diese je nach Drehung am Lenkrad nach rechts oder links verschiebt. Das Lenkritzel mit Lager wird durch einen in das Lenkgehäuse geschraubten Gewindestopfen in Position gehalten. Dadurch drückt ein federbelasteter sogenannter Gleitstein das Lenkritzel entsprechend stark auf die Zahnstange. Die Einstellung erfolgt durch genau bemessenes Anziehen des Gewindestopfens.

Die Servolenkung

Als Wunschausstattung, bei bestimmten Modellen auch serienmäßig, gibt es für den R19 eine Lenkhilfe (Servolenkung). Die Lenkarbeit wird durch Motorunterstützung erheblich erleichtert.
Die Zahnstange im Lenkgetriebe der Servolenkung ist gleichzeitig Kolben für das Drucköl. Das Drucköl liefert eine Flügelzellenpumpe, die bei den Benzinern über den Keilrippenriemen vom Motor angetrieben wird. In welche Richtung das Öl gepumpt wird, bestimmen Sie beim Drehen des Lenkrads. Die Drehung des Lenkrads wird auf eine Steuerventileinheit übertragen, die Richtung und Menge des Ölstroms regelt. Der Ölüberschuß läuft zurück in einen Vorratsbehälter, der auf der rechten Seite separat im Motorraum untergebracht ist und wiederum über einen Schlauch mit der Ölpumpe in Verbindung steht.

Die Hinterachse

Je nach Motorisierung und Ausstattung kommen beim Renault 19 zwei unterschiedliche Hinterachskonstruktionen zum Einbau. Beim R19 mit Motoren bis 65 kW sind die beiden Längslenker durch zwei ineinander bewegliche Achsrohre miteinander verbunden, in denen zwei Drehstäbe für die Federung sorgen. Ab 66 kW ist eine Verbundlenkerachse eingebaut, bei der die beiden Längslenker starr mit einem V-förmigen Achskörper verbunden sind. Die Abfederung übernehmen bei dieser Achskonstruktion vier Drehstäbe. Durch die mit dem Achskörper verschweißten Längsträger bleiben Spur und Sturz der Räder unabhängig von der Seitenneigung der Karosserie konstant, wodurch eine bessere Kurvenstabilität und nicht zuletzt geringerer Reifenverschleiß erzielt wird. Zur genauen Führung sitzen die Längslenker beweglich in Gummibüchsen gelagert in der Längslenkeraufnahme, die mit zwei Schrauben am Karosserieboden verankert ist.
Bei den Stoßdämpfern handelt es sich um doppelt wirkende Teleskopstoßdämpfer. Die Stoßdämpfer sind unten am Längslenker montiert. Oben stützen sie sich in einem kleinen Dom – ähnlich wie der Federbeindom der Vorderachse – im Kofferraum ab. Die Radnabe sitzt getrennt von der Hinterradbremse auf dem Achsstummel und ist mit einer verstemmten Radnabenmutter gesichert. Die Hinterradlager sind wartungsfrei und brauchen daher auch nicht mehr eingestellt zu werden.

Die Federung

Vorderachse

Wie schon erwähnt, ist die Vorderachse des Renault 19 mit Federbeinen nach dem McPherson-Prinzip ausgestattet. Unter dem Begriff Federbein versteht man die Zusammenfassung von Feder und Stoßdämpfer in einer Einheit – der Dämpfer ist in die Schraubenfeder hineingesteckt.
Die Federbeine dämpfen auf die Vorderräder einwirkende Fahrbahnstöße, indem die Schraubenfeder zusammengedrückt wird. Die aufgenommenen Stöße werden dabei durch den Teleskopstoßdämpfer gedämpft. Innere Anschläge im Federbein begrenzen die Ausfederung nach unten. Nach oben haben die Schraubenfedern einen leicht nachgiebig einsetzenden Anschlagbegrenzer, der bei hartem Durchfedern – etwa bei einem Schlagloch – wirksam wird, ehe die Feder ganz zusammengedrückt ist. So wird im Grenzfall die Feder unterstützt und die Federwirkung verhärtet. Der R19 16V ist mit strafferen Federn bestückt.

Die Stoßdämpfer

Räder rollen nur dann spurtreu und sicher, wenn sie ständig Kontakt zur Fahrbahn halten. Genau dafür haben die Stoßdämpfer, richtiger eigentlich »Schwingungsdämpfer« zu sorgen. Stöße von Fahrbahnunebenheiten schlucken Reifen und Federn. Die Stoßdämpfer sollen dagegen die Schwingungen der Radaufhängung und des Fahrzeugaufbaus unterdrücken bzw. zum Abklingen bringen; erst unter dieser Voraussetzung bleiben die Räder auch am Boden. Defekte Stoßdämpfer lassen die Räder auf unebener Fahrbahn vollkommen unkontrolliert hüpfen, und der Wagen »versetzt« nicht selten zur Seite – die Fahrsicherheit ist stark beeinträchtigt.
Im Renault 19 sind sogenannte Zweirohrdämpfer eingebaut. Sie bestehen aus einem Arbeitszylinder, in dem ein mit einer Kolbenstange verbundener Arbeitskolben auf- und abgleitet. Der Arbeitszylinder ist von einem zweiten Zylinder umgeben, der als Vorratsbehälter für das Stoßdämpfer-Hydrauliköl dient. Bei Federbewegungen eines Rades verschiebt sich der Kolben im Zylinder, das in Bewegung versetzte Spezialöl wird durch Ventile hindurchgepreßt, was die Kolbenbewegung durch den Widerstand verlangsamt und damit die Schwingungen des jeweiligen Rades dämpft.
Das härter abgestimmte Fahrwerk des R19 16V ist mit leistungsfähigeren Stoßdämpfern ausgerüstet.

Manschetten der Lenkzahnstange kontrollieren

Wartung Nr. 33

Die aus dem Zahnstangengehäuse austretende Zahnstange ist links und rechts durch eine Manschette geschützt. Durch einen schadhaften Faltenbalg gelangt Schmutz und Feuchtigkeit selbst in das recht geschützt sitzende Lenkgetriebe. Das ergibt zusammen mit dem Lenkgetriebefett eine Art Schleifpaste und nagt am Lenkritzel. Ist die Lenkung in Geradeausstellung schon etwas »teigig«, hilft Nachstellen nicht mehr, sonst klemmt sie beim Einschlagen der Räder, und der Rückstelleffekt fehlt – die Räder gehen nach Kurven nicht mehr von alleine in Geradeausstellung zurück.

- Nehmen Sie eine Taschenlampe zu Hilfe und leuchten Sie den jeweils zu kontrollierenden Balg ab.
- Lenkung voll nach rechts bzw. links einschlagen, dann den Faltenbalg zusätzlich noch Stück um Stück auseinanderziehen, um Risse in den Balgfalten zu erkennen.
- Sitzen die Spannbänder fest auf der Manschette?
- Eine verschlissene Manschette sofort ersetzen.

Staubkappen und Spiel der Spurstangenköpfe prüfen

Wartung Nr. 34

Rechts und links zwischen Spurstange und Spurstangenhebel des Lenk-Schwenklagers sitzt ein Gelenk. Der stählerne Kugelkopf ist von selbstschmierendem Kunststoff umhüllt und durch eine staub- sowie wasserdichte Umhüllung geschützt.

- Kontrollieren Sie die Manschetten der Spurstangengelenke auf Risse.
- Eventuelles Spiel im Gelenk wird bei auf dem Boden stehenden Wagen geprüft. Am besten geht das auf einer Grube.
- Lassen Sie einen Helfer das Lenkrad mehrmals kurz nach links bzw. rechts drehen und fühlen Sie an den Spurstangengelenken, ob sie »Luft« haben.
- Spurstangenköpfe mit defekter Manschette oder Spiel müssen umgehend ersetzt werden.

Staubkappen der Achsgelenke kontrollieren

Wartung Nr. 35

Die Gelenke rechts und links zwischen Querlenker und Lenk-Schwenklager sind wartungsfrei. Die Kugelge-

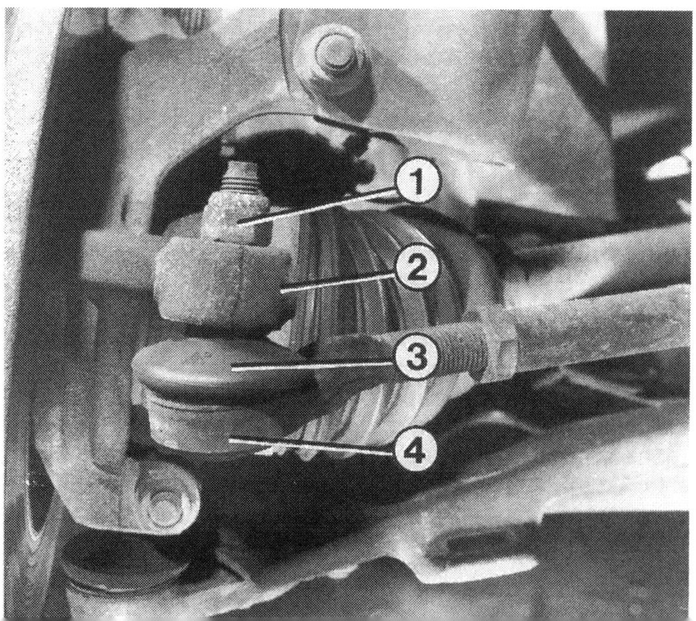

Der Spurstangenkopf (4) ist mit einer selbstsichernden Mutter (1) am Lenk-Schwenklager (2) gesichert. In regelmäßigen Abständen muß die Manschette (3) auf Schäden kontrolliert werden.

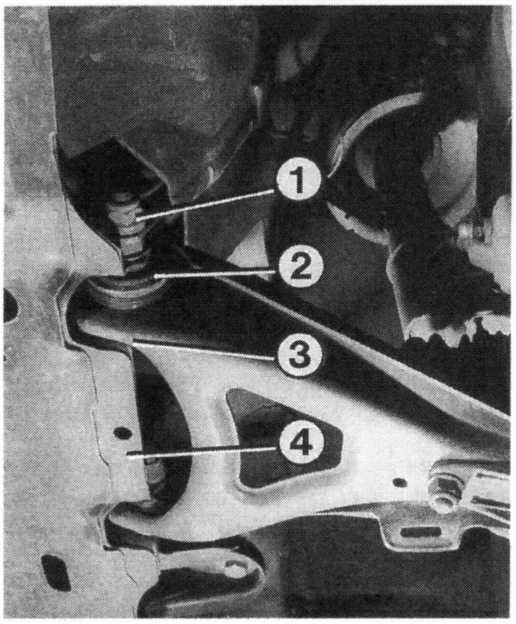

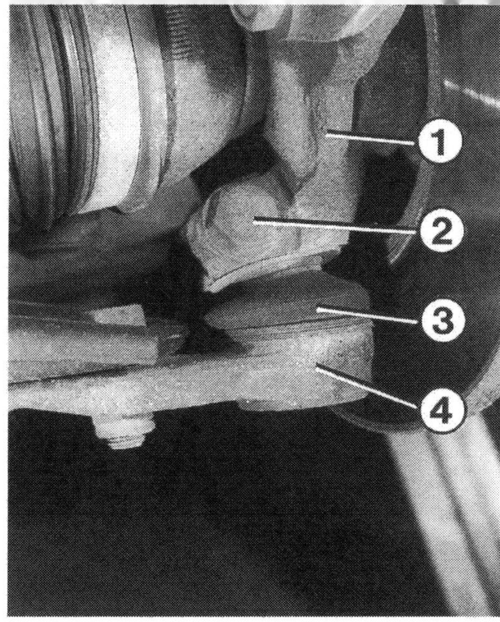

Links: Zum Fahrwerk hin ist der Querlenker beidseitig (3) in einem Gummilager (2) fixiert. Dieses Lager ist seinerseits am Hilfsrahmen (4) angeschraubt (1). Auch hier kann ein kontrollierender Blick nicht schaden, denn ein verschlissenes Lager bringt die ganze Radgeometrie durcheinander. **Rechts:** Das Kugelgelenk (4) des Querlenkers ist ein wichtiges Führungsteil der Vorderachse. Es ist mit einer Klemmschraube (2) am Lenk-Schwenklager (1) befestigt. Eine nicht rechtzeitig entdeckte Beschädigung der Staubkappe (3) bedeutet das frühzeitige »Aus« für das ansonsten wartungsfreie Gelenk.

lenke der Achsgelenke sitzen in einer Fett-Dauerfüllung und zusätzlich in Kunststoffschalen. Als Schutz vor Nässe und Schmutz dienen Staubkappen aus Kunststoff. Eindringender Schmutz wirkt wie Schmirgelsand im Gelenk; Feuchtigkeit läßt es mit der Zeit festrosten.

- Lenkung nach einer Seite voll einschlagen.
- Kappen der Achsgelenke rechts und links auf Beschädigungen kontrollieren. Dabei die Kappen zusammendrücken, um auch versteckte Risse zu lokalisieren.
- Eine schadhafte Staubkappe kann nicht einzeln ersetzt werden, der Querlenker muß komplett ausgetauscht werden.

Spiel der Achsgelenke kontrollieren

Eine Prüfung, ob die Achsgelenke Spiel aufweisen, ist im Wartungsplan nicht vorgesehen. Die Kontrolle ist nach unseren Erfahrungen nur bei Wagen mit Laufleistungen jenseits 80 000 km erforderlich.

- Wagen aufbocken, daß das betreffende Vorderrad frei hängt.
- Rad oben und unten fassen und quer zur Fahrtrichtung daran rütteln.
- Zeigt sich »Luft«, sollten Sie das Spiel in der Werkstatt prüfen und den Querlenker ggf. auswechseln lassen.

Lenkungsspiel prüfen

Wartung Nr. 27

- Fenster auf der Fahrerseite herunterkurbeln/-fahren. Stellen Sie sich neben den Wagen.
- Durchs Fenster greifen und Lenkrad kurz hin und her drehen.
- Bewegt sich das Vorderrad aus der Geradeausstellung sofort mit? Achten Sie auf die Felge, denn der elastische Reifen kann einen Teil des Einschlags »schlucken«, ehe er sich bewegt.
- Hat die Lenkung Spiel und ist nicht defekt, kann das Spiel nachgestellt werden. Dies sollten Sie jedoch der Renault-Werkstatt überlassen – nur sie hat das entsprechende Meßgerät zur richtigen Einstellung.
- Hat die Lenkung um die Geradeausstellung kein Spiel, klemmt aber bei stärkerem Einschlag, ist die Zahnstange der Lenkung verschlissen, und das Lenkgetriebe muß ausgetauscht werden.

Radlagerspiel prüfen

Wartung Nr. 28

Die Räder laufen vorne auf Doppelkugellagern und hinten jeweils innen und außen auf Kegelrollenlagern. Die Radlager sind wartungsfrei; sie halten, mit Dauerfetten versehen, an der Hinterachse weitaus mehr als 100 000 km. Die vorderen Radlager können dagegen schon früher durch laute Laufgeräusche auf sich aufmerksam machen. Wird das Geräusch z. B. in Rechtskurven lauter, ist das linke Radlager defekt.

- Fassen Sie nacheinander die fest am Boden stehenden Räder oben und versuchen Sie, diese quer zum Wagen zu bewegen.
- Bei einwandfreien Lagern darf praktisch kein Spiel vorhanden sein.
- Bei Spiel an den vorderen Radlagern lassen Sie einen Helfer auf das Bremspedal treten und wiederholen die Kontrolle.
- Ist weiterhin Spiel vorhanden, liegt die Ursache am Achsgelenk.
- Die vorderen und die hinteren Radlager können nicht eingestellt werden, sondern man muß sie ersetzen.
- Bei hochgebocktem Wagen können Sie noch prüfen, ob sich die Räder leicht drehen lassen (keine Schleif- oder Mahlgeräusche?).

Stoßdämpfer prüfen

Nachlassende Dämpferwirkung wird oft unbewußt durch verändertes Fahrverhalten ausgeglichen. Die Faustregel besagt, daß nach zwei verschlissenen Reifensätzen die Serienstoßdämpfer nur noch die Hälfte ihrer ursprünglichen Wirkung besitzen und somit austauschreif sind.
Keine genaue Diagnose erhalten Sie durch die bekannte »Schaukelmethode« im Stand, bei der man den Wagen am betreffenden Rad aufschaukelt und plötzlich losläßt: Die Federbewegung müßte sofort gedämpft werden. So läßt sich aber nur ein total ausgefallener Stoßdämpfer feststellen.
Ein genaueres Bild über den Stoßdämpferzustand liefert ein spezieller Prüfstand, wie z.B. der »Shocktester« von Boge. Die Ausschwingbewegungen der zuvor in Schwingung versetzten Fahrzeugachse werden als Diagramm aufgezeichnet.
Zum Test darf das Stoßdämpferöl nicht zu kalt sein, sonst wird das Meßergebnis verfälscht. Anhand des Diagramms hat man einen Anhaltspunkt über die Funktionsfähigkeit der Stoßdämpfer. Solche Prüfstände haben Autoclubs im »Wandereinsatz« sowie manche Werkstätten und TÜV-Stellen.

Störungsbeistand

Stoßdämpfer

Es gibt einige untrügliche Anzeichen für nachlassende Stoßdämpferwirkung:
○ **Flatternde Lenkung**, weil die Räder keinen ständigen Bodenkontakt haben.
○ **Die Karosserie schwingt** nach Überfahren von Unebenheiten **nach**.
○ **Schwammiges Verhalten in Kurven**, weil die kurveninneren Räder nicht genügend auf den Boden gedrückt und die äußeren nicht stark genug entlastet werden.
○ **Springende Räder**; das muß freilich ein neben- oder hinterherfahrender Begleiter beobachten.
○ **Vielfach unterbrochene Bremsspur bei Vollbremsung** durch springende Räder (nicht bei ABS).
○ **Ungleichmäßige Abnutzung der Reifen** und erhöhter Reifenverschleiß.
○ **Erhebliche Ölspuren außen am Stoßdämpfer** bis unter den Federteller des Federbeins. Geringe Leckverluste sind dagegen normal.

Vorderradaufhängung zerlegen

An den Teilen der vorderen Radaufhängung läßt sich vieles selbst aus- und einbauen. Für bestimmte Arbeiten sind allerdings Werkstattgeräte erforderlich.
Beschädigte Teile der Radaufhängung dürfen nicht gerichtet oder gar geschweißt, sondern müssen grundsätzlich erneuert werden.

Stabilisator ausbauen

● Bei am Boden stehenden Fahrzeug links und rechts die Befestigungsmutter des Querstabilisators vom Querlenker lösen und abschrauben.
● Wagen aufbocken, ggf. Räder demontieren.
● Vorderes Auspuffrohr (Hosenrohr) vom Auspuffkrümmer abbauen.
● Schaltstange durch Lösen der Klemmschraube vom Getriebeschalthebel abbauen. Vorher Stellung von Schaltstange zum Getriebeschalthebel markieren, sonst muß die Schaltung eingestellt werden.
● Die beiden Klemmschellen von den Haltern am Längsträger des Hilfsrahmens lösen.
● Stabilisator abnehmen und Gummilager abbauen.
● Vor dem Einbau die Gummilager mit MoS_2-Fett einfetten.
● Querstabilisator am Fahrzeug ansetzen.

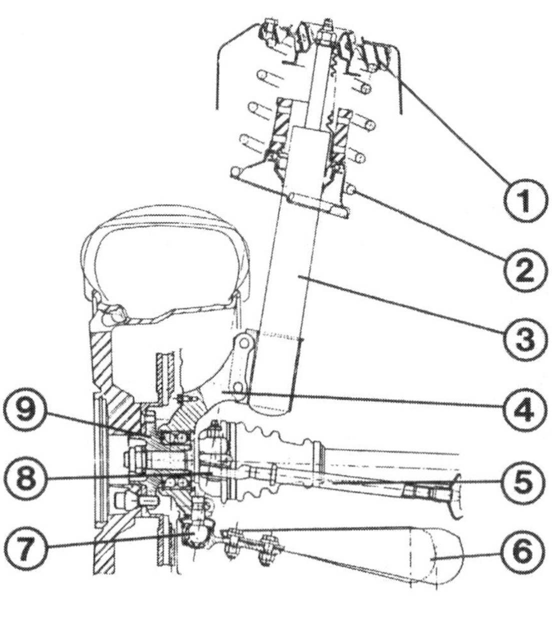

Die Schnittzeichnung der Vorderradaufhängung zeigt von vorn:
1 – obere Federbeinhalterung;
2 – Schraubenfeder;
3 – Federbein mit Stoßdämpfer;
4 – Lenk-Schwenklager;
5 – Spurstange mit Manschette;
6 – Querlenker;
7 – Kugelgelenk des Querlenkers;
8 – Spurstangenkopf;
9 – Radnabe.

- Alle Befestigungen zunächst handfest beidrehen.
- Auspuff montieren.
- Schaltstange montieren und – falls die Stellung nicht markiert wurde – Schaltung ggf. einstellen.
- Fahrzeug ablassen und alle Befestigungen mit 35 Nm festziehen.

Querlenker ausbauen

- Bei am Boden stehenden Fahrzeug links und rechts die Befestigungsmutter des Querstabilisators vom Querlenker lösen und abschrauben.
- Wagen vorne aufbocken und entsprechendes Vorderrad abbauen.
- Querstabilisator nach unten schwenken.
- Sicherungsschraube am Kugelgelenk des Querlenkers vom Lenk-Schwenklager abschrauben.
- Kugelkopf aus dem Lenk-Schwenklager drücken (ggf. mit Abzieher).
- Zwei Schrauben mit Mutter am Motor-Hilfsrahmen herausdrehen (Einbaurichtung merken!).
- Querlenker vom Achsträger abnehmen.
- Beim Einbau immer neue selbstsichernde Muttern verwenden.
- Bei Verschleißerscheinungen an den Lagerbüchsen können die Büchsen ersetzt werden (Werkstattsache).
- Ein deformierter Querlenker muß komplett ausgewechselt werden, da er nicht gerichtet werden darf.
- Bolzen von hinten nach vorne in die Querlenkerführung einschieben.
- Mutter des Bolzens mit 75 Nm festziehen. Dabei mit Schlüssel am Bolzen gegenhalten und nur an der Mutter drehen.
- Kugelgelenk am Lenk-Schwenklager mit 55 Nm festziehen.
- Querstabilisator einbauen.
- Wagen absenken.
- Spur überprüfen und gegebenenfalls einstellen lassen.

Federbein ausbauen

- Obere Federbeinbefestigung lösen (zwei Schrauben). Für die Wiedermontage die Einbaulage in den Montagelöchern merken. Die hinteren Löcher sind die Befestigungspunkte für Fahrzeuge mit Servolenkung, die vorderen für Fahrzeuge ohne Lenkunterstützung.
- Fahrzeug aufbocken und Rad bzw. Räder abmontieren.
- Zum Schutz der äußeren Gelenkmanschette einen Holzkeil zwischen Manschette und unterem Stoßdämpferende klemmen.
- Die beiden Klemmschrauben des Federbeins am Lenk-Schwenklager lösen (Einbaulage merken!).
- Lenk-Schwenklager nach unten ziehen, bis das Federbein freikommt. Dabei nur so weit drücken, wie unbedingt notwendig, da sonst die Gleichlaufgelenke Schaden nehmen können.
- Querlenker zum Schutz der Antriebsgelenke von unten abstützen oder mit Draht im Radhaus hochbinden.
- Beim Einbau die richtigen Montagelöcher benutzen und obere Befestigungsmuttern erst festziehen (25 Nm), wenn das Lenk-Schwenklager mit dem Federbein in seiner Lage fixiert ist. Die Köpfe der Klemmschrauben müssen nach vorne zeigen und mit 110 Nm festgezogen werden.

Stoßdämpfer bzw. Feder ausbauen

Zu dieser Arbeit ist eine Spannvorrichtung (Renault-Werkzeug Sus.1052) bzw. mindestens zwei handelsübliche Federspanner für die Schraubenfeder zwingend erforderlich. Ohne diese besteht durch die etwa vierfache Vorspannung der Schraubenfeder die Gefahr, daß die Teile nach Lösen der zentralen Halteschraube explosionsartig auseinanderfliegen – allerhöchste Verletzungsgefahr!

- Federbein ausbauen.
- Federbein in einen Schraubstock spannen (Schutzbacken nicht vergessen) und Feder mit handelsüblichen Federspannern langsam zusammen-

Für den Wiedereinbau müssen Sie unbedingt darauf achten, in welchen Aufnahmebohrungen das Federbein befestigt war, sonst kommt die gesamte Rad- und Lenkgeometrie durcheinander. Federbeinaufnahme »1« ist Fahrzeugen mit Servolenkung vorbehalten. In der Federbeinaufnahme »2« dürfen nur Federbeine von Fahrzeugen ohne Servolenkung befestigt werden.

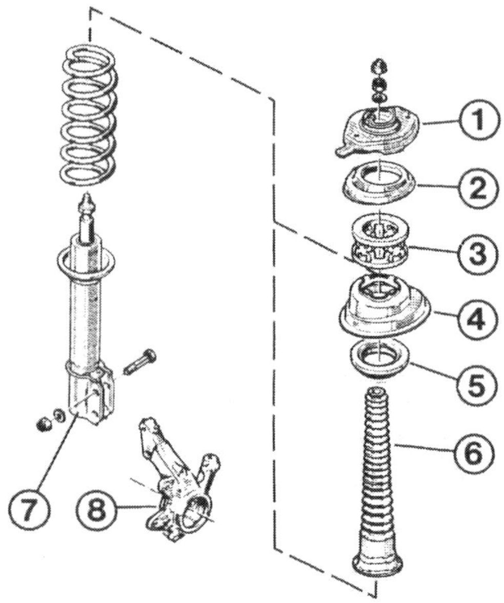

Das Federbein des Renault 19. Es bedeuten:
1 – Spannplatte;
2 – obere Federauflage;
3 – Dämpfungsanschlag;
4 – untere Federauflage;
5 – Drehlager;
6 – Staubmanschette;
7 – Federbein mit Stoßdämpfer;
8 – Lenk-Schwenklager. Für den Zusammenbau müssen Sie sich die einzelnen Markierungen merken.

drücken, bis die obere Tellerscheibe entlastet ist (ca. 10 mm). Damit die Feder nicht ungleich zusammengedrückt wird, die Federspanner immer wechselseitig anziehen. Dabei darauf achten, daß die Feder exakt im Spannwerkzeug sitzt.
● Oberen Kolbenstangenring entfernen.
● Tellerscheibe, Lager, obere Federauflage, Staubmanschette und -anschlag vom Federbein abziehen.
● Falls die Feder ausgewechselt werden soll, Feder langsam entspannen. Soll dagegen nur der Stoßdämpfer ersetzt werden, bleibt die Feder gespannt.
● Beim Zusammenbau darauf achten, daß die Federauflagen sauber sind.
● Stoßdämpfer prüfen. Er muß sich über den gesamten Hub bzw. Schub gleichmäßig schwer und ruckfrei bewegen lassen. Geringe Spuren von Stoßdämpferöl sind ohne Belang.
● Beim Zusammenbau der oberen Federauflage darauf achten, daß das Lager richtig sitzt und nicht verkantet ist.
● Neuen (!) oberen Sicherungsring einbauen.
● Feder langsam entspannen.

Fingerzeig: **Beim Tausch der Feder müssen Sie unbedingt auf die richtige Federkennung achten. Sie ist an den Federwindungen gekennzeichnet.**

Arbeiten an der Lenkung

Spurstangenköpfe auswechseln

Die Spurstangenköpfe sind getrennt angeschraubt. Im Schadensfall muß also nicht die komplette Spurstange ausgetauscht werden.
● Wagen vorne aufbocken und Rad abmontieren.
● Selbstsichernde Mutter vom Spurstangenendstück am Lenkhebel des Lenk-Schwenklagers lösen.
● Spurstangenkopf mit einem Klauenabzieher nach unten aus dem Lenkhebel drücken, dann Mutter entfernen.
● Kontermutter am Spurstangenendstück lösen – dabei am getriebeseitigen Sechskant der Spurstange mit einem Gabelschlüssel gegenhalten.
● Endstück von der Spurstange abschrauben, dabei genau die Umdrehungen für den Wiedereinbau zählen.
● Mutter des Spurstangenkopfes mit 35 Nm festziehen.

Fingerzeig: **Um die Spurstangenköpfe vor frühzeitigem Verschleiß durch Beschädigung der Dichtmanschette zu schützen, sollten sie gleich nach Abdrücken aus dem Lenk-Schwenklager wie die Kugelköpfe der Querlenker mit einem nicht flusenden Lappen umwickelt werden.**

Lenkgetriebe-Manschetten austauschen

● Spurstangen-Endstücke ausbauen. Beim Ausdrehen die Umdrehungen zählen und notieren, damit die Endstücke beim Wiedereinbau gleich weit eingeschraubt werden können – sonst ist die Spur verstellt!
● Beide Spannbänder der Manschette lösen und abziehen. Drahtklemmschellen der Erstmontage gegen Schraub-Spannbänder ersetzen.
● Manschette abziehen.
● Zum Einbau Spurstange reinigen und leicht einfetten.
● Manschette über die Spurstange schieben und darauf achten, daß sie richtig in den Nuten von Spurstange und Zahnstangengehäuse sitzt und nicht verdreht ist. Sonst kann sie beschädigt werden und dichtet nicht richtig ab.
● Manschette mit Spannband sichern. Das äußere Manschettenband erst nach Absenken des Wagens und Prüfen bzw. Einstellen der Spur festziehen.
● Spurstangen-Endstücke montieren und mit neuer selbstsichernder Mutter mit 35 Nm festziehen.
● Spur und Lenkradstellung kontrollieren und ggf. einstellen (lassen).

Die Teile der Lenkung. Es bedeuten:
1 – Mantelrohr mit oberer Lenkspindel und Aufnahme für das Zündschloß;
2 – Kreuzgelenk;
3 – untere Lenkspindel;
4 – Lenkmanschette;
5 – Spurstange;
6 – Spurstangenkopf;
7 – Zahnstangengehäuse;
8 – Gleitstein mit Sicherungsring, Druckfeder und Verschlußstopfen der Lenkritzeleinstellung.

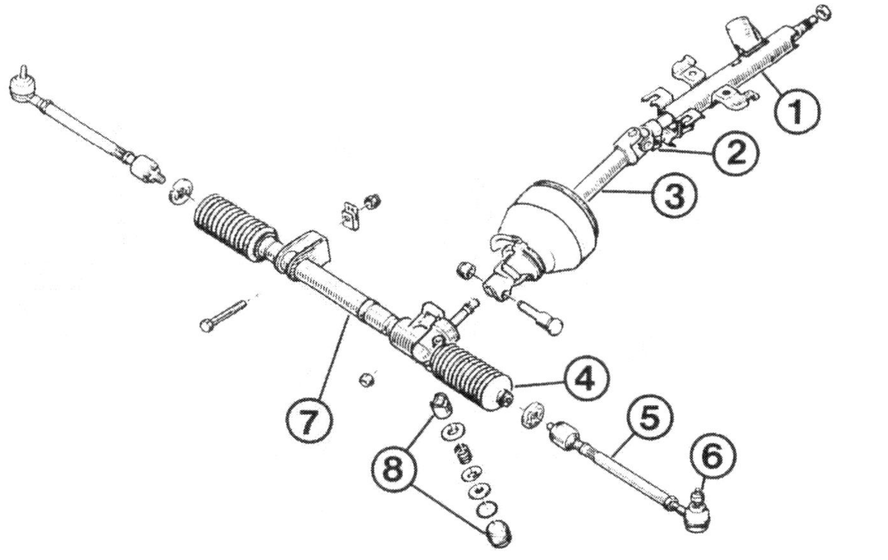

Lenk-Schwenklager ausbauen

- Radschrauben lösen.
- Radnabenmutter lösen (Stecknuß SW 30).
- Wagen aufbocken und Rad abnehmen.
- Bremssattel ausbauen (siehe Kapitel »Die Bremsen«) und mit Draht aufhängen.
- Bei ABS den Drehzahlgeber und den Kabelhalter vom Federbein abbauen.
- Sicherungsschraube der Bremsscheibe lösen und die Scheibe von der Radnabe ziehen. Hier ist evtl. ein Schlagschrauber angebracht.
- Spritzblech der Bremsscheibe abbauen.
- Spurstangenköpfe ausbauen.
- Querlenker-Kugelgelenk vom Lenk-Schwenklager abdrücken. Dazu Klemmschraube lösen.
- Lenk-Schwenklager vom Federbein trennen, siehe »Federbein ausbauen«.
- Radnabenmutter abschrauben und Radnabe mit einem Abzieher vom Lenk-Schwenklager abziehen. Bei ABS vorher den Drehzahlgeber abbauen.
- Lenk-Schwenklager von der Vorderachswelle ziehen bzw. mit Abzieher von der Antriebswelle abdrücken.
- Achswelle gegen übermäßiges Durchhängen abstützen bzw. mit Draht aufhängen.
- Der Einbau geht in umgekehrter Ausbaureihenfolge vor sich.
- Radnabe auf die Keilverzahnung des Antriebswellenstumpfes drücken und mit der Radnabenmutter aufziehen. Vorher die Kerbverzahnung der Antriebswelle mit Loctite »Scelbloc« versehen, damit die Kerbverzahnung im Lenk-Schwenklager gesichert ist.

Radlager vorn auswechseln

Da der Renault-Werkstatt allein für diese Arbeit verschiedene Spezialwerkzeuge zur Verfügung stehen, sollten Sie diese Arbeit der Renault-Werkstatt übertragen. Die Kugellager der Vorderradnabe laufen in genau abgestimmten Laufringen. Lager, Laufringe, Nabe und Lenk-Schwenklager sind in engen Toleranzen gefertigt. Daher entfällt eine spätere Einstellung der Lager. Durch die engen Toleranzen ist eine genaue und fachgerechte Montage äußerst wichtig.
Das Radlager ist mit seinem Außenring ins Lenk-Schwenklager eingepreßt, der innere Lagerlaufring ist dagegen auf die Radnabe gepreßt. Ein neues Radlager darf auf keinen Fall mit dem Hammer in seinen Sitz

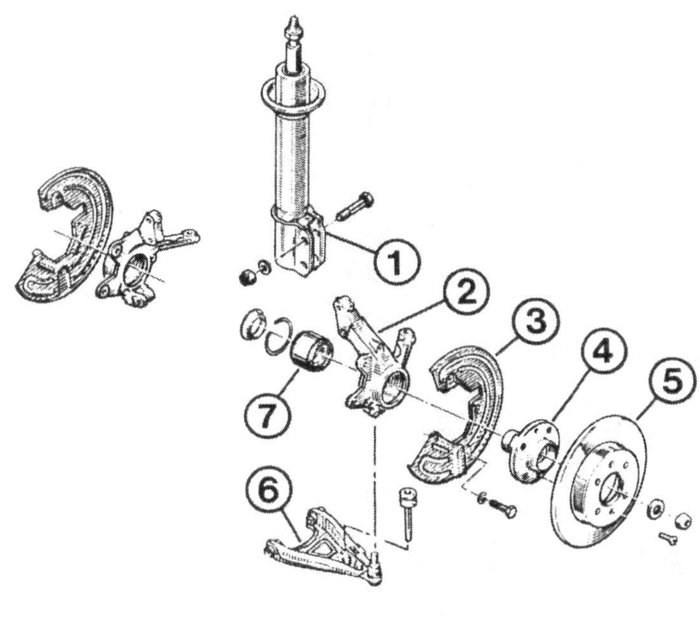

Die Teile im Bereich des Lenk-Schwenklagers. Es bedeuten:
1 – Federbein mit Stoßdämpfer;
2 – Lenk-Schwenklager;
3 – Spritzblech der Scheibenbremse;
4 – Radnabe;
5 – Bremsscheibe;
6 – Querlenker;
7 – Radlager.

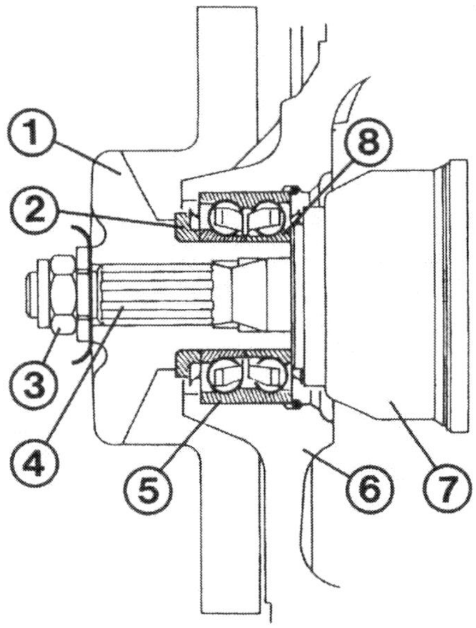

Die Schnittzeichnung veranschaulicht den Sitz des vorderen Radlagers im Lenk-Schwenklager. Es bedeuten:
1 – Radnabe;
2 – Anschlagring;
3 – Radnabenmutter;
4 – Kerbverzahnung des Antriebswellenstumpfs;
5 – äußerer Lagerlaufring;
6 – Lenk-Schwenklager;
7 – Antriebswellengelenk;
8 – innere Lagerlaufringe.

geklopft werden, sonst ist der nächste Radlagerschaden schon wieder nach ein paar tausend Kilometern oder vorher zu verzeichnen. Bei einem Lagerschaden immer beide Lager mit Lauf- und Dichtringen erneuern.

- Lenk-Schwenklager ausbauen.
- Radnabe in einen mit Schutzbacken versehenen Schraubstock spannen.
- Mit einem Krallenabzieher (z.B. Renault-Werkzeug FACOM U53G+53E mit Schutzmuffe Rou. 15-01) den inneren Lagerlaufring von der Nabe abziehen.
- Lenk-Schwenklager in den Schraubstock spannen und mit einer handelsüblichen Sicherungszange den Radlager-Sicherungsring aus der Radnabenbohrung nehmen.
- Äußeren Lagerlaufring mit einem der inneren Lagerlaufringe aus der Nabenbohrung pressen. Dazu müssen die Lagerkäfige und -dichtungen nicht ausgebaut werden.
- Beim Einbau die beiden äußeren Kunststoffschutzkappen vom neuen Radlager abnehmen und das Lager komplett mit der inneren Sicherungsbuchse der Lagerinnenringe in die Radnabenbohrung des Lenk-Schwenklagers einsetzen.
- Je nach Durchmesser der Radnabenbohrung (63 oder 71 mm) ein kurzes Rohr am Außenring des Radlagers ansetzen und das Lager bis zum Anschlag einpressen. Dabei auf keinen Fall auf den Innenring drücken!
- Innere Kunststoff-Sicherungsbüchse herausnehmen.
- Radlager-Sicherungsring einsetzen.
- Lager-Dichtlippen mit Radlagerfett schmieren.
- Anschlagring auf die Radnabe aufdrücken.
- Lenk-Schwenklager auf die Radnabe setzen.
- Ein genau auf den Lagerinnenring passendes Rohrstück (Außendurchmesser = 45 bzw. 48 mm; Innendurchmesser = 39 bzw. 43 mm) ansetzen und Lenk-Schwenklager bis zum Anschlag auf die Radnabe drücken.

Fingerzeig: Ist der Renault 19 mit ABS ausgerüstet, bei allen Arbeiten darauf achten, daß das Impulsrad nicht beschädigt wird, sonst kann es zu Störungen im ABS-System kommen.

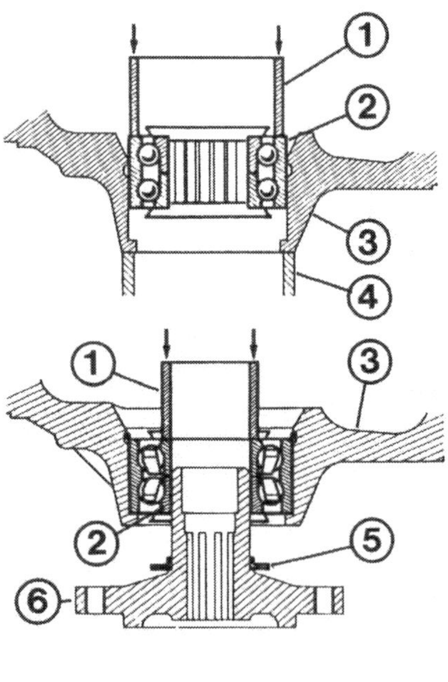

Hier ist veranschaulicht, wie zuerst (obere Zeichnung) das komplette Radlager (2) mittels eines passenden Rohrs (1) bis zum Anschlag in das Lenk-Schwenklager (3 gepreßt wird. Dabei liegt die Außenseite auf einer ebenfalls passenden Ringunterlage (4). Der innere Kunststoffring darf noch nicht entfernt werden, da er die inneren Lagerlaufringe zusammenhält.
Nach Anbringen des Distanzrings (5) an der Radnabe (6) müssen die beiden Innenringe des Radlagers (nach Entfernen der Kunststoffbuchse) komplett mit Lenk-Schwenklager mit einem passenden Rohr (1) auf die Radnabe aufgepreßt werden. Die entsprechenden Rohrdurchmesser entnehmen Sie bitte dem Text oben.

Die Teile der Servolenkung. Es bedeuten:
1 – Mantelrohr mit oberer Lenkspindel und Aufnahme für das Zündschloß;
2 – Kreuzgelenk;
3 – untere Lenkspindel;
4 – Gehäuse für Lenkritzel und Ventilkörper;
5 – Lenkmanschette;
6 – Spurstange;
7 – Spurstangenkopf;
8 – Gleitstein mit Sicherungsring, Druckfeder und Verschlußstopfen der Lenkritzeleinstellung;
9 – Hydraulik-Steuerleitungen.

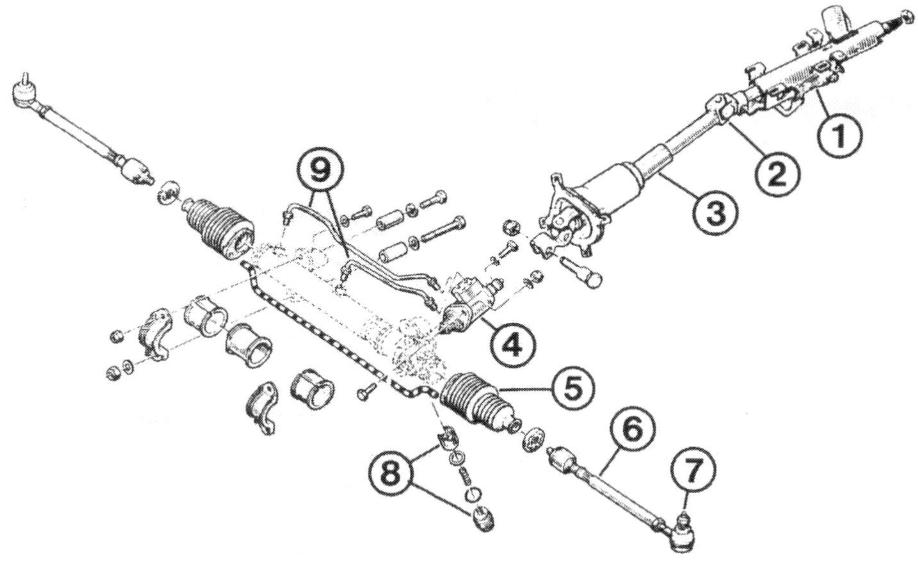

Arbeiten an der Servolenkung

Servolenkung auf Dichtheit kontrollieren

Wurde im Vorratsbehälter ein abgesunkener Flüssigkeitsstand festgestellt, muß umgehend die gesamte Lenkanlage überprüft werden, sonst könnte während der Fahrt die Servolenkung ausfallen.
Auf welche Teile Sie Ihr Augenmerk lenken müssen, steht im »Störungsbeistand«. Unter bestimmten Umständen kann ATF am Dichtring der Einfüllkappe des Vorratsbehälters austreten (leicht überfüllter Behälter, nachlässiges Aufsetzen des Verschlußdeckels nach einer Flüssigkeitsstandskontrolle oder übermäßige Kurbelei im Gebirge oder in engen Gassen beim Rangieren). Diese Flüssigkeitsverluste sind nicht unbedingt mit Undichtigkeiten an Anschlußstellen zu verwechseln.

Pumpe der Servolenkung ausbauen

Soll die Pumpe der Servolenkung lediglich wegen Montagearbeiten im Motorraum ausgebaut werden, bleiben ihre Schlauchleitungen angeschlossen, damit kein Schmutz in die Lenkhydraulik gelangt. Falls die Schläuche an der Pumpe abgenommen werden müssen, ist äußerste Sorgfalt vonnöten. Selbst kleinste Schmutzpartikel in der ATF können Funktionsstörungen verursachen.

- Drehstromgenerator ausbauen, siehe Kapitel »Die Lichtmaschine«.
- Spannvorrichtung des Keilrippenriemens der Servolenkung lösen und Riemen völlig entspannen.
- Keilrippenriemen abnehmen.
- Die beiden Schlauchleitungen (Vor- und Rücklauf) am Vorratsbehälter mit einer Schlauchklemme abklemmen.
- Halterung der Druckleitung von der Stirnwand abbauen.
- In der Druckleitung die Steckverbindung vom Druckschalter abziehen.
- Hydraulikleitungen von der Pumpe abschrauben und Hydrauliköl aus Pumpe und Vorratsbehälter in einen sauberen Behälter ablaufen lassen. Behälter abdecken.
- Die vier Befestigungsschrauben der Pumpenhalterung herausschrauben.
- Pumpe abnehmen.
- Nach Einbau der Pumpe ATF auffüllen und System entlüften, wie im folgenden Absatz beschrieben.
- Keilrippenriemen auflegen und spannen. Dazu die Pumpenschrauben erst festziehen, wenn der Riemen mit der Spannvorrichtung gespannt ist. Bei richtiger Spannung – die Werkstatt benutzt zur Kontrolle ein genau geeichtes Meßinstrument – soll sich der Riemen bei normalem Daumendruck zwischen den beiden Riemenscheiben ca. 5 mm durchdrücken lassen.

Servolenkung entlüften

Wurde die Pumpe der Servolenkung bzw. der Vorratsbehälter von den Schläuchen getrennt, muß das Hydrauliksystem mit neuer ATF befüllt werden, siehe Kapitel »Schmieren aller Teile«.

- Motor starten und im Leerlauf drehen lassen.
- Das Lenkrad langsam viermal von Anschlag zu Anschlag drehen und laufend ATF so vorsichtig in den Vorratsbehälter nachgießen, daß keine Luftblasen entstehen.
- Auf keinen Fall darf der Flüssigkeitsspiegel im Vorratsbehälter beim Entlüftungsvorgang so tief sinken, daß Luft in das System gelangt.
- Entlüftungsvorgang so lange fortsetzen, bis sich der ATF-Spiegel im Vorratsbehälter stabilisiert hat und keine Luftblasen mehr aufsteigen.
- Motor ausschalten und ATF-Stand kontrollieren.

Fingerzeig: **Vor der Neubefüllung darf die ATF-Flüssigkeit nicht geschüttelt werden, da es sonst zur Bildung von Luftblasen kommt, was den Entlüftungsvorgang beeinträchtigt. Deshalb die ATF auch langsam einfüllen, damit Blasenbildung vermieden wird.**

Störungsbeistand

Servolenkung

Die Störung	– ihre Ursache	– ihre Abhilfe
A Lenkungsgeräusche	1 Zu niedriger ATF-Stand	Vorratsbehälter vorschriftsmäßig auffüllen, Undichtigkeit erforschen
	2 Spannung des Keilrippenriemens zu gering	Keilrippenriemen spannen. Spannrolle des Keilrippenriemens auf Leichtgängigkeit kontrollieren, ggf. austauschen
	3 Keilrippenriemen verschlissen bzw. beschädigt	Riemen erneuern
	4 Pumpe defekt	Austauschen (lassen)
	5 Lager der Servopumpe verschlissen	Pumpe auswechseln (lassen)
B Ausfall der Servolenkung	1 Siehe A 1 und 2	
	2 Zuleitungen verstopft	Leitungen reinigen bzw. auswechseln lassen
	3 Systemdruck zu gering	Systemdruck prüfen lassen
	4 Luft im System	Entlüften und Ursache erforschen
C Lenkung wird mit zunehmendem Einschlag schwergängiger	1 Siehe B 3	
	2 Steuerventil verschmutzt oder defekt	Pumpe austauschen lassen
D Einseitiges Ziehen der Lenkung	1 Reifendruck stark unterschiedlich	Reifendruck kontrollieren, auf ungleichmäßigen Reifenverschleiß achten
	2 Lenkgeometrie verstellt bzw. deformiert	Lenkung und Radaufhängung untersuchen, Lenkung einstellen lassen bzw. schadhafte Teile auswechseln lassen
	3 Hydraulikleitung beschädigt, evtl. mit ATF-Verlust	Leitung ersetzen
E Lenkung geht von alleine schlecht oder gar nicht in Geradeausstellung	1 Lenkspindel oder Radaufhängungsgelenke schwergängig	Beschädigte oder verschlissene Teile ersetzen
	2 Rücklaufschlauch oder -leitung verengt bzw. geknickt	Teile erneuern
	3 Zahnstange schwergängig, evtl. bedingt durch Schäden an den Zahnstangenkolben oder Dichtringen	Kontrollieren, ggf. auswechseln lassen
F Undichtigkeiten	1 ATF-Austritt an Schlauch- und Leitungsanschlüssen	Anschlüsse anziehen bzw. neue Dichtringe montieren (lassen)
	2 Defekte Zahnstangenabdichtung	Lenkung ausbauen, zerlegen und neu abdichten lassen

Fingerzeige: Bei Geräuschen, verursacht durch die Servolenkung, sollten Sie beachten, daß die Servopumpe nicht vollkommen geräuschlos arbeitet. Einige Geräusche bemerkt man bei stehendem Fahrzeug und laufendem Motor besonders bei vollem Lenkeinschlag. Dies kann bei steigender Drehzahl lauter werden.
Zur Diagnose sollten Geräusche von Nebenaggregaten, durch die die Geräusche verwechselt werden könnten (z.B. auch die Keilrippenriemen-Spannrolle), genau lokalisiert werden.

Lenkrad ausbauen

ohne Airbag

- Prallfläche vom Lenkrad abziehen bzw. abhebeln.
- Lenkrad in Sperrstellung einrasten lassen und Lenksäulenmutter (SW 21) lösen.
- Lenkschloß entriegeln und Räder in Geradeausstellung bringen. Die Lenkradspeichen müssen symmetrisch zueinander ausgerichtet sein.
- Mutter herausdrehen.
- Lenkrad mit ruckelnden Bewegungen abziehen.
- Beim Einbau des Lenkrades auf symmetrische Ausrichtung der Speichen achten.
- Lenkradschloß einrasten lassen und Mutter mit 40 Nm festziehen.

Lenkrad mit Airbag

Der Ausbau des Lenkrades bei einem Wagen mit Airbag kann nur einem geübten Selbermacher empfohlen werden. Außerdem müssen umfangreiche Sicherheitsvorschriften beachtet werden. Wer unsicher ist, sollte die Werkstatt mit dieser Arbeit betrauen.
Der Gasgenerator des Airbags unterliegt den Bestimmungen des Sprengstoffgesetzes. Der Umgang damit ist

Beim Airbag des Renault 19 wird das Steuergerät (2) von einer vom Bordnetz des Fahrzeugs unabhängigen Hauptbatterie (3) mit Strom versorgt. Ist diese Batterie leer, übernimmt eine weitere Batterie (Sekundärbatterie) die Stromversorgung für die Dauer von 5 Wochen. Die Batterien müssen alle 4 Jahre ausgewechselt werden. Verlieren die Batterien infolge eines Unfalls den Kontakt zum Steuergerät, gewährleistet ein im Schaltkreis des Steuergeräts befindlicher Kondensator die Funktion des Systems. Leuchtet die Warnlampe (5) auf, muß die Werkstatt umgehend eine Überprüfung des Airbagsystems vornehmen. Dazu wird auch der im Text erwähnte Prüfzünder (1) eingesetzt.
Mit Position »4« ist der Gasgenerator mit Zündsystem in der Airbag-Lenkradabdeckung bezeichnet.

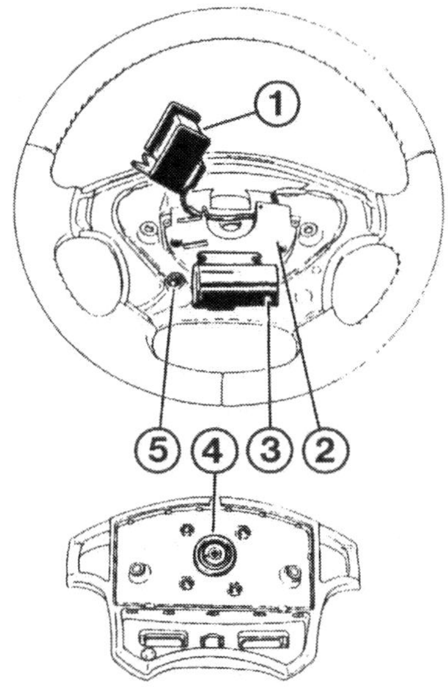

nur Fachkräften gestattet, denen die umfangreichen **Sicherheitsvorschriften** bekannt sind. Besonders wichtig aus dem Katalog der Vorsichtsmaßnahmen sind die folgenden:

○ Zu Arbeiten am Airbag Batterie-Minuskabel abklemmen.
○ Arbeiten nie an einem Ort mit hohen Temperaturen (z. B. offene Flamme) durchführen.
○ Airbag niemals an einem ausgebauten Lenkrad anschließen.
○ Bei Arbeitsunterbrechung Airbag nie unbeaufsichtigt lassen.
○ Stromdurchgangskontrollen nicht mit einem Ohmmeter oder ähnlichem elektrischen Meßgerät vornehmen.
○ Die Batterieversorgung unterbrechen (kleiner 4-fach-Stecker).
○ Zu Schweißarbeiten am Wagen den Airbag ausbauen.
○ Beim Einbau des Airbags muß vor Anschluß der Steckverbindung zur Airbag-Einheit der Zustand der Installation mittels Prüfzünders (XR BAG Ele.1288) geprüft werden.
○ Nach Unfall alle Komponenten des Systems ersetzen.
○ Fahrzeugverschrottung nach Vorschrift!

Ausbau

● Massekabel an der Batterie abklemmen.
● Airbag-Einheit am Lenkrad von hinten links und rechts lösen (je eine Schraube T30)
● Airbag abheben und Stecker abziehen. Um das Blinken der Kontrollampe und damit das Entladen der Batterie zu verhindern, schließt die Werkstatt für die Zeit des Ausbaus einen Prüfzünder (XR BAG Ele.1288) an.
● Lenkrad ausbauen, wie für Fahrzeuge ohne Airbag beschrieben.
● Muß der Airbag einmal fern einer Renault-Werkstatt ausgebaut werden, muß mangels des Prüfzünders die Funktion und Installation des Airbags unbedingt schnellstens von einer Vertragswerkstatt überprüft werden.

Die Radeinstellung

Die Vorderräder müssen für ein sicheres Fahrverhalten in Längs- und Seitenrichtung in bestimmten Winkelstellungen stehen. Damit Sie sich unter der »Lenkgeometrie« etwas vorstellen können, hier eine Erläuterung:
Spur: Im Stillstand stehen die Vorderräder beim Renault hinten enger zusammen als vorne. Sie rollen gewissermaßen auseinander. Hinten enger zusammengestellte Räder ergeben »Nachspur«. Das gleichen die Kräfte des Frontantriebs jedoch wieder aus, denn sie sind bestrebt, die Vorderräder vorn zusammenzudrücken.
Beim Hineinlenken des Wagens in eine Kurve bewirkt die Nachspur durch die trapezförmige Anordnung des Lenkgestänges, daß das kurveninnere Rad stärker herumgeschwenkt wird als das kurvenäußere. Das ergibt automatisch eine Unterstützung der Lenkbewegung und der Lenkkräfte. Dies ist auch notwendig, weil ja in einer Kurve die inneren Räder einen engeren Kreis fahren müssen als die äußeren.
Sturz: So nennt man die leichte Schrägstellung der Vorderräder – oben im Radkasten stehen sie beim R19 weiter auseinander als unten am Boden. Das heißt in der Fachsprache »positiver« Sturz. Der Sturz vermindert die Übertragung von Fahrbahnstößen auf die Teile der Lenkung und hält zusätzlich Lenkkräfte und die Reibung der Räder zur Fahrbahn in geringen Grenzen.
Spreizung: Sie gehört zum Sturz. Mit Spreizung bezeichnet man die geringfügige Neigung der Schwenkachse, um die beim Lenken die ganze Radaufhängung schwenkt. Beide Schwenkachsen haben oben einen kleineren Abstand voneinander als unten. Sturz und Spreizung verhindern zusätzlich das Flattern der Räder. Ferner erleichtern sie das Einschlagen der Räder. Und zusätzlich bewirken sie das »Rückstellmoment«, worunter man

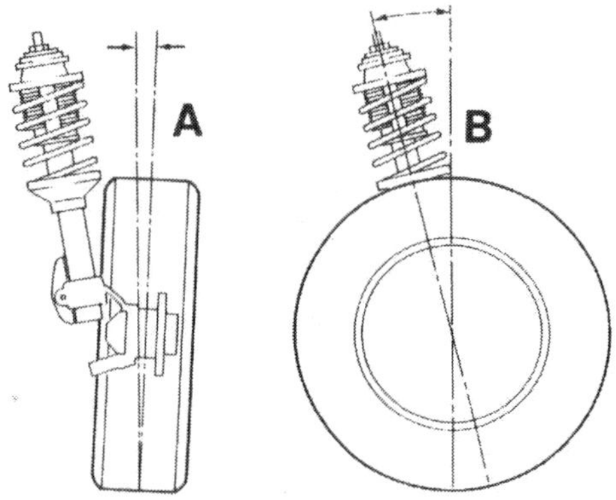

Damit Sie sich die Begriffe der Radeinstellung besser vorstellen können, hier zur Verdeutlichung die Zeichnung. Es bedeuten:
A – Sturz;
B – Nachlauf;
Unterschied zwischen X und Y = Vorspur.

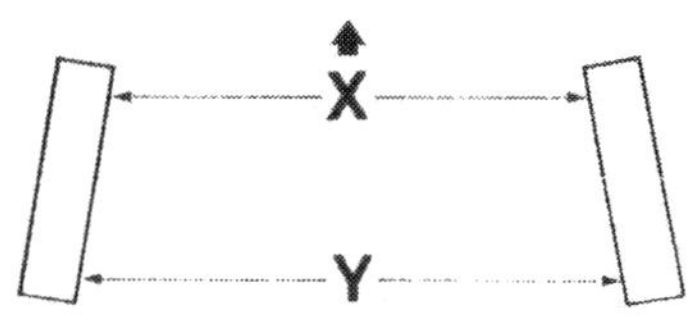

das Bestreben der Vorderräder versteht, bei oder nach Kurven selbsttätig wieder in Geradeausstellung zu gehen.

Nachlauf: Darunter versteht man die Schrägstellung der Schwenkachse in Fahrzeuglängsrichtung. Das hilft ebenfalls, den Geradeauslauf zu stabilisieren und Flattern der Vorderräder zu verhindern. Außerdem bewirkt er eine Rückstellung der Lenkung nach Kurven.

Störungsbeistand

Falsche Radeinstellung

Wenn Sie fehlerhafter Lenkgeometrie beim Fahren auf die Schliche kommen wollen, müssen Sie zuerst sicherstellen, daß beide Vorderreifen dieselbe Reifensorte, Profiltiefe und den vorgeschriebenen Luftdruck aufweisen.

○ Stehen die **Lenkradspeichen bei Geradeausfahrt symmetrisch?** Ein schiefsitzendes Lenkrad ist oft das Zeichen für falsche Spureinstellung.

○ **Unruhiger Geradeauslauf**; er ist besonders auf schnee- oder eisglatten Straßen zu erkennen. Überbreite Reifen können den Geradeauslauf trotz richtiger Radeinstellung ebenfalls verschlechtern.

○ **Zieht der R 19 nach links oder rechts?** Und das bei völlig ebener Fahrbahn und losgelassenem Lenkrad?

○ **Stellt sich die Lenkung** nach Kurven **von selbst in Geradeausstellung?**

○ Schauen Sie sich die **Vorderräder** aus fünf bis zehn Meter Entfernung an – stehen sie **in Geradeausstellung symmetrisch zueinander?**

○ Ist das **Reifenprofil einseitig abgenutzt?** Bei scharfer Fahrweise ist es allerdings nicht ungewöhnlich, daß an beiden Vorderreifen die Außenkanten stärkere Verschleißspuren zeigen als innen.

○ Eine **verbeulte Felge** deutet auf eine harte Bordsteinberührung, wodurch die Geometrie der Vorderradaufhängung leicht aus dem Winkel gerät.

○ **Weitere Ursachen** für fehlerhafte Stellung der Räder können verschlissene Gelenke bzw. Gummilager sein oder unsachgemäße Unfallreparaturen.

Radeinstellung messen

Zur Vermessung der Radstellung wird in der Werkstatt ein optischer Achsmeßstand verwendet. Der Reifendruck muß stimmen, das Fahrzeug unbeladen, durchgefedert und ausgerichtet sein, und die Teile der Vorderradaufhängung und Lenkung dürfen kein zu großes Spiel aufweisen.

Nachlauf, Sturz und Spreizung sind beim Renault 19 einstellbar und haben feste, modellspezifisch unterschiedliche Werte.

Nur die Spur kann beim R 19 eingestellt werden. Die Nachspur beträgt 0°10′ (1±1 mm). Das Einstellen selbst geschieht durch Verdrehen der Spurstangen bei gelösten Kontermuttern an den Spurstangen-Endstücken, wobei eine Umdrehung der Spurstange 30′ (3 mm) Verstellweg entspricht.

Fingerzeig: Beim Einstellen der Spur muß darauf geachtet werden, daß beide Spurstangen gleich weit heraus- bzw. hineingeschraubt sind, d. h. die Gewindelänge an den Spurstangen-Endstücken links und rechts muß gleich sein.

Hinterachse zerlegen

Wurde beim Vermessen der Hinterradstellung eine zu große Abweichung vom Sollwert festgestellt, muß der Achskörper komplett ausgetauscht werden. Richt- und auch Schweißarbeiten sind nicht zulässig.

Die Teile der Verbundlenker-Hinterachse des Renault 19:
1 – V-förmiger Achskörper;
2 – Längslenker (mit Achskörper verschweißt);
3 – Längslenkeraufnahme;
4 – Querstabilisator;
5 – Feder-Drehstab;
6 – Widerlager für Drehstäbe und Querstabilisator.

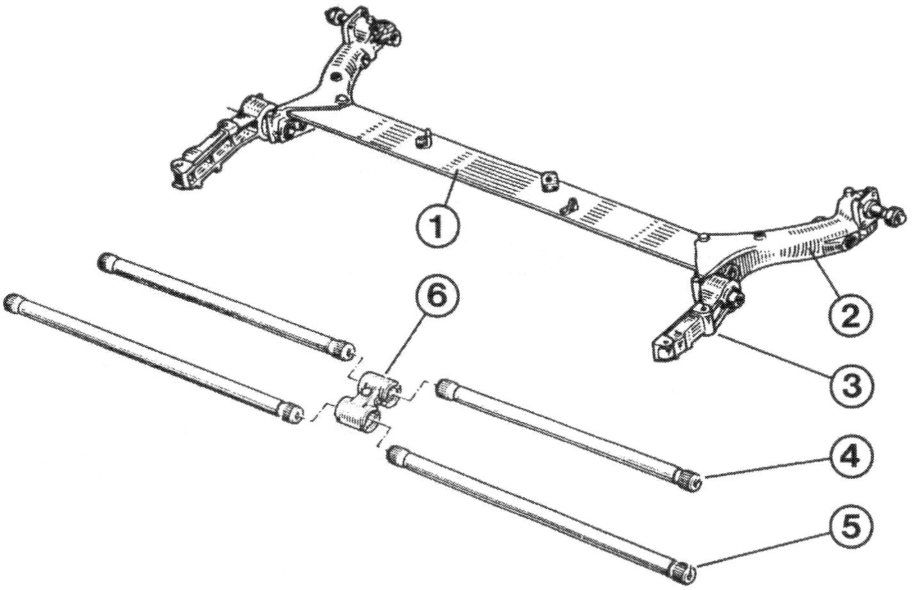

Ein Austausch der Feder-Drehstäbe setzt umfangreiche Kenntnisse und vor allem Spezialwerkzeuge voraus. Das gleiche gilt für den Tausch der Achsgelenke. Aus diesen Gründen ist auf die Beschreibung dieser Arbeiten verzichtet worden.

Stoßdämpfer ausbauen

● Im Kofferraum die Abdeckung der oberen Stoßdämpferbefestigung abhebeln.
● Obere Mutter lösen und abschrauben.
● Einzelteile abnehmen und Reihenfolge sowie Einbaurichtung für den Wiedereinbau merken.
● Wagen aufbocken.
● Untere Stoßdämpferbefestigung lösen und Schraube herausschrauben.
● Stoßdämpfer abnehmen.
● Neuen Stoßdämpfer vor dem Einbau mehrmals auseinanderziehen und zusammenschieben. So wird das durch die Lagerung einseitig abgelagerte Öl gleichmäßig verteilt, und der Stoßdämpfer ist voll funktionstüchtig.
● Stoßdämpferaufnahmen mit $MoS_2$2-Fett schmieren.
● Stoßdämpfer einsetzen, Verschraubungen – oben mit neuer selbstsichernder Mutter – noch nicht festziehen.
● Fahrzeug ablassen.
● Untere Befestigung mit 60 Nm festziehen.
● Obere Befestigung mit 20 Nm festziehen.

Querstabilisator ausbauen

● Wagen aufbocken, damit die Räder frei hängen.
● Verschraubungen des Querstabilisators links und rechts an den Längslenkern lösen.
● Führungsschlaufen der Handbremsseile abnehmen.
● Querstabilisator abnehmen.
● Beim Einbau die Befestigungsschrauben mit 50 Nm festziehen.

Radlager ausbauen

● Radschrauben lockern und Fahrzeug aufbocken, bis das Rad frei hängt.
● Bremstrommel bzw. Bremsträger der Scheibenbremse abbauen, siehe nächstes Kapitel.

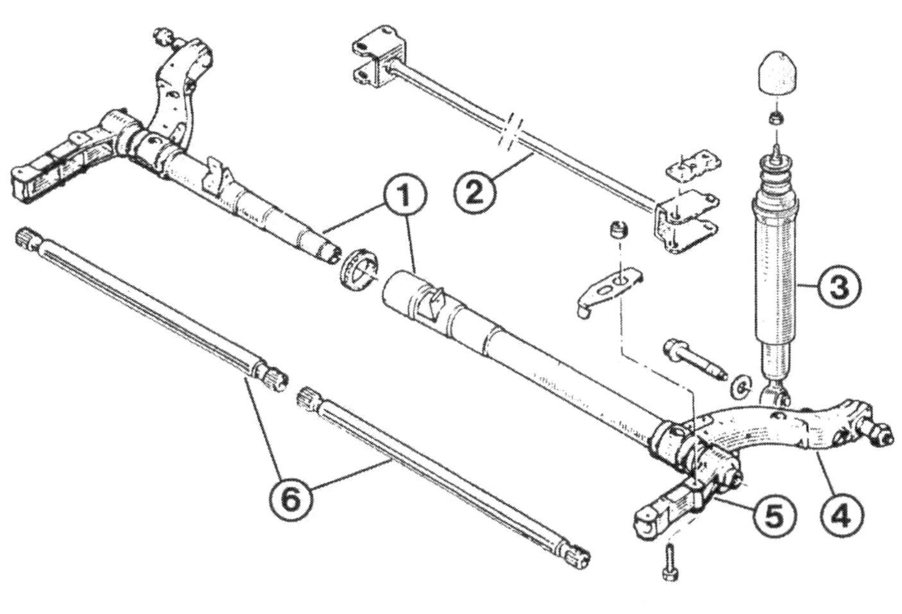

Die Zeichnung zeigt die Teile der Konusrohr-Hinterachse. Hier ist auch die einfache Befestigung des Querstabilisators zu erkennen. Die Teile:
1 – ineinandergreifende Achsrohre;
2 – Querstabilisator;
3 – Stoßdämpfer;
4 – Längslenker;
5 – Längslenkeraufnahme;
6 – Feder-Drehstäbe.

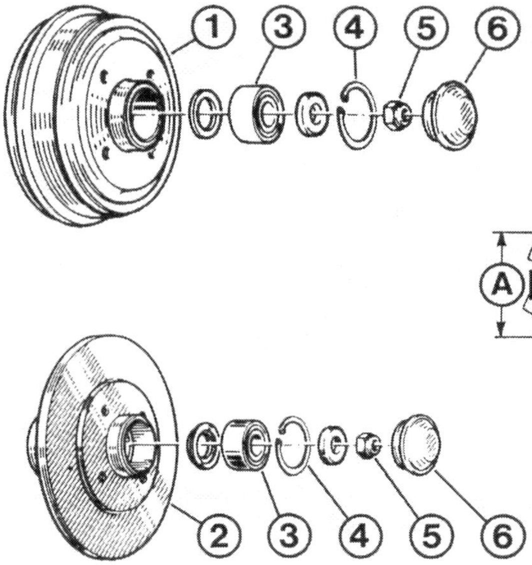

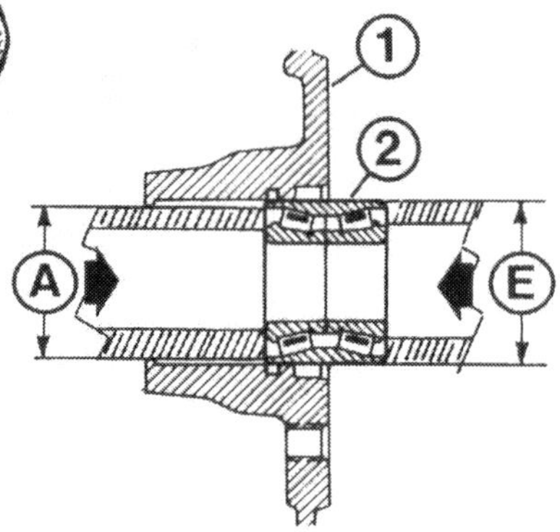

Links: Die beiden Zeichnungen zeigen die Teile der Hinterradlager. Es bedeuten:
1 – Bremstrommel;
2 – Bremsscheibe;
3 – Radlager;
4 – Sicherungs-Anschlagring;
5 – Radnabenmutter;
6 – Nabenkappe.
Rechts: Die Schnittzeichnung zeigt das Aus- und Einpressen des Radlagers. Der Rohrdurchmesser muß zum Auspressen »A« = 49 mm, zum Einpressen »E« = 51 mm betragen.

- Anschlag-Sicherungsring mit einer Sicherungszange aus der Nabenbohrung der Bremstrommel bzw. -scheibe nehmen.
- Bremstrommel bzw. -scheibe auf zwei Hölzer legen oder in Schraubstock spannen.
- Radlager mit einem passenden kurzen Rohrstück aus der Nabenbohrung treiben.
- Radnabe reinigen und neues Lager bis zum Anschlag eintreiben bzw. -pressen.
- Neuen Sicherungsring einsetzen.
- Bremstrommel bzw. -scheibe auf den Achsstummel schieben. Zuvor Achsstummel mit Lithiumfett (z. B. LM-320 von Liqui Moly) fetten.
- Neue selbstsichernde Nabenmutter ansetzen und nach Absenken des Fahrzeugs mit 160 Nm festziehen.
- Die Radlager müssen nicht eingestellt werden, da Laufringe, Nabe und Achsstummel mit solch engen Toleranzen gefertigt sind, daß sie sich beim Anziehen der Flanschmutter auf das vorgeschriebene Radlagerspiel (Axialspiel maximal 0,03 mm) »setzen«.
- Nach Anbringen der Nabenkappe die Bremsbakken bzw. bremsbeläge in Grundstellung bringen, siehe nächstes Kapitel.
- Ggf. Handbremse einstellen.

Stehvermögen

Die Bremsanlage ist mit die wichtigste Sicherheits-Einrichtung im Auto. Ihr »Stehvermögen« wird im täglichen Verkehr oft bis an ihre Leistungsgrenze beansprucht. Deshalb ist gewissenhafte Kontrolle und Wartung bei der Bremsanlage geradezu »lebenswichtig«.

Eigenarbeiten an der Bremse

Von der richtigen und zuverlässigen Funktion der Bremsen Ihres Renault 19 hängt unter Umständen Ihr Leben und das anderer ab. Diese Tatsache sollten Sie sich stets vor Augen halten, wenn Sie Reparaturen daran ausführen wollen. Muten Sie sich also nicht zu viel zu. Andererseits ist bei der Bedeutung der Bremsen keine Kontrolle zu viel. Auch wenn Sie Ihren R 19 regelmäßig zur Inspektion in die Werkstatt geben, sehen gerade in diesem speziellen Fall vier Augen mehr als zwei.
Durch gezielte Kontrollen, nicht aber durch unsachgemäße Reparaturen können Sie dazu beitragen, die Verkehrssicherheit Ihres Wagens zu erhalten, um sich und andere Verkehrsteilnehmer zu schützen. Was Sie selbst tun können, ist hier im Buch abgehandelt. Alle anderen Arbeiten sollten Sie der Werkstatt überlassen.

Funktion der Bremse

○ Wenn Sie auf das Bremspedal treten, preßt eine mit dem Pedal verbundene Druckstange zwei hintereinanderliegende Kolben in den Hauptbremszylinder, der im Motorraum an den Bremskraftverstärker montiert ist.
○ Die Kolben übertragen die Kraft auf die im Hauptbremszylinder eingeschlossene Bremsflüssigkeit. Der so entstehende hydraulische Druck der Bremsflüssigkeit pflanzt sich über Rohr- und Schlauchleitungen zu den Radbremszylindern fort.
○ In den Radbremszylindern drücken Kolben die Bremsklötze gegen die Bremsscheiben bzw. die Bremsbakken gegen die Bremstrommeln.
○ Der Renault 19 ist mit einer diagonal geteilten Zweikreisbremsanlage ausgerüstet, d.h. der Druck der Bremsflüssigkeit gelangt an die Radbremszylinder in zwei voneinander unabhängigen Leitungssystemen, und zwar für je ein Vorderrad und für das gegenüberliegende Hinterrad.
○ Sollte einmal ein Bremskreis ausfallen, bleiben so ein Vorderrad und das Hinterrad auf der anderen Seite bremsfähig. Mit dem ungebremsten Vorderrad kann noch gelenkt werden, und das ungebremste Hinterrad hält das Heck in der Spur.

Fingerzeig: Bei Ausfall eines Bremskreises müssen Sie ungleich stärker auf das Bremspedal treten (bei gleichzeitig längerem Pedalweg), um die übliche Bremswirkung zu erreichen. Außerdem wird der Anhalteweg wesentlich länger.

Die Bremsflüssigkeit

Die Flüssigkeit in den Bremsleitungen und Bremszylindern ist eine Mischung aus Glykol, Polyglykoläther und ein paar weiteren Bestandteilen. Diese gelbliche – übrigens giftige und gegen Autolack aggressive – Flüssigkeit greift die Metall- und Gummiteile nicht an. Sie bleibt selbst bei –40°C noch ausreichend dünnflüssig und sie hat trotz ihrer Dünnflüssigkeit den extrem hohen Siedepunkt von ca. 260°C.
Die Bremsflüssigkeit hat aber auch noch eine sehr unangenehme Eigenschaft: Sie nimmt gern Wasser auf, sie ist »hygroskopisch«. Und Wasser kann tatsächlich – z.B. über die Luftfeuchtigkeit – in die Bremsflüssigkeit gelangen: Über den Vorratsbehälter sowie durch mikroskopische Undichtigkeiten an den Bremsschläuchen und Gummimanschetten der Bremszylinder. Solche Wasseraufnahme führt nicht nur zu Korrosion an den Metallteilen der Anlage, sondern bewirkt auch ein rapides Absinken des Siedepunkts. Bei nur 2,5% Wassergehalt liegt der Siedepunkt nur noch bei 150°C.
Das ist bei starker Beanspruchung der Bremsen (Paßfahrt, evtl. noch mit Anhänger, häufige Vollbremsungen auf der Autobahn) gefährlich, weil sie sich dann sehr stark aufheizen. In der Nähe der erhitzten Bremsen können sich Dampfblasen in der Bremsflüssigkeit bilden. Diese Dampfblasen lassen sich vom Bremsdruck zusammenpressen – das Bremspedal kann tief durchgetreten werden; manchmal tritt man sogar ins »Leere«!
In diesem Fall kann bisweilen noch schnelles Pumpen mit dem Bremspedal helfen. Besonders gefährlich ist die Dampfblasenbildung beim Abstellen des Wagens nach starker Bremsbeanspruchung. Mangels Fahrtwind heizt sich die Bremsumgebung noch stärker auf; die höchste Temperatur herrscht nach etwa 15 Minuten

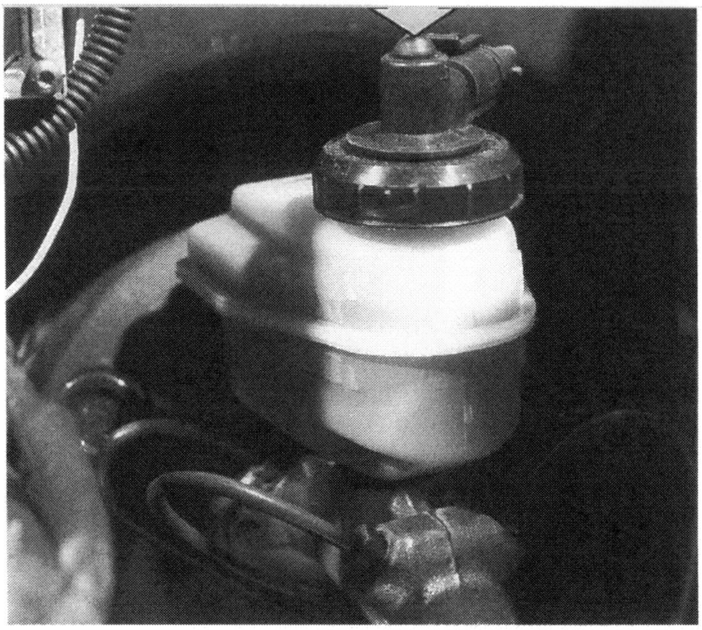

Der Bremsflüssigkeitsstand darf nicht unter die untere Markierung absinken. Zur Kontrolle, ob der im Deckel eingebaute Kontaktschalter funktioniert, sollten Sie von Zeit zu Zeit die Gummikappe niederdrücken (Pfeil). Dann muß das Kontrollämpchen im Armaturenbrett leuchten. Die Handbremse muß bei dieser Kontrolle allerdings gelöst sein. Bei Verdacht eines Schalterdefekts zur Kontrolle den Steckkontakt überbrücken.

Standzeit. Wird dann weitergefahren, kann dies zu bösen Überraschungen führen. Erst nach etwa einer halben Stunde Standzeit ist wieder die normale Bremsflüssigkeitstemperatur erreicht.
Vorbeugend schreibt der Wartungsplan daher den Wechsel der Bremsflüssigkeit alle 50000 km, spätestens jedoch nach drei Jahren vor. Die Bremsflüssigkeit muß der Spezifikation SAE J 1703 entsprechen – hierzulande ist die Spezifikation Super DOT 3 oder DOT 4 eher zu finden.

Bremsflüssigkeitsstand prüfen

Ständige Kontrolle

Bedingt durch die Scheibenbremsen sinkt der Flüssigkeitsstand auch bei völlig intakter Bremsanlage mit zunehmender Kilometerleistung. Denn die im Durchmesser verhältnismäßig großen Kolben der Scheibenbrems-Radzylinder wandern mit den verschleißenden Belägen weiter aus den Zylindern heraus, und mehr Flüssigkeit fließt nach. Ein gewisses, langsames Absinken der Bremsflüssigkeit muß also nicht unbedingt alarmierend sein.
Wenn Sie wissen, wie hoch die Bremsflüssigkeit bei neuen und abgenutzten Scheibenbremsbelägen steht, läßt sich am Niveau des Bremsflüssigkeitsstands sogar ablesen, wie weit die Beläge abgenutzt sind. Werden neue Scheibenbremsbeläge eingesetzt, müssen die Kolben in den Bremssätteln zurückgedrückt werden, wodurch der Bremsflüssigkeitsstand im Behälter wieder ansteigt. Wurde unnötigerweise bei abgefahrenen Belägen Bremsflüssigkeit aufgefüllt, kann diese beim Zurückdrücken der Kolben durch die Belüftungslöcher im aufgeschraubten Deckel austreten.

● Links hinten im Motorraum, direkt auf dem Hauptbremszylinder, sitzt der Bremsflüssigkeitsbehälter.
● Im weißlich durchscheinenden Behälter soll die Bremsflüssigkeit zwischen den Markierungen »MINI« und »MAXI« stehen.
● Ist der Flüssigkeitsstand auffallend gesunken – was auch durch eine Warnleuchte am Armaturenbrett angezeigt wird –, muß die Bremsanlage auf undichte Stellen kontrolliert werden, siehe übernächsten Abschnitt.

Bremsen prüfen

Ständige Kontrolle

● Zuerst eine Vollbremsung bei Schrittgeschwindigkeit.
● Am Gummiabrieb auf der Straße sehen Sie bei gleich langen Spuren, daß die Bremsen gleichmäßig ziehen. Das gilt auch für ein Fahrzeug mit ABS, denn das ABS regelt unterhalb von 7 km/h noch nicht.
● Gleiche Prüfung mit der Handbremse.
● Für die Bremsenprüfung bei höheren Geschwindigkeiten brauchen Sie eine ebene Strecke.
● Nun aus etwa 50 km/h bei losgelassenem Lenkrad, aber mit griffbereiten Händen zuerst sanft und dann scharf bis zum Stillstand abbremsen.
● Zieht der Wagen etwa nach links, ist eine der rechten Bremsen nicht in Ordnung. Das Fahrzeug zieht in Richtung des stärker gebremsten Rades. Ursachen siehe »Störungsbeistand« am Ende des Kapitels.
● Lassen Sie den Renault 19 ein schwaches Gefälle hinunterrollen, um festzustellen, ob die Räder frei und leichtgängig sind.
● Nach der Probefahrt kontrollieren, ob eine Felge auf der einen Wagenseite wärmer als auf der anderen Seite ist.
● Ursachen siehe »Störungsbeistand«.

Bremsanlage auf Undichtigkeiten und Beschädigungen prüfen

Wartung Nr. 16

Zur Kontrolle muß die Wagenunterseite trocken sein, damit Sie undichte Stellen erkennen können. Bremsflüssigkeit kriecht auch unter Schmutz. Feuchtdunkle Stellen oder schwarzer Schmutz lassen eine Undichtigkeit vermuten.

● Kontrollieren Sie sämtliche Anschluß- und Verbindungsstellen sowie Bremssättel und Bremsträgerbleche, hinter denen die Radbremszylinder der hinteren Trommelbremsen sitzen.

● Die Bremsschläuche dürfen weder feucht noch aufgequollen oder angescheuert sein. Sonst auswechseln, siehe unter »Bremsschlauch ausbauen«.

● Die Bremsleitungen sind zum Schutz gegen Rost mit einer Kunststoffschicht überzogen. Wird diese Schutzschicht beschädigt, kann es zu Rostansatz kommen. Deshalb die Leitungen nie mit Schraubendreher, Schmirgelleinen oder Drahtbürste säubern, sondern Kaltreiniger nehmen.

● Ist die Schutzschicht beschädigt, soll Rostschutzgrundierung dünn aufgestrichen werden.

● Leitungen mit Rostnarben und solche, die plattgedrückt sind, müssen ersetzt werden.

● Sind Schutzkappen auf den Entlüftungsventilen? Sie sitzen an allen Bremssätteln bzw. Bremsträgerblechen der hinteren Trommelbremsen.

● Die Bremsdruckprobe können Sie provisorisch selbst machen: Treten Sie mit voller Kraft aufs Bremspedal.

● Es darf auch nach einigen Minuten der vollen Belastung nicht nachgeben, sonst ist eine der Manschetten im Hauptbremszylinder defekt.

● Durch die undichte Manschette sinkt nicht der Bremsflüssigkeitsstand im Behälter, sondern die unter Druck gesetzte Flüssigkeit mogelt sich an einem Kolben des Hauptbremszylinders vorbei auf die drucklose Seite.

● Gewisse undichte Stellen an den Bremskolbenmanschetten lassen sich allerdings nur bei einer genauen Druckprüfung in der Werkstatt ermitteln.

Fingerzeig: Bremsschläuche sind empfindlich gegen Benzin, Dieselkraftstoff, Fett und Petroleum. Sie dürfen auch nicht überlackiert werden. Nur Unterbodenschutzmittel sind ungefährlich.

Die Scheibenbremsen

Zusammen mit jedem Vorderrad dreht sich je nach R 19-Modell entweder eine massive oder eine innenbelüftete Stahlscheibe, die Bremsscheibe, frei im Luftstrom. Sogenannte Bremssättel umfassen die Bremsscheiben sattelförmig. Beim Tritt aufs Bremspedal drücken Kolben die Bremsbeläge gegen die Bremsscheibe – sie wird praktisch zwischen den Bremsbelägen eingeklemmt – und bremsen so das Fahrzeug ab.
Die beim Bremsen entstehende Reibungswärme wird vom Fahrtwind abgeführt. Bremsbelagabrieb wird so gleich mit weggeblasen. Die Bremsbeläge der Scheibenbremsen stellen sich ohne besondere Vorrichtung selbst nach.

Fingerzeige Bei Regen wird die offen liegende Bremsscheibe kräftig geduscht, weshalb die Bremswirkung einen Sekundenbruchteil verzögert einsetzt. Der Feuchtigkeitsfilm zwischen Bremsscheiben und -klötzen muß erst zum Verdampfen gebracht werden.
In streusalzreichen Wintern tritt diese Erscheinung verstärkt auf, unter ungünstigen Umständen spricht die Bremse überhaupt nicht an. Die auf Bremsbelägen und -scheiben sitzende Salzschicht muß beim Bremsen erst abgeschliffen werden. Bei Fahrten in streusalzhaltigem Tauwasser die Bremsen immer wieder mal ein paar Sekunden lang warmbremsen. Regen- oder tauwassernasse Bremsen sollten Sie vor mehrtägigem Abstellen des Wagens »trockenfahren«. Es genügt, die letzten hundert Meter Wegstrecke mit dauernd leicht durchgetretenem Bremspedal zu fahren.

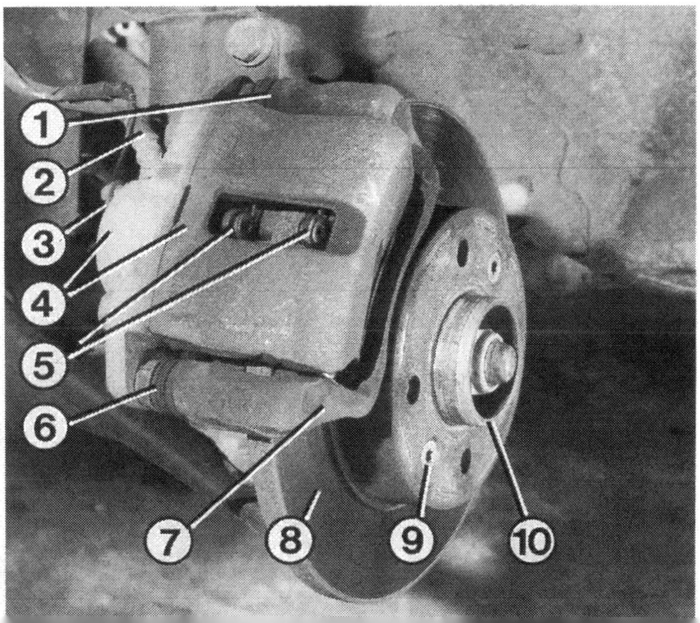

Bei abgenommenem Rad sehen Sie folgende Einzelteile der Scheibenbremse:
1 – Staubmanschette der oberen Bremssattelbefestigung;
2 – Bremsschlauch;
3 – Entlüftungsventil mit Staubkappe;
4 – Bremssattel mit Bremskolbengehäuse;
5 – innerer und äußerer Bremsklotz mit Antirasselfeder;
6 – Staubmanschette der unteren Bremssattelbefestigung;
7 – Bremssattelträger;
8 – Bremsscheibe;
9 – Sicherungsschraube der Bremsscheibe;
10 – Radnabe.

Schwimmsattel-bremsen

Der Renault 19 ist mit einer sogenannten Schwimmsattelbremse ausgestattet, d.h. der Bremssattel ist beweglich – »schwimmend« – auf Führungsbolzen gelagert.

○ Beim Bremsen drückt der Kolben im Bremssattel den inneren Bremsklotz gegen die Bremsscheibe. Dieser Druck bewirkt eine Verschiebung des auf langen Bolzen geführten Bremssattels und somit eine Übertragung des gleichen Drucks auf den äußeren Bremsklotz.

○ Wird das Bremspedal losgelassen, zieht die Kolbendichtung den Kolben und dadurch auch den Bremssattel etwas von der Bremsscheibe zurück, so daß zwischen Bremsklotz und -scheibe ein Bruchteil von einem Millimeter »Luft« entsteht und die Bremsscheibe wieder frei drehen kann.

Stärke der Scheibenbremsbeläge messen

Wartung Nr. 12

Trotz verschleißendem Bremsbelag nimmt der Bremspedalweg nicht zu, da der Bremskolben den Bremsbelag beim Bremsen jeweils so weit nachschiebt, daß der Belag nach Loslassen der Bremse immer die gleiche Grundstellung zur Bremsscheibe hat. Der Bremspedalweg ist deshalb keine Richtschnur für die Abnutzung der vorderen Bremsbeläge. Verlassen Sie sich deshalb nicht auf Ihr Gefühl im Fuß! Wenn Sie sich um die Wartung Ihres Renault 19 selbst kümmern, gilt es, auf die vorderen Bremsbeläge ein wachsames Auge zu haben.

● Die Mindestbelagstärke beträgt mit Trägerplatte bei allen R19-Modellen **6 mm**.

● Die Belagstärke läßt sich genau nur bei abgenommenem Rad kontrollieren.

● Zur Kontrolle z.B. den Schaft eines 6-mm-Bohrers anlegen. Ist die Belagstärke bei 6 mm (Trägerplatte mitgemessen!) angelangt, ist es höchste Zeit, die vorderen Scheibenbremsbeläge zu erneuern.

Zustand der Bremsscheiben kontrollieren

Wartung Nr. 13

Wenn die Vorderräder zur Belagkontrolle abgenommen sind, prüft man auch den Zustand der Bremsscheiben.

● Die Scheiben dürfen keine tiefen Rillen (durch Schmutz oder zu stark abgefahrene Beläge) aufweisen. Die Riefen graben sich in neue Bremsbeläge tief ein, was deren Lebensdauer wesentlich verkürzt.

● Riefige Bremsscheiben können nachgeschliffen werden, wenn sie nicht durch lange Laufzeit auf das zulässige **Mindestmaß** von **10,5 mm** (Massiv-Bremsscheiben) **bzw. 18,0 mm** (innenbelüftete Bremsscheiben) »abgemagert« sind.

● Zu dünne Scheiben müssen immer paarweise ausgetauscht werden.

● Eine bläuliche Verfärbung der Bremsscheibe ist ohne Bedeutung.

Fingerzeig: Bremsscheiben mit starken Verschleißspuren dürfen nicht plangedreht werden, sondern müssen paarweise ausgewechselt werden.

Scheibenbremsbeläge erneuern

Grundsätzlich müssen rechts und links beide Beläge ausgetauscht werden. Nur Beläge mit ABE verwenden. Weil die Kolben in den Bremssätteln mit zunehmendem Verschleiß der Beläge weiter aus dem Bremszylinder herauswandern, müssen sie vor dem Einsetzen neuer, dicker Beläge zurückgedrückt werden. Hierbei wird die Bremsflüssigkeit durch die Leitungen in den Vorratsbehälter zurückgepreßt. Wurde in der Zwischenzeit unnötigerweise Bremsflüssigkeit nachgefüllt, muß das Zuviel jetzt abgesaugt werden. Andernfalls greift die am

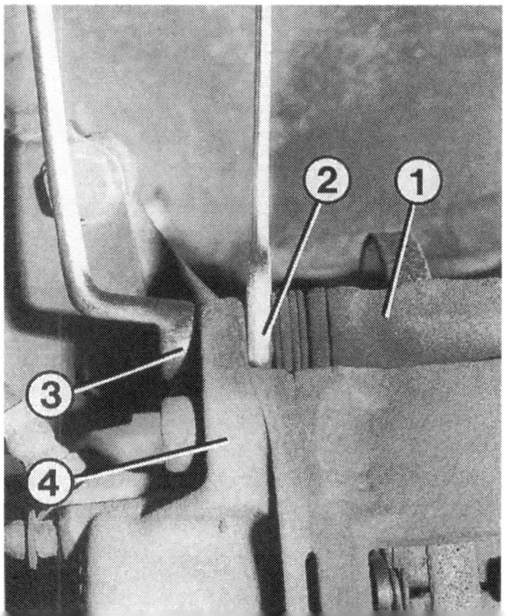

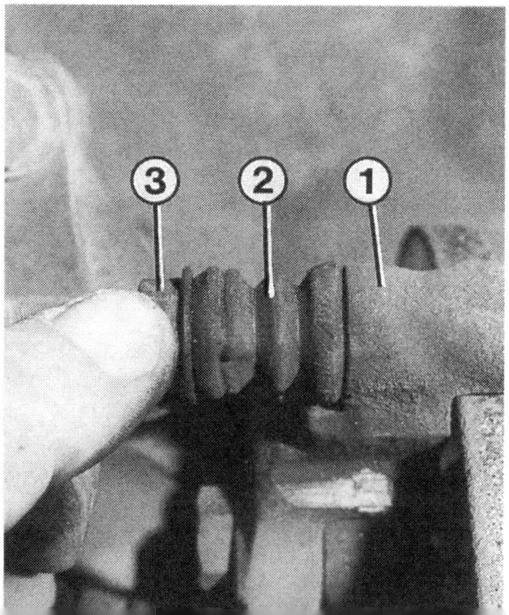

Links: Zum Lösen der Sicherungsschraube (3) mit einem Gabelschlüssel am Führungsbolzen (2) gegenhalten. Dann kann der Bremssattel (4) vom Bremsklotzträger (1) gehoben werden. Rechts: Eine defekte oder nachlässig montierte Staubmanschette (2) läßt den Führungsbolzen (3) in kürzester Zeit durch Schmutzwasser und Salz festgehen. Durch den nicht mehr frei beweglichen Bremssattel verschleißt die Bremse vorzeitig. Vor Einsetzen in den Bremsklotzträger (1) am Bolzen ggf. etwas Fett angeben.

Nach Entfernen des Sicherungsschrauben am Führungsbolzen (1) des Bremssattelträgers (3) kann der Bremssattel (2) bei angeschlossenem Bremsschlauch abgenommen werden, so daß beide Bremsklötze problemlos aus dem Bremsträger genommen werden können. Wird nur die untere Sicherungsschraube entfernt, kann der Bremssattel so weit nach oben geschwenkt werden, daß ebenfalls ein problemloser Belagwechsel möglich ist.

Vorratsbehälter austretende Bremsflüssigkeit umliegende lackierte Teile im Motorraum an. Zum Absaugen nur eine absolut saubere Pipette oder alte Injektionsspritze verwenden.

- Wagen vorne aufbocken.
- Räder abbauen.
- Lenkung einschlagen, damit die Beläge gut zugänglich sind.
- Falls vorhanden, Steckverbindung der Bremsbelag-Verschleißkontrolle zum inneren Bremsklotz trennen.
- **Bendix-Bremse** (massive Bremsscheiben): Mit einem schmalen Schraubendreher die Sicherungsklammer oben an der Bremsinnenseite vorsichtig aus dem Haltekeil ziehen.
- Mit einem Schraubendreher den Haltekeil des Bremssattels seitlich herausdrücken. Dabei die Bremssattel leicht nach innen gegen die Spannfedern drücken.
- Bremssattel nach außen ziehen, damit der Bremskolben in den Bremszylinder zurückgedrückt wird und die Bremsbeläge freikommen.
- Äußeren und inneren Bremsbelag aus dem Belagschacht ziehen.
- Ggf. die beiden Spannklammern abnehmen. Dabei auf die Montagerichtung achten.
- **Girling-Bremse** (massive und belüftete Bremsscheiben): Sicherungsschrauben des Bremssattels lösen. Dazu zwischen Bremsklotzträger und Bremssattel mit einem Gabelschlüssel den Führungsbolzen gegen Verdrehen festhalten.
- Bremssattel abnehmen.
- Darauf achten, daß der Bremsschlauch nicht verspannt oder verdreht wird. Bremssattel ggf. mit Draht im Radhaus aufhängen.
- Bremsklötze aus dem Bremsklotzträger ziehen. Dabei die Montagerichtung der Spannfedern merken.
- **Beide Bremsentypen:** Kolben im Bremssattel mit einer Schraubzwinge zurückdrücken. Damit der Kolben nicht verkantet oder die Manschette beschädigt wird, zwischen Bremskolben und Schraubzwinge alten Bremsbelag oder Hartholz legen.
- Bremsbelagführungen mit Spiritus (keinesfalls Benzin) und Lappen, evtl. mit Flaschenbürste von Belagabrieb säubern.
- Festgebackene Belagstaubkrusten mit einem flachen Schraubendreher wegkratzen. Vorsicht, daß hierbei die Staubmanschette des Bremskolbens nicht beschädigt wird.

Dünner als 6 mm mit Belagträger (Maß »S«) dürfen die Bremsbeläge nicht sein – dann ist es höchste Zeit, alle vier Bremsklötze zu wechseln. Dabei nicht vergessen, gleich die Bremsscheiben auf Verschleiß zu kontrollieren (übermäßige Riefen etc.).

Dies ist nach unseren Erfahrungen die beste Methode, den Bremskolben ins Gehäuse zu drücken, da mit der Schraubzwinge (und zwischengelegtem altem Bremsklotz oder Holzstück!) der Druck besser dosiert werden kann als beispielweise mit einer Rohrzange.

● Staubmanschette und Dichtring auf Verschleiß kontrollieren.
● Balgenmanschetten der beiden Führungsbolzen auf Verschleiß kontrollieren.
● Vor dem Einbau die Bremsscheibe auf Fett, Schmutz und Riefen kontrollieren.
● **Bendix-Bremse:** Spannfedern auf die Trägerplatten der Bremsklötze montieren.
● Bremsklötze in den Belagschacht des Bremssattels einsetzen. Dabei den Klotz mit dem Kabel für die Verschleißkontrolle nach innen setzen.
● Bremssattel gegen die Radnabe drücken.
● Haltekeil einsetzen und mit Sicherungsklammer sichern.
● **Girling-Bremse:** Bremsklötze in den Bremsklotzträger einsetzen. Dabei darauf achten, daß der Belag mit dem Kabel für die Verschleißkontrolle innen sitzt und bei beiden Klötzen die Spannfedern korrekt sitzen.
● Bremssattel aufsetzen.
● Untere Sicherungsschraube mit flüssiger Schraubensicherung (z.B. Loctite »Frenbloc«) in den Führungsbolzen einsetzen. Bei verschlissenen Schrauben neue Sicherungsschrauben verwenden!
● Sicherungsschraube mit 35 Nm festziehen.
● Bremssattel gegen die Radnabe drücken, obere Schraube mit flüssiger Schraubensicherung versehen einsetzen und mit 35 Nm festziehen.
● Räder montieren und Wagen ablassen.
● **Bremspedal mehrmals treten**, bis Widerstand spürbar ist. Erst jetzt liegen die Beläge an der Bremsscheibe an, und der Wagen ist bremsbereit.

Fingerzeig: Mit neuen Bremsbelägen sollten Sie auf den ersten 500 km nur behutsam bremsen, wenn möglich. Gewaltbremsungen gleich zu Anfang führen zu Brandstellen im Belag. Er verändert sich in seiner Struktur. Die günstigste Bremswirkung wird nicht erreicht, der Belag verhärtet – »verglast«, wie der Fachmann sagt.

Bremssattel und -kolben gängig machen

Durch Korrosion an den Gleitflächen des Bremssattels bzw. Bremsklotzträgers kann der Bremssattel schwergängig werden. Eine defekte Kolbenmanschette bewirkt, daß der Kolben im Bremssattel durch Schmutz und Korrosion festgeht. Beides ergibt ungleichmäßige Bremswirkung.

Vor Einsetzen der Bremsklötze muß die Bremsklotzführung (Pfeile) gesäubert und etwas Kupferfett angegeben werden. Dabei nichts auf die Bremsflächen von Bremsscheibe und Bremsklotz bringen.

- Bremsbeläge ausbauen.
- Kontrollieren Sie, ob sich die Beläge in ihren Führungen leicht bewegen lassen.
- Andernfalls Führungen mit einem Schraubendreher sauberkratzen. Dabei Kolbenmanschetten nicht beschädigen.
- Beweglichkeit des Bremssattels am Bremsklotzträger bzw. an den Führungsbolzen kontrollieren. Führungen ebenfalls sauberkratzen.
- Damit die Führungen künftig gängig bleiben, an den Gleitstellen und am Haltekeil etwas Kupferfett auftragen.
- Zur Kontrolle, ob der Kolben leichtgängig ist:
- Damit der Bremskolben nicht zu weit herausgedrückt werden kann, als Anschlag am Bremssattel eine Schraubzwinge mit zwischengelegtem Holzstück oder altem Bremsklotz ansetzen (siehe »Scheibenbremsbeläge erneuern«).
- Bremspedal von Helfer vorsichtig treten lassen. Bewegt sich der Kolben?
- Kommt der Kolben nicht heraus, so lange mit dem Bremspedal pumpen, bis sich der Kolben bewegt.
- Kolben durch Drehen der Schraubzwinge zurückdrücken, wie unter »Scheibenbremsbeläge erneuern« beschrieben.
- Dieses Spiel so lange wiederholen, bis sich der Kolben leichtgängig bewegt.
- Seitenflächen des Kolbens mit ATE-Bremspaste bestreichen.

Bremssattel ausbauen
Bendix-Bremse

- Rad abbauen.
- Bremsklötze ausbauen.
- Bremssattelschrauben lösen und Bremssattel vom Bremskolbengehäuse abnehmen.
- Beim Einbau des Bremssattels an das Bremskolbengehäuse die beiden Schrauben mit 100 Nm festziehen.

Bremsklotzträger ausbauen

Der Bremsklotzträger (Girling-Bremse) bzw. der komplette Bremssattel mit Radbremszylinder (Bendix-Bremse) ist mit zwei Schrauben am Lenk-Schwenklager des Federbeins befestigt.

- Rad abmontieren.
- **Bendix-Bremse:** Bremsklötze ausbauen.
- Die beiden Befestigungsschrauben an der Bremsinnenseite vom Lenk-Schwenklager lösen und herausdrehen.
- Ggf. Bremsschlauch am Radbremszylinder lösen.
- Bremssattel komplett mit Bremszylinder abnehmen.
- Zum Tausch der Radbremszylinders muß der Bremssattel demontiert werden.
- Beim Anbau des Bremssattels an den Radbremszylinder die beiden Schrauben mit 100 Nm festziehen.
- **Girling-Bremse:** Bremssattel und Bremsklötze abbauen.
- Bremssattel mit montiertem Bremsschlauch so am Federbein mit Draht aufhängen, daß der Schlauch nicht unter Spannung steht oder gar zusätzlich geknickt wird.
- Halteschrauben des Bremsklotzträgers vom Lenk-Schwenklager losdrehen.
- Wird der Bremsschlauch gelöst, die Öffnung der Leitung hochbinden und verschließen, um ein Ausfließen der Bremsflüssigkeit zu verhindern.
- Bei der Wiedermontage des Bremsklotzträgers an das Schwenklager die beiden Sicherungsschrauben mit 35 Nm festziehen.
- Bremsschlauch mit einer kleinen Schraubzwinge oder Schlauchklemme abklemmen. Dabei die Zwinge bzw. Klemme nicht zu stark zudrehen, damit der Schlauch nicht beschädigt oder gar abgequetscht wird.
- Bremsschlauch vom Kolbengehäuse des Bremssattels abschrauben.
- Bremsschlauch mit einem Stopfen gegen Bremsflüssigkeitsverlust verschließen.
- Darauf achten, daß die beiden Auflageflächen (Dichtkonus) von Bremsschlauch und Aufnahmeboh-

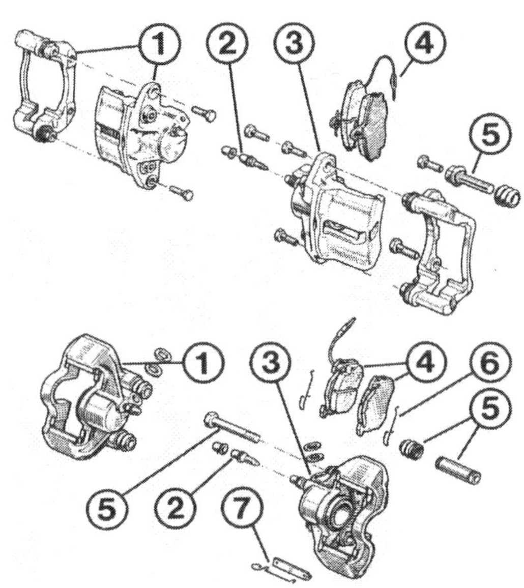

Die Teile der Girling- (oben) und der Bendix-Bremse (unten). Es bedeuten:
1 – rechter Bremssattel;
2 – Entlüftungsventil mit Staubkappe;
3 – linker Bremssattel;
4 – Bremsklotz außen und innen (mit Anschluß für Verschleißanzeige);
5 – Führungsbolzen des Bremssattels mit Sicherungsschraube;
6 – Antirasselfeder;
7 – Haltekeil mit Sicherungsfeder.

rung des Bremszylinders nicht beschädigt oder verschmutzt wird, da der Bremsschlauch ohne Dichtring montiert wird.
● Beim Einbau den Bremsschlauch spannungsfrei und nicht in sich verdreht mit 13 Nm festziehen.
● Lenkung nach links und rechts einschlagen und kontrollieren, ob der Bremsschlauch nirgends scheuern kann.
● Bremse entlüften.
● War der Bremsschlauch nicht abgenommen, mehrmals das Bremspedal treten, damit sich die Bremsklötze an die Bremsscheibe anlegen.

Bremskolbenmanschette auswechseln

Eine beschädigte Kolbenmanschette im Bremssattel muß umgehend erneuert werden, damit der Bremskolben nicht durch Korrosion und Schmutz festgeht.
● Bremssattel wie zum Bremsbelagwechsel ausbauen.
● Von Helfer das Bremspedal vorsichtig treten lassen, damit der Kolben langsam aus dem Zylinder gedrückt wird. Zur Sicherheit zwischen Kolben und -gehäuse ein entsprechendes Holzstück einsetzen, um zu verhindern, daß der Kolben aus dem Zylinder springt und die Kolbenfläche beschädigt wird.
● Staubmanschette und ggf. auch die Kolbendichtung mit einem Haken oder kleinen Schraubendreher aus der entsprechenden Kolbennut herausnehmen.
● Um übermäßigen Bremsflüssigkeitsverlust zu vermeiden, den Bremsschlauch vom Bremssattel lösen und verschließen.
● Kolben und Zylinderbohrung mit Spiritus, Alkohol oder sauberer Bremsflüssigkeit reinigen und Kolben sowie Kolbenbohrung auf Riefen untersuchen.
● Neue Staubmanschette und Kolbendichtung in die Nut am Kolben einsetzen bzw. über den Kolben spannen.
● Kolben in die Zylinderbohrung einsetzen und bis zum Anschlag zurückdrücken.
● Äußere Lippe der Manschette am Kolbengehäuse ansetzen und rundum gleichmäßig aufdrücken.
● Nach allen restlichen Montagearbeiten die Bremse entlüften, Bremsflüssigkeitsstand kontrollieren und auf Undichtigkeiten überprüfen.

Bremsscheibe ausbauen

Bremsscheiben müssen grundsätzlich beidseitig erneuert werden. Einseitiger Wechsel kann ungleiche Bremswirkung zur Folge haben.
● Bremssattel (Bendix-Bremse) bzw. Bremsklotzträger mit Bremssattel (Girling-Bremse) ausbauen und so am Federbein aufhängen, daß der Bremsschlauch spannungsfrei ist.
● Beide Kreuzschlitz-Sicherungsschrauben der Bremsscheibe losdrehen. Meist geht dies nur mit dem Schlagschrauber. Deshalb dieses Werkzeug einsetzen, bevor der Kreuzschlitz »vermauert« ist.
● Hilft dies nicht, darf nicht mit roher Gewalt weitergeschlagen werden, sondern es muß mit einem handelsüblichen Klauenabzieher nachgeholfen werden.
● Stellung der Bremsscheibe zur Radnabe für den Wiedereinbau markieren.
● Bremsscheibe durch Schläge mit einem Gummihammer von der Radnabe trennen.
● Vor dem Ansetzen der neuen Bremsscheibe die Anlagefläche an der Radnabe säubern, sonst kann ein verstärkter Scheibenschlag die Folge sein.

Hintere Scheibenbremsen

nur bei ABS

Renault-19-Modelle mit Antiblockiersystem sind auch an der Hinterachse mit Scheibenbremsen ausgestattet. Wie bei den vorderen Scheibenbremsen handelt es sich um Schwimmsattelbremsen (Bendix), die ganz ähnlich aufgebaut sind.
Zusätzlich zur hydraulischen Betätigung durch den Tritt aufs Bremspedal kann die Hinterrad-Scheibenbremse

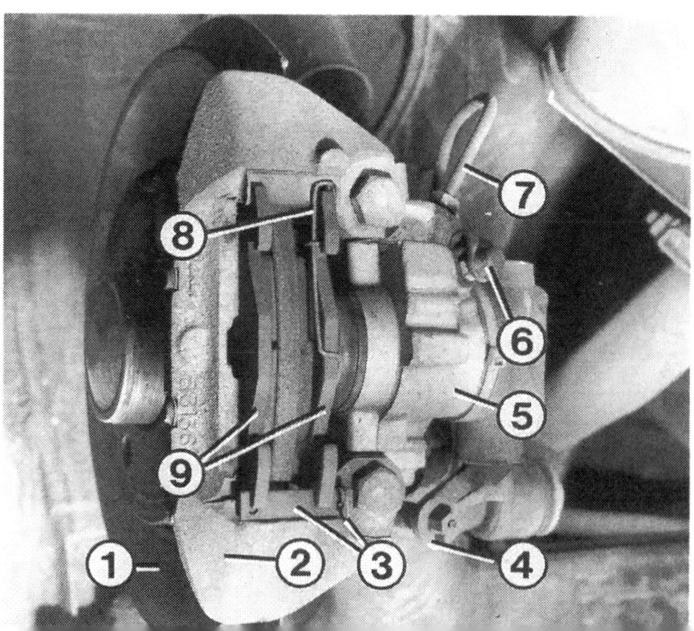

Bei abgenommenem Hinterrad zeigt der Blick auf die Scheibenbremse folgende Teile:
1 – Bremsscheibe;
2 – Bremssattel;
3 – Haltekeil mit Sicherungssplint;
4 – Handbremshebel mit Zugende;
5 – Bremskolbengehäuse;
6 – Entlüftungsventil mit Staubkappe;
7 – Bremsleitung;
8 – Antirasselfeder – die für den äußeren Bremsklotz fehlt in der Abbildung;
9 – Bremsklötze.

Die Teile der hinteren Scheibenbremse. Es bedeuten:
1 – linker Bremssattel mit Bremskolbengehäuse;
2 – Sicherungsschraube;
3 – innerer Bremsklotz mit Antirasselfeder;
4 – äußerer Bremsklotz mit Antirasselfeder;
5 – Haltekeil mit Sicherungssplint;
6 – rechter Bremssattel;
7 – Entlüftungsventil mit Staubkappe;
8 – rechtes Bremskolbengehäuse;
9 – Führungsbolzen mit Staubmanschette.

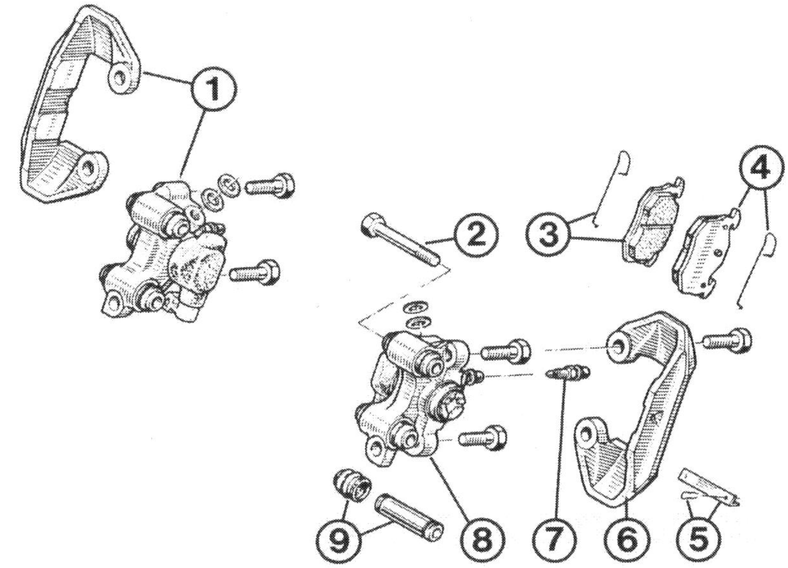

auch durch die Seilzüge der Handbremse betätigt werden. Über einen kurzen Hebel, in den der jeweilige Handbremszug eingehängt ist, wird der Bremskolben über einen Druckstößel gegen den Bremsbelag gepreßt und so das Rad blockiert.

Automatische Nachstellung

Konstruktionsbedingt sind die Scheibenbremsen immer selbstnachstellend. Der Bremskolben wandert mit dem verschleißenden Bremsbelag einfach weiter aus dem Bremszylindergehäuse heraus und sorgt so dafür, daß sich die Bremsbeläge stets so dicht wie möglich an der Bremsscheibe befinden. Durch die nachfließende Bremsflüssigkeit ist jegliches »Spiel« ausgeschlossen.
Anders ist dies beim Betätigen der Handbremse. Hier würde der Druckstößel im Bremszylinder den durch Verschleiß weiter nach außen gedrückten Kolben irgendwann nicht mehr erreichen. Dies verhindert eine Nachstellvorrichtung, die den Druckstößel gewissermaßen bei jedem Bremsvorgang etwas »verlängert«.
Kernstück dieser Nachstellvorrichtung ist ein Gewinde, auf dem sich ein zweites Teil mit dem Belagverschleiß nach vorn schraubt – der Druckstößel wird also länger. Beim Belagwechsel darf deshalb der Bremskolben nicht einfach zurückgedrückt werden, sondern er wird auf der Nachstellvorrichtung zurückgeschraubt.

Stärke der hinteren Scheibenbremsbeläge messen

Wartung Nr. 12

Die Kontrolle des Belagverschleißes erfolgt wie für die vorderen Scheibenbremsbeläge beschrieben. Gemessen wird **mit Belagträgerplatte**. Es gelten **5 mm** als unterste Verschleißgrenze.
Gleichzeitig mit der Belagkontrolle sollten Sie den Zustand der Bremsscheiben kontrollieren. Dies geschieht auf die gleiche Weise, wie für die vorderen Scheibenbremsen beschrieben.

Scheibenbremsbeläge hinten erneuern

Wie für die vorderen Scheibenbremsen beschrieben, müssen auch bei den hinteren Scheibenbremsen grundsätzlich rechts und links beide Beläge ausgetauscht werden. Nur Beläge mit ABE verwenden.
Weil die Kolben in den Bremssätteln mit zunehmendem Verschleiß der Beläge weiter aus dem Bremszylinder herauswandern, müssen sie vor dem Einsetzen neuer, dicker Beläge zurückgedrückt werden. Dabei auf auslaufende Bremsflüssigkeit am Vorratsbehälter achten. Ggf. vorher Bremsflüssigkeit absaugen.

- Wagen hinten aufbocken.
- Räder abbauen.
- Handbremse lösen.
- Mit einem schmalen Schraubendreher die Sicherungsklammer oben an der Bremsinnenseite vorsichtig aus dem Haltekeil ziehen.
- Mit einem Schraubendreher den Haltekeil des Bremssattels seitlich herausdrücken. Dabei die Bremssattel leicht nach innen gegen die Spannfedern drücken.
- Äußeren und inneren Bremsbelag aus dem Belagschacht ziehen.
- Ggf. die beiden Spannklammern abnehmen. Dabei auf die Montagerichtung achten.
- Kolben im Bremssattel durch Drehen im Uhrzeigersinn vollständig in den Bremssattel zurückdrehen. Dazu einen Vierkant in die Nuten des Bremskolbens einsetzen.
- Geht Zurückdrehen nicht mehr, müssen die Bremssättel ersetzt werden.
- Bremsbelagführungen mit Spiritus (keinesfalls Benzin) und Lappen von Belagabrieb säubern.
- Festgebackene Belagstaubkrusten mit einem flachen Schraubendreher wegkratzen. Vorsicht, daß hierbei die Kolbenmanschette nicht beschädigt wird.
- Vor dem Einsetzen der Bremsklötze den Kolben so stellen, daß die markierte Kolbennut auf die Entlüfterschraube am Radbremszylinder zeigt.

● Der weitere Einbau geht dann wie für die vorderen Bendix-Bremsen beschrieben vor sich.
● Durch mehrmaliges Betätigen des Bremspedals die Beläge zur Anlage an der Bremsscheibe bringen. Dadurch wird gleichzeitig im Innern des Kolbengehäuses das Handbremsspiel nachgestellt.
● Handbremse einstellen, siehe Absatz »Handbremse einstellen« in diesem Kapitel.

Bremsmanschette hinten auswechseln

Die Arbeitsfolge beim Wechsel der Bremskolbenmanschetten am Bremssattel hinten verläuft ähnlich, wie für den vorderen Bremssattel beschrieben. Allerdings muß der Kolben gegen den Uhrzeigersinn aus dem Kolbengehäuse des Bremssattels herausgedreht werden. Dann kann die Bremsmanschette aus dem Kolbengehäuse genommen werden. Bei stärkeren Verschleißspuren in jedem Fall beide Bremssättel komplett ersetzen. Die im Innern des Kolbengehäuses sitzende Handbremseinstellvorrichtung arbeitet verschleißfrei, da sie in der Bremsflüssigkeit schwimmt.
Vor Einbau eines überholten oder neuen Bremssattels muß das Kolbengehäuse über die Entlüftungsschraube mit Bremsflüssigkeit befüllt werden. So verkürzen Sie den anschließenden Entlüftungsvorgang ganz erheblich.

Die hinteren Trommelbremsen

Die hinteren Trommelbremsen bestehen aus je zwei halbkreisförmigen Bremsbacken, die von einem oben sitzenden Radbremszylinder (Doppelkolbenzylinder) gegen die zylindrischen Bremstrommeln gedrückt werden. Dabei stützen sich die Bremsbacken auf der gegenüberliegenden Seite des Radbremszylinders an einem am Bremsträgerblech angenieteten Stützlager ab. Diese Bauart einer Trommelbremse mit einem Radbremszylinder nennt sich Simplexbremse.
Die Trommelbremse wirkt selbstverstärkend. Und zwar zieht sich eine Bremsbacke durch die Drehung des Rades in einem gewissen Maß selbsttätig an die Bremstrommel. Dadurch sind geringere Fußkräfte am Pedal erforderlich. Bei Vorwärtsfahrt wirkt die vordere Bremsbacke selbstverstärkend. Sie heißt Auflauf- oder Primärbremsbacke im Gegensatz zur hinteren Ablauf- bzw. Sekundärbremsbacke.

Belagstärke der Trommelbremsen kontrollieren

Wartung Nr. 14

Die Kontrolle der Belagstärke kann durch ein Schauloch im Bremsträgerblech vorgenommen werden. Dazu einfach die Abdeckung heraushebeln und mit einer Taschenlampe ins Schauloch leuchten. Zur genauen Kontrolle der Bremsbelagstärke muß die Bremstrommel abgenommen werden, wie unter »Bremstrommel abnehmen« beschrieben. Im Neuzustand ist der Belag der Auflaufbremsbacke etwas dicker als jener der Ablaufbacke. Da sich der Belag der Auflaufbremsbacke stärker abnutzt, erreichen beide Beläge nahezu gleichzeitig ihre Verschleißgrenze. Die **Verschleißgrenze** liegt bei **2,5 mm mit Belagträger** der Bremsbacke, dann müssen die Bremsbacken ersetzt werden.

Bremspedalweg prüfen

Wartung Nr. 23

● Der **Leerweg** soll **höchstens ⅓ des gesamten Pedalwegs** betragen.
● Längerer Pedalweg bedeutet, daß die Beläge auf das Mindestmaß abgefahren sind.
● Zu langer Pedalweg kann auch durch verklemmte Bremsbeläge oder einen festgerosteten Bremssattel verursacht werden.

Nach Abnehmen der Bremstrommel sehen Sie folgende Teile:
1 – Klemm-Sicherungsscheibe;
2 – Bremsträgerblech;
3 – Ablauf-Bremsbacke;
4 – Staubmanschette des Radbremszylinders;
5 – Radbremszylinder;
6– obere Rückzugfeder;
7 – Auflauf-Bremsbacke;
8 – Rückzugfeder der Handbrems-Druckstrebe;
9 – Handbrems-Druckstrebe;
10 – Nachstell-Zahnmutter;
11 – Bremsbacken-Niederhalter;
12 – Handbremsseil;
13 – Bremsbacken-Stützlager;
14 – untere Rückzugfeder;
15 – Handbrems-Schwinghebel mit Anschlag.

Die automatische Bremsnachstellung. Es bedeuten:
1 – Ablauf-Bremsbacke;
2 – Handbrems-Schwinghebel mit Anschlag;
3 – Rückzugfeder der Druckstrebe;
4 – Druckstrebe der Bremsnachstellung;
5 – Gewinde des Druckstößels;
6 – Rastfeder der Nachstell-Zahnmutter;
7 – Nachstell-Zahnmutter;
8 – Ratschenhebel;
9 – Druckstößel;
10 – Klammerfeder.

Automatische Bremsnachstellung

Wie die Scheibenbremsen brauchen auch die Trommelbremsen nicht mehr nachgestellt zu werden. Allerdings bewirkt dies – anders als bei den Scheibenbremsen – eine Mechanik.
Mit zunehmender Belagabnutzung muß eine Druckstrebe zwischen den Bremsbacken verlängert werden. Dazu ist eine auf einem Gewinde der Druckstrebe sitzende Zahnmutter mit einem federbelasteten Ratschenhebel verbunden. Der unter Federzug stehende Ratschenhebel verlängert bei einer Bremsung die Druckstrebe und bringt so die Bremsbacken in eine entsprechend neue Position. D. h. die Bremsbacken werden nach außen gedrückt, wodurch der Mindestabstand zwischen Bremsbacke und -trommel immer gewährleistet ist.

Bremstrommel abnehmen

- Fahrzeug aufbocken und Hinterrad abnehmen.
- Handbremse lösen, dabei kontrollieren, ob sie auch völlig gelöst ist.
- Mit Schraubendreher durch ein Radschraubenloch der Bremstrommel den Handbrems-Schwinghebel der Ablaufbacke nach innen zur Fahrzeugmitte drücken. Dadurch wird ein kleiner Anschlagstift des Handbrems-Schwinghebels ausgerastet.
- Mit dem Schraubendreher nun den Handbrems-Schwinghebel nach hinten drücken, damit die Bremsbacken vollständig frei und entspannt werden.
- Nabenkappe vorsichtig mit einem Hammer, ggf. zusätzlich mit Meißelunterstützung abschlagen.
- Nabenmutter abschrauben und mit Anlaufscheibe abnehmen.
- Bremstrommel abnehmen. Geht dies nicht, Bremstrommel drehen und mit einem Gummihammer oder Hammer mit zwischengelegtem Holz ringsum losschlagen. Die Werkstatt benutzt hierfür einen Abzieher.
- Bremse reinigen. Dazu die Bremse entweder mit sauberem Tuch und Spiritus auswischen oder mit Preßluft ausblasen, dabei den Staub möglichst nicht einatmen, obwohl die Beläge asbestfrei sind. Loser Abrieb kann auch mit einem Pinsel oder mit einem Staubsauger entfernt werden.

Zustand der Bremstrommeln kontrollieren

- Bremstrommel auf Verschleiß, Beschädigungen und Risse überprüfen. Dabei die Bremsflächen mit den Fingern auf Riefen abtasten.
- Bei stark spürbaren Riefen die Bremstrommeln plandrehen lassen. Dabei wird zwangsläufig der Innendurchmesser größer.

Links: In dieser Bremstrommelstellung kann der Anschlag des Handbrems-Schwinghebels von der Ablauf-Bremsbacke ausgerastet werden. Dazu mit einem durch ein Radschraubenloch gesteckten Schraubendreher den Handbrems-Schwinghebel zur Fahrzeugmitte drücken.
Rechts: Nach Abnehmen der Nabenkappe (4) aus der Bremstrommel (1) kann die Nabenmutter (3) vom Radnabengewinde (2) abgeschraubt werden. Beim Abziehen der Bremstrommel auf die Anlaufscheibe der Nabenmutter achten.

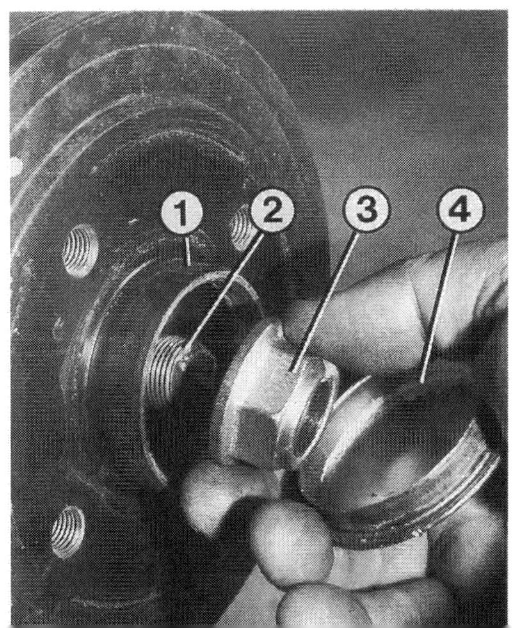

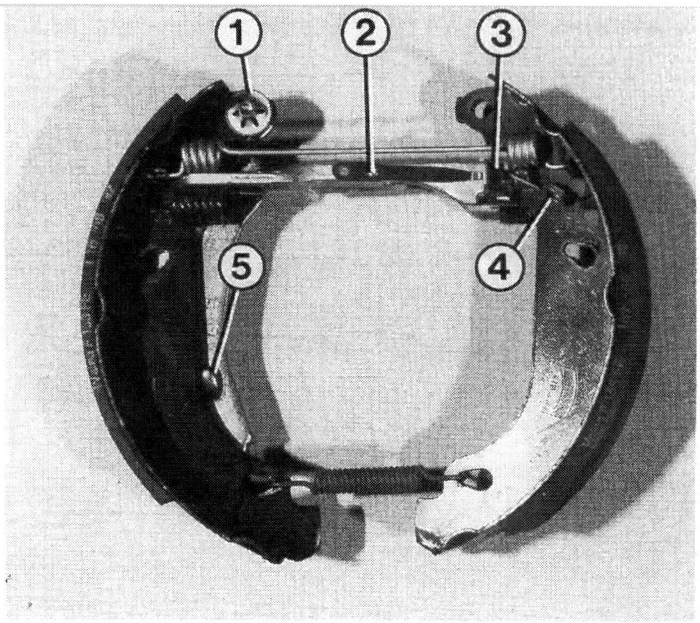

Wird beim Ausbau der Bremsbacken der Handbrems-Schwinghebel (5) von der Ablauf-Bremsbacke getrennt, muß beim Wiederanbau unbedingt eine neue Klemm-Sicherungsscheibe (1) verwendet werden. Beim Einsetzen der Bremsbacken den Handbrems-Schwinghebel zur Nabenmitte schwenken und das Handbremsseil einhängen.
Bei korrekt am Bremsträgerblech eingebauten Bremsbacken muß die Zahnmutter (3) der Druckstrebe (2) so verstellt werden, daß die Spreizung der Bremsbacken unter dem Bremstrommeldurchmesser liegt, siehe auch Text auf Seite 158. Vor Ansetzen der Bremtrommel kontrollieren, ob die Spreizfeder (4) freigängig und nicht eingeklemmt ist.

● Neue Bremstrommeln haben einen Innendurchmesser von 180,25 mm. Bis auf 181,25 mm Innendurchmesser – also genau 1 mm – dürfen die Bremstrommeln ausgedreht werden. Bei einem Innendurchmesser von mehr als 181,25 mm müssen beide Bremstrommeln ersetzt werden.

Fingerzeig: Für eine gleichmäßige Bremswirkung ist es wichtig, daß beide Bremstrommeln den gleichen Durchmesser haben. Wird nur eine Bremstrommel ausgedreht, muß auch die andere auf den gleichen Durchmesser ausgedreht werden, auch wenn sie weniger oder gar keine Riefen aufweist.

Bremsbacken ausbauen

Abgenutzte, aber auch verölte Bremsbeläge erfordern den Austausch der Bremsbacken, da die Beläge auf die Bremsbacken geklebt sind. Grundsätzlich müssen immer alle vier Bremsbacken erneuert werden. Die Ersatzbacken gibt es im Ersatzteillager bei Ihrer Renault-Werkstatt im Tausch. Die Abbildungen auf diesen Seiten zeigen die einzelnen im Text genannten Teile.

● Fahrzeug aufbocken und Rad abbauen.

● Bremstrommel abbauen.

● **Bendix-Bremse:** Federteller der Bremsbackenniederhalter mit einer Kombizange gegen die Druckfeder drücken, um 90° verdrehen (evtl. Haltestift hinten am Bremsträgerblech festhalten, damit er sich nicht mitdreht) und Federteller sowie Druckfeder abnehmen. Haltestift herausziehen.

● Untere Rückzugfeder zwischen den Bremsbakken aushängen. Mangels Bremsbackenfederzange kann das Federende auch mit einer Rohrzange oder einem Schraubendreher ausgehängt werden.

● Bremsbacken vom Stützlager abnehmen.

● Bremsbacken unten übereinanderdrücken, damit der Radbremszylinder frei kommt.

● Bremsbacken so weit abnehmen, bis der Handbremszug ausgehängt werden kann.

● Um die Auflaufbacke von der Druckstrebe zu trennen, die Bremsbacke unten nach außen schwenken, damit der Schraubteil der Druckstrebe freikommt. Vorher die kleine Klammerfeder an der Bremsbacke aushängen.

● Obere Rückzugfeder zwischen den Bremsbacken abnehmen.

● Um die Druckstrebe von der Ablaufbacke abzunehmen, die Strebe gegen den Federdruck von der

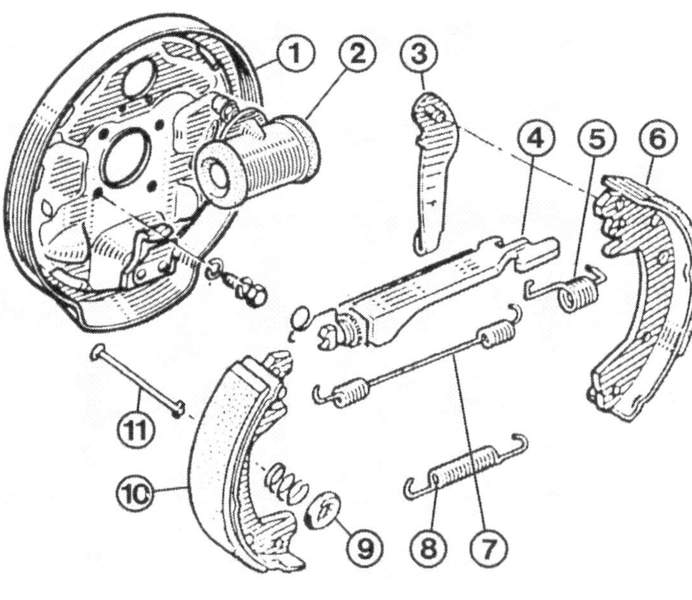

Die Ansicht einer linken Trommelbremse zeigt folgende Teile:
1 – Bremsträgerblech;
2 – Radbremszylinder;
3 – Handbrems-Schwinghebel;
4 – Druckstrebe der Bremsnachstellung;
5 – Rückzugfeder der Druckstrebe;
6 – Ablauf-Bremsbacke;
7 – obere Rückzugfeder;
8 – untere Rückzugfeder;
9 – Sicherungsscheibe des Bremsbacken-Niederhalters;
10 – Auflauf-Bremsbacke;
11 – Haltestift des Bremsbacken-Niederhalters.

Vor dem Einsetzen der neuen Bremsbacken muß das Bremsträgerblech gereinigt werden. Außerdem die sechs Bremsbackenauflagen (Pfeile) mit Kupferpaste sparsam einfetten.

Bremsbacke so weit abziehen, bis die Strebe nach unten geschwenkt werden kann.

● Feder und Druckstrebe abnehmen.

● **Girling-Bremse:** Untere Rückzugfeder aushängen. Ohne Bremsbackenfederzange Rohrzange oder Schraubendreher benutzen.

● Obere Rückzugfeder aushängen.

● Federteller der Bremsbacken-Niederhalter mit einer Kombizange gegen die Druckfeder drücken, um 90° verdrehen (evtl. Haltestift hinten am Bremsträgerblech festhalten, damit er sich nicht mitdreht) und Federteller sowie Druckfeder abnehmen. Haltestift herausziehen.

● Handbremsseilzug so weit wie möglich entspannen.

● Ablaufbremsbacke über das Stützlager heben und Handbremszug am Handbrems-Schwinghebel der Ablaufbremsbacke aushängen.

● Ablaufbremsbacke und Druckstrebe abnehmen.

● Auflaufbremsbacke abnehmen.

● Beim Tausch der Bremsbacken auch den Einstellhebel mit Zugfeder von der Auflaufbremsbacke abbauen.

● **Beide Bremsentypen:** Bei ausgebauten Bremsbacken nicht auf die Bremse treten, da sonst die Kolben aus dem Radbremszylinder gedrückt werden.

● Bei abgenommenen Bremsbacken gleich die Radbremszylinder auf Dichtheit kontrollieren. Dazu die Staubmanschetten zurückklappen. Ist es dahinter feucht, den Radbremszylinder überholen oder austauschen, siehe unter »Radbremszylinder ausbauen«. Darauf achten, daß die Kolben des Radbremszylinders nicht aus dem Zylinder rutschen, sonst dringt Luft ins Bremssystem, und die Bremse muß entlüftet werden. Ggf. die Kolben mit einer Zwinge sichern.

● Bremstrommel und Bremsträgerblech mit Druckluft ausblasen oder mit trockenem Pinsel auspinseln und gleichzeitig mit starkem Staubsauger den Abrieb absaugen.

● Vor dem Einbau die Beweglichkeit von Handbrems-Schwinghebel und Druckstrebe auf Leichtgängigkeit überprüfen und ggf. mit Wolfracote-Fett oder Liqui Moly Schmierfix sparsam einfetten.

● **Bendix-Bremse:** Beim Bremsbackentausch den Handbrems-Schwinghebel umbauen und mit neuer Klammer-Sicherungsscheibe an der Ablaufbremsbacke sichern.

● Beim Ansetzen der Druckstrebe auf die richtige Montage der Zugfeder zur Bremsbacke achten – der kürzere Haken muß an der Bremsbacke eingehängt sein.

● Feder an der nach unten zeigenden Druckstrebe ansetzen und Strebe an der Bremsbacke nach oben schwenken, bis sie in die richtige Stellung einrastet.

● Beim Einsetzen der Nachstellvorrichtung in die Bohrung der Druckstrebe darauf achten, daß der Feder-Spreizwinkel zwischen Strebe und Zahnmutter nicht eingeklemmt, sondern Spiel zwischen Zahnmutter und Bremsbackenaufnahme der Druckstrebe vorhanden ist.

● Die Auflaufbremsbacke an der Druckstrebe ansetzen und die obere Zugfeder zwischen beiden Bremsbacken ansetzen.

● Beide Bremsbacken unten so weit zusammendrücken, bis die Bremsbackenaufnahme der Nachstellvorrichtung korrekt im Steg der Auflaufbremsbacke sitzt.

● Klammerfeder in Auflaufbremsbacke einhängen.

● Handbrems-Schwinghebel nach innen ziehen und die an die Druckstrebe vormontierten Bremsbacken an der Bremsträgerblech ansetzen. Dabei den Handbremsseilzug am Handbrems-Schwinghebel einhängen.

● Die Bremskolben ganz in den Radbremszylinder zurückdrücken. Falls vorhanden, vorher die Zwinge der Kolbensicherung am Radbremszylinder entfernen.

● Bremsbacken unten übereinanderschwenken, damit sie oben so weit gespreizt werden, bis sie am Radbremszylinder angesetzt werden können. Darauf achten, daß die Staubmanschetten nicht beschädigt werden.

● Bremsbacken unten ins Stützlager einsetzen.

● Bremsbacken-Niederhalter montieren.

● Untere Zugfeder zwischen den Bremsbacken einhängen.
● **Girling-Bremse:** Falls neue Bremsbacken eingebaut werden, den Einstellhebel und die Zugfeder der Nachstellvorrichtung an die Auflaufbremsbacke anbauen.
● Handbremsseilzug am Schwinghebel einhängen und Ablaufbremsbacke am Bremsträgerblech ansetzen.
● Druckstrebe an der Auflaufbremsbacke so ansetzen, daß die Aussparung der Bremsbackenaufnahme zum Einstellhebel der Nachstellvorrichtung zeigt.
● Auflaufbremsbacke mit Druckstrebe am Bremsträgerblech montieren.
● Die Bremskolben ganz in den Radbremszylinder zurückdrücken. Falls vorhanden, vorher die Zwinge der Kolbensicherung am Radbremszylinder entfernen.
● Bremsbacken-Niederhalter montieren.
● Obere und untere Rückzugfeder zwischen die Bremsbacken montieren.
● **Beide Bremsentypen:** Mit einem Schraubendreher an der Zahnmutter die Spreizung der Bremsbakken so einstellen, daß sie unter dem Durchmesser der Bremstrommel ist, also bei einer neuen Bremstrommel maximal 179,2 mm beträgt.
● Bremstrommel aufschieben und neue Nabenmutter handfest beidrehen.
● Bremspedal anschließend mehrmals betätigen (ca. 20 Mal), damit die Bremsbacken zur Bremstrommel zentriert werden und die Bremse durch die Nachstelleinrichtung in der linken und rechten Bremse gleichmäßig eingestellt wird. Dabei auf das charakteristische »Klicken« der Zahnmutter der automatischen Nachstellvorrichtung achten.
● Bremstrommel zur Grundeinstellung der Handbremsseile nochmals abnehmen.
● Die Handbremsseilzüge so einstellen, daß beim Anziehen des Handbremshebels zwischen der ersten und zweiten Raste der Handbrems-Schwinghebel an der Bremse gerade beginnt, mit dem Anschlagstift von der Bremsbacke abzuheben und bei Erreichen der zweiten Raste die Bremsbacken spreizt.
● Bremstrommel wieder aufschieben und Nabenmutter mit 160 Nm festziehen.
● Ggf. neue Nabenkappe mit Radlagerfett versehen und mit Gummihammer an die Nabenaufnahme schlagen.
● Räder montieren und Fahrzeug abbocken.

Fingerzeige: **Vor Ausbau der Bremsbacken sollten Sie sich unbedingt Montagerichtung und Sitz der einzelnen Teile, besonders jedoch der Federn merken. Damit erleichtern Sie sich den Einbau und vermeiden gleichzeitig eventuelle schwere Funktionsstörungen. Wird gleichzeitig an beiden Bremsen gearbeitet, dürfen die Teile unter keinen Umständen untereinander vertauscht werden.**
Die Druckstreben für die linke und rechte Bremse sind unterschiedlich. Bei der Bendix-Bremse ist die Strebe mit »G« (französisch »gauche«) für links und »D« (»droite«) für rechts gekennzeichnet. Außerdem hat die Einstell-Zahnmutter der linken Druckstrebe Links- und der rechten Druckstrebe Rechtsgewinde. Zusätzlich ist die Zahnmutter der linken Druckstrebe mit einer Nut versehen, die am rechten Ritzel fehlt. Dafür ist die Klammerfeder der rechten Strebe lackiert.
Bei der Girling-Bremse ist der Gewindestößel der Strebe für links silber-, für rechts goldfarben, wobei der Stößel für links ein Rechtsgewinde aufweist.

Die Handbremse

Beim Zug am Handbremshebel wird eine Zugstange in Fahrzeugboden-Mitte nach vorne gezogen. An ihrem mit einem Gewinde versehenen Ende befindet sich eine Art Wippe. An dieser Wippe sind die beiden Handbremsseilzüge eingehängt. Sinn dieser Wippe ist es, die Kraft beim Anziehen der Handbremse gleichmäßig an beide Hinterräder zu verteilen.
○ An Fahrzeugen mit Trommelbremsen hinten zieht jedes Seil bzw. Zugende den Handbrems-Schwinghebel an der Sekundär- bzw. Ablaufbremsbacke an. Durch diese Bewegung wird die Bremsbacke gegen die Bremstrommel gedrückt. Gleichzeitig stützt sich der Bremsschwinghebel über die Druckstrebe an der Primär- bzw. Auflaufbremsbacke ab, die ebenfalls nach außen gepreßt wird – die Hinterräder werden gebremst.
○ Bei Fahrzeugen mit hinteren Scheibenbremsen wirken die Seilenden über den äußeren Betätigungshebel auf die Druckstrebe des Nachstellmechanismus im Radbremszylinder, pressen die Bremsklötze an die Bremsscheibe und blockieren diese.

Leerweg des Handbremshebels prüfen

Wartung Nr. 26

● Die Wirkung der Handbremse soll mit der dritten Raste des Hebels beginnen.
● Bei eingerasteter sechster Raste, spätestens jedoch nach der achten Raste sollten die Hinterräder blockiert sein.
● Ist der Hebelweg länger, weist das auf abgenutzte hintere Bremsbeläge oder gedehnte Seilzüge bzw. Spiel in den Übertragungsteilen von Handbremse und Nachstellmechanismus hin, weil z. B. die Handbremse bei jedem Parken kräftig angezogen wurde.

Die Einstellvorrichtung der Handbremse. Es bedeuten:
1 – Handbremszüge zu den Hinterrädern;
2 – Mutter und Kontermutter der Einstellvorrichtung;
3 – Ausgleichswippe der Handbremszüge;
4 – Zugstange mit Gewinde des Handbremshebels.

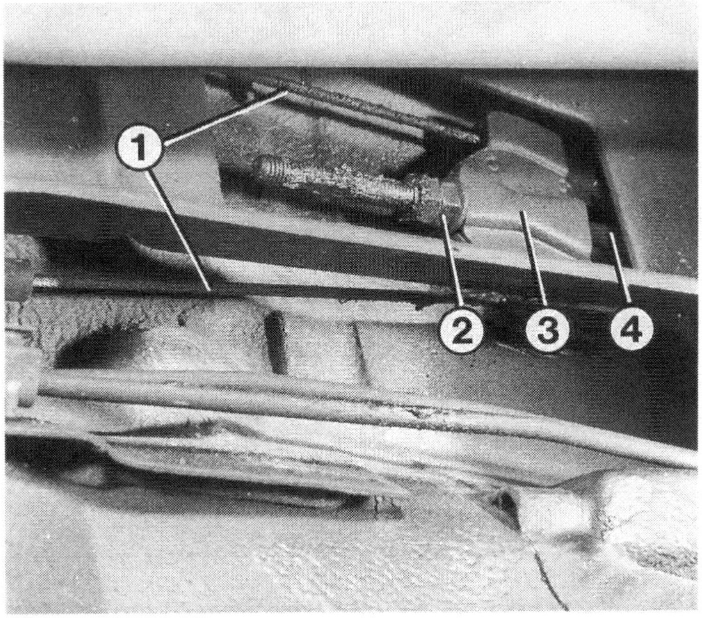

● Häufig sind nach »Salzwintern« aber auch Teile des Nachstellmechanismus festgebacken und müssen wieder gängig gemacht werden – oder die Handbremsseile selbst sind in ihren (schadhaften) Umhüllungen schwergängig geworden.

● Eine Einstellung der Handbremse ist nur nach Auswechseln eines Handbremsseilzugs oder der Bremsbeläge nötig.

Handbremszüge wechseln

● Als erstes muß das entsprechende Hitzeschutzblech demontiert werden.
● Wagen hinten aufbocken und sichern.
● Handbremse lösen.
● Mutter und Kontermutter an der Ausgleichswippe losdrehen, bis sich die Züge aushängen lassen.
● Bremstrommel abnehmen und die Bremsbacken ausbauen, um den Seilzug aus dem Schwinghebel aushängen zu können.
● Bei Scheibenbremsen den Nippel des Seilzugs gegen die Federkraft von Bremshebel und Zugspiralfeder aus der Nippelaufnahme ziehen und aushängen.
● Seilzüge aus den verschiedenen Haltern am Wagenboden aushängen und abnehmen.
● Beim Einbau, der in umgekehrter Ausbaureihenfolge vor sich geht, eventuell zu Bruch gegangene Klammern und Halter erneuern, sonst entstehen Klapperstellen.
● Unbedingt eine Grundeinstellung vornehmen.

Handbremse einstellen

Diese Arbeit braucht nur nach Auswechseln eines Handbremsseils oder nach Arbeiten an der Bremse ausgeführt zu werden. Vor dem Einstellvorgang kontrollieren, ob das Handbremsseil in den Führungen richtig verlegt ist und die Nachstellvorrichtung in den Hinterradbremsen einwandfrei arbeitet.
● Handbremse völlig lösen.
● Hitzeschild im Bereich der Zugstange abbauen.
● Freigängigkeit und Lage der Handbremsseilzüge kontrollieren.
● **Fahrzeuge mit Trommelbremse:** Bremstrommel abbauen.
● Leichtgängigkeit der Zahnmutter kontrollieren und um fünf bis sechs Zähne lockern.

Links: Nach Einsetzen der Handbremszughülle (3) in das Bremsträgerblech der Trommelbremse muß die Druckfeder (2) zurückgeschoben werden, damit der Zugnippel in den Handbrems-Schwinghebel eingehängt werden kann.
Rechts: Zur exakten Handbremseinstellung nach Wechsel des Handbremszugs ist es wichtig, daß der Zug (3) korrekt im Widerlager (4) sitzt. Nach der Handbrems-Einstellung muß der Zugnippel (1) bei gelöster Handbremse spannungsfrei, aber ohne Spiel am Handbremshebel (2) anliegen, siehe auch Text auf der folgenden Seite.

Vor Einstellen der Handbremse muß die Freigängigkeit der Zahnmutter (2) kontrolliert werden. Ebenso muß gewährleistet sein, daß die Spreizfeder (4) nicht zwischen Druckstrebenkopf und Zahnmutter eingeklemmt ist. Nach Zurückdrehen der Zahnmutter um 5 bis 6 Zähne kann die Bremstrommel wieder montiert werden. Zur Kontrolle der Nachstellvorrichtung nach dem Einstellvorgang muß bei mehrmaligem Treten des Bremspedals durch die vom Ratschenhebel (3) betätigte Zahnmutter ein von der Ratschenfeder (1) erzeugtes Klicken hörbar sein.

● Kontrollieren, ob die Anschlagstifte der Handbrems-Schwinghebel an den Bremsbacken anliegen.
● Kontermutter der Einstellmutter lösen und Einstellmutter an der Ausgleichswippe so weit anziehen, bis der Anschlagstift der Handbrems-Schwinghebel beim Anziehen der Handbremse zwischen der ersten und zweiten Raste gerade beginnt, von der Bremsbacke abzuheben und bei Erreichen der zweiten Raste sichtbar abgehoben hat.
● In dieser Stellung die Einstellmutter der Ausgleichswippe mit der Kontermutter sichern.
● Bremstrommeln montieren.
● Nach Ablassen des Fahrzeugs die Bremsbacken durch mehrmaliges kräftiges Treten des Bremspedals in Grundstellung bringen. Dabei auf das Klicken der Nachstellvorrichtung achten.
● **Fahrzeuge mit Scheibenbremsen:** Bei völlig gelöster Handbremse an den Radbremszylindern die Leichtgängigkeit der Bremshebel kontrollieren und die Hebel bis zum Anschlag zurückdrücken.
● An der Ausgleichswippe die Handbremszüge so einstellen, daß die Bremshebel beim Betätigen der Handbremse zwischen der ersten und zweiten Raste gerade beginnen, vom Anschlag abzuheben. Das sollte ein Helfer kontrollieren.
● Zur Kontrolle die Handbremshebel an den Bremssätteln links und rechts abwechselnd gegen den Anschlag drücken. Bewegt sich dabei der Handbremshebel der gegenüberliegenden Bremse, sind die Bremsseile zu stark gespannt.
● In diesem Fall die Einstellmutter für die Handbremsseile gerade so weit lockern, bis beide Hebel am Anschlag anliegen.
● Handbremse anziehen und wieder lösen.
● Ggf. Freigängigkeit der Hinterräder kontrollieren.

Fingerzeige: Wenn das Handbremsspiel in kurzen Nachstellabständen schnell größer wird, nicht die Handbremse nachstellen – Bremstrommeln abnehmen und Nachstellmechanismus gangbar machen. Wenn sich die Handbremshebel durch Verstellen des Bremsseils nicht bewegen, klemmt möglicherweise auch das Bremsseil.

Der Bremskraftverstärker

Scheibenbremsen wirken nicht, wie Trommelbremsen, selbstverstärkend. Es ist eine wesentlich höhere Pedalkraft notwendig. Deshalb haben alle R19-Modelle einen Bremskraftverstärker, der rund 60% der Bremskraft aufbringt.

Diese Hilfseinrichtung sitzt links im Motorraum hinter dem Hauptbremszylinder. Das Bremspedal wirkt jedoch trotzdem direkt auf die Bremskolben im Hauptbremszylinder, so daß man auch noch bei ausgefallenem Bremskraftverstärker bremsen kann. Der notwendige Pedaldruck muß dann allerdings mehr als verdoppelt werden!

Die Kraft für den Bremskraftverstärker liefert beim Benzin-Motor der Unterdruck im Ansaugrohr, mit dem der Bremskraftverstärker über einen Schlauch verbunden ist. Da der Diesel-Motor am Ansaugkrümmer keinen Unterdruck erzeugt, ist er mit einer separaten Unterdruckpumpe ausgestattet. Die Pumpe ist über einen Schlauch mit dem Bremskraftverstärker verbunden.

Beim Bremsen verschiebt der Druckunterschied zwischen dem äußeren Luftdruck und dem Unterdruck aus dem Ansaugrohr bzw. der Pumpe eine große, elastische Membrane und drückt zusätzlich auf die Kolben im Hauptbremszylinder. Wenn der Motor nicht läuft, kann der Bremskraftverstärker keine zusätzliche Bremskraft liefern. Deswegen müssen Sie stärker aufs Pedal treten, wenn Ihr Wagen z. B. abgeschleppt wird. Bleibt der Motor unterwegs plötzlich stehen, haben Sie durch den Unterdruckspeicher noch eine Reserve für einige kurze Bremsungen; erst dann werden die Wadenmuskeln voll beansprucht.

Bremskraftverstärker prüfen

Wartung Nr. 44

● Bei abgestelltem Motor das Bremspedal mehrmals durchtreten und in seiner tiefsten Stellung halten.
● Motor starten. Bei einwandfrei funktionierendem Verstärker muß das Pedal noch ein Stück nachgeben.
● Senkt sich das Pedal nicht, kommen in Betracht: Unterdruckschlauch vom Ansaugrohr bzw. von der Unterdruckpumpe zum Bremskraftverstärker undicht, Unterdruckpumpe arbeitet nicht, Rückschlagventil im Unterdruckschlauch, Gummiring zwischen Hauptbremszylinder und Bremskraftverstärker oder Membran des Verstärkers defekt bzw. Luftfilter am Druckstößel des Bremskraftverstärkers zugesetzt.
● Zur Kontrolle des Rückschlagventils den Unterdruckschlauch am Bremskraftverstärker abnehmen.
● Durchblasen muß, Ansaugen darf nicht möglich sein.
● Zum Austausch eines schadhaften Gummirings zwischen Hauptbremszylinder und Bremskraftverstärker muß der Hauptbremszylinder demontiert werden.
● Ein zugesetzter Luftfilter kann ersetzt werden. Dazu den alten Luftfilter mit einem Drahthaken von der Druckstange des Bremskraftverstärkers abziehen. Neuen Filter bis zum Mittelpunkt aufschneiden und um den Druckstößel in seinen Sitz drücken. Darauf achten, daß der Filter um den Stößel geschlossen ist, sonst kann ungefilterte Luft in den Bremskraftverstärker gelangen.
● Ein defekter Bremskraftverstärker muß komplett ersetzt werden. Reparieren ist nicht möglich.

Der Bremsdruckbegrenzer

Serienmäßig ist bei allen Modellen mit Trommelbremsen hinten in jeden Radbremszylinder ein Bremsdruckbegrenzer integriert. Diese Begrenzer haben eine feste Einstellung und lassen beim Tritt aufs Bremspedal den Bremsdruck zu den hinteren Bremsen langsamer ansteigen als zu den vorderen Bremsen. So wird ein frühzeitiges Blockieren der hinteren Räder verhindert.
Wenn Sie bei Bremsproben feststellen, daß die Hinterräder einseitig bremsen und zuerst blockieren, muß die Werkstatt eine Druckprüfung vornehmen. Zu reparieren gibt es bei einem Defekt nichts, der Radbremszylinder muß komplett ausgetauscht werden.

Das Bremsdruck-Regulierventil

nur bei ABS

Mit ABS ausgerüstete Renault 19 besitzen an der Hinterachse ein Bremsdruck-Regulierventil für die hinteren Scheibenbremsen. Es reguliert die Bremsdruckverteilung zu den hinteren Bremsen abhängig von der jeweiligen Zuladung. Das Regulierventil an einem Halter am Querträger der Karosserie reagiert auf die Lage von Radaufhängung zur Karosserie bei unterschiedlicher Beladung. Dazu ist es über eine lange Feder mit der Verbundlenkerachse verbunden. Bei Störungen kann die Renault-Werkstatt verschiedene Kontrollen durchführen.

Arbeiten an der Bremshydraulik

Bei allen nachfolgend beschriebenen Arbeiten kommen Sie mit Bremsflüssigkeit in Kontakt. Deshalb ein paar Sicherheitshinweise:
○ Bremsflüssigkeit ist giftig, deshalb nicht mit dem Mund oder offenen Wunden in Berührung bringen.

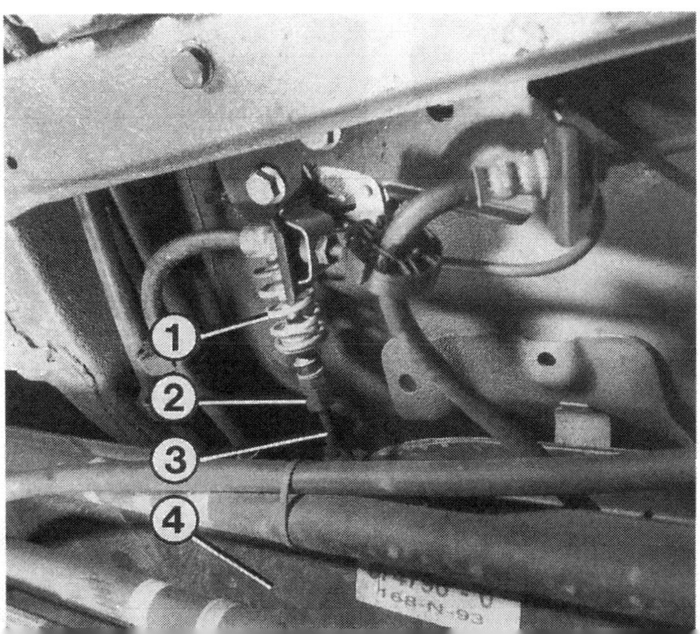

In Verbindung mit ABS sind in den Leitungen zu den hinteren Scheibenbremsen zwei lastabhängige Bremsdruck-Regulierventile – je eines für jede Seite – in einem Bauteil zusammengefaßt. Sie steuern den Bremsdruck individuell je nach Beladung. So wird ein Überbremsen verhindert. Es bedeuten:
1 – Zugfeder;
2 – Einstellmutter mit Kontermutter (Einstellung ist Werkstattsache!);
3 – Zugstange zu den Regelventilen;
4 – Achskörper.

○ Bremsflüssigkeit greift den Lack an. Deshalb keine bremsflüssigkeitsgetränkten Lappen oder -verschmierten Werkzeuge auf den Autolack legen. Auch im Motorraum nach der Montage die Spuren von Bremsflüssigkeit abwaschen, aber erst, wenn sämtliche Anschlüsse fest angeschraubt sind.
○ Beim Lösen eines Bremsschlauches oder einer Bremsleitung läuft der Vorratsbehälter allmählich leer. Das läßt sich verhindern: Vor dem Öffnen der Verschraubung eine Entlüftungsschraube im betreffenden Bremskreis lösen. Entlüftungsschlauch aufstecken und in ein sauberes Gefäß halten. Nun das Bremspedal voll durchtreten und mit einer passenden Holzlatte o.ä. in dieser Stellung halten. Damit sind die Zulaufbohrungen im Hauptbremszylinder verschlossen, es kann keine Bremsflüssigkeit mehr auslaufen.
○ Zum Lösen und Anziehen der Bremsleitungen sollten Sie sich einen Bremsleitungsschlüssel 10 x 11 (z.B Hazet 05202) besorgen. Für die Bremsschläuche genügt ein Gabelschlüssel.
○ Nach allen Arbeiten an der Bremshydraulik muß die Bremsanlage entlüftet werden, siehe gegenüberliegende Seite. Oft genügt es, nur den Bremskreis zu entlüften, an dem gearbeitet wurde.

Bremsleitung ausbauen

● Überwurfmutter der Bremsleitung losdrehen. Hierzu Gegenverschraubung – z. B. an einem Bremsschlauch – festhalten.
● Ist die Mutter auf der Leitung angerostet, wodurch sich diese mitdreht, muß die Leitung in jedem Fall erneuert werden. Die dünnwandigen Rohre knikken schnell ab.
● Zum Lösen der Leitungsanschlüsse kann folgender Trick weiterhelfen, wenn das betreffende Leitungsstück ohnehin ausgewechselt werden soll:
● Bremsleitung nahe der Verschraubung absägen, Überwurfmutter mit einer Sechskantnuß losdrehen.
● Muß eine neue Leitung noch etwas zurechtgebogen werden, darf dies nur in einem großen Radius geschehen. Andernfalls knickt das dünne Rohr ab.
● Innenseite des Bogens beim Biegen mit dem Daumen unterstützen. So können Sie sich langsam dem Biegeradius entlang arbeiten.
● Evtl. vorhandene Schutzschläuche der Leitungen nicht vergessen.
● Bremsleitungen in den Abstandshaltern verlegen.
● Falls vorhanden, immer neue Dichtringe beim Anschließen verwenden.
● Bremsanlage entlüften.

Bremsschlauch ausbauen

● Zuerst die Überwurfmutter der betreffenden Bremsleitung losdrehen. Dabei darauf achten, daß sich die Leitung nicht verdreht.
● Ist ein Bremsschlauch mit einem Blechhalter an der Karosserie befestigt, dann ist er mit einem Blechbügel gegen Hin- und Herrutschen gesichert. Beim Zusammenbau darf dieser sogenannte Schlauchhalter (siehe Bild unten links) nicht vergessen werden, denn er hält den Schlauch mit seiner Verzahnung in seiner Halterung.
● Beim Einbau den Schlauch immer zuerst an der Stelle festdrehen, an der er sein Außengewinde hat.
● Dann andere Verschraubung anziehen.
● Der Bremsschlauch darf nicht in sich verdreht sein. Zur Kontrolle dient der Farbstreifen oder Gummianguß entlang des Schlauches.
● Bremssystem entlüften.
● Sofort nach der Reparatur kontrollieren, ob der Schlauch bei Lenk- oder Federbewegungen irgendwo scheuern kann.
● Diese Kontrolle nach einer längeren Fahrstrecke wiederholen.

Radbremszylinder ausbauen

● Bremstrommel und Bremsbacken ausbauen.
● Zuständigen Bremsschlauch mit Schlauchklemme oder Schraubzwinge abklemmen.
● Entlüftungsventil und Bremsleitung hinten am Bremsträgerblech abschrauben und Öffnungen gegen Schmutz verschließen.

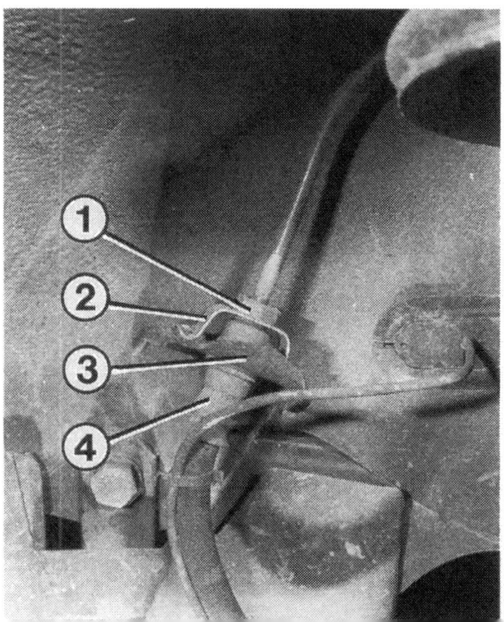

Links: Im Bild ein Bremsschlauchhalter der vorderen Bremsen. Es bedeuten:
1 – Überwurfmutter der starren Bremsleitung;
2 – Spannfeder;
3 – Bremsschlauchhalter;
4 – Bremsschlauch-Anschlußstück mit Verzahnung.
Rechts: Zum Entlüften der Bremse, das am besten bei abgenommenen Rädern auf der Hebebühne geschieht, ist hier demonstriert, wie hoch der Auffangbehälter über der Entlüftungsschraube angesiedelt sein muß (A = 30 cm), um zu einem optimalen Ergebnis zu kommen. Außerdem muß der Entlüftungsschlauch in die Bremsflüssigkeit eintauchen. Nicht vergessen, den Vorratsbehälter zu beobachten!

Der Bremskraftverstärker. Es bedeuten:
1 – Rückschlagventil mit Gummidichtung;
2 – Membrangehäuse des Bremskraftverstärkers;
3 – Stößelstange mit Einstellvorrichtung zum Hauptbremszylinder;
4 – Stößelstange mit Einstellvorrichtung zum Bremspedal.
Das Maß »X« beträgt 22,3 mm, das Maß bei »L« 124,5 mm. Unter der Gummimanschette sitzt der Luftfilter (5) – er kann ohne Ausbau des Bremskraftverstärkers gewechselt werden.

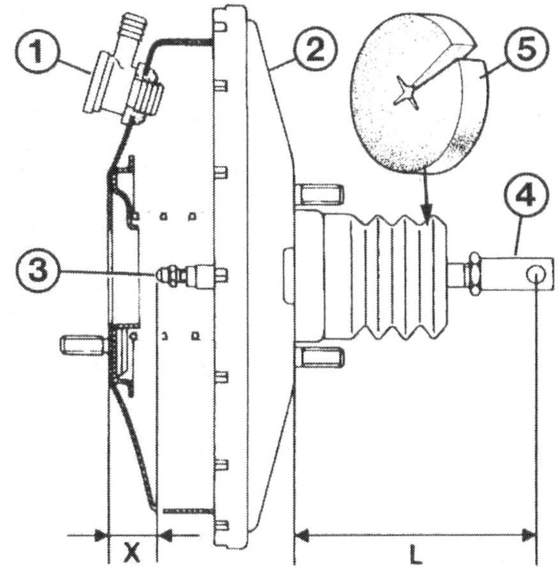

● Halteschrauben des Bremszylinders losdrehen und Radbremszylinder abnehmen.

● Nach dem Zusammenbau Bremsen entlüften.

Vorratsbehälter für Bremsflüssigkeit ausbauen

● Mehrfachstecker der Warnanzeige abziehen.
● Verschlußdeckel abschrauben.
● Bremsflüssigkeit mit einer geeigneten Pipette oder Spritze absaugen.
● Vorratsbehälter durch seitliches Kippen vom Hauptbremszylinder trennen und abheben.

● Beim Einbau neue Dichtringe in die Bohrungen des Hauptbremszylinders einsetzen. Dazu die Dichtringe mit Bremsflüssigkeit einreiben.
● Bremsanlage entlüften.

<u>Fingerzeig:</u> Einen Deckel mit Warnanzeige nicht auf dem Kopf ablegen, da Bremsflüssigkeit die elektrischen Kontakte beschädigen könnte.

Hauptbremszylinder ausbauen

● Bremsflüssigkeit aus dem Vorratsbehälter absaugen.
● Stecker der Bremsflüssigkeits-Warnleuchte abziehen.
● Sämtliche Bremsleitungen am Hauptbremszylinder abschrauben. Vorher die Position der einzelnen Leitungen markieren.
● Anschlüsse gegen Schmutzeintritt verschließen.
● Befestigungsmuttern am Bremskraftverstärker losdrehen und Hauptbremszylinder vorsichtig abnehmen.
● Wurde der Druckstößel verstellt, kann das richtige Maß eingestellt werden, siehe Abbildung oben.
● Beim Einbau die Dichtung zwischen Hauptbremszylinder und Bremskraftverstärker nicht vergessen und darauf achten, daß die Anlageflächen sauber sind.
● Bremsanlage entlüften.

Bremskraftverstärker ausbauen

● Hauptbremszylinder ausbauen.
● Bremsdruckstange vom Gabelstück des Bremspedals abbauen (Federklammer und Bolzen).
● Bremskraftverstärker von der Spritzwand durch Lösen der vier Befestigungsmuttern ausbauen.

● Nach dem Zusammenbau Bremsanlage entlüften. Beim Diesel auf richtige Verlegung des Unterdruckschlauches achten.

Unterdruckpumpe ausbauen
nur Diesel

● Unterdruckschlauch von der Pumpe abbauen und Öffnungen gegen Schmutzeintritt verschließen.
● Eine Mutter und eine Schraube am Pumpenflansch herausdrehen.
● Unterdruckpumpe vorsichtig mit Flanschdichtung abnehmen.

● Vor dem Einbau die Dichtflächen an Unterdruckpumpe und Zylinderkopf reinigen.
● Beim Einbau einer neuen Pumpe muß auch die Mitnehmerklaue erneuert werden.
● Wurde die Pumpe vom Pumpenflansch getrennt, muß ein neuer Dichtring eingesetzt werden.

Bremsanlage entlüften

Nach allen Reparaturen an der Bremshydraulik muß entlüftet werden. Die Werkstatt benutzt hierzu ein Entlüftungsgerät, es geht aber genauso gut nach der althergebrachten Methode.
● Vor dem Entlüften den Unterdruck im Bremskraftverstärker durch mehrmaliges Betätigen des Bremspedals abbauen.
● Die Arbeitsreihenfolge lautet: Rechts hinten – links vorne und links hinten – rechts vorne.
● Vorratsbehälter auf dem Hauptbremszylinder mit frischer Bremsflüssigkeit auffüllen. Während des Entlüftens muß immer wieder nachgefüllt werden, sonst wird aus dem leeren Behälter wieder Luft angesaugt.
● Gummikappe vom Entlüftungsventil abziehen.

● Durchsichtigen Schlauch (z. B. von einer Aquarienbelüftung) auf den Nippel schieben, freies Schlauchende in ein teilweise mit Bremsflüssigkeit gefülltes Glas stecken, dessen Flüssigkeitsspiegel mindestens 30 cm über der Entlüftungsschraube sein sollte. Dadurch steht auch die Entlüftungsschraube unter Flüssigkeitsdruck, und durch die Gewindegänge der Schraube kann keine Luft ins Bremssystem gelangen.
● Entlüftungsventil eine halbe bis eine Umdrehung lösen.
● Von Helfer das Bremspedal langsam niedertreten lassen. So wird Bremsflüssigkeit und die darin eingeschlossene Luft herausgepumpt. Sie sehen die Luftbläschen im durchsichtigen Schlauch und im Glas.
● Entlüftungsventil schließen – der Helfer muß das Pedal niedergetreten halten.
● Pedal zurückkommen lassen und etwa 3 Sekunden warten, damit sich der Hauptbremszylinder wieder füllen kann.
● Pumpvorgang wiederholen.
● Auffüllpausen für den Hauptbremszylinder einhalten und Pumpvorgang so lange wiederholen, bis keine Luft mehr kommt. Dabei müssen sich Entlüfter und Pedaltreter jeweils durch Zuruf verständigen, wann das Pedal durchgetreten und wann das Ventil wieder geschlossen ist.
● Bremspedal ganz durchgetreten halten, bis das Entlüftungsventil endgültig angezogen (nicht »angeknallt«) ist.
● Auf die gleiche Weise werden die übrigen Bremsen entlüftet.
● Nach Beendigung des Entlüftungsvorgangs die Funktion der Bremse kontrollieren.

Bremsflüssigkeit wechseln

Wartung Nr. 43

Nicht nur die bereits erwähnte Gefahr von Dampfblasen macht den Bremsflüssigkeitswechsel erforderlich, sondern auch die vom aufgenommenen Wasser verursachte Korrosionsgefahr in den Bremszylindern und -leitungen. Außerdem soll Abrieb der Bremsmanschetten herausgepumpt werden.
Beim Flüssigkeitswechsel geht man wie beim Entlüften vor. Gebraucht werden 2 Liter frische Bremsflüssigkeit.
● Bremsflüssigkeit aus dem Vorratsbehälter mit einer Pipette oder einer sauberen Injektionsspritze absaugen.
● Frische Bremsflüssigkeit einfüllen bzw. regelmäßig nachgießen.
● An jedem Entlüftungsventil sollen 500 cm^3 Bremsflüssigkeit durchgepumpt werden. Durch diese relativ hohe Menge ist gewährleistet, daß sich neue Bremsflüssigkeit nicht mit der alten vermischt hat, sondern das Bremssystem durchweg mit unverbrauchter Flüssigkeit befüllt ist.
● Wer ganz sicher gehen will, kann die vorderen Bremssättel ausbauen und bei zurückgedrückten Kolben pumpen. So wird das große Flüssigkeitsvolumen der vorderen Bremszylinder noch schneller und effektiver gewechselt.

Fingerzeig: Gebrauchte Bremsflüssigkeit darf nicht in die Kanalisation geschüttet werden. Sie muß in einem separaten Behälter gesammelt und zur Sondermüll-Beseitigung gegeben werden.

Störungsbeistand

Bremsen

Die Störung	– ihre Ursache	– ihre Abhilfe
A Bremsen ziehen einseitig	1 Reifendruck ungleichmäßig	Bei kalten Reifen korrigieren
	2 Reifenprofil ungleich abgefahren	Reifen so untereinander auswechseln, daß auf jede Achse gleichmäßig abgenutzte Reifen kommen
	3 Beläge verschmutzt, verschmiert oder abgenutzt	Erneuern
	4 Bremsflächen der Scheiben bzw. Trommeln stark verschmutzt, verrostet oder zu stark abgenutzt	Scheiben abschleifen bzw. Trommeln ausdrehen. Ggf. austauschen
	5 Belagführung am Bremssattel verschmutzt oder verrostet	Blank schleifen
	6 Festsitzender Kolben im Bremssattel	Gängig machen oder Bremssattel überholen lassen
	7 Nachstellmechanismus der Trommelbremse nicht in Ordnung	Einbaulage der Bauteile überprüfen
	8 Festsitzender Kolben im Radbremszylinder	Gängig machen oder Bremszylinder austauschen
	9 Bremsdruckbegrenzer defekt (nur bei Trommelbremsen hinten)	Druckprüfung in der Werkstatt
	10 Bremsdruck-Regulierventil falsch eingestellt oder defekt (nur bei ABS)	Überprüfen lassen

Die Störung	– ihre Ursache	– ihre Abhilfe
B Bremse quietscht	1 Resonanzgeräusche zwischen Bremsscheibe und Belägen	Belagaufkleber auf der Rückseite des äußeren Bremsklotzes erneuern
	2 Beläge verschlissen oder verhärtet	Erneuern
	3 Siehe A 4–8	
	4 Neue Bremsbeläge liegen nicht plan an	Außenkanten der Beläge mit einer Feile brechen
C Bremse rubbelt, Bremspedal pulsiert	1 Bremsscheiben verschlissen, beschädigt oder Belagreste angeklebt. Seitenschlag der Bremsscheibe oder Radnabe zu groß	Scheiben abschleifen oder austauschen. Ggf. Radnaben und evtl. Radlager ersetzen
	2 Siehe A 3 und 7	
	3 Bremstrommel hat Seiten- oder Höhenschlag oder beschädigte Belagschleifflächen	Bremstrommeln ausdrehen bzw. austauschen
D Hinterräder blockieren	1 Siehe A 7, 9 und 10	
	2 Bremsflächen der Trommeln verrostet oder mit starken Riefen	Bremstrommeln ausdrehen bzw. ersetzen
	3 Beläge gerissen oder an der Oberfläche beschädigt	Erneuern
	4 Schwache Vorderradbremswirkung, siehe A 4–6	
E Bremse wird heiß, löst sich nicht	1 Hydrauliksystem unter Vordruck. Alle Räder schwergängig:	Prüfung: Wagen aufbocken, Räder durchdrehen
	a) Kein Spiel zwischen Bremspedal (Druckstange) und Hauptbremszylinderkolben	Spiel kontrollieren
	b) Bremskraftverstärker defekt	Austauschen
	c) Hauptbremszylinder defekt	Ersetzen
	2 Ein Bremskreis unter Vordruck. Ein Vorderrad und evtl. gegenüberliegendes Hinterrad schwergängig:	
	Ausgleichsbohrung im Hauptbremszylinder verstopft	Säubern lassen
	3 Bremsmechanik klemmt. Ein oder zwei Räder einer Achse schwergängig:	
	a) Siehe A 4–8	
	b) Handbremse löst nicht	Handbremseinstellung kontrollieren
	4 Gummiteile gequollen durch Verwendung falscher Bremsflüssigkeit	Bremsflüssigkeit wechseln und schadhafte Teile erneuern
F Pedalweg zu groß	1 Trommelbremsbeläge abgenutzt	Erneuern
	2 Siehe A 5	
G Pedalweg zu groß, Pedal läßt sich weich und federnd durchtreten	1 Luft im Bremssystem, evtl. Flüssigkeit im Vorratsbehälter zu tief abgesunken. Ursachen:	
	a) Leck im Bremssystem	Kontrollieren, schadhafte Teile erneuern
	b) Manschette im Hauptbremszylinder undicht	Hauptbremszylinder austauschen (lassen)
	2 Überhitzte Bremsflüssigkeit, Dampfblasenbildung durch zu hohen Wassergehalt der Bremsflüssigkeit und Überbeanspruchung der Bremsen	Bremsflüssigkeit wechseln
	3 Siehe A 6 und 7	
H Schlechte Bremswirkung bei hohem Pedaldruck	1 Pedalweg normal:	
	a) Beläge verölt, verbrannt oder verhärtet	Erneuern
	b) Siehe A 4 und 8	
	2 Pedalweg kurz: Bremskraftverstärker oder Unterdruckpumpe (Diesel) arbeitet nicht	Bremskraftverstärker bzw. Unterdruckpumpe und zugehörige Schläuche und Ventile kontrollieren (lassen). Ggf. auswechseln (lassen)
	3 Pedalweg lang:	
	a) Siehe A 6	
	b) Ein Bremskreis ausgefallen	Kontrollieren, schadhafte Teile auswechseln

Bremsautomat

Bei einigen Renault-19-Modellen als Wunschausstattung, beim Renault 19 16V serienmäßig, gibt es ein Antiblockiersystem (kurz: ABS) von Bosch. Hierbei übernehmen elektronische Bausteine bestimmte Regelfunktionen im Bremssystem und verhindern z. B. bei einer Vollbremsung das gefürchtete unkontrollierte Ausbrechen des Wagens.

ABS vollbringt keine Wunder!

So wie viele Autofahrer glauben, durch bestimmte Sicherheitseinrichtungen an ihrem Fahrzeug wie z. B. Breit- oder Winterreifen, Allradantrieb oder einem »Lichterbaum« entsprechend risikobereiter fahren zu können – und oft ernüchtert auf »den Boden der Tatsachen« zurückgeholt werden –, so kann auch das ABS keine Bremswunder vollbringen, wie häufig angenommen wird. Deshalb ist das Antiblockiersystem erst bei normalem Fahrstil ein Sicherheitsplus, da sich der Bremsweg nicht bei allen Fahrsituationen verkürzt.

○ ABS sorgt bei einer Vollbremsung immer für eine optimale »Stotterbremsung«, so daß eine reine Blockierbremsung nicht mehr möglich ist.

○ Die Räder drehen sich selbst bei einer Vollbremsung auf Glatteis noch etwas, damit Sie das Fahrzeug in der Spur halten können.

○ Haupteigenschaft des ABS ist, daß die Lenkfähigkeit des Wagens auch während einer starken Bremsung erhalten bleibt. Doch bedarf es dazu eines bedeutend stärkeren Lenkeinschlags als normal.

○ Üben Sie deshalb auf einem abgelegenen Parkplatz Vollbremsungen unter Lenkeinschlag und versuchen Sie fiktive Hindernisse bremsend zu umfahren.

○ Treten Sie dabei »gnadenlos« voll aufs Bremspedal – das Dosieren der Bremskraft übernimmt das ABS für Sie. Das gilt für Bremsungen bei Geradeausfahrt wie auch bei eingeschlagener Lenkung.

○ Wundern Sie sich nicht über das pulsierende Bremspedal. Wenn das ABS regelt, sind diese Pedalschwingungen normal.

○ In Extremfällen werden Sie auch bei ABS das Bremspedal loslassen müssen, um heikle Situationen in einer Kurve noch mit gefühlvollem Bremsen meistern zu können.

Funktion der Einzelteile

Das Antiblockiersystem von Bosch wurde speziell für frontgetriebene Fahrzeuge mit diagonal geteiltem Zweikreis-Bremssystem entwickelt. Selbst wenn ein Bremskreis ausfällt, bleibt die ABS-Funktion des anderen Bremskreises erhalten. Das Bremssystem besteht aus der Hydraulikeinheit, den Drehzahlgebern an den Vorder- und Hinterrädern und dem ABS-Steuergerät.

Die Drehzahlgeber

Jeder der vier Drehzahlgeber an den Vorder- und Hinterrädern erfaßt die Drehzahlen des entsprechenden Rades und leitet diese Information an das elektronische Steuergerät. Mit den dort verarbeiteten Signalen wird

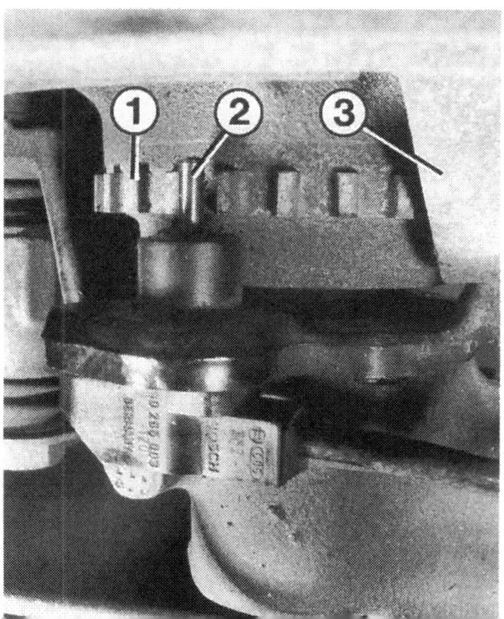

Links: Die Abbildung zeigt den Drehzahlgeber (2) eines Hinterrades. Hier sitzt der Geber im Gegensatz zu den vorderen horizontal in einem genau bemessenen Abstand zum Impulsrad (1), das hinter dem Spritzblech (3) der Scheibenbremse umläuft.
Rechts: Die Hydraulikeinheit ist unter dem Hauptbremszylinder angeordnet. Es bedeuten:
1 – Abdeckung der Elektropumpe und der Relais für Pumpe und Magnetventile des Ventilblocks;
2 – Ventilblock mit Magnetventilen und den Bremsleitungen zu den Rädern.

die Hydraulikeinheit angesteuert. Die Drehzahlgeber sind am Rad in geringem Abstand zu einer Zahnscheibe – dem Impulsrad – montiert. Das fest mit der Radnabe verbundene Impulsrad dreht mit seinen zahnförmigen Erhebungen je nach Radumdrehung schneller oder langsamer am Drehzahlgeber vorbei. Der Geber besteht aus einem Magnetkern und einer Spule. Jeder Zahn des Impulsrades, der unter dem Geber vorbeiwandert, induziert so im Drehzahlgeber einen kurzen Spannungsanstieg. Auf diese Weise wird im Geber eine Wechselspannung erzeugt, die entsprechend der Raddrehzahl ihre Frequenz ändert.

Das elektronische Steuergerät

Das Steuergerät für das ABS sitzt an der Hydraulikeinheit und verarbeitet die Drehzahlinformationen, die von den Drehzahlgebern kommen. Diese Informationen – etwa 8000 pro Sekunde bei einer Geschwindigkeit von etwa 130 km/h – werden mit programmierten Werten verglichen. Stellt das Steuergerät durch unterschiedliche Drehzahlfrequenzen drohende Blockiergefahr an den Rädern fest, »befiehlt« es der Hydraulikeinheit, den Bremsdruck für das betroffene Rad oder die blockierbedrohten Räder zu senken.
Der reduzierte Bremsdruck beseitigt die Blockiergefahr, das Steuergerät reagiert auf die sich ändernden Raddrehzahl-Informationen und regelt so über die Hydraulikeinheit laufend den Bremsdruck. Dieses »Wechselspiel« der Steuersignale an die Hydraulikeinheit erfolgt je nach Fahrbahnzustand während des gesamten Bremsvorgangs im Millisekundentakt. Ist die Geschwindigkeit geringer als 7 km/h, erfolgt keine ABS-Regelung.

Die Hydraulikeinheit

Hauptteil des Antiblockiersytems ist die im Motorraum links vor dem Hauptbremszylinder montierte Hydraulikeinheit. Sie umfaßt:
- die Elektropumpe;
- den Ventilblock mit Magnetventilen zur Bremsdruckregelung bei Blockiergefahr der Räder.

Beim Tritt auf das Bremspedal wird der Bremsdruck vom Ventilblock über je eine eigene Bremsleitung für das Vorderrad und das ihm diagonal gegenüberliegende Hinterrad geregelt.
Die Bremsflüssigkeit, die vom Hauptbremszylinder über den Ventilblock zu den Rädern gedrückt wird, fließt bei einer Drucksenkung direkt vom Ventilblock in den Vorratsbehälter zurück. Wird der Bremsdruck wieder erhöht, strömt das erforderliche Volumen an Bremsflüssigkeit wiederum aus dem Vorratsbehälter durch die Hydraulikpumpe direkt in den entsprechenden Bremskreis. Sie merken dies am Bremspedal, das leicht zu pulsieren beginnt, wenn die Pumpe läuft, das ABS also in Aktion ist.

Die Relais

Für die Funktion von Magnetventilen und Elektropumpe ist unter der Abdeckhaube der Hydraulikeinheit je ein Relais installiert, das im Sicherungskasten unter dem Armaturenbrett mit 15 A abgesichert ist.

Störungen am Antiblockiersystem

Die Kontrolleuchte des Antiblockiersystems leuchtet mit dem Einschalten der Zündung auf und verlöscht, wenn der Motor läuft, spätestens jedoch, wenn schneller als 6 km/h gefahren wird. Fällt die Bordspannung unter 10 Volt, leuchtet die Kontrolle ebenfalls. Sie kann weiterhin aufleuchten, wenn ein Rad länger als 20 Sekunden durchdreht. Dann die Zündung ausschalten und erneut starten.
Leuchtet die Kontrolle ständig, ist das ABS nicht betriebsbereit. Eine entsprechend ausgerüstete Renault- oder Bosch-Werkstatt muß nach der Ursache forschen.
Fehler im System werden im Steuergerät gespeichert und können mit einem speziellen Gerät »abgefragt« werden. So kann nur eine entsprechend ausgerüstete Renault-Werkstatt nach der Ursache forschen.
Als Laie können Sie allenfalls die Steckverbindungen zum Steuergerät, den Relais, den Drehzahlgebern und der Hydraulikeinheit kontrollieren.

Fingerzeig: Auch wenn die ABS-Kontrolleuchte ständig leuchtet, das ABS also nicht betriebsbereit oder defekt ist, kann Ihr Renault 19 ohne Gefahr gefahren werden. Die Bremse funktioniert dann eben wie bei einem Wagen ohne ABS.

Bremsanlage mit ABS entlüften

Grundsätzlich kann die Bremsanlage mit ABS wie die herkömmliche Bremsanlage entlüftet werden, wie im vorigen Kapitel beschrieben, doch muß das Fahrzeug auf dem Boden stehen, damit die Hinterachse belastet ist.
Es kann aber auch die Verbindungsfeder der Bremsdruck-Regulierventile vom Achskörper ausgehängt werden. Nach Drücken des Blechsegments sind die Regulierventile geöffnet, und die Hinterräder können entlüftet werden.

Hauptrollen

Mit abgefahrenen Reifen und damit unzureichendem Fahrbahnkontakt ist auch das beste Sicherheitsfahrwerk eines Autos nichts mehr wert. Selbst durch zu niedrigen Luftdruck und dadurch erhöhte Walkarbeit eines Reifens kann schon der Geradeauslauf eines Autos beeinträchtigt sein. Von der Behandlung der Reifen hängt es deshalb ab, ob das ganze »Sicherheitspaket«, das in einen Reifen »eingebaut« ist, auch wirksam wird.

Welche Reifengrößen sind montiert?

Welche Reifengrößen für Ihren Renault 19 zugelassen sind, steht in den Kfz-Papieren. Andere als die dort vermerkten dürfen nur dann montiert werden, wenn sie vom TÜV begutachtet und anschließend in die Fahrzeugpapiere eingetragen wurden. Folgende Reifengrößen gibt es in Serien- bzw. Sonderausstattung:

○ 145/80 R 13 S	○ 155/80 R 13 S	○ 155/80 R 13 T	○ 165/70 R 13 T
○ 175/70 R 13 T	○ 175/70 R 13 H	○ 175/70 R 14 T	○ 175/70 R 14 H
○ 175/65 R 14 T	○ 175/65 R 14 H	○ 195/50 R 15 V	

Die Reifenbezeichnung

Nach international gültigen Vereinbarungen wird die Reifengröße in Millimeter oder, wie in unserem Fall, gemischt in Millimeter und Zoll angegeben. Bei der Bezeichnung bedeuten im einzelnen:
145, 155, 165, 175, 185, 195: Reifenbreite in unbelastetem Zustand in mm.
/80, /70, /65, /50: Das Verhältnis von Reifenhöhe zu Reifenbreite beträgt 80, 70, 65 oder 50:100.
R: Kennzeichnung der Bauart als **R**adial- oder Gürtelreifen.
13, 14 bzw. 15: Innendurchmesser des Reifens in Zoll (").
Q: Zulässige Höchstgeschwindigkeit bis 160 km/h – niedrigste Geschwindigkeitsklasse für M+S-Reifen.
S: Höchstgeschwindigkeit bis 180 km/h.
T: Höchstgeschwindigkeit bis 190 km/h.
H: Höchstgeschwindigkeit bis 210 km/h.
V: Höchstgeschwindigkeit bis 240 km/h.

Die Felgen

Die Renault-19-Modelle werden mit zwei Grundtypen von Felgen ausgerüstet. Es handelt sich um eine Stahl- und um eine Leichtmetall-Felge (Wunschausstattung). Die Stahlfelge gibt es in den Größen 5 B x 13, 5 J x 13, 5½ B x 13, 5 B x 14, 5 J x 14 und 6 J x 15. Die Leichtmetallfelge z. B. für den Renault 19 16V ist in der Größe 6 J x 15 mit der Reifendimension 195/50 R 15 V erhältlich. Die Felgenbezeichnungen bedeuten:
5, 5½, 6: Felgenmaulweite in Zoll, an der Felgenhornbasis quer zur Laufrichtung des Rades gemessen.
B, J: Formung des Felgenhorns (nach Norm-Vorschrift).
x: Zeichen für Tiefbettfelge.
13, 14, 15: Felgendurchmesser in Zoll, von Wulst zu Wulst gemessen.
Diese Normbezeichnungen geben nur die Hauptabmessungen der Felgen an, nicht aber die fahrzeugspezifischen Daten, wie Anzahl der Radbefestigungslöcher oder Lochkreisdurchmesser.

Was die verschiedenen Bezeichnungen auf der Reifenflanke bedeuten, finden Sie hier komplett zusammengestellt.

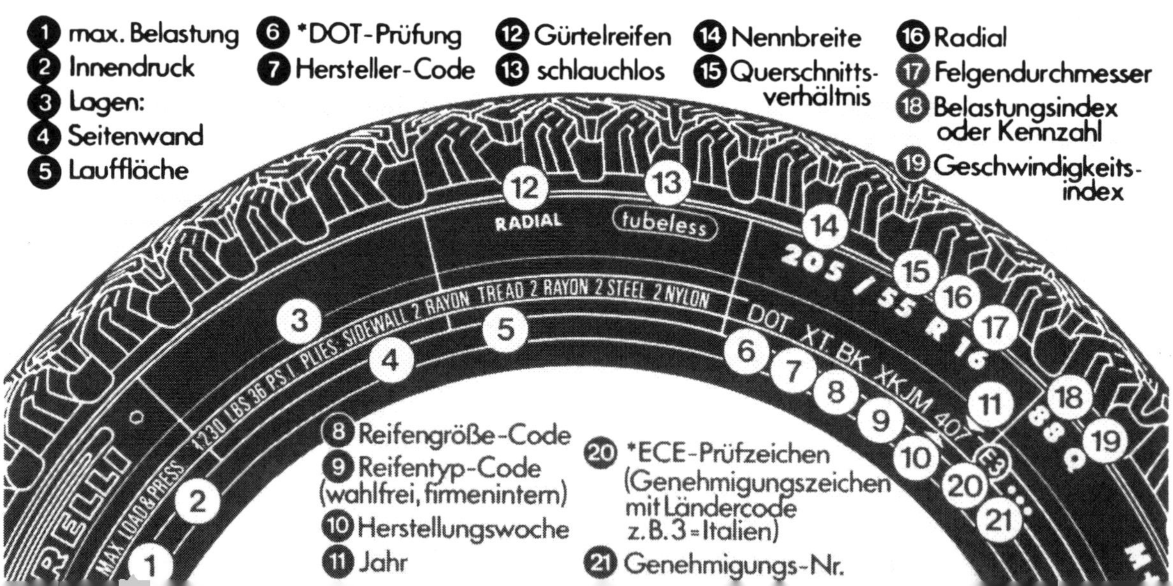

Anbau von Sonderfelgen

Sonderfelgen heißen solche Felgen, die in Form oder Material nicht der serienmäßigen Ausstattung entsprechen. Da es wegen nachträglich montierten Felgen und Reifen immer wieder Schwierigkeiten bei Polizeikontrollen oder der Hauptuntersuchung bei DEKRA oder TÜV gibt, hier einige Punkte, die Sie beachten müssen.

○ Keine Probleme gibt es, wenn Felgen- und Reifengröße mit den Angaben in den Fahrzeugpapieren übereinstimmen und die Felgen Original-Renault-Teile sind.

○ Eine Änderung der Fahrzeugpapiere durch die Zulassungsstelle ist auch nicht erforderlich, wenn Felgen- und Reifengröße mit den Angaben in den Kfz-Papieren übereinstimmen und eine Rad-ABE vorliegt.

○ Ein Gutachten nach § 19 (2) StVZO (Teilgutachten) und die anschließende Berichtigung der Fahrzeugpapiere ist notwendig, wenn Felgen- und Reifengröße nicht mit den Angaben in den Kfz-Papieren übereinstimmen und/oder für die Felgen lediglich ein Prüf-Bericht vorliegt.

○ Beim Kauf neuer Sonderfelgen muß diesen eine Rad-ABE oder ein Prüf-Bericht beigefügt sein.

○ Vor dem Kauf gebrauchter, nicht originaler Felgen ohne entsprechende Papiere sollten Sie anhand der genauen Hersteller- und Typenbezeichnung sowie des Herstellungsdatums (es ist in die Felge eingeschlagen oder eingegossen) aus dem Räderkatalog bei DEKRA oder TÜV heraussuchen lassen, ob hierfür eine Rad-ABE oder ein Prüf-Bericht vorliegt.

○ Räder ohne ABE oder Prüf-Bericht dürfen in der Bundesrepublik nicht montiert werden.

Reifendruck prüfen

Ständige Kontrolle

Unter die aufgeführten Werte sollte der Reifendruck keinesfalls absinken (Druckwerte in bar bei kalten Reifen):

Motor	Reifengröße	Normalbelastung[1] und Normalgebrauch[3] vorn[4]	Normalbelastung[1] und Normalgebrauch[3] hinten	Volle Belastung[2] und Normalgebrauch[3] vorn	Volle Belastung[2] und Normalgebrauch[3] hinten
1,4-/1,7-/1,8-Liter	145/80 R 13 S	1,8	2,0	2,0	2,2
	155/80 R 13 S	1,8	2,0	2,0	2,2
	155/80 R 13 T	1,8	2,0	2,0	2,2
	165/70 R 13 T	1,8	2,0	2,0	2,2
	175/70 R 13 T	1,8	2,0	2,0	2,2
	175/70 R 13 H	1,8	2,0	2,0	2,2
	175/70 R 14 T	1,8	2,0	2,0	2,2
	175/70 R 14 H	1,8	2,0	2,0	2,2
	175/65 R 14 T	1,8	2,0	2,0	2,2
	175/65 R 14 H	1,8	2,0	2,0	2,2
16V	195/50 R 15 V	2,0	2,0	2,2	2,2
Diesel	155/80 R 13 T	2,0	2,0	2,2	2,2
	165/70 R 13 T	2,0	2,0	2,2	2,2
	175/70 R 13 T	2,0	2,0	2,2	2,2
	175/65 R 14 T	2,0	2,0	2,2	2,2

1) Fahrzeug besetzt mit bis zu 3 Personen oder mit Fahrer und 170 kg Zuladung
2) Fahrzeug bis zur Höchstbelastung beladen
3) Betrieb des Fahrzeugs auf jeder Art von Straßen, bei allen Geschwindigkeiten, wobei die Höchstgeschwindigkeit niemals länger als ungefähr 30 Minuten gefahren wird. Wenn mit hohen Geschwindigkeiten gefahren wird, sollte der Luftdruck je 10 km/h über 160 um bis zu 0,1 bar erhöht werden
4) Bei Getriebeautomatik muß wegen des erhöhten Gewichts auf der Vorderachse der Reifendruck um 0,2 bar erhöht werden

Wer Wert auf Fahrkomfort legt, beläßt es bei den genannten Drücken. Sind Sie dagegen bereit, zugunsten feinfühligerer Lenkung, etwas längerer Reifenhaltbarkeit und minimal geringerem Kraftstoffverbrauch einen verminderten Federungskomfort in Kauf zu nehmen, erhöhen Sie die Druckwerte rundum um 0,2–0,3 bar.
Wenn Sie bei der regelmäßigen Prüfung (alle zwei bis vier Wochen) Druckverlust an einem Reifen feststellen, müssen Sie sich ihn genauer anschauen. Entweder kann das Ventil undicht geworden sein oder in der Reifendecke sitzt eine Glasscherbe bzw. Nagel, wodurch ein kleines Loch entstanden ist. Der Ursache für den Druckverlust muß unbedingt nachgespürt werden; es hilft nichts, einfach Luft nachzupumpen.

Luftdruck bei kalten Reifen prüfen

Bereits wenige Kilometer zügiger Fahrt lassen den Reifendruck um 0,2–0,4 bar ansteigen. Diese Druckerhöhung durch Erwärmung ist bei den Luftdruckempfehlungen bereits berücksichtigt worden und darf deshalb nicht abgelassen werden. Am günstigsten ist ein eigener Luftdruckprüfer, mit dem der Reifendruck vor Antritt der Fahrt bei kalten Reifen gemessen werden kann.

Reifenzustand kontrollieren

Wartung Nr. 17

Die Kontrolle geht am besten bei aufgebocktem Wagen, etwa beim Ölwechsel an der Tankstelle.

● Drehen Sie jedes Rad einmal komplett durch.

● Fremdkörper, wie kleine Steinchen, bohren Sie

mit einem schmalen Schraubendreher aus den Profillamellen, ohne den Reifen zu beschädigen.

● Das Reifenprofil muß laut Gesetzesvorschrift seit 1992 über die gesamte Profilbreite noch **mindestens 1,6 mm** (früher 1,0 mm) tief sein.

● Zur Verschleißkontrolle dienen in regelmäßigen Abständen quer zur Lauffläche verlaufende Erhebungen in den Profilrillen. Sie sind an der Reifenflanke durch die Buchstaben »TWI« (**T**read **W**ear **I**ndicator, auf deutsch Profilabnutzungsanzeiger) gekennzeichnet.

● Wenn diese Erhebungen mit den Profilrippen in gleicher Höhe stehen, ist ein Reifentausch zwingend fällig. Schon bei 3 mm Restprofiltiefe wird das Fahrverhalten auf nasser Fahrbahn problematisch, speziell mit breiten Reifen.

● Aus der Art der Profilabnutzung können Sie einiges herauslesen.

Störungsbeistand

Reifenlaufbild

○ **An der Außenseite abgefahrene Vorderreifen** sind beim Renault 19 nichts Ungewöhnliches. Grund ist die erhöhte Belastung dieses Laufflächenbereiches bei Kurvenfahrt.

○ **Einseitig abgefahrenes Profil** kann auch auf falsche Radeinstellung hinweisen; vor allem dann, wenn lediglich ein Reifen schräg abgelaufen ist.

○ **Starke Abnutzung in der Profilmitte** entsteht, wenn häufig mit hoher Geschwindigkeit gefahren wird, wobei sich die Lauffläche durch die Fliehkraft ausbaucht. Der Effekt tritt besonders deutlich an den Hinterrädern auf. Es kann auch der Hinweis auf wesentlich zu hohen Luftdruck sein.

○ Sind **beide Außenschultern** eines Reifens **stärker abgefahren als die Profilmitte**, wurde lange Zeit mit zu niedrigem Luftdruck gefahren.

○ **Gleichmäßige Auswaschungen** im Profil deuten auf einen defekten Stoßdämpfer.

○ Tritt die **ungleiche Abnutzung nur an bestimmten Stellen** auf, ist das Rad unwuchtig, oder der Reifen-Unterbau ist beschädigt.

○ Eine **einzelne Stelle im Profil mit starker Abnutzung** stammt von einer Bremsung mit blockiertem Rad – eine sogenannte Bremsplatte.

Der Radwechsel

● Handbremse anziehen und 1. oder Rückwärtsgang einlegen.

● Unterwegs Warnblinkanlage einschalten und Warndreieck aufstellen.

● Räder der anderen Wagenseite gegen Wegrollen sichern, z. B. mit Steinen oder Holzstücken. Hervorragend sind auch die im Zubehörhandel erhältlichen raumsparenden Klappkeile.

● Radzierblende von Hand oder mit einem zwischen Felge und Blende angesetzten Schraubendreher oder dem abgeflachten Ende des Radschraubenschlüssels aus dem Bordwerkzeug abdrücken.

● Radschrauben jeweils knapp eine Umdrehung lockern.

● Wagen anheben.

● Radschrauben herausdrehen und in der Radabdeckung ablegen.

● Rad abnehmen.

● Ersatzrad auf die Radnabe drücken.

● Schrauben ansetzen und handfest beidrehen.

● Schrauben über Kreuz gleichmäßig so fest wie möglich anziehen. Dabei das Rad hin- und herdrehen, damit es sich einwandfrei auf der Radnabe zentriert.

● Wagen ablassen, Schrauben festziehen (80 Nm).

● Radzierblende aufdrücken.

Reifen-Reparatur

Die Instandsetzung eines Stahlgürtelreifens ist problematisch. Hat man den Defekt erst nach geraumer Zeit festgestellt, kann der Reifenunterbau durch länger anhaltendes Fahren mit zu geringem Luftdruck inneren Schaden gelitten haben. Ist Feuchtigkeit durch das Einstichloch eingedrungen, kann Rost den stabilisierenden Stahlgürtel zersetzen. Gefährlich ist, daß man die Schädigung von außen nicht erkennen kann. Wird der reparierte Pneu stark beansprucht (hohes Tempo, volle Zuladung), kann er schlagartig aufgeben. Das Einlegen eines Schlauches ist nur ein wenig tauglicher Notbehelf, denn überstehende Stahldrähte an der Schadensstelle können den Schlauch zerscheuern.

Im Zweifelsfall sollten Sie kein Risiko eingehen, sondern gleich einen neuen Reifen kaufen.

Festen Sitz der Radschrauben kontrollieren

Wartung Nr. 15

Nach einigen Kilometern Fahrstrecke soll nach jeder Radmontage kontrolliert werden, ob die Radschrauben richtig angezogen sind. Als Anzugsdrehmoment sind 80 Nm vorgeschrieben, also nicht mit einem zusätzlich verlängerten Radschlüssel die Schrauben »anknallen«. Zu starkes oder ungleichmäßiges Festschrauben kann dazu führen, daß sich die Bremsscheiben oder -trommeln verziehen. Das ergibt ungleichmäßige Bremswirkung, Bremsenschütteln und punkt- oder flächenförmigen Reifenverschleiß.

Rad-Unwuchten

Unwuchtige Räder spürt man durch Vibrationen am Lenkrad oder Schütteln im Vorderwagen. Beides tritt bei bestimmten Geschwindigkeiten besonders stark auf. Die Ursache liegt an ungleichmäßiger Gewichtsverteilung am Rad.

○ »Statische« Unwucht zeigt sich bereits, wenn man das Rad am hochgebockten Wagen frei auspendeln läßt: Der Schwerpunkt wird sich ganz von selbst nach unten begeben. Ein Rad, das nur eine statische Unwucht hat, hüpft beim Fahren.

○ Eine »dynamische« Unwucht kommt erst beim schnellen Drehen des Rades zur Wirkung. Das ist der Fall, wenn die übergewichtige Stelle nicht in der Mittelebene des Rades sitzt, sondern etwas nach außen bzw. innen versetzt. Das Rad hüpft dann nicht nur, sondern es taumelt auch.

Räder auswuchten

Die Räder müssen statisch und dynamisch ausgewuchtet werden. Dazu gibt es zwei Methoden:

○ Das Rad wird am Wagen ab- und an einer Auswuchtmaschine angeschraubt. Dort läuft es zur Probe, Unwuchten werden dabei angezeigt und können durch Anbringen von Bleigewichten ausgeglichen werden.

○ Zum Ausschalten letzter Unwuchten ist Feinwuchten erforderlich. Dabei werden auch Unwuchten von Radnabe und Bremsscheibe ausgeglichen. Die am Wagen anmontierten Räder werden durch einen Elektromotor mit Reibrad in die notwendige schnelle Drehung versetzt und die Restunwucht angezeigt. Das gleicht man wieder durch Bleigewichte aus.

Fingerzeig: **Die Vorderräder dürfen beim Feinwuchten nicht vom Elektromotor angetrieben werden. Die einseitige Beschleunigung ist für das Ausgleichsgetriebe schädlich. Stattdessen hebt man den R 19 vorn an und läßt den Motor die Vorderräder im vierten Gang auf etwa 90 km/h beschleunigen.**

Neue Reifen kaufen

Wenn sich unter dem Kofferraum noch der neue Ersatzreifen befindet, können Sie jetzt Geld sparen. Voraussetzung hierfür ist, daß das gleiche Fabrikat mit demselben Profil noch lieferbar ist. Dann kaufen Sie einen entsprechenden Reifen dazu und haben bereits eine Achse neu bereift.

○ Wer sein Fahrzeug gerne auf eine breitere Basis stellen und den entsprechenden Mehrpreis berappen will, wählt die in den Kfz-Papieren aufgeführte »nächste« Reifendimension mit entsprechender Felge und benutzt die schmaleren Felgen der Erstausrüstung für Winterreifen.

○ Bei der Montage neuer schlauchloser Reifen sollen auch neue Ventile verwendet werden. Das verhindert Luftverlust, denn die Ventile altern im Lauf der Zeit, und der Gummi wird rissig. Doch auch die bei Verwendung luftdichter Leichtmetallfelgen eingesetzten Metall-Schraubventile sollten ersetzt werden, weil die Gummidichtung am Ventilfuß altert.

Winterbereifung

Breite Sommerreifen in Hochgeschwindigkeitsausführung neigen auf Schnee und Eis schneller zum Durchdrehen als die schmäleren Reifen. Je nach Einsatzgebiet und bisheriger Sommerbereifung läßt sich die Anschaffung spezieller Winterreifen nicht immer umgehen.

○ Gleichgültig, welche Reifen Sie fahren, bedenken Sie immer: Bei Temperaturen um den Gefrierpunkt bildet sich auf Glatteis beim Darüberrollen ein Wasserfilm, der die Haftfähigkeit auch der besten Winterreifen gefährlich herabsetzt.

○ In Sachen Reifendimension raten wir bei der Winterbereifung zu möglichst schmalen Ausführungen. Das hat vor allem Kostengründe: Schmälere Reifen sind billiger als breitere. Fürs gesparte Geld werden gleich die passenden Felgen gekauft, denn regelmäßiges Ummontieren im Frühjahr und Herbst kommt auf die Dauer viel zu teuer. Außerdem müssen bei den schmäleren Reifen 13"-Felgen, beim R 19 16V 5 J × 14-Felgen montiert werden.

○ Ein M+S-Reifen mit weniger als 4 mm Profiltiefe taugt nichts mehr im Winter. Wenn etwa im Gebirge Winterreifen vorgeschrieben sind, werden M+S-Reifen als solche nur dann anerkannt, wenn ihr Profil noch mindestens 4 mm tief ist.

Runderneuerte Reifen

Neu besohlte Reifen stehen bei Autofahrern in schlechtem Ansehen, obwohl sie den Beweis ihrer Tauglichkeit in verschiedenen Tests erbracht haben. Reifen mit »RAL«-Gütesiegel erfüllen eine Reihe von Qualitäts- und Ausführungskriterien, außerdem haben sie Schnellauftests bestanden.

Dennoch eignen sie sich nach unseren Erfahrungen eher für geruhsame Fahrweise. Immer noch treten Defekte an neu gummierten Reifen meist bei höherer Geschwindigkeit bzw. voller Beladung auf – vor allem, wenn der Luftdruck nicht stimmt.

Dem günstigeren Kaufpreis stehen gegenüber: Kürzere Lebensdauer, größere Unwuchten, bisweilen mangelhafter Rundlauf bei höherer Laufleistung sowie unterschiedliches Fahrverhalten im Vergleich zum Neureifen mit gleichem Profil.

Kreisläufe

Trotz modernster Elektroinstallation mit neuartigen Steckverbindungen ist die häufigste Ursache für eine Störung am Auto immer noch die Elektrik. Diese Erfahrung hat auf die eine oder andere Art sicher schon jeder machen müssen. Bei der planmäßigen Suche nach der Ursache verliert die vermeintliche Kompliziertheit elektrischer Zusammenhänge viel an Schwierigkeit.

Elektrik – ganz einfach

Elektrizität kann man leider nicht sehen; das erschwert für manchen das Verständnis. Deshalb am Anfang erst einmal ein vergleichendes Beispiel mit einer Wasserleitung, durch die unter einem bestimmten Druck eine gewisse Menge Wasser fließt.

○ Der Wasserdruck ist mit der **Spannung**, gemessen in Volt (Abkürzung: V), vergleichbar.

○ Die in einer bestimmten Zeit durchfließende Wassermenge entspricht dem **Strom**, der in Ampere (kurz: A) gemessen wird.

○ Spannung und Strom miteinander multipliziert ergibt die elektrische **Leistung** mit der Maßeinheit Watt (kurz: W).

○ Ein anderer Wert wird erhalten, wenn die Spannung durch den Strom dividiert wird, nämlich der **Widerstand**, der in Ohm (Zeichen: Ω) gemessen wird. Den Widerstand kann man sich als Absperrhahn in der Wasserleitung vorstellen. Bei geöffnetem Wasserhahn ist der Widerstand gleich 0, das Wasser fließt ungehindert. Wird der Hahn zugedreht, erhöht sich der Widerstand schließlich bis zum Wert unendlich (∞), wobei der Strom versiegt. Jeder Stromverbraucher stellt einen Widerstand dar, der für eine einwandfreie Funktion mit genügend Strom in einem ausreichend dimensionierten Kabel beliefert werden muß.

Elektrische Messungen

Beim Prüfen und Reparieren der Fahrzeugelektrik und -elektronik gibt es verschiedene elektrische Größen zu messen. Was im Einzelfall zu tun ist, beschreiben die verschiedenen Kapitel hier im Buch.

Spannung messen

Prüflampe: Praktisch ist eine solche Lampe mit Nadelkontakt, mit deren Nadel einfach die Isolierung des zu prüfenden Kabels durchstochen werden kann. Die Klemme am Kabel der Lampe wird irgendwo an blankem Fahrzeugmetall, der sogenannten Masse, angeclipst. Die Lampe gibt in erster Linie Auskunft darüber, ob überhaupt Spannung anliegt. An ihrer Helligkeit kann man in etwa die Höhe der Spannung abschätzen.

Diodenprüfer: An elektronischen Bauteilen darf mit einer herkömmlichen Prüflampe nicht gemessen werden. Sie nimmt zu viel Leistung auf und kann so Bauteile der Elektronik beschädigen. Wer in diesem Bereich Messungen vornehmen will, sollte sich einen Spannungsprüfer mit Leuchtdioden anschaffen.

Voltmeter: Exakter ist die Spannungsmessung mit dem Volt-Meßbereich eines Zeiger- oder Digitalmeßgeräts. Durch den sehr geringen Stromverbrauch des Instruments droht auch Elektronikteilen keine Gefahr.

○ Zum Messen der Batteriespannung (als Beispiel) wird das mit »–« gekennzeichnete Meßkabel an den Minuspol der Batterie angeschlossen. Das »+«-Kabel kommt an den Pluspol.

○ Zeigt das Instrument beispielsweise nur 10,4 Volt an, hat eine der Batteriezellen Kurzschluß.

○ Messen einer Spannung »gegen Masse«: »+«-Kabel des Meßgeräts an einer Klemme anschließen, an der Spannung anliegt, »–«-Kabel an ein blankes Teil der Karosserie oder des Motors anklemmen.

○ Häufig wird die Spannung zwischen zwei bestimmten Kontakten (etwa an einem Steuergerät) gemessen. Wie das Meßgerät anzuschließen ist und welche Spannung anliegen soll, ist in einem solchen Fall Bestandteil der Prüfvorschriften.

○ Mit dem Volt-Meßbereich kann auch geprüft werden, ob ein Massekabel in Ordnung ist: »+«-Kabel des Meßgeräts am Pluspol der Batterie anschließen, »–«-Kabel des Geräts am Ende des Massekabels anklemmen. Ist die Masseversorgung intakt, muß volle Batteriespannung angezeigt werden.

Strom messen

Ob Strom zu einem Verbraucher hin fließt, wird mit dem Amperemeter bzw. dem entsprechenden Meßbereich des Vielfach-Meßinstruments gemessen. Dazu muß der Stromkreis aufgetrennt und das Meßgerät zwischen die jetzt freien Pole geschaltet werden.

○ In der Praxis sieht das so aus: Einen Steckkontakt in der Leitung zu einem Verbraucher abziehen und Meßgerät zwischen Stecker und Kontaktzunge schalten.

○ Strom wird beispielsweise gemessen, wenn der Verdacht besteht, daß ein heimlicher Stromverbraucher irgendwo im Bordnetz sitzt, der über Nacht die Batterie leersaugt. Um diese Leckstelle festzustellen, nehmen Sie das Batterie-Massekabel ab und klemmen zwischen Batteriepol und -kabel das Amperemeter. Zeigt das Instrument Stromfluß an, wird der Stromkreis ermittelt: Eine Sicherung nach der anderen herausnehmen und statt deren das Amperemeter an den Kontaktzungen im Sicherungskasten anklemmen. So können Sie erkennen, in welchem Stromkreis Verluste entstehen. Anhand der Sicherungstabelle im folgenden Kapitel vergleichen Sie dann, welche Verbraucher in diesen Stromkreis eingeschaltet sind und kontrollieren diese der Reihe nach durch.

Widerstand messen

Die Widerstandsmessung an einem Bauteil hat nur dann mit einem genau anzeigenden Gerät einen Sinn.

○ Mit dem Widerstandsmeßbereich läßt sich beispielsweise erkennen, welchen Innenwiderstand ein bestimmtes Bauteil hat. Die Angaben finden Sie – wo nötig – hier im Buch.

○ Die Kabel des Meßgeräts (Polung ist dabei gleichgültig) werden dazu an zwei Anschlüssen des Bauteils angeklemmt.

○ Oder es wird der Widerstand »gegen Masse« gemessen: Ein Kabel am Bauteil, das zweite an Motorblock oder Karosserie anklemmen.

○ Ferner läßt sich mit dem Widerstands-Meßbereich des Meßinstruments prüfen, ob eine Leitung oder ein Schalter »Durchgang« hat (der Meßwert ist dann 0 Ω) oder ob der Stromweg irgendwo unterbrochen ist (dann strebt der Meßwert gegen unendlich = ∞ Ω).

Grundbegriffe der Elektronik

Schon dem Wort nach basiert die Elektronik auf den Elektronen – jenen extrem kleinen Bausteinen, aus denen das ohnehin schon kleine Atom zum Teil besteht. Die Elektronen sorgen in allen elektrisch leitenden Werkstoffen (Leiter) dafür, daß Strom fließen kann. Die Elektronen wandern im Leiter von Atom zu Atom.
Nichtleitende Werkstoffe besitzen ebenfalls Elektronen, doch sind diese sehr stark an den Atomkern gebunden. Sie können also nicht weiterwandern, und somit fließt auch kein Strom.
Die dritte Werkstoffgruppe stellen die sogenannten Halbleiter dar. Das sind Kristalle (meist Germanium oder Silizium), die so nachbehandelt wurden, daß in ihrem Atomaufbau Elektronen fehlen oder überschüssige Elektronen vorhanden sind. Dadurch ergibt sich der durchaus erwünschte Effekt, daß durch die Kristallplättchen nur unter bestimmten Bedingungen Strom fließen kann. Werden diese Bedingungen nicht erfüllt, baut sich eine Sperrschicht auf, und der Stromfluß wird gehemmt. Halbleiterbauelemente findet man natürlich nicht nur einzeln in der Fahrzeugelektrik verwendet. Meist sind sie in größerer Stückzahl zu kompletten Schaltungen zusammengefaßt, wie zum Beispiel im Steuergerät der Zünd/Einspritz-Steuerung.

Vorsichtsmaßnahmen im Umgang mit elektronischen Bauteilen

Hohe Spannungen und hohe Temperaturen sind für die Bauteile der Elektronik gefährlich. Damit Sie nicht versehentlich ein (teures) Schalt- oder Steuergerät durch Unachtsamkeit zerstören, sollten Sie die nachfolgenden Punkte beachten:

○ Vor Abziehen eines Steckers im Bereich der Fahrzeugelektronik immer die Zündung ausschalten. Noch besser ist das Abklemmen der Batterie. Denn beim Trennen eines Steckkontakts können Spannungsspitzen entstehen, die nahegelegenen empfindlichen Elektronikgeräten nicht gut bekommen.

○ Falls am Clio elektrisch geschweißt wird, muß zum einen die Batterie abgeklemmt und zum anderen an sämtlichen elektronischen Steuergeräten die jeweilige Steckverbindung abgezogen werden.

○ Kommt der Wagen nach einer Blechreparatur in die Lackier-Trockenkammer, so darf die Temperatur dort kurzzeitig 95°C betragen. Über eine längere Zeitdauer (maximal zwei Stunden) sollen 85°C nicht überschritten werden. Der Motor darf erst dann gestartet werden, wenn der Wagen auf normale Temperaturen abgekühlt ist.

Die Zeichnungen zeigen von links nach rechts schematisch, wie das betreffende Meßgerät für die elektrischen Größen Spannung (V), Strom (A) und Widerstand (Ω) angeschlossen wird. Der Kreis mit dem Zeiger stellt das Meßgerät dar, »Verbraucher« steht z.B. für Lampe, Elektromotor usw.

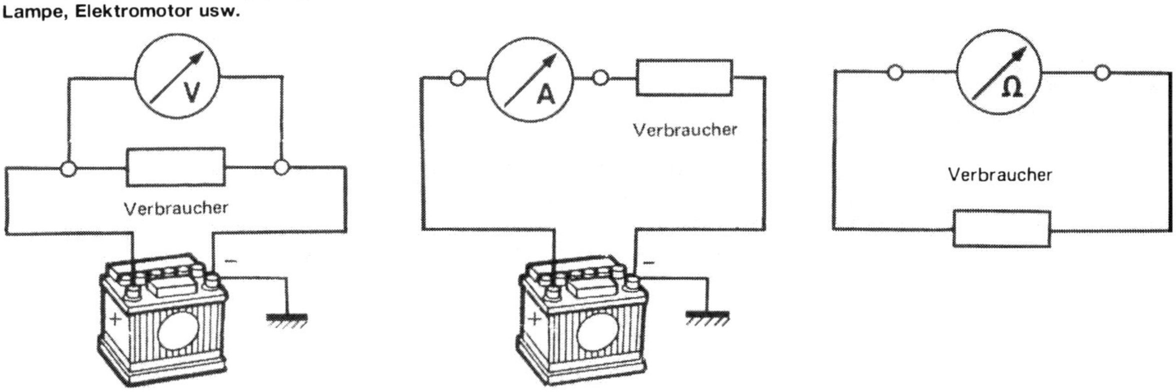

Stromkanäle

Kabelbäume, aus denen farbige Drähte kommen und in Mehrfachsteckern enden, geben anhand der Schaltpläne im nächsten Kapitel Auskunft, wieviel Strom woher kommt bzw. wohin fließt. Deshalb ist auch die auf der Beifahrerseite plazierte Sicherungs- und Relaisbox als zentraler »Treffpunkt« aller Drähte fast der gesamten Bordelektrik kein Zauberkasten.

Minus an Masse

Strom kann nur in einem geschlossenen Kreislauf fließen. Wenn Sie zu Hause den Lichtschalter anknipsen, leuchtet das Licht auf.
Genauso ist es im Auto; der von Batterie oder Lichtmaschine kommende Strom fließt über den jeweiligen Stromverbraucher zurück zur Batterie oder Lichtmaschine.
An der Mehrzahl der Stromverbraucher im Renault 19 sind zwei Kabel angeschlossen. Doch nur eines läßt sich bis zur Batterie bzw. bis zum Drehstrom-Generator zurückverfolgen. Die andere Leitung ist dagegen meist schon nach wenigen Zentimetern irgendwo am Karosserieblech festgeschraubt oder mit einer Steckerfahne eingesteckt.
Hier hat man sich zunutze gemacht, daß die Metallteile von Karosserie und Motor bzw. Getriebe ebenfalls Strom leiten können. In der Autoelektrik bezeichnet man sie mit der »Masse«. Sie sorgen für die Stromrückleitung zum Minuspol der Batterie. Merksatz: **M**inus an **M**asse.
Wenn ein Stromverbraucher direkt auf Metall sitzt, braucht er nur ein einziges Anschlußkabel, aber im heutigen kunststoffreichen Automobil müssen fast immer kleine Verbindungsleitungen den Kontakt zur Fahrzeugmasse herstellen.

Fingerzeig: Wenn ein Stromverbraucher nicht funktioniert, liegt dies nicht selten an fehlender Masseverbindung. Den fehlenden Kontakt zur Fahrzeugmasse holt sich der Verbraucher auf Umwegen und stiftet so Verwirrung.

Wegweiser durch Normung

Das bunte Kabelgewirr im Auto ist eigentlich ganz gut geordnet, denn den Kabelfarben kommt eine wegweisende Bedeutung zu. Zudem sind die meisten Anschlüsse an den Mehrfachsteckern wie an den Relais numeriert.
Bei der Numerierung folgt man einer Renault-internen Norm. Bei der Wahl der Kabelfarben stimmt die »Renault-Norm« im R19 jedoch weitgehend mit der bei uns bekannten Normierung überein. Hier die wichtigsten Kabel-Grundfarben für die elektrischen Grundfunktionen:
Rot erhält dauernd Strom vom Pluspol der Batterie bzw. bei laufendem Motor von der Lichtmaschine. Das kann bei unvorsichtigem Umgang mit Werkzeug zu Kurzschlüssen und Funkenregen führen, wenn das Minuskabel der Batterie nicht abgenommen wurde. Diese stets stromführenden Kabel beim Renault 19 gibt es ggf. mit zusätzlichen Farbstreifen.
Gelb erhält nur bei eingeschalteter Zündung Strom ab Zündschloß, wobei außer der Zündspule jene Stromverbraucher mit Strom versorgt werden, die nur bei Betrieb des Wagens Strom erhalten sollen. Die Kabel besitzen bisweilen auch farbige Zusatzstreifen bei bestimmten Stromverbrauchern.
Schwarz ist für direkte Masse-Verbindungen reserviert. Mit einem schwarzen Kabel muß ein Stromverbraucher zur Fahrzeugmasse verbunden sein, damit der Stromkreis geschlossen ist.
Blau gilt für die Stromkreise der Stand-, Schluß- und Kennzeichenleuchten.

Die Leitungen

Von den einzelnen bunten Kabeln sehen Sie immer nur die Enden, denn sonst verlaufen sie in schwarzen Isolierschläuchen.
Wichtig bei eventuellen eigenhändigen Einbauten ist, daß der Querschnitt eines Kabels je nach Leistung (Stromanspruch) des betreffenden Verbrauchers ausgewählt wird. Ein Kontrollämpchen kommt mit 0,5 mm^2 Kabelstärke aus, der Anlasser braucht dagegen eine 16-mm^2-Leitung. Ein zu dünnes Kabel heizt sich auf, und die Spannung fällt ab. Dann kommen statt der erwünschten 12 Volt beispielsweise an einem Zusatz-Scheinwerfer nur 10 oder gar 9,5 Volt an – das Licht wird trübe.

Der Sicherungskasten

Sämtliche Leitungen sind in bestimmten Leitungssträngen zusammengefaßt. Sie alle gehen vom Sicherungskasten rechts unter dem Armaturenbrett zu den einzelnen Verbrauchern. Der Sicherungskasten hat eine Aufnahmekapazität von 29 Sicherungen und 12 Relais. Außerdem befinden sich ausstattungsabhängig in unterschiedlicher Anzahl und Zuordnung Relais und Zusatzsicherungen in einer Relaisbox im Motorraum am linken Federbeindom.
Hat sich bei der Störungssuche herausgestellt, daß Kabelzuleitungen, die zuständige Sicherung bzw. das betreffende Relais keinen Schaden aufweist, kann es am Sicherungskasten liegen.

Die Sicherungen

Wenn durch den Defekt eines Stromverbrauchers oder eines Kabels ein Kurzschluß entsteht (der nichts anderes ist als ein abnorm ansteigender Stromdurchfluß) oder an einen bereits ausgelasteten Stromkreis zusätzliche Verbraucher angeschlossen werden, würde der Stromkreis überlastet. Die Leitung würde warm oder zu glühen beginnen, ebenso die Wicklungen der Lichtmaschine, und die Batteriesäure könnte ins Sieden geraten – wären da nicht die elektrischen Sicherungen zwischengeschaltet. Bei Überlastung eines Stromkreises glüht der dünne Schmelzdraht der Sicherung im Bruchteil einer Sekunde durch und unterbricht den Stromkreis.
Damit der Renault 19 bei einem Defekt nicht gleich völlig ohne Strom dasteht, sind die Sicherungen auf verschiedene Stromkreise verteilt. Allerdings sind die Schaltungen zwischen Anlasser, Batterie, Lichtmaschine und Zündschloß nicht von Sicherungen überwacht. Bei einer Störung dieser Teile nützt der Blick in den Sicherungskasten also nichts. Dagegen haben die Einspritzanlage und alle übrigen elektrischen Aggregate eine eigene Absicherung.
Der Renault 19 ist mit sogenannten Flachsteck-Sicherungen ausgerüstet. In einem eingefärbten Kunststoffteil sind zwei Flachstecker eingebettet, die durch einen Schmelzdraht verbunden sind. Eine durchgebrannte Sicherung erkennen Sie am durchgebrannten Schmelzdraht und am herausgebrochenen bzw. geschmolzenen Rücken der Plastikumhüllung. Zur Unterscheidung ihrer Belastbarkeit sind die Sicherungen zusätzlich zur Beschriftung farbig markiert:
3 A = violett; 5 A = braun; 10 A = rot; 15 A = blau; 20 A = gelb; 25 A = farblos; 30 A = grün.

Sicherung auswechseln

Die Sicherungen können auf der Beifahrerseite im Wageninnern nach Absenken des Sicherungskastens unter dem Armaturenbrett ersetzt werden. Auch die Relais können dort ausgewechselt werden. An die Relaisbox im Motorraum kommen Sie nach Abheben des Deckels heran.

- Zum Herausziehen einer Stecksicherung brauchen Sie schmale Finger.
- Brennt die neue Sicherung sofort wieder durch, klären, ob eine zu schwache Sicherung eingesetzt wurde (siehe Sicherungstabelle).
- War das nicht der Fall, anhand der Sicherungstabelle die angeschlossenen Verbraucher ermitteln und einzeln prüfen. Dabei hilft auch der zuständige Schaltplan (folgendes Kapitel).
- Im Zweifelsfall alle Verbraucher ausstecken und nacheinander wieder anschließen. Derjenige Verbraucher, bei dem die Sicherung durchbrennt, war defekt.

Der Sicherungskasten auf der Beifahrerseite ist ausstattungs- und modellabhängig unterschiedlich bestückt. Nach Vierteldrehung der beiden Schraubverschlüsse links und rechts kann der Sicherungskasten nach unten geschwenkt werden. Die Sicherungs- und die Relaisbelegung ist aus den Tabellen auf der folgenden Seite ersichtlich.
Wenn beim Sicherungswechsel einmal die passende Sicherung nicht greifbar ist, weil z. B. die passenden Ersatzsicherungen aufgebraucht sind, können Sie kurzfristig auch einmal geringfügig stärkere oder schwächere Sicherungen einsetzen, jedoch nicht vergessen, sie bald gegen die richtige Sicherung umzuwechseln.

Sicherungsbelegung

Nr.	A	Kabelfarbcode Eingang	Kabelfarbcode Ausgang	erhält Strom	angeschlossene Stromverbraucher
1	30	gelb	gelb	über Zündschloß	Fensterheber links
2	30	gelb	gelb	über Zündschloß	Fensterheber rechts
3	10	blau	blau	vom Kombischalter für Licht	Standlicht links
4	10	blau	blau	vom Kombischalter für Licht	Standlicht rechts, Schalterbeleuchtung, Warnsummer »Licht an«
5	10	orange	grün	vom zuständigen Relais	Nebelschlußleuchte
6	10	violett	violett/weiß	vom Kombischalter für Blinker	Blinkleuchten
7	30	rot	rot	direkt von der Batterie	Klimaanlage
8	20	rot	rot	direkt von der Batterie	Kühlerventilator
9	30	rot	rot	direkt von der Batterie	Klimaanlage
10	–	–	–	–	Frei
11	–	–	–	–	Frei, Motorfunktionen*
12	5	gelb	gelb	über Zündschloß	Automatikgetriebe
13	15	gelb	gelb	über Zündschloß	Antiblockiersystem
14	20	gelb	gelb	über Zündschloß	Schiebedach, Bord-Computer, Heckscheibenheizung, Spiegelheizung, elektronische Anlaßsperre*
15	5	–	–	–	Diebstahlalarmanlage
16	–	–	–	–	Frei
17	10	gelb	gelb	über Zündschloß	Uhr, Radio, Bord-Computer, Diebstahlalarmanlage
18	20	gelb	gelb	über Zündschloß	Heizgebläse
19	30	rot	rot	direkt von der Batterie	Scheinwerfer-Wisch-/Waschanlage
20	10	rot	rot	direkt von der Batterie	Intervallfunktion für Frontscheibenwischer, Endstellung Wischer
21	30	rot	rot	direkt von der Batterie	Zentralverriegelung, elektronische Anlaßsperre
22	20	rot	rot	direkt von der Batterie	Heckscheibenheizung (Relais)
23	15	rot	rot	direkt von der Batterie	Radio, Innenbeleuchtung, Kofferraumleuchte
24	30	rot	rot	über Zündschloß	Hauptsicherung
25	15	rot	rot	direkt von der Batterie	Uhr, Bord-Computer, Außenspiegelverstellung, Diebstahlalarmanlage
26	15	gelb	gelb	direkt von der Batterie	Frontscheibenwischer u. -wascher
27	20	–	–	über Zündschloß	Sitzbeheizung
28	15	gelb	gelb	direkt von der Batterie	Heckscheibenwischer u. -wascher, Anzünder, Rückfahrleuchten
29	10	gelb	gelb	direkt von der Batterie	Bremsleuchten

*) ab Modelljahr '92 zusätzliche Belegung

Relaisbelegung

Position	Klemme – Kabelfarbe*	Bezeichnung
A	1 – NO 2 – NO/NO 3 – MA 4 – frei 5 – BA/BA	Brücke Nebelscheinwerfer
B	1 – NO 2 – VE 3 – OT 4 – OR 5 – VE	Relais oder Brücke für Nebelschlußleuchte
C	1 – NO 2 – OR 3 – RG 4 – frei 5 – OR	Relais Nebelscheinwerfer
D	k.A.	Relais Rückfahrleuchten (bei Getriebeautomatik)
E	k.A.	Warnsummer (Cabrioverdeck)
F	1 – NO 2 – NO/NO 3 – BJ/MA 4 – JA 5 – BE/NO	Relais Rgelwiderstand Beleuchtung Bordcomputer
G	k.A.	Relais Zusatzfernlicht
H	1 – NO 2 – NO/NO 3 – RG 4 – frei 5 – BA	Relais heizbare Heckscheibe
J	1 – VI/VE/BA 2 – NO/RG 3 – BA/VE 4 – frei 5 NO 6 – frei	Verzögerungsrelais der Zentralverr.
K	frei	frei
L	1 – NO 2 – VI 3 – frei 4 – NO 5 – OR	Blinkrelais
M	1 – NO 2 – BE 3 – frei 4 – frei 5 – OR	Lichtwarnsummer
S	k.A.	Diagnosestecker
T	1 – NO 2 – BA 3 – MA 4 – VE 5 – JA 6 – VI	Intervallrelais für Frontscheibenwischer

* Die Kabelfarben und ihre Bedeutung entnehmen Sie bitte dem Text auf der gegenüberliegenden Seite

Versorgungspläne

Den Stromfluß von der Batterie über eine Sicherung oder einen Schalter bis zum Verbraucher zu verfolgen, macht nach etwas Einarbeitung kaum mehr große Schwierigkeiten. Zur Erleichterung sind die Pläne in logisch abgegrenzte elektrische Gruppen aufgeteilt.

Aufbau der Schaltpläne

Kabelfarben (abgekürzt), es bedeuten: BA – weiß; BE – blau; BJ – beige; CY – transparent; GR – grau; JA – gelb; MA – braun; NO – schwarz; OR – orange; RG – rot; SA – rosa; VE – grün; VI – violett.
Leitungsquerschnitte: Darüber finden Sie in den Schaltplänen keine Angaben. Im Falle einer Leitungsreparatur muß diese »vor Ort« ausgemessen werden.
Nummern: Eingerahmte Ziffern kennzeichnen elektrische Bauteile; eingerahmte Ziffern mit Zusatzbuchstaben deuten auf eine Steckverbindung (siehe auch Abbildung der Zeichenerklärung).

Verzeichnis der Bauteile

101 Anzünder
103 Lichtmaschine
104 Zündschloß
107 Batterie
108 Zündspule
109 Bord-Computer
111 Zündmodul
113 Intervallrelais Frontscheibenwischer
117 Warnsignalgeber »Licht an«
118 Steuergerät ABS
119 Steuergerät Getriebeautomatik
120 Steuergerät Benzineinspritzanlage
121 Schalter Nebelschlußleuchte
122 Schalter Nebelscheinwerfer
123 Innenschalter ZV
125 Schalter Warnblinkanlage
126 Schalter Luftgebläse
127 Schalter Heckscheibenwischer
128 Schalter Heckscheibenheizung
132 Schalter Fensterheber links
133 Schalter Fensterheber rechts
134 Schalter verstellbare Außenspiegel
137 Blinkrelais
138 Stellmotor ZV hinten rechts
139 Stellmotor ZV hinten links
140 Stellmotor ZV vorne links
141 Stellmotor ZV vorne rechts
142 Stellmotor ZV Heckklappe
145 Schalter Frontscheiben-Wisch-/Waschanlage
146 Klopfsensor
147 Drucksensor Ansaugkrümmer
148 Öldruckschalter
149 Impuls- und OT-Geber Motordrehzahl
150 Raddrehzahlgeber hinten rechts
151 Raddrehzahlgeber hinten links
152 Raddrehzahlgeber vorne rechts
153 Raddrehzahlgeber vorne links
154 Schalter Gepäckraumleuchte
155 Schalter Rückfahrleuchten
156 Schalter Handbremse
160 Schalter Bremslicht
161 Schalter Handschuhfachbeleuchtung
162 Kraftstoffmengenmesser (Bord-Computer)
163 Anlasser
164 Luftgebläse
165 Gepäckraumleuchte
166 Kennzeichenleuchte rechts
167 Kennzeichenleuchte links
168 Handschuhfachleuchte
172 Schlußleuchte rechts
173 Schlußleuchte links
174 Nebelschlußleuchte rechts
175 Nebelschlußleuchte links
176 Nebelscheinwerfer rechts
177 Nebelscheinwerfer links
178 Türkontaktschalter hinten rechts
179 Türkontaktschalter hinten links
180 Türkontaktschalter vorne rechts
181 Türkontaktschalter vorne links
182 Rückfahrleuchte rechts
183 Rückfahrleuchte links
184 Standlicht rechts
185 Standlicht links
188 Kühlerventilator
191 Türlautsprecher rechts
192 Türlautsprecher links
193 Einspritzventil 1
194 Einspritzventil 2
195 Einspritzventil 3
196 Einspritzventil 4
199 Tankgeber
200 Heckscheibenbeheizung
203 Fensterhebermotor links
204 Fensterhebermotor rechts
205 Öldruckschalter
206 Druckschaltereinheit Klimaanlage
207 Kontaktschalter Bremsflüssigkeits-stand
208 Zündmodul
209 Kombischalter
210 Uhr
211 Heckscheibenwischermotor
212 Frontscheibenwischermotor
213 Innenleuchte
216 Verschleißkontakt Bremsbelag vorne rechts
217 Verschleißkontakt Bremsbelag vorne links
218 Kraftstoffpumpe
220 Wascherpumpe Heckscheibe
221 Wascherpumpe Frontscheibe
222 Drosselklappen-Potentiometer
223 Leerlaufgemisch-Potentiometer
225 Diagnosestecker
226 Scheinwerfer rechts
227 Scheinwerfer links
228 Leerlauf-Regelventil
230 Relais Nebelschlußleuchte
231 Relais Nebelscheinwerfer
232 Relais Anlaßsperre
234 Relais Kühlerventilator
235 Relais Heckscheibenheizung
236 Relais Kraftstoffpumpe/Einspritzventile
238 Sicherheitsrelais Einspritzanlage
239 Verstellbarer Außenspiegel links
240 Verstellbarer Außenspiegel rechts
241 Regelwiderstand Instrumentenbeleuchtung
242 Lambdasonde
243 Geber Motorölstand
244 Geber Kühlmitteltemperatur
246 Abschaltventil (Diesel)
247 Kombi-Instrument
248 Thermoschalter Kühlerventilator(en)
249 Empfänger Infrarot-Fernbedienung ZV
250 Impuls- und OT-Geber Motordrehzahl
253 Lautsprecher rechts
253 Lautsprecher links
254 Blinkleuchte rechts
254 Blinkleuchte links

257 Steuergerät Vorglühanlage
258 Glühkerzen
259 Thermoschalter Kühlerventilator
260 Sicherungskasten
261 Radio
262 Zusatz-Kühlerventilator (Klimaanlage)
264 Zeitschaltung ZV
265 Umschalter Innenleuchte/Lesespot
272 Geber Ansauglufttemperatur
273 Drehzahlgeber Ausgangswelle Getriebeautomatik
274 Ventil Leerlaufanhebung
275 Zeitrelais Zusatz-Kraftstoffpumpe
279 Relais Kraftstoffsystem gegen Dampfblasenbildung
281 Relais Abblendlicht
289 Relais Standlicht-Dauerschaltung (Export)
290 Relais Abblendlicht-Dauerschaltung (Export)
296 Relais Nebelscheinwerfer
299 Stromverteilerplatte
306 Thermoschalter Zündverstellung
319 Schalter Heizung/Klimaanlage
320 Haupt-Kühlerventilator (Klimaanlage)
321 Widerstand des Kühlerventilators (Klimaanlage)
325 Fernbedienung Radio
339 Kaltstartventil
349 Zündverteiler
361 Hydraulikaggregat ABS
382 Relais Ansaugkrümmer
397 Gebläse Kraftstoffsystem gegen Dampfblasenbildung
398 Magnetventil Abgas-Rückführung
403 Hupe
406 Thermoschalter Vorglühanlage
427 Steuergerät Diebstahlalarmanlage
442 Sirene Diebstahlalarmanlage
459 Zeitschaltung Heckscheibenwischer
466 Shunt-Einheit
469 Schalter für Fahrlehrer
492 Funktelefon
565 Drosselklappeneinheit
567 Wasserpumpe
568 Zeitschaltung Wasserpumpe
578 Magnetventil Abgas-Rückführung (Diesel)
582 Thermoschalter elektrische Wasserpumpe
589 Einspritzpumpe (Diesel)
599 Verzögerungsrelais elektrische Wasserpumpe

Verzeichnis der Steckverbindungen

R1 Armaturenbrett/hinten rechts
R2 Armaturenbrett/hinten links
R3 Armaturenbrett/Fahrertür
R7 Armaturenbrett/Radio
R8 Armaturenbrett/Dach rechts
R14 Heckklappe/hinten rechts
R35 Armaturenbrett/Pedalwerk
R36 Armaturenbrett/ABS
R37 Einspritzanlage
R67 Motorraum Motorfunktionen
R106 Stoßfänger/Motorfunktionen
R107 Armaturenbrett/Motorfunktionen
R141 Innenleuchte/Vorne/Motor
R191 Vorne/Scheinwerfer-Wisch-/Waschanlage
R193 Kabelstrang Heckklappe hinten rechts

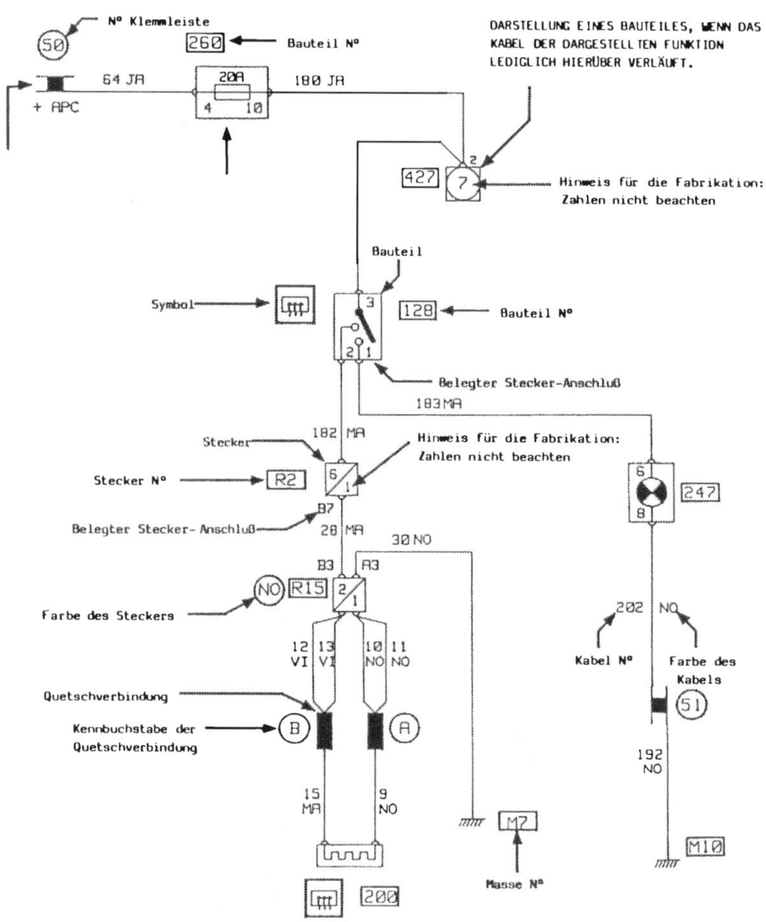

Die Abbildung zeigt die Zeichenerklärung für die verschiedenen Schaltplansymbole. Sie erleichtert Ihnen die Suche und Identifizierung der einzelnen Bauteile und deren Funktion. Dabei dürfen Sie sich von den ins Detail gehenden Kennummern und -buchstaben (z.B. für Quetschverbindungen Verbindungsstecker) nicht verwirren lassen, da sie meist Teil detaillierterer, uns nicht zur Verfügung stehender Funktionsschaltpläne sind.

Stromversorgung Direktstrom

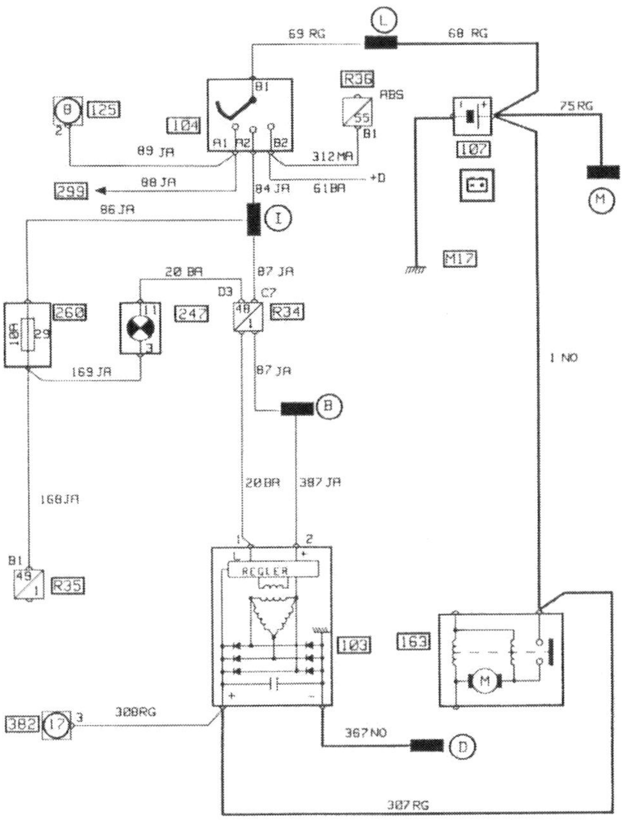

Stromversorgung vor Zündschloß

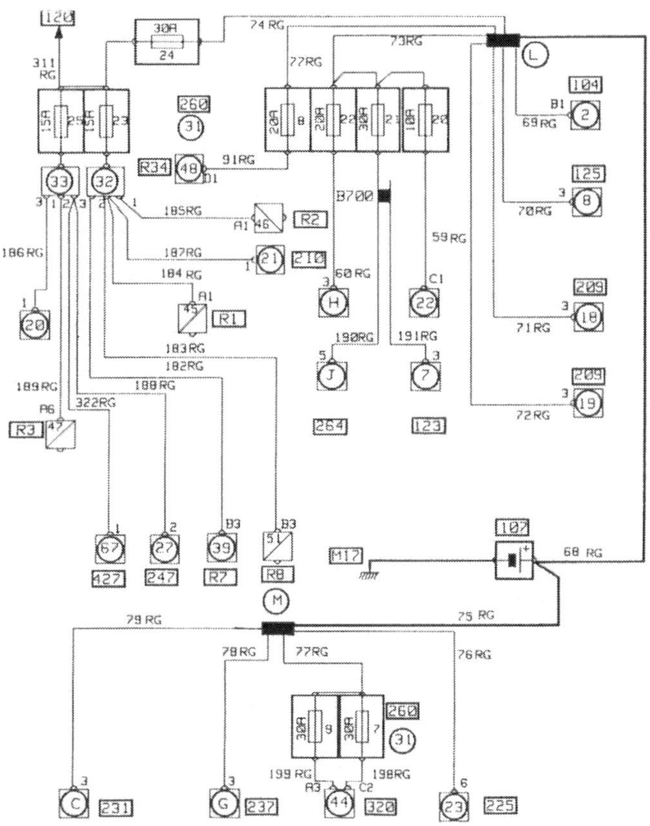

Stromversorgung nach Zündschloß

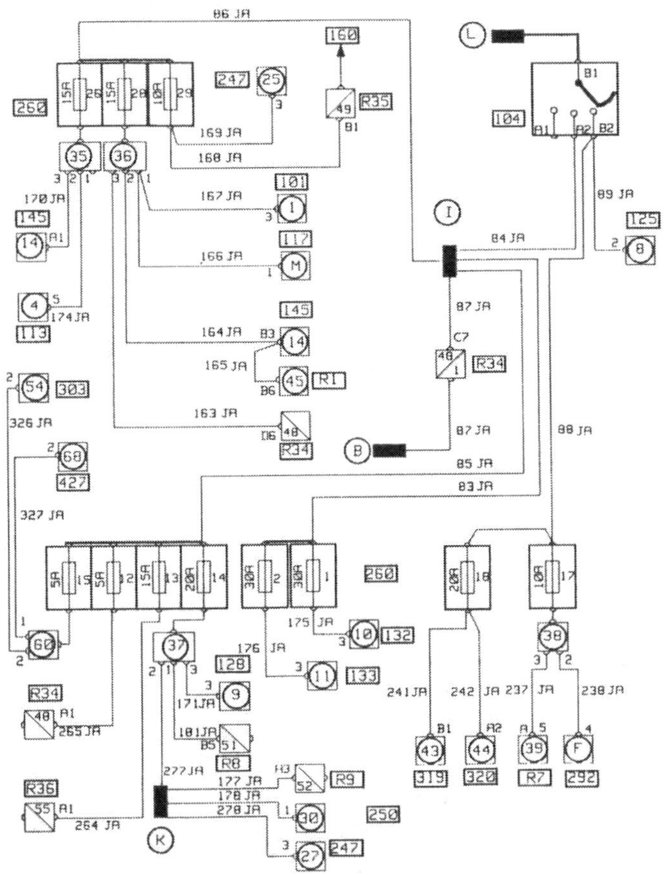

Stromversorgung nach Zündschloß

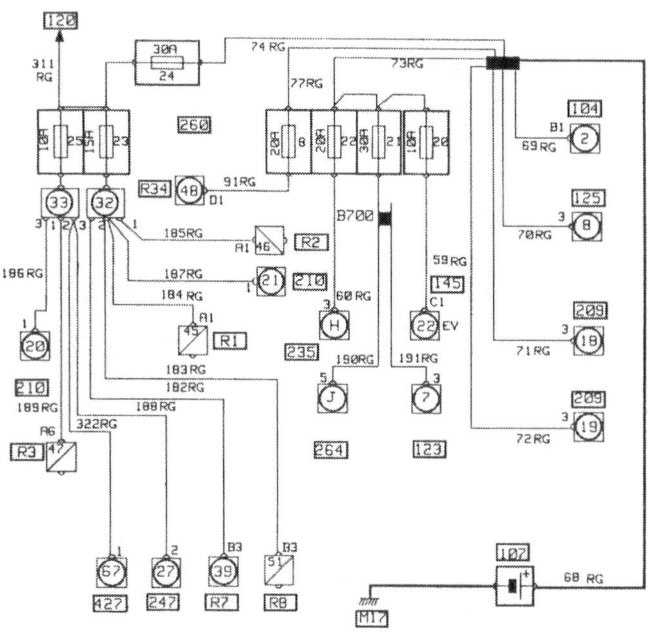

Benzin-Zentraleinspritzung

1,4-Liter-Motor (C3J)

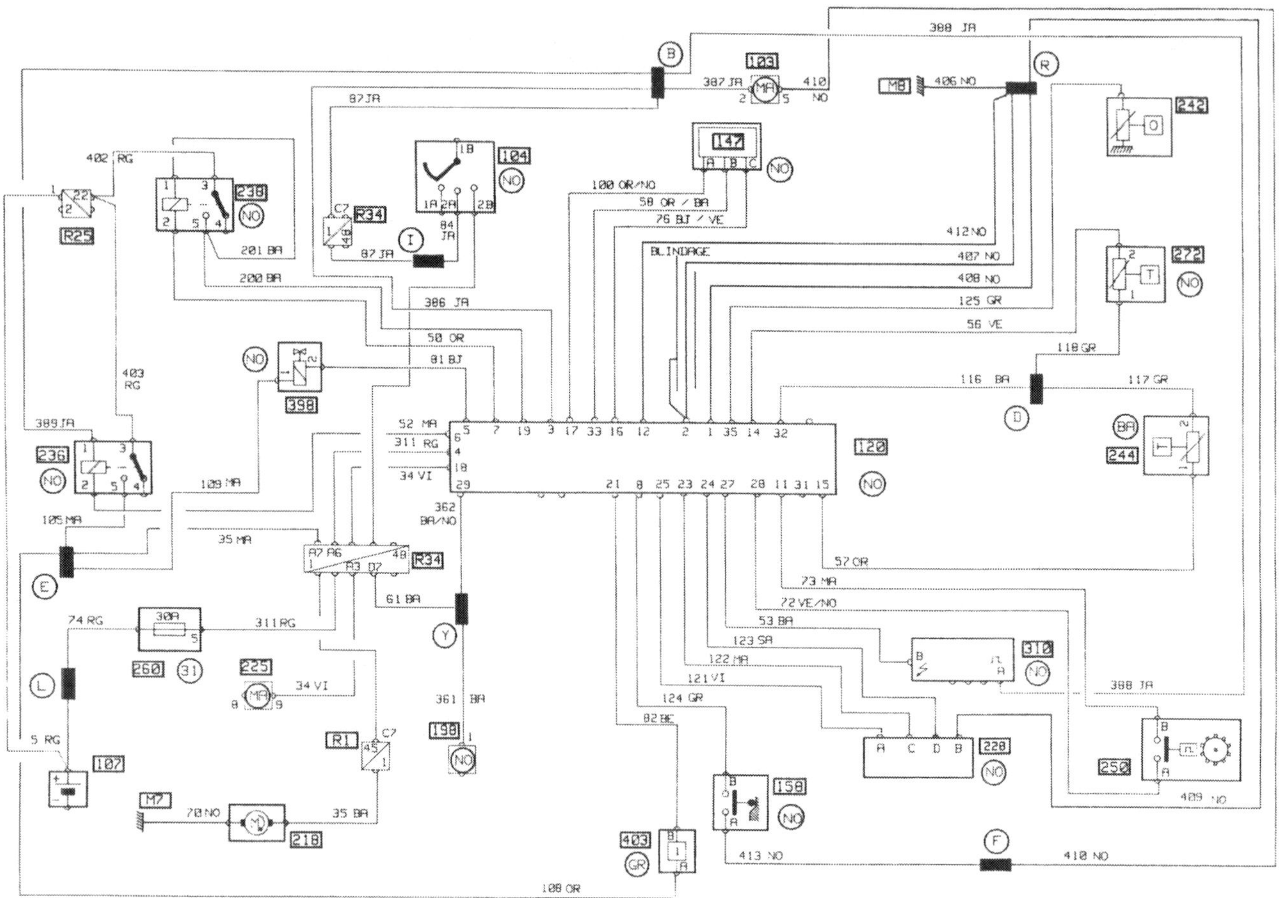

Benzin-Zentraleinspritzung

1,7-Liter-Motor (F3N), 1,8-Liter-Motor (F3P)

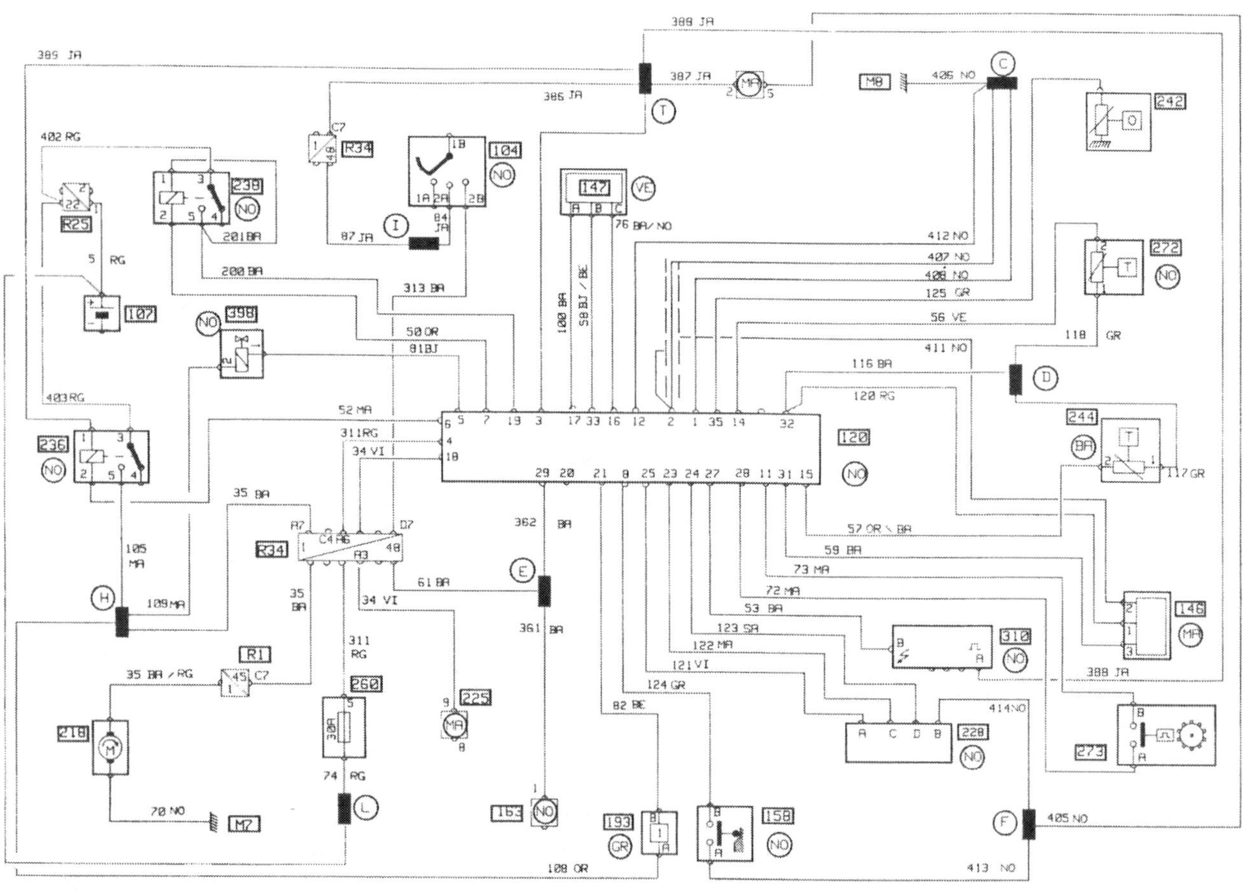

Benzin-Mehrpunkteinspritzung 1,8-Liter-Motor (F3P)

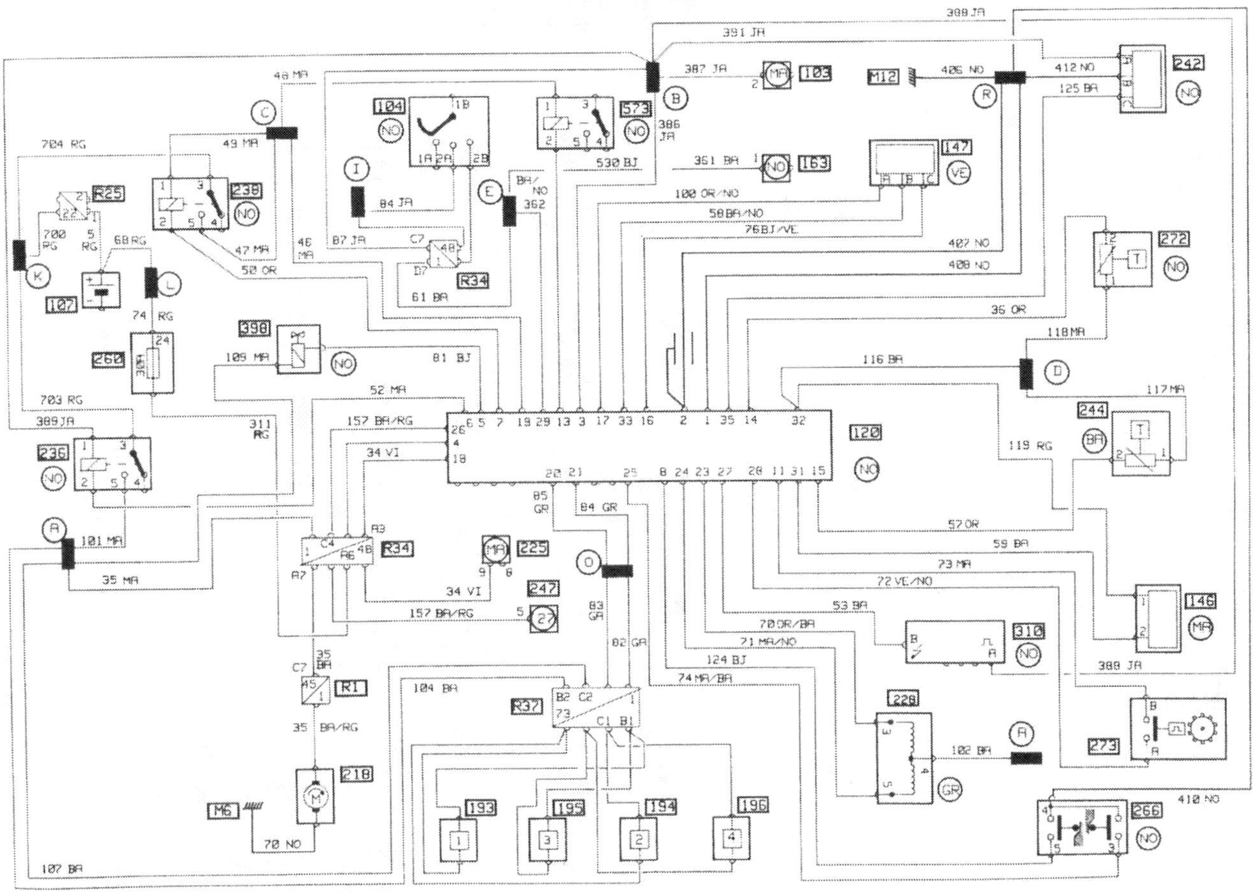

Benzin-Mehrpunkteinspritzung 16V-Motor (F7P)

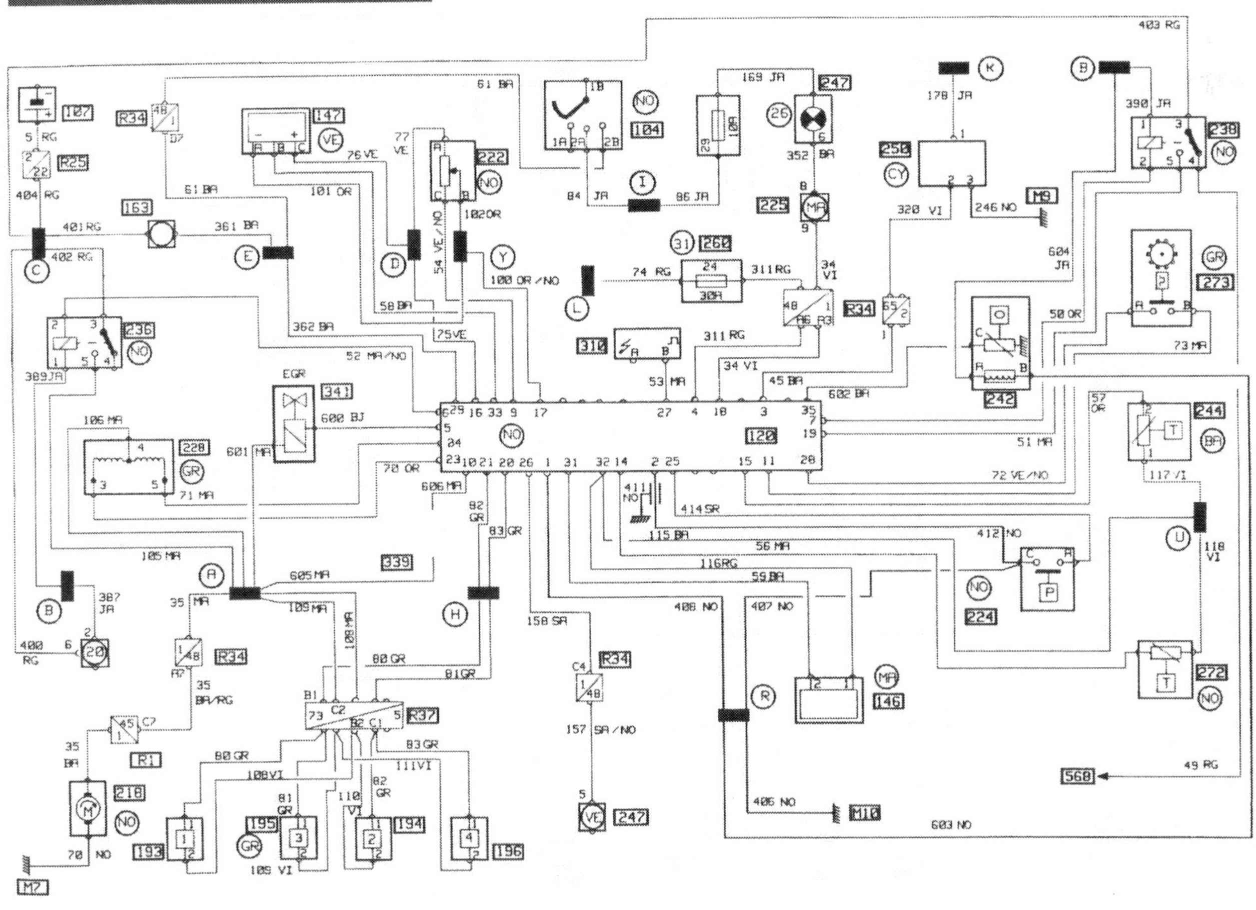

Zündanlage

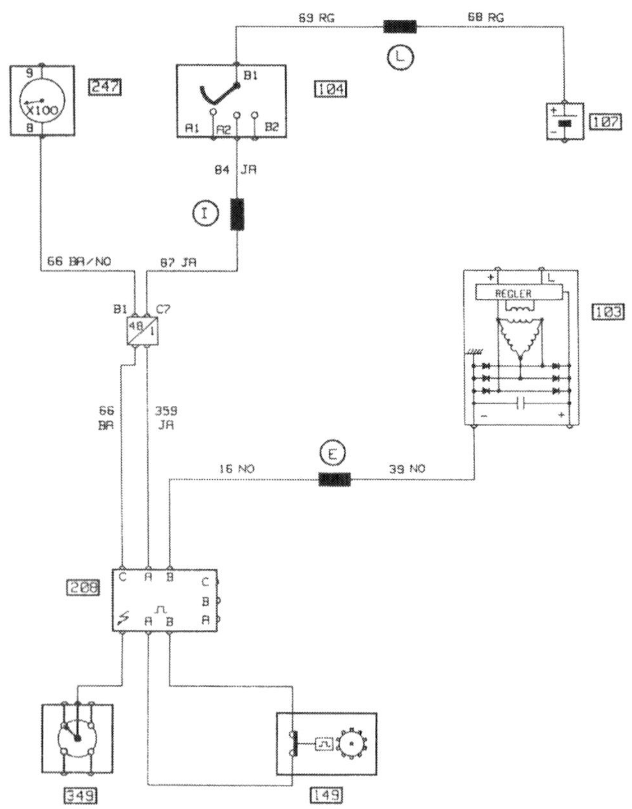

Diesel-Vorglühanlage

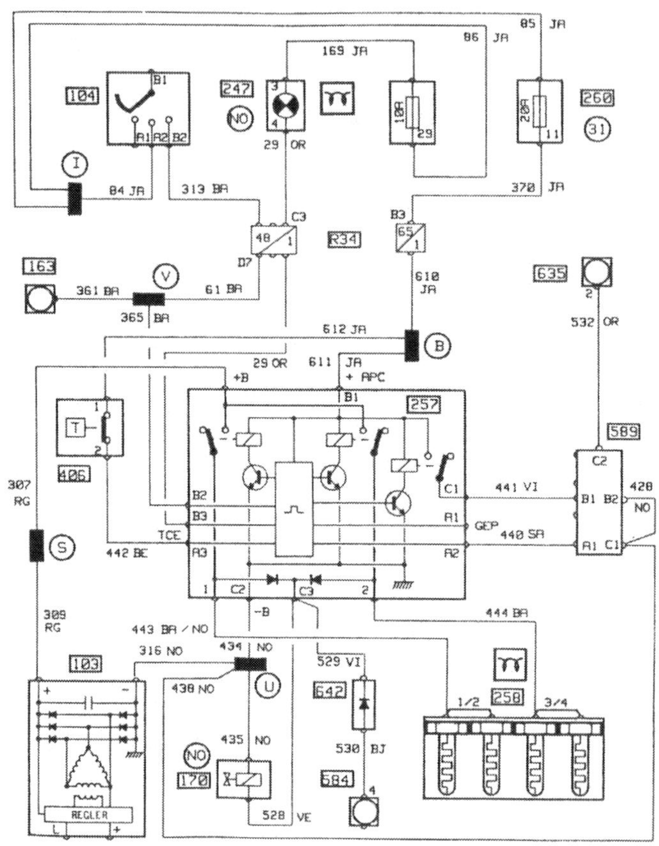

Antiblockiersystem

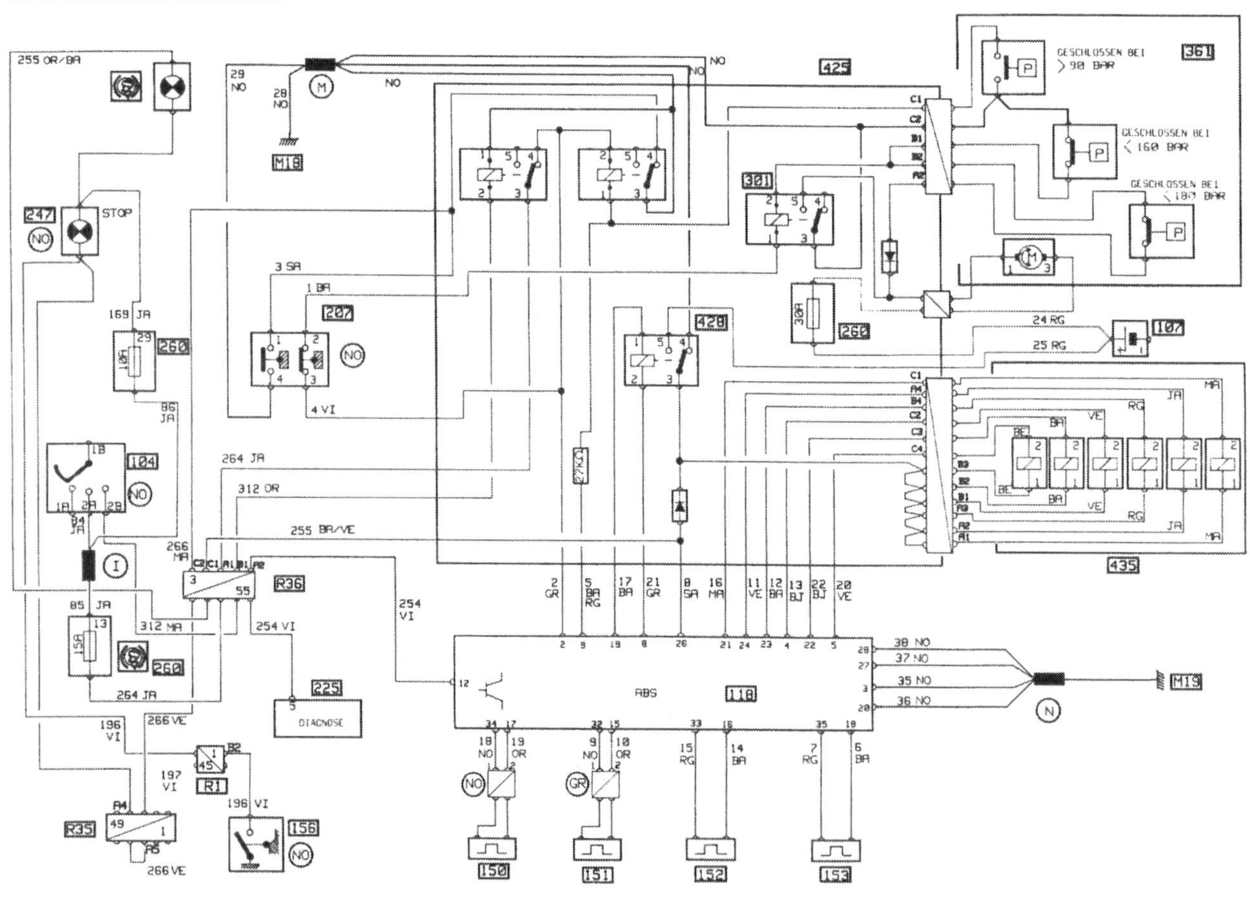

Abblenlicht

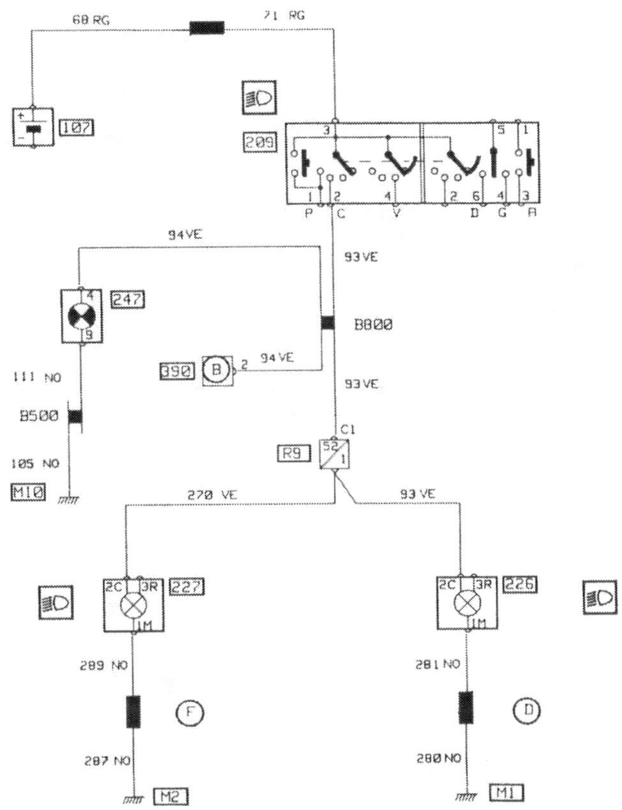

Fernlicht

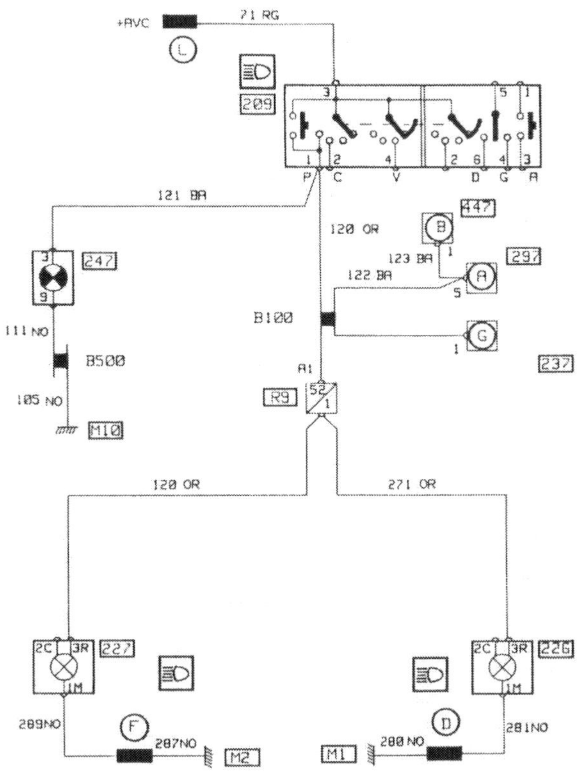

Nebellicht

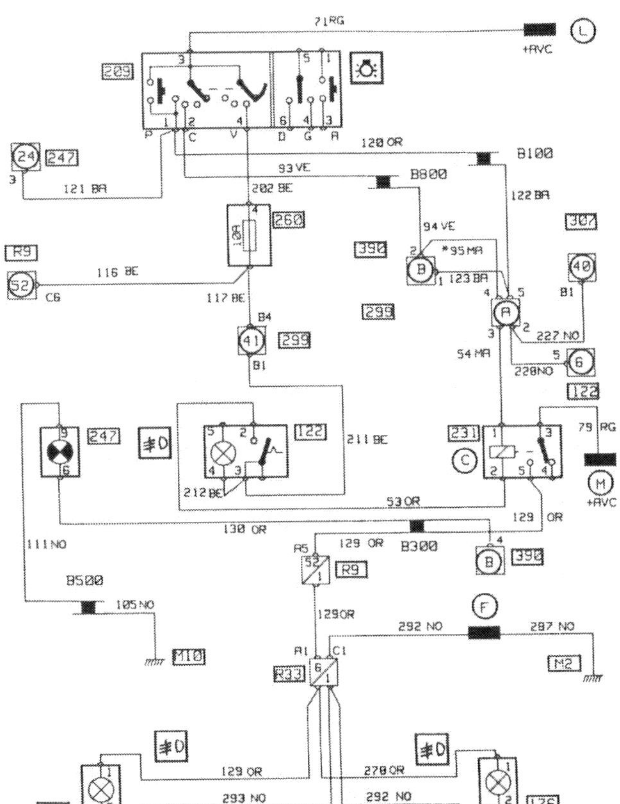

Standlicht

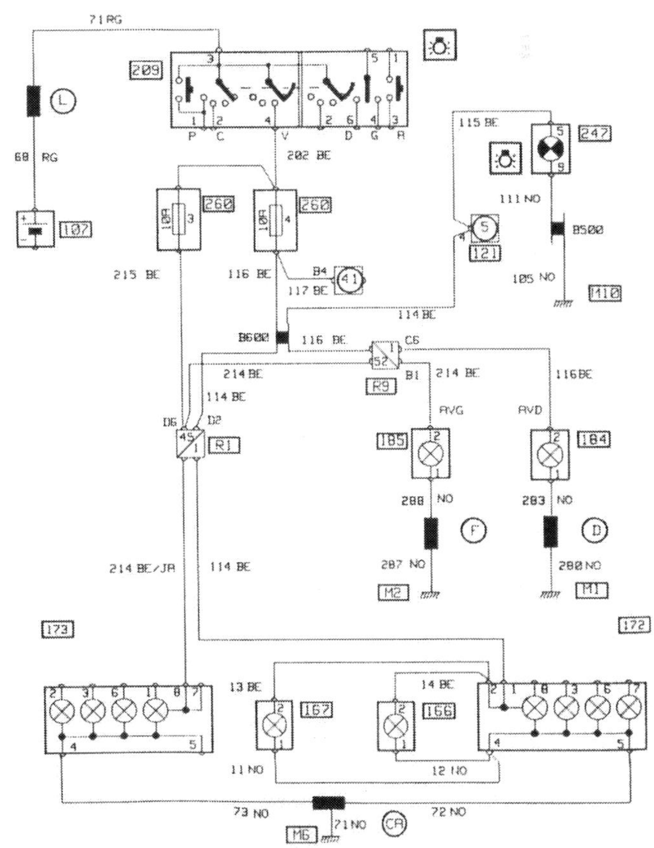

Bremslicht

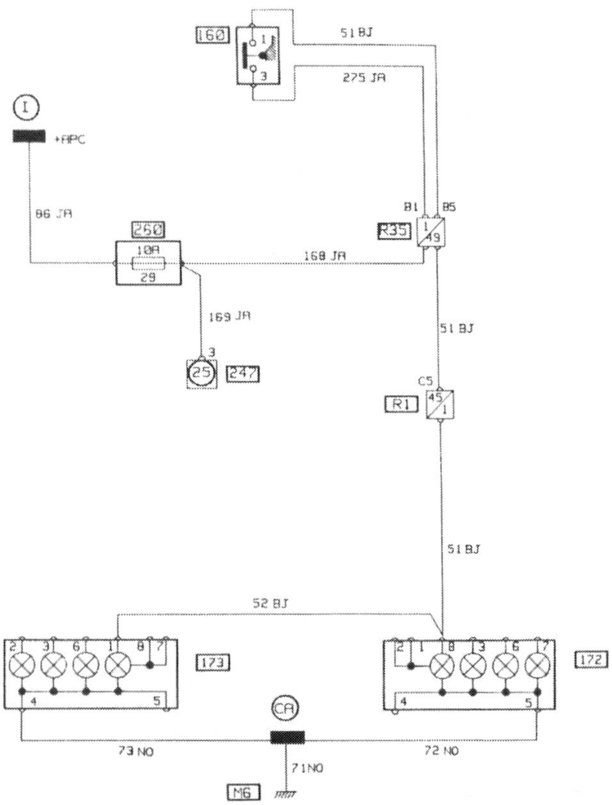

Blink- und Warnblinkanlage

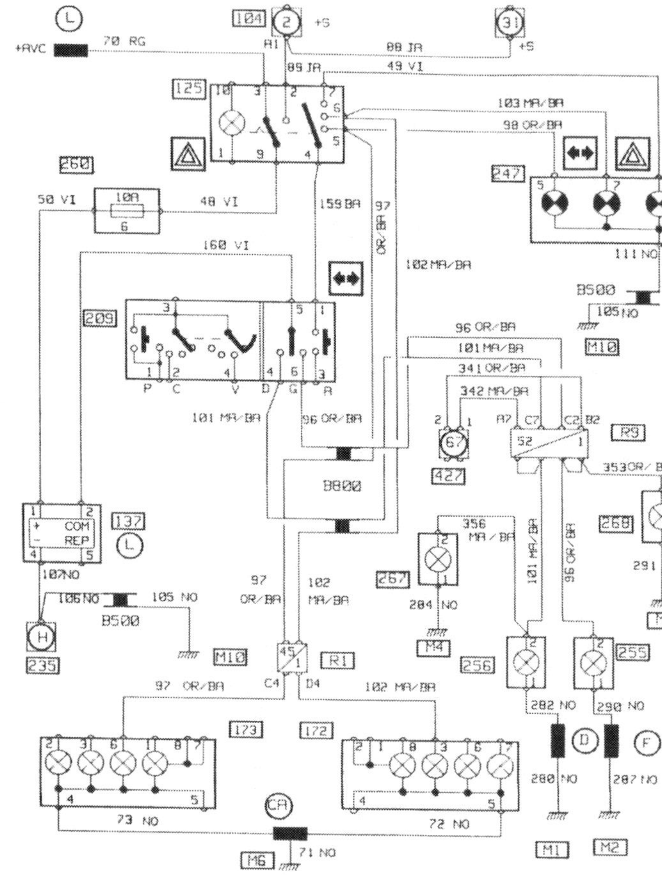

Kühlmittel-Temperaturgeber

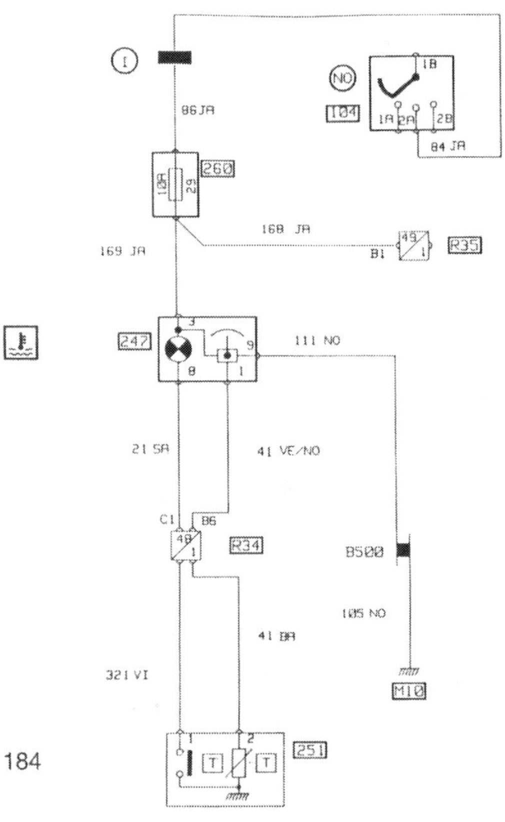

Drehzahlmesser

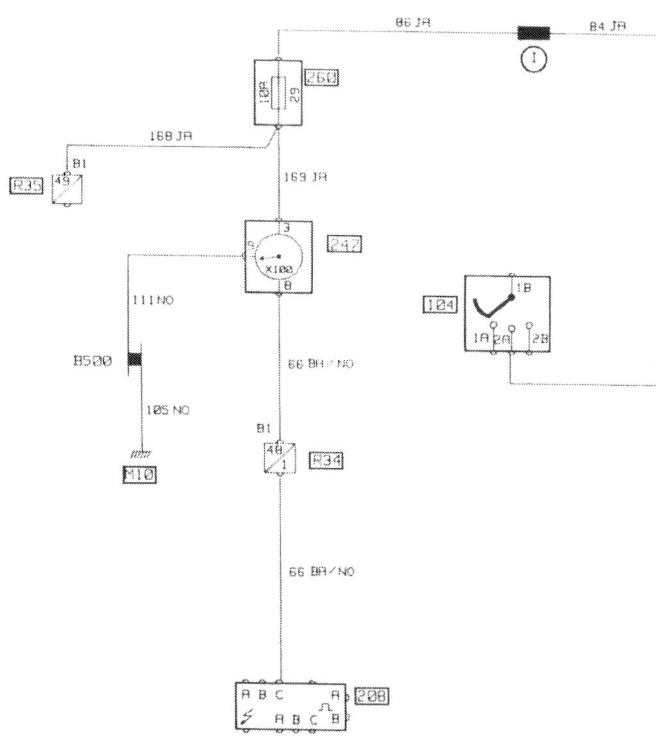

Tankanzeige

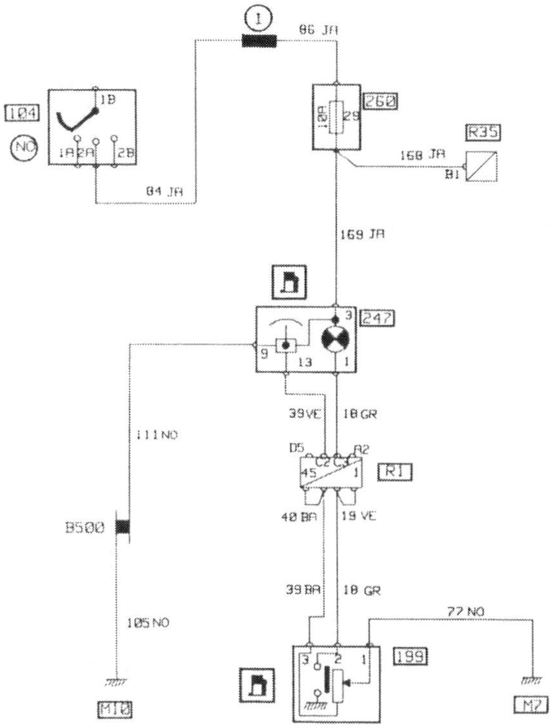

Front- und Heckscheibenwischer/-wascher

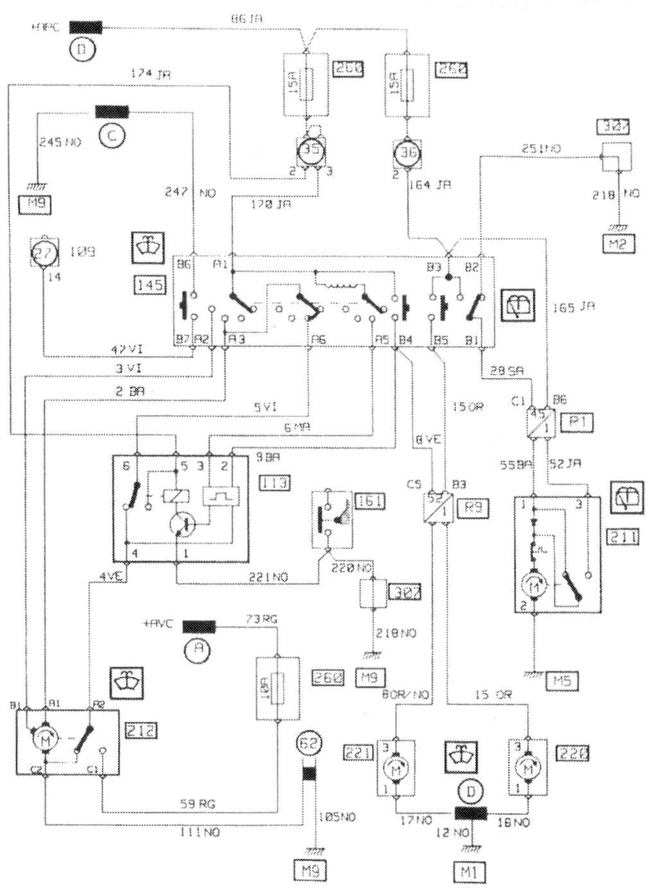

Kühlerventilator

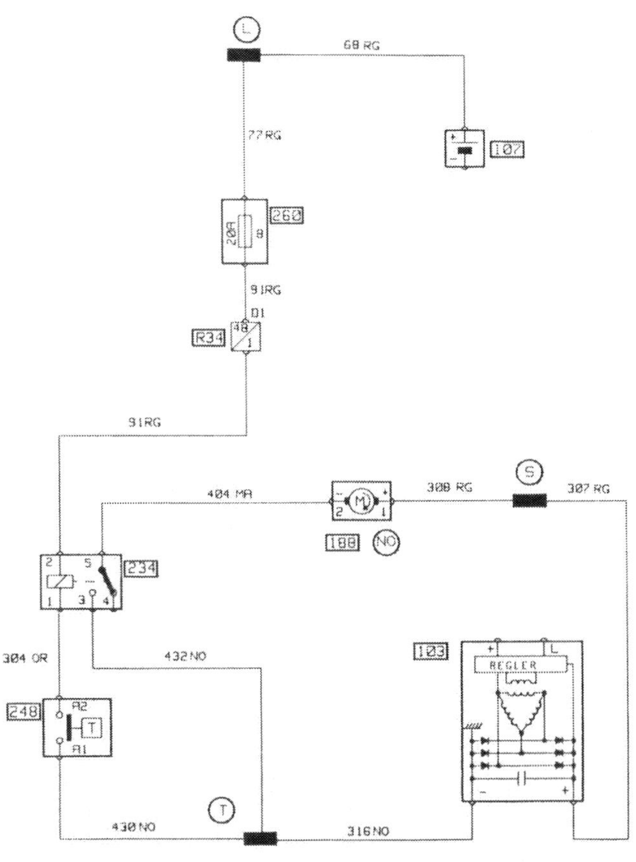

Luftgebläse

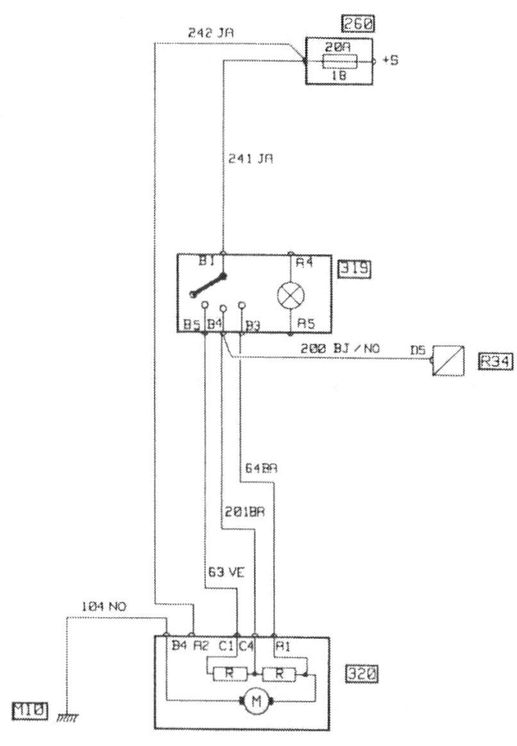

Elektrische Fensterheber

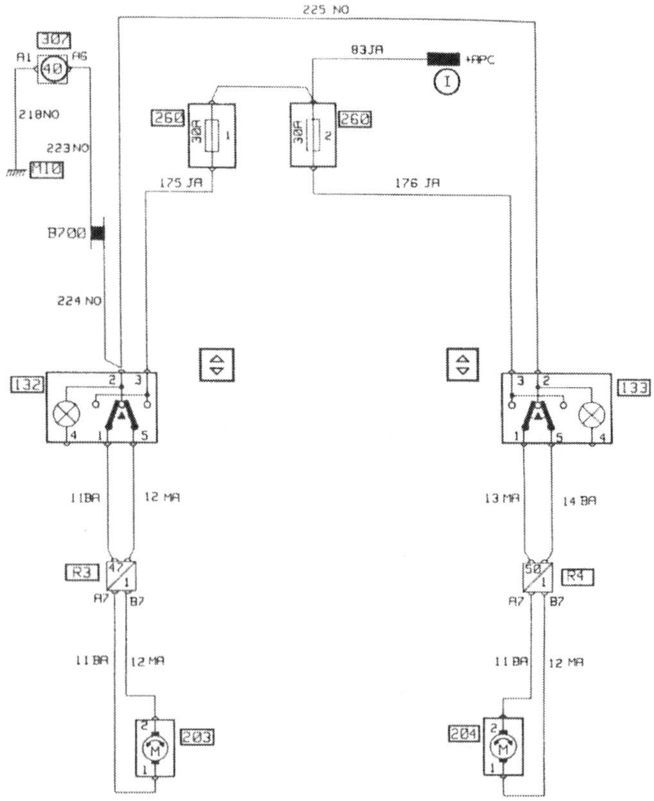

Elektrische verstellbare Spiegel

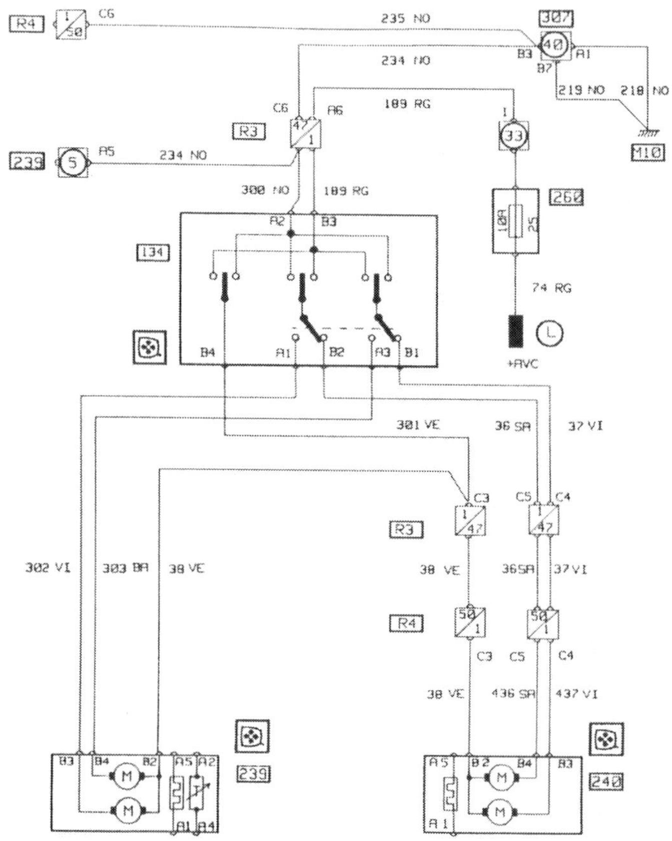

Zentralverriegelung Steuerstromkreis

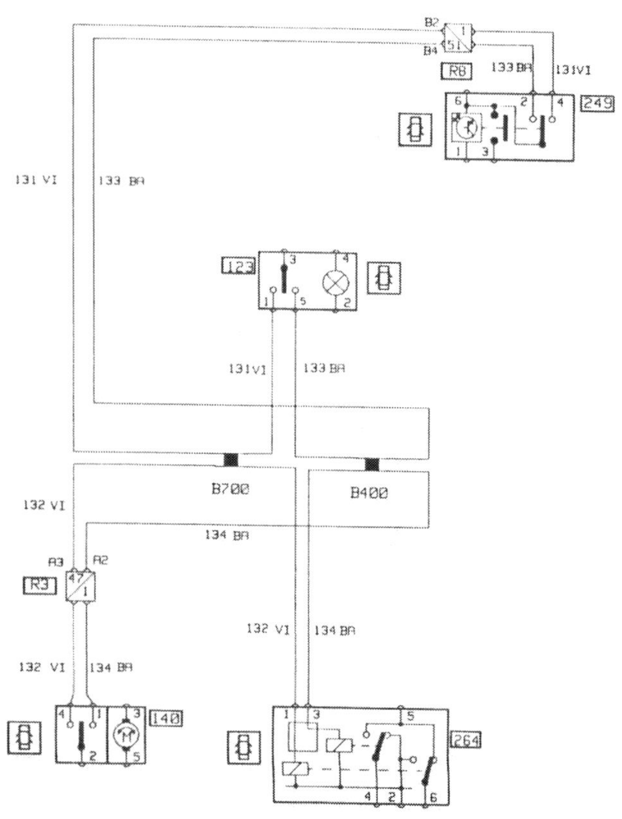

Zentralverriegelung Ver- und Entriegelung

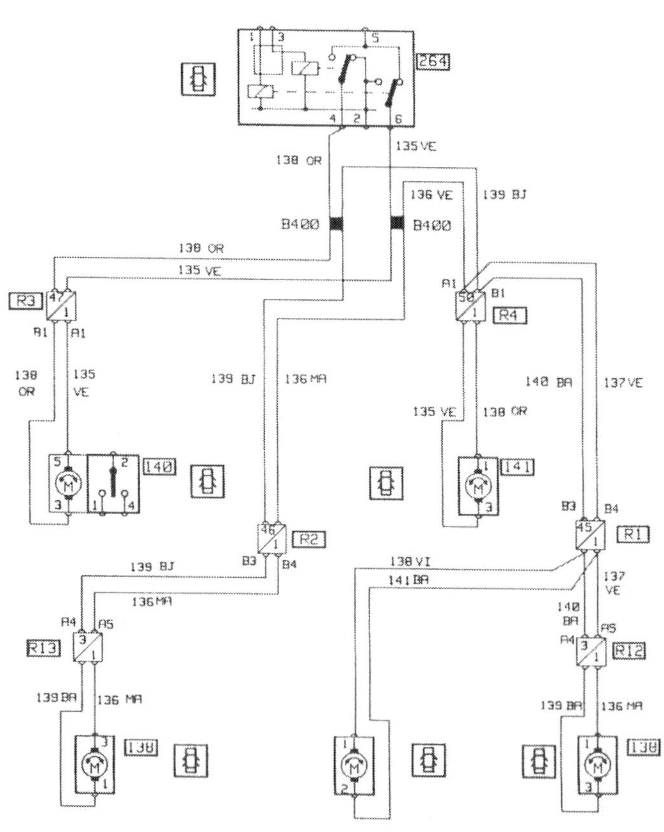

Kraftpäckchen

Erst das kleine »Kraftpaket Batterie« bringt das Auto »in Schwung«. Eine »lahme« Batterie läßt weder den Anlasser richtig durchdrehen noch einen ausreichenden Zündfunken zum Anspringen des Motors entstehen. Und auch die Glühkerzen des Diesel werden ihrem Namen nicht gerecht. Deshalb ist eine intakte und leistungsfähige Batterie so wichtig wie ein gefüllter Tank.

Batterie-Daten

In der Bezeichnung »12 V/40, 60 bzw. 70 Ah« gibt die Zahl 12 die Batteriespannung in Volt an. Hinter dem Schrägstrich ist die Stromstärke »in ihrer zeitlich lieferbaren Menge« vermerkt. Ah bedeutet Ampere je Stunde. Das ist die Batterie-Nennkapazität, die nach Normbedingungen während einer 20stündigen Entladung gemessen wird. In der Praxis rechnet man aber besser nur mit ⅔ oder gar nur der Hälfte der angegebenen Kapazität.
Wichtiger als die Kapazität ist die Angabe der Batterie-Leistungskapazität bei Kälte, wobei es der Anlasser besonders schwer hat, den Motor durchzudrehen. Den entsprechenden Meßwert finden Sie ebenfalls auf der Batterie: beispielsweise 250 A/60 RC. Die erste Zahl gibt den Strom an, den die Batterie bei einer Temperatur von –18°C mindestens 30 Sekunden abgibt, ohne daß die Spannung an der Batterie unter 7,2 V abfällt. Die zweite Zahl (wenn vorhanden) gibt die Zeit in Minuten an, in der die Spannung an der Batterie bei einer Belastung von 25 A und einer Umgebungstemperatur von 22°C auf 10,5 V abfällt.

Leistung der Batterie

Etwa 30 Watt werden verbraucht, wenn Sie Ihren Renault 19 mit eingeschaltetem Standlicht parken. Bei 12 Volt Spannung fließen dazu nach der Formel W : V = A (Leistung : Spannung = Strom) 2,5 Ampere, die von der 60-Ah-Batterie theoretisch etwa 24 Stunden lang geliefert werden. In der Praxis sieht es aber schlechter aus: Nach etwa 14 Stunden ist das Licht aus und die Batterie leer. Mit eingeschalteten Warnblinkern reicht der Strom etwa 6 Stunden.

Temperatureinfluß auf die Batterie

Batterien haben die Eigenart, um so unwilliger auf Kälte zu reagieren, je weniger Strom sie gespeichert haben. Völlig leere Akkus sind sogar so empfindlich, daß sie bei Frost einfrieren (ca. –15°C) und platzen können. Ist die Batterie dagegen randvoll geladen, verträgt sie die Kälte verhältnismäßig gut. Vor der kalten Jahreszeit empfiehlt sich bei einem älteren Akku die Kontrolle des Ladezustands.

Batteriesäurestand kontrollieren

Wartung Nr. 3

Die Batterieflüssigkeit besteht aus Schwefelsäure, die mit destilliertem Wasser verdünnt ist. Ein Teil dieses Wassers kann verdunsten oder wird beim Ladevorgang in Wasserstoff und Sauerstoff zersetzt. Im R19 ist eine wartungsfreie Batterie eingebaut. Durch ein größeres Flüssigkeitsvolumen soll sie ihr gesamtes Leben ohne Nachfüllen von destilliertem Wasser auskommen. Erhöhten Wasserverlust verursachen lediglich höhere Umgebungstemperaturen, ein defekter Lichtmaschinen-Spannungsregler, Selbstentladung bei langen Standzeiten des Fahrzeugs oder Tiefentladung, etwa durch eingeschaltetes Standlicht über Nacht.

- Die Batteriesäure muß mindestens bis zur MIN-Markierung am Gehäuse (falls vorhanden) reichen, zumindest aber die Plattenoberkanten gut bedecken.
- Bei abgesunkenem Säurestand Verschlußstopfen herausdrehen bzw. die Verschlußleiste mit Schraubendreher heraushebeln.
- Bei einer geladenen Batterie bis zum oberen Strich bzw. bis 15 mm über die Plattenoberkanten **destilliertes Wasser** (nichts anderes!) auffüllen.
- In eine stark entladene Batterie nur so viel Wasser füllen, daß die Platten oben bedeckt sind. Beim Wiederaufladen steigt der Säurestand nämlich erheblich.
- Erst nach dem Laden bis zur oberen Marke nachfüllen.
- Die Wassermenge aus der Einfüllflasche muß gut dosierbar sein, sonst wird der Akku überfüllt.
- Eine überfüllte Batterie »kocht über«, die Säure tritt an den Verschlußstopfen bzw. an der Entlüftungsbohrung aus und verursacht Korrosion und Säurekristalle an Batterieoberfläche und -standplatz.

Ladezustand der Batterie prüfen

Wartung Nr. 4

Erscheint die Batterie trotz richtigem Säurestand kraftlos, muß der Ladezustand kontrolliert werden. Zur Kontrolle kann entweder mit einem speziellen Hebe-Säuremesser (Aräometer) das Säuregewicht oder mit

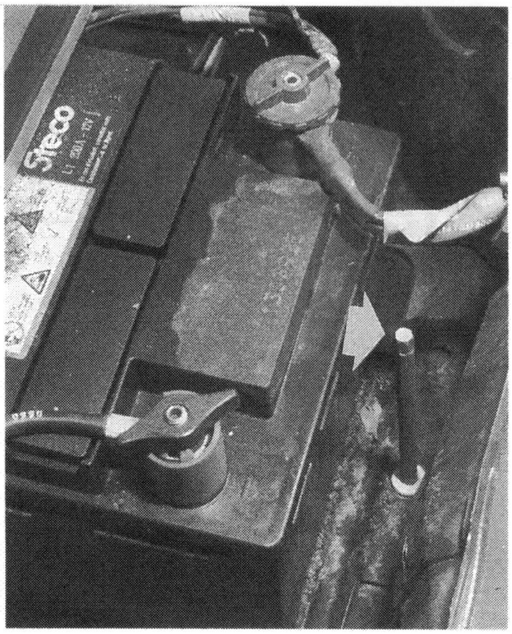

Links: Mit einem Säuremesser wird die Säuredichte jeder einzelnen Batteriezelle gemessen. Mit dem senkrecht gehaltenen Säuremesser so viel Batteriesäure ansaugen, bis der Schwimmer frei schwimmen kann. Bei einer »gesunden« Batterie sind die Werte der einzelnen Zellen nahezu gleich. Die Bedeutung der Meßergebnisse können Sie unten nachlesen.
Rechts: Bei allen Renault-19-Modellen zum Ausbau der Batterie nach Hochklappen der Batterieabdeckung zuerst das Minuskabel und dann das Pluskabel abnehmen. Dann muß lediglich noch die Klemme (Pfeil) der Fußleiste gelöst werden.

einem Voltmeter die Batteriespannung gemessen werden. Voraussetzung für eine zuverlässige Kontrolle ist, daß die letzte Aufladung mindestens sechs Stunden zurückliegt.

- **Säuremessung:** Batterie-Verschlußstopfen herausdrehen bzw. Verschlußleiste abhebeln.
- Mit Hebe-Säuremesser so viel Batteriesäure ansaugen, daß die Meßspindel frei schwimmt.
- Säuregewicht ablesen. Es bedeuten: 1,28 kg/l = Batterie voll geladen; 1,20 kg/l = halb geladen; 1,12 kg/l = entladen.
- **Spannungsmessung:** Liegt die letzte Batterieladung weniger als sechs Stunden zurück, das Abblendlicht für ca. 30 Sekunden einschalten, damit entstandene Spannungsspitzen abgebaut werden.
- Nach vier bis fünf Minuten Wartezeit die Batteriespannung zwischen den Polen prüfen.
- Gebraucht wird ein genau anzeigendes Volt- oder Multimeter mit ±0,02 V Anzeige-Genauigkeit.
- Alle Verbraucher müssen ausgeschaltet sein.
- Die Höhe der Batteriespannung gibt eine zuverlässige Aussage über den Zustand der Batterie. Es bedeuten: 12,4 V – schlecht; 12,6 V – normal; 12,7 V und darüber – gut.

Batterie ausbauen

Grundsätzlich muß an der Batterie zuerst das Minuskabel abgenommen werden, damit beim weiteren Hantieren kein Kurzschluß entstehen kann.

- Die Dichtung zur Motorhaube vorsichtig von der Spritzwand im Motorraum abziehen.
- Die Kunststoff-Windlaufabdeckung abbauen. Dazu in Wagenmitte an der Schmalseite eine Kreuzschlitzschraube herausdrehen.
- Mutter an der Klemme des Minuskabels lösen, Klemme vom Batteriepol abnehmen.
- Pluskabel-Klemme lösen und abnehmen.
- Klemmschraube der Halteleiste am Batteriefuß losdrehen und abnehmen.
- Batterie herausheben.
- Beim Einbau die Batterie unter die hintere Fußschiene schieben.
- Zuerst das Pluskabel anschließen, dann das Minuskabel.
- Ein Vertauschen der Kabelklemmen ist nur mit Gewalt möglich, denn der Schraub-Polschuh der Minusklemme ist anders geformt als die Plusklemme.
- Batteriepole gegen Sulfatieren mit Polfett oder Vaseline einfetten.

Batterie laden

Auch wenn die Batterie nichts zu leisten hat, muß sie gelegentlich geladen werden. Sie hat nämlich die Untugend, sich mit der Zeit selbst zu entladen. Deshalb eine ausgebaute Batterie genauso wie den Akku in vorübergehend stillgelegten Fahrzeugen mindestens einmal im Monat nachladen.

Ladegerät anschließen

- Kunststoffabdeckung hochklappen.
- Pluskabel am Batterie-Pluspol, Minuskabel am Minuspol anklemmen.
- Die Batteriekabel brauchen bei einem Heimwerker-Ladegerät nicht abgenommen zu werden.
- Das sich beim Laden bildende Gas kann durch die Entlüftungsbohrungen in der Abdeckung entweichen.
- Der Ladestrom soll anfangs etwa 10% der Batteriekapazität betragen (z. B. 6,0 A beim 60-Ah-Akku) und sich während der Ladung automatisch verringern.
- Beim Batterieladen wird das destillierte Wasser teilweise zersetzt. Es bilden sich Gasblasen aus Wasserstoff und Sauerstoff – das hochexplosive Knallgas.

● Wenn mit hohem Strom (A) geladen wird, für gute Durchlüftung des Raumes sorgen.
● Beim Laden der Batterie in der Nähe nicht rauchen und kein offenes Feuer verwenden.
● Auch Funken beim Ab- oder Anklemmen des Laders bzw. der Batteriekabel können das Knallgas entzünden.

Schnelladung der Batterie

Wer es eilig hat, kann seine Batterie bei Tankstelle oder Werkstatt schnelladen lassen. Nach einer Stunde ist die Batterie wieder voll. Beachten Sie:
○ Einem älteren Akku kann die Schnelladung das Leben kosten, dann muß eine ohnehin bald fällige neue Batterie her.
○ Beide Batteriekabel müssen abgenommen werden. Durch den hohen Ladestrom können die empfindlichen elektronischen Bauteile im Renault 19 Schaden nehmen.

Start mit leerer Batterie

Bei Fahrzeugen mit Katalysator wird oft vor dem Anrollenlassen, Anschieben oder Anschleppen gewarnt. Falls der Motor lediglich wegen einer leeren Batterie nicht anspringt, ist das aber ungefährlich. Anders bei einem Defekt an der Zündanlage: Da können unverbrannte Gemischanteile nachgezündet werden und die Temperatur im Katalysator auf gefährliche Höhen treiben.

Starthilfekabel

Da die Überbrückung mit Starthilfekabeln von einer vollen zu einer leeren Batterie für die elektronischen Bauteile Ihres R19 ähnlich gefährlich ist wie z. B. die Schnelladung bei angeschlossener Batterie, sollten Sie sich zum Schutz der Elektronik in Ihrem Fahrzeug spezielle »Elektronik-Starthilfekabel« anschaffen. Bei solchen Starthilfekabeln wird die Elektronik vor gefährlichen Stromspitzen geschützt.
● Hilfsfahrzeug so dicht an den Renault 19 heranfahren lassen, daß die Batterien beider Wagen durch die Starthilfekabel miteinander verbunden werden können.
● Kontrollieren Sie, ob in Ihrem stromlosen Fahrzeug sämtliche Stromverbraucher abgeschaltet sind.
● Ein Kabel an beide Batterie-Pluspole anklemmen.
● Anderes Starthilfekabel zuerst am Minuspol der geladenen Fremdbatterie und dann im Motorraum des stromlosen Wagens an blanker Masse (z. B. direkt am Motor) oder am Minuspol der entladenen Batterie anschließen.
● Motor des Hilfswagens starten und mit erhöhter Drehzahl laufen lassen, damit die Lichtmaschine kräftig Spannung liefert.
● Falls der Motor in Ihrem Fahrzeug nicht gleich anspringt, zwischendurch eine Abkühlungsphase für den Anlasser einlegen. Hilfsmotor weiterlaufen lassen, wodurch die leere Batterie bereits etwas nachgeladen wird.
● Beim Abklemmen der Starthilfekabel zuerst die Klemme vom Minuspol der geladenen Fremdbatterie abnehmen.

Wagen anschieben

Mit zwei Helfern läßt sich der Benziner-R19 mit Schaltgetriebe bei gutem Motorzustand anschieben.
● Zündung einschalten.
● 1. Gang einlegen. In höheren Gängen wird die Lichtmaschine für kräftige Stromlieferung zu langsam durchgedreht.
● Kupplung durchtreten, Wagen anschieben lassen, bis er in Schwung ist.
● Kupplung schnell kommen lassen. Der Motor wird abrupt durchgedreht und müßte anspringen.
● Sofort Kupplung treten und Gas geben.

Wagen anschleppen

Suchen Sie sich zum Anschleppen einen schlepperfahrenen Helfer aus, damit nicht durch Ungeschick größerer Schaden entsteht.
Von einem anderen Wagen geschleppt kann auch der Diesel-Motor ohne Vorglühen zum Laufen gebracht werden. Beim Schleppen muß (bei eingekuppeltem Motor) allerdings eine beträchtliche Wegstrecke zurückgelegt werden, bevor der Diesel unter heftigem Qualmen und Nageln seine Arbeit aufnimmt.
Und denken Sie daran: Bei stehendem Motor arbeitet der Bremskraftverstärker und ggf. die Servolenkung nicht.
● Zündung einschalten, 2. Gang einlegen und Kupplung treten.
● Der Zugwagen muß langsam anfahren.
● Bei etwa 15 km/h die Kupplung langsam kommen lassen, dabei die rechte Hand an den Handbremshebel legen, damit Sie dem Vordermann nicht unversehens ins Heck rollen.
● Ist der Motor angesprungen, Kupplung treten und Gas geben.
● Schleppfahrer Hupsignal geben.
● Gang herausnehmen, Kupplung loslassen.
● Mit der Handbremse zusammen mit dem Schleppwagen sanft abbremsen.

Mitläufer

Die seitlich am Motor sitzende Lichtmaschine, auch Drehstrom-Generator genannt, läuft andauernd mit dem Motor mit und versorgt so nicht nur die Zündanlage und das Einspritzsystem, sondern auch die eingeschalteten Stromverbraucher. Leistungsüberschuß wird in der Batterie gewissermaßen auf die hohe Kante gelegt.

Die Drehstrom-Lichtmaschine

Im Renault 19 kommen Drehstrom-Lichtmaschinen zum Einsatz, wobei der landläufige Begriff »Lichtmaschine« eigentlich falsch ist, da sie ja nicht nur fürs Licht zuständig, sondern bei der Vielzahl unterschiedlicher Stromverbraucher schon ein kleiner Strom-Generator ist.
Die Lichtmaschine wird vom Motor über einen Keilriemen angetrieben und ist praktisch wartungsfrei, da es nichts zu schmieren gibt. Selbst die Schleifkohlen halten 80000 km und mehr.
Die Drehstrom-Lichtmaschine erzeugt den von ihr abgegebenen Strom durch aneinander vorbeidrehende magnetische Felder, die von sogenannten Feldwicklungen aufgebaut werden. Dabei entsteht Wechselstrom. Da die Batterie jedoch mit Gleichstrom geladen werden muß, besorgen Halbleiter-Dioden die notwendige Gleichrichtung des Wechselstroms. Die Dioden sind sehr empfindlich gegen hohe Spannungen.

Umgang mit der Lichtmaschine

○ Bei laufendem Motor darf kein Kabel zwischen Akku und Lichtmaschine gelöst bzw. angeschlossen werden. Dadurch kann die Spannung schlagartig ansteigen (Spannungsspitze) und eine Diode »verheizt« werden.
○ Ohne richtig angeschlossene und intakte Batterie darf die Drehstrom-Lichtmaschine nicht laufen. Der Akku dient als Spannungsbegrenzer für die Lichtmaschine, gewissermaßen als Puffer gegen Überspannungen.
○ Sämtliche Kabelanschlüsse im Verbund Lichtmaschine – Batterie – Masse müssen ganz fest sitzen. Schon ein Wackelkontakt kann zu Spannungsspitzen führen.
○ Beim Schnelladen der Batterie und beim elektrischen Schweißen an der Karosserie müssen beide Kabel vom Akku abgenommen werden.

Leistung der Drehstrom-Lichtmaschine

Beim R19 kommen je nach Motor, Fahrzeugmodell, Sonderausstattung und Absatzgebiet Lichtmaschinen mit unterschiedlichen Leistungen von drei Herstellern zum Einsatz. Die Leistung liegt je nach Lichtmaschine zwischen 60 und 110 Ampere, das sind zwischen 840 und 1540 Watt. Zwei Drittel dieser Leistung werden bereits bei 2000 Lichtmaschinen-Umdrehungen erzeugt. Da die Lichtmaschine zur Kurbelwelle knapp 1:2 übersetzt ist, liegen ⅔ der Leistung bereits bei etwas höherer Leerlaufdrehzahl an.

Der Spannungsregler

Je schneller die Lichtmaschine dreht, um so höher steigt die Spannung und damit auch der gelieferte Strom – wie bei einem Fahrraddynamo. Ein derartiges Auf und Ab ertragen die Stromverbraucher im Auto nicht.

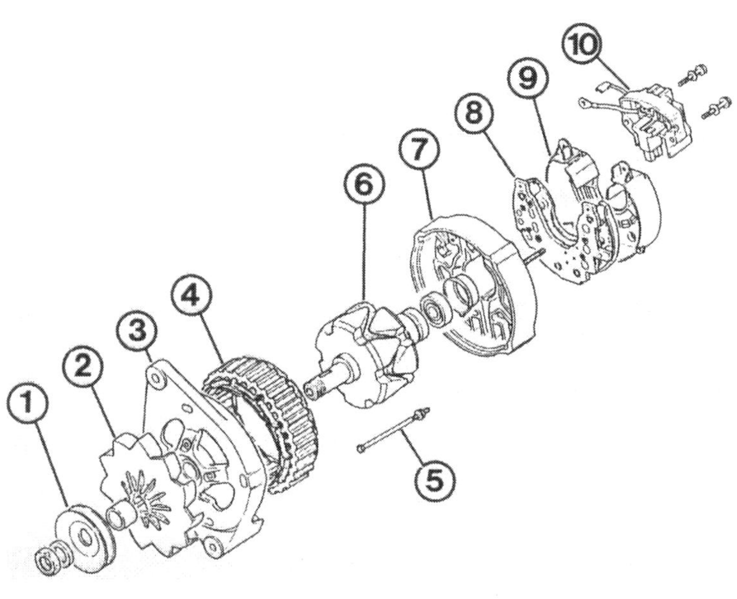

Stellvertretend für die verschiedenen zum Einbau kommenden Lichtmaschinentypen ist hier die Valéo-Lichtmaschine in einer Explosionsdarstellung abgebildet. Der Aufbau der anderen Lichtmaschinentypen und ihre Teile sind ähnlich. Es bedeuten:
1 – Keilriemenscheibe;
2 – Lüfter;
3 – Antriebslagerschild;
4 – Ständerwicklung;
5 – Verbindungsschraube;
6 – Läufer mit Schleifringen;
7 – Schleifring-Lagerschild;
8 – Gleichrichter mit Dioden;
9 – Kunststoffabdeckung;
10 – Regler mit Bürstenhalter.

Bei einem Defekt des Reglers bzw. bei verschlissenen Schleifkohlen kommen Sie zumindest bei den meisten F-Motor-Versionen relativ leicht an die Lichtmaschine heran. Bevor jedoch ein vermeintlich defekter Regler ausgebaut wird, sollte die Steckverbindung auf korrekten und oxidationsfreien Sitz kontrolliert werden. Es bedeuten:
1 – Regler mit Schleifkohlen;
2 – Steckverbindung;
3 – Abdeckung des Gleichrichters.

Deshalb begrenzt ein an der Lichtmaschine angeschraubter Regler die Spannung und verhindert ein Überladen der Batterie. Über die Schleifkohlen der Lichtmaschine fließt nur ein geringer Strom, außerdem laufen die Kohlen auf glatten Schleifringen. Das bewirkt nur geringen Verschleiß.
Bei der Paris-Rhône-Lichtmaschine sitzen die Schleifkohlen an der Innenseite des Spannungsreglers. Bei der Lichtmaschine von Ducellier und Valéo sitzen sie in einem separaten Bürstenhalter.

Spannungsregler prüfen

Wenn Sie Zweifel an der Spannungsregelung haben, können Sie die Reglerspannung prüfen:

- Voltmeter zwischen »+«-Klemme der Lichtmaschine und Masse anklemmen oder am Plus- und Minuspol der Batterie messen.
- Motor mit 4000/min drehen lassen.
- Bei einer Strombelastung von 3 bis 7 A (z. B. Licht und Heckscheibenheizung oder Luftgebläse einschalten) muß die Regulierspannung zwischen **13,5** und **14,8 Volt** liegen.
- Messen Sie eine höhere Ladespannung, ist der Regler defekt und muß ausgetauscht werden.
- Zu niedrige Spannung kann eventuell an abgenutzten Schleifkohlen liegen.

Schleifkohlen kontrollieren und ersetzen

Hierzu muß bei allen Motorvarianten die Lichtmaschine ausgebaut werden. Ist die Lichtmaschine jedoch schon einmal ausgebaut, empfiehlt es sich, die Lichtmaschine von der Werkstatt oder vom nächsten Bosch-Dienst überprüfen zu lassen. Sie hat die nötigen Meßinstrumente und kann auch gleich weitere Mängel – z. B. mechanische – feststellen und beseitigen.

- Lichtmaschine auf die Werkbank legen und zwei Schrauben am Regler losdrehen.
- Regler gewissermaßen herausklappen, damit die Kohlebürsten nicht hängenbleiben.
- Überstand der Schleifkohlen messen.
- Sind sie nur noch **ca. 5 mm** lang, je nach Lichtmaschinentyp entweder den kompletten Regler mit den Kohlebürsten austauschen oder die Kohlebürsten mit Halter ersetzen.

Je nach Motorversion (die Abbildung zeigt den C-Motor) soll sich der Keilriemen bei normalem Daumendruck maximal 6 mm (bei warmem Motor) eindrücken lassen (Pfeil), sonst muß die Spannung durch Lösen der Lichtmaschinen-Spannschrauben nachgestellt werden. Es bedeuten:
1 – Spannbügel-Halteschraube;
2 – Spannbügel;
3 – Spannschraube.

Keilriemenspannung prüfen

Wartung Nr. 7

Der Keilriemen treibt beim C- und bei den F-Motoren zusätzlich zum Drehstrom-Generator die Wasserpumpe an. Deshalb muß der Kontrolle der Keilriemenspannung besondere Aufmerksamkeit zukommen. Ein durchrutschender Keilriemen – erkennbar an Quietschgeräuschen, wenn aus dem Leerlauf heraus kurz Gas gegeben wird – kann die Kühlung erheblich beeinträchtigen.
Die Werkstatt kontrolliert die Keilriemenspannung bei kaltem Motor mit einem speziellen Werkzeug (El. 346-04). Dabei wird vom Stößel des Werkzeugs in der Mitte zwischen den Keilriemenscheiben ein Druck von genau 30 N auf den Keilriemen ausgeübt und die Auslenkung des Riemens gemessen. Ohne ein solches Werkzeug kann auch ein Lineal von Keilriemenscheibe zu Keilriemenscheibe gelegt und mit normalem Daumendruck die Auslenkung des Keilriemens gemessen werden.

Motor	Meßstelle	mit Meßgerät	mit Daumendruck
1,4-Liter (C3J)	von oben zwischen Lichtmaschinen- und Wasserpumpen-Keilriemenscheibe	4 mm	4–6 mm
1,7-/1,8-Liter und Diesel-Motor (F3N/F3P/F8Q) ohne Servolenkung	von oben zwischen Lichtmaschinen- und Kurbelwellen-Keilriemenscheibe	4–5 mm	4–6 mm
1,7-/1,8-Liter und Diesel-Motor (F3N/F3P/F8Q) mit Servolenkung	von oben zwischen Lichtmaschinen- und Kurbelwellen-Keilriemenscheibe	4–5 mm	4–6 mm
16V-Motor (F7P)	von oben zwischen Lichtmaschinen- und Kurbelwellen-Keilriemenscheibe	3–5 mm	3–6 mm

● Beim jeweiligen Motortyp an der längsten Spannweite zwischen zwei Keilriemenscheiben den Keilriemen mit normalem Fingerdruck eindrücken.
● Ist Ihr Renault 19 mit Servolenkung oder/und Klimaanlage ausgerüstet, ist anstatt eines herkömmlichen Keilriemens ein Keilrippenriemen montiert, der von einer Spannrolle auf der vorgeschriebenen Spannung gehalten wird.
● Bei richtiger Spannung darf sich ein gelaufener Riemen maximal 6 mm eindrücken lassen, siehe obige Tabelle.
● Auch bei richtig gespanntem Keilriemen sollten Sie prüfen, ob die Spannschraube der Lichtmaschine und die Muttern am Schwenklager bzw. der Spannrolle gut angezogen sind.

Keilriemen spannen

● **C-Motor:** Klemmschraube am Langloch des Spannbügels lockern.
● Schraubbefestigung des Lichtmaschinen-Schwenklagers am Motor lösen.
● Zwischen Lichtmaschine und Motor kräftigen Schraubendreher oder Montierhebel ansetzen.
● Lichtmaschine vom Motor wegdrücken, gleichzeitig die Spannbügel-Klemmschraube festziehen.
● **F-Motor (Standardausführung):** Klemmschraube der Spannvorrichtung und des Schwenklagers lösen.
● Schraube des Keilriemenspanners anziehen bzw. lösen, bis die richtige Spannung des Riemens erreicht ist.
● Schraube des Schwenklagers und Klemmschraube der Spannvorrichtung anziehen.
● **F-Motor (Servolenkung/Klimaanlage):** Zentralmutter der Spannrolle nur so weit lösen, bis die Spannrolle in der Langlochführung verschoben werden kann.
● Spannrolle mit kleinem Montierhebel so weit nach innen drücken, bis die Spannung stimmt

Schäden am Keilriemen oder Keilrippenriemen (hier am 1,7-Liter-Motor mit Servolenkung) verkürzen seine Lebenserwartung drastisch. Deshalb beim Abnehmen möglichst ohne Werkzeug arbeiten. Nach Lösen der Schwenklagerschraube »1« und der Spannschraube »2« die Spannvorrichtung bei »3« lockern und durch Zurückdrücken der Lichtmaschine den Riemen von Hand über die Riemenscheiben heben. Provisorisch kann die Keilriemenspannung mit Daumendruck (Pfeil) geprüft werden, siehe Tabelle oben.

Eine zuverlässige Kontrolle von Spannung (Pfeil) und Zustand des Keilrippenriemens kann bei einigen Motoren (im Bild der F-Motor mit Servolenkung) besser nach Ausbau der rechten Radhausabdeckung geschehen. Dazu muß allerdings das Rad demontiert werden. Es bedeuten:
1 – Kurbelwellen-Riemenscheibe;
2 – Wasserpumpen-Riemenscheibe;
3 – Riemenscheibe der Servopumpe.

Fingerzeig: Nach dem Keilriemenspannen den Motor kurz laufen lassen und die Spannung nochmals kontrollieren, ggf. erneut spannen. Zur genauen Messung ggf. ein Lineal von Riemenscheibe zu Riemenscheibe legen.

Keilriemenzustand kontrollieren

Wartung Nr. 8

Keilriemen müssen bei den heutigen leistungsstarken Lichtmaschinen erhebliche Kräfte übertragen. Das ist der Grund, weshalb die Spannung wesentlich strammer eingestellt wird als früher.

○ Zu geringe Riemenspannung bewirkt neben mangelhafter Leistungsübertragung auf die Lichtmaschine hohen Riemenschlupf, dadurch steigende Riementemperatur und frühzeitigen Flankenverschleiß.

○ Ist die Spannung so gering, daß bei scharfem Beschleunigen die Kurbelwellen-Riemenscheibe unter dem Keilriemen durchdreht, zeigen sich unregelmäßige Schleifspuren an den Riemenflanken.

○ Extrem hohe Riemenspannung schadet dagegen den Lagern der Lichtmaschine. Außerdem wird der Keilriemen auf die Dauer überdehnt.

○ Werden von den Motoren außer der Lichtmaschine und Wasserpumpe beim F-Motor noch weitere Aggregate, wie z. B. die Hydraulikpumpe der Servolenkung oder/und der Kompressor der Klimaanlage angetrieben, geschieht dies durch einen sogenannten Profilriemen, der durch eine Spannrolle immer auf einer vorgegebenen Spannung gehalten wird.

● Drehen Sie zur Kontrolle des Riemens den Motor einige Male ganz durch.

● Nur so können Sie wirklich alle Flächen des Keilriemens sehen. Oft hat der Riemen nämlich nur einen einzigen, aber tiefen Riß, der bei der Kontrolle möglicherweise genau an der Riemenscheibe zu liegen kommt.

● Einen angerissenen oder ausgefransten Riemen umgehend ersetzen.

Keilriemen bzw. Keilrippenriemen auswechseln

Ein Keilriemen darf auf keinen Fall mit einem Schraubendreher o. ä. über die Riemenscheiben »gewürgt« werden, sonst ist der nächste Schaden durch Bruchstellen im Keilriemenunterbau bereits »mit eingebaut«.

● **C-Motor:** Spannschraube des Spannbügels lösen.

● Schrauben des Schwenklagers lösen.

● Lichtmaschine zum Motor hin schwenken.

● Keilriemen abnehmen.

● **F-Motor (Normalausführung):** Spannvorrichtung vollständig lösen. Dazu vorher die Klemmschraube am Langloch des Spannbügels lösen.

● Befestigung am Schwenklager lösen.

● Lichtmaschine nach unten schwenken und Keilriemen abnehmen.

● **F-Motor (Servolenkung/Klimaanlage):** Zentralmutter der Spannrolle lösen und Spannrolle vom Keilrippenriemen wegdrücken.

● Riemen von den Riemenscheiben abnehmen. Dabei sollten Sie sich den Verlauf des Riemens für den Wiedereinbau merken.

● Falls ein neuer Keilriemen montiert wurde, Motor ca. 10 Minuten laufen lassen und nach Kontrolle der Riemenspannung diese ggf. nochmals einstellen.

Spannrolle auswechseln
bei Servolenkung bzw. Klimaanlage

Ein lautes Lagerlaufgeräusch braucht nicht immer gleich der Servolenkung bzw. der Klimaanlage angelastet zu werden – viel häufiger kommt das Geräusch von einem verschlissenen Spannrollenlager.

● Keilrippenriemen abnehmen, wie zuvor beschrieben.

● Zentralschraube herausdrehen und Spannrolle komplett vom Halter abnehmen.

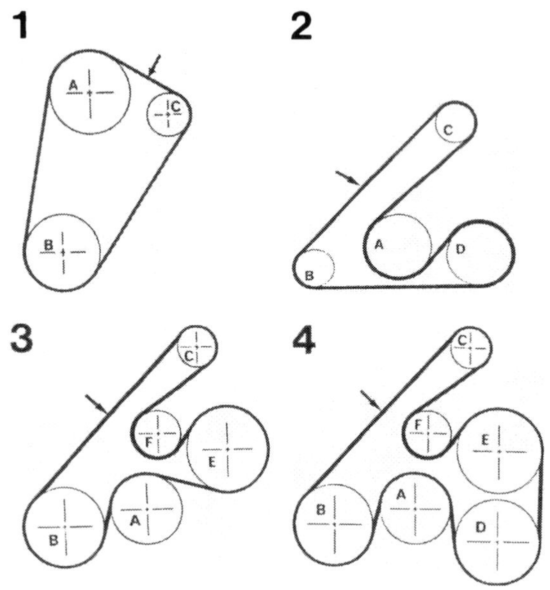

Der Keilriemenverlauf beim C-Motor (1), F-Motor mit Servolenkung (2), Klimaanlage (3) und zusätzlich mit Servolenkung (3). Der Pfeil deutet jeweils auf die Stelle, an der die Riemenspannung kontrolliert werden muß. Die Riemenscheiben-Bezeichnungen:
A – Wasserpumpe;
B – Kurbelwelle;
C – Lichtmaschine;
D – Servopumpe;
E – Klimakompressor;
F – Spannrolle.

Lichtmaschine ausbauen

● Batterie abklemmen.
● Mehrfachstecker abziehen bzw. elektrische Verbindung abklemmen.
● **C-Motor:** Spann- und Befestigungsschraube des Spannbügels lösen.
● Schwenklagerschraube lösen.
● Lichtmaschine nach innen schwenken und Keilriemen abnehmen.
● Spann- und Schwenklagerschraube entfernen.
● Lichtmaschine nach oben aus dem Motorraum nehmen.
● **F-Motor (Standardausführung):** Spannvorrichtung lösen. Dazu vorher Klemmschraube lösen.
● Spannschraube und Schwenklagerschraube lösen.
● Lichtmaschine nach innen schwenken und Keilriemen abnehmen.
● Schrauben des Generators herausdrehen bzw. -ziehen und Lichtmaschine nach oben abnehmen.
● **16V-Motor:** Rechten Scheinwerfer ausbauen.
● Vorratsbehälter der Servolenkung ausbauen.
● Hintere Generatorstrebe ausbauen (eine Schraube).
● Spannvorrichtung lösen und Keilrippenriemen abnehmen.
● Halterung des Generators ausbauen (drei Schrauben).
● Untere Befestigungsmutter der Lichtmaschine herausdrehen.
● Unteren Stehbolzen nach hinten herausziehen.
● Generator durch die Scheinwerferöffnung herausnehmen.

Gerissener Keilriemen

Leuchtet plötzlich während der Fahrt die rote Ladekontrolle auf und haben Sie vielleicht gehört, daß im Motorraum etwas hart gegen das Blech schlug, ist sicher der Keilriemen gerissen – anhalten und nachsehen!
○ **Alle Motoren: Auf keinen Fall weiterfahren!**
○ Durch die nun nicht mehr angetriebene Wasserpumpe ist der Kühlmittelkreislauf gestoppt, und im Motorblock gerät die stillstehende Kühlflüssigkeit schnell ins Kochen. Deshalb sofort einen neuen Keilriemen montieren oder den Wagen abschleppen lassen.

Fahren mit defekter Lichtmaschine

Wenn die Lichtmaschine oder ihr Regler streikt, ist die Weiterfahrt noch nicht gefährdet, denn die Batterie kann hilfreich einspringen.
Benzin-Motor: Bei Tag reicht der Batteriestrom noch eine ganze Weile, obwohl die Zündanlage zum Aufbau eines brauchbaren Zündfunkens eine Mindestspannung benötigt und die Einspritz-Motoren durch die verschiedenen Geber, die Einspritzventile und die Kraftstoffpumpe vom Batteriestrom abhängig sind. Je nach Ladung und Grundkapazität der Batterie reicht es aber für mindestens fünf Stunden Fahrt.
Diesel-Motor: Da der Diesel keine Zündung besitzt und somit – einmal gestartet – ohne Strom weiter betrieben werden kann, ist die Fahrtdauer theoretisch unbegrenzt. Da aber der Absteller elektrisch betrieben wird, riegelt er die Kraftstoffzufuhr ab, wenn der Batterie der »Saft« ausgeht.
Stromverbraucher wie Licht, Blinker, Scheibenwischer etc., verkürzen jedoch bei beiden Motortypen die mögliche Fahrstrecke. Stromsparen heißt also die Devise.

○ Die Fahrt nicht unnötig unterbrechen. Anlasser (und Vorglühanlage) brauchen besonders viel Strom. Wenn möglich, den Wagen anrollen lassen.
○ Heizbare Heckscheibe, Gebläse und Radio sollten Sie nicht einschalten.
○ Mit dem Scheibenwischer und der Scheibenwaschanlage möglichst sparsam umgehen.
○ Nachts ohne Fernlicht und Nebelscheinwerfer fahren.
○ Mehrfachstecker an der Lichtmaschine abziehen, damit sich die Batterie nicht über den defekten Generator oder Spannungsregler in kürzester Zeit entladen kann.
○ Wer weitere Schäden an der Lichtmaschine während der Weiterfahrt ganz sicher ausschließen möchte, kann zusätzlich noch den Regler ausbauen.

Die Ladekontrolleuchte

○ Die Kontrolleuchte im Armaturenbrett hat zwei Plus-Anschlüsse, und zwar einerseits von der Klemme »1« der Lichtmaschine (weißes Kabel) und andererseits von Klemme »A2« vom Zündschloßrelais (gelbes Kabel) kommend über die Mehrfachsteckverbindung der Leiterfolie hinten am Kombi-Instrument.
○ Mit Einschalten der Zündung führt das gelbe Kabel Spannung. Die Lichtmaschine steht aber noch, so daß das spannungslose weiße Kabel als »Minus« wirkt. Die Kontrollampe leuchtet auf, denn zwischen dem von der Batterie versorgten Bordnetz und der Lichtmaschine herrscht eine Spannungsdifferenz.
○ Wird der Motor gestartet und hat die Lichtmaschine ihre Ladedrehzahl erreicht, verbindet der Spannungsregler die Lichtmaschine mit der Bordelektrik. Nun kommt Plusstrom vom gelben Kabel und zusätzlich vom weißen Kabel. Damit besteht keine Spannungsdifferenz mehr, die Ladekontrolle verlöscht.
○ Beim Einschalten der Zündung muß die brennende Ladekontrolle die Lichtmaschine »vorerregen«. Nur so kann diese schon aus niedrigen Drehzahlen heraus Strom liefern. Allerdings ist die Vorerregung nur beim ersten Anlaufen des Generators erforderlich.

Störungsbeistand

Batterie und Lichtmaschine

Die Störung	– ihre Ursache	– ihre Abhilfe
A Rote Ladekontrolle brennt nicht beim Einschalten der Zündung	1 Batterie leer	Mit Starthilfekabeln starten oder Wagen anschleppen
	2 Batteriekabel gebrochen, Kabelklemmen lose oder oxidiert	Batteriekabel und -klemmen kontrollieren
	3 Kontrolleuchte defekt	Ersetzen
	4 Kabelweg zwischen Zündschloß, Kontrollampe und Lichtmaschine unterbrochen	Stromweg mit Prüflampe kontrollieren
	5 Schleifkohlen abgenutzt	Schleifkohlen erneuern
	6 Spannungsregler defekt	Regler austauschen
	7 Lichtmaschine schadhaft	Lichtmaschine instand setzen lassen
	8 Nach zu heftiger Motorwäsche hat eingedrungene Feuchtigkeit einen isolierenden Schmierfilm zwischen den Schleifringen und Kohlen gebildet	Lichtmaschine mit Druckluft ausblasen oder Schleifringe und Kohlen sauberreiben
B Ladekontrolle brennt oder glimmt bei laufendem Motor	1 Keilriemen lose bzw. Spannvorrichtung defekt	Keilriemen spannen bzw. Spannvorrichtung kontrollieren
	2 Mangelnder Kontakt an Kabelanschlüssen oder unterbrochene Kabel	Kabelanschlüsse und Kabel prüfen
	3 Siehe A 5–7	
C Batterieoberfläche feucht	1 Batterie überfüllt	Zuviel eingefülltes destilliertes Wasser durch Überladen herausgasen. Keine Säure absaugen
	2 Batterieverschlüsse verstopft	Entlüftungslöcher säubern
	3 Siehe A 6	
D Batterie gast stark	Siehe A 6	

Anfänger

Am Anfang jedes Motorstarts wird mit dem Dreh am Zündschlüssel erst einmal der Anlasser betätigt. Er »erweckt« den Motor dann zum Leben. Welche Kraft dazu nötig ist, merken Sie recht schnell, wenn Sie einmal den Motor von Hand weiterdrehen müssen, um z. B. die Ventile einzustellen.

Die Bauart

Die Motoren des Renault 19 sind mit einem sogenannten Schubschraubtrieb-Anlasser ausgerüstet, der je nach Motorversion zur Erhöhung des Drehmoments zusätzlich mit einem Reduktionsgetriebe ausgestattet ist. Bei mechanischen Geräuschen, die auf hohen Verschleiß schließen lassen, muß das komplette Reduktionsgetriebe ersetzt werden. Dann sind aber meist auch die anderen Teile des Anlassers verschlissen, und der Austausch des kompletten Anlassers ist anzuraten.
Je nach Motortyp und Ausstattungsvariante kommen Anlasser von Bosch oder Paris-Rhône zum Einbau:

Anlasserfabrikat	Typ	Drehmoment (Nm)*	Stromstärke (A)*
Bosch	0 001 110 026	34	1000
Bosch	9 000 333 117	11	350
Paris-Rhône	D9E 771	8	460
Paris-Rhône	J9E 138	8	450

* bei blockiertem Anlasserritzel

Der Dreh am Zündschlüssel in Richtung »Start« bewirkt folgendes:

○ Die Klemme »B2« (weißes Kabel) am Zündschloß liefert Spannung an den oben auf dem Anlasser sitzenden Magnetschalter.

○ Dadurch schiebt eine Einrückgabel das Zahnritzel des Anlassers auf einem Steilgewinde der Ankerwelle in den Zahnkranz der Motor-Schwungscheibe.

○ Beim Eingreifen des Ritzels schaltet der Magnetschalter über die Hauptkontakte den vollen direkt von der Batterie kommenden Strom ein (schwarzes Kabel), so daß der Anlasser den Motor durchdreht.

○ Sobald der Motor angesprungen ist und der Zündschlüssel losgelassen wird, bricht das magnetische Feld in der Haltewicklung des Magnetschalters zusammen. Dadurch schwenkt die Einrückgabel, durch eine Rückzugfeder gezogen, in die Ruhestellung zurück, wobei das Ritzel ausspurt und gleichzeitig die Stromzufuhr zum Anlasser unterbrochen wird.

Anlasser ausbauen

- Massekabel der Batterie abklemmen.
- Fahrzeug vorne aufbocken.
- Hauptstromkabel markieren und vom Anlasser abklemmen.

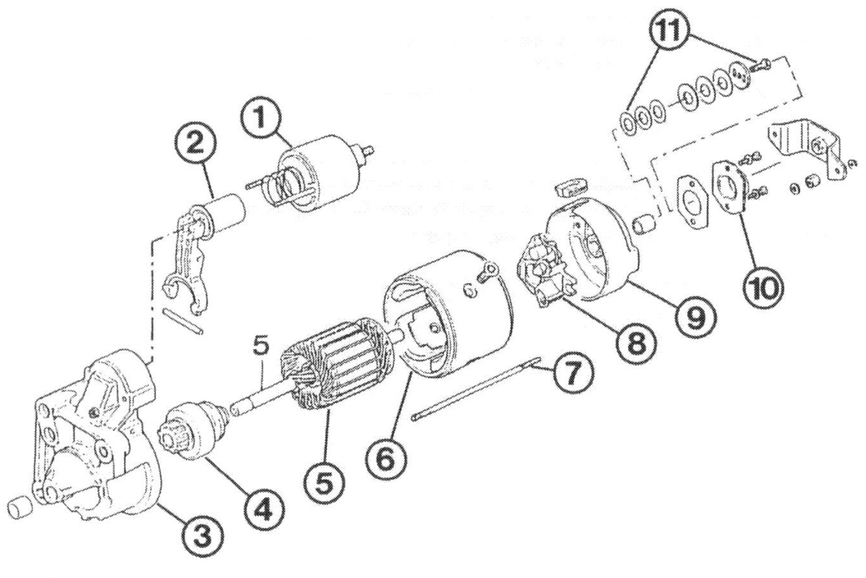

Hier stellvertretend für die verschiedenen Anlassertypen der zerlegte Paris-Rhône-Anlasser:
1 – Magnetschalter mit Einrückgabel;
2 – Magnetschaltergehäuse mit Wicklung;
3 – Antriebslagerschild;
4 – Ritzelantrieb mit Freilauf;
5 – Anker mit Kollektor;
6 – Polgehäuse mit Feldwicklung;
7 – Gewinde-Verbindungsstange;
8 – Bürstenhalter;
9 – Kollektorlagerschild;
10 – Schutzkappe;
11 – Kleinteile zur Lager-Axialspieleinstellung.

Da der starke Anlasser des Diesel-Motors ein erhebliches Drehmoment zum Durchdrehen des Motors entwickeln muß, ist er zusätzlich am Kollektorlagerschild mit einer Halterung (3) versehen.
Nur in ausgebautem Zustand läßt sich die Funktion des Anlassers problemlos überprüfen. Aber auch zum Bürstenwechsel oder zur Überprüfung des Magnetschalters muß der Anlasser ausgebaut werden. Bevor Sie jedoch ans Lösen der im Bild gekennzeichneten elektrischen Anschlüsse (1 – Hauptstromkabel; 2 – Steuerkabel des Magnetschalters) gehen, unbedingt das Batterie-Massekabel abnehmen, sonst kann es beim Abklemmen der elektrischen Leitungen zu gefährlicher Funkenbildung kommen.

- Kabel (markieren) vom Magnetschalter abklemmen.
- Kabelhalter der Anlasserkabel abschrauben.
- **C-Motor:** Falls vorhanden, Hitzeschild abbauen.
- Anlasserbefestigung lösen (drei Schrauben), dabei den Sitz der Zentrierhülse merken.
- Falls eingebaut, hintere Anlasserstütze ausbauen.
- Anlasser vom Motor abnehmen und nach rechts unter dem Fahrzeug aus dem Motorraum nehmen.
- **F-Motor:** Luftfiltergehäuse ausbauen.
- Die drei Befestigungsschrauben des Anlassers herausdrehen. Dabei den Sitz der Zentrierhülse merken.
- Abdeckblech des Anlassers abbauen (falls eingebaut).
- Hintere Anlasserstütze abbauen.
- Anlasser nach unten aus dem Motorraum nehmen.
- **16V-Motor:** Hitzeschutz des Auspuffs ausbauen (zwei Schrauben).
- Die drei Befestigungsschrauben des Anlassers herausdrehen. Dabei den Sitz der Zentrierhülse merken.
- Rechtes Vorderrad abbauen.
- Verstärkung des Auspuffkrümmers vom Motorblock abbauen (zwei Schrauben).
- Hintere Anlasserstütze abbauen (drei Schrauben) und Anlasser vom Motor abnehmen.
- Anlasser seitlich nach rechts oberhalb der Spurstange aus dem Motorraum nehmen.

Magnetschalter ausbauen

Ein defekter Magnetschalter kann nicht zerlegt werden, sondern muß komplett ausgetauscht werden.
- Anlasser ausbauen und in einen mit Schutzbakken versehenen Schraubstock spannen.
- Je nach Anlassertyp zwei bzw. drei Schrauben am Magnetschalterflansch des Anlassers lösen.
- Elektrische Verbindung zum Anlasser lösen und Anker des Magnetschalters aus der Einrückgabel aushängen.
- Magnetschalter nach oben vom Anlasser wegziehen.
- Beim Zusammenbau die Ankeröse des Magnetschalters mit Hochtemperatur-Fett (z.B. Liqui Moly 320) fetten und in die Einrückgabel einhängen.
- Auf richtigen Sitz der Rückzugfeder achten, dann Magnetschaltergehäuse zum Magnetschalterflansch ausrichten und mit Schrauben bzw. Muttern befestigen.

Anlasser-Schleifkohlen auswechseln

Wenn der Anlasser streikt, klemmen möglicherweise lediglich die Schleifkohlen, wenn sie nicht bis auf ihre Mindestlänge abgenutzt sind. Sie brauchen zum Austausch einen leistungsstarken Lötkolben von mindestens 150 Watt. Haben Sie keinen solchen, können Sie die Kohlen auch bei der Autoelektrik-Werkstatt einlöten lassen, während Sie den Anlasser selbst aus- und einbauen. Die Autoelektrik-Werkstatt prüft dann auch gleich den kompletten Anlasser auf verschiedene mechanische und elektrische Funktionen durch.
- Anlasser ausbauen.
- Je nach Anlassertyp ist das Demontieren des sogenannten Kollektorlagerschilds (Stehbolzen) etwas unterschiedlich.
- Nach Abheben des Kollektorlagerschilds Kabel der Kohlebürsten am Halter abklemmen.
- Kohlebürsten mit Druckfedern aus den Führungen im Halter herausziehen.
- Falls erforderlich, Kohlebürsten und Führungen mit Lappen und Benzin säubern.
- Kohlen auf Verschleiß überprüfen. Sind sie bis auf ihre **Mindestlänge** von **7 mm** abgenutzt, müssen sie als kompletter Satz erneuert werden.
- Je nach Anlassertyp müssen neue Kohlebürsten (jeweils vier) entweder geschraubt oder an die ursprünglichen Bürstenkabel angelötet werden. Dazu die Kabel der alten Kohle in der Mitte zwischen Anschlußstelle und Kohlebürste durchschneiden.
- Freies Ende der Kupferlitze blank schaben und darauf achten, daß die neue Verbindung einwandfrei gelötet wird. Damit kein Lot in der Litze hochsteigt und diese dadurch steif wird, die Litze der neuen

Kohle mit einer Flachzange möglichst dicht an der Lötstelle halten.

● Vor dem Zusammenbau die Kohlebürsten in ihren Führungen im Bürstenhalter auf klemmenden Sitz prüfen.

Anlasser überholen

Bemerken Sie am ausgebauten Anlasser verstärkte Verschleißspuren, beispielsweise einen stark eingelaufenen Kollektor, starke Brandspuren oder sind gar die Lamellen des Ankers mit dem Gehäuse in Berührung gekommen, dann sind die Lager des Ankers stark ausgeschlagen, wenn nicht die Ständerwicklung im Gehäuse selbst lose ist.

Bei einem solcherart verschlissenen Anlasser lohnt sich die Reparatur in Eigenregie nicht mehr – der Anlasser sollte von einem Fachbetrieb (Bosch-Dienst) überholt werden oder ein Austausch-Anlasser besorgt werden.

Störungsbeistand

Anlasser

Nicht immer wird Ihnen unser Störungsbeistand so weit helfen, daß der Anlasser den Motor zum Laufen bringt. Aber Sie können Ihren Renault 19 (mit Schaltgetriebe) immer noch anschieben oder anschleppen lassen, wie im Kapitel »Die Batterie«, Abschnitt »Starten mit leerer Batterie« beschrieben.

Die Störung	– ihre Ursache	– ihre Abhilfe
A Beim Drehen des Zündschlüssels in Startstellung dreht der Anlasser zu langsam oder gar nicht	1 Kontrollampen brennen schwach oder verlöschen	
	a) Batterie entladen	Mit Starthilfekabeln starten
	b) Kabelanschlüsse lose oder oxidiert	Kabelanschlüsse kontrollieren
	c) Anlasser hat Masseschluß	Anlasser überholen lassen
	2 Kontrollampen brennen hell, Klicken aus Richtung Anlasser	Kurz auf den Magnetschalter klopfen. Dreht der Anlasser weiterhin nicht:
	a) Kohlebürsten bzw. deren Anschlüsse im Anlasser gelöst	Kohlebürsten überprüfen
	b) Kontakte im Magnetschalter verschmort	Magnetschalter ersetzen
	c) Anlasserwicklung schadhaft	Anlasser überholen lassen
	3 Kontrollampen brennen hell, keinerlei Geräusche	
	a) Anschluß der Klemme B2 am Magnetschalter lose	Anschluß überprüfen
	b) Klemme-B2-Leitung vom Zündschloß zum Magnetschalter unterbrochen	Leitung mit Prüflampe kontrollieren
B Anlasser läuft, ohne den Motor durchzudrehen	1 Ritzel verschmutzt	Ritzel reinigen
	2 Einrückvorrichtung klemmt	Anlasser überholen lassen
	3 Verzahnung des Ritzels oder der Motor-Schwungscheibe beschädigt	Wagen bei eingelegtem Gang ein Stück vorschieben. Erneut starten. Beschädigte Teile ersetzen lassen
C Magnetschalter schaltet in schneller Folge ein und aus, Anlasser läuft nicht an	Batterie stark entladen, beim Einschalten des Magnetschalters fällt die Spannung ab, und er schaltet wieder ab	Batterie laden
D Anlasser läuft weiter, obwohl der Zündschlüssel losgelassen wurde	1 Magnetschalter hängt und schaltet nicht ab	Zündung sofort abschalten, notfalls Batterie abklemmen. Magnetschalter ersetzen
	2 Zünd-/Anlaßschalter defekt	Zünd-/Anlaßschalter ersetzen
E Ritzel spurt nach Anspringen des Motors nicht aus	1 Rückstellfeder des Einrückhebels lahm oder gebrochen	Zündung sofort abschalten, Teil ersetzen
	2 Siehe B 3	

Funkenspender

Elektronische Bauteile sind für das Entstehen des alles belebenden Zündfunkens bei den Benzin-Motoren des Renault 19 verantwortlich. So wird eine erstaunliche Zündgenauigkeit über die ganze Motorlebensdauer erreicht. Die Verteilung der Funken auf die einzelnen Zylinder übernimmt nach guter alte Väter Sitte der sich drehende Verteilerfinger im Verteilergehäuse.

Was die Zündung leistet

Damit an der Zündkerze im Verbrennungsraum überhaupt ein Funke überspringen kann, muß zwischen den Zündkerzenelektroden eine Spannung von mindestens 30000 Volt vorhanden sein. Da die Batterie aber nur eine Spannung von 12 Volt liefert, muß deren Spannung ganz erheblich hochtransformiert werden.
Ferner geht es beim Funkenüberschlag nicht etwa nur um Zehntel- oder Hunderstel-, sondern um Tausendstelsekunden. Nur ein Minimales zu spät oder zu früh, und die Zündung und damit die Leistung des Motors ist mangelhaft.

Oberer Totpunkt und Zündzeitpunkt

Der Funke muß im richtigen Augenblick überspringen. Am wirkungsvollsten ist die Verbrennung, wenn das Kraftstoff/Luft-Gemisch in dem Moment entzündet wird, da dieses auf engstem Raum zusammengepreßt ist. Diese höchste Verdichtung herrscht beim Viertaktmotor in jenem Augenblick, in dem der Kolben bei Beendigung des Kompressionshubs (2. Takt) von der Aufwärtsbewegung in die Abwärtsbewegung des (3.) Arbeitstakts übergehen will.
Bevor sich die Bewegungsrichtung des Kolbens umkehrt, steht er einen winzigen Sekundenbruchteil lang im höchsten Punkt in seiner Bewegungsbahn still. Diesen Punkt nennt man den »Oberen Totpunkt« (OT).
Frühzündung: Idealer Zündzeitpunkt ist der Moment, in dem der Kolben gerade seine Abwärtsbewegung beginnt. Die Verdichtung ist am höchsten, und der Kolben kann mit Kraft und Schwung zum Motorblock hinuntergedrückt werden. Trotzdem wäre es falsch, den Zündzeitpunkt genau auf OT zu legen. Denn das Kraftstoff/Luft-Gemisch braucht eine gewisse Zeit (rund 1/3000 s), bis es sich entzündet hat und den vollen Verbrennungsdruck entwickelt. Also wird der Zündzeitpunkt vorverlegt – man nennt dies »Frühzündung«. Der Startschuß für den Funken erfolgt deshalb noch während der Aufwärtsbewegung des Kolbens, der Verbrennungsdruck setzt jedoch erst knapp nach dem OT ein.
Mit steigender Motordrehzahl muß der Zündfunke immer früher überspringen, denn – es wurde eben schon angesprochen – das Kraftstoff/Luft-Gemisch braucht ja immer die gleiche Zeit zur Entzündung. Nur so erfolgt die Verbrennung wieder genau zur richtigen Zeit, nämlich dann, wenn der Kolben gerade wieder beginnt abwärts zu laufen. Das Verbrennen des Kraftstoff/Luft-Gemisches hängt aber auch von dessen Zusammensetzung ab. Bei nur gering durchgetretenem Gaspedal (bei »Teillast«) ist das Gemisch in den Brennräumen weniger zündfähig; es verbrennt daher langsamer. Auch hier muß früher gezündet werden.
Spätzündung: Andere Situationen erfordern es, den Zündzeitpunkt in Richtung »spät« zu verschieben. Die Zündung erfolgt dann erst, wenn der Kolben den OT längst passiert hat. Es wird also fast in den Auspufftakt

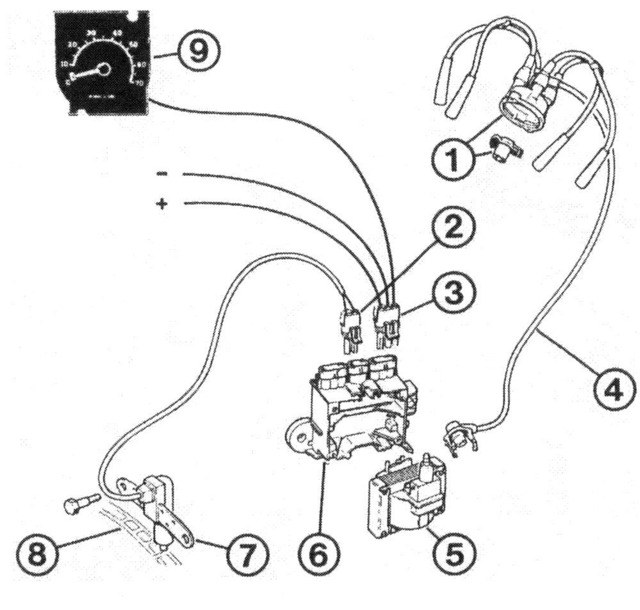

Die Teile der Zündanlage um die Leistungs-Endstufe. Es bedeuten:
1 – Zündverteilerdeckel mit Zündkabeln und Verteilerfinger;
2 – Steckverbindung zur Wicklung des Impulsgebers;
3 – Steckverbindung für Plusstrom, Masse und Drehzahlmesser;
4 – Hochspannungsanschluß von der Zündspule;
5 – Zündspule;
6 – Leistungs-Endstufe;
7 – Impulsgeber;
8 – Impulsstege der Motor-Schwungscheibe.

hinein gezündet, was die Abgaszusammensetzung verbessert, die Motorleistung aber verschlechtert. Demzufolge ist Spätzündung richtig, wenn der Motor ohne Last im Schiebebetrieb (z. B. bergab ohne Gas) läuft.

Elektronische Kennfeldzündung

Die Zündung ist in allen R 19-Modellen Bestandteil eines kompletten Motormanagements. Was sich kompliziert liest, ist doch relativ einfach: Die Zündung wird vom selben Steuergerät geregelt wie die Einspritzung. Das hat z. B. den Vorzug, daß die Reaktionen beider Bereiche optimal aufeinander abgestimmt werden können. Außerdem können dieselben Geber und Sensoren für Gemischbildung und Zündverstellung herangezogen werden.

Beim IEZ-Zündsystem (**I**ntegrierte **E**lektronische **Z**ündung) ist lediglich die rotierende, mechanisch arbeitende Hochspannungsverteilung mittels Zündverteiler geblieben.

So entsteht der Zündfunke

○ Das Grundprinzip der Zündung besteht darin, daß zunächst der Batteriestrom durch die Primärwicklung der Zündspule fließt.

○ Diese Wicklung besteht aus wenigen Windungen eines dicken Drahtes. Unter der Wirkung des Stromes baut sich um den Eisenkern in der Zündspule ein kräftiges Magnetfeld auf – die Zündenergie.

○ Nähert sich der Kolben in seinem Zylinder dem Punkt, da die angesaugte und verdichtete Ladung gezündet werden soll – dem Zündzeitpunkt –, wird der Strom zur Zündspule unterbrochen. Das geschieht auf Veranlassung des Steuergeräts in der sogenannten Leistungs-Endstufe.

○ Mit dem Ausschalten des Stromes bricht das Magnetfeld in der Zündspule zusammen. Dabei passiert folgendes: In der Sekundärwicklung aus sehr vielen Windungen eines dünnen Drahtes entsteht ein Hochspannungs-Stromstoß von einigen zigtausend Volt.

○ Diese Zündspannung wird über den Verteiler derjenigen Zündkerze zugeleitet, die in der Zündfolge des Motors gerade an der Reihe ist. Das Gemisch wird entzündet, der Motor dreht weiter. Der Stromkreis wird wieder geschlossen, und das Spiel läuft von neuem ab.

Aufbau der Zündanlage

Die Leistungs-Endstufe

Endstufe und Zündspule sind bei den Renault-19-Motoren zu einem Bauteil zusammengefaßt und im Motorraum an der Spritzwand angeschraubt. In der Endstufe sitzt ein leistungsfähiger Transistor, der den Strom zur Zündspule ein- und ausschaltet. Das macht er aber nicht in jenem Moment, in dem der Drehzahlgeber den Impuls liefert. Vielmehr legt das Steuergerät den jeweils richtigen Zündzeitpunkt fest und liefert damit den Schaltimpuls.

Das Steuergerät

○ Beim Zündsystem des R 19 bedarf es keiner zusätzlichen Einrichtung zur Verstellung des Zündzeitpunkts. Dem Steuergerät stehen alle möglichen Motordaten und -kennwerte zur Verfügung. Drehzahl- und Geschwindigkeitsgeber sowie Geber für Kühlmittel- bzw. Ansaugluft-Temperatur, Drosselklappen-Potentiometer, Drucksensor etc. machen's möglich. Aus all diesen Daten und Informationen errechnet das Steuergerät den für den jeweiligen Belastungszustand richtigen Zündzeitpunkt.

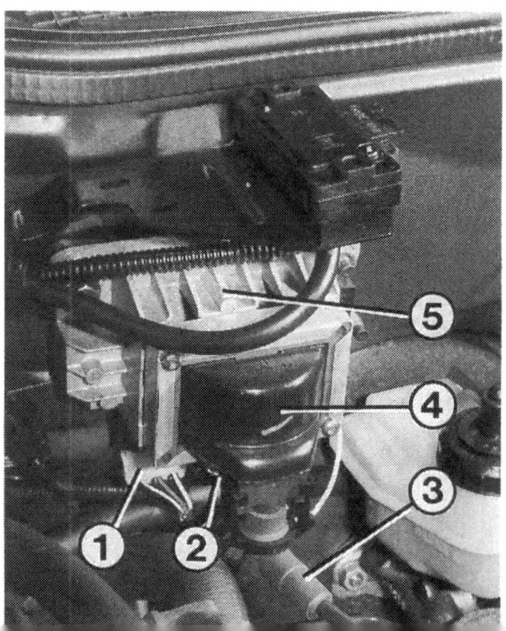

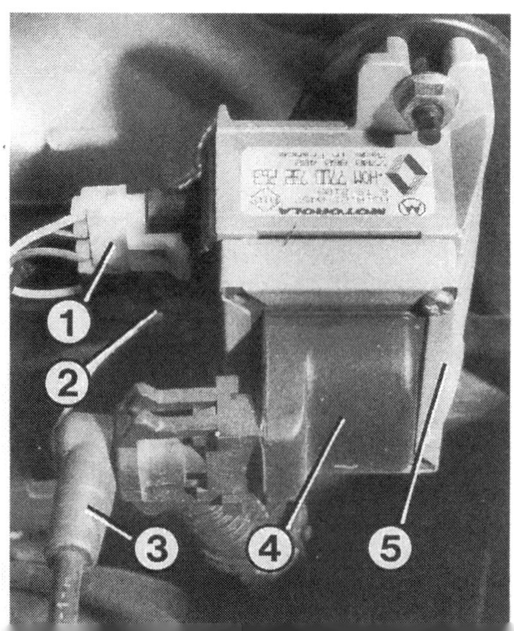

Die Leistungs-Endstufe ist mit der Zündspule zu einem Bauteil zusammengefaßt. Im linken Bild gezeigt ist der 1,7-Liter-F-Motor; rechts der 1,4-Liter-C-Motor. Es bedeuten:
1 – Steckverbindung zum Impulsgeber;
2 – Mehrfachstecker für +-Stromversorgung (links), Masse (mitte) und Drehzahlmesser (rechts);
3 – Leistungs-Endstufe;
4 – Zündspule;
5 – Hochspannungskabel zum Zündverteilerdeckel. Wichtig ist hier die Kontrolle der korrekten Steckverbindungen, da es sonst zu erheblichen Leistungseinbußen durch zu schwache Zündströme kommen kann.

Das Steuergerät ist im Motorraum in einem Kunststoffgehäuse spritzsicher am rechten Innenkotflügel mit einem Gummiband befestigt. Zum Ausbau das Gummiband (2) lösen und das Kunststoffgehäuse (3) abnehmen. Deckel (1) entfernen und Mehrfachstecker abziehen. Nach Lösen der beiden Schrauben kann das Steuergerät aus dem Kunststoff-Schutzgehäuse genommen werden. Beim Zusammenbau auf absolut festen Sitz des Mehrfachsteckers achten, denn der korrekte Sitz ist Voraussetzung für die Funktion von Kraftstoffversorgung und Zündung.

Zeichnet man den Zündwinkel (Zündzeitpunkt) über dem Lastzustand des Motors und der Motordrehzahl auf, erhält man ein sogenanntes Zündkennfeld. Das Kennfeld eines modernen Zündsystems wird wegen seiner bizarren Form gerne gezeigt – es läßt auf genaue Einflußnahme auf die Betriebszustände schließen.

○ Ferner stehen Korrekturprogramme zur Verfügung für Motorstart, Kaltlauf, Schubbetrieb etc.

○ Das Steuergerät genehmigt der Zündspule immer gerade so viel Strom, wie diese im Moment benötigt. Im Extremfall (Zündung eingeschaltet, Motor steht) kann es also bei dieser Zündung auch nach längerer Zeit nicht zu einer Schädigung der Zündspule kommen.

○ Die Klopfregelung ermöglicht es, den Motor immer mit größtmöglicher Frühzündung zu betreiben, was beste Leistungsausbeute verspricht.

Drehzahlgeber

Das im letzten Abschnitt erwähnte Ein- und Ausschalten des Stroms zur Zündspule besorgt (über den Umweg über Steuergerät und Endstufe) der Drehzahlgeber, ein sogenannter Induktionsgeber. Das funktioniert folgendermaßen: Magnet und Spule sind im Geber untergebracht. Das Gegenstück bilden die speziellen Impulsstege an der Motor-Schwungscheibe. Jedesmal, wenn nun ein Steg unter dem Geber vorbeiläuft, ändert sich das Magnetfeld des Dauermagneten, und in der Spule wird Spannung erzeugt. Dieses kleine Spannungssignal genügt zur Weiterverarbeitung im Steuergerät der Zünd/Einspritz-Steuerung. Die Information über die Drehzahl der Kurbelwelle liegt somit vor.

Um auch noch die genaue Stellung der Kurbelwelle zu erfassen, besitzt das Geberrad am Umfang im Abstand von 180° zwei breitere Stege. Die sind genau 90° vor einem Kurbelwellen-Totpunkt angeordnet. So erkennt das Steuergerät die OT-Punkte der Zylinder 1 und 4 bzw. 2 und 3.

Drucksensor

Er sitzt im Halter der Leistungs-Endstufe an der Spritzwand und ist über einen Schlauch mit dem Ansaugrohr verbunden. Durch die Schlauchleitung kann der aktuell herrschende Saugrohrdruck auf einen druckempfindlichen Kristallchip im Drucksensor einwirken. Je nach Saugrohrdruck verändert sich der Widerstandswert des Kristallchips. Auf Grund der Widerstandsänderung erhält das Steuergerät die Information über den

Durch den Drehzahlgeber (1) erkennt das Steuergerät die OT-Stellung jedes einzelnen Kolbens wie auch die Motordrehzahl. Wichtig ist hier die feste Schaubverbindung (2) zum Motorblock sowie die zuverlässige elektrische Verbindung (3) zur Leistungs-Endstufe. Doch auch der Abstand des Impulsgeber-Magneten zu den Impulsstegen der Motor-Schwungscheibe muß stimmen.

Der Drucksensor (1) ist in einem Halter an der Stirnwand befestigt. Bei falscher Zündverstellung kann die Ursache an einem defekten oder nicht richtig aufgesteckten Unterdruckschlauch (3) liegen. Dann gibt es auch Probleme mit dem Leerlauf durch Drehzahlschwankungen. Zusätzlich muß die Steckverbindung (2) kontrolliert werden. Dabei nie am Kabel, sondern nach Lösen der Klammersicherung immer am Stecker ziehen.

jeweiligen Unterdruck im Ansaugrohr. Saugrohrdruck und die augenblickliche Drehzahl werden zueinander in Bezug gebracht und lassen das Steuergerät die aktuelle Belastung des Motors erkennen.

Der Klopfsensor

Klopfende Verbrennung durch zu weit in Richtung »früh« gelegten Zündzeitpunkt schadet dem Motor. Die Folgen sind Überhitzung, Lager- und Kolbenschäden. Andererseits ist die Leistungsausbeute des Motors am höchsten, wenn der Zündzeitpunkt so weit als möglich in Richtung »früh« gelegt wurde, wenn also hart an der Klopfgrenze gefahren wird. Diese Klopfgrenze wird jedoch von zu vielen Faktoren beeinflußt, als daß sie genau festgelegt werden könnte. Deshalb sind alle Benzin-Motoren des Renault 19 mit einem Klopfsensor ausgerüstet, der ermittelt, ob klopfende Verbrennung vorliegt.

Der Klopfsensor ist zwischen Zylinder 2 und 3 in den Zylinderkopf geschraubt. In diesem Sensor ist ein »Piezokeramik«-Stückchen eingesetzt, ein Werkstoff, der als Funkenspender vom Gasfeuerzeug her bekannt ist. Mechanische Kräfte (Zug, Druck), die auf die Piezokeramik wirken, werden von dieser in elektrische Spannung umgesetzt.

So meldet der Klopfsensor dem Steuergerät bei normaler Verbrennung ein gleichmäßiges Schwingungsbild aller vier Zylinder. Sobald das Schwingungsbild durch klopfende Verbrennung ungleichmäßig wird, erkennt das Steuergerät aus der Art der Signale des Klopfsensors, bei welchem Zylinder klopfende Verbrennung vorliegt und nimmt den Zündzeitpunkt bei dem betreffenden Zylinder so lange zurück, bis die Verbrennung wieder normal abläuft.

Vorsicht beim Umgang mit der IEZ-Zündung

Unsachgemäße Wartungsarbeiten am IEZ-Zündsystem können das Leben des Betreffenden gefährden. Von der Leistungs-Endstufe können Spannungen bis zu 30000 Volt mit hoher Stromstärke erzeugt werden. So liegt die Hochspannung ca. 50% höher als bei herkömmlichen Zündanlagen. Bei eingeschalteter Zündung kann bei Erschütterung ein Hochspannungsimpuls an eine Zündkerze abgegeben werden.

Immer wieder sind es nachlässig montierte oder oxidierte Steckverbindungen, die bei Störungen der Zündanlage in Frage kommen. So muß auch beim Klopfsensor (1) – zwischen Zylinder 1 und 2 im Zylinderkopf (links 1,8-Liter-, rechts 1,7-Liter-Motor) – die Steckverbindung korrekt sitzen, damit die Signale vom Steuergerät zur exakten Zündverstellung empfangen werden können.

Abgesehen davon können durch unsachgemäße Handhabung Bauteile der Zündanlage Schaden erleiden. Deshalb:

○ Sämtliche elektrische Leitungen – auch Anschlüsse von Prüfgeräten – nur bei ausgeschalteter Zündung an- bzw. abklemmen.

○ Soll der Motor vom Anlasser lediglich durchgedreht werden ohne anzuspringen, muß die Zündung lahmgelegt werden, siehe nächsten Abschnitt.

○ Zur Motorwäsche darf der Motor nicht laufen, und die Zündung muß ausgeschaltet sein.

○ Zur Starthilfe bei leerer Batterie mit einem Schnellader darf dieser höchstens eine Minute lang angeschlossen sein und die Spannung nicht mehr als 16,5 Volt betragen.

○ Bei einem bestehenden oder vermuteten Defekt an der Zündanlage zum Abschleppen des Fahrzeugs den Niederspannungsstecker an der Zündspule bzw. den Mehrfachstecker am Steuergerät abziehen.

○ Zum elektrischen Schweißen am Fahrzeug beide Kabel an der Batterie abklemmen.

Zündung lahmlegen

Die Leistungs-Endstufe und das Steuergerät der Zünd/Einspritz-Steuerung erleiden unweigerlich Schaden, wenn der Motor bei abgezogenem Hauptzündkabel vom Anlasser durchgedreht wird. Deshalb muß zu bestimmten Arbeiten die Zündung lahmgelegt werden. Dies kann auf verschiedene Weise geschehen:

● Die Niederspannungsversorung der Zündspule unterbrechen. Dazu den Mehrfachstecker von der Zündspule abziehen.

● Oder Hauptzündkabel vom Zündverteiler abziehen und an die Polzange eines Starthilfekabels anklemmen.

● Andere Polzange des Starthilfekabels fest am Motorblock oder Getriebe (»Masse«) anklemmen.

Fingerzeig: Damit beim Durchdrehen des Motors kein Kraftstoff gefördert wird, ggf. die Kraftstoffpumpe abklemmen oder das Kraftstoffpumpenrelais abziehen.

Fehlersuche

Fehler im Bereich des Steuergeräts können in Eigenregie nicht repariert werden. Fehlfunktionen können sich im Fahrverhalten niederschlagen, denn ein Notprogramm sorgt bei Ausfall von bestimmten Geberwerten dafür, daß die Zündung nicht total ausfällt. Der Renault 19 kann also gefahren werden, jedoch mit erheblichem Leistungsverlust.

Zur Prüfung des Steuergeräts besitzt die Renault-Werkstatt einen sogenannten Prüfkoffer, mit dem das ganze Zündsystem über einen Diagnosestecker im R19 ganz systematisch überprüft werden kann.

Es hat also keinen Sinn, auf »Verdacht« und nach »Daumenpeilung« einfach einmal ein Teil auszuwechseln. Zudem sind die Steuergeräte der einzelnen Motoren unterschiedlich und untereinander nicht austauschbar.

Die Ausführungen über das Steuergerät zeigen dem Selbermacher, daß spätestens hier Reparaturen in Eigenregie mangels entsprechender Prüfgeräte fehl am Platze sind und die Renault-Werkstatt der richtige – und kostengünstigste – Partner ist.

Störungssuche an der Zündanlage

Wer einem Fehler an der Zündanlage auf die Spur kommen will, muß ganz systematisch vorgehen. Die genaue Überprüfung der nachfolgend genannten Bauteile ist im weiteren Verlauf dieses Kapitels beschrieben.

Zuerst die Sichtprüfung

○ Sitzen die Kabelanschlüsse und Steckkontakte an Zündspule und Steuergerät fest?

○ Zeigen sich am Gehäuse der Zündspule Risse oder Brandspuren von überschlagenden Funken?

○ Zeigt die Verteilerkappe Schäden (siehe Absatz »Verteilerdeckel und -finger kontrollieren«)?

○ Kontrollieren Sie den festen Sitz und den Zustand der Haupt- und der Kerzenzündkabel (siehe Abschnitt »Die Zündkabel«). Bei den elektronischen Zündanlagen kann es durch die hohen Spannungen häufiger zu Kriechströmen und Funkenüberschlägen kommen als bei der früheren Spulenzündung.

Zündstrom vorhanden?

● Einen Kerzenstecker abziehen, Zündkerze herausschrauben.

● Stecker wieder auf die Zündkerze stecken und diese so auf dem Motorblock ablegen, daß sie einwandfrei Massekontakt hat.

● Motor von Helfer starten lassen.

● Springen kräftige Funken am Kabelende bzw. an der Kerzenelektrode über, ist Zündstrom vorhanden.

● Springen keine Funken über, muß nach folgender Anleitung weiter geprüft werden.

Spannungsversorgung der Zündanlage

Neben einem Totalausfall der Zündanlage durch fehlende Spannung kann auch zu geringe Versorgungsspannung erhebliche Störungen verursachen. Deshalb ist hier ein Voltmeter besser zur Prüfung geeignet. Beachten Sie, daß Meß- und Prüfgeräte nur bei ausgeschalteteter Zündung an- und abgeklemmt werden dürfen.

● Meßgerät zwischen Klemme »+« (gelbes Kabel) der Zündspule und Masse anschließen.

● Liegen ca. 11,5 Volt an, siehe übernächsten Abschnitt.

● Messen Sie gar keine Spannung oder weniger als die genannten Werte, kann es an den nachfolgend beschriebenen Ursachen liegen.

● Weitergehende Prüfungen sollten Sie der Werkstatt überlassen, denn es müssen z. B. zur Kontrolle einmal eine neue Leistungs-Endstufe und zum andern ein neues Steuergerät angeschlossen werden.

Fehlerquellen

○ Batteriezustand (Ladezustand)
○ Unterbrechung der Verkabelung zum Zündschloß
○ Defektes Zündschloß an Kontakt B1 oder A2
○ Unterbrechung zwischen Zündschloß und Mehrfachstecker der Leistungs-Endstufe oder des Steuergeräts

Weitere Fehlerursachen

Wenn der Zündfunke von der Zündspule erzeugt wurde, aber am letzten Glied der Kette, der Zündkerze nicht ankommt, muß der weitere Verlauf überprüft werden. Das sind folgende Bauteile:
○ Steckverbindungen der Zündkabel zur Zündspule
○ Zündkabel
○ Zündkerzenstecker
○ Zündkerzen

Die Zündspule

Wie die Zündspule prinzipiell funktioniert, ist zu Beginn des Kapitels beschrieben.
○ Ihren Primärstrom erhält sie an Klemme »+« (gelbes Kabel).
○ Über die Primärwicklung der Zündspule gelangt die Spannung von deren Klemme – (schwarzes Kabel) zur Masse.
○ Die Zündspannung von mindestens 30 000 Volt (30 kV) wird über das Hochspannungs-Zündkabel von der Zündspule direkt an den Zündverteiler und von dort an die Zylinder weitergeleitet.

Zündspule prüfen

● **Spannungsmessung** zwischen Klemme »+« und Masse: Es muß eine Spannung von mindestens 9,5 Volt anliegen.

● **Widerstandsmessung:** Alle Leitungen an der Zündspule bei ausgeschalteter Zündung abziehen bzw. -klemmen.

● Mit einem Ohmmeter mit den Meßbereichen von 0–1 Ω und 1–10 kΩ zwischen Zündspulenklemme »–« und »+« (Primärwicklung) messen. Sollwert 0,6 ± 0,2 Ω.

● Der Meßwert bei der Sekundärwicklung muß 2–12 kΩ betragen.

● Mit diesen Messungen läßt sich ein Windungsschluß in der Zündspule allerdings nicht erkennen.

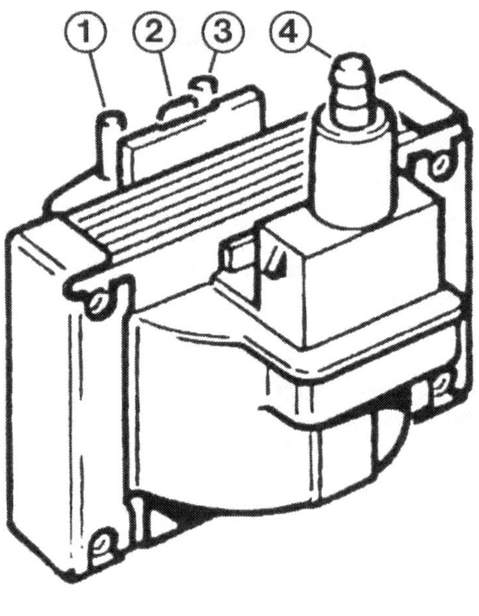

Die Anschlüsse der Zündspule. Es bedeuten:
1 – »+«-Klemme;
2– »+«-Klemme für Entstörkondensator;
3 – »–«-Klemme;
4– Hochspannungsanschluß.

So schön sind die Zündkabel unter der Zündkerzenabdeckung beim Renault 19 16V absolut vibrationsfrei gelagert. Auf diese Weise sind Zündstörungen im Bereich der Zündkabel weitestgehend ausgeschlossen. Läßt man sie in ihren Kabelführungen jedoch in einem Öl- oder gar Salzwasserfilm »gammeln«, kommt es auch hier zu Zündaussetzern durch Überschläge.
Um Verwechslungen beim Aufstecken der Zündkabel vorzubeugen, hat Renault bei neueren R19-Modellen die Zündkabel mit diesen nützlichen Nummern bedruckt, so daß ein falsches Aufstecken der Zündkabel auf Zündspule und Zündkerze nahezu ausgeschlossen ist.

- Fehlt es an der Zündspannung, obwohl die Leistungs-Endstufe bzw. das Steuergerät in Ordnung sind (siehe unter »Störungssuche an der Zündanlage« in diesem Kapitel), muß die Zündspule ersetzt werden.

Zündspule ausbauen

Die Zündspule ist zwar mit der Leistungs-Endstufe zu einem Bauteil zusammengefaßt, kann jedoch bei einem Defekt einzeln ausgewechselt werden.

- Batterie-Massekabel abklemmen.
- Mehrfachstecker von der Zündspule abziehen.
- Hauptzündkabel von der Zündspule abziehen. Dazu die beiden Sicherungshaken auseinanderdrücken.
- Beide TORX-Schrauben lösen und Zündspule von der Leistungs-Endstufe abnehmen.

Der Zündverteiler

Beim IEZ-Zündsystem des Renault 19 dient der Verteiler lediglich noch zur Verteilung der von der Zündspule erzeugten Zündfunken an die einzelnen Zylinder. Dazu liefert ein unter dem Verteilerdeckel sich drehender Verteilerfinger den hochgespannten Strom entsprechend der Zündfolge des Motors an die einzelnen Zündkerzen.

Verteiler öffnen

- Beide TORX-Schrauben (T 20) des Deckels lösen.
- Verteilerdeckel vom Verteilerunterteil abziehen, die Zündkabel bleiben aufgesteckt.
- Verteilerfinger abziehen.
- Dahinterliegenden Staubschutzdeckel abnehmen.
- Beim Einbau den Staubschutzdeckel so auflegen, daß seine Haltenase in die Aussparung im Verteilergehäuserand zu sitzen kommt.
- Der Verteilerfinger ist mit einer angegossenen Erhebung versehen, die in die Aussparung in der Verteilerwelle zu sitzen kommen muß.

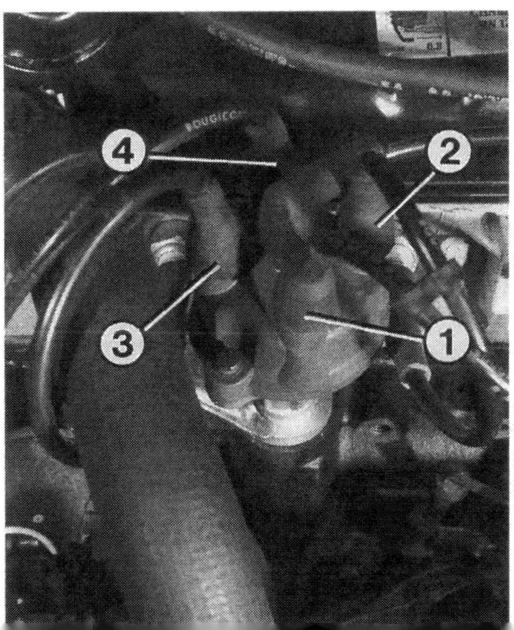

Hier ist die Reihenfolge gezeigt, in der die Zündkabel in die Kappe des Zündverteilers gesteckt sind (links C-Motor, rechts der von der Nockenwelle angetriebene Zündverteiler des 16V-Motors). Da alle Motoren des R19 die gleiche Zündfolge haben, gelten diese Abbildungen für alle Renault-19-Motoren. Mit einem wischfesten Filzschreiber können Sie Zündkabel und Verteilerdeckel auch mit der zugehörigen Zylinderzahl markieren – so sind Verwechslungen beim Aufstecken der Zündkabel ausgeschlossen. Bei neueren Fahrzeugen sind die Zündkabel bereits mit der zugehörigen Zylinderzahl versehen.

Die hauptsächlichen Wartungsarbeiten bei der Verteilerkappe des Zündverteilers beschränken sich auf folgende Kontrollen: Übermäßiger Abbrand der mit kleinen Pfeilen gekennzeichneten Kontakte, Zustand und Beweglichkeit der Schleifkohle (Pfeil in der Mitte) und Haarrisse in der Kappe.

● Auch der Verteilerdeckel besitzt als Verdrehsicherung eine angegossene Nase, die in den Einschnitt im Verteilergehäuse einrasten muß, bevor die Schrauben festgedreht werden.

Verteilerdeckel und -finger kontrollieren

● Verteilerdeckel abnehmen. Er muß innen und außen sauber sein, damit keine Strombrücke über Schmutz, Abrieb oder Feuchtigkeit den Zündstrom ableitet.
● Abbrand an den Kontakten abwischen.
● Kontaktstellen oxidiert (Grünspan)?
● Blankschleifen oder kontrollieren, ob ein falscher Verteilerfinger zu weit entfernt an den Kontakten vorbeiläuft.
● Bleistiftartige Striche im Verteilerdeckel sind Brandspuren von Kriechströmen, die sich über Schmutz oder Feuchtigkeit einen Weg gebahnt und dann eingebrannt haben.
● Behelfsmäßige Abhilfe schafft hier Auskratzen mit einem Schraubendreher oder Messer und Überstreichen mit Alleskleber, Nagellack oder im Notfall auch Lippenstift.
● Die Kontaktkohle in Deckelmitte muß glatt und glänzend sein, sich leicht einfedern lassen und ohne zu klemmen wieder zurückfedern.
● Der Verteilerfinger darf an seiner Kontaktzunge und über der Vergußmasse des Entstörwiderstands zwischen Mittenkontakt und der Zunge nicht verschmort sein.
● Zuletzt noch die Kontrolle, ob die Arretiererhebung zum Aufstecken auf die Verteilerwelle abgeschert ist.

Fingerzeig: **Es gibt Verteiler, bei denen der Verteilerfinger auf die Verteilerwelle aufgeklebt ist. Dieser Finger darf auf keinen Fall von der Welle geschlagen werden, sondern es muß mit einer Zange versucht werden, ihn zu lösen ohne zu zerstören. Der Verteilerfinger muß dann nach Reinigen der Klebestellen wieder mit einem temperaturfesten Kleber (bis 120°C) angeklebt werden.**

Verteiler ausbauen

● Batterie-Massekabel abklemmen.
● Stellung des Verteilers zum Motorblock mit einem Schraubendreher einritzen.
● Halteschrauben (TORX T 40) aus dem Zylinderkopf drehen und Verteiler herausnehmen.
● Beim Einbau kann der Verteiler nur in einer Stellung eingebaut werden, da die Mitnehmerklaue versetzt (außermittig) angeordnet ist.

Drehzahlgeber prüfen

● Vermuten Sie den Drehzahlgeber als Fehlerursache, sollte zuerst dessen Abstand zur Schwungscheibe gemessen werden.
● Dazu Fühlerblattlehre zwischen Schwungscheibe und Geber schieben. Der Abstand muß 1,0 ± 0,5 mm betragen.
● Zur weiteren Prüfung den Stecker des Drehzahlgebers an der Leistungs-Endstufe abziehen.
● Widerstandsmessung an den beiden Steckkontakten vornehmen.
● Es müssen 200 ± 50 Ω gemessen werden.

Drucksensor prüfen

Wie schon erwähnt, erhält das Steuergerät die Druckwerte aus dem Ansaugrohr als elektrische Signale vom Drucksensor übermittelt.
● Zur Prüfung den Schlauch vom Drucksensor abziehen und mit der Fingerspitze verschließen.
● Von Helfer Motor starten und auf mittlerer Drehzahl (ca. 2000/min) halten lassen.
● Bei gleichmäßiger Drehzahl den Schlauch wieder anschließen.
● Da nun vom Saugrohr her Luft durch den Schlauch angesaugt wird, muß die Zündzeitpunkt-

Am Verteilerfinger sind die Stellen mit einem Pfeil gekennzeichnet, auf die Sie bei der Kontrolle nach Abbrandspuren achten müssen. Beim Kauf eines Ersatz-Verteilerfingers beachten, daß ein geklebter Finger wieder geklebt wird und umgekehrt ein mit einem Sicherungsring aufgesteckter Verteilerfinger nicht durch einen geklebten Finger ersetzt wird. Beim Aufsetzen der Staubkappe auf den richtigen Sitz im Verteilergehäuse achten.

verstellung in diesem Teillastbereich in Aktion treten, wodurch die Motordrehzahl ohne Gaspedalveränderung sofort merklich erhöht wird.

● Falls der Motor nicht etwas schneller dreht, ist wahrscheinlich der Schlauch undicht oder der Drucksensor defekt.

Die Zündkabel

Die Verbindungskabel vom Verteiler zu den Zündkerzen bereiten normalerweise keine Probleme. Müssen die Zündkabel ausgewechselt werden, sollten Sie sich Originalkabel besorgen – sie haben schon die richtige Länge und sind zudem mit neuen Steckverbindungen und passenden Kerzensteckern versehen.

Zündkabel prüfen

● Kontrollieren Sie, ob die Kabel fest in die Buchsen eingesteckt sind. Sie können sich durch Erwärmung der eingeschlossenen Luft etwas herausheben und so Motorstottern verursachen.
● Bei der Zündspule müssen die Sicherungshaken des Kabelsteckers korrekt eingerastet sein.
● Die Klemmen dürfen nicht oxidiert sein und müssen guten Kontakt zu den Kerzensteckern haben.
● Wenn der Zündfunke schon vor der Zündkerze zur Masse überspringt, hören Sie das an Knack- oder Knattergeräuschen im Motorraum.
● Nachts sehen Sie die Funken deutlich springen. Ursache kann eine Streusalzschicht auf den Kabeln sein, oder das Kabel ist irgendwo durchgescheuert.
● Zündkabel mit Scheuer- oder Schmorstellen sollten Sie umgehend ersetzen.

Die Zündfolge

Für ausgewogenen Motorlauf werden die Zylinder nicht etwa in der Folge 1–2–3–4 gezündet, sondern gewissermaßen durcheinander. Entsprechend der Zündfolge sind die Zündkabel in den Zündverteiler eingesteckt. Um Verwechslungen auszuschließen, sind die Zündkabel neuerer Produktion mit Nummern versehen. Die **Zündfolge** lautet beim allen Motorversionen **1–3–4–2**.

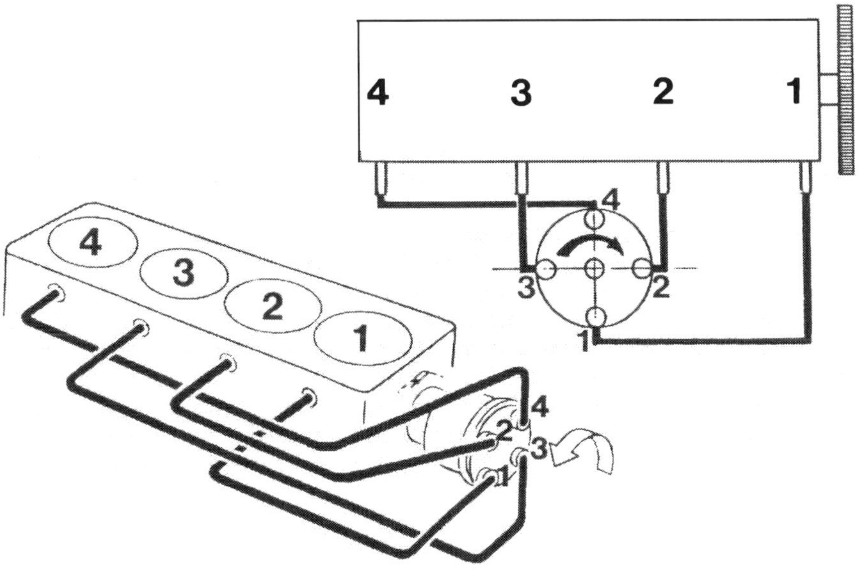

Aus dem Anschlußschema der Zündkabel ist die Zündfolge zu erkennen. Links ist der F-Motor gezeigt, rechts ist der C-Motor abgebildet. Um die Zündfolge besser nachvollziehen zu können, sind die Zylinder von 1 bis 4 gekennzeichnet. Die Pfeile zeigen die Verteiler-Drehrichtung.

Zündkerzen kontrollieren

Wartung Nr. 30

Der Wartungsplan von Renault sieht den Kerzenwechsel, zumindest jedoch die Kontrolle der Kerzen alle 10 000 km vor. Wir empfehlen ebenfalls vor dem bedenkenlosen Wechsel eine Kontrolle und Einstellung der Kerzen. Lediglich bei einem reinen Kurzstreckenfahrzeug sollten die Kerzen grundsätzlich ausgewechselt werden.

Zündkerzen ausbauen

- Zündkerzenstecker fassen und von den Stiften der Kerzen ziehen. Nicht an den Zündkabeln zerren.
- Zündkerzen mit dem Kerzenschlüssel herausdrehen und in der Reihenfolge der Zylinder ablegen.
- Sitzen die Kerzen sehr fest, keine Gewalt anwenden, sonst kann das Kerzengewinde aus dem Leichtmetall-Zylinderkopf ausreißen.
- Motor heißfahren und jetzt die Kerzen herausdrehen. Vorsicht, daß Sie sich die Hände nirgends verbrennen.
- Beim Einbau keine kalten Kerzen in den warmen Motor fest eindrehen, sie sitzen später wie eingenietet fest.
- **Zündkerzen mit Dichtring** sollen **mit 25 Nm** festgezogen werden. Mangels eines Drehmomentschlüssels die Kerze von Hand eindrehen, bis der Kerzendichtring ohne zu verkanten anliegt. Dann die Kerze mit dem Kerzenschlüssel eine Vierteldrehung (90°) anziehen.
- Bei gebrauchten Dichtring-Kerzen mit schon gepreßtem Dichtring mit dem Kerzenschlüssel nur 15° weiterdrehen, das genügt.

Fingerzeig: Zum Gangbarmachen der Zündkerzengewinde können Sie etwas Graphit von einem weichen Bleistift auf die Gewindegänge schaben oder hochtemperaturfestes Kupferfett sparsam aufstreichen. Öl oder normales Fett läßt die Zündkerze im Gewinde des Zylinderkopfes festbacken.

Zündkerzen prüfen

Die Zündkerzen sind gewissermaßen Augenzeugen der Verbrennung im Zylinder. Das Aussehen der Kerzenelektroden (das »Kerzengesicht«) läßt erkennen, ob der Motor optimal arbeitet. Vorher sollte der Motor auf der Landstraße oder Autobahn gründlich warmgefahren worden sein. Die Kontrolle nach Kurzstreckenverkehr kann zu Fehlschlüssen führen. Sehen Sie sich die Isolatorspitze mit Mittelelektrode und Stirnelektrode an:

○ **Isolatorspitze hellgrau bis bräunlich gefärbt:** Guter Zustand der Einspritzanlage, der Motor läuft wirtschaftlich.

○ **Starke Ablagerungen:** Ursache können Zusätze im Motoröl oder Kraftstoff sein oder erhöhter Ölverbrauch durch schadhafte Ventilschaftabdichtungen. Evtl. Öl- bzw. Kraftstoffmarke wechseln.

○ **Schwarze rußartige Ablagerungen:** Zündkerze erreicht durch häufigen Kurzstreckenverkehr ihre Selbstreinigungs-Temperatur nicht, falscher Wärmewert, CO-Gehalt zu hoch.

○ **Isolatorspitze weißlich gefärbt:** Zündzeitpunkt stimmt nicht, Zündverstellung arbeitet nicht einwandfrei bzw. Klopfsensor defekt.

○ **Schmelzerscheinungen an Mittel- und Seitenelektrode:** Glühzündungen durch Ablagerungen im Verbrennungsraum, überhitzte Ventile, defekte Zündverstellung oder Hitzestau durch mangelhafte Kühlung.

○ **Bruch der Isolatorspitze**, im Anfangsstadium als Haarrisse erkennbar: Klopfende Verbrennung durch minderwertigen Kraftstoff, Störung der Zündverstellung, defekten Klopfsensor, ungenügende Motorkühlung oder Gemischabmagerung durch Nebenluft.

○ **Gelblich glänzende Schicht auf der Isolatorspitze:** Benzin- und Motorölzusätze haben Ablagerungen gebildet, die sich bei abrupter voller Belastung des Motors verflüssigt haben und elektrisch leitfähig wurden – als Folge Zündaussetzer. Motor nach langem Kurzstreckenbetrieb nicht sofort voll belasten.

○ **Ölschicht über Elektroden und Innenraum der Kerze:** Kolbenringe, Ventilführungen oder Ventilschaftabdichtungen schadhaft.

○ Leidet der Motor unter **Startunwilligkeit oder/und Ruckeln**, obwohl das Zündkerzengesicht keine Besonderheiten aufweist, kann es dennoch an den Kerzen liegen. Unsichtbare Risse im Keramikisolator können beim Kaltstart durch kondensierenden Kraftstoff gefüllt werden, wodurch der Zündfunke abgeleitet wird. Auch unter Druck können Kerzen versagen, obwohl der Funke bei ausgebauter Zündkerze überspringt. Eine klare Diagnose bringt hier nur noch der Test mit dem Oszillator der Werkstatt.

Der Elektrodenabstand

Das Kraftstoff/Luft-Gemisch bzw. das verbrannte Altgas wirkt korrosiv auf die metallischen Zündkerzenelektroden, und die hohe Spannung beim Funkenüberschlag sprengt kleine Metallpartikel ab, wodurch der Funkenspalt mit zunehmender Laufzeit der Zündkerzen vergrößert wird.

○ Für die **1,4-Liter-** sowie die **1,7-Liter-Motoren** gilt ein Elektrodenabstand von **0,75–0,85 mm**.

○ Für den **16V-Motor** gilt bei Zündkerzen mit Stirnelektrode ebenfalls der Elektrodenabstand von **0,75–0,85 mm** – er ist aber bei bestimmten Zündkerzen durch die Elektrodenform nicht einstellbar.

○ Für die **1,8-Liter-Motoren** (F3P) ist ein Elektrodenabstand von **0,85–0,95 mm** vorgeschrieben.

○ Bei zu großem Abstand wird eine höhere Zündspannung benötigt, und es kann zu Zündaussetzern kommen. Evtl. springt der Motor überhaupt nicht an. Deshalb die Stirnelektrode der Kerze bei zu weitem Elektrodenabstand nachbiegen.

Neue Zündkerzen kaufen

Wärmewert: Die Zündkerzen müssen auf die im Motor auftretenden Brennraum-Temperaturen abgestimmt sein. Diese Eigenschaft wird durch den sogenannten Wärmewert angegeben. Dessen Kennzahl besagt, wieviel Hitze die Zündkerze ertragen, d. h. ableiten kann, ohne selbst zu heiß zu werden. Leitet die Kerze zu viel Wärme ab, erreicht sie ihre Selbstreinigungs-Temperatur nicht, und die Zündkerzenelektroden setzen Ruß an.
Elektroden: Beim Renault 19 werden ausschließlich Zündkerzen mit vorgezogener Stirnelektrode verwendet.
Einschraubgewinde: Bei den Zündkerzen für den Renault 19 muß das Gewinde 19 mm lang sein; der Gewindedurchmesser beträgt 14 mm.
Schlüsselweite: Der Sechskant zum Ansetzen des Zündkerzenschlüssels ist beim C-Motor und den F-Motoren bis 81 kW 20,8 mm (= 13/15") breit, beim 16V-Motor mißt er dagegen 16 mm (= 5/8"). Für diesen Motor wird ein Langsteckschlüssel benötigt.
Dichtsitz: Für sämtliche Motoren sind Kerzen mit flachem Dichtsitz vorgeschrieben. Sie besitzen einen unverlierbaren Dichtring, also keinen zusätzlichen Dichtring einlegen.

Die richtigen Zündkerzen

Die in der nachfolgenden Tabelle aufgeführten Zündkerzen entsprechen den bei Drucklegung des Handbuches aktuellen Werksempfehlungen. Da in der laufenden Produktion andere Zündkerzen eingebaut sein können, empfiehlt es sich, nur den auf dem Aufkleber des Ventildeckels angegebenen Kerzentyp zu verwenden. Ungeeignete Zündkerzen können zu Motorschäden führen!

Motortyp	Code	kW	AC	Bosch	Champion	Eyquem	Elektrodenabstand
1,4-Liter	C3J	43	–	–	RN 12 YC	–	0,8 ± 0,05 mm
1,7-Liter	F3N-L	54	C 41 CXLS	WR 7 DC	N 6 YC	C 82 LS	0,8 ± 0,05 mm
1,7-Liter	F3N-N	69	CR 41 CXLS	W 6 DC	RN 7 YC	–	0,8 ± 0,05 mm
1,8-Liter	F3P	65	–	W 7 DCO	N 7 YCX	–	0,9 ± 0,05 mm
1,8-Liter	F3P	81	–	W 7 DC	–	–	0,9 ± 0,05 mm
16 V	F7P	99	–	F 6 DC	C 7 BMC	FC 58 LS3	0,8 ± 0,05 mm

Störungsbeistand

Zündung

Bevor Sie anhand dieses Störungsbeistands auf Fehlersuche gehen, sollten Sie sicher sein, daß die Kraftstoffversorgung und die Benzin-Einspritzanlage einwandfrei arbeiten. Außerdem wird davon ausgegangen, daß der Motor mechanisch in Ordnung ist.

Die Störung	– ihre Ursache	– ihre Abhilfe
A Motor springt schlecht oder gar nicht an	1 Kein Zündfunke vorhanden, da Zündspule oder Zündkerzen feucht bzw. verschmutzt	Trocknen bzw. reinigen, ggf. mit Zündspray behandeln
	2 Steckverbindungen locker bzw. oxidiert	Kontrollieren, ggf. erneuern (lassen)
	3 Zündkerzen wegen vieler Startversuche naß	Ausbauen und trocknen
	4 Zu großer Spalt zwischen Drehzahlgeber und Schwungscheibe, da Geber lose	Festziehen
	5 Drehzahlgeber defekt oder Kabel hat Masseschluß bzw. ist unterbrochen	Geber ersetzen lassen; Kabel kontrollieren bzw. erneuern
	6 Zündspule defekt	Austauschen
	7 Steuergerät defekt	In der Renault-Werkstatt mit Prüfkoffer durchprüfen lassen
B Motor läuft unrund und hat Zündaussetzer	1 Zündkerze defekt	Austauschen
	2 Zündkabel unterbrochen	Leitung ersetzen
	3 Siehe A 1–7	
C Motor hat keine Leistung	1 Unterdruckleitung zum Drucksensor undicht bzw. gebrochen	Kontrollieren, ggf. ersetzen
	2 Kühlmittel- oder Ansaugluft-Temperaturgeber defekt oder Stecker sitzt nicht richtig	Steckverbindung kontrollieren, Geber ggf. ersetzen lassen
	3 Leistungs-Endstufe defekt oder Steckverbindung fehlerhaft	Steckverbindung kontrollieren, Leistungs-Endstufe ggf. ersetzen lassen
	4 Siehe A 4, 5 und 7	

Anzünder

Besonders beim Kaltstart muß der in die Wirbelkammer des Diesel-Motors eingespritzte Kraftstoff durch die Glühkerzen entflammt werden. Dazu ist in die Wirbelkammer jedes Zylinders eine Glühkerze eingeschraubt, die die durch den Kompressionsdruck schon stark erhitzte Ansaugluft und den eingespritzten Kraftstoff zusätzlich einige Sekunden vorwärmt und entzündet.

Funktion der Vorglühanlage

Mit dem Drehen des »Zünd«-Schlüssels in die zweite »Zünd«-Schloßraste lösen Sie den Glühvorgang aus. Damit geben Sie dem Vorglüh-Steuergerät (im Motorraum links an die Spritzwand montiert) den Befehl »Motor vorglühen«.

Wie lange vorgeglüht werden muß, bestimmt das Steuergerät mit seiner elektronischen Zeitschaltung jedoch selbst.

Die Temperaturinformation erhält das Steuergerät über einen Temperaturgeber, der die Umgebungstemperatur registriert, und danach die Vor- und Nachglühphase bestimmt. Das Vorglühen geht dann in drei Stufen vor sich:

○ Bei eingeschalteter »Zündung« erwärmen sich die Glühkerzen auf eine Temperatur von über 1000°C. Die Vorglühzeit ist vom Vorglüh-Steuergerät abhängig von der Außentemperatur individuell begrenzt. Bei einer Außentemperatur von −30°C dauert die Vorglühzeit ca. 20 Sekunden, während sie bei einem auf Betriebstemperatur erwärmten Motorraum (80°C) gleich Null ist.

○ Beim Starten des Motors sinkt die Temperatur der Glühkerzen, bedingt durch den hohen Stromverbrauch des Anlassers.

○ Nachdem der Motor angesprungen ist, bleiben die Glühkerzen in der Nachglühzeit ca. 10 Sekunden weiter eingeschaltet.

○ War das Kühlmittel beim Anlassen schon wärmer als 60°C, hat der Thermoschalter im Kühlkreislauf den Stromkreis geschlossen, und die Nachglühzeit bei laufendem Motor entfällt.

○ Nach Ablauf dieser Nachglühzeit werden die Glühkerzen vom Vorglüh-Steuergerät wechselweise (jeweils 2 und 2 Glühkerzen) und abhängig von der Außentemperatur mit 50% der Stromkapazität versorgt, um die Kaltlaufeigenschaften des Motors zu verbessern.

Fingerzeige: Wenn der Anlasser den Motor beim Start zu lange durchdreht, muß der Anlaßvorgang wiederholt werden, da die Zeitautomatik die Stromversorgung der Glühkerzen schon unterbrochen hat. Dann muß das Vorglüh-Steuergerät mit dem erneuten Startvorgang die Glühkerzen noch einmal zum Aufheizen aktivieren.

Vergessen Sie einmal, den Motor vorzuglühen, orgelt der Anlasser entsprechend der benötigten Vorglühzeit den Motor so lange an, bis ein zündwilliges Gemisch entstanden ist. Die bis zum Anspringen des Motors angesammelte Kraftstoffmenge entweicht dann als unverbrannte blaue Rauchwolke.

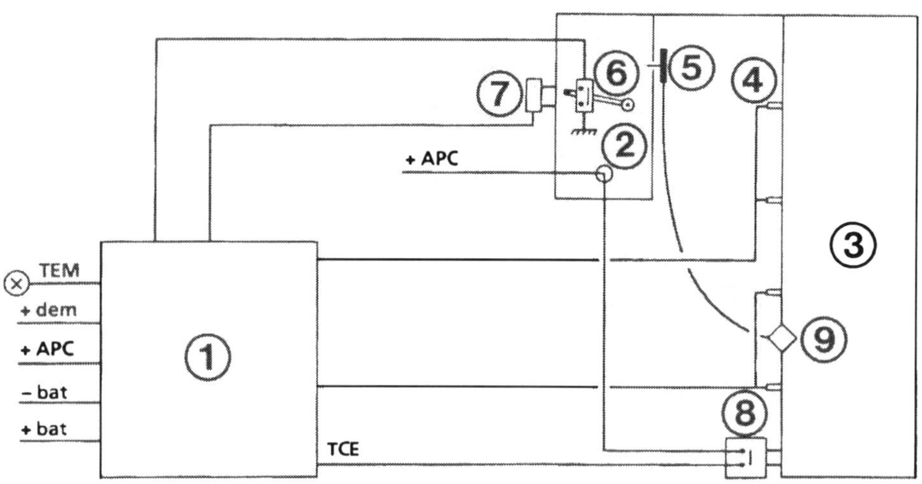

Die Übersichtszeichnung zeigt das Funktionsschema der Kaltstartvorrichtung. Es bedeuten:
1 – Steuergerät der Vorglühanlage;
2 – Einspritzpumpe;
3 – Motor;
4 – Glühkerzen;
5 – Hebel für normalen und beschleunigten Leerlauf;
6 – Vollast-Mikroschalter (Stromkreis im Leerlauf geschlossen);
7 – Elektroventil der Kaltstarteinrichtung;
8 – Thermoschalter der Kaltstarteinrichtung;
9 – Thermoelement im Kühlkreislauf. Weiter bedeuten:
»+ APC« – geschaltetes Plus;
»TEM« – zur Vorglüh-Kontrolleuchte;
»+ dem« – zum Anlasser;
»+ bat« – von der Batterie;
»- bat« – Masse.

Die Phantomzeichnung des Diesel-Motorraums zeigt den Kabellageplan zu den wichtigsten Teilen der Vorglühanlage. Wem die einzelnen Teile nicht geläufig sind, kann im Verzeichnis der Bauteile ab Seite 177 nachsehen.

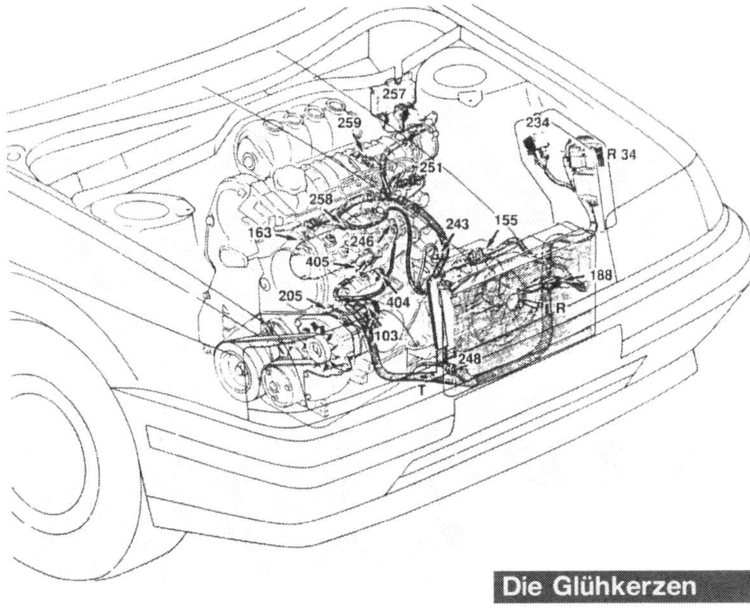

Die Glühkerzen

Innerhalb des Glührohrs, das in die Wirbelkammer ragt, befindet sich eingebettet in Isolierpulver die Glühwendel der Kerze. Sie muß beim Vorglühen das Glührohr auf eine Temperatur von über 1000°C erhitzen. Nur dann springt der kalte Diesel-Motor an. Nach dem Start muß die Kerze Betriebstemperaturen von 600–900°C aushalten können.
Bei den genannten Beanspruchungen ist es nicht verwunderlich, daß die Glühkerzen auch ihren »Geist« aufgeben können. Sie sollen zwar 15000 Motorstarts gewährleisten, doch oft stirbt die Kerze schon früher. Bisweilen kommt es auch vor, daß die Spitzen der Glühkerzen im Motor regelrecht verbrennen. Verbrannte Glühkerzen (die Glühstifte sehen dann wie »angefressen« aus) sind meistens die Folge von Störungen an den Einspritzdüsen. In diesem Fall müssen die Düsen unbedingt auf einwandfreie Funktion geprüft oder gegebenenfalls ausgewechselt werden. Doch auch ein verstellter Förderbeginn der Einspritzpumpe kann der Glühkerzen-Lebensdauer abträglich sein.

Glühkerzen ausbauen

- Batterie-Massekabel abklemmen. Dies ist hier deshalb wichtig, da sonst die Anschlußkabel bei eingeschalteter »Zündung« unter Strom stehen.
- Beide Zuleitungskabel von den Glühkerzen der beiden in Fahrtrichtung gesehen linken Zylinder abschrauben.
- Kabel von den Glühkerzen abschrauben.
- Glühkerzen mit Gabel- oder flachem Ringschlüssel SW 12 herausschrauben.
- Glühkerzen beim Einbau mit 25–30 Nm festziehen.

Fehlersuche an der Vorglühanlage

Ist eine der Glühkerzen defekt, merken Sie das hauptsächlich bei kaltem Motor. Während der Kraftstoff in den übrigen Zylindern sofort zündet, setzt der Zylinder mit der defekten Glühkerze erst wesentlich später ein. Der Motor läuft also anfangs nicht auf allen »Töpfen« und stößt blaue Wolken aus.
Es ist aber auch möglich, daß eine oder sogar mehrere defekte Glühkerzen während der warmen Jahreszeit unbemerkt bleiben. Spätestens nach den ersten kühlen Nächten fliegt sie Sache dann aber auf: Der Motor springt äußerst unwillig oder gar nicht mehr an.

Reihenfolge der Fehlersuche

○ Zuerst prüfen, ob am roten Pluskabel des Vorglüh-Steuergerätes Spannung anliegt.
○ War die Spannungskontrolle in Ordnung, prüfen, ob Strom an den Glühkerzen ankommt.
○ Ist auch bei der Stromversorgung zu den Glühkerzen keine Störung festzustellen, müssen die Glühkerzen auf Funktion geprüft werden.

Stromzufuhr prüfen

Ob die Glühkerzen überhaupt mit Strom versorgt werden, prüfen Sie wie folgt:

- Prüflampe zwischen Masse und dem Anschluß des Stromzuleitungskabels zu den Glühkerzen anschließen.
- »Zünd«-Schlüssel kurz auf »Vorglühen« drehen. Die Prüflampe muß jetzt aufleuchten. Dann ist die Stromzufuhr zu den Glühkerzen in Ordnung.
- Leuchtet die Prüflampe nicht, ist das Vorglüh-Steuergerät, das »Zünd«-Schloß oder ein Zuleitungskabel defekt.

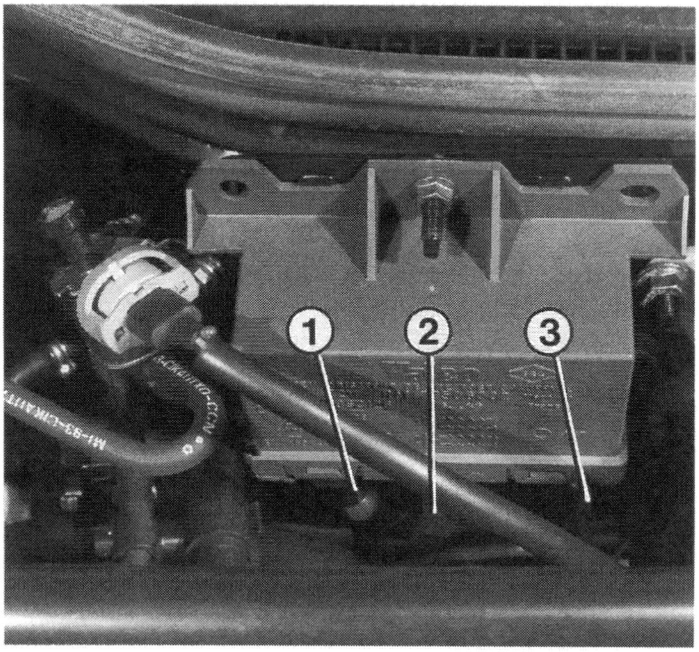

Falls der Verdacht besteht, das Steuergerät der Vorglühanlage sei Ursache für eine Startstörung, sollten Sie zunächst die Steckverbindungen auf Oxidation und korrekten Sitz kontrollieren. Sie sind weit häufiger Ursache für eine Störung durch mangelhaften Stromfluß. Es bedeuten: 1 – Steckverbindung für geschaltetes Plus, Volllast-Mikroschalter, Thermoschalter, Anlasser (+), Vorglüh-Kontrolleuchte, Elektroventil der Kaltstartverstellung und Masse; 2– Stromversorgung für Glühkerzen 1 und 2 sowie 3 und 4; Direktanschluß der Batterie (+).

Glühkerzen prüfen

Auf folgende Weise läßt sich eine defekte Glühkerze ermitteln:

● Zuleitungskabel an Zylinder 1 und 2 abschrauben.

● Anschlußkabel von den Glühkerzen abschrauben.

● Anschlußkabel einer Prüflampe am Pluspol der Batterie anklemmen.

● Mit der Prüflampenspitze der Reihe nach alle Anschlußgewinde der Glühkerzen berühren. Dort, wo die Lampe nicht aufleuchtet, sitzt die defekte Kerze.

● Nach der vorstehenden Prüfmethode haben Sie zwar den Totalausfall einer Glühkerze ermittelt, nicht aber, ob die Kerze nur etwas oder gar nicht mehr glüht. Die Sichtprüfung der Glühkerzen ist deshalb die zuverlässigste Prüfung:

● Einspritzdüsen ausbauen, wie im Kapitel »Die Diesel-Einspritzanlage« beschrieben.

● Die Zuleitungskabel der Glühkerzen bleiben angeschraubt.

● »Zünd«-Schlüssel auf »Vorglühen« drehen.

● Durch die Bohrungen im Zylinderkopf beobachten, welche Kerzen nur schwach oder gar nicht glühen.

● Defekte Kerzen ersetzen – wer auf Nummer Sicher gehen will, ersetzt bei einer defekten Kerze gleich den ganzen Satz.

Vorglüh-Steuergerät prüfen

● Zuleitungskabel zu den Glühkerzen abschrauben.

● Prüflampe zwischen dem abgeschraubten Kabelende und Masse anschließen.

● »Zünd«-Schlüssel auf »Vorglühen« drehen und Prüflampe beobachten: Sie muß bis zum Verlöschen der Vorglüh-Kontrolleuchte brennen.

● Kurz den Anlasser betätigen. Während der Anlasser läuft, muß die Prüflampe weiterbrennen, sonst ist möglicherweise auch die Zuleitung zum Vorglüh-Steuergerät unterbrochen.

● Brennt die Prüflampe bei den Funktionskontrollen nicht, ist das Vorglüh-Steuergerät defekt. Oder eine der Zuleitungen, das Abschaltventil oder gar das »Zünd«-Schloß ist defekt.

Vorglüh-Kontrollampe brennt nicht

Wenn der »Zünd«-Schlüssel in die zweite Raste auf »Vorglühen« gedreht wird, muß die Vorglüh-Kontrolle leuchten.

● Das Lämpchen der Vorglüh-Kontrolle kann auch in eingebautem Zustand geprüft werden.

● Dazu am Mehrfachsteckerausgang des Vorglüh-Steuergeräts den Ausgang der Kontrollampe (TEM) mit einem Kabel und zwischengeschalteter 2-A-Sicherung gegen Masse halten und die »Zündung« einschalten.

● Leuchtet die Vorglüh-Kontrolle jetzt, während sie es zuvor bei eingestecktem Mehrfachstecker nicht tat, ist möglicherweise das Vorglüh-Steuergerät defekt. Prüfen, wie im vorangegangenen Abschnitt beschrieben.

● Brennt dagegen die Sicherung durch, hat das Kabel zum Kombi-Instrument Kurzschluß.

● Leuchtet die Lampe nicht, ist deren Zuleitung oder die Kontrolleuchte selbst defekt.

Sichtgrenzen

Der im Scheinwerferlicht sichtbare Teil der Straße sollte Maßstab für die Geschwindigkeit sein, mit der bei Dunkelheit gefahren wird. Dabei dient gutes und exakt eingestelltes Licht der eigenen Sicherheit. Und nicht zuletzt – blendfreies Licht ist auch für andere Verkehrsteilnehmer ein Stück Sicherheit.

Beleuchtung kontrollieren

Ständige Kontrolle

- Zündung einschalten und nacheinander einschalten:
- Standlicht, Abblendlicht, evtl. eingebaute Nebelscheinwerfer, Fernlicht und ggf. Zusatzfernscheinwerfer.
- Blinker vorn rechts und links sowie Warnblinker.
- Rücklichter, Kennzeichenleuchten und Nebelschlußleuchte.
- Blinker hinten rechts und links, Warnblinker, Rückfahrleuchten.
- Bremslicht, wobei zur Überprüfung allerdings ein Helfer notwendig ist.

Ersatzlampen für unterwegs

Im Ersatzlampenkasten sollten folgende Glühlampen vorhanden sein:

○ Halogen-Zweifadenlampe H 4, 60/55 Watt (Hauptscheinwerfer).
○ Kugellampe, 21 Watt, Bajonettfassung DIN Form RL (Blinker vorn und hinten; Rückfahrleuchten; Nebelschlußleuchte).
○ Zweifaden-Kugellampe, 21/5 Watt, Bajonettfassung DIN-Form SL (Brems-/Schlußlicht).
○ Kugellampe, 5 Watt, Bajonettfassung DIN-Form HL (Standlicht; seitliche Blinkleuchten).
○ Soffittenlampe, 5 Watt (Kennzeichenbeleuchtung).

Scheinwerferlampen auswechseln

Alle Glühlampen in den Scheinwerfern werden vom Motorraum her ausgebaut. Nach dem Auswechseln einer Scheinwerfer-Glühlampe (nicht der Standlichtlampe) sollte die Einstellung des betreffenden Scheinwerfers kontrolliert werden.

Scheinwerfer-lampe

- Sicherungsbügel oben auf der Abdeckkappe drücken und Abdeckung zurückklappen.
- Dreifach-Kabelstecker mit hebelnden Bewegungen an der Scheinwerfer-Rückseite abziehen.
- Federbügel der Lampenbefestigung aus der Blechnase aushängen und zurückklappen.
- Defekte Lampe aus dem Reflektor ziehen.
- Die neue Glühlampe muß so eingesetzt werden, daß ihre drei Stecker-Kontaktzungen ein nach unten offenes »U« bilden.
- Beim Ansetzen der Abdeckung darauf achten, daß die beiden unteren Nasen korrekt im Lampengehäuse sitzen.

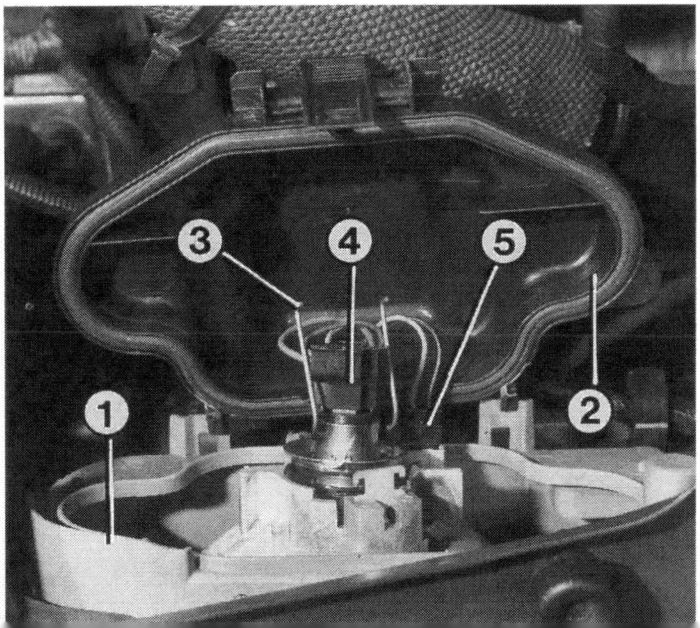

Nach Entfernen der Abdeckung (2) vom Scheinwerfergehäuse (1) die Steckverbindung (4) hebelnd vom Lampensockel abziehen. Nach Aushängen der Federsicherung (3) kann die Lampe aus dem Scheinwerfer-Reflektor genommen werden. Soll die Standlicht-Glühlampe (5) ausgewechselt werden, die Lampenfassung mit Steckverbindung aus dem Reflektor nehmen.

Standlichtlampe

● Sicherungsbügel oben auf der Abdeckkappe drücken und Abdeckung zurückklappen.
● Standlicht-Lampenfassung (seitlich unter der Zweifadenlampe) um ca. 45° nach links (gegen den Uhrzeigersinn) drehen und mit Fassung aus dem Reflektor ziehen.
● Glühlampe aus der Fassung nehmen.
● Beachten Sie beim Einbau der Standlicht-Lampenfassung, daß ihre beiden Haltenasen beim Rechtsdrehen richtig im Reflektor einrasten.
● Funktionskontrolle nicht vergessen.
● Beim Ansetzen der Abdeckkappe darauf achten, daß die beiden unteren Nasen korrekt im Lampengehäuse sitzen.

Fingerzeige: Bevor Sie eine vermeintlich defekte Glühlampe wegwerfen, sollten Sie sie noch einmal genau ansehen. Vielleicht ist sie in Ordnung, aber es fehlt an der Stromversorgung bzw. am Massekontakt.
Neue oder intakte Glühlampen nicht mit den Fingern am Glaskolben anfassen. Der Abdruck von Handschweiß bleibt unvermeidbar. Dieser verdampft auf der brennenden Birne und trübt den Reflektor. Deshalb beim Einsetzen ein sauberes Tuch verwenden.

Scheinwerfer ausbauen

Wenn das Scheinwerferglas beschädigt oder der Reflektor matt ist, muß in jedem Fall der komplette Scheinwerfer ausgetauscht werden. Streuscheibe und Scheinwerferspiegel sind miteinander verklebt und nicht einzeln lieferbar. Nach dem Einbau des neuen Scheinwerfers muß grundsätzlich dessen Einstellung überprüft werden.

● Den inneren (schwarzen) Kühlergrill abbauen. Dazu die Kunststoffschrauben vorsichtig aus dem Spreizeinsatz so weit herausdrehen, bis die Schraube mit Einsatz aus dem Montageloch gezogen werden kann.
● Blinkleuchte entsichern (eine Klammer im Motorraum), nach vorne aus dem Scheinwerferausschnitt nehmen und Mehrfachstecker abziehen.
● Links und rechts im Blinkerausschnitt die beiden Schrauben des Frontgrills herausdrehen.
● Fünf Schrauben des Frontgrills herausschrauben (drei Schrauben im Kühlerbereich; je eine Schraube links und rechts unter dem Frontgrill) und Frontgrill abnehmen.
● Stecker von Stand- und Hauptlicht abziehen.
● Stecker von Stellmotor der Leuchtweitenregelung abziehen.
● Stellmotor der Leuchtweitenregelung im Bajonettverschluß verdrehen und den Kugelkopf durch Ziehen am Gehäuse aus dem Verstellsegment am Scheinwerfer ausrasten.
● Stellmotor abnehmen.
● Beide oberen Befestigungsschrauben des Scheinwerfergehäuses herausdrehen.
● Eine Schraube neben dem Scheinwerfergehäuse im Kühlerausschnitt herausdrehen.
● Eine Mutter außen seitlich neben dem Scheinwerfergehäuse herausdrehen.
● Scheinwerfer nach vorne aus dem Ausschnitt ziehen.
● Nach dem Einsetzen des Scheinwerfers in den Scheinwerferausschnitt die oberen Befestigungsschrauben locker beidrehen und den Scheinwerfer so ausrichten, daß die Schrauben an den alten Schraubmarkierungen festgezogen werden können.
● Seitliche Befestigungsschrauben und Mutter festziehen.
● Blinkleuchte einbauen und alle Steckverbindungen wieder aufstecken. Kühler- sowie Frontgrill montieren.
● Nach dem Einbau Funktionskontrolle und Einstellen des Scheinwerfers nicht vergessen.

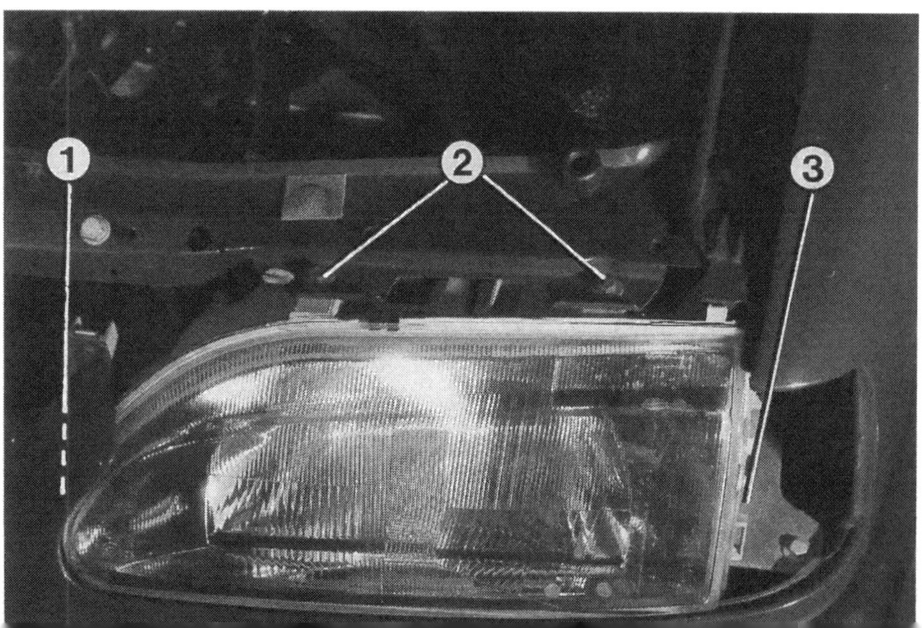

Der Scheinwerfer ist oben am Gehäuse mit zwei Schrauben (2) und links und rechts mit je einer Schraube SW 10 im Scheinwerferausschnitt befestigt. An die innere Schraube (1) kommen Sie erst nach Abbauen des Kühlergrills, an die äußere (3) nach Ausbau des Blinkers heran. Bei gelösten Schrauben kann er nach vorne abgenommen werden. Zuvor müssen jedoch die Mehrfachstecker von Haupt- und Standlicht abgezogen werden.

Mit der Einstellschraube »1« kann der Scheinwerferkegel in der Waagrechten, mit der Einstellschraube »2« in der Senkrechten korrigiert werden. Die Einstellschrauben sind jeweils spiegelverkehrt zum anderen Scheinwerfer angeordnet. Voraussetzung für eine korrekte Einstellung: Der Regler der Leuchtweitenregelung muß in Stellung »0« stehen und das Fahrzeug unbelastet sein.

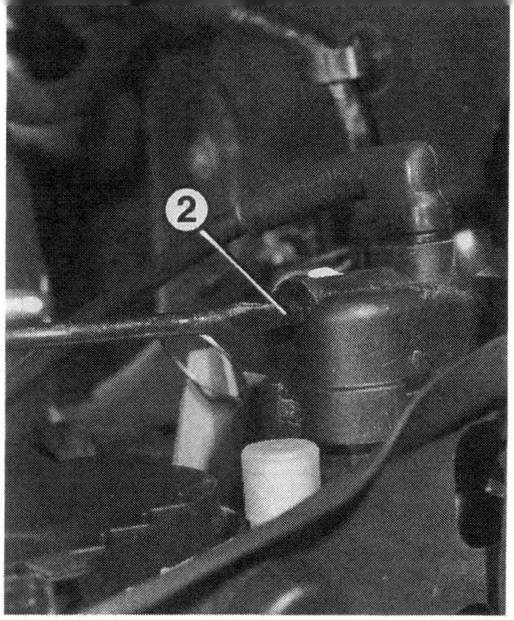

Scheinwerfer-Einstellung kontrollieren

Wartung Nr. 24

Wenn ein Scheinwerfereinsatz ausgewechselt wurde, muß die Einstellung des Scheinwerferlichts kontrolliert werden. Am genauesten geht das mit dem Meßgerät in der Werkstatt oder an der Tankstelle. Behelfsmäßig gibt es verschiedene, unterschiedlich genaue Methoden:

○ Wagen im rechten Winkel in fünf Meter Abstand vor eine helle Wand stellen. Erneuerten Scheinwerfer in der Höhe dem unveränderten gleichstellen. Eine Seitenkorrektur ist so allerdings nicht möglich.

○ Nach einer genauen Einstellung mit dem Meßgerät die Abknickpunkte (in diesen Punkten steigt der Abblendlichtstrahl um 15° nach oben an) an der Garagenwand anzeichnen. Dazu den R19 am Garagentor abstellen. So läßt sich später bei gleicher Fahrzeugstellung auch die Lichtstrahl-Seitenrichtung prüfen.

○ Genaue Hilfslinien anzeichnen an einer Wand mit mindestens 9 m ebener Fläche davor. Die Linien sehen Sie in der Zeichnung unten. Hierzu ist einige Vorarbeit nötig. Sie können auch an den betreffenden Stellen an der Wand z. B. Kreppband ankleben und darauf zeichnen.

Hilfslinien zur Scheinwerfereinstellung

● Fahrzeug mit der Front parallel zur Einstellwand in exakt 5 m Abstand abstellen.

● Höhe der Scheinwerfermittelpunkte beidseitig ausmessen und an der Wand markieren (Maß »d«).

● 50 mm darunter eine Linie »A« an der Wand anzeichnen. Das ist die Neigung des Abblendlichts auf 5 m Entfernung.

● Durch das Heckfenster nach vorn peilen und von einem Helfer genau in Fahrzeugmitte die senkrechte Linie »M« einzeichnen lassen.

● Abstand Fahrzeugmitte bis Scheinwerfermittelpunkt abmessen, rechts und links von »M« markieren und dort je ein Einstellkreuz anzeichnen.

● Auf diese Kreuze müssen die Abknickpunkte des Abblendlichts justiert werden.

Scheinwerfer einstellen

Die Einstellschrauben sind vom Motorraum aus zu erreichen und lassen sich am besten mit einer Stecknuß SW 5 verstellen.

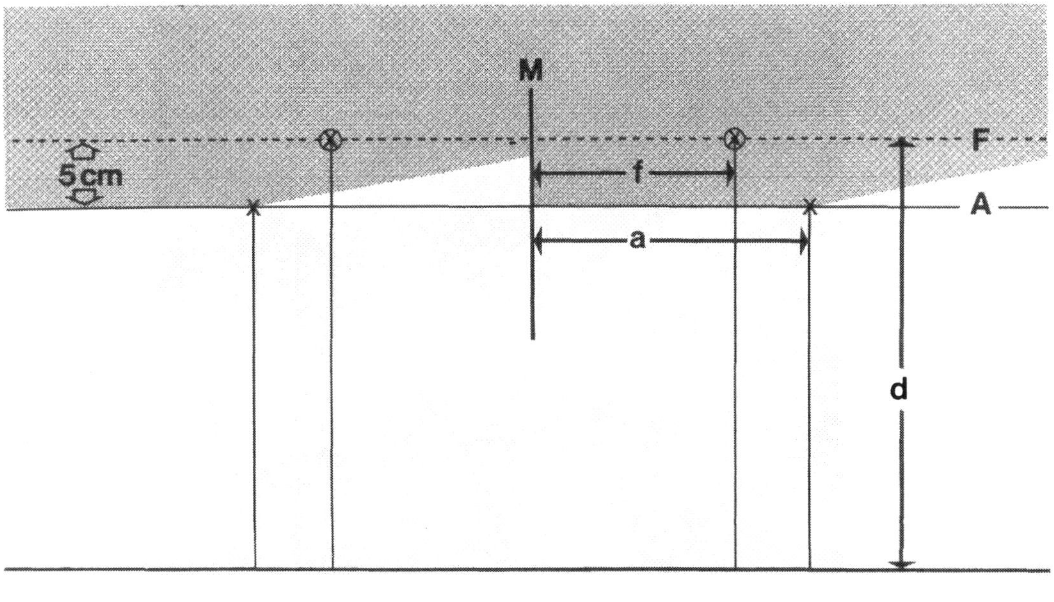

Maße für die Scheinwerfer-Einstellung:
d – Höhe der Scheinwerfer-Mittelpunkte;
F – Einstellhöhe für Zusatz-Fernscheinwerfer;
A – Einstellhöhe für die Hauptscheinwerfer;
M – Fahrzeugmitte;
a – Abstand der Scheinwerfer von der Fahrzeugmitte;
f – Abstand von Zusatz-Fernscheinwerfern von der Fahrzeugmitte.

○ Voraussetzung für eine exakte Einstellung ist, daß der Tank voll oder mindestens gut halb voll ist. Sonst den Kofferraum entsprechend mit Gewicht belasten.
○ Zusätzlich sollte ein Helfer hinter dem Steuer sitzen oder das Fahrzeug mit 75 kg belastet werden.
○ Auch der Reifendruck sollte kontrolliert und ggf. korrigiert werden.
○ Der Drehregler der Leuchtweitenregelung muß in Stellung »0« stehen.
● Fahrzeug vor den Einstellinien genau auf Position rangieren und Vorderwagen kräftig nach unten drükken, damit die Radaufhängung in Ruhelage kommt.
● Abblendlicht einschalten.
● Zuerst an der Höhen-Einstellschraube – die Einstellschraube beim Blinker bzw. Stellmotor der Leuchtweitenregelung – so lange drehen, bis der Abblendlicht-Scheinwerferstrahl mit seiner waagrechten Hell/Dunkel-Grenze mit der Einstellinie übereinstimmt.
● Seiteneinstellung durch die Einstellöffnung im oberen Querblech mit der beim Kühlergrill sitzenden Einstellschraube so ausrichten, bis der Abknickpunkt im Abblend-Lichtbild genau auf das Einstellkreuz ausgerichtet ist.
● Damit ist auch das Fernlicht richtig eingestellt.

Zusatzscheinwerfer einstellen

Falls Ihr Renault 19 mit Nebelscheinwerfern ausgerüstet ist, müssen auch diese Scheinwerfer genau eingestellt sein, damit der Gegenverkehr nicht geblendet wird.
● Alle Scheinwerfer bis auf den einzustellenden Nebelscheinwerfer abdecken.
● Scheinwerfer mit der links bzw. rechts oben sitzenden Kreuzschlitzschraube so einstellen, daß die breit gestreuten Scheinwerferstrahlen bei 5 m Abstand von der Einstellwand 100 mm unterhalb des Mittelpunkt des Nebelscheinwerfers auf der Wand auftreffen.

Die Leuchtweitenregelung

Seit 9/89 ist in Deutschland die Leuchtweitenregelung bei Neuwagen gesetzlich vorgeschrieben. Dazu kann beim Renault 19 die Leuchtweite der Scheinwerfer stufenlos entsprechend der Beladung bei eingeschaltetem Abblendlicht über einen im Armaturenbrett befindlichen Drehregler eingestellt werden.
○ An jedem Scheinwerfer befindet sich hierzu ein Schrittmotor, der bei Betätigen des Drehreglers elektrisch durch eine entsprechende Frequenz angesteuert wird und den schwenkbar gelagerten Reflektor des Scheinwerfers über eine Spindel in die gewünschte Stellung schwenkt.
○ Die Grundstellung des Scheinwerfers am Schalter ist die Stellung »0«. Der maximale Neigungswinkel bei voller Beladung wird in Schalterstellung »4« erreicht.
○ Für jede Reglerstellung gibt eine im Schalter intergrierte Spule mit beweglich gelagertem Eisenkern eine Frequenz an die Elektronik der beiden Scheinwerfer-Schrittmotoren ab. Die Elektronik vergleicht die auf diese Weise vorgegebene Sollwertfrequenz mit der Stellung der Scheinwerfer. Deren Stellung ist ebenfalls durch eine Frequenz festgehalten. Anhand des Unterschieds der Frequenzen erkennt die Elektronik, in wie weit die Reflektoren der Scheinwerfer nach oben bzw. unten geschwenkt werden müssen.

Leuchtweitenregelung kontrollen

Wartung Nr. 42

● Fahrzeug wie zur Scheinwerfer-Einstellung in fünf Meter Abstand vor die Garagenwand rangieren.
● Scheinwerfer-Einstellung in Drehregler-Grundstellung »0« kontrollieren und ggf. korrigieren.

Soll der Stellmotor (3) der Leuchtweitenregelung ausgewechselt werden, muß er nach Trennen der Mehrfachsteckverbindung (1) verdreht werden, damit der Bajonettverschluß entriegelt wird. Durch gefühlvolles, aber kräftiges Ziehen den Kugelkopf vom Reflektorhalter abziehen. Mit Position »2« ist die Verstellschraube für die Grundeinstellung des Scheinwerfers bezeichnet.

Beim Einbau des Blinkers auf korrekten Sitz der Führungsnasen (2) in den Aufnahmen (1) des Scheinwerfergehäuses achten. Andernfalls verkantet das Blinkergehäuse und fluchtet nicht mit den Kanten des Scheinwerferglases und dem Blinkerausschnitt im Kotflügel. Nach Einschieben des Blinkers in den Ausschnitt die Federsicherung seitlich im Motorraum einhängen und Sitz des Blinkers nochmals kontrollieren.

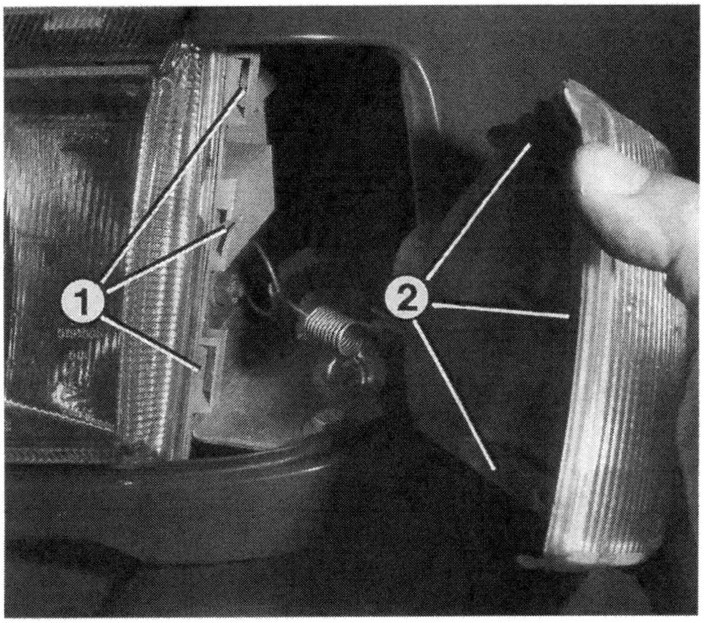

- Drehregler auf Stellung »4« drehen.
- Die waagrechte Hell/Dunkelgrenze muß bei korrekter Verstellgröße um 25 cm unterhalb der Grundeinstell-Linie stehen.
- Wird dieser Wert nicht erreicht, die freie Schwenkbarkeit des entsprechenden Scheinwerfers kontrollieren.
- Ist die Schwenkbarkeit der Scheinwerfer nicht beeinträchtigt, kontrollieren, ob der Kugelkopf des Stellmotors korrekt im Verstellglied des Scheinwerfers eingerastet ist.
- Steckverbindungen am Drehschalter und am Stellmotor kontrollieren.
- Falls alles korrekt ist, die Spannung zwischen den beiden äußeren Klemmen messen.
- Die Spannung muß 12 Volt betragen.
- Anschließend die Messung zwischen der mittleren und oberen Klemme. Hier muß je nach Schalterstellung eine Regelspannung zwischen 2 und 12 Volt angezeigt werden.
- Liegt keine Unterbrechung der Leitung vor und wird der Wert nicht erreicht, ist der Drehregler defekt.
- Wird trotz korrekten elektrischen Werten die maximale Neigungsverstellung von einem der beiden Motoren nicht erreicht, muß der Motor der Leuchtweitenregelung ausgewechselt werden.

Lampenwechsel

Blinkleuchten vorn

- Vom Motorraum aus die Haltefeder des Blinkergehäuses am Gehäuse des Hauptscheinwerfers aushängen.
- Blinkleuchte von außen abnehmen.
- Bajonettverschluß durch Linksdrehung lösen und Glühlampe aus der Fassung nehmen.
- Beim Einsetzen des Lampengehäuses darauf achten, daß die Führungen von Blinkergehäuse und Schweinwerfergehäuse korrekt ineinandergreifen.
- Nach dem Einschieben den Sitz des Blinkereinsatzes zu den umgebenden Teilen kontrollieren.

Seitliche Blinkleuchten

- Blinkleuchte vorsichtig mit einem Schraubendreher aus dem Kotflügelausschnitt hebeln.
- Bajonettverschluß durch Linksdrehung lösen und Lampe aus der Fassung nehmen.

Links: Nur mit einem Schraubendreher können alle Lampen der Außenbeleuchtung gewechselt werden. Hier der Wechsel einer seitlichen Blinkleuchte. Ausbau siehe Text oben.
Rechts: Auch der Wechsel einer defekten Kennnzeichenleuchte geht auf denkbar einfache Weise vonstatten. Wichtig neben dem korrekten Sitz der Steckverbindung ist beim Einbau auch der exakte Sitz von Lampenfassung und Streuscheibe auf dem Lampengehäuse, da die Kennzeichenleuchte dem Spritzwasser besonders ausgesetzt ist.

Nach Abschrauben der Heckleuchte zum Auswechseln einer defekten Lampe lediglich die beiden Plastik-Federlaschen (Pfeile) zusammendrücken und Lampenträger aus der Leuchte nehmen (im Bild der Lampenträger einer linken Heckleuchte). Zu Kontrollzwecken kann der Lampenträger auch ohne Heckleuchte an den Mehrfachstecker angeschlossen werden. An der eingebauten Leuchte dann den korrekten Sitz der Steckverbindung kontrollieren. Es bedeuten:
1 – Rückfahrleuchte (21 W);
2 – Blinkleuchte (21 W);
3 – Schluß- und Bremsleuchte (5/21 W).

Heckleuchten

● Heckklappe öffnen und vom Kofferraum aus die beiden Knebelschrauben des Lampengehäuses abschrauben.
● Kunststoffabdeckung abnehmen.
● Mehrfachstecker abziehen.
● Lampengehäuse komplett von außen abnehmen.
● Lampenhalter durch Zusammendrücken der Kunststoffnasen aus dem Gehäuse herausnehmen.
● Bajonettverschluß der defekten Lampe lösen und aus der Fassung nehmen.
● Beim Ersatz der Zweifadenlampe für das Brems-/Schlußlicht darauf achten, daß der Zentriernocken richtig im Lampensockel eingesetzt wird.
● Vor Einsetzen des Lampengehäuses ggf. die Dichtung und die -auflage am Karosserieausschnitt reinigen und mit etwas Silikonfett einreiben.
● Mehrfachstecker aufstecken und Funktionskontrolle durchführen.
● Vor Ansetzen der Knebelschrauben den korrekten Sitz der Kunststoffabdeckung kontrollieren.

Nebelschlußleuchte

● Heckklappe öffnen und die Abdeckung aus der Heckklappenverkleidung herausnehmen.
● Lampenträger gegen den Uhrzeigersinn drehen und vom Lampengehäuse abnehmen.
● Bajonettverschluß durch Linksdrehung lösen und Glühlampe aus der Fassung nehmen.
● Beim Einsetzen des Lampengehäuses darauf achten, daß die Führungen von Lampenträger und -gehäuse korrekt ineinandergreifen. Erst dann Lampenträger durch Rechtsdrehung sichern.

Rückfahrlichtschalter

Das Aufleuchten der Rückfahrleuchten veranlaßt der Schalter schräg oberhalb des Schalthebels im Getriebe, wenn er beim Einlegen des Rückwärtsgangs von der entsprechenden Schaltstange berührt wird.
● Bleibt es bei eingelegtem Rückwärtsgang hinten dunkel, kontrollieren Sie zuerst die Sicherung.
● Ist sie intakt, Kabel am Rückfahrlichtschalter abziehen und mit einem Drahtstück überbrücken. Leuchtet es jetzt, ist der Schalter defekt.
● Bleibt es jedoch in beiden Rückfahrleuchten dunkel, ist die Leitung nach hinten unterbrochen (intakte Glühlampen vorausgesetzt).

Links: Ob Zusatz-Innenleuchte hinten oder Handschuhfachleuchte – mit einem kleinen Schraubendreher lassen sich die Leuchteneinsätze aus dem Leuchtenausschnitt hebeln. Die 10- bzw. 5-Watt-Soffittenlampe ist in einer kleinen Federhalterung fixiert.
Rechts: Bei Zentralverriegelung muß zum Lampenwechsel die Abdeckung der Kombileuchte mit einem Schraubendreher abgehebelt werden, um die Soffitte (7 W) für Innenlicht oder Lesespot auswechseln zu können. Um an die Steckverbindung heranzukommen, kann der komplette Lampenträger mit Kombischalter aus der Deckenkonsole genommen werden. Dazu links und rechts die Federhalterung (Pfeil) zur Seite drücken.

Kennzeichenleuchten

● Die Leuchte mit einem an der Schmalseite angesetzten Schraubendreher vorsichtig nach unten aus dem Stoßfänger heraushebeln.
● Durch seitliches Abheben von den Haltenasen das Lampenhaus von der Streuscheibe abziehen.
● Soffittenlampe aus der Federhalterung nehmen.

Innenleuchten

Die Soffittenlampe (7 Watt) muß bei geöffneter Tür und entsprechender Schalterstellung brennen. Sie erhält dauernd Strom. Zum Ausbau der Innenleuchte brauchen Sie einen dünnen Schraubendreher oder ein Messer.
● Leuchtenabdeckung mit einem dünnen Schraubendreher vorsichtig komplett mit Streuscheibe und Spotlupe aus dem Lampengehäuse hebeln.
● Defekte Soffittenlampe aus der Federhalterung nehmen.

Türkontaktschalter

Die Innenleuchte wird bei entsprechender Schalterstellung durch die in den Türpfosten eingesetzen Türkontaktschalter ein- und ausgeschaltet. Die Schalter für die vorderen und hinteren Türen sind dabei etwas unterschiedlich in ihrer Konstruktion. Bei Störungen:
● **Vorderer Türschalter:** Mit einem kleinen Schraubendreher Schalter aus der A-Säule hebeln und den Stecker abziehen – übrige Türen müssen geschlossen sein.
● Mit einem Stück Draht die beiden Steckkontakte überbrücken.
● Brennt jetzt die Leuchte, liegt der Fehler an Korrosion im Türkontaktschalter. Der Schalter sollte erneuert werden, Tüftler können den Schalter öffnen und die Kontakte säubern.
● **Hinterer Türschalter:** Ziehen Sie bei eingebautem Schalter die Gummiabdeckung ab und überbrücken die beiden Kontaktfedern – übrige Türen müssen geschlossen sein.
● Brennt jetzt die Leuchte, liegt der Fehler an Korrosion im Türkontaktschalter. Dies ist eigentlich nur bei unkorrektem Sitz der Gummiabdeckung möglich.
● Türkontaktschalter aus dem Ausschnitt herausziehen.
● Sämtliche Kontaktflächen blank kratzen.
● Ist der Kontaktbrücke verbogen oder gebrochen, sollten Sie den Türkontaktschalter auswechseln.
● **Beide Schalter:** Beim Abziehen des Kabelsteckers darauf achten, daß das Kabel nicht in den Türpfosten fällt (genügend weit herausziehen).
● Ist das Kabel im Türpfosten verschwunden, muß die seitliche Fußraumverkleidung bzw. die Verkleidung der B-Säule ausgebaut werden, um das Kabel wieder »angeln« zu können.

Handschuhfachleuchte

Damit die Batterie nicht unbemerkt »leergelutscht« werden kann, funktioniert die Soffittenlampe nur bei eingeschaltetem Stand- oder Hauptlicht.
● Handschuhfach öffnen.
● Mit einem dünnen Schraubendreher die Lampenhalterung aus dem Ausschnitt hebeln.
● Soffittenlampe (5 Watt) aus der Federhalterung nehmen.
● Beim Einbau der Lampenhalterung darauf achten, daß die Steckverbindung korrekt sitzt.

Anzünder-Beleuchtung

Der Renault 19 ist mit einem Anzünder bestückt, der bei eingeschaltetem Licht von einem 1,4-Watt-Glühlämpchen beleuchtet ist.
● Aschereinsatz aus der Mittelkonsole heben.
● Zigarettenanzünder-Gehäuse mit Beleuchtungsring vorsichtig aus dem Konsoleneinsatz herausdrücken. Evtl. mit einem zwischengeschobenen dünnen Schraubendreher etwas nachhelfen.
● Kabelstecker abziehen.

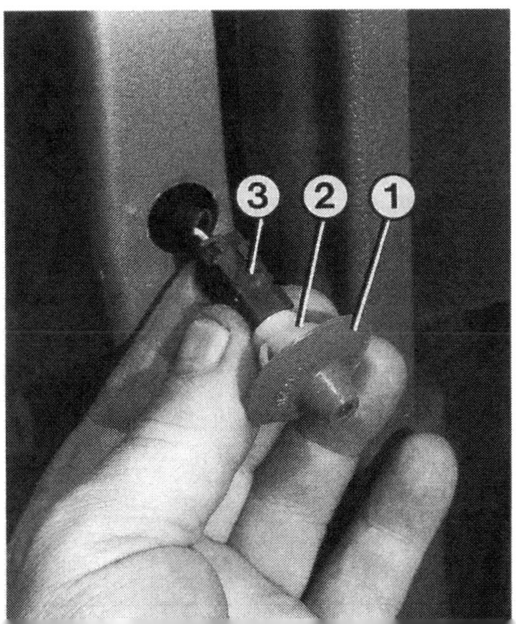

Störungen an den neuartigen Türkontaktschaltern der Vordertüren gehören der Vergangenheit an. Voraussetzung dafür ist allerdings eine sauber montierte Kunststoffmanschette (1) rings um den Schaltereinsatz (2). Ein oxidierter und dadurch nicht mehr funktionierender Schalter läßt sich meist noch säubern und mit Kontaktspray behandeln. Ggf. auch die Steckverbindung (3) kontrollieren.

So elegant und vibrationsfrei wie hier die Original-Nebelscheinwerfer lassen sich auch nachträglich Nebelscheinwerfer montieren. Voraussetzung sind allerdings Original-Teile von Renault, wie unten beschrieben. Zudem ist für die Montage schon etwas Geschick vonnöten. Zum Glühlampenwechsel die Kunststoffabdekkung (1) abziehen und die Halteschraube (2) herausdrehen. Dann kann der komplette Scheinwerfer nach vorn herausgenommen werden. Mit der Einstellschraube (3) kann die Höhe des Scheinwerferkegels korrigiert werden.

● Beleuchtungsring von der Steckdose abziehen. Dazu zwei Haltenasen in der Steckdose zurückdrücken.

● Glühlampe (Bajonettfassung) auswechseln.

Heizregler-beleuchtung

● Abdeckung unterhalb der Bedienungsschalter ausbauen (zwei Schrauben). Abdeckung nach hinten kippen und abnehmen.

● Heizungs/Lüftungs-Bedienung abbauen (zwei Schrauben). Einheit nach innen drücken und nach unten aus dem Armaturenbrettausschnitt ziehen.

● Heizungs/Lüftungs-Bedienung umdrehen. Für mehr Bewegungsspielraum ggf. die Mehrfachstecker abziehen.

● Fassung der Beleuchtung nach links drehen und abnehmen, dann Glassockel-Glühlampe komplett mit Fassung auswechseln.

Kofferraum-leuchte

Die Kofferraumleuchte wird beim Renault 19 von einem Kontaktschalter neben dem Schließbügel der Heckklappe ein- und ausgeschaltet. Das Lampengehäuse sitzt mit einer 5-W-Soffittenlampe seitlich unter dem Ablagenseitenteil in einer Aufnahme.

● Kofferraumleuchte vorsichtig mit einem dünnen Schraubendreher aus der Lampengehäuseaufnahme hebeln.

● Soffitte wechseln und auf Funktion prüfen.

● Falls die Lampe nicht brennt, vorher Kabel vom Schalter abziehen und gegen Masse halten.

● Brennt die Birne jetzt, ist der Kontaktschalter defekt.

● Möglich ist auch, daß der Schalter hängt.

● Dann Schalter abbauen und ein paarmal die Feder-Kontaktstifte kräftig hineindrücken und wieder schnappen lassen.

● Ist die Funktionskontrolle ohne Erfolg, Schalter auswechseln.

● Es kann jedoch auch die Zuleitung unterbrochen sein.

Nebelscheinwerfer einbauen

Nebelscheinwerfer sollten möglichst tief montiert werden, damit sie den gewöhnlich nicht ganz auf dem Boden aufliegenden Nebel unterstrahlen können. Viele im Zubehörhandel angebotenen Nebelscheinwerfer sind jedoch für stehenden Anbau vorgesehen, bei dem die Nebelscheinwerfer etwa in gleicher Höhe wie die Hauptscheinwerfer installiert sind. Günstiger ist nach unserer Meinung die Anbringung der Original-Nebelscheinwerfer im Stoßfänger, wie sie von Renault auch serienmäßig bei bestimmten Modellen eingebaut sind. Falls Sie jedoch Nebelscheinwerfer aus dem Zubehörhandel montieren wollen, sollten Sie sich auf jeden Fall vergewissern, daß die von Ihnen gekauften Scheinwerfer für »hängenden« Einbau vorgesehen sind. Außerdem sollten Sie sich zumindest aus dem Renault-Ersatzteillager den ins Armaturenbrett passenden Nebelscheinwerfer-Schalter besorgen.

Genaue Einbauanweisungen und Schablonen liegen den Fremd-Einbausätzen sowohl für den elektrischen als auch für den mechanischen Arbeitsumfang bei. Bei den Original-Nebelscheinwerfern können Sie sich bei der Verkabelung an den Schaltplan im Kapitel »Die Schaltpläne« halten.

Verständigungssache

Mit dem rücksichtsvollen und umsichtigen Einsatz der Signaleinrichtungen kann jeder Verkehrsteilnehmer das Unfallrisiko für sich selbst und besonders für die »schwächeren« Verkehrsteilnehmern niedrig halten.

Blink- und Warnblinkanlage prüfen

Ständige Kontrolle

Die Warnblinkanlage muß ständig funktionieren, deshalb wird ihr Schalter über die Versorgungsleitung »3« (rot) direkt von Batterie-Plus versorgt. Die Richtungsblinker erhalten dagegen nur bei eingeschalteter Zündung über das Zündschloß Strom von Klemme 9 über die Sicherung Nr. 6.

- Drücken Sie bei ausgeschalteter Zündung auf den rechten Kippschalter oberhalb der Heizungsbedienungsschalter im Armaturenbrett.
- Alle Blinklampen und die rote Warnleuchte im Kombi-Instrument leuchten im gleichen Rhythmus auf.
- Warnblinker ausschalten. Zündung einschalten.
- Bei gedrücktem Blinkerhebel müssen eine Blinkerseite und im gleichen Rhythmus die Blinkerkontrolle regelmäßig blinken.

Störungsbeistand

Blink- und Warnblinkanlage

Die Störung	– ihre Ursache
A Grüne Kontrollampe für Richtungsblinker leuchtet in ganz kurzen Intervallen auf, normaler Blinker-Rhythmus beim Warnblinken	Eine Glühlampe defekt oder ohne Kontakt
B Blinkleuchten am Wagen und Kontrolleuchte brennen beim Richtungs- und Warnblinken dauernd oder gar nicht	Blinkrelais defekt
C Richtungsblinken funktioniert, aber kein Warnblinken	1 Rotes Kabel (Klemme 3) zwischen Kippschalter und Batterie unterbrochen 2 Mehrfachstecker hinter dem Armaturenbrett schadhaft oder falsch aufgesteckt 3 Warnblinkschalter defekt
D Warnblinken funktioniert, aber kein Richtungsblinken	1 Violettes Kabel (Klemme 5) zwischen Kombischalter und Blinkrelais im Sicherungskasten unterbrochen 2 Siehe C 2 und 3
E Kein Richtungs- und kein Warnblinken	1 Sicherung Nr. 6 defekt 2 Siehe C 1 bis 3 3 Masseverbindung fehlerhaft

Behelf bei defektem Blinkrelais

Mit einem ausgefallenen Blinkrelais ist die Weiterfahrt nicht ganz ungefährlich, denn im dichten Verkehr und vor allem bei Dunkelheit wird Ihre Abbiegeabsicht den anderen Verkehrsteilnehmern nicht ersichtlich.

- Das Blinkrelais sitzt auf der Relaisplatte im Sicherungskasten.
- Sicherungskasten absenken.
- Blinkrelais leicht ruckelnd aus der Relaisplatte ziehen.
- Kurzschlußbrücke zwischen den Klemmen 1 und 2 (am Relais markiert) herstellen. Dazu in die Steckanschlüsse im Relaishalter, die der entsprechenden Klemme gegenüberliegen, eine Büroklammer oder ein kurzes Stück dünnen Draht einklemmen.
- Blinkrelais wieder einstecken.
- Bei gedrücktem Blinkerhebel leuchtet jetzt eine Blinkerseite dauernd.
- Durch Ein- und Ausschalten mit dem Blinkerhebel erhalten Sie einen Blinker-Rhythmus.

Bremsleuchten prüfen

Ständige Kontrolle

Die Kontrolle der Bremslichter sollten Sie zu Ihrer eigenen Sicherheit so oft wie möglich durchführen.

- Die Garagenwand hinter dem Wagen muß hell rot aufleuchten, wenn Sie aufs Bremspedal drücken.
- Oder in einer Kolonne prüfen Sie über den Rückspiegel, ob sich in den Scheinwerfer-Reflektoren oder in der Lackierung des Hintermannes beide Bremslichter spiegeln.

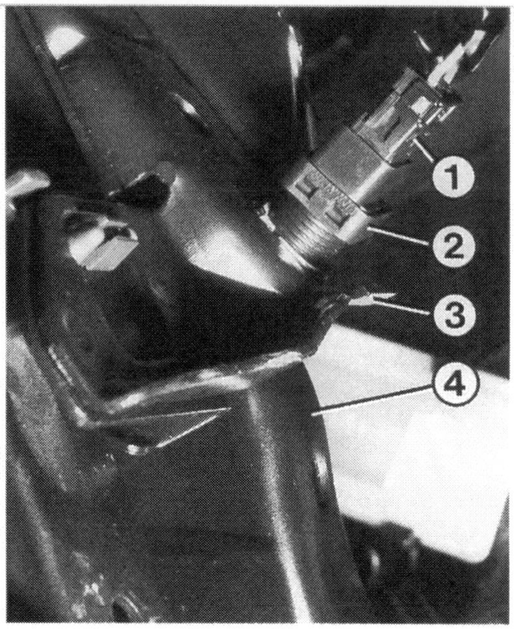

Links: Geht Richtungsblinken einwandfrei, aber der Warnblinker bereitet Probleme, liegt dies meist am Warnblinkschalter. Wird der Schalter ein paar Mal kräftig betätigt, ist die Störung oft schon behoben. Sonst den Schalter (2) durch Zusammendrücken der Federklammern aus dem Ausschnitt hebeln und die Kontakte der Steckverbindung (1) prüfen.
Rechts: Beim Einbau des Bremslichtschalters (2) muß er fest auf die Pedalstütze (3) gedrückt werden, damit der Schalterstift vom losgelassenen Pedal (4) auch in den Schalter gedrückt wird. Für eine einwandfreie Funktion ist natürlich auch der richtige Sitz des Steckers (1) wichtig.

Der Bremslichtschalter

Beim Tritt auf das Bremspedal drückt eine Feder im Bremslichtschalter – er ist an einem Halter der Bremspedalaufhängung befestigt – den Betätigungsstift in Richtung »Ein«. Damit werden die Kontakte im Schalter und der Stromkreis zu den Bremsleuchten geschlossen. Wird das Bremspedal losgelassen, drückt der Pedalhals den Betätigungsstift wieder in die Ausgangsstellung – das Bremslicht verlöscht.

Bremslichtschalter überprüfen

Sind beide Bremslichter ausgefallen, kontrolliert man wie folgt, ob es am Bremslichtschalter liegt:

- Kabelstecker abziehen.
- Kabelanschlüsse nur im Stecker mit Büroklammer oder Drahtstück überbrücken.
- Brennen jetzt die Bremslichter, ist der Bremslichtschalter defekt.

Bremslichtschalter auswechseln

- Kabelstecker vom Schalter abziehen.
- Schalter um 90° drehen und aus der Halterung ziehen.
- Beim Einbau Schalter in den Halter einführen und darauf achten, daß der Schalterhals fest am Pedal anliegt.
- Schalter um 90° gegen den Uhrzeigersinn drehen.
- Nach Einbau des neuen Schalters Kabel anschließen und Schalter auf Funktion prüfen.
- Beim Tritt auf das Bremspedal stellt sich der Schalter selbsttätig ein.
- Zur Kontrolle: Der Bremslichtschalter muß so eingestellt sein, daß beim Tritt aufs Bremspedal das Bremslicht frühestens nach 5 mm Pedalweg aufleuchtet. Spätestens nach 20 mm Pedalweg muß das Bremslicht allerdings leuchten. Gemessen wird ab Mitte Bremspedalgummi.

Störungsbeistand

Bremslicht

Die Störung	– ihre Ursache	– ihre Abhilfe
A Eine Bremsleuchte brennt nicht	1 Glühlampe durchgebrannt	Austauschen
	2 Masseverbindung unterbrochen. Brennen alle übrigen Glühlampen in derselben Heckleuchte? Falls nicht:	Masseanschluß überprüfen
	3 Unterbrechung in der Spannungszuleitung	Kabel kontrollieren
B Beide Bremslichter brennen nicht	1 Sicherung defekt	Ersetzen
	2 Bremslichtschalter defekt	Überprüfen, ggf. ersetzen
	3 Siehe A 1 und 3	
C Bremslicht brennt dauernd	1 Siehe B 2	
	2 Kabel zum Bremslichtschalter haben direkten Kontakt	Kabel kontrollieren

Hupe prüfen

Wartung Nr. 22

Am Hupenkontakt im linken Kombischalter liegt ständig Strom über das rote Kabel an Kontakt 3 des Kombischalters von Batterie-Plus an. Deshalb muß auch bei ausgeschalteter Zündung beim Druck auf den Hupenkontakt des Hebelschalters die Hupe ertönen. Bei einem vermuteten Defekt gibt es die auf der gegenüberliegenden Seite beschriebene Prüfmöglichkeit.

Durch die recht geschützt hinter dem Stoßfänger untergebrachte Doppelfanfare sind Störungen recht selten. Meist sind Störungen auch hier an einer oxidierten Steckverbindung (Pfeil) zu suchen. Eine krächzende Hupe läßt sich manchmal wieder stimmen. Dazu auf der Hupenrückseite eine Plombe zerstören und die Einstellschraube während dem Hupen drehen, bis der Ton wieder stimmt. Danach muß die Einstellschraube mit einem Tupfer Dichtmasse oder Silikonkautschuk gegen selbsttätiges Verstellen gesichert werden.

- Kabelstecker abziehen.
- Hupe ausbauen.
- An jedem Steckanschluß ein Hilfskabel aufstekken und diese mit dem Plus- bzw. Minuspol der Batterie verbinden.
- Bleibt es ruhig, ist die Hupe defekt.
- Eine krächzende oder völlig stumme Hupe läßt sich bisweilen durch Drehen der Einstellschraube an der Hupenrückseite wieder stimmen oder zu neuem Leben erwecken.
- Schraube unter der Vergußmasse freilegen.
- Nach dem Einstellen die Schraube mit Karosseriedichtmasse oder Silikonkautschuk wieder feuchtigkeitssicher verschließen.

Fingerzeig: Zusätzliche Fanfaren oder Starktonhörner brauchen ein Schaltrelais. Andernfalls werden die Hupkontakte überbeansprucht, und die Hupen können nicht die volle Lautstärke abgeben. Kaufen Sie den Hupensatz gleich mit Relais (übrigens auch als Renault-Zubehör erhältlich). Dazu gehört auch eine Einbauanleitung mit Schaltplan.

Störungsbeistand

Hupe

Die Störung	– ihre Ursache	– ihre Abhilfe
A Hupe tönt nicht	1 Stromzuleitung zur Hupe (weißes Kabel) unterbrochen	Kabelverlauf kontrollieren, Steckkontakte an der Hupe blank kratzen
	2 Hupe defekt	Prüfen, ggf. austauschen
	3 Leitung zwischen Hupenkontakt und Hupe unterbrochen	Kabelverlauf kontrollieren
B Hupe tönt dauernd	1 Kabel vom Hupenkontakt zur Hupe hat Kurzschluß zur Masse	Graues Kabel abziehen. Hupt es nicht mehr, Kabelverlauf kontrollieren. Unterwegs Kabel abgezogen lassen
	2 Hupe hat inneren Kurzschluß	Hupe ersetzen. Unterwegs stromzuführendes weißes Kabel abziehen und ggf. isolieren

Die Lichthupe

Auch bei ausgeschalteter Zündung und gleichgültig, ob die Scheinwerfer eingeschaltet sind oder nicht, leuchten die Fernlicht-Glühfäden und die Fernlichtkontrolle immer auf, wenn Sie den Blinkerhebel zum Lenkrad hin ziehen. Falls die Lichthupe nicht funktioniert, obwohl die Scheinwerfer bei eingeschalteter Beleuchtung brennen:

- Kontrollieren, ob das orangefarbene Kabel zum Kombihebel unter Spannung steht.
- Falls ja, dürfte der Lichtumschalter im Hebelschalter defekt sein.

Bereitschaftsdienst

Da die meisten Bauteile am Auto schon durch elektronische Meßstellen kontrolliert werden, sollte den wenigen verbliebenen Anzeigen besonderes Augenmerk geschenkt werden.

Kontrollinstrumente und -leuchten prüfen

Wartung Nr. 21

Setzen Sie sich hinter das Lenkrad und kontrollieren Sie nacheinander:

- Läuft die Zeigeruhr?
- Zündung einschalten: Es müssen Ladekontrolle, Öldruckwarnleuchte, Warnleuchte für Kühlflüssigkeits-Temperatur, die Vorglühkontrolle (beim Diesel), die ABS-Warnleuchte (falls eingebaut). Warnlampe der Getriebeautomatik (falls damit ausgerüstet) und die Handbremskontrolle (bei angezogenem Hebel) leuchten.
- Mit etwas Verzögerung muß der Zeiger der Tankanzeige über die Skala auf Position wandern.
- Bei mit Ölstandskontrolle ausgestatteten Fahrzeugen muß auch der Zeiger des Ölstandsanzeige korrekt anzeigen.
- Brennen beim Betätigen der Schalter die Kontrollleuchten für Warnblinker, heizbare Heckscheibe oder Nebelscheinwerfer und -schlußleuchte(n) und, bei eingeschaltetem Licht, alle Leuchten für Instrumente und Schalter, z. B. Haupt- und Fernlicht?
- Linken Kombihebel betätigen – leuchtet die grüne Blinkerkontrolle bzw. die Fernlichtkontrolle?
- Motor starten – arbeitet der Drehzahlmesser, verlöscht die Lade- bzw. Öldruckkontrolleuchte?
- Bei einer Probefahrt die Funktion von Tachometer und Kühlmittel-Temperaturanzeige überprüfen.

Kombi-Instrument ausbauen

Hat einmal eine Kontrollampe ihren »Geist« aufgegeben, muß in jedem Fall das Kombi-Instrument ausgebaut werden.

- Batterie-Masse abklemmen.
- Lenkrad ausbauen, siehe unter »Radaufhängung und Lenkung«.
- Untere Lenksäulenverkleidung abbauen (vier Schrauben T 20).
- Obere Lenksäulenverkleidung abnehmen. Dabei (falls eingebaut) die Fernbedienung des Radios vorsichtig vom Oberteil abziehen.
- Untere Armaturenbrettverkleidung abbauen (drei Schrauben T 20).
- Oberen Teil der Instrumentenblende abbauen (zwei Schrauben).
- Obere Befestigungsschrauben (T10) herausdrehen.
- Untere Befestigungsschrauben herausdrehen. Um an die rechte Schraube heranzukommen, muß die Steckerhalterung des Zündschlosses ausgehängt werden. Dazu die Halterung zur Lenksäule hin drücken und gleichzeitig nach vorne abziehen.
- Von unten hinter das Kombi-Instrument greifen und die Tachowelle abziehen.
- Das Kombi-Instrument vorsichtig nach vorne ziehen und Mehrfachstecker abziehen.
- Kombi-Instrument aus der Öffnung ziehen.

Hier sind bei abgenommener Armaturenblende die beiden oberen Befestigungsschrauben (1) sichtbar. Etwas versteckt hinter dem unteren Armaturenbrettausschnitt sind die beiden unteren Befestigungsschrauben (2) zugänglich, siehe Text oben. Nach Lösen der Schrauben das Kombi-Instrument vorsichtig nur so weit aus dem Armaturenbrettausschnitt herausziehen, bis Sie die Mehrfachstecker und die Tachowelle abziehen können.

Hier zur Verdeutlichung am ausgebauten Kombi-Instrument gezeigt die obere und untere Halterung (Pfeile), mit der das Instrument ins Armaturenbrett geschraubt ist. Soll das ausgebaute Kombi-Instrument zerlegt werden, unbedingt einen weichen Lappen unterlegen, wenn das Instrument auf das »Gesicht« gelegt wird.

- Ggf. restliche Mehrfachstecker abziehen.
- Beim Einbau darauf achten, daß die Mehrfachstecker und die Tachowelle richtig ein- bzw. aufgesteckt sind.
- Funktion der Lampen und Anzeigen vor dem endgültigen Zusammenbau prüfen!

Kontrollampen auswechseln

Die Kontrollampen sowie die Lampen für die Instrumentenbeleuchtung sind mit Kunststoffassungen an der Rückseite des Kombi-Instruments fixiert. Als Ersatz brauchen Sie 1,2- oder 3,0-Watt-Glassockellampen.

- Am ausgebauten Kombi-Instrument betreffende Lampenfassung durch Linksdrehung lösen.
- Die Glühlampe kann nur komplett mit Fassung ersetzt werden.

Instrumente und Leiterfolie ausbauen

Sämtliche Instrumente und Kontrolleuchten im Kombi-Instrument erhalten ihre Stromzufuhr nicht über Kabel, sondern durch eine sogenannte Leiterfolie, auf der die Leitungen aufgedruckt sind. Für die verschiedenen Modelle gibt es unterschiedliche Leiterfolien – beim Ersatzteilkauf beachten. Der Austausch der Folie ist eine recht umfangreiche Arbeit.
Deshalb sollte sich nur der fortgeschrittenen Selbermacher daran wagen, da viele Drahtbrücken und auch elektronische Bauteile umgelötet werden müssen. Wichtigstes Werkzeug ist hier eine feiner Lötkolben, mit dem die Lötstelle nicht gleich versengt wird und feines Lötzinn für Elektronik. Zudem sollte der »Anfänger« an einem alten Radio einige Probelötungen vornehmen.

- Kombi-Instrument ausbauen.
- Alle Schraubverbindungen der Instrumentenhalterungen und -anschlüsse vorsichtig lösen (je nach Ausstattung, Kraftstoff-Vorratsanzeige, Kühlmittel-Temperaturanzeige und Drehzahlmesser).
- Alle Lampenfassungen durch Linksdrehung (Bajonettverschluß) ausbauen.
- Kratzer in der Plexiglas-Abdeckung durch Unterlegen eines sauberen Lappens vermeiden.
- Sämtliche Drahtbrücken und elektronische Bauteile ablöten. Dazu vorher eine genaue Lageskizze anfertigen, wobei für die elektronischen Bauteile auch die Einbaurichtung eingezeichnet werden muß.
- Leiterfolie vorsichtig abnehmen.

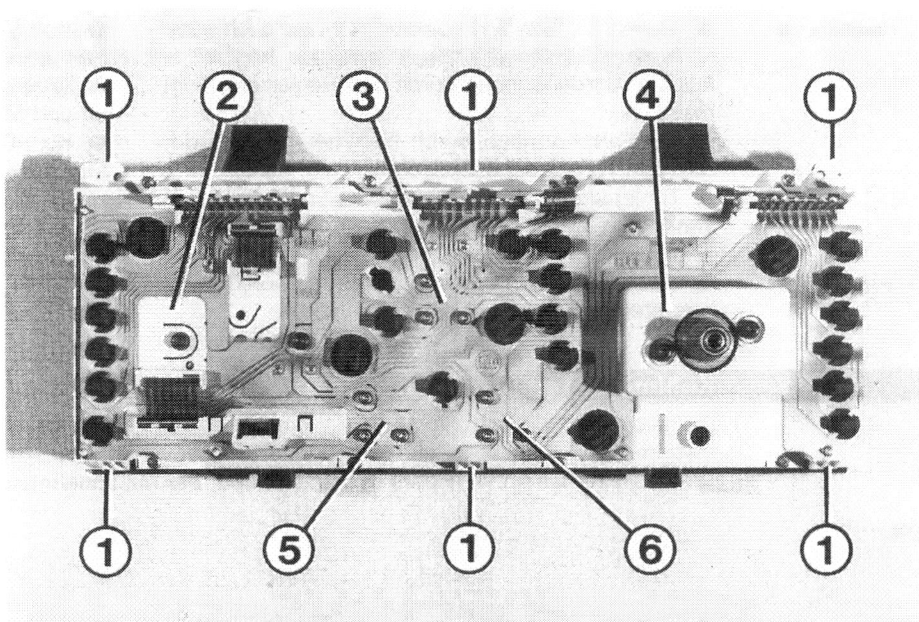

Das Kombi-Instrument des Renault 19 RT. Soll ein Instrument ausgebaut bzw. ausgewechselt werden, müssen nach Ausbau der Leiterfolie die Gehäusehälften an der Klammerhalterung (1) getrennt werden. Weiter bedeuten:
2 – Drehzahlmesser;
3 – Kraftstoff-Vorratsanzeige;
4 – Tachometer;
5 – Ölstandsanzeige;
6 – Kühlmittel-Temperaturanzeige.

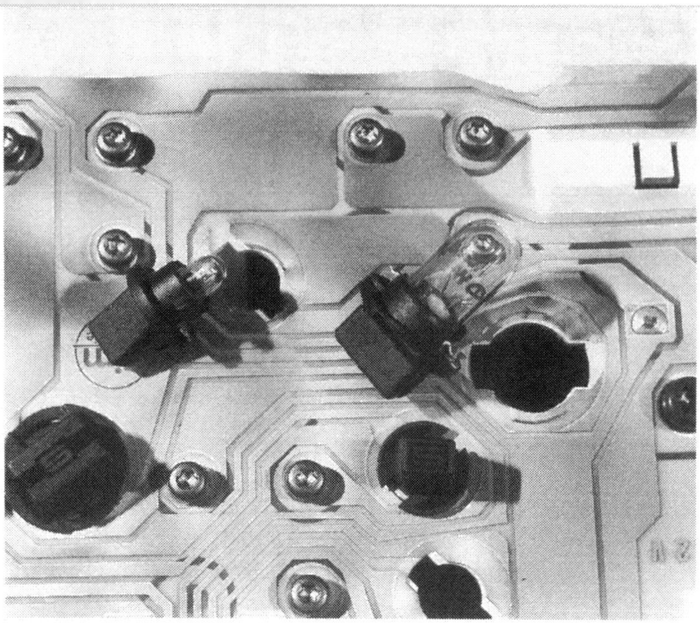

Der Austausch der Lämpchen im Kombi-Instrument ist bei allen Ausstattungsversionen gleich. Die sockellosen Glühlämpchen sitzen in Kunststoff-Fassungen, die ihrerseits mit einem sogenannten Renkverschluß im Instrumententräger befestigt sind. Strom erhalten die Lämpchen über die Leiterfolie. Zum Austausch eines Lämpchens die Lampenfassung etwas andrücken, nach links verdrehen und aus dem Instrumententräger nehmen. Im Ersatzteillager gibt's die Lämpchen nur komplett mit Kunststoff-Fassung.

- Neue Folie auflegen und mit den Schraubhalterungen der einzelnen Instrumente auf dem Kombi-Instrumentengehäuse fixieren.
- Drahtbrücken und elektronische Bauteile nach Plan einlöten.
- Vor dem endgültigen Einbau alle Funktionen überprüfen.

Kraftstoff-Vorratsanzeige

Der Tankgeber im Kraftstofftank besteht aus einem Schwimmer und einem elektrischen Widerstand. Den Stromkreis schließt der veränderliche Widerstand im Tankgeber, der die Verbindung zur Masse herstellt.
Je nach Stromdurchfluß wird das Bimetall im Anzeigeinstrument mehr oder weniger beheizt, und die daran befestigte Zeigernadel schlägt entsprechend aus. Steht der Schwimmer bei vollem Tank in seiner höchsten Stellung, ist der Widerstand am Tankgeber überbrückt, das Anzeige-Bimetall wird voll beheizt und läßt den Zeiger voll ausschlagen.
Mit abnehmendem Tankinhalt sinkt der Schwimmer, der dadurch höhere Widerstand hemmt den Stromdurchfluß zum Bimetall, die Nadel zeigt weniger an.

Störungsmöglichkeiten

Als Ursache für eine fehlerhafte Anzeige kommen in Betracht:
- ○ Zu hohe oder zu niedrige Anzeige: Bordspannung zu hoch bzw. zu niedrig oder Schwimmer klemmt.
- ○ Keine Anzeige: Stromzufuhr unterbrochen bzw. Tankgeber oder Anzeigeinstrument defekt.

Tankreservekontrolle

Die Kraftstoffvorrats-Warnleuchte leuchtet auf, sobald die Kraftstoffmenge im Tank weniger als 7 Liter beträgt. Die Warnanzeige wird durch einen Schalter ausgelöst, der am Tankgeber angebracht ist und durch den Schwimmer betätigt wird. Scharfes Kurvenfahren kann jedoch vorübergehend die Warnleuchte einschalten, obwohl noch mehr als 7 Liter Kraftstoff im Tank sind.

Störungssuche

- Stellen Sie fest, daß sowohl Tank- als auch andere Anzeigeinstrumente falsch anzeigen, liegt es an falscher Bordspannung durch den Regler der Lichtmaschine.
- Bei Falschanzeige durch klemmenden Schwimmer den Tankgeber ausbauen.
- Tankgeber prüfen: Freilegen, wie im Kapitel »Vom Tank zum Motor« beschrieben, Kabelstecker abziehen.
- Hilfskabel in den Steckanschluß des violetten Kabels stecken und direkt an Masse halten.
- Schlägt der Zeiger auf »Voll« aus, ist der Tankgeber defekt.
- Anzeigegerät prüfen: Kombi-Instrument ausbauen und Mehrfachstecker abziehen.
- Kontaktzunge für das schwarze Kabel mit dem Minuspol einer 12-Volt-Batterie verbinden, Kontaktzunge für das orangefarbene Kabel mit dem Pluspol – rührt sich die Anzeigenadel nicht, ist das Anzeigegerät defekt.
- Schlägt die Anzeige jedoch auf »Voll« aus, liegt der Fehler in der Kabelzuführung.

Kühlmittel-Temperaturanzeige

Die Anzeige für die Kühlmittel-Temperatur funktioniert genau wie die Tankanzeige. Plusstrom erhält das Instrument bei eingeschalteter Zündung, die Masseverbindung stellt der Temperaturgeber im Zylinderkopf her. Dieser Geber ist ein veränderlicher Widerstand, der mit zunehmender Erwärmung den Stromdurchfluß weiter

Je nach Motorversion ist der Geber (Pfeile) der Kühlmittel-Temperaturanzeige an unterschiedlichen Stellen am Motorblock montiert. So ist der Geber beim C-Motor (links) hinter der Wasserpumpe in den Zylinderkopf geschraubt. Beim F-Motor (rechts der Turbodiesel) sitzt der Geber seitlich hinter dem Thermostatgehäuse im Zylinderkopf.

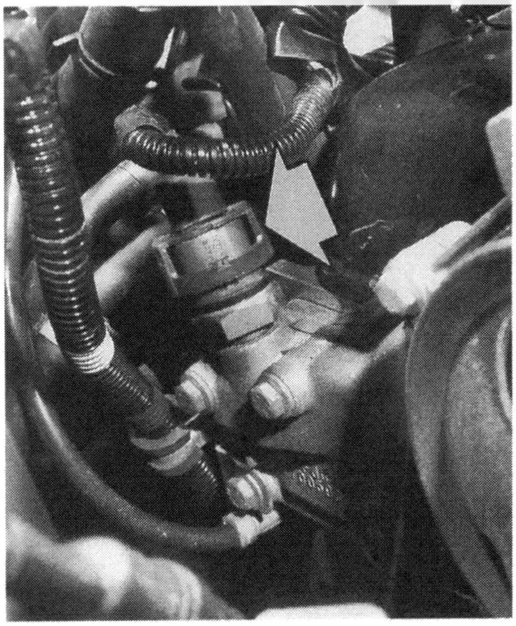

freigibt, so daß durch den steigenden Stromfluß in den Spulen das magnetische Feld immer stärker wird und die Nadel weiter ausschlägt.

Störungsmöglichkeiten

○ Zu hohe oder zu niedrige Anzeige: Geber defekt, Zuleitung bzw. Steckverbindung fehlerhaft oder Instrument defekt (Zeiger hängt etc.). Möglich ist auch ein auf der Anzeigeachse falsch justierter Zeiger – dann muß die Anzeige jedoch schon im Neuzustand falsch angezeigt haben.

○ Keine Anzeige: Zuleitung unterbrochen, Temperaturgeber oder Anzeigeinstrument defekt.

Störungssuche

● **Temperaturgeber** prüfen: Orange/grünes Kabel am Temperaturgeber abziehen und fest mit Masse verbinden.

● Zündung kurz einschalten – wandert die Anzeigenadel ins Gefahrenfeld, ist der Temperaturgeber defekt.

● **Anzeigegerät prüfen:** Kombi-Instrument ausbauen und Mehrfachstecker abziehen.

● Kontaktzunge für das orange/grüne Kabel mit Batterie-Plus verbinden, Kontaktzunge für das schwarze Kabel an den Minuspol legen – schlägt die Anzeigenadel nicht aus, ist das Instrument defekt.

● Bei vollem Ausschlag muß der Fehler im Leitungsverlauf gesucht werden.

Blinkerkontrolle

Das linke Blinkerkontrollämpchen ist über ein orange/weißes, das rechte Blinkerkontrollämpchen über ein braun/weißes Kabel mit Klemme 5 bzw. 6 des Warnblinkschalters und dort von Klemme 4 mit Klemme 5 des Blinkerhebelschalters verbunden. So bekommt das jeweilige Kontrollämpchen über den Blinkerhebelschalter Plusstrom und blinkt im gleichen Rhythmus wie die eingeschaltete Blinkerseite.
Auch bei durchgebranntem Kontrollämpchen arbeitet das Blinkrelais normal weiter, doch sollten Sie es trotz des akustisch gut wahrnehmbaren Relais-Tickens bald auswechseln. Bei Blinkerstörungen siehe Kapitel »Die Signaleinrichtungen«.

Bremskontrolle

Diese Kontrolleuchte warnt bei absinkendem Bremsflüssigkeitsstand. Dazu besitzt der Verschlußdeckel auf dem Vorratsbehälter für die Bremsflüssigkeit einen Schwimmer und einen Kontaktschalter. Zusätzlich sitzt am Handbremshebel ein Kontaktschalter, der bei angezogener Handbremse das rot beleuchtete Symbol aufleuchten läßt.

Störungsmöglichkeiten

○ Wenn die Warnleuchte überhaupt nicht brennt, ist vermutlich die Glühlampe defekt.

○ Verlöscht die Kontrolle nicht, muß als erstes der Flüssigkeitsstand im Bremsflüssigkeits-Vorratsbehälter geprüft werden. Ist hier alles in Ordnung, überprüfen Sie, ob der gelöste Handbremshebel den Stift im Kontaktschalter nach unten drückt, sonst evtl. den Kontaktschalter auswechseln.

Drehzahlmesser

Je nach R19-Modell zeigt ein Drehzahlmesser im Kombi-Instrument an, wie oft die Kurbelwelle im Motor in der Minute rotiert. Der Drehzahlmesser erhält von der Zündanlage die Zündimpulse übermittelt. Summiert und

Zur Kontrolle der Bremsflüssigkeits-Warnleuchte sollten Sie ab und zu einmal auf den kleinen Gummibalg auf dem Verschlußdeckel des Bremsflüssigkeitsbehälters drücken (Pfeil). Innen muß ein Helfer kontrollieren, ob die Leuchte funktioniert. Die Handbremse muß dabei natürlich gelöst sein.

aufbereitet wird das auf das Zeigerwerk im Instrument übertragen. Bei Störungen gilt es, die entsprechenden Leitungen zu überprüfen. Evtl. ist auch die Leiterfolie beschädigt.

Fernlichtkontrolle

Nur bei eingeschaltetem Fernlicht oder beim Lichthupen erhält die Fernlichtkontrolle Spannung. Ob die Fernlichtfäden auch brennen, kann sie aber nicht anzeigen. Das müssen Sie selbst kontrollieren.

Ladekontrolle

Bei laufendem Motor darf die Ladekontrolle weder schwach noch hell leuchten. Bleibt sie beim Einschalten der Zündung dunkel, ist das ebenfalls ein Fehler. Näheres zur Störungssuche finden Sie im »Störungsbeistand Batterie und Lichtmaschine« im Kapitel »Die Lichtmaschine«.

Öldruck-Kontrolle

○ Bei eingeschalteter Zündung erhält die Öldruckkontrolle Spannung. Solange kein Öldruck im Motor aufgebaut wird, ist ihr Stromkreis durch den Öldruckschalter am Motor zur Masse geschlossen – das rote Ölkannensymbol leuchtet.

○ Nach dem Start mit zunehmenden Drehzahlen steigt der Öldruck, der Öldruckschalter öffnet seine Kontakte, und das Warnlicht verlöscht.

○ Kaltes Motoröl ist ziemlich zähflüssig. Das ergibt hohen Öldruck, der die Kontrolle schon beim oder gleich nach dem Anlassen des Motors verlöschen läßt. Im heißgefahrenen Motor im Hochsommer ist das Öl dünnflüssiger. Bei dem entsprechend niedrigeren Öldruck kann die Kontrolle deshalb erst etwas später – bei höheren Drehzahlen – verlöschen.

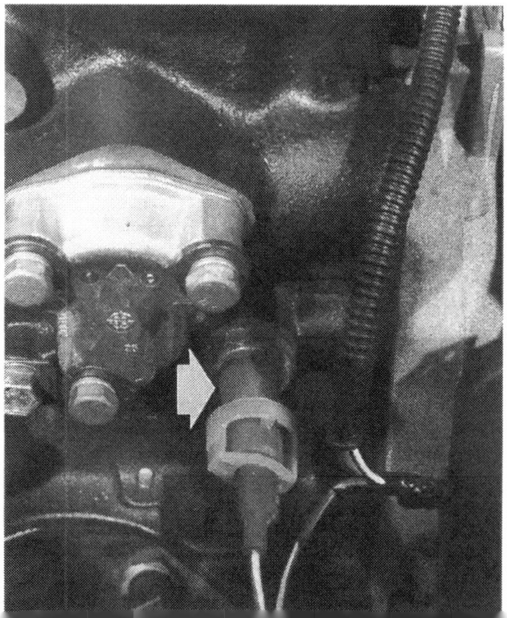

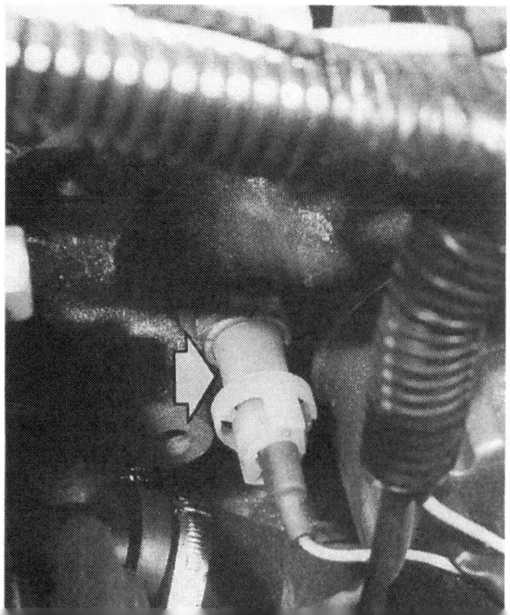

Beim C-Motor (links) sitzt der Öldruckschalter (Pfeil) neben dem Ölpeilstab im Motorblock, beim F-Motor (rechts) ist er schräg oberhalb des Ölfilters in den Motorblock geschraubt.

Leuchtet die Öldruckkontrolle plötzlich während der Fahrt auf, ist das grundsätzlich ein Alarmzeichen.

Störungsmöglichkeiten

○ **Brennt sie nur kurz** bei scharfem Bremsen oder in schnell gefahrenen Kurven, dürfte der Ölstand unter die Minimalmarke abgesunken sein – vor dem Motorstart muß dies jedoch ggf. auch der Ölstandsanzeiger im Kontrollinstrument anzeigen. Ölstand prüfen und, wenn nötig, Öl nachfüllen.

○ **Leuchtet die Lampe dauernd**, müssen Sie **sofort anhalten!** Dann zuerst kontrollieren, ob das grüne Kabel vom Öldruckschalter zur Warnlampe Kurzschluß hat: Zündung einschalten, Kabelstecker am Öldruckschalter abziehen. Die Kontrolle muß nun bei stehendem Motor verlöschen; das beobachtet am besten ein Helfer. Brennt sie dagegen weiter, ist das Kabel irgendwo durchgescheuert und hat Massekontakt. Das ist harmlos für den Motor – Sie können weiterfahren.

Normalerweise zeigt das Aufleuchten der Öldruckkontrolle, daß in den Schmierstellen des Motors der nötige Öldruck nicht aufgebaut wird. Das liegt jedoch meistens nicht an einem Defekt an der Ölpumpe, sondern weit öfter an einem schlagartigen Ölverlust. In Betracht kommt, daß z.B. eine lose Ölablaßschraube verloren ging. Stellt sich der Fehler als gefährlich für den Motor heraus, muß Ihr Renault abgeschleppt werden.

○ Bei ständig leuchtender Öldruckkontrolle ist nicht selten ein defekter Öldruckschalter schuld. Regelrecht nachgeprüft werden kann das aber nur durch Auswechseln des Schalters. Behelfsmäßige Kontrolle: Steckerzunge des Öldruckschalters etwas hin und her bewegen, sofern sie sich gelockert hat. Verlöscht die Kontrolle jetzt, wenn der Motor kurz gestartet wird?

○ Bleibt die Öldruckkontrolle beim Zündschlüsseldreh dunkel? Zündung einschalten, Kabel am Öldruckschalter abziehen und an blankes Metall halten: Brennt nun das Warnlicht, liegt es am Öldruckschalter. Schalter austauschen. Leuchtet nichts, ist die Zuleitung, die Leiterfolie des Kombi-Instruments oder die Warnlampe selbst defekt.

Ölstandsanzeige

Bestimmte Modellvarianten des Renault 19 sind im Kombi-Instrument zusätzlich mit einer Ölstandsanzeige ausgestattet.

○ Die Kontrolle des Ölstands erfolgt durch einen »Hitzedraht«-Meßstab, der so in den Motorblock geschraubt ist, daß der Fühler in den Schmiersaft in der Ölwanne taucht.

○ Beim Einschalten der Zündung wird durch den Draht im Meßfühler ein Meßstrom geleitet, der durch ein kleines elektronisches Steuergerät hinter dem Anzeigeinstrument gemessen wird. Je nach dem, wie tief der Meßstab in das Ölbad taucht, wird der entsprechende Spannungswert vom Steuergerät verarbeitet und als Ölstand am Anzeigegerät ausgewiesen.

○ Läuft der Motor, unterbricht der Öldruckschalter durch den sich aufbauenden Öldruck den Meßstrom zum Steuergerät, und der Ölstand wird nicht mehr angezeigt.

Störungssuche

● **Ölstandsgeber prüfen:** Steckverbindung zum Geber trennen und Widerstands-Messung zwischen den beiden Kontakten des Gebers vornehmen. Ist der Geber in Ordnung, muß der Meßwert zwischen 5 und 30 Ω liegen.

● **Ölstands-Anzeigegerät prüfen:** Kombi-Instrument ausbauen und Mehrfachstecker abziehen.

● Plus- und Minusanschluß (sind angezeichnet) mit der Batterie verbinden – schlägt die Anzeigenadel nicht aus, ist das Instrument defekt.

Links: Am Geber (Pfeil) der Ölstandsanzeige (im Bild der 1,4-Liter-C-Motor) bzw. dem kombinierten Geber für Ölstand und -druck (16V) steht und fällt die Zuverlässigkeit der Anzeige schon mit dem korrekten Sitz und dem Zustand der Steckverbindung.
Rechts: Am Getriebe ist die Tachowelle nur bei den Grundausstattungen von oben her so frei zugänglich. Die Klammersicherung ist jedoch leicht durch Druck (Pfeile) zu lösen. Beim Anschließen bzw. Auswechseln der Tachowelle muß die Gummitülle am Durchbruch zum Wageninnern auf korrekten Sitz kontrolliert werden.

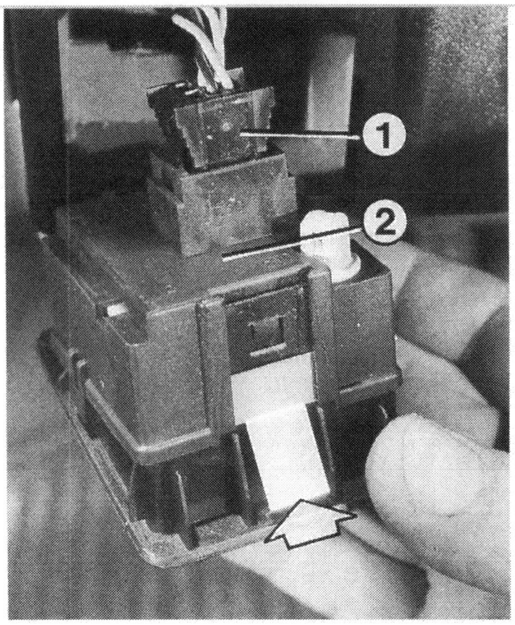

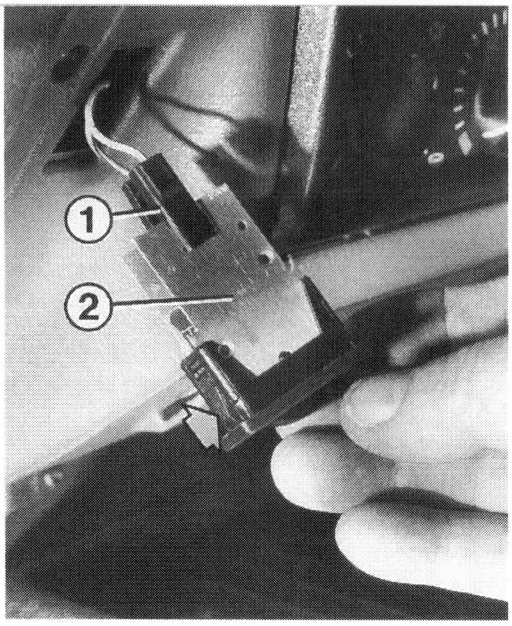

Durch Zurückdrücken der Klammern (Pfeil) mit einem Schraubendreher können die Schalter oder z. B. der Drehregler für die Leuchtweitenregelung (links) bzw. der Regelwiderstand (rechts) der Instrumentenbeleuchtung aus dem jeweiligen Ausschnitt im Armaturenbrett herausgehebelt werden. Sie müssen natürlich mit Gefühl zu Werke gehen, sonst ist die empfindliche Oberfläche des Armaturenbretts schnell zerkratzt. Um Verwechslungen vorzubeugen, sollten Sie die Mehrfachstekker beim gleichzeitigen Ausbau mehrerer Schalter kennzeichnen. Nach Aufstecken der Stecker (1) den richtigen Sitz (eingerastete Klammersicherung) im Schalter bzw. Regler (2) kontrollieren.

Tachometer

Dieser Geschwindigkeitsmesser zeigt das Fahrtempo gewissermaßen auf elektrischem Weg an, nämlich durch Erzeugung von Wirbelströmen, die eine Aluminiumtrommel rund um die Zeigerachse gegen den Widerstand einer Spiralfeder verdrehen. Der Tachometer kann nicht die genaue Entfernung oder Geschwindigkeit messen, sondern er »zählt« die Umdrehungen des Tachowellenantriebs am Getriebegehäuse und setzt sie in Kilometerangaben um. Nach wieviel Tachowellenumdrehungen ein Kilometer auf der Straße zurückgelegt wurde, hängt von der Reifengröße und der Achsübersetzung ab. Die Übersetzung des Tachoantriebs beträgt 21:19.
Eine zitternde Tachonadel weist gewöhnlich darauf hin, daß die Tachowelle einen Knick hat und bald brechen wird. Bei einem Fahrzeug mit hoher Laufleistung kann auch der Tachoantrieb im Getriebe verschlissen sein.

Tachowelle ausbauen

- Kombi-Instrument ausbauen.
- Wenn nicht schon für den Ausbau des Kombi-Instruments geschehen, Tachowelle am Getriebe durch Zusammendrücken der Sicherungsklammern herausziehen.
- Steckverbindung des Geschwindigkeitsgebers trennen.
- Tachowelle zum Motorraum hin mit der Gummitülle aus der Stirnwand ziehen.
- Beim Einbau die Welle wieder ohne Knicke oder unharmonische, enge Biegungen durch die Stirnwand einsetzen und auf korrekten Sitz der Gummitülle achten.

Der Bord-Computer

Dieser »Bord-Computer«, auf Wunsch in bestimmte Renault-19-Modelle eingebaut, ist eine elektronische Informationseinheit für die Außentemperatur, die noch vorhandene Kraftstoffmenge (bis 5 Liter), die Reichweite mit dem vorhandenen Kraftstoffvorrat, die zurückgelegte Fahrstrecke, Momentan- und Durchschnittsverbrauch sowie Durchschnittsgeschwindigkeit.
Alle Einzelfunktionen können nacheinander über eine Drucktaste im rechten Kombihebel abgerufen werden. Wird die Batterie abgeklemmt, funktioniert der Bord-Computer nicht mehr, da er alle gespeicherten Daten verliert. Nach Wiederanschluß blinkt die Anzeige, und der im Tachometer untergebrachte Startknopf muß im Uhrzeigersinn auf »0« zurückgestellt werden. Alle weiteren Einstellhinweise entnehmen Sie jedoch bitte der umfangreichen Bedienungsanleitung.

Fingerzeig: Die Fehlersuche beim Bordcomputer ist so umfangreich und aufwendig, daß Sie dies besser der Werkstatt mit entsprechend geschultem Personal überlassen sollten, bevor Sie evtl. durch falsche Meßmethoden Schaden an den elektronischen Bauteilen anrichten.

Zeituhr

Läuft die Zeituhr überhaupt nicht, beschränkt sich die Fehlersuche auf die zuständige Sicherung oder das stromzuführende Kabel. Eine defekte Uhr kann nicht repariert, sondern muß komplett ersetzt werden.

Licht-Warnsignalgeber

Je nach R19-Modell ertönt ein »Ta-Tü«-Signal, wenn bei abgezogenem Zündschlüssel vergessen wurde, das Licht auszuschalten und die Tür geöffnet wird. Wem das Signal lästig wird, kann am Steuergerät die Steckverbindung des braunen Kabels isolieren.

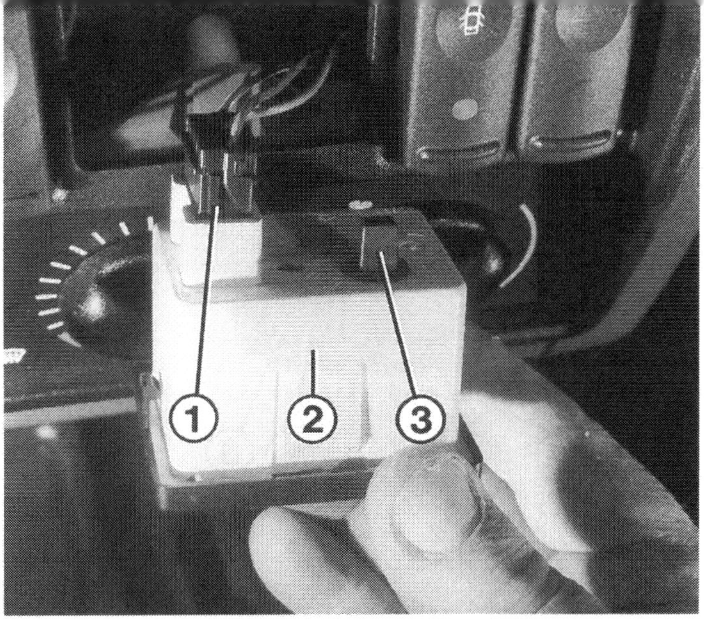

Auch die Zeituhr (2) kann so einfach wie ein Schalter aus dem Ausschnitt im Armaturenbrett herausgehebelt werden, um z. B. das Lämpchen (3) für die Beleuchtung auszuwechseln. Es sitzt mit einer Bajonettfassung im Uhrengehäuse. Vor Einsetzen der Uhr in den Armaturenbrettausschnitt den korrekten Sitz der Steckverbindung kontrollieren.

Die Schalter

Um die verschiedenen Stromverbraucher in Betrieb setzen zu können, ist der Renault 19 je nach Ausstattungsvariante mit einer ganzen Anzahl unterschiedlicher Schaltertypen ausgerüstet. Wir unterscheiden die Multifunktions-Hebelschalter links und rechts neben der Lenksäule, die Kippschalter (Warnblinkanlage, Heckscheibenheizung, Nebelschlußleuchte, Nebelscheinwerfer, Zentralverriegelung, elektrische Fensterheber etc.) und den Drehschalter für das Luftgebläse.

Kippschalter

○ Kippschalter befinden sich beim Renault 19 rechts neben dem Lenkrad unterhalb des Radios. Ist der R 19 mit Zentralverriegelung und elektrischen Fensterhebern ausgerüstet, befinden sich zusätzlich noch Kippschalter in den Türinnengriffen.
○ Beim Druck auf einen Schalter kippt im Schalter eine Schalterwippe auf eine Kontaktplatte und schließt den Stromkreis.

Kippschalter ausbauen

● Mit einem dünnen Schraubendreher die an den Schalterschmalseiten befindlichen Spreizfedern zusammendrücken und den jeweiligen Kippschalter aus seinem Ausschnitt ein Stück heraushebeln. Dabei vorsichtig zu Werke gehen (Lappen unterlegen), damit ein abrutschender Schraubendreher nicht die Umgebung zerkratzt.
● Schalter vorsichtig aus dem Schalterausschnitt ziehen, Mehrfachstecker entsichern und mit leicht ruckelnden Bewegungen abziehen.

Kippschalter nachträglich einbauen

Werden nachträglich z. B. Nebellampen eingebaut, empfehlen wir unbedingt, den Original-Schalter mit Mehrfachstecker zu besorgen.
● Blinddeckel aus dem Ausschnitt drücken.
● Verlegte Kabel nach Schaltplan im Mehrfachstekker anschließen.
● Mehrfachstecker auf Schalter aufstecken.
● Schalter in den freigewordenen Ausschnitt einsetzen und auf Funktion prüfen.

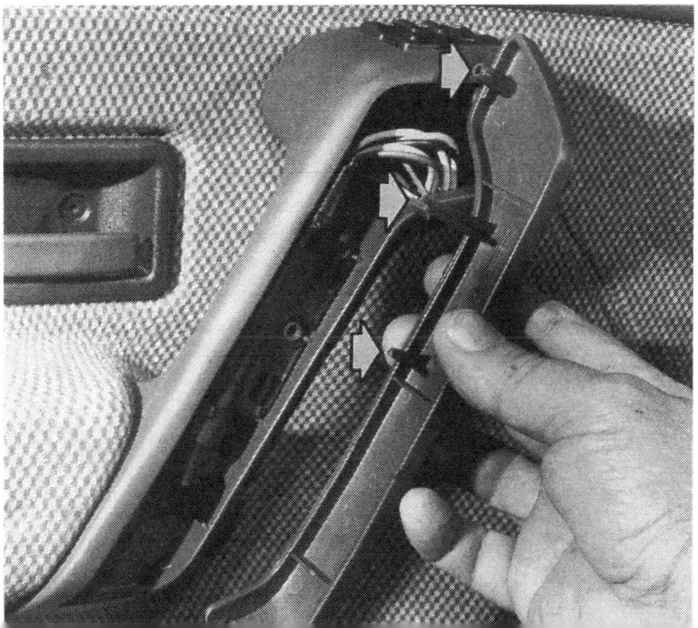

Um an die Kippschalter der elektrischen Fensterheber heranzukommen, empfiehlt es sich, die Türinnengriff-Verkleidung abzuhebeln. Dann können die Schalter leicht von unten her aus dem Schalterausschnitt gedrückt werden. Beim Einbau die Türgriffverkleidung erst unten ansetzen, dann die Führung und die Klammersicherung (Pfeile) mit der Türverkleidung in Deckung bringen und die Türgriffverkleidung andrücken.

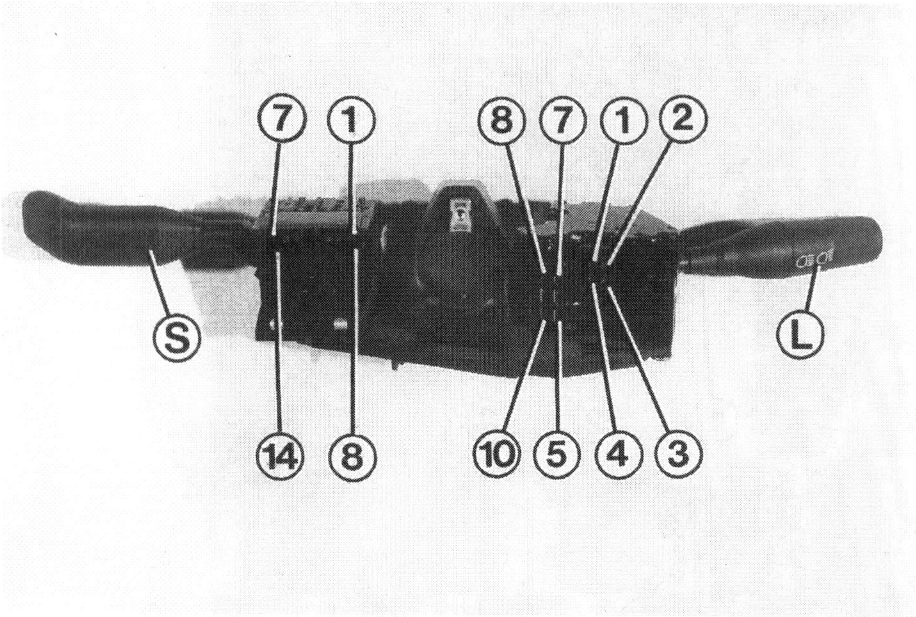

Die in einer Schaltereinheit zusammengefaßten Kombi-Hebelschalter von Licht und Blinker (L) sowie Front- und Heckscheibenwischer (S) können bei einem Defekt einzeln ausgetauscht oder geöffnet und meist repariert werden. Steckerbelegung am Scheibenwischerschalter: 1 – »+«-Frontwischer; 2 – schnelle Geschwindigkeit; 3 – langsame Geschwindigkeit; 4 – frei; 5 – Intervall vorne (langsam); 6 – Intervall vorne; 7 – Endstellung Frontwischer; 8 – Heckwischer; 9 – Heckwischer-Endstellung; 10 – »+«-Heckwischer; 11 – Pumpe Frontwascher; 12 – Pumpe Heckwascher; 13 – Ablauf Bord-Computer; 14 – Kontrollampe Einspritzanlage (Anlaßsperre). Steckerbelegung am Licht-/Blinkerschalter: 1 – Abblendlicht; 2 – Standlicht; 3 – »+«-Dauerstrom; 4 – Fernlicht; 5 – Blinker rechts; 6 – Blinkrelais; 7 – Blinker links; 8 – »+«-Dauerstrom; 9 – Nebelschlußleuchte; 10 – »+«-Hupe.

Drehschalter

Der einzige Drehschalter des Renault 19 ist dem Luftgebläse vorbehalten. Alles was mit dem Gebläse und seinem Schalter zu tun hat, finden Sie im folgenden Kapitel »Heizung und Lüftung«.

Hebelschalter

Obschon sie zu den meistgebrauchten Schaltern im R 19 gehören, hat man mit den Hebelschaltern kaum Probleme. Beide Kombischalter sind zu einer Schaltereinheit zusammengebaut.
Das Schaltergehäuse kann bei Kontaktproblemen geöffnet werden, was jedoch nur dem Tüftler unter den Selbermachern zu empfehlen ist. Zur Störungssuche an den Hebelschaltern genügt es, die obere und untere Lenksäulenverkleidung abzubauen.

Hebelschalter ausbauen

- Obere und untere Lenksäulenverkleidung abbauen (vier TORX-Schrauben T 20).
- Lenkrad ausbauen.
- Die mittig auf der Schaltereinheit sitzende Klemmschraube lösen.
- Alle Mehrfachstecker entsichern und von der Schaltereinheit abziehen.
- Schaltereinheit abnehmen.
- Beim Einbau, der in umgekehrter Ausbaureihenfolge vor sich geht, ist es wichtig, daß vor Ansetzen der Lenksäulenverkleidungen eine Funktionskontrolle durchgeführt wird.

Lenk/Anlaß-Schalter

Dieses landläufig als Zündschloß bezeichnete Teil dient nicht nur dazu, dem Besitzer des Zündschlüssels den Motorstart zu ermöglichen, sondern sperrt nach Abziehen des Zündschlüssels und nach einer kurzen Lenkraddrehung auch die Lenkung. Demgemäß nennt man es auch Lenk/Anlaßschloß.
Während das Schloßteil nur in seltenen Fällen seinen Geist aufgibt, kann der Schaltkontaktsatz (also der eigentliche Schalter) des Zündschlosses eher die Ursache für eine Störung sein. Ob er defekt ist, können Sie nach Abschrauben der beiden Lenksäulenverkleidungen prüfen.

Das Lenk-/Anlaßschloß (1) ist mit dem elektrischen Teil des Schlosses zu einem Bauteil zusammengefaßt. An den Steckverbindungen des grauen (2) und des schwarzen (3) Steckers kann bei defektem elektrischem Schalter der Motor gestartet werden (siehe Text auf der nächsten Seite), doch darf auf keinen Fall losgefahren werden, wenn das Lenkrad noch gesperrt ist.

Lenk/Anlaß-Schalter ausbauen

Das Schloßteil des Zündschlosses auszubauen ist Werkstattsache. Das Schaltteil unten am Schloß kann die Ursache von Störungen sein, wenn die Kontakte bei einem älteren Fahrzeug korrodiert und abgenutzt sind. Liegt eine Störung vor, muß der komplette Lenk/Anlaß-Schalter ausgewechselt werden.

Fahren mit defektem Lenk/Anlaß-Schalter

Sind die Kontakte im Lenk/Anlaß-Schalter so abgenutzt, daß sich beim Zündschlüsseldreh nichts mehr regt, können Sie dennoch den Motor starten. Voraussetzung ist, daß am roten Kabel des Zündschlosses Spannung anliegt.

● Untere Lenksäulenverkleidung abbauen.

● Schwarzen und grauen Verbindungsstecker abziehen.

● Mit einem isolierten Kabelstück die Lötkontakte des dicken roten Kabels im schwarzen Stecker mit dem gelben Kabel des grauen Steckers verbinden. Damit ist die Zündung eingeschaltet, Lade- und Öldruckkontrolle (beim Diesel zusätzlich die Vorglüh-Kontrolle) müssen aufleuchten.

● Wagen anschieben lassen.

● Oder mit einem mindestens 4 mm² starken, isolierten Kabelstück eine Kurzschlußbrücke zwischen der Steckerbuchse des roten und weißen Kabels im schwarzen Stecker herstellen. Damit wird der Anlasser betätigt.

● Sobald der Motor angesprungen ist, diese Kabelbrücke wieder abnehmen.

● Die Kabelbrücke zwischen rotem und gelbem Kabel so sichern und isolieren, daß während der Fahrt kein Kurzschluß entstehen kann.

● Zum Abstellen des Motors die Verbindung zwischen dem roten und gelbem Kabel abziehen.

Schalterprüfung

● Mit einer Prüflampe mit Nadelkontakt können Sie die Kabelisolierung durchstechen und feststellen, welche Kabel Spannung führen.

● Suchen Sie den für Ihren Renault 19 passenden Schaltplan heraus.

● Zuerst prüfen, ob der Schalter überhaupt Spannung geliefert bekommt; hierzu muß vielfach die Zündung oder die Beleuchtung eingeschaltet werden.

● Dann wird kontrolliert, ob der Schalter in entsprechender Stellung die Spannung weiterleitet.

Die Schaltrelais

Zur Bordelektrik gehören eine ganze Reihe Schaltrelais, die in der Relaisplatte des Sicherungskastens oder separaten Haltern z. B. im Motorraum (Relais für Kraftstoffpumpe, Einspritzung, Nebelscheinwerfer, ABS etc.) eingesteckt sind.

○ Ein einfaches Schaltrelais wird für leistungsstarke Stromverbraucher verwendet. Leitet man den Strom auf langen Kabelwegen über den dazugehörigen Schalter, gibt es Spannungsverluste. Außerdem werden die Schalterkontakte durch den hohen Stromfluß stark beansprucht.

○ Bei einer Relaisschaltung benutzt man den Schalter nur für den geringen Schaltstrom, womit nicht der Verbraucher direkt, sondern dessen Relais eingeschaltet wird.

○ Bestimmte Relais können zusätzliche Funktionen auslösen. So schaltet das Blinkrelais die Blinkimpulse, und das Relais der Scheibenwischer-Intervallschaltung steuert den Intervallbetrieb der Scheibenwischer.

Relais-Funktion

○ Beim Einschalten des betreffenden Verbrauchers wird im Schaltrelais durch den ankommenden »Schaltstrom« an Klemme 1 (meist gelbes Kabel) der Schaltstromkreis zu Klemme 2 geschlossen.

○ Dadurch zieht eine Magnetspule einen kräftigen Kontakt gegen Federdruck an und schließt so den Stromkreis für den »Arbeitsstrom«.

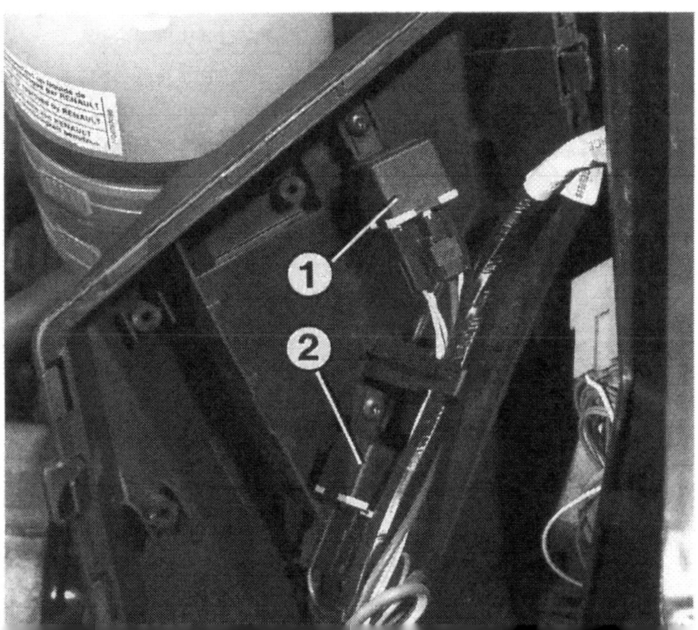

Im Relaiskasten am linken Innenkotflügel ist je nach Motorisierung und Ausstattung eine unterschiedliche Anzahl Relais mit ebenso unterschiedlicher Zuordnung untergebracht (siehe auch Seite 176). Die gezeigten Relais bedeuten:
1 – Relais für Kraftstoffpumpe;
2 – Schutzrelais der Einspritzanlage. Dem Kenner deutscher Relaisbezeichnungen sei gesagt, daß auf manchen Relais französischer Produktion die deutsche Bezeichnung der französischen Klemmenbezeichnung gegenüber gestellt ist. So bedeutet beispielsweise:
Klemme 1 = 86;
Klemme 2 = 85;
Klemme 3 = 30;
Klemme 4 = 87a;
Klemme 5 = 87.

○ Der Arbeitsstrom wird zur Vermeidung von Spannungsabfall auf kurzem Weg direkt an Klemme 3 (meist rotes Kabel) des Relais herangeführt und von dort weiter – bei geschlossenen Schalterkontakten – an den Stromverbraucher weitergeleitet.

Relais-Störungssuche

- Klemme 3 muß immer Spannung führen. Zur Kontrolle das Relais ein Stück herausziehen und mit Prüflampennadel Klemme 3 antippen.
- Relais abziehen, Klemme 1 mit Batterie-Plus und Klemme 2 mit Masse verbinden. Die Magnetspule muß den Relaiskontakt deutlich hörbar anziehen, sonst ist das Relais defekt.

Behelf bei defektem Relais

- Relais aus dem Adapter bzw. dem Sicherungskasten abziehen oder Mehrfachstecker abziehen.
- Klemme 3 und 4 oder/und 5 im Relaissteckfeld des Sicherungskastens bzw. Adapters oder Mehrfachsteckers mit einem isolierten Kabelstück überbrücken. Dadurch erhält der betreffende Verbraucher Dauerstrom.
- Zum Abschalten die Kurzschlußbrücke abziehen, da der betreffende Schalter in diesem Fall ja überbrückt ist.

Fingerzeige: Da die Klemmenbezeichnungen von Renault zur deutschen Norm-Klemmenbezeichnung recht unterschiedlich sind und sich die Belegung der angeschlossenen Verbraucher an den Klemmen ändern können, müssen Sie sich beim Setzen der Drahtbrücken absolut sicher sein, sonst kann es durch Kurzschlüsse zu Schäden auch an den angeschlossenen Verbrauchern kommen.
Deshalb bei Verdacht auf einen Relaisdefekt am besten zur Kontrolle ein neues Relais einstecken – so macht's die Werkstatt – oder aus einem anderen Steckplatz ein baugleiches Relais herausziehen und kurz in den Steckplatz des vermutlich defekten Relais einsetzen.

Anzünder

Der Anzünder erhält Dauerstrom über die zuständige Sicherung. Falls der Anzünder trotz intakter Sicherung nicht funktioniert, ist der Heizwendeleinsatz locker oder durchgebrannt. Ein defekter Einsatz kann ersetzt werden.

- Knopf des Einsatzes eindrücken, damit die Glühspirale freiliegt.
- Achse mit einer Spitzzange greifen und Spirale durch Lösen der Mutter abbauen.

Heizbare Heckscheibe

Die Überprüfung der heizbaren Heckscheibe sollte praktischerweise bei feuchter Witterung oder vereister Scheibe geschehen. Das Feld mit den durch ein Siebdruckverfahren aufgedruckten Leiterbahnen muß über die gesamte Fläche freie Sicht schaffen.

Störungssuche

- Zuständige Sicherung kontrollieren, siehe Kapitel »Elektrische Leitungen und Sicherungen«.
- Festen Sitz der Kabelstecker zu den Heizfäden kontrollieren.
- Schalter ausbauen und prüfen.
- Funktion des Relais prüfen.
- War bisher kein Fehler zu finden, Leitungsverlauf kontrollieren.
- Sind Heizfäden beschädigt und dadurch unterbrochen, hilft bei den dickeren Fäden der Heckscheibe Leitsilberlack. Dieser wird z.B. von Doduco hergestellt und ist im Autozubehörhandel erhältlich. Aber auch im Renault-Ersatzteillager ist ein Reparaturset erhältlich.

Scheibenwischer- und -wascher prüfen

Ständige Kontrolle

- Zündung einschalten.
- Laufen die Scheibenwischer in beiden Geschwindigkeiten und gehen sie beim Ausschalten in die Parkstellung zurück?
- Funktioniert die Wischer-Intervallschaltung?
- Funktioniert die Wischer-Tippschaltung?
- Spritzt Wasser aus den Waschdüsen?
- Arbeiten Heckwischer und -wascher?

Scheibenwischerarm ausbauen

- Abdeckkappe vom Wischerarm mit einem flachen Schraubendreher abhebeln und hochklappen.
- Haltemutter lösen und abschrauben.
- Wischerarm von der Welle abziehen.
- Falls dies nicht möglich ist, beidseitig von der Scheibenwischerwelle zum Schutz von Motorhaube und Windgrill einen großen Lappen legen.
- Mit rechts und links flach angesetzten Schraubendrehern den Wischerarm abhebeln.
- Wischerarme so montieren, daß sie parallel zur unteren Windschutzscheibendichtung stehen.
- Funktionskontrolle, ob bei laufendem Wischer das linke Blatt nicht an die Windschutzscheibendichtung stößt.

Bei Störungen der Scheibenwaschanlage sollten Sie hier beim Vorratsbehälter vor dem Steuergerät der Einspritzanlage mit der Überprüfung beginnen. Es bedeuten:
1 – Pumpe mit Schlauch zur Heckscheibe;
2 – Pumpe mit Schlauch zur Frontscheibe.

Fingerzeige: Falls das Wischerblatt verstellt werden muß, den Wischerarm nicht nur lockern und auf der Wischerantriebswelle verdrehen, sondern den Arm von der Achse abheben und mit neuer Stellung wieder auf die Achse drücken. Wird der gelockerte Wischerarm nur auf der Achse verdreht, wird durch den großen Hebelarm des Wischers die Kerbverzahnung der Wischerachse unweigerlich zerstört. Werden beide Wischerarme ausgebaut, müssen Sie sich merken, wo welcher Arm montiert war, denn die Arme sind unterschiedlich lang und zudem an der Abdeckkappe unterschiedlich geformt.

Wischerblatt abnehmen

- Wischerarm abklappen.
- Arretierungsfeder des Wischerblatts (siehe Bild unten) zusammendrücken, bis ihre Kerbe aus der Öffnung des Wischerarms austritt.
- Scheibenwischerblatt nach unten drücken und aus dem Arm herausschwenken.
- Beim Einsetzen des Wischerblatts darauf achten, daß die Kerbe in der Arretierungsfeder der Aussparung im Wischerarm gegenübersteht und dort einrasten kann.

Wischergummi wechseln

Die Gummis der Scheibenwischer liefern höchstens ein halbes Jahr lang ein streifenfreies Wischbild. Wesentlich billiger als komplette Wischerblätter ist der Austausch der Wischergummis.

- Wischerblatt abnehmen.
- Der Wischergummi besitzt an einer Seite Aussparungen zum Einhängen der Wischerarm-Halteklammern. Die entsprechenden Erhebungen im Gummi mit dem Fingernagel oder einem kleinen Schraubendreher zurückdrücken, damit die Halteklammern ausgerastet werden können.
- Wischergummi mit den seitlichen Metall-Federstreifen herausziehen.
- Neuen Wischergummi in die unteren Halteklammern des Wischerarms einhängen.
- Federstreifen rechts und links einschieben und die Haltenasen der Streifen in die Aussparungen im Gummi einsetzen.
- Gummierhebungen zum Einrasten der Halteklammern wieder zurückdrücken.

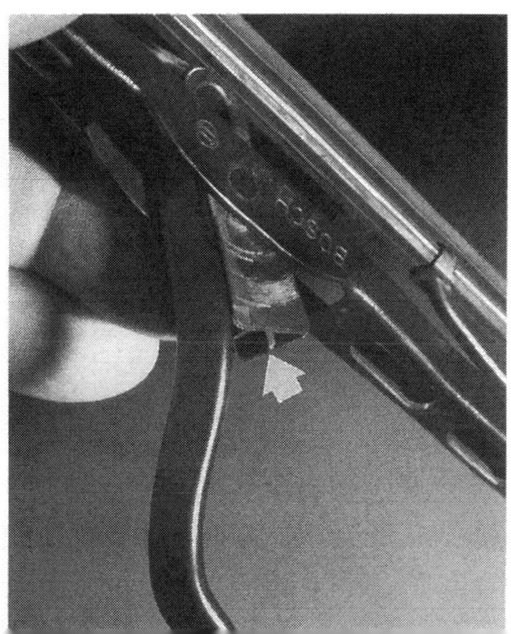

Links: Zum Ausbau des Wischerarms (1) von der Wischerachse (3) lediglich die Befestigungsmutter (2) lösen. Um an die Achsenbefestigung heranzukommen, die Abdeckung (4) abheben.
Nach einem »versalzenen« Winter sollten Sie die Wischerachse mit einem korrosionsschutzhaltigen Öl schmieren.
Rechts: Zum Wechsel des Wischerblatts muß nach Wegschwenken des Wischerarms das Gelenk des Wischerblattes entsichert werden (Pfeil).

Fingerzeig: Ein gutes Wischerfeld ist besonders auf der Fahrerseite wichtig. Tip für Sparsame: Scheibenwischer der Fahrerseite an der Beifahrerseite anbringen und das dortige Wischerblatt mit einem neuen Wischergummi versehen an der Fahrerseite montieren.

Störungsbeistand

Wischerblätter

Die Störung	– ihre Ursache	– ihre Abhilfe
A Wasser und Schmutz werden gleichmäßig über das Wischfeld verteilt	1 Scheibe durch Lackpflegemittel, ölartige Rückstände oder Insektenleichen verschmutzt	Auf der Scheibe »Sidol« Messingputzmittel auftragen, antrocknen lassen, dann mit einem sauberen Lappen abreiben
	2 Wischergummi verschlissen	Austauschen
	3 Wischerarm am Anlenkpunkt des Wischerblattes nicht parallel zur Windschutzscheibe	Wischerarmende nachbiegen
B Im Wischfeld bleiben feine Wasserstreifen stehen	Siehe A 2	
C Im Wischfeld bleiben feine Wassertropfen zurück	Neigungswinkel des Wischergummis zu flach	Wischergummi austauschen
D Im Wischfeld bleibt ein breiter Wasserfilm zurück	Ungleiche Druckverteilung durch verbogene oder defekte Anpreßfeder im Wischerblatt	Wischerblatt austauschen
E Im Wischfeld bleiben einige Wasserfelder zurück	1 Anpreßdruck des Wischerarms zu gering	Anpreßdruck überprüfen. Feder leicht einölen, ggf. Wischerarm ersetzen
	2 Scheibenwischerantrieb verschlissen	Kontrollieren, defekte Teile ersetzen
	3 Wischerarm lose auf seiner Achse	Festschrauben
	4 Wischerarm verbogen	Nachbiegen
	5 Wischerblatt verbogen	Austauschen
F Im Wischfeld bleiben oben am Rand Wasserfelder zurück	1 Siehe E 1	
	2 Siehe D	
G Wischerblatt rattert	1 Zu viel Spiel in der Verbindung von Wischerarm und Wischerblatt bzw. dem Kunststoff-Verbindungsteil	Wischerblatt, -arm oder Verbindungsteil austauschen
	2 Wischerarm in sich verdreht	Wischerarm vorsichtig zurecht biegen

Der Scheibenwischermotor

Die Kabelklemmen am Scheibenwischermotor haben folgende Bedeutung:

○ Klemme 1 (weißes Kabel) führt Spannung für die zweite Wischergeschwindigkeit.

○ Klemme 2 (schwarzes Kabel) ist mit Masse verbunden.

○ Klemme 3 (rotes Kabel) bremst den Wischermotor nach dem Abschalten beim Zurücklaufen ab, damit sie nicht über ihre Parkstellung hinauslaufen. Wenn sich die Scheibenwischer beim Abschalten nicht in ihrer

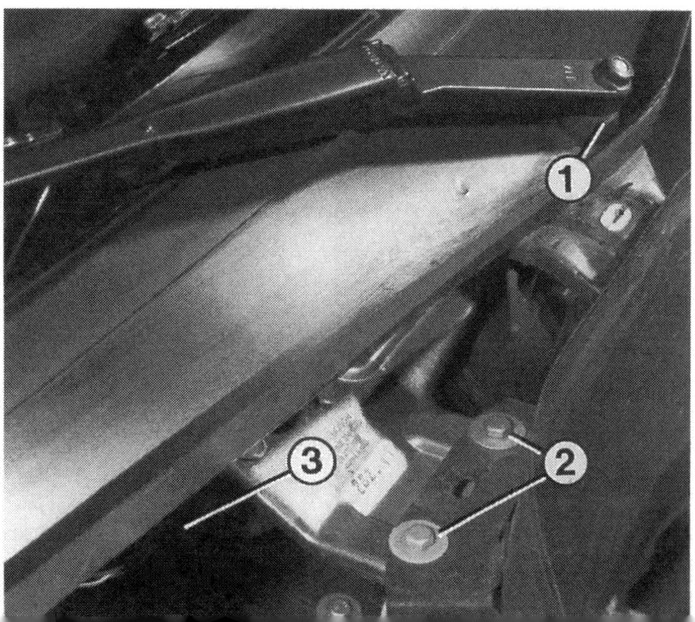

Nach Abnahme des Windlaufgrills werden die Befestigungsschrauben für das komplette Wischergestänge mit -motor im Halter sichtbar. Die Motorhalterung ist lediglich mit drei Schrauben bei »2« und etwas verdeckt bei »3« befestigt. Zuvor müssen die beiden Wischerachsen (1) gelöst werden. Vor Abbau der Antriebskurbel des Scheibenwischermotors müssen Sie sich die Grundstellung merken oder in den Halter ritzen. In Grundstellung steht die Kurbel ca. 90° zur Kante des Halters.

Am ausgebauten Frontscheibenwischermotor (1) erkennen Sie auf der Rückseite des Kurbelantriebs (2) die Kabelfarben für die Steckerbelegung (3). Nach der kleinen Zeichnung rechts bedeuten:
1 A – »+«-Strom für Wischerendstellung;
1 B – Masse;
2 A – schnelle Wischergeschwindigkeit;
3 A – langsame Wischergeschwindigkeit;
3 B – Wischerendstellung.

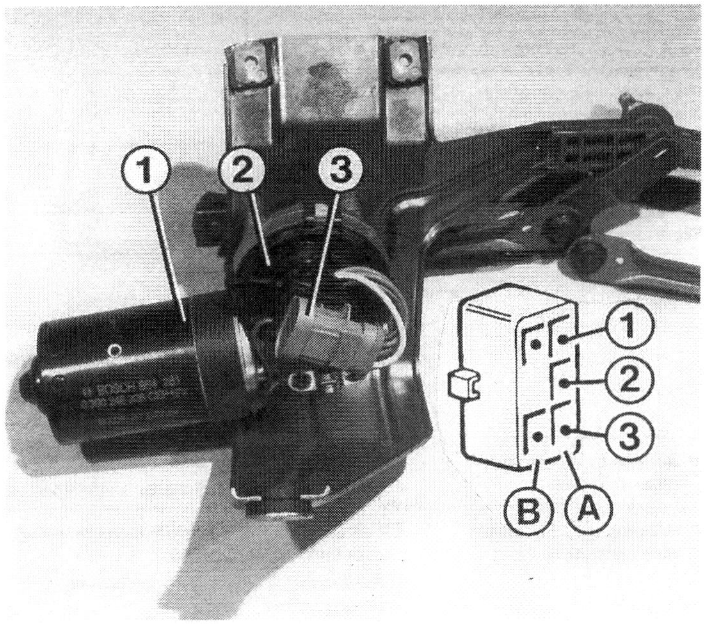

Parkstellung befinden, erhält der Scheibenwischermotor über einen Schleifkontakt von Klemme 3 so lange Spannung (Plusstrom), bis die Wischer in Parkstellung gelaufen sind.
○ Klemme 4 (weißes Kabel) erhält Spannung für die erste Wischergeschwindigkeit.
○ Klemme 5 (orange/grünes Kabel) liefert Plusstrom für die Wischer-Endabschaltung.

<u>Fingerzeig:</u> **Bei eingeschalteter Zündung dürfen die Wischerblätter nicht außerhalb ihrer Parkstellung blockiert sein – etwa durch Schnee oder weil sie angefroren sind. Klemme 3 liefert dann nämlich ununterbrochen Spannung. Da der Wischermotor durch die festhängenden Wischerblätter aber nicht drehen kann, brennt er nach einer gewissen Zeit durch. In einem solchen Fall die Wischerblätter abheben, damit sie in ihre Parkstellung laufen können.**

Wischermotor mit -gestänge ausbauen

● Scheibenwischer in Endstellung bringen.
● Beide Wischerarme ab bauen.
● Dichtung von der Spritzwand im Motorraum abziehen.
● Verbindungsschraube (SW 7) der beiden Hälften der Windlaufabdeckung herausschrauben.
● Windlaufabdeckung vorne anheben und vom Windlauf abnehmen.
● Batterie ausbauen.
● Wischerachsen lösen (SW 22).
● Drei Befestigungsschrauben (SW 10) des kompletten Wischermechanismus herausdrehen.
● Mehrfachsteckverbindung trennen und Wischermechanismus komplett mit Wischermotor aus dem Wasserfangkasten nehmen.

Wischergestänge ausbauen

● Abdeckung des Wasserfangkastens ausbauen.
● Wischergestänge von der Motorkurbel und den Wischerarmkurbeln lösen. Dazu die Sicherungskappen etwas verdrehen und mit einem Schraubendreher – besser mit einem passenden Gabelschlüssel – vom Kugelkopf abdrücken.
● Vor dem Einbau die Kugelköpfe auf Verschleiß prüfen.
● Gelenke einfetten und mit einer passenden Stecknuß auf den Kugelkopf der entsprechenden Kurbeln drücken.

Wischermotor ausbauen

● Wischermechanismus komplett mit -motor ausbauen, wie zuvor beschrieben.
● Wischergestänge abbauen.
● Mutter von der Wischermotor-Antriebswelle abschrauben und Antriebskurbel vom Konus der Welle abziehen. Vorher Stellung der Kurbel markieren.
● Wischermotor von der Halterung abschrauben (drei Schrauben).
● Beim Einbau auf die richtige Stellung der Motorkurbel zur Motorwelle achten.
● Zündung einschalten und Lage der Wischerblätter bei der Endabschaltung kontrollieren. Die Wischermotorkurbel muß nahezu waagrecht nach links (in Fahrtrichtung gesehen) zeigen.
● Ggf. Kurbel nochmals vom Motor lösen und entsprechend verstellt wieder festschrauben.

Wischer-Intervall-einrichtung

Der Renault 19 ist mit einer Wischer-Intervalleinrichtung ausgerüstet, die etwa alle 5 Sekunden eine Wischerbewegung auslöst.
Die Intervallschaltung funktioniert folgendermaßen: Der dreistufige Hebelschalter hat eine zusätzliche Klemme A6, die Strom an die entsprechende Klemme des Intervallrelais im Sicherungskasten liefert (beiges Kabel). Beim Intervallimpuls erhält der Wischermotor vom Intervallrelais über Klemme 4 und der entsprechenden Klemme des Wischerschalters einen Stromstoß und setzt ihn so in Gang – aber nur für eine Wischerbewegung, denn der Strom läuft sofort wieder, wie für die Wischer-Endabschaltung beschrieben.

Störungsbeistand

Scheibenwischer

Die Störung	– ihre Ursache	– ihre Abhilfe
A Scheibenwischer laufen nicht	1 Sicherung defekt	Austauschen
	2 Intervallrelais defekt	Relais versuchsweise austauschen
	3 Wischerantriebskurbel lose	Festschrauben
	4 Leitung zum Wischerschalter unterbrochen	Leitungen überprüfen
	5 Leitung zum Wischermotor unterbrochen	Leitungen überprüfen
	6 Wischermotor durchgebrannt	Austauschen
B Scheibenwischer laufen nicht in Stufe I	1 Klemme 4 am Wischermotor defekt	Motor austauschen
	2 Klemmen A3/A5 im Schalter unterbrochen	Schalter austauschen
C Scheibenwischer laufen nicht in Stufe II	1 Leitung Klemme A2 vom Wischerschalter zum Motor unterbrochen	Leitung überprüfen
	2 Klemmen A2/A5 im Wischerschalter unterbrochen	Schalter austauschen
	3 Klemme 1 am Wischermotor defekt	Motor austauschen
D Scheibenwischer laufen nur in Stufe II	Leitung Klemme A3 vom Wischerschalter zum Motor unterbrochen	Leitung überprüfen
E Keine Wischerrückstellung	1 Leitung Klemme A5 zwischen Wischerschalter und Motor unterbrochen	Leitung kontrollieren
	2 Wischermotor defekt	Mit Prüflampe kontrollieren: Zwischen Klemme A1 und Masse muß Lampe dauernd brennen. Zwischen Klemme A5 und Masse muß Lampe kurz vor Erreichen der Parkstellung verlöschen. Bei Gegenprüfung zwischen Klemme 5 (Motor) und Batterie-Plus muß Lampe kurz vor Erreichen der Parkstellung aufleuchten. Wenn nicht, Motor austauschen
F Scheibenwischer laufen nicht im Intervallbetrieb	1 Intervallrelais defekt	Austauschen
	2 Leitung Klemme A6 zwischen Wischerschalter und Motor unterbrochen	Leitung überprüfen
	3 Kontakt A6 im Wischerschalter defekt	Schalter austauschen
G Intervallbetrieb läßt sich nicht ausschalten	1 Siehe E 1	
	2 Siehe F 1	
	3 Kontakt A5 oder A6 im Wischerschalter öffnet nicht	Schalter austauschen
	4 Relais defekt	Auswechseln
H Scheibenwischer bleiben nach dem Abschalten nicht oder nur kurz in Park-Stellung stehen	Mangelhafter Kontakt am Schleifkontakt im Wischermotor	Motorabdeckung abschrauben, Kontakte blankschleifen. Ggf. Motor austauschen

Der Heckscheibenwischer

Beim Renault 19 wird der Heckscheibenwischer über den Multifunktionsschalter, der auch für den Frontscheibenwischer zuständig ist, in Gang gesetzt.

Heckscheiben-Wischermotor ausbauen

- Wischerarm ausbauen.
- Motorabdeckung bzw. Heckklappen-Innenverkleidung abbauen (vier Schrauben).
- Abdeckung mit »Gefühl« abdrücken (fünf Klammern), sonst müssen neue Halteklammern eingesetzt werden.
- Mutter der Wischerachse abschrauben.
- Wischermotorhalterung durch Lösen der zwei Halteschrauben von der Heckklappe abbauen.
- Mehrfachstecker abziehen und Motor von der Heckklappe abnehmen.
- Beim Einbau den Motor lose vormontieren und erst nach Anbringen der äußeren Wischerachsenmutter festziehen.
- Vor Anbau des Wischerarms kontrollieren, ob sich der Motor in Wischerendstellung befindet.
- Verkleidung erst nach Funktionsprüfung anbringen.

Nach Abnahme der Heckklappenverkleidung ist der Heckscheibenwischermotor zugänglich. Es bedeuten:
1 – Befestigungsschrauben der Wischermotorhalterung;
2 – Befestigungsschrauben Wischermotor an -halter;
3 – Steckverbindung zum Wischermotor;
4 – Nebelschlußleuchte.

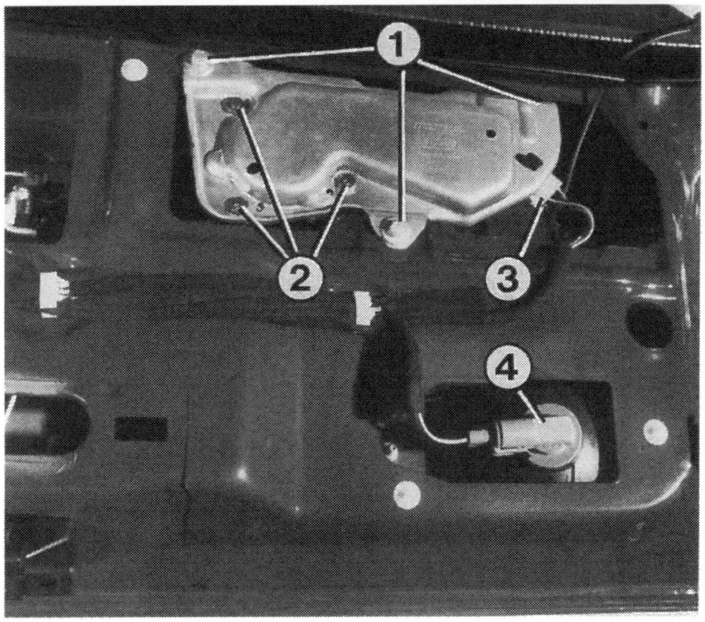

Störungsbeistand

Heckscheibenwischer

Die Störung	– ihre Ursache	– ihre Abhilfe
A Heckscheibenwischer läuft nicht	1 Sicherung defekt	Ersetzen
	2 Steckverbindungen an Schalter oder Motor unkorrekt oder oxidiert	Richtig aufstecken bzw. reinigen
	3 Leitungen zum Wischermotor unterbrochen	Leitungen überprüfen, ggf. instand setzen
	4 Oxidierte Steckverbindung	Steckverbindungen kontrollieren, ggf. ersetzen
	5 Wischermotor defekt	Austauschen
B Heckscheibenwischer läuft dauernd	1 Anschlußleitungen zum Wischermotor vertauscht	Gelbe Leitung an Klemme B3, rosa Leitung an Klemme B1 anschließen
	2 Schalter hängt	Auswechseln

Scheibenwaschwasser auffüllen

Ständige Kontrolle

Abgasrückstände, Öldunst und Silikon aus Lackpflegemitteln setzen sich hartnäckig aufs Glas. In der warmen Jahreszeit empfiehlt sich ein Reinigungszusatz zum Waschwasser; im Winter zusätzlich Gefrierschutz zum Reinigungsmittel.

● Erst Zusatzmittel und anschließend Wasser einfüllen, damit sich die Flüssigkeiten im Waschbehälter gut vermischen.

● Bei starkem Frost können die Waschdüsen dennoch einfrieren.

● Zur Vorbeugung empfiehlt sich eine höhere Frostschutzkonzentration. Das Beimischen von Brennspiritus kann in Verbindung mit Frostschutzmittel zu Flockenbildung und damit Verstopfungen in den Düsen führen.

Fingerzeig: Da beim R19 der Waschwasserbehälter auch für die Heckscheibe zuständig ist, sollten Sie vor zu erwartendem starkem Frost die Heckscheiben-Waschanlage einige Male betätigen, wenn der Behälter mit Gefrierschutz versehen ist. So kann die lange Zuleitung zur Heckscheibe nicht einfrieren.

Waschdüse ausbauen

Verstopfungen einer Waschdüse lassen sich manchmal trotz Durchbohren mit einem dünnen Draht nicht mehr beseitigen. Dann muß die Düse ausgewechselt oder ausgebaut werden, um sie mit Druckluft auszublasen. Um Verstopfungen der Waschdüsen vorzubeugen, empfiehlt sich der Einbau eines handelsüblichen Benzinfilters in die Waschwasserleitung.

● **Vorn:** Motorhaube öffnen. An der hinteren Motorhaubenkante den jeweiligen Verschlußstopfen neben der Waschdüse vorsichtig mit einem Schraubendreher aus dem Motorhaubenausschnitt hebeln.

● Mit einem durch den Ausschnitt gesteckten Finger die Waschdüse aus dem Düsenausschnitt drücken.

● Schlauch abziehen und Düse abnehmen.

● Zum Auswechseln des Schlauchsystems müssen auch die anderen Verschlußstopfen aus der Motorhaube gehebelt werden.

● Verteilerstück mit Schläuchen von den Spritzdüsen abziehen. Für den problemlosen Wiedereinbau ggf. vorher eine Schnur an den auszubauenden Schlauch binden, mit der dann der neue Schlauch wieder eingezogen werden kann.

● **Hinten:** Dachhimmelverkleidung am oberen Heckklappenausschnitt vorsichtig abdrücken.

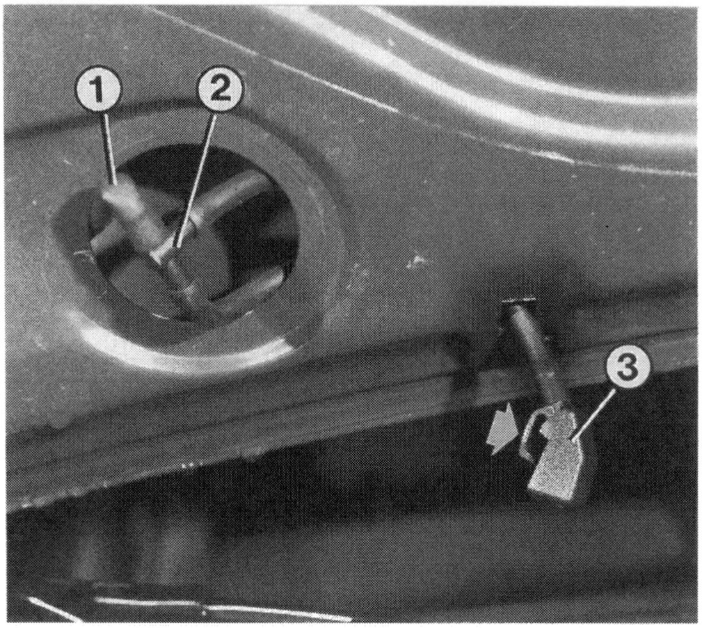

Bei abgebauten Abdeckstopfen von der Motorhaubeninnenseite kann der Zustand der Schläuche zu den Waschdüsen (3) geprüft werden. Bei häufigen Wascherproblemen durch Schmutz kann vor dem Verteilerstück (2) ein kleiner Kraftstoffilter (von einem Rasenmäher oder Mofa) in den Zulaufschlauch (1) eingesetzt werden. Beim Herausdrücken der Waschdüse darauf achten, daß die kleine Plastikklemme nicht abbricht, sonst sitzt die Düse beim Einsetzen nicht mehr fest, wackelt und kann nicht mehr optimal eingestellt werden. Mangels einer neuen Düse kann die defekte jedoch durch die verdeckte Anbringung an der Motorhaubenunterkante geklebt und so für eine genaue Einstellung fixiert werden.

- Dachhimmel vorsichtig etwas abziehen und mit den Fingern die Waschdüse nach oben aus dem Düsenausschnitt drücken.
- Von außen Waschdüse verdrehen und mit Schlauch aus dem Düsenausschnitt nehmen.
- Schlauch von der Düse abziehen.
- Falls zum Einbau der Schlauch im Düsenausschnitt verschwunden ist, Schnur ins Dach einführen, Schlauch im Wageninnern mit der Schnur verbinden und von außen durch den Düsenausschnitt ziehen.
- Beim Eindrücken der Waschdüse auf richtigen Sitz der Dichtung achten.

Waschdüse einstellen

- Dünne Nadel in die Spritzdüse stecken und die kugelförmige Düse entsprechend in der Richtung drehen.
- Wie der Spritzstrahl der Waschdüsen für Front- und Heckscheibe eingestellt werden soll, zeigt die Zeichnung unten.

Störungsbeistand

Scheibenwaschanlage

Die Störung	– ihre Ursache	– ihre Abhilfe
A Wasser spritzt nicht beim Betätigen des Schalters	1 Wascherbehälter leer	Auffüllen
	2 Im Winter: Waschwasser eingefroren	Höhere Frostschutzkonzentration verwenden
	3 Spritzdüsen verstopft	Düse ausbauen, mit Druckluft durchblasen oder dünnem Draht durchstoßen. Evtl. Schlauch ebenfalls durchblasen
	4 Wascherpumpe defekt	Stromversorgung bei eingeschalteter Zündung und gedrücktem Schalter kontrollieren, ggf. austauschen
	5 Scheibenwischerschalter defekt	Schalter überprüfen
B Einseitiger Spritzstrahl	Siehe A 3	
C Spritzstrahl zu hoch oder zu tief	Spritzdüse falsch eingestellt	Spritzdüse mit einer dünnen Nadel einstellen

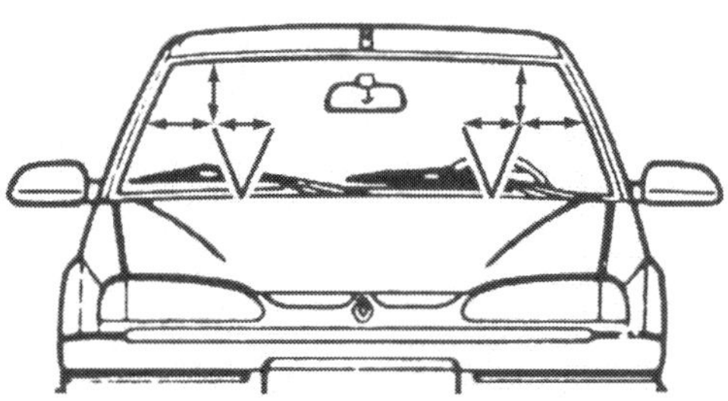

Frontscheibe: Die einzelnen Spritzstrahlen der Doppeldüsen sollten – von der Frontscheibenoberkante gemessen – nach ca. 30 cm auftreffen. Seitlich sollten die äußeren Spritzstrahlen – von der Scheibenaußenkante gemessen – jeweils nach ca. 25 cm innerhalb der Scheibe und die inneren Strahlen nach ca. 50 cm innerhalb der Scheibenfläche auftreffen.

Heckscheibe: Der Spritzstrahl der Waschdüse soll ca. 25 cm – von der Oberkante der Scheibe gemessen – auftreffen.

Links: Ein Servomotor der Zentralverriegelung mit Türschloß:
1 – Servomotor;
2 – Türschloß;
3 – Befestigungsstift des Motors;
4 – Sicherung der Übertragungsstange zur Türinnenverriegelung;
5 – Sicherung der Übertragungsstange zum Türinnenöffner.
Rechts: Beim defektem Infrarotempfänger (3) muß er wegen der Codierung komplett mit Sender im Fahrzeugschlüssel gewechselt werden. Zuerst jedoch die Steckverbindung (2) überprüfen. Dazu Empfänger mit einem Schraubendreher aus dem Ausschnitt der Deckenleuchte (1) hebeln.

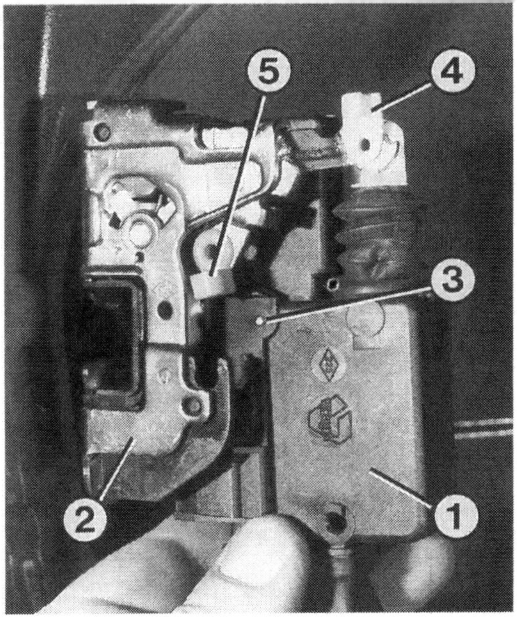

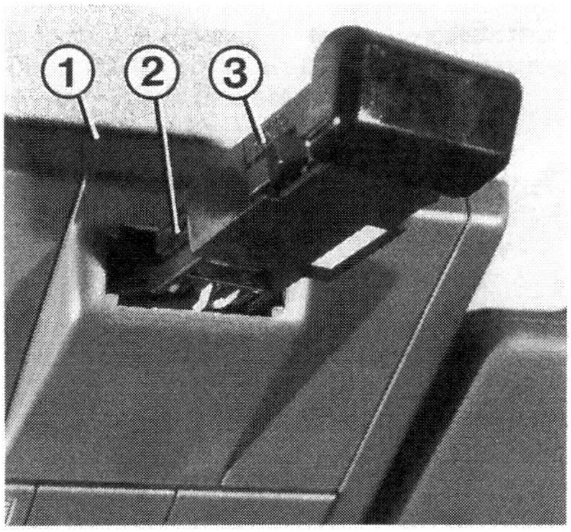

Die Zentralverriegelung

Bei den mit Zentralverriegelung ausgestatteten R 19-Varianten können alle Türen und die Heckklappe durch Betätigen des Fahrertür-Schlosses oder der Infrarot-Fernbedienung im Zündschlüssel gleichzeitig ver- bzw. entriegelt werden. Dazu sitzen kleine Servo-Elektromotoren in jeder Tür.
Beim Betätigen des Fahrertürschlosses erhalten die übrigen Servos gleichzeitig einen Impuls. Je nachdem, ob zu- oder aufgeschlossen wird, werden so die übrigen Schlösser durch ein Stellglied ver- oder entriegelt.

Servomotor ausbauen

- Türinnenverkleidung abbauen.
- An der Schmalseite der Tür die drei TORX-Schrauben der Türschloßbefestigung herausdrehen.
- Sicherungs-Klammersegmente von den Übertragungsstangen für Türverriegelung, Außen- und Innenöffner abdrücken.
- Servomotor komplett mit Türschloß aus dem Türkasten manövrieren.
- Mehrfachstecker abziehen.
- Je nach eingebautem Motortyp eine Schraube lösen bzw. einen Sicherungsstift ziehen und Motor vom Türschloß abheben.
- Beim Einbau vor Anbringen der Türinnenverkleidung die Funktionskontrolle nicht vergessen.

Störungsbeistand

Zentralverriegelung

Die Störung	– ihre Ursache	– ihre Abhilfe
A Zentralverriegelung funktioniert nicht	1 Sicherung durchgebrannt	Erneuern
	2 Motor der Fahrertür defekt	Funktion überprüfen, ggf. auswechseln
	3 Verkabelung defekt	Überprüfen, ggf. erneuern
B Schlösser werden ent-, jedoch nicht verriegelt	1 Siehe A 2	
	2 Mehrfachstecker am Motor locker oder oxidiert	Festen Sitz kontrollieren, ggf. reinigen
	3 Schalter im Motor der Fahrerseite defekt	Durchgangsprüfung an Klemme 2 (rotes Kabel) und 1 (weißes Kabel) sowie 2 und 4 (violettes Kabel) vornehmen
C Schlösser werden ver-, jedoch nicht entriegelt	1 Siehe A 2	
	2 Siehe B 2 und 3	
D Eines der Schlösser funktioniert nicht	1 Siehe B 2	
	2 Kabelverbindung am Motor schadhaft	Überprüfen, ggf. instand setzen
	3 Verkabelung zum Motor unterbrochen	Überprüfen und ggf. reparieren
	4 Mechanische Übertragungsteile klemmen	Teile auf Funktion und festen Sitz kontrollieren. Ggf. Teile fetten. Beschädigte Teile auswechseln

Die elektrischen Fensterheber

Ein Schalterdruck am Kippschalter des Türinnengriffs senkt die vorderen Türscheiben, wenn Ihr Renault 19 mit elektrischen Fensterhebern ausgerüstet ist. Die Fensterheber arbeiten nur bei eingeschalteter Zündung.

Fensterhebermotor ausbauen

● Türinnenverkleidung abbauen und Scheibe ausbauen, siehe Kapitel »Die Karosserieteile«.
● Mehrfachstecker vom Hebermotor abziehen.
● Die Befestigung des Hebemechanismus am Türkasten lösen. Dazu am Motor drei Muttern abschrauben.
● Entlang des Hebemechanismus zwei Halterungen lösen.
● Fensterhebemotor im Türkasten drehen und mit dem Motor voran komplett mit Hebemechanismus aus dem Türkasten nehmen.
● Motor abbauen.
● Der Einbau geht in umgekehrter Ausbaureihenfolge vor sich.
● Vor Anbringen der Türverkleidung eine Funktionskontrolle durchführen.

Störungsbeistand

Elektrische Fensterheber

Die Störung	– ihre Ursache	– ihre Abhilfe
A Fensterscheibe wird nur in eine Richtung verstellt	Schalter defekt	Schalter erneuern
B Fensterscheibe wird in keine Richtung verstellt	1 Fensterscheibe in den Führungen schwergängig, Sicherung wegen Überlastung des Motors defekt	Fensterscheibe in den Führungen gängig machen; Sicherung erneuern
	2 Motor läuft nicht, obwohl Sicherung in Ordnung ist	Spannung direkt an Motoranschlüsse legen. Wenn der Motor jetzt läuft, liegt der Fehler an der Zuleitung. Läuft der Motor nicht, diesen auswechseln
C Fensterscheibe wird im ganzen Verstellbereich zu langsam verstellt	1 Fensterscheibe in den Führungen verklemmt	Spiel der Scheibe prüfen und ggf. korrigieren
	2 Zu starke Reibung in der gesamten Mechanik	Mechanik ohne Scheibe auf zu starke Reibung überprüfen; ggf. erneuern
	3 Kabelverbindungen oxidiert oder unterbrochen	Überprüfen
	4 Schalter defekt oder oxidiert	Überprüfen, ggf. auswechseln
D Fensterscheibe wird an der oberen Grenze des Verstellbereichs zu langsam verstellt	Fensterscheibe in den Führungen verklemmt	Spiel der Scheibe prüfen und einstellen

Behelf unterwegs

● Ist der Schalter defekt, bauen Sie noch einen zweiten aus.
● Mehrfachstecker umstecken. Mit dem intakten Schalter können Sie nun das Fenster schließen.
● Bei unterbrochener Zuleitung zum Elektromotor ein Hilfskabel von der Batterie (wenn kein Plusstrom) oder irgendwo an Masse (wenn Masse fehlt) zum Motor legen und Scheibe nach oben laufen lassen.
● Ist der Hebermotor blockiert, können Sie bei abgenommener Türverkleidung die Scheibe nach oben drücken. Dazu muß jedoch die Scheibe aus der Hebeschiene ausgehängt werden.
● Fenster nach oben schieben und in dieser Stellung mit einem auf richtige Länge geschnittenen Stock verkeilen.
● Die andere Möglichkeit ist, das Fenster mit starkem Klebeband gegen Herunterrutschen zu sichern.

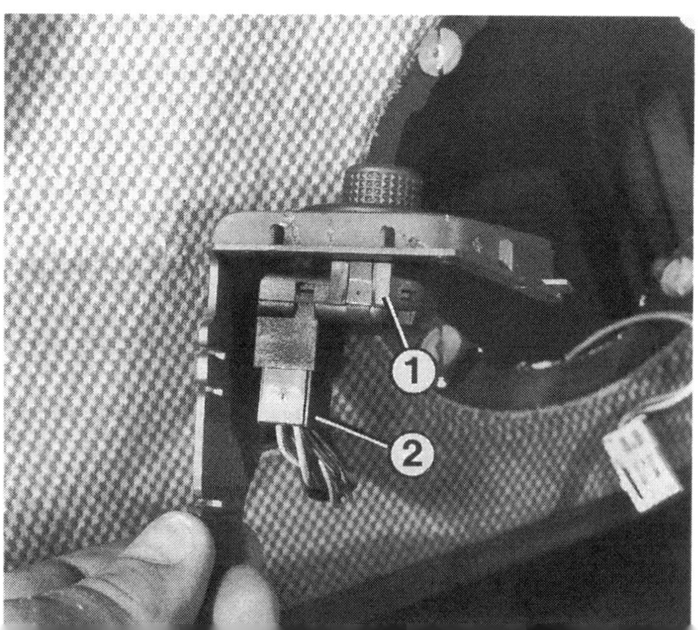

Der Schalter (1) der elektrischen Spiegelverstellung kann mit der kleinen Schalterkonsole erst nach Ausbau des Türablagefachs auf Funktion überprüft werden. Nach Abziehen des Mehrfachsteckers (2) können dann auch die auf der gegenüberliegenden Seite beschriebenen elektrischen Prüfungen vorgenommen werden.

Beim Einbau des Spiegelglases darauf achten, daß die Führungsstifte des Spiegelglas-Halterings korrekt in die Aufnahmen des Verstellrings (2) eingeführt werden und die Klemmhalterung (Pfeile) ringsum einrastet. Soll das Spiegelglas gewechselt werden, die Steckverbindungen (1) exakt aufstecken. Mit »3« ist der Geber der Außentemperatur-Anzeige bezeichnet.

Elektrische Spiegelverstellung

Wenn sich mehrere Fahrer den R19 teilen, lernt man diese Einrichtung bald schätzen, besonders auf der rechten Seite. Außerdem werden die Spiegelflächen bei eingeschalteter Heckscheibenheizung beheizt. Falls sich nichts regt:

- Kontrollieren Sie die zuständige Sicherung, siehe Kapitel »Elektrische Leitungen und Sicherungen«.
- Als nächstes den Schalter mit einem flachen Schraubendreher aus der Türseitenablage heraushebeln.
- Ist der Schalter in Ordnung, prüfen Sie die Elektromotoren der Spiegelverstellung.
- Kabelstecker zum Außenspiegel abziehen und ein Hilfskabel vom braunen (Verstellung links/rechts) oder violetten Kabel (Verstellung oben/unten) zur Batterie legen.
- Regt sich der Spiegel jetzt? Wenn ja, ist die Kabelführung zum Schalter (evtl. im Türkasten) unterbrochen bzw. die Steckverbindung oxidiert.
- Rührt sich nichts, dürfte der entsprechende Verstellmotor defekt sein. Sie können den Spiegel dann jedoch noch von Hand durch Drücken verstellen.
- Bei ausgefallener Spiegelheizung prüfen Sie den Stromweg vom Schalter der Heckscheibe ausgehend.

Elektrisch verstellbaren Spiegel zerlegen

- Je nach Spiegelausführung erfolgt der Ausbau unterschiedlich.
- Entweder einen schmalen Schraubendreher von vorne mit quer gestellter Klinge von unten in das Spiegelgehäuse einführen und mit Gefühl die Arretierung seitlich öffnen.
- Oder von der äußeren unteren Spiegelecke aus das Glas einfach gefühlvoll von seiner Klemmhalterung abdrücken.
- Spiegelglas vorsichtig abnehmen und Kabel der Spiegelheizung abziehen.
- Im Spiegelgehäuse die Kreuzschlitzschrauben des Verstellmotors losdrehen.
- Kabel abziehen und Motoren herausnehmen.

Das Radio

In der folgenden Beschreibung wird ausschließlich auf das Renault-Radioprogramm eingegangen.
Beim nachträglichen Einbau eines Radios sollten Sie sich einen auf Ihren Renault 19 abgestimmten Einbausatz – wenn möglich mit Fernbedienung vom Lenkrad aus – besorgen, damit es mit der Befestigung keine Probleme gibt. Diesen Radio-Einbausätzen liegen auch recht verständliche Einbauanleitungen bei.
Für den elektrischen Teil der Installation liegen Fremdfabrikaten ebenso detaillierte Einbauanweisungen bei, so daß hier darauf verzichtet werden kann.

Radio ausbauen

Bei Radios mit Anti-Diebstahl-Codierung (Keycode) sicherstellen, daß die Code-Nummer vorliegt.

- Batterie abklemmen.
- Radio/Cassettengeräte der neueren Generation können nur fachgerecht ausgebaut werden, wenn die Haltezungen durch passende U-förmige Drahtwinkel entsichert werden, indem die eingeschobenen Winkel nach außen gedrückt werden.
- Radiogerät vorsichtig und gleichmäßig ohne zu verkanten aus der Öffnung ziehen. So vermeiden Sie Beschädigungen an den Schienen der Gerätehalterung.
- Antennenkabel, Stromanschluß, Lautsprecher-Steckverbindung und Masseanschluß abziehen.

Der Türlautsprecher (links) ist unter der Lautsprecherabdeckung im Formteil der Türinnenverkleidung mit vier Schrauben (Pfeile) befestigt. Die Steckverbindung (2) zum Lautsprecher (1) ist verpolungssicher, kann also nicht falsch herum aufgesteckt werden. Der Hecklautsprecher (rechts) ist an den Seitenteilen der Hutablage mit vier Schrauben (Pfeile) befestigt. Auch seine Steckverbindung (2) ist verpolungssicher geformt.

Lautsprecher ausbauen

Je nach Ausstattung können Lautsprecher in den Türinnenverkleidungen der vorderen Türen, links und rechts im Armaturenbrett und bei einer Vier-Lautsprecher-Anlage zusätzlich in den seitlichen Teilen der Heckablage installiert sein.

● **Türlautsprecher:** Mit der flachen Hand Druck auf die runde Lautsprecherabdeckung ausüben und gleichzeitig die Abdeckung etwas gegen den Uhrzeigersinn drehen bis Widerstand spürbar wird.
● Abdeckung abnehmen.
● Vier Schrauben herausdrehen und Lautsprecher vorsichtig abnehmen.
● Steckverbindung lösen.
● **Heckablage-Lautsprecher:** Verbindungsstecker zum Lautsprecher abziehen.
● Vier Schrauben herausdrehen und Lautsprecher vom Heckablage-Seitenteil abnehmen.
● **Armaturenbrett-Lautsprecher:** Armaturenabdeckung vorsichtig mit einem kleinen Schraubendreher und untergelegtem Lappen (Kratzgefahr!) an der Vorderkante hochhebeln.
● Abdeckung abnehmen.
● Befestigungsschrauben des Lautsprechers herausdrehen.
● Lautsprecher aus dem Armaturenbrett heben.
● Verbindungsstecker abziehen.
● Vor dem Einbau der Verkleidungen Funktionskontrolle vornehmen.

Antenne ausbauen

● Mit einem schmalen Schraubendreher die Innenleuchte aus dem Ausschnitt im Dach hebeln.
● Die im Ausschnitt sichtbare Antennenbefestigung lösen.
● Antennenfuß mit Dichtung vorsichtig vom Dach abheben.
● Ist das Antennenkabel defekt, Kabel aus den Klammern drücken und aus der Öffnung im Dach ziehen.
● Beim Einbau der Antenne den Bereich um die Bohrung im Dach reinigen. Auf richtigen Sitz der Antennenfuß-Dichtung achten. Wichtig ist auch, daß die Isolierhülse korrekt im Dach sitzt, bevor die Schraube angezogen wird.
● Vor Einbau der Abdeckung eine Funktionskontrolle durchführen.

Bei jedem Batterieabklemmen oder beim Radioausbau muß beim Wiedereinbau bzw. Anklemmen der Batterie bei den modernen Radios der sogenannte »Keycode« (Codenummer) eingegeben werden, um das Radio wieder in Betrieb nehmen zu können. Nach Herausziehen des Radios sehen Sie folgende Anschlüsse, die jedoch je nach eingebautem Gerät unterschiedlich sind:
1 – Antenneneingang;
2 – Mehrfachstecker für Stromversorgung und Lautsprecher;
3 – Führungsnase der Einbauhalterung (beim Einschieben des Radios muß sie genau in der Aufnahme der Halterung zu sitzen kommen);
4 – Mehrfachstecker für Fernbedienung am Lenkrad.

Einstellungssache

Vielseitige und fein einstellbare Reguliermöglichkeiten von Heizung und Belüftung verhindern das lästige Beschlagen der Scheiben und verschonen bei richtiger Handhabung den Fahrer vor frühzeitigen Ermüdungserscheinungen. So sind Frischluftzufuhr und Zwangsentlüftung Voraussetzung für optimale Temperatur- und Belüftungsverhältnisse im Auto.

Funktion der Heizung und Lüftung

Die vor der Windschutzscheibe anströmende Luft gelangt durch den Windlaufgrill und wird ggf. mit Gebläseunterstützung ins Wageninnere gedrückt. Je nach Klappenstellung im Heizungsgehäuse strömt die frische Außenluft an den Alulamellen eines Wärmetauschers, der wie ein kleiner Kühler aussieht, vorbei und erwärmt sich. Die so temperierte Luft gelangt durch die einzelnen Luftdüsen bzw. Heizungsöffnungen ins Fahrzeuginnere.

Heizung und Lüftung prüfen

- Drehregler bei betriebswarmem Motor ganz nach »Warm« drehen – strömt Warmluft aus?
- Funktioniert die Luftverteilung nach oben und unten?
- Drehregler ganz nach »Kalt« stellen – nach kurzer Zeit darf nur noch kalte Luft kommen, sonst schließt die Warmluftklappe nicht richtig.
- Strömt aus allen Öffnungen Warm- oder Kaltluft?
- Läuft das Gebläse in sämtlichen Stufen?

Heizungs/ Lüftungs-Gehäuse ausbauen

Das Verteilergehäuse für Frisch- und Warmluft sitzt in der Mitte unter dem Armaturenbrett. Der im Innern eingebaute Wärmetauscher ist eine Art »Minikühler« und für die Warmlufterzeugung zuständig. Der Ausbau dieser »Kompaktanlage« ist eine recht umfangreiche Arbeit und sollte dem erfahrenen Selbermacher vorbehalten bleiben.

- Batterie-Massekabel abklemmen.
- Lenkrad ausbauen, siehe unter »Radaufhängung und Lenkung«.
- Obere und untere Lenksäulenverkleidung ausbauen.
- Kombi-Hebelschalter ausbauen, siehe unter »Instrumente und Geräte«.
- Kombi-Instrument ausbauen.
- Mittelkonsole ausbauen, siehe unter »Der Innenraum«.
- Fußraumabdeckung links und rechts ausbauen.
- Armaturenbrett ausbauen. Dazu rundum sämtliche Steckverbindungen trennen und Schrauben lösen.
- Gebläsemotor ausbauen.
- Am Heizungs-Vor- und Rücklaufschlauch im Motorraum eine Schlauchklemme ansetzen.
- Schlauchschellen der Heizungsschläuche lösen und Schläuche von den Anschlußstutzen des Wärmetauschers abziehen.
- Wärmetauscher mit Druckluft vorsichtig ausblasen, damit später Kühlmittelreste nicht das Fahr-

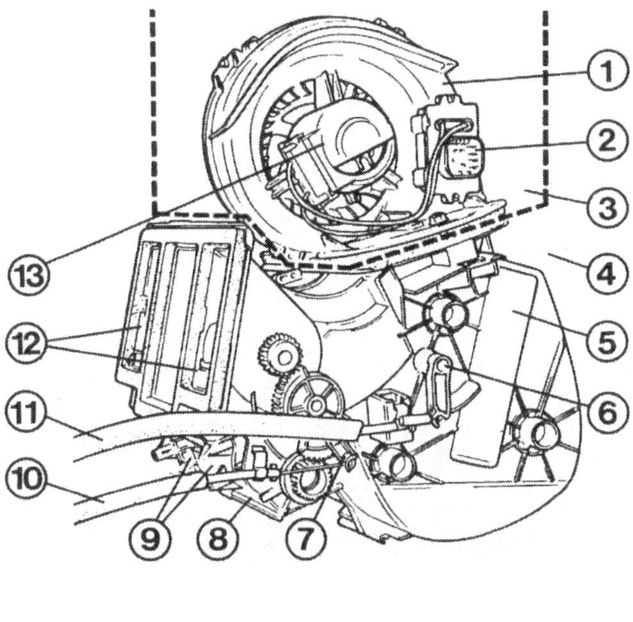

Die Zeichnung zeigt die komplette Heizungs/Lüftungs-Einheit von der rechten Seite. Es bedeuten:
1 – Luftansaugöffnung;
2 – Gebläsemotor-Vorwiderstand;
3 – Wasserkasten;
4 – Innenraum;
5 – Wärmetauscher;
6 – Klappenhebel für Warm- und Kaltluftklappe;
7 – Klappenhebel mit Zahnradsegment für Luftverteilerklappen oben/unten;
8 – Luftausgang zu den Fußraumdüsen;
9 – Luftausgänge zu den Luftdüsen der hinteren Sitze (modellabhängig);
10 – Betätigungszug der Luftverteilerklappen;
11 – Betätigungszug der Warm/Kalt-Luftmischklappe;
12 – Luftausgänge zu den Düsen der Frontscheibe und des Armaturenbretts;
13 – Gebläsemotor.

zeuginnere verunreinigen. Mangels Druckluft hilft auch ein kurzes, sauberes Stück Schlauch, das am oberen Stutzen angesetzt wird. Mit dem Mund können Sie so Kühlmittelreste weitgehend ausblasen.

- Heizungs/Lüftungs-Gehäuse nach innen aus der Einbaulage ziehen und abnehmen.
- Vor dem Einbau den Zustand der Dichtung zwischen Heizungsgehäuse und Stirnwand kontrollieren und ggf. erneuern.
- Gebläsemotor ansetzen, die beiden Schrauben aber noch nicht festziehen.
- Armaturenbrett einbauen. Nach Anziehen der beiden Befestigungsschrauben des Heizungs/Lüftungs-Gehäuses am Armaturenbrett können auch die beiden Schrauben des Gebläses festgezogen werden.
- Die Einstellung der Betätigungszüge kontrollieren und ggf. einstellen.
- Der weitere Zusammenbau geht wie für den Ausbau beschrieben vor sich.
- Ggf. Kühlflüssigkeit auffüllen und das Kühlsystem entlüften, siehe Kapitel »Das Kühlsystem«.

Wärmetauscher ausbauen

- Heizungs/Lüftungs-Gehäuse ausbauen.
- Vier Sicherungsklammern der Erstmontage spreizen und vom Gehäuse abnehmen.
- Wärmetauscher vorsichtig aus dem Heizungs/Lüftungs-Gehäuse herausziehen, ohne die feinen Lamellen zu beschädigen.
- Beim Einbau auf guten Zustand der Schaumstoffstreifen achten.
- Falls die Sicherungsklammern beim Ausbau kaputt gingen, kann der Wärmetauscher mit Schrauben im Gehäuse befestigt werden.
- Ggf. Kühlmittel nachfüllen und Kühlsystem entlüften.

Heizungs/Lüftungs-Drehregler ausbauen

- Armaturenabdeckung unter den Drehreglern ausbauen (zwei Schrauben).
- Die beiden nun sichtbar gewordenen Schrauben links und rechts unter der Drehreglereinheit herausdrehen.
- Reglereinheit etwas ins Armaturenbrett drücken und nach unten aus dem Armaturenbrettausschnitt ziehen.
- Beim Einbau der Bowdenzüge auf spannungsfreie Verlegung achten und daß sie nicht geknickt oder gar eingeklemmt sind.

Bowdenzüge der Heizungs/Lüftungs-Regulierung auswechseln

- Drehreglerplatte der Heizungs/Lüftungs-Regulierung ausbauen.
- Sicherungsklammer am Widerlager der Regelzüge abhebeln.
- Bowdenzüge an den Hebelsegmenten aushängen.
- Am Heizungs/Belüftungs-Gehäuse Züge jeweils um 90° verdrehen und von den Hebelsegmenten aushängen.
- Beim Einbau den längeren der beiden Züge in den Drehregler für Warm/Kalt-Luftmischung einsetzen.
- Am Heizungs/Belüftungs-Gehäuse beide Züge mit den Sicherungsklammern am Widerlager festklemmen.
- Drehregler für Luftverteilung auf das linke untere »Kopf«-Logo stellen.
- Regler für Warm/Kalt-Luftmischung auf »Kalt« stellen.
- Gebläseschalter auf Stufe »1« stellen.
- Klappenstellung am Heizungs/Belüftungs-Gehäuse in Übereinstimmung mit der Regeleinheit am Armaturenbrett bringen.
- Züge einhängen und festklemmen.
- Die Rückholfeder sitzt an der Mischklappe für Kalt- und Warmluft.
- Vor dem weiteren Zusammenbau eine Funktionskontrolle durchführen.

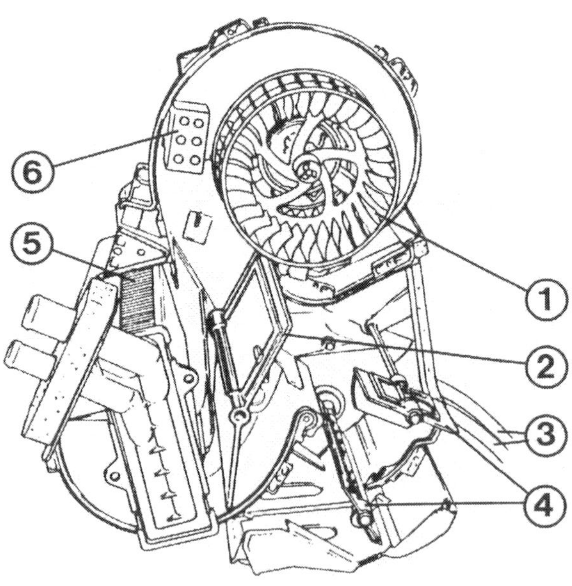

Bei abgenommener linker Gehäusehälfte zeigt die Zeichnung der Heizungs/Lüftungs-Einheit folgende Teile:
1 – Radialgebläse;
2 – Warm/Kalt-Luftmischklappe;
3 – Betätigungszüge;
4 – Luftverteilerklappen;
5 – Wärmetauscher;
6 – Käfig des Gebläsemotor-Vorwiderstands.

Für eine einwandfreie Funktion der Heizungs/Lüftungs-Anlage in Übereinstimmung der Drehregler mit den Symbolen der Luftverteilerklappen (1) und der Warm/Kalt-Luftmischklappe (3) ist der richtige und vor allem feste Sitz der Zughülle an den Sicherungsklammern (2) der Drehreglerplatte äußerst wichtig. Auch der korrekte Sitz der Steckverbindung (4) des Gebläsestufen-Drehschalters muß vor Einsetzen der Drehreglerplatte kontrolliert werden. Am besten ist eine Funktionskontrolle aller Regler vor dem endgültigen Einbau.

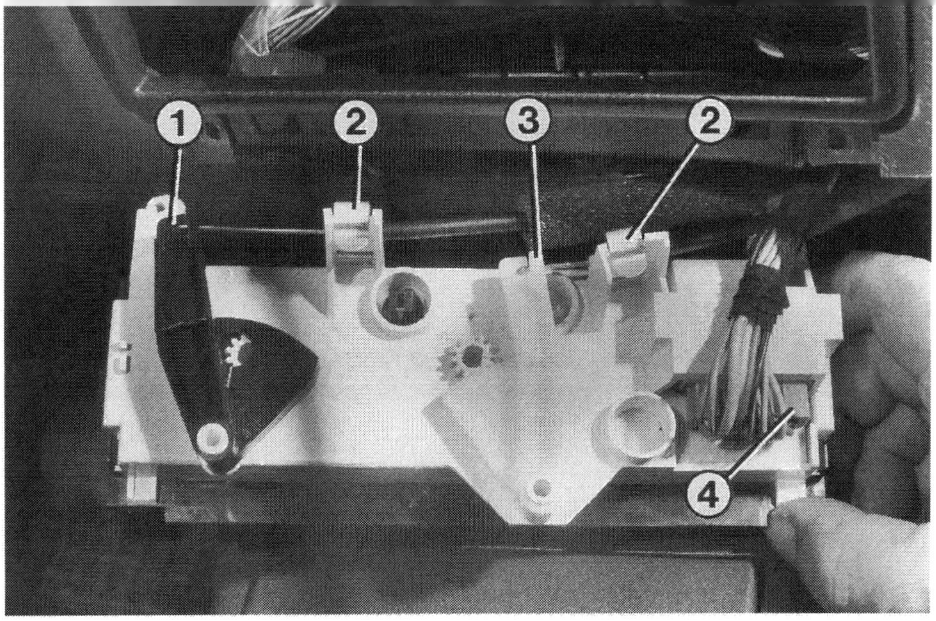

Das Luftgebläse

Bei allen R19-Modellen läuft der Gebläsemotor in drei Stufen, die durch vorgeschaltete Widerstände bzw. direkten Stromfluß erreicht werden. Unabhängig von der Fahrgeschwindigkeit wird so Luft durch ein Radialgebläse ins Fahrzeuginnere gefördert. Das Gebläse ist im Wasserfangkasten unter der Abdeckung im Motorraum untergebracht.

Störungssuche am Gebläse

- Wenn das Gebläse in keiner Schalterstellung rauscht, kontrollieren Sie zuerst die zuständige Sicherung.
- Ist die Sicherung in Ordnung, liegt es evtl. am Gebläseschalter.
- Schalter in allen Stellungen auf Durchgang prüfen.
- Liegt es nicht am Schalter, legen Sie ein Hilfskabel vom Batterie-Pluspol an den Anschluß der Klemme 1 (weiße Leitung) des Gebläsemotors.
- Bleibt es weiterhin ruhig, ist der Motor durchgebrannt – austauschen.
- Wenn das Gebläse nur in einer oder zwei Stufen läuft, Drehschalter in allen Stufen auf Durchgang prüfen.
- Liegt es nicht am Schalter, Steckverbindung am Gebläsemotor prüfen.
- Ist auch hier wieder kein Fehler zu finden, bleibt als letzte Fehlerquelle der Vorwiderstand übrig.

Luftgebläse ausbauen

- Windfangabdeckung ausbauen.
- Batterie ausbauen.
- Links und rechts des Gebläses eine Schraube herausdrehen.
- Mehrfachstecker abziehen.
- Gebläse seitlich nach links aus dem Wasserfangkasten »dirigieren« (dabei muß das Gehäuse im Wasserfangkasten in eine bestimmte Stellung gedreht werden).
- Stecker vom Gebläsemotor abziehen.
- Klammern abhebeln und Gehäusehälften trennen.
- Motor herausziehen und von der Gebläsewalze trennen.
- Beim Einbau muß die Dichtung zwischen Gebläse

Der Gebläsemotor (1) wird durch die Zuleitungskabel (4) nur über die Steckverbindung (5) und den Vorwiderstand mit Strom für die einzelnen Gebläsestufen versorgt. Sehr wichtig nach Lösen der Befestigungsschrauben (3) ist beim Abheben des Gebläses, daß die Dichtung zwischen Gebläsefuß (2) zum Wasserfangkasten unversehrt bleibt. Zeigt sie nach dem Ausbau Beschädigungen, muß sie unbedingt erneuert werden, sonst kann Wasser ins Wageninnere dringen. Außerdem ist durch unkontrolliert eindringende Kaltluft die Heizleistung erheblich verringert.

Funktioniert das Gebläse einmal nicht oder nur in einer Stufe, kann dies an einer oxidierten Steckverbindung liegen. Ist jedoch einer der beiden Widerstände (Pfeile) durchgebrannt, muß vor Einbau eines neuen Widerstands unbedingt die Leichtläufigkeit des Gebläsemotors kontrolliert werden. Oft ist er nämlich schwergängig und kann den im Luftstrom liegenden Widerstand nicht mehr kühlen – der Widerstand beginnt zusätzlich durch die erhöhte Leistungsaufnahme des Motors zu glühen und brennt durch. Ein mangelhaft geschmierter Gebläsemotor macht oft durch Pfeifgeräusche auf sich aufmerksam.

und Wasserfangkasten in einwandfreiem Zustand sein und korrekt sitzen, sonst kann Wasser ins Wageninnere gelangen.

- Funktionskontrolle vor dem weiteren Zusammenbau nicht vergessen.

Widerstand des Gebläsemotors ausbauen

- Stecker am Gebläse-Vorwiderstand abziehen.
- Widerstand aus der Halterung am Motor abziehen, dazu die beiden Klemmen spreizen.
- Beim Einbau ist es wichtig, daß der Widerstand in die Haltenasen des Motorhaltebügels einrastet.

Störungsbeistand

Heizung

Die Störung	– ihre Ursache	– ihre Abhilfe
A Schwache Heizleistung	Luftklappe schließt nicht völlig	Lage des Bowdenzugs kontrollieren; Klappe gängig machen, ggf. Fremdkörper entfernen
B Heizung wird nicht warm	1 Zug der Mischklappe für Warm- und Kaltluft gerissen oder ausgehängt	Ersetzen bzw. einhängen. Behelf unterwegs: Heizhebel am Heizungs-Gehäuse von Hand öffnen
	2 Luft im Wärmetauscher	Kühlsystem auffüllen
	3 Vor- oder Rücklauf des Wärmetauschers geknickt oder zugesetzt	Kontrollieren, ggf. Schläuche auswechseln
C Heizung fällt plötzlich während der Fahrt aus	Wärmetauscher durch Kühlmittelverlust leergelaufen	Sofort anhalten, sonst Gefahr für die Zylinderkopfdichtung! Undichtigkeit beheben und Kühlmittel auffüllen

Die Klimaanlage

Auf Wunsch kann der Renault 19 auch mit einer Klimaanlage geliefert werden. Die funktioniert so: Ähnlich wie zu Hause im Kühlschrank wird ein gasförmiges Kältemittel durch einen Kompressor verdichtet. Letzterer wird von der Motor-Kurbelwelle über einen Keilrippenriemen angetrieben. Beim Verdichten verflüssigt sich das Kältemittel und gelangt in den Verdampfer der im Heizungs/Lüftungs-Gehäuse vor dem Heizkörper sitzt. Der sieht aus wie ein Kühler. Darin verdampft das Kältemittel und kann hierdurch Wärme aufnehmen. Die durch den Verdampfer geführte Luft strömt abgekühlt in den Innenraum. Über einen Kondensator neben dem Wasserkühler im Motorraum gelangt das Kältemittel wieder zurück zum Kompressor. Zur verstärkten Kondensierung läuft der Kühlerventilator dauernd.

Wichtig für einwandfreie Funktion der Klimaanlage ist, daß sie auch in der kalten Jahreszeit immer wieder aktiviert werden muß. Andernfalls trocknen die Dichtungen im Kältemittelkreislauf aus; sie verhärten und werden undicht. Das hat zur Folge, daß das Kältemittel, das gleichzeitig als Schmiermittel dient, entweichen kann. Deshalb in der kalten Jahreszeit die Klimaanlage in Verbindung mit der Heizung benutzen, der Luft wird Feuchtigkeit entzogen, die beschlagenen Scheiben werden schneller frei.

Fingerzeig: Selbsthilfe ist an der Klimaanlage – mit Ausnahme der Kontrolle des Keilrippenriemens – nicht möglich. Das Kältemittel der Klimaanlage besteht aus Fluorkohlenwasserstoff (FCKW). FCKW zerstört nicht nur die Ozonschicht – auch der direkte Umgang mit diesem Stoff ist gefährlich.

Schick in Schale

Als echter Franzose ist der Renault 19 besonders nach dem »Facelift« mit seiner charakteristischen Front in seiner Klasse unverwechselbar.

Demontierbare Teile

Mit einiger Geschicklichkeit können Sie die Stoßfänger alleine ausbauen. Wollen Sie aber die Motorhaube, die Heckklappe oder die Türen ausbauen, brauchen Sie unbedingt einen Helfer, der diese unhandlichen Teile hält, während Sie schrauben. Auf jeden Fall ist ohne Helfer schnell irgendwo der Lack zerkratzt oder gar Schlimmeres passiert.

Fingerzeig: Den Wiedereinbau der bisherigen Motorhaube oder der Heckklappe können Sie sich erleichtern, wenn Sie die Lage der Scharniere vor der Demontage anzeichnen. Das geschieht am besten mit einem wasserfesten Filzschreiber.

Die Motorhaube

Haube ausbauen

- Motorhaube öffnen und abstützen.
- Schlauch der Scheibenwaschdüsen abziehen. Dazu die beiden rechten Stopfen aus der Motorhaube hebeln und Schlauch vom T-Stück abziehen.
- Schlauch seitlich aus der Motorhaube ziehen.
- Position der Scharniere markieren.
- Jeweils zwei Schrauben entfernen und Haube von den Scharnieren abheben.
- Beim Einbau die Scharnierschrauben zur Motorhauben-Einstellung nur leicht anziehen, siehe nächster Abschnitt.
- Schlauch der Waschdüsen seitlich in die Motorhaube einführen und mit T-Stück verbinden.

Motorhaube einstellen

Wird eine neue Motorhaube eingebaut, müssen sämtliche Teile von der alten Haube umgebaut werden. Äußerst wichtig ist hierbei der Umbau der beiden Dichtgummis zwischen Scheinwerfer und Motorhaube. Die Haube muß dann wie folgt eingestellt werden:

- Durch Verschieben der Haube in den Langlöchern der seitlichen Scharnierbefestigung kann die Hinterkante der Motorhaube seitlich und in der Höhe verstellt werden.
- Durch Verschieben der Haube in den Löchern der Karosseriebefestigung kann die Motorhaube seitlich eingestellt werden, ohne daß die Höheneinstellung verändert wird.
- Bei nur leicht angezogenen Scharnierschrauben die Motorhaube so ausrichten, daß das Spaltmaß zu den angrenzenden Teilen gleichmäßig ist.
- Zum Einstellen der Motorhaubenvorderkante das Haubenschloß durch Lösen der Schrauben lockern.
- Schloß in höchste Position ziehen.
- Haube vorsichtig schließen und weiter nach unten drücken, bis die Lage der Haube stimmt.

Hier ist das linke Haubenscharnier und eine mögliche Stelle (Pfeile) für eine Markierung gezeigt. Durch Lösen der Schrauben kann die Haube nach vorne und hinten sowie oben und unten so verschoben werden, daß ringsum zu den angrenzenden Karosserieteilen ein gleichmäßiger Spalt entsteht und auch die Höhe ausgeglichen ist.

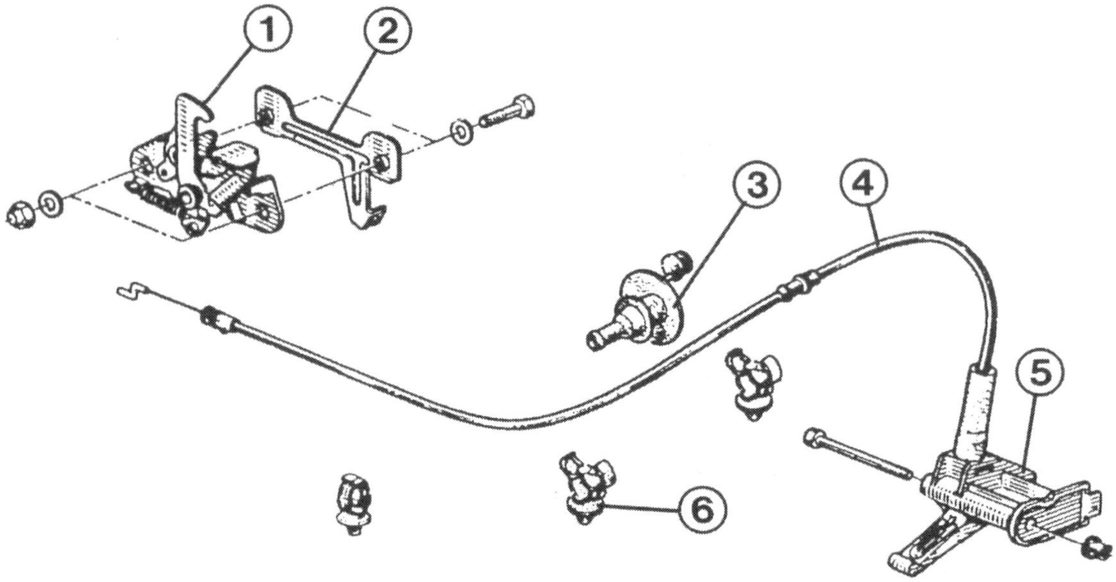

Der Motorhauben-Öffnungszug und seine Teile. Es bedeuten:
1 – Schloßfalle;
2 – Haubenschloß-Halteblech mit Widerlager für Öffnungszug;
3 – Dichtungstülle für Karosseriedurchbruch in der Stirnwand;
4 – Motorhaubenzug;
5 – Entriegelungshebel;
6 – Halterungen im Motorraum.

● Haube vorsichtig öffnen und die Schrauben festziehen.
● Falls die Einstellung nach der Funktionskontrolle unbefriedigend ist, Haubenschloß wieder lockern und Einstellung korrigieren.
● Motorhaube auf einwandfreies Schließen kontrollieren. Dazu die Haube aus ca. 30 cm Höhe ins Schloß fallen lassen – sie muß dabei durch ihr Eigengewicht vollständig verriegeln.

Haubenzug auswechseln

Zur Entriegelung der Motorhaube dient ein Seilzug, der vom Motorhaubenschloß zur linken Motorraumseite durch die Stirnwand ins Wageninnere seitlich unter das Armaturenbrett an die A-Säulenverkleidung verlegt ist. Wenn der Haubenzug einmal gerissen ist und daher ausgewechselt werden muß:
● An einen ca. 30 cm langen, stabilen Draht einen ca. 2 cm langen Haken biegen.
● Mit dem Draht zwischen Stoßfänger und Kühlergrill den Hebel, in den der Haubenzug eingehängt ist, zur linken Fahrzeugseite hin drücken. Dies geht praktisch ohne Gewalt, wichtig ist nur genaues Zielen, da der Öffnungshebel nicht einsehbar ist.
● Der Haken muß ca. 20 cm eingeschoben und dann senkrecht gestellt werden. Mit Geduld und »fummeln« haben Sie sicher bald Glück und die Entriegelung schnappt auf. Eventuell unterstützend etwas auf die Haube drücken, damit der Sperriegel leichter aufschnappt.
● Zum Auswechseln des Haubenzugs den Öffnungshebel komplett von der A-Säule abschrauben (eine lange Schraube T20) ausbauen.
● Die beiden inneren (schwarzen) Kühlergrills abbauen. Dazu die Kunststoffschrauben vorsichtig aus dem Spreizeinsatz so weit herausdrehen, bis die Schraube mit Einsatz aus dem Montageloch gezogen werden kann.
● Die Bowdenzug-Ummantelung aus dem Widerlager der Verriegelung aushängen.
● Haubenzug vom Verriegelungshebel aushängen.
● Haubenzug aus den Klammern im Motorraum aushängen und durch die Stirnwand ins Wageninnere ziehen.
● Beim Einbau den Zug ohne Knicke und Spannung verlegen.
● Der Zug kann nicht eingestellt werden.

Auch zum Ausbau des Scheinwerfers ist es nötig, den kleinen Frontgrill auszubauen. Dazu müssen zuerst die beiden innensitzenden Kühlergrillhälften sowie links und rechts Schraubverbindungen gelöst werden, bevor die in der Abbildung gezeigten TORX-Schrauben (Pfeile) herausgedreht werden können.

Kühlergrill ausbauen

- Den geteilten inneren (schwarzen) Kühlergrill abbauen. Dazu die beiden mittleren Kunststoffschrauben (T20) vorsichtig aus dem Spreizeinsatz so weit herausdrehen, bis die Schraube mit Einsatz aus dem Montageloch gezogen werden kann. Die beiden äußeren Schrauben sind Blechschrauben (T20).
- Linken und rechten Kühlergrill vorsichtig nach oben hinter dem Frontgrill hochziehen.
- Zum Ausbau des Frontgrills Blinkleuchte entsichern (eine Klammer im Motorraum), nach vorne aus dem Scheinwerferausschnitt nehmen und Mehrfachstecker abziehen.
- Links und rechts im Blinkerausschnitt die beiden Schrauben des Frontgrills herausdrehen.
- Fünf Schrauben des Frontgrills herausdrehen (drei Schrauben im Kühlerbereich; je eine Schraube links und rechts unter dem Frontgrill) und Frontgrill abnehmen.

Die vorderen Kotflügel

Kotflügel ausbauen

- Fahrzeug aufbocken und Rad abnehmen.
- Den seitlichen Spritzschutz hinter dem Stoßfänger im Radhaus abbauen, jeweils zwei Schrauben (T20) am Radlauf und eine Schraube (SW 10) am Innenkotflügel.
- Radhausschale ausbauen. Dazu am Radlauf (Türschwellerseite) eine Schraube T20 herausdrehen und drei Klammerpilze mit einem Schraubendreher heraushebeln. Zusätzlich im Stoßfängerbereich des Radlaufs und von unten am Stoßfänger eine Schraube (T20) herausdrehen.
- Blinker ausbauen.
- Kühlergrill ausbauen.
- Stoßfänger abbauen, siehe einen der nächsten Absätze.
- Seitliche Stoßfängerbefestigung lösen.
- Eine Schraube (T20) an der Zierleiste des Türschwellers herausdrehen. Dazu vorher die Abdekkung bzw. die Türschwellerverkleidung (ausstattungsabhängig) vorsichtig abhebeln.
- Motorhaube komplett mit Scharnieren abbauen.
- Kotflügelbefestigung lösen – vier Schrauben an der Kotflügeloberkante; zwei Muttern hinten im Radhaus; eine Schraube seitlich vorne im Motorraum.
- Mit einem schmalen Spachtel oder einem ausgedienten Küchenmesser die Kontaktflächen des Kotflügels zur Karosserie lösen. Zur Unterstützung empfiehlt sich ein Heißluftgerät oder ein leistungsstarker Fön, denn Unterbodenschutz und Dichtmasse – durch die Verschraubung zusammengepreßt – wirken wie eine Schweißnaht.
- Kotflügel vorsichtig ringsum abheben.
- Mit einem Schaber (und Warmluftunterstützung) die Dichtmasse an den Kontaktflächen so abtragen, daß die darunter sitzende Lackierung möglichst nicht verletzt wird.
- Neuen Kotflügel ggf. lackieren.
- Vor Auftragen der neuen Dichtmasse den Kotflügel ansetzen und die Passung kontrollieren.
- Dichtungsmasse an den Kontaktflächen von Kotflügel und Karosserie so auftragen, daß später keine Feuchtigkeitsnester entstehen können.
- Kotflügel ansetzen und Schrauben festziehen.
- Ausgebaute Teile wieder anbauen.

Die Heckklappe

Heckklappe ausbauen

- Heckklappe öffnen und abstützen.
- Auf der rechten Seite den Kabelkanal abbauen.
- Verkleidung der Heckklappe abbauen und Steckverbindungen zur heizbaren Heckscheibe, zum Heckscheibenwischer sowie Schloß abziehen.
- Aufstellheber vom Kugelkopf des Halters abhebeln. Dazu Halteklammer maximal 4 mm anheben und den Aufsteller vom Kugelkopf ziehen.
- Hintere Dachverkleidung vorsichtig abhebeln.
- Sitz der Scharniere markieren.

Zum Einstellen der Heckklappe genügt schon eine kleine Drehung mit dem Anschlagpuffer (2), um die Auflagehöhe der Heckklappenunterkante zu verändern, da der Anschlagpuffer mit einem recht groben Gewinde versehen ist. Bei elektrischen Problemen oder beim Austausch der Kabelbäume sind die Kabelkanäle (1) recht hilfreich.

● Muttern lösen und Heckklappe abheben.
● Beim Einbau die Übergänge zur Karosserie sowie die Spaltabstände kontrollieren und ggf. durch Verschieben der Klappenscharniere und Verstellen des Schlosses bzw. des Schließbügels einstellen.
● Die Höheneinstellung zur Dachkante geschieht durch Zwischenlegen von großflächigen Distanzscheiben am Klappenscharnier.

Heckklappendichtung ersetzen

Wenn Staub oder Feuchtigkeit eindringt, obgleich die Heckklappe einwandfrei im Ausschnitt sitzt, kann es an der Gummidichtung liegen. Ist sie spröde oder eingerissen:
● Gummidichtung abziehen.
● Vor Ansetzen der alten Dichtung diese auf Deformierung und Beschädigungen untersuchen.
● Dichtung so auf den Falz schieben (evtl. mit Kunststoffhammer etwas aufschlagen), daß die Stoßverbindung in der Mitte des oberen Karosseriefalzes zu sitzen kommt. Sitzt die Dichtung spannungsfrei, ggf. die Dichtung auf richtige Länge schneiden.
● Ggf. Dichtungsstöße miteinander verkleben.
● Zur Pflege der Dichtung eignet sich Glyzerin oder ein Spezialpflegemittel.

Schließbügel der Heckklappe ausbauen

● Abdeckung des Schließblechs komplett mit Kontaktschalter abbauen (eine Schraube).
● Einbaulage des Schließblechs mit -bügel am Karosserieblech markieren.
● Zwei Schrauben lösen und Schließbügel komplett mit Schließblech abnehmen.
● Beim Einbau die beiden Schrauben erst handfest beidrehen und Schließbügel einstellen.
● Die genaue Lage des Schließbügels im Schließblech muß bei geschlossener Heckklappe vorgenommen werden. Dazu die mittlere Schraube so lösen, daß der Schließbügel gerade noch verschoben werden kann.
● Damit die Heckklappe beim Fahren nicht klappert, muß der Schloßhaken leicht auf Spannung im Schließbügel sitzen.

Die Stoßfänger

Vorderen Stoßfänger ausbauen

● Ggf. Kennzeichen abschrauben.
● Falls eingebaut, Nebelscheinwerfer ausbauen.
● Kühlergrill ausbauen.
● Links und rechts neben den Scheinwerfern die beiden Befestigungsschrauben herausdrehen.
● Links und rechts unter den Stoßfängerseiten den Spritzschutz abbauen, jeweils zwei Schrauben am Radlauf und eine (SW 10) am Innenkotflügel.
● Im Motorraum links und rechts seitlich innen die Befestigungsschrauben herausdrehen.
● Unter dem Stoßfänger die beiden Schrauben am Hilfsrahmen lösen.
● Mit einem Helfer links und rechts die Stoßfängerenden vom Kotflügel nach außen ziehen und Stoßfänger nach vorn vom Fahrzeug abheben.
● Beim Anbau den Stoßfänger waagrecht so ausrichten, bis ein gleichmäßiger Spalt zur Karosserie besteht.
● Der weitere Anbau geht wie für den Abbau beschrieben vor sich.

Hinteren Stoßfänger ausbauen

● Links und rechts im Radhaus den Spritzschutz ausbauen (am Radausschnitt eine, unten an der Stoßfängerecke eine und am Innenkotflügel eine Schraube T20).
● Im Kofferraum links die seitliche Ablage für Warndreieck etc. ausbauen (drei Schrauben T20).
● Links und rechts die seitliche Befestigungsschraube (SW 10) des Stoßfängers losdrehen.

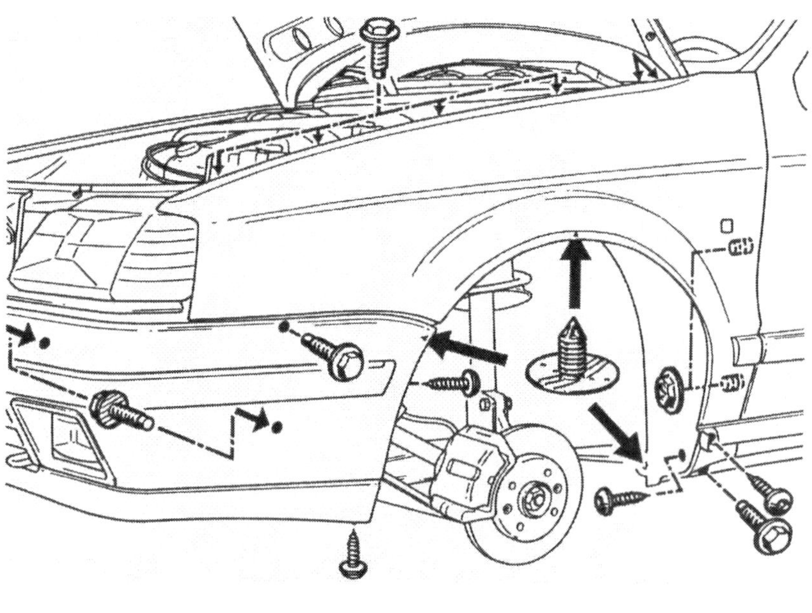

Dieses Schema verdeutlicht die Verschraubungen von Kotflügel, Stoßfänger und innerer Radhausabdekkung recht eindrucksvoll. So kann der Selbermacher im Reparaturfall die auf diesen Seiten beschriebenen Montagearbeiten leicht nachvollziehen.

Zum Türausbau muß die elektrische Steckverbindung in der A- bzw. B-Säule getrennt und nach außen geführt werden. Nach Lösen der TORX-Schraube (T40) am oberen und unteren Türscharnier (1) kann die Tür abgehoben werden. Zuvor muß aber der Türfeststeller durch Herausdrehen der TORX-Schraube (2) von der A- bzw. B-Säule der Karosserie abgebaut werden. Vor Einsetzen der Tür die Scharnierbuchsen schmieren.

- Abdeckung des Schließbügels der Heckklappe abbauen und mittlere Befestigungsschraube (SW 10) des Stoßfängers herausdrehen.
- Von unten her links und rechts an der Quertraverse je eine Schraube (SW 10) am Haltewinkel lösen.
- Stecker von den Kennzeichenleuchten abziehen.
- Mit einem Helfer links und rechts den Stoßfänger vorsichtig nach hinten vom Fahrzeug abheben.
- Zum Einbau den Stoßfänger ansetzen und alle Befestigungen erst lose beidrehen.
- Stoßfänger ausrichten und alle Befestigungen festziehen.

Die Türen

Tür ausbauen

- Türfeststeller durch Lösen einer TORX-Schraube an der Karosserie abbauen.
- Untere Seiten- und Türschwellerverkleidung ausbauen, siehe Kapitel »Der Innenraum«.
- Je nach auszubauender Tür die Mehrfachsteckverbindung im Bereich der A- bzw. B-Säule trennen.
- TORX-Schraubscharnierbolzen (T40) an beiden Türscharnieren herausschrauben.
- Tür abnehmen.

Tür einstellen

Da die Türen werksseitig schon an der Rohkarosserie ausgerichtet und die Scharniere mit der Karosserie verschweißt sind, brauchen meist nur Einstellarbeiten am Schließdorn vorgenommen zu werden.

- Schließdorn ein wenig lockern.
- Tür schließen und so in Position drücken, daß die Türhinterkante bündig mit den anderen Karosserieteilen abschließt.
- Türaußengriff anziehen und Tür leicht angehoben öffnen.
- Schließdorn in dieser Stellung festziehen.
- Sitz der Tür kontrollieren, ggf. nachjustieren.

Fingerzeig: **Wird die Tür zu sehr nach innen eingestellt, ist zwar der Kontakt zur Türdichtung erhöht, aber das Schließen der Tür erheblich erschwert. Lautes Türenschlagen ist die Folge. Je geringer der Kontaktdruck auf die Türdichtung, desto leichter schließen die Türen.**

Links: Die beiden mit Pfeilen gekennzeichneten Schrauben müssen gelöst werden, um den Türinnengriff abzubauen. Beim Ansetzen der Türgriffverkleidung darauf achten, daß alle Paßteile in Deckung und nicht verkantet sind. Erst dann die Verkleidung andrücken.
Rechts: Beim Abbau des Türinnenöffners (3) die Halterung (2) durch einen 90°-Schwenk ohne Gewalt von der Übertragungsstange (1) zum Türschloß trennen.

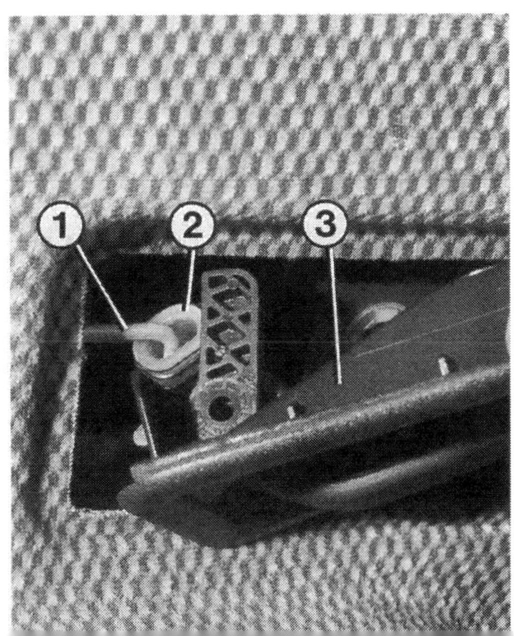

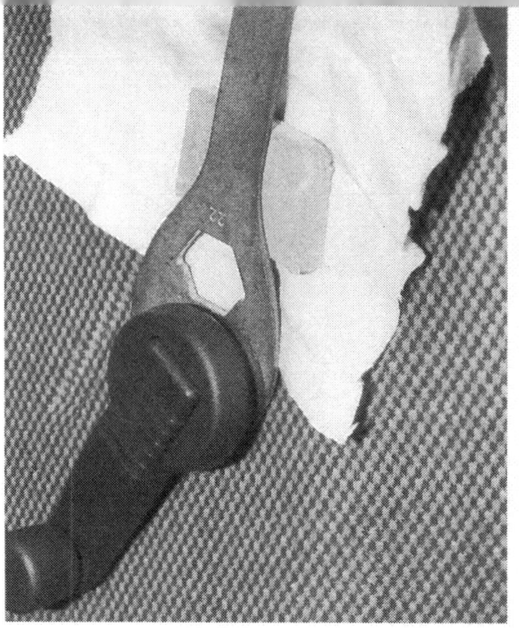

Links: Hier ist demonstriert, wie Sie ohne Spezialgabelabdrücker mit einem flachen Gabelschlüssel und Holzkeil die Fensterkurbel von der Kurbelachse abdrücken können. Unbedingt Lappen unterlegen, da die Textil-Oberflächenstruktur der Türverkleidung sehr empfindlich ist.
Rechts: Nur durch die Klemmwirkung der Kurbelklauen (1) sitzt die Fensterkurbel auf der kerbverzahnten Kurbelachse (2). Die Kurbel muß beim Andrücken die richtige Stellung haben – bei geschlossenem Fenster schräg nach vorne unten.

Türverkleidung ausbauen

Diese Arbeit haben wir aus dem Kapitel »Innenraum« vorgezogen, da sie für die weiteren Zerlegeschritte der Tür wichtig ist.

- Fenster bis zum Anschlag hochkurbeln/-fahren. Stellung der Fensterkurbel merken.
- Fensterkurbel von der Kurbelachse drücken. Dazu zwei flache gekreuzte Schraubendreher oder einen flachen Gabelschlüssel mit Holzkeil zwischen Schutzscheibe und Verkleidung an der Fensterkurbel ansetzen und die Kurbel abdrücken. Unbedingt zum Schutz der Verkleidung einen Lappen unter den Holzkeil zwischenlegen.
- An der Hinterkante der Kartenablage eine Schraube (T20) herausdrehen.
- Türlautsprecher ausbauen. Dazu Abdeckung gegen im Gegenuhrzeigersinn drehen und abnehmen. Dann vier Schrauben lösen und Lautsprecher herausnehmen. Dabei nicht vergessen, die Steckverbindung zu trennen.
- Die im Lautsprecherausschnitt sichtbar gewordenen vier Schrauben (T20) herausdrehen.
- Kartenablage vorsichtig etwas nach oben verschieben, damit die Unterkante aus den zwei Sicherungsringen ausgehängt wird, Ablage abnehmen.
- Abdeckung des Türgriffes vorsichtig mit einem dünnen Schraubendreher abhebeln.
- Fensterheber-Kippschalter nach oben aus dem Türinnengriff drücken und von Mehrfachsteckverbindung abnehmen.
- Kabelbaumhalter aus der Klammerhalterung im Türgriff hebeln.
- Darunter sichtbare Schaumstoffklötzchen vorsichtig abziehen, denn sie sollen beim Einbau wieder verwendet werden.
- Zwei Befestigungsschrauben lösen (T30).
- Türinnengriff abnehmen. Dabei ggf. den Kabelbaum der Fensterheber »ausfädeln«.
- Blende der Türverriegelung abbauen (eine TORX-Schraube T30) und Blende abnehmen.
- Blende um 90° schwenken und aus der Zugstange aushängen.
- Die Türinnenverkleidung ist zusätzlich zur Halteklammerung mit einer dauerelastischen Verklebung am Türkasten befestigt. Deshalb Türverkleidung an der Unterkante vom Türkasten wegziehen und mit einem scharfen Messer oder Schneideklinge (Teppichmesser) die dabei gedehnte Kleberaupe durchtrennen.
- Türverkleidung auf diese Art vorsichtig vom Tür-

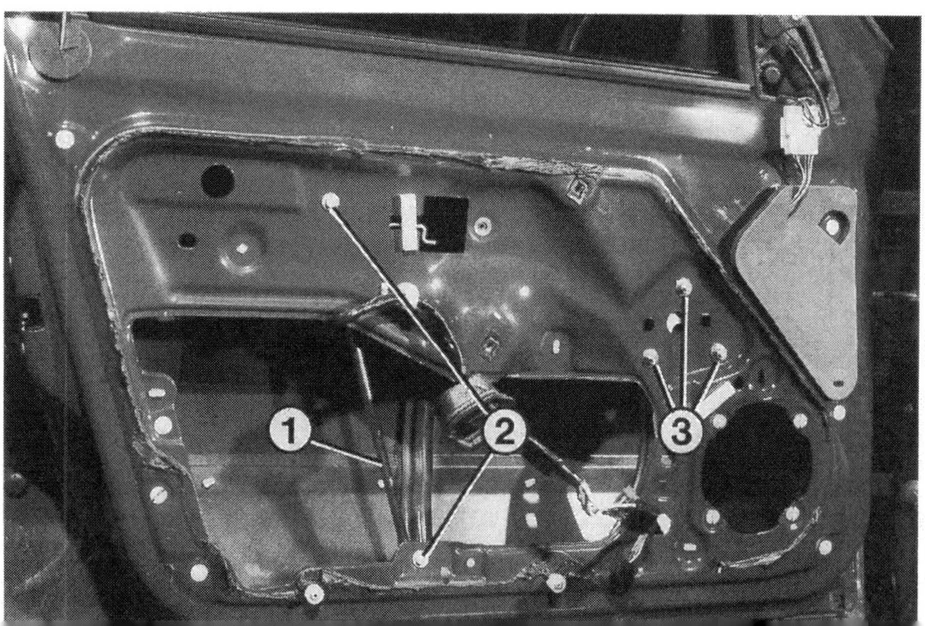

Nach abgenommener Türverkleidung sind alle Anbauteile der Tür zugänglich. Es bedeuten:
1 – Hebeschiene;
2 – Befestigung des Fensterhebers;
3 – Befestigungsschrauben des Fensterkurbelapparats (für elektrische und manuelle Fensterheber identisch).

Der Blick in den Türkasten zeigt folgende Teile:
1 – Schub-/Zugstange vom Schließzylinder zum Türschloß;
2 – Hebelsegment des Schließzylinders;
3 – Klammersicherung des Türaußengriffs;
4 – Sicherungsklammer des Schließzylinders;
5 – Schließzylinder;
6 – Sicherungsklammer der Zug-/Schubstange zum Türschloß.

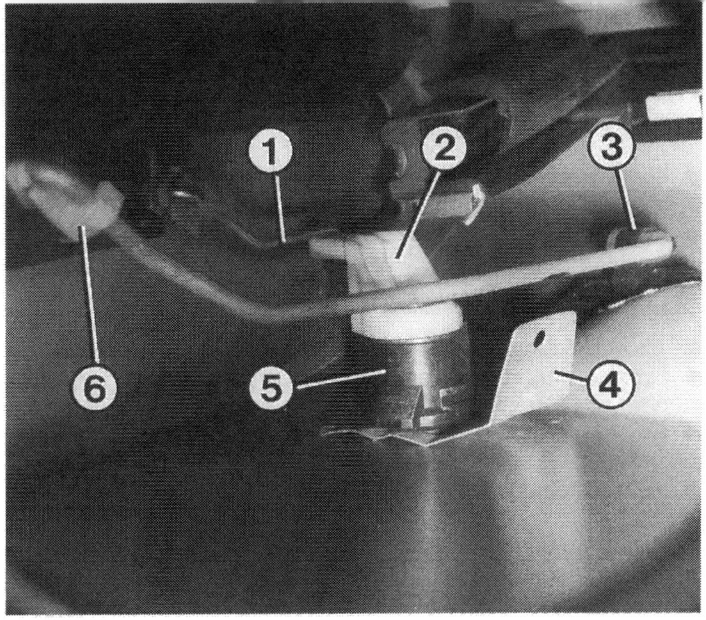

rahmen abheben und aus der Halteklammerung lösen.

● Ist die Befestigung ringsherum gelöst, die Verkleidung nach oben aus der Fensterdichtung und über den Knopf der Türinnenverriegelung drücken und vom Türkasten abnehmen.

● Beim Einbau auf korrekten Sitz der Verkleidungsoberkante achten, damit die Halteklammerung sauber einrasten kann.

● Bei schlechter Haftung ggf. die alten Klebeflächen entfernen und eine neue Kleberaupe am Türkasten auftragen.

● Beim Anbau, der in umgekehrter Ausbaureihenfolge vor sich geht, kontrollieren, ob vor Andrücken der Verkleidung bei allen Halterungen die beiden Gegenstücke der Klammerhalterung auch genau zueinander ausgerichtet sind.

Fingerzeige: Am besten benutzen Sie zum Durchtrennen der Kleberaupe ein gezacktes Kunststoffmesser, wie es bei Plastik-Einweggeschirr zu finden ist, da so der Lack nicht beschädigt wird.
Beim Durchtrennen der Kleberaupe darauf achten, daß sich die Klebeflächen nicht mehr berühren, sonst kleben sie sofort wieder zusammen und erschweren das Abheben der Verkleidung.
Nicht auf die getrennten Klebeflächen fassen – das beeinträchtigt die Klebewirkung beim Wiederanbringen der Verkleidung.

Türschloß ausbauen

● Türverkleidung ausbauen.
● An der Schmalseite der Tür die drei TORX-Schrauben der Türschloßbefestigung herausdrehen.
● Sicherungs-Klammersegmente von den Übertragungsstangen für Türverriegelung sowie Außen- und Innenöffner abdrücken.
● Türschloß – bei Zentralverriegelung komplett mit Servomotor – aus dem Türkasten manövrieren.
● Mehrfachstecker abziehen.
● Eine Schraube lösen und Servomotor (bei Zentralverriegelung) vom Türschloß abheben.
● Beim Einbau vor Anbringen der Türinnenverkleidung die Funktionskontrolle nicht vergessen.

Schließzylinder ausbauen

● Türverkleidung ausbauen, wie beschrieben.
● Schub-/Zugstange des Schließzylinders am Türschloß durch Schwenken der Sicherungsklammer aushängen.
● Sicherungshalter vom Schließzylinder seitlich abziehen.
● Schließzylinder von der Tür abnehmen.
● Beim Einbau Schließzylinderausschnitt reinigen und Dichtung am Schließzylinder nicht vergessen.

Türgriff außen abbauen

● Türverkleidung abbauen.
● Türgriffgestänge am Türschloß aushängen.
● Eine Halteschraube des Türgriffes abschrauben.
● Griff mit Gestänge von außen abnehmen.
● Beim Einbau vor Anbringen der Türverkleidung eine Funktionskontrolle durchführen.

Vorderes Türfenster ausbauen

● Türverkleidung ausbauen.
● Fenster öffnen und inneren Dichtungs-/Abstreifgummi vom Türschacht abziehen.
● Fenster so weit ablassen, bis die Hebeschiene zugänglich ist.
● Fensterheber im Türkasten aus der Hebeschiene aushängen. Hierzu die beiden Stifte der Sicherungsklammer auseinanderdrücken und Klammer seitlich vom Zapfen der Hebeschiene abziehen.
● Hebeschiene vollständig ablassen.

● Fensterscheibe nach oben drücken und mit geeigneter Leiste festkeilen.
● Scheibe zur Türscharnierseite der Türe kippen und schräg nach oben in Richtung Türschloß aus dem Türschacht ziehen.
● Nach Einbau der Scheibe vor der Montage der Türverkleidung eine Funktionskontrolle durchführen. Die Scheibe darf nirgends anstoßen und muß auf voller Kurbellänge leicht beweglich sein.

Hinteres Türfenster ausbauen

● Türverkleidung abbauen.
● Fenster öffnen und beide Dichtungs-/Abstreifgummi vom Türschacht abziehen.
● Fenster so stellen, daß die Hebeschiene im Türausschnitt zugänglich ist.
● Hebeschiene vom Fensterheber abbauen (zwei Schrauben).
● Scheibe ganz ablassen.
● Hintere Fensterführung abbauen (oben am Dreiecksfenster und unten am Türkasten eine Schraube).
● Fenster nach oben drücken und nach innen vorne gekippt aus dem Fensterschacht nehmen.
● Muß die Scheibe ausgewechselt werden, die Hebeschiene mit vorsichtigen Schlägen mit einem Kantholz von der Scheibe schlagen. Vorher jedoch den genauen Sitz ausmessen und ggf. notieren.
● Beim Ansetzen der neuen Scheibe einen neuen Gummistreifen verwenden – ggf. mit Schmierseife einsetzen – und Hebeschiene mit Gefühl auf die Scheibe schlagen. Dabei nicht auf die Halterung der Hebeschiene schlagen.
● Beim Anbau der Hebeschiene die Scheibe gegen die hintere Fensterführung drücken. Dann die beiden Schrauben festziehen.
● Nach Einbau der Scheibe vor der Montage der Türverkleidung eine Funktionskontrolle durchführen. Die Scheibe darf nirgends anstoßen und muß auf voller Kurbellänge leicht beweglich sein. Ggf. Scheibe an der Hebeschiene etwas versetzen.

Dreiecksfenster ausbauen

● Kurbelfenster ausbauen, wie zuvor beschrieben.
● Hintere Fensterführung ausbauen (oben und unten eine Schraube).
● Fenster seitlich verschieben, kippen und aus dem Fensterrahmen nehmen.

Fensterkurbelapparat hinten ausbauen

Der Ausbau für den vorderen Kurbelapparat ist im Kapitel »Instrumente und Geräte« unter »Fensterhebermotor ausbauen« beschrieben und gilt ohne Einschränkung auch für die Fensterheber mit Handkurbel.
● Türverkleidung abbauen.
● Fenster so stellen, daß die Hebeschiene im Türausschnitt zugänglich ist.
● Hebeschiene vom Kurbelapparat lösen (zwei Schrauben).
● Fenster nach oben drücken und im Türkasten abstützen oder mit Klebeband im Fensterausschnitt festkleben.
● Zwei Befestigungsschrauben an der Kurbelachse herausdrehen.
● Eine Schraube unten am Türkasten entfernen.
● Unterteil des Kurbelapparates im Türkasten nach hinten schwenken und aus dem Ausschnitt des Türkastens ziehen. Dabei darauf achten, daß das Oberteil nicht am Gestänge der Türinnenverriegelung hängen bleibt.
● Beim Anschrauben der Hebeschiene an den Kurbelapparat die Fensterscheibe gegen die Führungsschiene drücken.

Außenspiegel ausbauen

● Befestigungsschraube der Innenabdeckung herausdrehen und Abdeckung über den Verstellkopf abnehmen.
● Vorsichtig die Schaumnstoffabdeckung abziehen und die drei sichtbar gewordenen Schrauben lösen und die Halteplatte abnehmen.

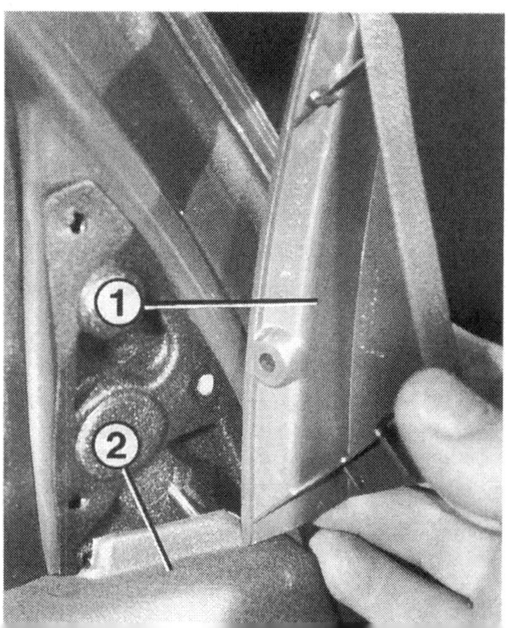

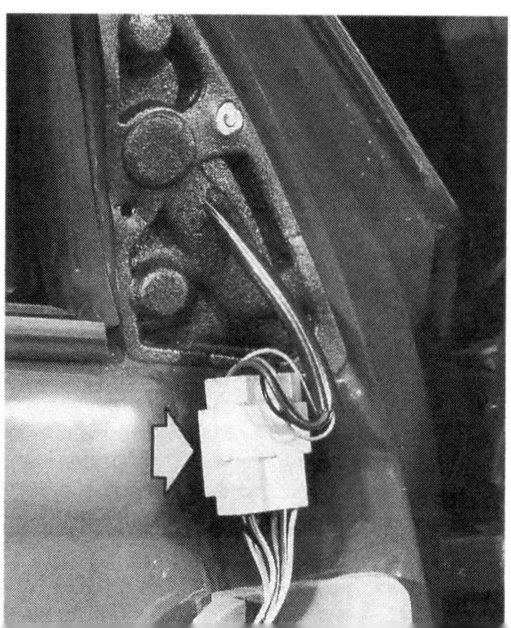

Links: Nach Abdrücken der Rückspiegelverkleidung (1) sind die Befestigungsschrauben unter der Schaumstoffabdeckung zugänglich. Auch die Türinnenverkleidung (2) kann nun abgenommen werden.
Rechts: Hinter der Türinnenverkleidung ist die Mehrfachsteckverbindung (Pfeil) der elektrischen Spiegelverstellung zugänglich.

● Beim elektrisch verstellbaren Spiegel die Türverkleidung abbauen und die Steckverbindung trennen.
● Spiegel abnehmen und ggf. die abgezogene Steckverbindung durch den Türausschnitt führen.

Außenspiegelglas wechseln

Wie das Spiegelglas beim elektrisch verstellbaren Außenspiegel mit Arretierring ausgebaut wird, ist im Kapitel »Instrumente und Geräte« unter »Elektrisch verstellbaren Spiegel zerlegen« beschrieben. Der manuell verstellbare Außenspiegel kann jedoch mit einer anderen Glasbefestigung (Federringhalter) ausgerüstet sein.
● Mittig unten zwischen Spiegelgehäuse und -glas einen dünnen Schraubendreher ansetzen.
● Durch seitliches Drücken mit der Schraubendreherklinge zumindest ein Ende der Ringfeder aus der Federarretierung des Spiegelglases hebeln.
● Spiegelglas abnehmen.
● Vor dem Einbau die Ringfeder einsetzen und in die Federarretierung einhängen.
● Spiegelglas einsetzen und Druck ausüben, bis das Glas spürbar eingerastet ist.

Das Schiebe-/Hubdach

Um Windgeräusche bzw. Undichtigkeiten zu vermeiden, muß daß Schiebe-/Hubdach genau rundum Kontakt mit der Dichtung haben. Zur Kontrolle die Einbauhöhe der Scheibe zur Dachlinie überprüfen und das Schiebedach aus ausgestellter Position heraus schließen. Kontrollieren, ob die Dichtung ringsum einwandfrei anliegt und abdichtet, dabei aber nicht gequetscht wird.

Die Schutz-/Zierleisten

Je nach Modell ist der Renault 19 mit unterschiedlichen Schutz-/Zierleisten ausgestattet. So sind die Zierleisten teils geschraubt, geklammert, geklebt oder genietet (Zusatzausstattungen). Das Abziehen und Anbringen dieser unterschiedlichen Leisten ist bei einigem Geschick leicht zu bewerkstelligen.

Regenrinne reinigen

Wartung Nr. 41

Beim Renault 19 sind die früher üblichen Regenleisten »dem Windkanal zum Opfer gefallen«. Dafür ist das Profil der Türdichtungen nun so geformt, daß die Türdichtungen gleichzeitig die Aufgabe der Regenrinnen übernehmen. Damit die Dichtungen diese Aufgabe immer erfüllen können, empfiehlt sich deren Reinigung mindesten einmal pro Jahr vor dem Winterhalbjahr.
● Zur Reinigung die Türdichtung mit einem Schwamm und ggf. Schmutzlöser auswischen.
● Mit einem Leder die Rinne trockenreiben und dabei angeweichten Schmutz vollends beseitigen.
● Dichtgummi ggf. mit Gummipflegemittel einreiben.

Front-, Heck- und Seitenscheiben

Beim R19 ist grundsätzlich eine Windschutzscheibe aus Verbundglas eingebaut, die im Fall einer Beschädigung nicht in Tausende von Krümeln zerfällt, sondern an der Schadensstelle mehr oder minder große Risse zeigt. Front- und Heckscheibe sowie das feststehende Seitenfenster sind »kraftschlüssig« mit der Karosserie verklebt. Damit sind die Scheiben beim Renault 19 ein konstruktives Element und wurden in die Festigkeitsberechnungen der Karosserie mit einbezogen. Für den Selbermacher bedeuten die geklebten Scheiben im Schadensfalle das »Aus«. Ohne Spezialwerkzeug ist da nichts zu machen – ein Fall für die Werkstatt.

Unterbodenschutz kontrollieren

Wartung Nr. 18

● Unterboden gründlich waschen.
● Gesamte Wagenunterseite mit einer hellen Lampe ableuchten und auf schadhafte Stellen untersuchen.
● Beschädigte Stellen im Unterbodenschutz mit Spachtel, Schaber und Drahtbürste bis aufs blanke Blech freilegen.
● Rostansätze möglichst blank schleifen.
● Gesäuberte Fläche mit Rostprimer bestreichen.
● Ebene oder größere Flächen werden mit streichbarem Material behandelt.
● Für schwer zugängliche Fugen und Ecken ist eine Sprühdose mit Unterbodenschutz günstiger.

Wasserablauflöcher reinigen

Wartung Nr. 40

Keine Schweißnaht ist so dicht, daß nicht Wasser eindringen kann. Aus diesem Grund sind in allen Hohlprofilen im Wagen Wasserablauflöcher angebracht. Sind diese durch Schmutz oder Unterbodenschutz verstopft, kann eindringendes Wasser nicht mehr ablaufen, sondern fördert den Rostfraß von innen heraus.
Vorbeugend sollten Sie die Löcher regelmäßig mit einem Pfeifenreiniger durchstoßen.

Innendienst

Auf das Auto angewiesen, verbringt man durch den immer dichter werdenden Verkehr und damit Staus zwangsläufig immer mehr Zeit darin. Auch deshalb machen ausgereifte Fertigungstechniken bei Plastikteilen, Stoffbezügen und Bodenbelägen den Innenraum eines Autos immer mehr zum Wohnzimmer. Verblüffend gestylte Einzelteile und Verkleidungen sind jedoch meist auf recht geniale Art einfach befestigt und deshalb einfach auszubauen.

Sitze ausbauen

- **Vordersitz:** Auf der Sitzhinterseite links und rechts je eine Schraube aus den Sitzschienen-Seitenverkleidungen herausdrehen.
- Verkleidungen jeweils nach vorne abnehmen.
- An der äußeren Sitzschiene zwei TORX-Schrauben T 40 herausdrehen.
- An der inneren Sitzschiene drei TORX-Schrauben herausdrehen.
- Sitz abheben und aus dem Fahrzeug nehmen.
- Vor dem Wiedereinbau die Sitzschienen von verschmutztem Fett reinigen und die eigentlichen Gleitbahnen (nur diese) sparsam einfetten.
- Die fünf Schrauben lose eindrehen und den Sitz ausrichten.
- Zuerst die vorderen Schrauben, anschließend die hinteren Schrauben festziehen.
- **Rücksitzbank:** Sitzkissen nach vorne kippen, bis die Führungsbügel aus den Langlöchern des Fahrzeugbodens herausgezogen werden können.
- Rücksitzbank vorsichtig aus dem Wagen nehmen.
- **Rücksitzlehne:** Sitzlehnenarretierung lösen und Lehne nach vorne klappen.
- Links und rechts je einen Hebel nach oben umlegen, damit das Scharnier vom Scharnierbolzen freikommt.
- Lehne aus dem Fahrzeuginnern nehmen.
- Beim Einbau die Arretierung nach Hochklappen der Lehne kontrollieren.

Kopfstützen ausbauen

- Arretierstück der in Fahrtrichtung rechten Abdeckrosette nach innen drücken.
- Kopfstütze aus der Lehne ziehen.
- Zum Auswechseln einer Führungsrosette einen dünnen Schraubendreher unter der Rosette ansetzen und diese abdrücken.

Verkleidungen ausbauen

Der Ausbau der Türinnenverkleidungen ist bereits im Kapitel »Die Karosserieteile« beschrieben. Aus Platzgründen wird hier nur auf die wesentlichen Verkleidungsteile eingegangen, da sich die Arbeitsschritte im Prinzip stark ähneln und der Ausbau auch für den »Einsteiger« keine Probleme bereiten dürfte.
Die Befestigungsklammerungen aus Kunststoff können beim Abziehen bzw. Abheben der einzelnen Verkleidungen beschädigt werden. Daher sollten Sie sich vorbeugend Ersatz beschaffen.

Bei abgebauter Sitzschienenverkleidung ist hier die innere (obere Abbildung) und äußere (untere Abbildung) Befestigung des Vordersitzes an der Sitzschiene gezeigt. Durch Lösen der Schrauben (Pfeile) kann der Sitz von der Sitzschiene abgehoben werden, siehe Text oben. Weiter ist der auf Seite 262 beschriebene Gurtstraffer zu sehen. Es bedeuten:
1 – Gurtschloß;
2 – Gasgenerator;
3 – elektrische Zuleitung;
4 – Zylinder.

Zum Ausbau der Kopfstütze lediglich die Abdeckrosette an der Kopfstützenführung zusammendrücken (Pfeil). Dadurch wird die Arretierung entsichert, und die Kopfstütze kann aus der Sitzlehne gezogen werden.

- **Verkleidung A-Säule:** Obere Verkleidung der B-Säule abbauen. Dann zwei Schrauben (T20) der A-Säulenverkleidung herausdrehen.
- Verkleidung mit Gefühl nach unten und hinten aus der Klammerung ziehen.
- **Verkleidung B-Säule:** Abdeckung der oberen Sicherheitsgurt-Befestigung abhebeln.
- Obere Sicherheitsgurtbefestigung abbauen.
- Höhenverstellknopf des Sicherheitsgurtes mit einem Schraubendreher abhebeln.
- Verkleidung von den Dichtungen abspreizen und von der B-Säule abziehen.
- **Verkleidung C-Säule:** Verkleidung der B-Säule abbauen.
- Dachseitenverkleidung an Heccklappe und hinterer Tür abziehen.
- Seitliches Hutablagenteil aubauen (fünf Schrauben T20).
- Zwei Befestigungsschrauben der C-Säulenverkleidung herausdrehen (eine Schraube oben am Dachausschnitt, eine unten am Türausschnitt).
- Zwei Sicherungsklammern entfernen und Verkleidung an der Tür beginnend vorsichtig abnehmen. Dabei darauf achten, daß Kleinteile (Abstandshalter etc.) nicht verloren gehen.
- **Türschwellerverkleidung:** Obere Verkleidung der B-Säule ausbauen.
- Untere Sicherheitsgurtbefestigung lösen.
- Die Schraubverbindungen lösen.
- Hinteren Teil der Türschwellerverkleidung an der B-Säule im Bereich der Türdichtung vorsichtig abziehen und aus der Klammerung lösen.
- Vorderen Teil der Verkleidung im Bereich der Türdichtung vorsichtig abziehen.
- Verkleidung durch die Hintertür aus dem Fahrzeug nehmen.

Armaturenbrett ausbauen

Der Ausbau des Armaturenbretts ist eine umfangreiche Arbeit, die mit viel Umsicht ausgeführt werden muß, um Schäden im Innenraum zu vermeiden. Die Arbeit ist im Kapitel »Heizung und Lüftung« im Absatz »Heizungs/Lüftungs-Gehäuse ausbauen« beschrieben.

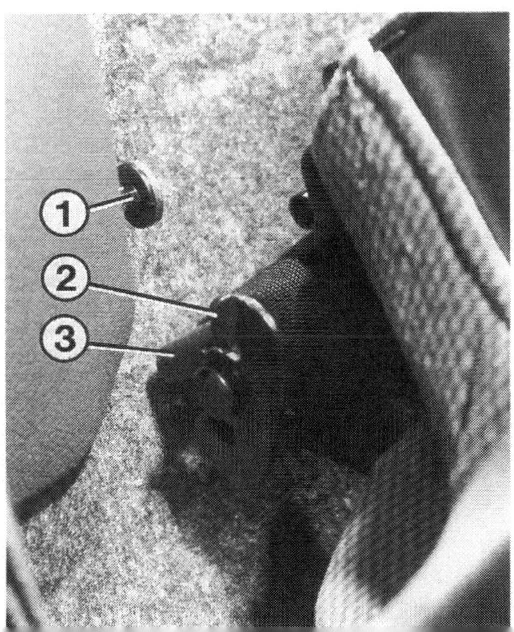

Links: Zum Ausbau einer Rücksitzlehne den Hebel (2) umklappen, damit das Lehnenscharnier (3) vom Scharnierbolzen (1) der Karosserie freikommt.
Rechts: Beim Einbau der Rücksitze das Sitzkissen senkrecht halten und den Führungsbügel in die Aufnahme des Fahrzeugbodens einführen (Pfeil). Dann das Sitzkissen zurückklappen.

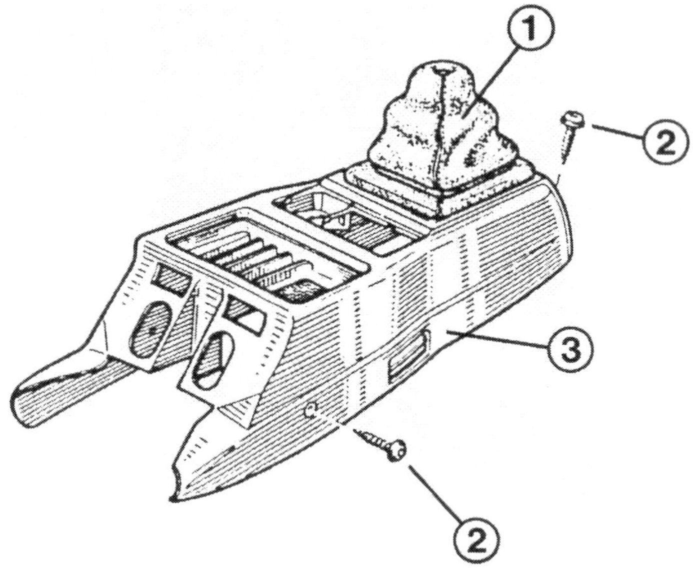

Die Zeichnung zeigt die Mittelkonsole (3) mit Schalthebelmanschette (1) und veranschaulicht den Sitz der Verschraubungen (2). Damit es keine Probleme beim Einbau durch Verkanten der Mittelkonsole gibt, erst alle Schrauben locker ansetzen, bevor sie festgezogen werden.

Mittelkonsole ausbauen

- Schalthebelmanschette mit einem Schraubendreher vorsichtig von der Konsole abdrücken und nach oben ziehen.
- Je eine Schraube links und rechts aus der Konsole herausdrehen.
- Hinter dem Manschettenausschnitt des Schalthebels zwei Schrauben herausdrehen.
- Die Konsole nach hinten oben abnehmen. Dabei die Steckverbindungen trennen und, falls eingebaut, auf die Verkabelung des elektronischen Steuergeräts der Gurtstraffer achten.
- Beim Einbau die Konsole über den Schalthebel so einsetzen und zurechtrücken, daß sich die Verschraubungen ohne zu verkanten eindrehen lassen.

Der Dachhimmel

Bei allen Renault-19-Modellen besteht der Dachhimmel aus einem einteiligen formsteifen Teil, das durch die Befestigungen der Sonnenblenden, der Haltegriffe und durch mit Abdeckkappen versehene Schrauben und Klammern an der Karosserie gehalten wird.

Der Ausbau des Himmels ist eine sehr diffizile Arbeit. Außerdem ist die Arbeit sehr umfangreich. So müssen z.B. alle an den Dachhimmel angrenzenden Verkleidungen und ggf. die Einfassung des Schiebedaches ausgebaut werden.

- Beide Sonnenblenden abbauen. Dazu an der Schwenkbügelaufnahme zwei Schrauben herausdrehen.
- Beide Sonnenblendenhalter ausbauen.
- Ggf. Öffnungsmechanismus des Schiebe-/Hubddaches ausbauen.
- Einfassung des Dachausschnitts lösen und vorsichtig abziehen.
- Innenleuchte aus dem Himmel hebeln und Steckverbindung abziehen.
- Alle Haltegriffe abbauen. Dazu jeweils die Schraubenabdeckungen aufhebeln und die Schrauben herausdrehen.
- Himmel absenken.

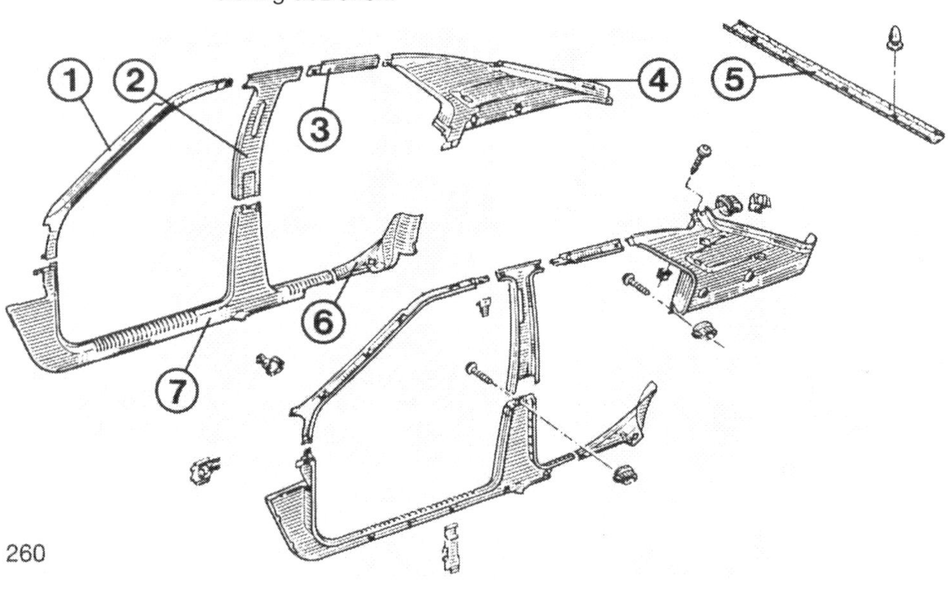

Für Montagearbeiten der einzelnen Verkleidungen sollten Sie sich vorsorglich immer die für die entsprechnde Verkleidung passenden Ersatzklammern besorgen, da eben diese Klammern meistens kaputt gehen. Die Übersichtszeichnung für die linke und rechte Fahrzeugseite zeigt:
1 – A-Säulenverkleidung;
2 – B-Säulenverkleidung;
3 – Dachverkleidung;
4 – C-Säulenverkleidung;
5 – Heckklappenverkleidung;
6 – hintere Türschwellerverkleidung;
7 – vordere Türschwellerverkleidung.

Die Zeichnung verdeutlicht die wichtigsten zum Fahzeuginnenraum gehörenden Teile. So ist daraus zu erkennen, daß z. B. zum Ausbau des Dachhimmels eine ganze Reihe von Teilen demontiert werden müssen. Das gleiche gilt für den Wechsel des Teppichbelags.

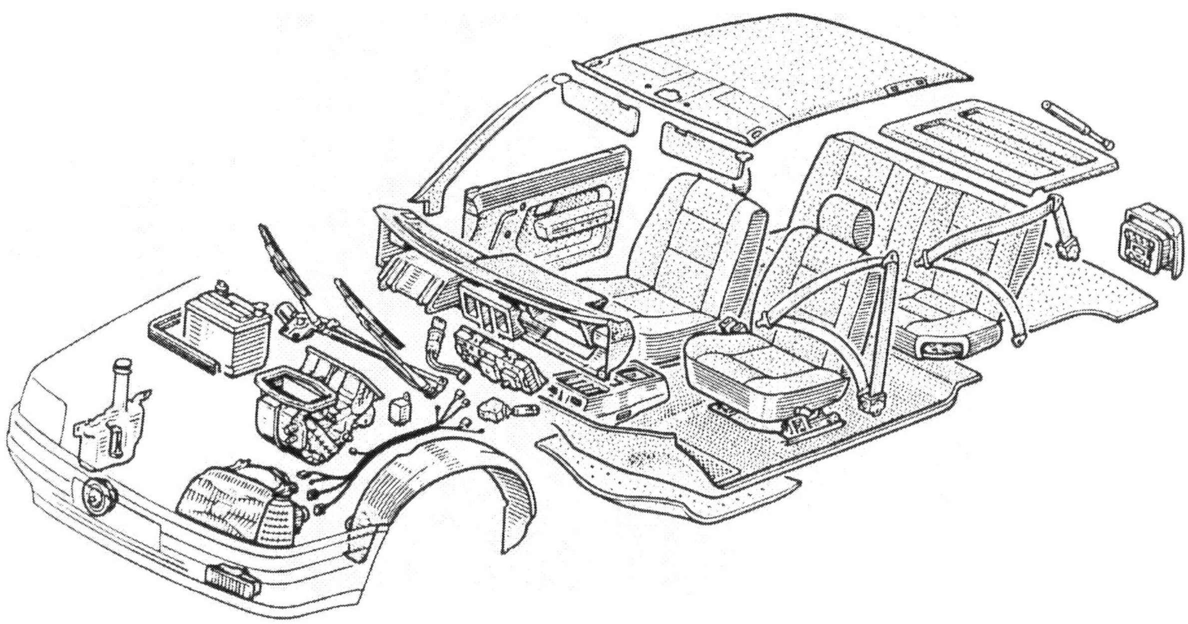

Bodenbelag ausbauen

- Beide Vordersitze ausbauen.
- Sitzbank hinten ausbauen.
- Mittelkonsole ausbauen.
- Fußraum-Seitenverkleidungen ausbauen.
- Bodenbelag vom Fahrzeugboden abnehmen.

Die Sicherheitsgurte

Gurte prüfen

Der Zustand der Sicherheitsgurte kann im Fall eines Unfalls dafür ausschlaggebend sein, ob der Insasse den Aufprall überlebt. Deshalb ist eine genaue Kontrolle z. B. beim Gebrauchtwagenkauf durchaus empfehlenswert.

- **Gurtband prüfen:** Ziehen Sie das Gurtband vollständig aus dem Aufrollautomaten oder aus der Bekkengurt-Verstellzunge.
- Verschmutztes Gurtband mit milder Seifenlauge waschen, keine chemischen Mittel verwenden!
- Eingeschnittene, eingerissene oder aufgescheuerte Stellen im Gurtband?
- Gewebeschlingen an der Gurtkante durchgerissen?
- Brandflecken durch Zigaretten o. ä.?
- Traten die genannten Schäden durch einen Unfall auf, kompletten Sicherheitsgurt mit Schloß ersetzen. Andernfalls genügt der Austausch des Gurtes.
- **Sperrwirkung:** Gurtband mit kräftigem Ruck aus dem Aufrollautomaten ziehen.
- Durch den schnellen Auszug muß der Automat sperren. Wenn nicht, Gurt komplett mit Gurtschloß ersetzen.
- Bei schlechtem Gurtauszug oder -rückzug Einbaulage des Gurtautomaten kontrollieren.
- Bei einer Probefahrt aus ca. 20 km/h voll abbremsen (nur auf einsamer Straße ohne nachfolgende Verkehrsteilnehmer!).
- Sperrt der Gurtautomat nicht, Sicherheitsgurt komplett mit Gurtschloß ersetzen.
- **Gurtschloß:** Sind Risse oder Abplatzungen zu erkennen, Sicherheitsgurt gemeinsam mit Gurtschloß ersetzen.
- Beim Einschieben der Schloßzunge in das Schloß muß dieses hörbar einrasten. Kräftig am Gurtband ziehen, um sicherzustellen, daß der Schließmechanismus eingerastet ist.

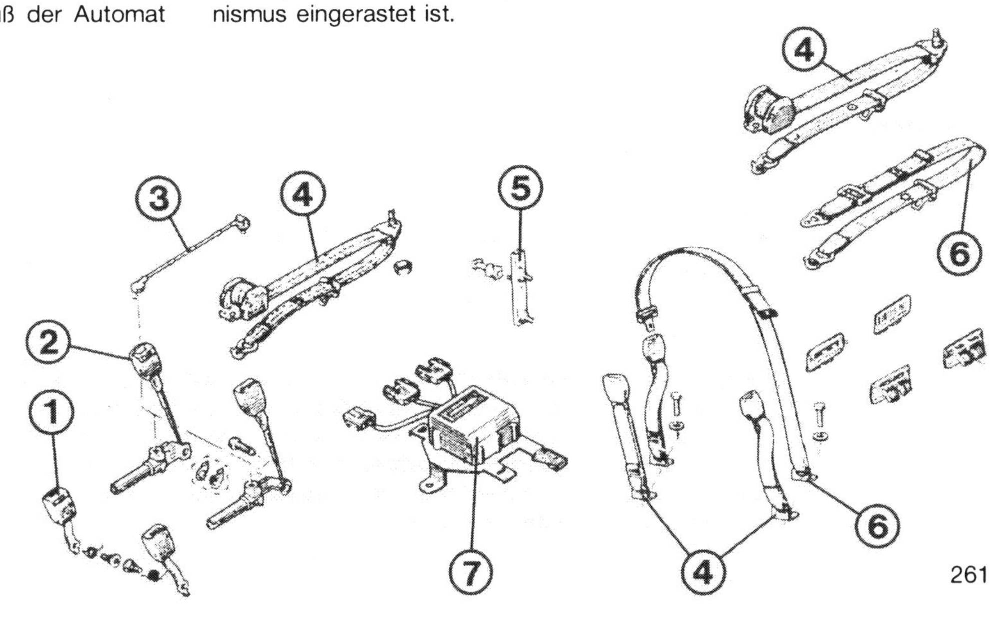

Das Gurtsystem des Renault 19 umfaßt folgende Teile:
1 – normales Gurtschloß;
2 – Gurtschloß mit Gurtstraffer;
3 – elektrische Zuleitung zum Gurtstraffer;
4 – Sicherheitsgurt mit Gurtrolle und Gurtschloß;
5 – Höhenversteller;
6 – hinterer Beckengurt mit Gurtschloß;
7 – elektronisches Steuergerät.

Ist die Vorglühanlage des Diesel-Motors in Ordnung?

Prüflampe am Hauptstromanschluß bei den Glühkerzen anschließen; anderes Lampenkabel an Masse halten. Von Helfer den »Zünd«-Schlüssel kurz auf »Vorglühen« drehen lassen.
Leuchtet die Lampe auf? Brennt sie nicht, obwohl der Motor kalt ist, ist die Vorglühanlage defekt. Leuchtet sie, ist die Stromversorgung zu den Glühkerzen in Ordnung. Die Kerzen selbst können aber dennoch defekt sein. Lesen Sie dazu den Abschnitt »Fehlerquelle Vorglühanlage«.

Sichtprüfung am Benzin-Motor

○ Ist ein Kabelstecker an Teilen der Zündanlage oder an einem Teil der Einspritzanlage abgerutscht?
○ Kontrollieren Sie den festen Sitz der Zündkabel und an den Kerzensteckern (die Zündung darf nicht eingeschaltet sein!).
○ Sind sämtliche Unterdruckschläuche im Motorraum auf ihren entsprechenden Stutzen aufgesteckt?
○ Kondenswasser an Zündspule oder Teilen der Zündanlage? Alle Teile der Zündanlage müssen trocken sein.
○ Benzingeruch im Motorraum? Ist ein Kraftstoffschlauch undicht oder hat er sich gar gelockert?

Fehlerquelle Elektrik am Benzin- und Diesel-Motor

○ Kontrollampen verlöschen beim Schlüsseldreh: Die Batterie ist entladen oder altersschwach, Anlasser hat möglicherweise Kurzschluß.
○ Kontrollampen bleiben beim Schlüsseldreh hell: Weißes Kabel am Magnetschalter des Anlassers abgefallen, Magnetschalter defekt, Anlasser defekt oder Schleifkohlen abgenutzt oder aber der Klemme-B2-Kontakt im Zündschloß ist defekt.
○ Kontrollampen brennen gar nicht: Batterie völlig leer, Hauptkabel am Anlasser abgefallen oder Batterieklemmen lose oder oxidiert.

Fehlerquelle Kraftstoffversorgung

Tritt bei der beschriebenen Prüfung kein Kraftstoff an der Einspritzanlage bzw. den Einspritzdüsen des Diesel-Motors aus, bleiben folgende Fehlermöglichkeiten:

alle Motoren

○ Es ist kein Kraftstoff im Tank (nicht lachen, kontrollieren!).
○ Kraftstoffleitung geknickt bzw. verstopft.
○ Kraftstoffilter verstopft.

nur Benzin-Motoren

○ Die elektrische Kraftstoffpumpe arbeitet nicht.
○ Alle elektrischen Steckverbindungen auf festen Sitz kontrollieren. Ist vielleicht ein Einzelkabel einer Mehrfach-Steckverbindung herausgerutscht oder abgebrochen?

nur Diesel-Motor

○ Der Absteller der Diesel-Einspritzpumpe ist defekt und versperrt die Kraftstoffzufuhr zu den Einspritzdüsen.
○ Nach Montagearbeiten an der Diesel-Einspritzpumpe wurden die beiden Hohlschrauben von Vor- und Rücklaufleitung verwechselt. Die Rücklauf-Hohlschraube ist mit »OUT« bezeichnet.
○ Kraftstoffilter bzw. Kraftstoffleitungen verstopft bzw. winters versulzt. Das erkennt man auch an den transparenten Kraftstoffleitungen im Motorraum. Ist die Leitung leer oder befinden sich große Blasen darin, fehlt's am Nachschub.

Fingerzeig: Weitere Fehlerquellen – auch weniger häufige Defekte – an der Benzin- wie der Diesel-Einspritzung stehen im zugehörigen Störungsbeistand der entsprechenden Kapitel.

Fehlerquelle Zündung

○ Alle Steckanschlüsse im Bereich Zündspule, Steuergerät bzw. Leistungs-Endstufe richtig aufgesteckt?
○ Risse im Zündverteilerdeckel oder Zündspulengehäuse, Brandspuren von Funkenüberschlägen?
○ Als letztes hilft nur noch die Durchprüfung der Zündanlage, siehe im entsprechenden Kapitel unter »Störungssuche an der Zündanlage«.

Notfalls

Bei der im folgenden beschriebenen Fehlersuche wird vorausgesetzt, daß der Motor mechanisch noch in Ordnung war, jedoch unvermittelt stehenblieb bzw. nicht mehr anspringen will.
Für den Diesel-Motor wird vorausgesetzt, daß beim Starten bis zum Verlöschen der Vorglüh-Kontrolleuchte vorgeglüht wurde.

Dreht der Anlasser den Motor durch?

Tut er's nicht oder nur unwillig, lesen Sie bitte unter »Fehlerquelle Elektrik« weiter. Wird der Motor dagegen flott durchgedreht, müssen zur weiteren Eingrenzung die folgenden Fragen jeweils für den Benzin- bzw. Diesel-Motor der Reihe nach beantwortet werden.

Funken an den Zündkerzen?

Einen Kerzenstecker abziehen, Zündkerze herausschrauben, in den Kerzenstecker hineinstecken und auf blankem Motorblockmetall ablegen. Von einem Helfer den Anlasser betätigen lassen. **Wichtig: Zündkabel und Kerze nicht berühren**, siehe unter »Vorsichtsmaßnahmen im Umgang mit dem IEZ-Zündsystem« im Kapitel »Die Zündanlage«. Springen Funken über? Wenn ja, nächste Frage abklären. Falls nicht, unter »Fehlerquelle Zündung« weiterlesen.

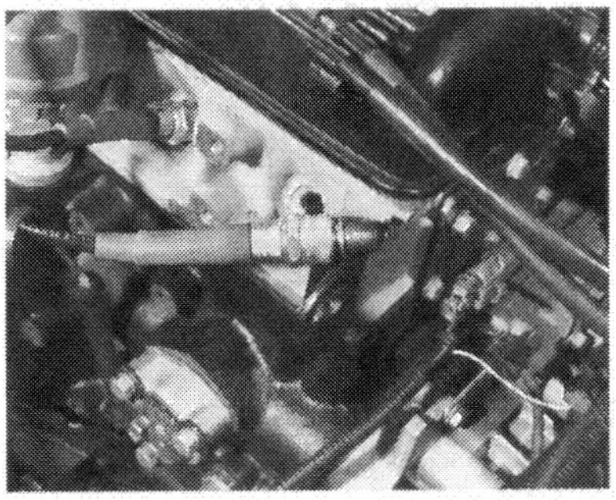

Wird die Benzin-Einspritzung mit Kraftstoff versorgt?

Druckschlauch an der Einspritzeinheit bzw. am Kraftstoffverteilerrohr (Mehrpunkteinspritzung) lösen, in einen Behälter (Kappe der Warndreieck-Hülle) halten und von Helfer kurz den Anlasser betätigen lassen. Spritzt Benzin in den Behälter, ist die Kraftstoffversorgung intakt, und die Einspritzanlage könnte defekt sein. Kommt kein Benzin, lesen Sie bitte unter »Fehlerquelle Kraftstoffversorgung« weiter.

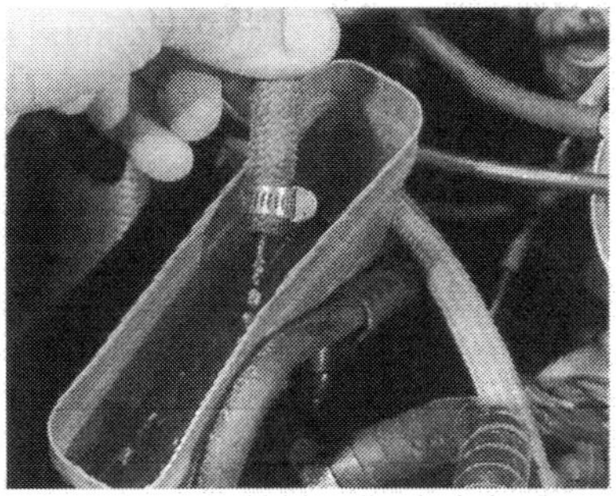

Wird Dieselkraftstoff zu den Einspritzdüsen gefördert?

Mit einem Gabelschlüssel SW 17 die Mutter der Einspritzleitung an einer der Einspritzdüsen öffnen. Einen Helfer den Anlasser kurz betätigen lassen. Tritt an der Einspritzdüse Dieselkraftstoff aus?
Wenn ja, ist die Kraftstoffzufuhr wahrscheinlich in Ordnung. Dann der folgenden Frage auf den Grund gehen. Kommt dagegen kein Diesel, lesen Sie bitte unter »Fehlerquelle Kraftstoffversorgung« weiter.

Ist die Vorglühanlage des Diesel-Motors in Ordnung?

Prüflampe am Hauptstromanschluß bei den Glühkerzen anschließen; anderes Lampenkabel an Masse halten. Von Helfer den »Zünd«-Schlüssel kurz auf »Vorglühen« drehen lassen.
Leuchtet die Lampe auf? Brennt sie nicht, obwohl der Motor kalt ist, ist die Vorglühanlage defekt. Leuchtet sie, ist die Stromversorgung zu den Glühkerzen in Ordnung. Die Kerzen selbst können aber dennoch defekt sein. Lesen Sie dazu den Abschnitt »Fehlerquelle Vorglühanlage«.

Sichtprüfung am Benzin-Motor

○ Ist ein Kabelstecker an Teilen der Zündanlage oder an einem Teil der Einspritzanlage abgerutscht?
○ Kontrollieren Sie den festen Sitz der Zündkabel und an den Kerzensteckern (die Zündung darf nicht eingeschaltet sein!).
○ Sind sämtliche Unterdruckschläuche im Motorraum auf ihren entsprechenden Stutzen aufgesteckt?
○ Kondenswasser an Zündspule oder Teilen der Zündanlage? Alle Teile der Zündanlage müssen trocken sein.
○ Benzingeruch im Motorraum? Ist ein Kraftstoffschlauch undicht oder hat er sich gar gelockert?

Fehlerquelle Elektrik am Benzin- und Diesel-Motor

○ Kontrollampen verlöschen beim Schlüsseldreh: Die Batterie ist entladen oder altersschwach, Anlasser hat möglicherweise Kurzschluß.
○ Kontrollampen bleiben beim Schlüsseldreh hell: Weißes Kabel am Magnetschalter des Anlassers abgefallen, Magnetschalter defekt, Anlasser defekt oder Schleifkohlen abgenutzt oder aber der Klemme-B2-Kontakt im Zündschloß ist defekt.
○ Kontrollampen brennen gar nicht: Batterie völlig leer, Hauptkabel am Anlasser abgefallen oder Batterieklemmen lose oder oxidiert.

Fehlerquelle Kraftstoffversorgung

Tritt bei der beschriebenen Prüfung kein Kraftstoff an der Einspritzanlage bzw. den Einspritzdüsen des Diesel-Motors aus, bleiben folgende Fehlermöglichkeiten:

alle Motoren

○ Es ist kein Kraftstoff im Tank (nicht lachen, kontrollieren!).
○ Kraftstoffleitung geknickt bzw. verstopft.
○ Kraftstoffilter verstopft.

nur Benzin-Motoren

○ Die elektrische Kraftstoffpumpe arbeitet nicht.
○ Alle elektrischen Steckverbindungen auf festen Sitz kontrollieren. Ist vielleicht ein Einzelkabel einer Mehrfach-Steckverbindung herausgerutscht oder abgebrochen?

nur Diesel-Motor

○ Der Absteller der Diesel-Einspritzpumpe ist defekt und versperrt die Kraftstoffzufuhr zu den Einspritzdüsen.
○ Nach Montagearbeiten an der Diesel-Einspritzpumpe wurden die beiden Hohlschrauben von Vor- und Rücklaufleitung verwechselt. Die Rücklauf-Hohlschraube ist mit »OUT« bezeichnet.
○ Kraftstoffilter bzw. Kraftstoffleitungen verstopft bzw. winters versulzt. Das erkennt man auch an den transparenten Kraftstoffleitungen im Motorraum. Ist die Leitung leer oder befinden sich große Blasen darin, fehlt's am Nachschub.

Fingerzeig: **Weitere Fehlerquellen – auch weniger häufige Defekte – an der Benzin- wie der Diesel-Einspritzung stehen im zugehörigen Störungsbeistand der entsprechenden Kapitel.**

Fehlerquelle Zündung

○ Alle Steckanschlüsse im Bereich Zündspule, Steuergerät bzw. Leistungs-Endstufe richtig aufgesteckt?
○ Risse im Zündverteilerdeckel oder Zündspulengehäuse, Brandspuren von Funkenüberschlägen?
○ Als letztes hilft nur noch die Durchprüfung der Zündanlage, siehe im entsprechenden Kapitel unter »Störungssuche an der Zündanlage«.

Fehlerquelle Vorglühanlage

Die Vorglühanlage kann mit einer Prüflampe innerhalb kurzer Zeit komplett durchgeprüft werden. Bei einem Defekt in diesem Bereich läßt sich nach den im Kapitel »Die Vorglühanlage« beschriebenen Prüfungen schnell Klarheit schaffen.
Immerhin kann man einen intakten Motor durch längeres Orgeln auch ohne Vorglühanlage in Gang setzen, sofern die Außentemperaturen nicht unter dem Gefrierpunkt liegen. Bei großer Kälte hilft nur noch Anschleppen.

Verzeichnis der Störungsbeistände

In den verschiedenen Kapiteln des Handbuches finden Sie Störungsbeistände zu den einzelnen Bauteilen. Hier die Zusammenstellung:

Technische Daten

Daten von Motor, Getriebe und Elektrik, Maße und Gewichte des Renault 19 – das sind nur die wichtigsten Bereiche, die hier durch Zahlen dokumentiert werden.

Motor

Typ		1,4	1,7	1,7	1,8	1,8	16V	1,9 D	1,9 TD
Bauart		Wassergekühlter Vierzylinder-Reihenmotor, quer zur Fahrtrichtung eingebaut							
Kurzbezeichnung		C3J	F3N-L	F3N-N	F3P	F3P	F7P	F8Q	F8Q
Bohrung	mm	75,8	81,0	81,0	82,7	82,7	82,0	80,0	80,0
Hub	mm	77,0	83,5	83,5	83,5	83,5	83,5	93,0	93,0
Hubraum	cm³	1397	1721	1721	1794	1794	1764	1870	1870
Verdichtungsverhältnis		9,0:1	9,5:1	9,5:1	9,7:1	9,8:1	10:1	21,5:1	20,5:1
Höchstleistung	kW	43	54	66/69*	65	80	99	47	66
bei	1/min	4750	5000	5250	5750	5500	6500	4500	4250
Maximales Drehmoment	Nm	100	127	140	142	160	158	118	175
bei	1/min	3000	2750	3000	2750	4250	4250	2250	2250
Ventilspiel (kalt bei stehendem Motor)									
Einlaß	mm	0,10	0,20	0,20	0,20	0,20	–	0,20	0,20
Auslaß	mm	0,20	0,40	0,40	0,40	0,40	–	0,40	0,40
Ventilsteuerung									
1,4-Liter		Über Rollenkette, eine seitlich liegende Nockenwelle, Stoßstangen und Kipphebel auf hängende Ventile							
1,7-/1,8-Liter/Diesel		Über Zahnriemen, eine obenliegende Nockenwelle und Tassenstößel							
16V		Über Zahnriemen, zwei obenliegende Nockenwellen und hydraulische Ventilstößel							

* reduzierte Leistung seit Modelljahr '91

Schmiersystem

Art	1,4-Liter	Druckumlaufschmierung durch Ölpumpe, direkt von der Nockenwelle über eine Nebenwelle angetrieben, Ölfilter im Hauptstrom							
	1,7-/1,8-Liter/Diesel	Druckumlaufschmierung durch Ölpumpe über Nebenwelle vom Zahnriemen angetrieben, Ölfilter im Hauptstrom							
Mindest-Öldruck (bei 80°C)									
bei 750/min	bar	0,7	–	–	–	–	–	–	–
bei 1000/min	bar	–	2,0	2,0	2,0	2,0	2,0	2,0	2,0
bei 3000/min	bar	–	3,5	3,5	3,5	3,5	3,5	3,5	3,5
bei 4000/min	bar	3,5	–	–	–	–	–	–	–

Kühlsystem

Art		Wasserumlaufkühlung mit keilrimen- bzw. keilrippenriemen-getriebener Flügelradpumpe, Wachsthermostat, Querstromkühler mit geriffelten Hochleistungsrippen							
Thermostat öffnet bewi	°C	86	89	89	89	89	89	82	82
ganz geöffnet bei	°C	98	98	98	101	101	101	94	94
Öffnungsdruck des Kühlsystem-Verschlußdeckels	bar	1,2	1,2	1,2	1,2	1,2	1,2	1,2	1,2

Kraftstoffanlage Benzineinspritzung

Motor		1,4	1,7	1,8	1,7	1,8	16V
Kurzbezeichnung		C3J	F3N-L	F3P	F3N-N	F3P	F7P
Gemischaufbereitung		Zentraleinspritzung mit elektronisch gesteuertem Einspritzventil			Mehrpunkteinspritzung mit elektronisch gesteuerten Einspritzventilen		
Hersteller		Bendix	Bendix	Bosch	Siemens/Pierburg		
Steuerdruck bei laufender Kraftstoffpumpe	bar	$1{,}00 \pm 0{,}05$	$1{,}20 \pm 0{,}05$	$1{,}06 \pm 0{,}05$	$2{,}50 \pm 0{,}05$	$2{,}50 \pm 0{,}05$	$2{,}50 \pm 0{,}05$
Leerlaufdrehzahl							
bei Schaltgetriebe	1/min	850 ± 50	750 ± 50	750 ± 50	800 ± 50	780 ± 50	900 ± 50
bei Getriebeautomatik	1/min	–	825 ± 50	750 ± 50	825 ± 50	–	–
Wählhebel in Stufe			N	N	D		

Kraftstoffanlage Dieseleinspritzung

Motor	1,9 D	1,9 TD
Kurzbezeichnung	F8Q	F8Q
Gemischaufbereitung	Mechanische Diesel-einspritzung	Mechanische Dieseleinspritzung mit Ladedruckregelung
Hersteller	Bosch/Lucas	Lucas/Roto
Typ	VE-Verteilerpumpe	VE-Verteilerpumpe
Drehrichtung von vorne gesehen	Im Uhrzeigersinn	Im Uhrzeigersinn
Alldrehzahlregler	Mechanisch	Mechanisch
Spritzverstellung	Hydraulisch/elektromagnetisch	Elektromagnetisch

		1,9 D	1,9 TD
		F8Q	F8Q
Einspritzdüsentyp		Zapfendüsen	Zapfendüsen
Einspritzbeginn vor OT		12,5°±1°/ 13,5°±1°	12°±1°
Einspritzdüsen-Öffnungsdruck	bar	125–140/ 113–125	130–135
Höchstdrehzahl	1/min	5100–5300	4800–5000
Leerlaufdrehzahl	1/min	800–850	800–850
Beschleunigter Leerlauf	1/min	950–1050/–	–

Kraftübertragung Schaltgetriebe

Motor		1,4	1,7	1,7	1,8 S	1,8i	16V	1,9 D	1,9 TD
Kurzbezeichnung		C3J	F3N-L	F3N-N	F3P	F3P	F7P	F8Q	F8Q
Kupplungstyp		Einscheiben-Trockenkupplung mit Tellerfeder-Druckplatte							
Außendurchmesser des Kupplungsbelags	mm	181,5	181,5	181,5	200	200	200	200	200
Belagstärke	mm	7,7	7,7	7,7	7,7	7,7	7,7	7,7	7,7
Anzahl der Torsionsfedern		6	6	6	6	6	4	6	4
Vordämpfungsfedern		–	–	–	–	–	4	2	4
Getriebetyp		JB1	JB3	JB3	JB3	JB3	JB3	JB3	JC5
Kennzahl		023	028	027	037	037	051	028	002
Übersetzungsverhältnis									
1. Gang		3,73	3,73	3,09	3,09	3,09	3,73	3,73	3,73
2. Gang		2,05	2,05	1,86	1,86	1,86	2,05	2,05	2,05
3. Gang		1,32	1,32	1,32	1,32	1,32	1,32	1,32	1,32
4. Gang		0,97	0,97	0,97	0,97	0,97	0,97	0,97	0,97
5. Gang		0,79	0,79	0,76	0,79	0,79	0,79	0,79	0,76
Rückwärtsgang		3,55	3,55	3,55	3,55	3,55	3,55	3,55	3,55
Achsantrieb		3,87	3,56	4,07	3,29	3,29	4,21	3,56	3,29
Tachoantrieb		0,90	0,90	0,90	0,95	0,95	0,90	0,90	0,90

Kraftübertragung Getriebeautomatik

Typ	MB3	AD4
Hersteller	Renault	Renault
Übersetzungsverhältnis		
1. Fahrstufe	2,5	2,71
2. Fahrstufe	1,5	1,55
3. Fahrstufe	1,0	1,0
4. Fahrstufe	–	0,68
Rückwärtsfahrstufe	2,0	2,11
Achsantrieb	3,56	3,76 oder 4,12
Tachoantrieb	0,90	0,89

Fahrwerk

Vorderachse	Einzelradaufhängung mit negativem Lenkrollradius, McPherson-Federbeine mit unteren Querlenkern, Querstabilisator, koaxiale doppeltwirkende Teleskop-Stoßdämpfer
Hinterachse	Ohne ABS: Konushinterachse mit Einzelradaufhängung an gezogenen Längslenkern, zwei Drehstäbe mit Kurvenstabilisator, Radaufhängung mit programmierter Lenkgeometrie, hydraulische Teleskopstoßdämpfer. Mit ABS: Verbundlenkerachse mit Einzelradaufhängung an Schräglenkern, 4-fach-Drehstabfeder mit Stabilistor, hydraulische Teleskopstoßdämpfer
Lenkung	Zahnstangenlenkung mit geteilter Sicherheitslenksäule
Lenkgetriebe-Untersetzung	9,64
bei Servolenkung	15,25

Bremsanlage

Motortyp		1,4	1,7/1,8	16V	1,9 D/TD
Bremssystem		Zweikreisbremsanlage diagonal geteilt mit Bremskraftverstärker und druckabhängigen Bremsdruckbegrenzern für die hinteren Bremsen; Bosch-Antiblockiersystem (1,8-Liter auf Wunsch, 16V serienmäßig) mit lastabhängigen Bremsdruckregelventilen für die hinteren Bremsen			
Handbremse		Mechanische Seilzugbremse, über Ausgleichsvorrichtung auf die Hinterräder wirkend			
Vorderräder					
Scheibendurchmesser	mm	238,0	238,0	238,0	259,0
Scheibenstärke					
massiv neu	mm	12,0	12,0	–	–
innenbelüftet neu	mm	–	–	20,0	20,7
massiv mind.	mm	10,5	10,5	–	–
innenbelüftet mind.	mm	–	–	18,0	17,7
Scheibenschlag max.	mm	0,07	0,07	0,07	0,07
Bremsklotzstärke mit Trägerplatte					
neu	mm	18,0	18,0	18,0	18,0
mind.	mm	6,0	6,0	6,0	6,0
Radbremszylinder-Durchmesser	mm	48,0	48,0	48,0	48,0
Hinterräder					
Bremstrommel-Durchmesser					
neu	mm	180,25	180,25	180,25	–
Reparaturmaß max.	mm	181,25	181,25	181,25	–
Bremsbackenbreite	mm	40,0	40,0	40,0	–
Radbremszylinder-Durchmesser	mm	20,6	20,6	–	–
Belagstärke mit Belagträger					
neu	mm	6,5	6,5	–	–
mind.	mm	2,5	2,5	–	–
Scheibendurchmesser	mm	–	–	238,0	238,0
Scheibenstärke	mm	–	–	8,0	8,0
mind.	mm	–	–	7,0	7,0
Scheibenschlag max.	mm	–	–	0,07	0,07
Bremsklotzstärke mit Trägerplatte					
neu	mm	–	–	11,0	11,0
mind.	mm	–	–	5,0	5,0
Radbremszylinder-Durchmesser	mm	–	–	30,0	30,0

Elektrische Anlage

Motortyp		1,4	1,7	1,8	16V	1,9 D/TD
Bordspannung	V	12	12	12	12	12
Batterie	Ah	40	60	60	60	70
Generator	A	60	70	70	70	70
Zündanlage		Elektronisch geregelte 3D-Kennfeldzündung				
Zündkerzen		Siehe Seite 209				
Glühlampen		Siehe Seite 213				

Füllmengen (in Liter)

Motoröl		Siehe Tabelle Seite 23
Kühlsystem		Siehe Tabelle Seite 65
Kraftstofftank		55
Schaltgetriebe	JB1/JB3	3,4
	JC5	3,1

Automatikgetriebe	MB3	AD4
Erstfüllung	4,5	5,7
Ölwechsel	2,0	3,5
Achsantrieb	–	1,0

Gewichte

Die für Ihr Fahrzeug geltenden Angaben für Leer- und Gesamtgewicht sowie Anhängelast entnehmen Sie bitte Ihren Fahrzeugpapieren. Die Differenz zwischen Gesamt- und Leergewicht ergibt die für Ihr Fahrzeug höchstzulässige Nutzlast einschließlich Insassen.
Für alle Modelle einheitlich gilt die zulässige Dachlast von 70 kg sowie die zulässige Anhänger-Stützlast von 50 kg.

Register

FSC
www.fsc.org
MIX
Papier | Fördert gute Waldnutzung
FSC® C083411

Kolibri 360 GmbH
Ferdinand-Jühlke-Straße 7
99095 Erfurt, Deutschland
produktsicherheit@kolibri360.de